專家對本書的讚譽

「若在開發 Linux 系統程式時只能放一本書在電腦旁，這本就是首選。」

— Martin Landers，Google 軟體工程師

「這本新書是美好的事物，你會因為書架有收藏這本書而引以為傲，不過因為你會經常使用它，因此你不會有機會將它束之高閣。」

— Serge Hallyn，Linux Kernel 開發者

「我發現這本書非常實用，而且會一直想要翻閱，每一個對 Linux 程式開發有興趣的人都會沉浸在這樣的感覺裡。」

— Jake Edge，LWN.net

「在這本書的詳細說明與範例中，它們涵蓋了你所需了解的每件事情以及 Linux 底層 API 的微小差異。無論讀者的程度如何，都可以從這本書獲得成長。」

— Mel Gorman，

Understanding the Linux Virtual Memory Manager 一書的作者

「作者將他堅持到底所獲得的正確資訊，以簡單明瞭的方式表達，使這本書成為程式設計師重要的參考資料。雖然這本書的主要對象是 Linux 系統開發人員，但也適用於 UNIX/POSIX 生態系統（ecosystem）的程式設計師。」

— David Butenhof，

Programming with POSIX Threads and Contributor to the POSIX and UNIX Standards 的作者

「簡單說來，這是從 Stevens 的 UNIX 程式設計系列至今，最優質的 Linux 程式設計書籍。」

— Chris Barber，CB1，Inc.

「這本書涵蓋的內容博大精深，如教科書般貼心地提供豐富範例與習題。從理論到動手實作程式碼，每個主題都清楚與全面的涵蓋。教授、學生與教育訓練師們，這本是你們等待已久的 Linux/UNIX 用書。」

— Anthony Robins，資訊科學系副教授，The University of Otago

「這本書不僅可以打通你的任督二脈、書中的內容也不難理解，透過 Linux 系統來介紹 UNIX 系統與網路程式設計。我很樂於將這本書推薦給想要學習 UNIX 程式設計的人，以及想了解熱門的 GNU/Linux 系統有何新奇之處的資深 UNIX 程式開發人員。」

— Fernando Gont，網路安全研究員、IETF 與會者及 RFC 作者

「如果你覺得你已經都懂了，所以不會需要這本書，其實，我本來也這麼想，不過我錯了。」

— Bert Hubert，電腦諮詢顧問，Netherlabs

「這本書非常與眾不同，書中詳細記載我能想到的每個相關主題，讓我一直沉浸在閱讀的享受。」

— Federico Lucifredi，Slashdot.org

「這本書是認真的、專業的 Linux 及 UNIX 系統開發者不可或缺的資源。作者清楚說明與並使用範例導引，涵蓋 Linux 與 UNIX 系統所有關鍵 API 的使用，並強調下列這些標準的重要性與用處，比如：Single UNIX Specification 與 POSIX 1003.1。」

— Andrew Josey，Director，Standards，The Open Group，
and Chair of the POSIX 1003.1 Working Group

「站在系統開發者的立場，有誰能比一本包山包海的 Linux 系統開發大全更好，除了 man page 的維護人員本身，還有誰能寫出這樣的書呢？這本書的內容不僅廣泛又很周全，我深深地期待我書架上能有這麼一本不可或缺的書。」

— Bill Gallmeister，
POSIX.4 Programmer's Guide: Programming for the Real World 的作者

「這本書的內容更為清楚與完整，而且寫的跟 Stevens 與 Rochkind 的書一樣好，它現在可能會成為 Linux/UNIX 系統程式設計的經典。」

— Vladimir G. Ivanovic，軟體產品管理師

「對於 Linux 與 UNIX 系統程式設計最完整且最新的書，如果你是剛開始接觸 Linux 程式開發的人；或者你是 UNIX 老手，感興趣的是 Linux 系統的可攜性（portable）；或者你只是單純想找一本 Linux API 好書，那麼毫無疑問地，這本書就是你想要收藏於書架的好夥伴。」

— LOÏC DOMAIGNÉ, CHIEF SOFTWARE
ARCHITECT (EMBEDDED), CORPULS.COM

「作者不僅寫了一本很棒的書來描述 Linux 開發及 Linux 與各種標準的關聯，而且也提到他所發現的錯誤與修正，也包含（大幅度）改善的 man page，因此，使開發 Linux 程式變的很簡單。這本書深入探討 *The Linux Programming Interface*…的主題，因此會是 Linux 程式設計的新手與老手都人手一本的開發手冊。」

— Andreas Jaeger，專案管理者，OpenSUSE，Novell

「一本超水準的書，內含經典珍藏著作 *Advanced Programming in the UNIX Environment* 的風格，相當清晰地介紹每一個系統呼叫，包含說明 Single UNIX Specification 規範以外的部分，以及各門派的 UNIX 比較。」

— John Wiersba，Linux/UNIX 程式設計師，Thomson Reuters

「我對於這本書內容的精確、品質與細膩程度非常印象深刻，他是頂尖的 Linux 系統呼叫（system call）專家，而且樂於將他的知識及 Linux API 的了解與我們分享。」

— Christophe Blaess，*Programmation système en C sous Linux* 一書的作者

「這本書毫無疑問地將成為 Linux 系統程式設計的經典導讀。」

— Pedro Pinto，Lead Software Infrastructure Architect，Blue Capital Group

THE LINUX PROGRAMMING INTERFACE 國際中文版（上冊）

Linux 與 UNIX® 系統程式開發經典

完整涵蓋 Linux API：函式、介面、程式設計範例

For Cecilia, who lights up my world.

目錄

序

主旨

Linux 是一個自由的 UNIX 作業系統實作，本書介紹 Linux 程式設計介面（Programming Interface），如系統呼叫（system call）、函式庫（library），以及其他 Linux 提供的底層介面。在 Linux 系統的每個程式都會直接或間接的利用這些介面完成工作，例如：檔案 I/O、用以建立或刪除檔案目錄、建立新的行程（process）、啟動程式、設定計時器、同一部電腦上的行程與執行緒（thread）之間的溝通，以及不同電腦上的行程如何透過網路溝通，這些底層介面即是所謂的系統程式設計介面（system programming interface）。

雖然筆者致力於研究 Linux，不過也有關注相關的規範標準與可攜性（portability）的議題，讓 Linux 特有的（Linux-specific）討論細節可以明確地跟多數 UNIX 系統功能、POSIX 與 Single UNIX Specification 規範的討論有所區隔。本書對於 UNIX / POSIX 規範的介面亦提供完整的介紹，協助程式設計師開發可通用於其他 UNIX 系統的應用程式，或是可攜的跨平台應用程式。

誰適合這本書

本書適合有下列目的之讀者：

- 程式設計師、軟體規劃師：開發 Linux、UNIX 系統或其他符合 POSIX 規範的系統之應用程式。
- 程式設計師：想要開發可以通用於其他的 UNIX 系統、作業系統與 Linux 之間的應用程式。
- 老師與學生：將開設或選修 Linux / UNIX 系統的程式設計課程。
- 系統管理員與「求知若渴的使用者」：想要深入了解 Linux / UNIX 程式設計介面，以及研究系統程式的實作細節。

筆者假設讀者曾經寫過程式，可以不需具備系統程式經驗，但需具備「the C programming language」此書的知識背景與操作 shell 及常見的 Linux / UNIX 指令的能力。如果讀者才剛開始接觸 Linux 或 UNIX 系統，可以從第 2 章開始閱讀，這個章節以程式設計的觀點來引導讀者了解 Linux / UNIX 系統的基本概念。

> （Kernighan & Ritchie，1988）是經典的 C 語言導讀本。（Harbison & Steele，2001）對 C 有深入的探討，並涵蓋 C99 標準的異動內容。（van der Linden，1994）是欣賞 C 語言面貌的另一個選擇，不僅相當有趣也富有教育性。（Peek 等人，2001）則簡潔有力的介紹如何使用 UNIX 系統。
>
> 在本書中，常常會看到像這樣的小字體段落，目的是用來輔助說明主文的內容，包含基本原理、實作細節、背景資訊、歷史典故，以及其他相關的主題等。

Linux 與 UNIX

因為其他 UNIX 系統的大多數 API 在 Linux 都已經有實作，所以本書也可以當作開發符合標準規範的 UNIX 系統程式（即為 POSIX）之 API 大全。我們不僅想開發可攜式應用程式，也要結合 Linux 的擴充功能（Extension）與 UNIX 的 API。原因是除了 Linux 很受歡迎之外，有些時候是考量效能因素，或因為 UNIX 標準 API 沒有提供的功能，因此所有的 UNIX 系統都會支援這些擴充功能。

筆者為了讓本書滿足各種 UNIX 實作系統的開發需求，已經完整地涵蓋了 Linux 特有的程式設計功能，這些功能分別是：

- *epoll*，取得檔案 I/O 事件通知的機制。
- *inotify*，監控檔案與目錄變更的機制。
- Capability，這個機制讓我們在一個行程中可以細分何時才需要使用超級使用者（superuser）的管理員特權執行，而非整個行程都具有特權使用者的權限擴充屬性（extened attribute）。
- i-node 旗標。
- *clone()* 系統呼叫。
- /proc 檔案系統。
- Linux 特有的實作細節：檔案 I/O、訊號（signal）、計時器（timer）、執行緒（thread）、共享函式庫（share library）、行程間通訊與通訊端（socket）。

本書的使用方式與架構

讀者至少可以用下列兩種方式來使用本書：

- 作為 Linux / UNIX 程式設計介面的導讀教材，讀者可以從第 1 章開始依序閱讀本書，為了縮減本書的篇幅，後續章節若提到前述章節的相關內容，則會盡量透過引用的方式。
- 可當 Linux / UNIX 程式設計介面的完整開發手冊，本書使用大量的索引與交互參照以便利讀者隨意翻閱有興趣的主題。

筆者將本書的章節分類為下列幾個部分：

1. **背景與概念**：UNIX、C 與 Linux 的歷史，UNIX 標準的概念（第 1 章）；以程式設計人員的觀點簡介 Linux 與 UNIX 的概念（第 2 章）；以及 Linux 與 UNIX 系統程式設計的基本概念（第 3 章）。
2. **系統程式設計介面的基本功能**：檔案 I/O（第 4 章與第 5 章）；行程（第 6 章）；記憶體配置（第 7 章）；使用者與群組（第 8 章）；行程識別（第 9 章）；時間（第 10 章）；系統限制與選項（第 11 章）；以及檢索系統與行程資訊（第 12 章）。
3. **系統程式設計介面的進階功能**：檔案 I/O 緩衝區（第 13 章）；檔案系統（第 14 章）；檔案屬性（第 15 章）；擴充屬性（第 16 章）；存取控制清單（第 17 章）；目錄與連結（第 18 章）；監控檔案事件（第 19 章）；訊號（第 20 章至第 22 章）；以及計時器（第 23 章）。
4. **行程、程式與執行緒**：建立行程、終止行程、監控子行程，與執行程式（第 24 章至第 28 章）；以及 POSIX 執行緒（第 29 章至第 33 章）。
5. **行程與程式的進階主題**：行程群組、作業階段與工作控制（第 34 章）；行程的優先權與排班（第 35 章）；行程資源（第 36 章）；Daemon（第 37 章）；撰寫安全的特權程式（第 38 章）；能力（capability）（第 39 章）；登入記帳（第 40 章）；以及共享函式庫（第 41 章與第 42 章）。
6. **行程間的通訊（*IPC*）**：IPC 概觀（第 43 章）；管線（pipe）與命名管線（FIFO）（第 44 章）；System V IPC 的訊息佇列（message queue）、號誌（semaphore）與共享記憶體（第 45 章至第 48 章）；記憶體映射（第 49 章）；虛擬記憶體操控（第 50 章）；POSIX IPC 的訊息佇列、號誌與共享記憶體（第 51 章至第 54 章）；以及檔案鎖（第 55 章）。

7. ***Socket* 與網路程式設計**：IPC 與 socket 網路程式設計（第 56 章到第 61 章）

8. **進階的 *I/O* 主題**：終端機（第 62 章）；替代 I/O 模型（第 63 章）；以及虛擬終端機（第 64 章）。

範例程式

筆者設計了簡短並可完整執行的程式，用以示範書中所談到的程式設計介面，讀者可以直接在命令列的環境實驗這些程式，觀察每個系統呼叫與函式庫是如何運作的。因此，本書提供許多範例程式－大約一萬五千行的 C 語言原始碼（source code）與 shell 作業階段的紀錄。

雖然能夠閱讀與使用這些範例程式做實驗已經是好的開始，不過如果要紮實的學會本書所談的觀念，最有效的方法還是要自己動手寫程式，讀者可以先透過修改範例程式或重寫來驗證自己的想法。

書中所有的原始碼都可以從本書的網站下載取得，散佈版（Distribution version）的原始碼有很多是書裡沒有的，不過這些程式的註解都會詳細敘述功能與目的，有 *Makefile* 可以讓讀者便於編譯程式，還有說明檔（README）用於介紹每個程式的功能與用途。

本書的原始碼可在基於 GNU Affero General Public License（Affero GPL）version 3 的規範下自由地重新散佈（將完整的規範副本附於原始碼目錄中）。

習題

大部分章節後面都有附習題，有些習題的實驗可以用本書的範例程式進行、有些習題與該章節所談的觀念相關，還有一些習題為了讓讀者可以紮實的瞭解教材內容，會需要讀者撰寫程式。附錄 F 提供部分的習題解答。

標準與可攜性

本書特別關注可攜性的議題，讀者會經常看到書中引用相關的標準，尤其是綜合 POSIX.1-2001 與 Single UNIX Specification version 3（SUSv3）標準。你們也會注意到 POSIX.1-2008 與 SUSv4 標準在最近的修訂與改變。（由於 SUSv3 規範已有大幅的修訂，而且也是本書著作時最有影響力的 UNIX 標準，所以本書主要探討 SUSv3 標準，不過讀者可以將本書多數所談到的 SUSv3 規範內容視為與 SUSv4 規範相符，因為本書會將與 SUSv4 不同之處特別標註。）

對於非標準規範的 Linux 功能，筆者都會與其他的 UNIX 系統實作進行比較，不僅強調是 Linux 系統才有實作的功能，也會點出 Linux 在系統呼叫與函式庫的實作與其他 UNIX 系統實作有哪些的微幅差異。大多數的功能如果本書沒有特別提到是 Linux 才有的，讀者都可以將這些功能視為與 UNIX 系統實作的標準相同。

書中大部分的範例程式都在 Solaris、FreeBSD、Mac OS X、Tru64 UNIX 以及 HP-UX 系統經過測試（除了使用 Linux 特有功能所開發的程式例外）。為了改善範例程式的可攜性，在本書的網站有另外提供書中沒有的原始碼（extra code），可以作為某些範例程式的替代版本。

Linux 核心與 C 函式庫的版本

本書主要研究 Linux 2.6. *x* 版本的核心，也是本書在著作時最多人使用的版本，同時也涵蓋 Linux 2.4 版本的核心，並指出 Linux 2.4 與 2.6 之間的功能差異，如果是 Linux 2.6.*x* 系列核心的新功能，本書會精確的標註出核心版本（例如：2.6.34）。

關於 C 函式庫，本書主要著重於第 2 版的 GNU C 函式庫（*glibc*），並會特別標出與其他 *glibc* 2. *x* 版本的差異。

在本書即將出版之際，Linux 才剛發行 2.6.35 版核心，而 *glibc* 也在近期剛釋出了 2.12 版，本書目前主要與上述的軟體版本有關。當本書出版後，本書的網站上會提供關於 Linux 與 *glibc* 介面的更新資訊。

在其他程式語言使用程式設計介面

雖然範例程式是以 C 語言撰寫的，讀者也可以使用其他的程式語言來應用本書所介紹的介面。例如，C++、Pascal、Modula、Ada、Fortran、D 等編譯式程式語言，或 Perl、Python 與 Ruby 這類直譯式程式語言。（Java 使用的是與上述不同的方法，請參考［Rochkind，2004］。）

為了使其他程式語言（除了 C++）也能有固定的定義與函式宣告，需要使用一些其他的技術；而要傳遞函式參數到連結的 C 程式，也要額外處理一些工作。雖然使用別的程式語言會有些地方不太一樣，不過基本觀念還是相通的，所以即使讀者以其他程式語言進行開發，也是能透過本書對應相關的 API 的資訊。

關於作者

筆者從 1987 年開始使用 UNIX 與 C，手邊拿著 Marc Rochkind 第一版的 *Advanced UNIX Programming* 和一份已經被翻了無數次的 C shell 使用手冊的影印本，在一台 HP Bobcat 工作站前坐了幾個星期的時間。筆者至今仍使用這樣的練功方式學習，對於任何想要學習新軟體技術的人，筆者的建議是：投入時間閱讀文件（如果有文件），並開始練習寫一些小型測試程式（並逐步遞增程式的規模），直到讀者自認為已經充分了解這個軟體。使用這樣的方法長期自我訓練可以快速的成長茁壯，這是筆者的親身體會，本書的範例程式可以引領讀者如何自我修練。

筆者主要的工作是軟體工程師與規劃師，同時也是一位熱血的老師，投入幾年的時間在學術界與產業界授課。筆者已經教授過許多為期單週的 UNIX 系統程式設計課程，而這些授課的經驗成就了這本書。

筆者接觸 Linux 的時間大約只有 UNIX 的一半，而從接觸到 Linux 開始，筆者越來越沉迷於在 Linux 核心與使用者空間（user space）之間的 Linux API。這讓筆者有機會參與許多相關的活動，並陸續地回報 POSIX / SUS 標準的輸入（input）與臭蟲（bug）。筆者測試與規劃如何修正 Linux 核心中新增的使用者空間 API（幫忙找出許多 API 程式碼及設計上的錯誤並除錯），筆者經常受邀擔任與 API 及其相關文件主題的研討會講者，也受邀參與許多 Linux 核心開發者年會的場合（the annual Linux Kernel Developers Summit）。受邀到這些活動主要是因為筆者致力於 Linux 的 *man-page* 專案。（*http://www.kernel.org/doc/man-pages/*）。

man-page 專案提供 Linux 手冊（manual）第 2、3、4、5 及第 7 節的內容，主要與本書探討的主題相同，用來敘述 Linux 核心與 GNU C 函式庫提供的 API。筆者參與 *man-page* 的維護已經超過了十年的時間，自從 2004 年開始，筆者即是該專案的維護者，負責的工作有撰寫文件、閱讀核心與函式庫的原始碼，以及撰寫程式來驗證文件的內容。（撰寫 API 文件是好的除錯方式。）在總共多達約 900 頁的 *man-page* 中，其中有 140 頁的第一作者都是筆者，而且是另外 125 頁的共同作者之一，可以算是對於 *man-page* 貢獻最多心力的人，所以讀者可能在閱讀這本書以前，就曾經讀過筆者所寫的 *man-page* 手冊，期望這些手冊能夠對大家有所助益，並讓本書帶給讀者更多的收穫。

致謝

如果沒有許多人的幫忙，本書不會有現在豐富的內容，很高興筆者能夠在此表達對他們的感謝。

由世界各地的專業技術人員組成一個大型的校稿團隊，他們閱讀初稿、找出錯誤、點出模糊不清的解釋、建議措辭與圖表、測試程式、設計習題、驗證筆者所沒有考慮到的 Linux / UNIX 系統實作的行為，以及提供支援與鼓勵。筆者將許多校稿者廣為提供的觀點與意見歸納在本書裡，不免會讓人產生筆者知識淵博的錯覺，即使如此，本書的內容依然難免有所疏漏。

特別感謝下列的校閱者（依照姓氏的字母排序）：

- Christophe Blaess 是顧問軟體工程師以及專業的訓練師，專門研究 Linux 在工業（即時系統與嵌入式系統）的應用，他詳細的閱讀本書並對於許多章節提供建議。Christophe 也是 *Programmation système en C sous Linux* 一書的作者，這本法文撰寫的書所涵蓋的主題與本書類似。
- David Butenhof（Hewlett-Packard）曾經是 POSIX 執行緒（thread）與 Single UNIX Specification 執行緒擴充（threads extension）原本的工作群組成員，也是 *Programming with POSIX Thread* 這本書的作者。他曾經為開放原碼基金會（Open Software Foundation）寫過原始的 DCE 執行緒參考實作，也主導 OpenVMS 與 Digital UNIX 在執行緒實作的架構。David 主要對多執行緒的章節進行檢閱，提供改進的建議，並有耐心地更正了筆者所知的幾個 POSIX 執行緒 API 細節。
- Geoff Clare 目前在為 The Open Group 開發 UNIX 一致性測試套裝軟體，從事 UNIX 標準化工作已逾 20 年，是 Austin Group 的 6 位關鍵參與者之一，該小組的宗旨是開發基於 POSIX.1 和 Single UNIX Specification 基準冊的共同標準。Geoff 仔細校閱了初稿中與 UNIX 程式設計介面相關的內容，耐心詳細地提出了許多修正及改進意見，發現了諸多潛藏於初稿中的錯誤，非常有助於彰顯標準對可攜程式設計的重要性。
- Loïc Domaigné（當時任職於德國空中交通管制中心 [German Air Traffic Control]）是一名系統軟體工程師，主要從事分散式、並行（concurrent）、可容錯嵌入式系統的設計和開發，此類系統對即時性有著嚴苛的要求。他針對 SUSv3 中與執行緒規範有關的內容發表過評論和建議，在多個網路技術論壇中古道熱腸、誨人不倦、無私地分享自己的程式設計心得。Loïc 詳細地校閱了本書中與執行緒相關的章節，以及多處其他內容。除了編寫許多精巧的程式來驗證 Linux 執行緒的實作細節，他不僅熱情投入並鼓勵作者，提出了許多建議以改進本書整體的呈現方式。
- Gert Döring 開發了 *mgetty* 和 *sendfax* 程式，這對程式也是 Linux/UNIX 系統上使用最為廣泛的開放原始碼傳真套裝軟體。最近，他主要忙於建置並維護以 IPv4 和 IPv6 為基礎的大型網路，其肩負的主要任務是：與全歐洲的同事一起定義有效的網路策略，以確保 Internet 基礎設施順暢運行。Gert 校閱了本書的與終端機、登入記帳、行程群組、作業階段（sessions）以及工作控制（job-control）等章節，並提供了大量的實用建議。

- Wolfram Gloger 是名 IT 顧問，過去 15 年，他參與過許多自由和開放原始碼的軟體專案（Free and Open Source Software，FOSS）。此外，Wolfram 也是 GNU C 函式庫的 *malloc* 套件軟體的實作者。目前，他主要從事開發 Web 服務，尤其專注於線上教學，當然，他偶爾會貢獻於核心和系統函式庫。Wolfram 校閱了本書的許多章節，特別和我討論了記憶體相關的主題。
- Fernando Gont 是阿根廷國家科技大學（Universidad Tecnológica Nacional，Argentina）電子資訊中心（Centro de Estudios de Informática，CEDI）成員。他著重於 Internet 工程技術（Internet engineering），並活躍於 Internet 工程任務組（IETF），他在這個組織還是多個 RFC（*Request for Comments*）文件的作者。Fernando 也在英國 CPNI（國家基礎設施保護機構）中心進行通信協定的安全評估，並已提出第一個 TCP 及 IP 協定的安全評估報告。Fernando 對於網路程式設計的相關章節有全面的校閱，解釋了 TCP/IP 協定的許多細節，並對內容提出了不少改善的建議。
- Andreas Grünbacher（SUSE 研究室）是位核心駭客，同時也是 Linux 擴充屬性及 POSIX 存取控制清單的作者。Andreas 校閱了很多章節，給予許多勉勵，他的一句建議可能就改變了本書的架構。
- Christoph Hellwig 是 Linux 儲存及檔案系統的諮詢師，也是知名的核心駭客，他參與過許多部份的 Linux 核心開發工作。Christoph 抽出他撰寫及校閱 Linux 核心補丁的時間，幫忙校閱本書的幾個章節，並提供許多有幫助的修正及改善意見。
- Andreas Jaeger 曾領導將 Linux 移植為 x86-64 架構的開發工作。身為 GNU C 函式庫的開發者，他不僅將函式庫移植到 x86-64 平台，並且協助促成函式庫能符合多個領域的標準，尤其是數學函式庫。他目前是 Novell 公司的 openSUSE 專案經理，Andreas 校閱的章節數超乎我的預期，提出許多改進的建議。在本書的寫作過程中，他不僅提出了諸多的改進意見，也熱情的鼓勵我。
- Rick Jones 就是有名的 Netperf 先生（HP 公司的網路系統效能狂人），對本書的網路程式設計相關章節提出了寶貴意見。
- Andi Kleen（當時效力於 SUSE 實驗室）是個知名的核心駭客，他長期在 Linux 核心的許多不同領域貢獻良多，包括網路、錯誤處理、可擴充性（scalability）及底層架構的程式碼等。Andi 對網路程式設計的內容進行全面的校閱，增長了筆者的 Linux TCP/IP 實作細節知識，並提供許多建議，以改善本書的主題表達方式。

- Martin Landers（Google），在我有幸與他共事時，他還是個學生。之後，他在短期之內就集眾多技能於一身，他的工作性質多變，有軟體架構師、IT 培訓師，及職業駭客。有 Martin 大駕校閱本書，實為筆者的榮幸。他提出許多一針見血的建議與修正，大幅改善本書的許多章節。
- Jamie Lokier 是公認的核心駭客，投入 Linux 開發已有 15 年之久。他現在自許為「專門解決 Linux 嵌入式系統疑難雜症的專家」。Jamie 極其全面地校閱了本書的記憶體映射、POSIX 共享記憶體，以及虛擬記憶體操作等章節。他的建議讓我對這些主題有更深入的了解與改觀，並大幅改善了這些章節的結構。
- Barry Margolin 在 25 年的職業生涯中，從事了系統程式師、系統管理員，以及技術支援工程師。他目前是 Akamai 科技的資深系統工程師。在各種討論 UNIX 和 Internet 技術主題的網路論壇中，他經常幫忙答覆，是受人敬重的前輩，並已校閱過多本這些主題的書籍。Barry 校閱了本書的許多章節，並提出了諸多改進意見。
- Paul Pluzhnikov（Google）之前曾是 Insure++ 記憶體除錯工具的技術長及關鍵開發者。有時，他會是 gdb 駭客，並經常在網路論壇積極地答覆關於除錯、記憶體配置、共享函式庫，以及執行期環境的問題。Paul 廣泛地校閱了本書眾多章節，提出了許多寶貴意見。
- John Reiser（及 Tom London）是將 UNIX 移植到 32 位架構的先驅之一：VAX-11/780。他也是 *mmap()* 系統呼叫的創造者。John 校閱了本書的多章內容（當然也包括了 *mmap()* 所在的章節），提供大量的歷史觀點，並透徹地闡釋技術，為本書增色不少。
- Anthony Robins（紐西蘭 Otago 大學，資訊科學系副教授）是與筆者有 30 年以上交情的好朋友，是本書某些章節初稿的第一個讀者，也是最早提出寶貴意見的技術校閱者，在本書的寫作過程中，一直給予作者鼓勵。
- Michael Schröder（Novell）GNU screen 程式的主要開發者之一，這項程式設計工作已令 Michael 在終端機驅動程式的實作能力達到了「巨細靡遺，瞭若指掌」的境界。Michael 除了校閱本書與終端機和虛擬終端機相關的章節，並對行程群組、工作階段，以及工作控制等章節提供相當有幫助的建言。
- Manfred Spraul 曾從事 Linux 核心的（包括但不限於）IPC 程式碼開發工作，校閱了 IPC 的相關章節，並提出了許多改進意見。

- Tom Swigg，筆者在 Digital 從事 UNIX 培訓工作時曾與他共事，是本書早期的校閱者，他對許多章節提供了重要的意見。他從事軟體工程師及 IT 培訓師的工作已逾 25 年，目前任職於倫敦的 South Back 大學，進行程式設計及支援 VMware 環境的 Linux。
- Jens Thoms Törring 是物理學家轉行當程式設計師的優良傳統，產出大量的開放原始碼，包含裝置驅動程式及其他軟體。Jens 驚人地校閱了各類章節，並對於每一章節能如何改進，都提出獨特且有價值的見解。

許多其他技術校閱者也閱讀了本書的各部份，並提出了諸多寶貴意見。筆者在此表達感謝（以姓氏字母順序排列）：George Anzinger（MontaVista Software）、Stefan Becher、Krzysztof Benedyczak、Daniel Brahneborg、Andries Brouwer、Annabel Church、Dragan Cvetkovic、Floyd L. Davidson、Stuart Davidson（Hewlett-Packard Consulting）、Kasper Dupont、Peter Fellinger（jambit GmbH）、Mel Gorman（IBM）、Niels Göllesch、Claus Gratzl、Serge Hallyn（IBM）、Markus Hartinger（jambit GmbH）、Richard Henderson（Red Hat）、Andrew Josey（The Open Group）、Dan Kegel（Google）、Davide Libenzi、Robert Love（Google）、H.J. Lu（Intel Corporation）、Paul Marshall、Chris Mason、Michael Matz（SUSE）、Trond Myklebust、James Peach、Mark Phillips（Automated Test Systems）、Nick Piggin（Novell SUSE 實驗室）、Kay Johannes Potthoff、Florian Rampp、Stephen Rothwell（IBM Linux 技術中心）、Markus Schwaiger、Stephen Tweedie（Red Hat）、Britta Vargas、Chris Wright、Michal Wronski 以及 Umberto Zamuner。

除了技術校稿專家，筆者還收到來自各界人士及組織的各種幫助。

感謝下列等人答覆筆者的技術問題：Jan Kara、Dave Kleikamp 及 Jon Snader。感謝 Claus Gratzl 和 Paul Marshall 在系統管理方面的幫助。

感謝 Linux 基金會（LF），在 2008 年期間，贊助我為研究人員（Fellow），可全職參與 *man-pages* 專案的工作，並進行 Linux 程式設計介面的測試及設計審查工作。雖然全職研究員的身份沒有對本書提供直接的資金支援，但讓筆者得以養家糊口，這讓筆者能投入全職的時間於撰寫文件及測試 Linux 程式設計介面，也惠及筆者的「私人」專案。拋開公事不談，我要感謝 Jim Zemlin 可以當我在 LF 工作的「介面（interface）」，並感謝 LF 技術諮詢委員會的專家，感謝他們願意支持我的申請。

感謝 Alejandro Forero Cuervo 對本書書名的建議！

25 年前，Robert Biddle 在我為攻讀第一個學位之際，激起我對 UNIX、C 以及 Ratfor 的興趣，謝謝你。接著我要感謝的人雖然與本書並無直接關聯，但當我在紐西蘭 Canterbury 大學攻讀第二個學位時，你們就鼓勵我在寫作道路上堅持下去，在此，我要向你們表示感謝，Michael Howard、Jonathan Mane-Wheoki、Ken Strongman、Garth Fletcher、Jim Pollard，及 Brian Haig。

Richard Stevens 撰寫了幾部 UNIX 程式設計及 TCP/IP 的巨著，有很棒的技術資訊，數年來一直是我們這一輩視為圭臬的聖經讀本。讀過上述書籍的讀者都會注意到，本書與 Richard Stevens 的那幾本巨著看似相近。這並非偶然，當我在構思本書時，筆者曾從較為宏觀的角度反覆考量書籍的設計，最終發現 Richard Stevens 所採用的方法才是正解，正因如此，本書採用了與其相同的方式呈現。

感謝下列人士與組織為我提供 UNIX 系統，使我得以執行測試程式，並驗證其他 UNIX 系統的細節，感謝 Anthony Robins 和 Cathy Chandra 在紐西蘭 Otago 大學所提供的多種 UNIX 測試系統，感謝 Martin Landers、Ralf Ebner 和 Klaus Tilk 在德國慕尼黑（Munich）技術大學所提供的多種 UNIX 測試系統，感謝 HP 公司在 Internet 上免費開放他們的 testdrive 系統，感謝 Paul de Weerd 讓筆者可以存取 OpenBSD 系統。

衷心地感謝兩家慕尼黑公司及其老闆，這兩家公司不僅提供筆者彈性工作時間的機會和熱情的同事，並另外允許筆者在寫作本書時使用他們的辦公室。感謝 exolution 有限公司的 Thomas Kahabka 和 Thomas Gmelch，特別要感謝 jambit 有限公司的 Peter Fellinger 和 Markus Hartinger。

感謝下列人士對我提供的各方面的幫助，他們是 Dan Randow、Karen Korrel、Claudio Scalmazzi、Michael Schüpbach 和 Liz Wright。感謝 Rob Suisted 和 Lynley Cook 為封面和封底所提供的照片。

感謝下列人士以不同方式給作者以鼓勵和支援，他們分別是 Deborah Church、Doris Church 和 Annie Currie。

感謝 No Starch 出版社大批人馬為這個龐大創作專案所提供的各種幫助。Bill Pollock 從專案之初就一直秉持直言不諱的風格，始終對本書的完成充滿信心，並耐心地關注著專案的進展，我要對他表示感謝。感謝本書最初的責任編輯 Megan Dunchak。感謝本書的文字編輯 Marilyn Smith，無論我如何力求文字的清晰與一致，他總能從雞蛋裡挑出骨頭。本書的版面和設計由 Riley Hoffman 全面負責，在誤上賊船之後又擔起製作編輯的重責大任。Riley 總是不厭其煩地滿足我的請求，以求本書的排版無誤，最終結果堪稱完美，感謝你。

現在，我才體會出下面這句話的真正含義：「一人寫作，全家受累。」感謝 Britta 和 Cecilia 對我的支持，感謝你們能容忍我因寫作本書而長時間地不在家。

授權

感謝國際電機與電子工程師學會（The Institute of Electrical and Electronics Engineers）及國際開放標準組織（The Open Group）授權引用下列的標準內文，包含：IEEE Std 1003.1，2004 版、資訊技術標準－可攜的作業系統介面（Portable Operating System Interface，POSIX）， 以 及 The Open Group Base Specification Issue 6。完整的標準可以由此網址線上取得：*http://www.unix.org/version3/online.html*.

網站與程式範例的原始碼

本書的網站有提供相關資訊，包含勘誤表與範例程式的原始碼，網址為：*http://man7.org/tlpi/*.

意見回報

歡迎讀者提供錯誤回報（bug report）、對於程式碼改進的建議，或可以更進一步改善程式碼之可攜。關於書本的錯誤及對於內文解釋的任何建議。（目前勘誤表位於網址：*http://man7.org/tlpi/errata/*.）由於 Linux 的 API 經常更新，而且有時更新頻率會相當頻繁，所以有時會無法即時更新，筆者非常樂於收到任何新功能的建議，並可能會納入本書的下一版內容。

Michael Timothy Kerrisk
德國，慕尼黑與紐西蘭，基督城
2010 年 8 月
mtk@man7.org

譯序

本書的內容包含 Linux/UNIX 系統程式設計，讀者可以將本書當作系統程式設計 API 大全，由於書中的程式範例豐富，所以亦可做為系統程式設計的練功本。作者深入淺出地介紹相關系統呼叫（system call），不僅能夠引導學習如何使用系統呼叫，有時也會提及系統呼叫在 Linux 核心（kernel）底層、或一些函式庫（library）在底層的運作行為。

本書在前三個章節主要是概略介紹 Linux/UNIX 相關歷史，以及本書所涵蓋的系統程式基本概念，從第四章之後，則開始針對不同主題詳加說明，所以讀者也可以直接參考目錄選讀需要的技術。由於每個人對於中文譯詞的主觀感受不同，所以我們盡量在第一次提及技術名詞時，中文與原文名詞並列。此外，索引詞也會保留原文與中文術語的對照，讀者亦可以善加利用本書最後的索引表。

我們要特別感謝碁峰資訊－蔡彤孟先生的協調，以及下列擔任校閱者（reviewer）的專家學者與好友，幫忙校閱內文，有了他們的鼎力相助，使得本書品質再獲提昇：

- 成大電機－郭鎮頴先生（第 1、2 章）
- 成大電機－李朝陽博士（第 10 章）
- 宜蘭資工－蔡崇煒教授（第 12 章）
- 成大電機－倪瑞忠博士（第 20、21、22 章）
- 閎捷精密－謝琮閔經理（第 23、36、37 章）
- Wenij 與 Kelly 前輩（第 26、27、28 章）
- 和沛科技－宣拔主任工程師（第 30、31、32、33 章）
- 台中教育大學資工－張林煌教授（第 34 章）
- 成大電機－郭振忠博士（第 35 章）
- 立景光電－劉峰哲資深工程師（第 41、42、43、44 章）
- 中正資工－賴槿峰教授（第 56、57、58、59、60、61 章）
- 上海海事大學－馬奕葳教授（TCP/IP 基礎概念章節）

中文的內容已在初版定稿前，依照原著於網站提供的勘誤表同步修正，雖經潤飾與校稿，但多達 1,500 多頁的內容難免有所疏漏，懇請讀者來信建議，我們會持續維護並將修訂內容公佈在中文版網站，謝謝大家。

電子信箱：*tlpi@netdpi.net*

中文網站：*http://tlpi.netdpi.net*

廖明沂、楊竹星

2016.09 於成功大學電機系

1

淺談歷史與標準

Linux 是 UNIX 作業系統家族中的一員。就電腦的發展而言，UNIX 歷史悠久。本章的第一部分會簡要介紹 UNIX 的歷史，以對 UNIX 系統和 C 程式設計語言起源的回顧拉開序幕，接著會介紹目前 Linux 系統成功的兩大關鍵因素：GNU 專案與 Linux 核心（kernel）的開發。

UNIX 系統最受人矚目的功能之一，是其開發不會受限於某個廠商或組織。反而有許多團體（不僅有商業團體，也有非商業團體）都曾為 UNIX 的演進做出貢獻。這個淵源使 UNIX 將各開創性的功能集大成於一身，但同時也帶來了負面影響，隨著時間的轉移，UNIX 系統漸趨分裂。因此，要設計能在全部 UNIX 系統上執行的應用程式是越來越困難。這又導致了人們對 UNIX 系統標準化的呼聲越來越高，本章的第二部分將探討這個問題。

> 對 UNIX 的定義通常有兩種。其一是指通過 SUS 所規範的官方統一測試，且由 OPEN GROUP（UNIX 商標的持有者）正式授權稱為「UNIX」的作業系統。在寫作本書之際，尚無開放原始碼的 UNIX 系統（例如，Linux 和 FreeBSD）具有「UNIX」稱謂。
>
> 在第二種定義中，UNIX 是指運作方式類似傳統 UNIX 系統的作業系統（比如，最初貝爾實驗室的 UNIX 系統，及其後來主要分支的 System V 和 BSD）。依此定義，一般會將 Linux 視為 UNIX 系統（如同現代的 BSD 系統）。儘管本書會密切關注 SUS，但也會遵循對 UNIX 的第二種定義，因此諸如「Linux，像其他 UNIX 系統一樣……」這樣的說法，會在書中頻繁出現。

1.1 UNIX 和 C 語言簡史

在 1969 年，在 AT&T 電信公司所屬的貝爾實驗室，Ken Thompson 開發了第一個 UNIX 系統。該系統使用 Digital PDP-7 迷你電腦的組合語言開發。UNIX 這個名稱是「MULTICS（多工資訊及計算服務，*Multiplexed Information and Computing Service*）」一詞的雙關語，而 MULTICS 之名出自於一個早期的作業系統開發專案，該專案由 AT&T、MIT（麻省理工學院）及奇異公司共同開發。（因為未能開發出一款經濟實用的作業系統，該專案首戰失利。沮喪之餘，AT&T 隨即退出此專案。）Thompson 設計新作業系統的某些靈感就是源自 MULTICS，其中包括：樹狀結構的檔案系統、以獨立的程式完成直譯指令（shell），以及將檔案視為無結構位元組串流（unstructured streams of bytes）的概念。

在 1970 年，AT&T 的工程師們在新採購的 Digital PDP-11 迷你電腦上，用組合語言重寫了 UNIX。在當時，Digital PDP-11 算得上是最新穎、功能也最為強大的電腦了。從大多數 UNIX 系統（包括 Linux）沿用至今的各種名稱上，仍能發現這一 PDP-11 實作所殘留的歷史遺跡。

接著，Dennis Ritchie（Thompson 在 bell 實驗室的同事，UNIX 開發的早期合作者）設計並實作出了 C 程式設計語言。這裡有一個演變過程：C 語言傳承自早期的直譯式的 B 語言；B 語言最初由 Thompson 實現，但其所包含的許多理念卻來自於更早期的 BCPL 程式語言。到了 1973 年，C 語言步入了成熟期，人們能夠使用此新語言幾乎重新設計整個 UNIX 核心（kernel）。UNIX 因此也一變而為最早以高階語言開發而成的作業系統之一，這也促成了 UNIX 系統後續向其他硬體架構的移植。

從 C 語言的起源不難看出為什麼 C 語言及其「後裔」C++ 是當今使用最為廣泛的系統程式設計語言。早期流行的程式設計語言其設計初衷並不在於此，例如：FORTRAN 語言意在幫助工程師和科學研究工作者進行數學計算，COBOL 語言則是在商業系統中用來處理紀錄導向的資料串流（streams of record-oriented data）。C 語言的出現，填補了當時系統程式設計方面的語言空白。與 FORTRAN 和 COBOL 不同（這兩種程式設計語言均由大型組織設計開發），C 語言的設計理念和設計需求出自於幾位程式師的構思，他們的目標很單純：為實現 UNIX 核心及其相關軟體而開發一種高階語言。像 UNIX 作業系統本身一樣，C 語言由專業程式師設計而為己用。其最終結果堪稱完美：C 語言的設計前後連貫，且支援模組化設計，成為短小精幹、高效實用、功能強大的程式設計語言。

UNIX 的第一版到第六版

在 1969 至 1979 年間，UNIX 歷經了多次的發佈釋出，也稱為版本（edition）。實質上，這些發佈是 AT&T 對 UNIX 進行演進開發時的一系列版本快照。（Salus，1994）記錄了 UNIX 前六版的發佈日期如下：

- 1971 年 11 月發佈的第一版：當時，UNIX 還在 PDP-11 上運作，但已經有附帶 FORTRAN 編譯器，許多被沿用至今的程式都有雛形，包含：*ar*、*cat*、*chmod*、*chown*、*cp*、*dc*、*ed*、*find*、*ln*、*ls*、*mail*、*mkdir*、*mv*、*rm*、*sh*、*su* 以及 who。
- 1972 年 6 月發佈的第二版：當時，AT&T 內有 10 台電腦安裝了 UNIX。
- 1973 年 2 月發佈的第三版：該版本包括了 C 編譯器，以及管線（PIPE）的初版實作。
- 1973 年 11 月發佈的第四版：這也是幾乎完全以 C 語言重寫的 UNIX 版本首發。
- 1974 年 6 月發佈的第五版：當時，UNIX 的裝機數量已經超過了 50 台。
- 1975 年 3 月發佈的第六版：這也是在 AT&T 之外廣泛使用的 UNIX 版本首發。

在此期間，UNIX 使用範圍從 AT&T 自內而外逐步擴展，聲名也隨之遠播。（Ritchie & Thompson，1974）在有許多讀者的「ACM 通信（*Communication of the ACM*）」期刊發表了一篇關於 UNIX 的論文，這使得 UNIX 知名度大幅提升。

當時，在美國政府的授權下，AT&T 壟斷全美的電信市場。AT&T 與美國政府達成的協議條款禁止 AT&T 涉足軟體銷售行業，意思是 AT&T 不能將 UNIX 做為產品銷售。相反，從 1974 年的 UNIX 第五版開始，AT&T 允許大學只要付出象徵的授權費用就能使用 UNIX 系統，此現象在第六版更為顯著。UNIX 系統的大學授權版包括了相關檔案及核心原始碼（當時，核心原始碼約為 10,000 行左右）。

AT&T 授權給大學的 UNIX 大為促進此作業系統的普及與使用。時至 1977 年，UNIX 已經在約 500 個站台運作，其中包括了全美及其他國家的 125 所大學。當時的商業作業系統非常昂貴，UNIX 則為大學提供了一種互動式多使用者的作業系統，可謂物美價廉。此外也提供大學的資訊科技真實作業系統的原始碼，讓他們可以修改原始碼，並提供學生學習與實驗用途。這些學會 UNIX 知識的學生後來成為了 UNIX 的推手。另外有些學生則成立或加入許多新興公司，其業務主要是銷售廉價的電腦工作站，而在上面運作的正是易於移植的 UNIX 作業系統。

BSD 和 System V 的誕生

發佈於 1979 年 1 月的 UNIX 第七版改善了系統的可靠性，配備了延伸式檔案系統（exhanced file system）。該版本還附帶了不少新的工具軟體，其中包括：*awk*、*make*、*sed*、*tar*、*uucp*、Bourne shell 以及 FORTRAN 77 編譯器。

第七版 UNIX 發佈的重要意義還在於，從該版本起，UNIX 分裂為兩大分支：BSD 和 System V。接下來會簡述二者的由來。

受母校加州大學柏克萊（Berkeley）分校之邀，Thompson 於 1975/1976 學年曾擔任該校的客座教授。在此期間，他與研究生們一起為 UNIX 開發了許多新功能。（他的學生之一，Bill Joy，後來與人共同創建昇陽微系統公司（Sun Microsystems），這是最早涉足 UNIX 工作站市場的公司。）光陰荏苒，許多 UNIX 的新工具和新特性又陸續在柏克萊分校問世，這包括：C shell、vi 編輯器、一套改善過的檔案系統（*the Berkeley Fast File System*）、sendmail、Pascal 語言編譯器，以及用於新型 Digital VAX 架構的虛擬記憶體管理機制。

其命名為 BSD（柏克萊軟體套件，Berkeley Software Distribution）的 UNIX 版本（包括原始碼在內）分發頗廣。1979 年 12 月，誕生了首個完整的 UNIX 發佈版 3BSD。（之前發佈的 Berkeley-BSD 和 2BSD 並非完整的 UNIX 發佈版，僅含由柏克萊分校開發的新工具。）

1983 年，加州大學柏克萊分校的電腦系統研究小組（*Computer Systems Research Group*）發佈了 4.2BSD。該版本的發佈意義深遠，因為其包含了完整的 TCP/IP 實作，其中包括通訊端應用程式設計介面（API）以及各種網路工具。4.2BSD 及其前身 4.1BSD 在世界上多所大學開始廣為流傳。以這兩者為基礎，還形成了 SunOS 作業系統（始作於 1983 年），這是由 SUN 公司銷售的 UNIX 變種。其他重要的 BSD 版本還有發佈於 1986 年的 4.3BSD，以及發佈於 1993 年的最終版本 4.4BSD。

> 最初將 UNIX 移植到硬體的時間是在 1977 年和 1978 年，但不是移植到 PDP-11，當時，Dennis Ritchie 和 Steve Johnson 將 UNIX 移植到 Interdata 8/32 上，而此時，在澳洲 Wollongong 大學的 Richard Miller 也將 UNIX 移植到 Interdata 7/32。柏克萊分校的 Digital Vax 移植（又稱為 32V），則是基於 John Reiser 和 Tom Lodon 之前（1978 年）的移植版本，32V 版本在本質上與 PDP-11 的 UNIX 第七版相同，只是有較大的位址空間及資料型別。

在此同時，美國的反托拉斯法案強制拆分 AT&T（於 20 世紀 70 年代中期開始立案，到 1982 年 AT&T 正式解體），隨即失去了電信系統市場的壟斷地位，AT&T 也因而獲准銷售 UNIX。這也催生了 1981 年 System III（3）的發佈。System III

由 AT&T 所屬的 UNIX 支援小組（UNIX Support Group，USG）研發，該團隊聘請數以百計的研發人員來改善強化 UNIX 系統及開發應用（尤其是文件預備套件及軟體開發工具）。1983 年，System V 的首個發佈版又隨之而至，在經過一系列發佈後，USG 最終於 1989 年推出了 System V Release 4（SVR4），此時的 System V 納入了 BSD 的諸多功能，包含網路功能。AT&T 將 System V 授權給不同廠商，這些廠商又將其作為自身 UNIX 系統的基礎。

因此，除了遍佈於學術界的各種 BSD 發佈版本，到 20 世紀的 80 年代末期，商業的 UNIX 系統在各種硬體架構上都有了廣泛應用。這包括：Sun 公司的 SunOS，以及後來的 Solaris；Digital 公司的 Ultrix 和 OSF/1（在歷經一系列的更名和收購後，現稱為 HP Tru64 UNIX）；IBM 公司的 AIX；HP 公司的 HP-UX；NeXT 公司的 NeXTStep；在 Apple Macintosh 機上的 A/UX；以及 Microsoft 和 SCO 公司聯合為 Intel x86-32 架構開發的 Xenix。（在本書，我們將 x86-32 架構的 Linux 系統稱為 Linux/x86-32。）此局面與當時典型的特有硬體搭配專有作業系統的模式形成了鮮明對照，當時每個廠商只生產一種或至多幾種特有的電腦晶片架構，並銷售在該硬體架構上執行的專有作業系統。大多數廠商系統的這種特有特性，意謂著消費者只能被綁在同一個供應商，若要轉換到另一個特定的作業系統和硬體平台，其代價是十分高昂的，不但需要移植現有的應用程式，還需要重新培訓操作人員。以商業角度來看，因為考慮上述的因素，加上各個廠商紛紛推出了價格低廉的個人 UNIX 工作站，UNIX 系統逐漸開始展現可攜性的魅力。

1.2 Linux 簡史

Linux 這個技術名詞通常用來代表一個類 UNIX（UNIX-like）的作業系統，而 Linux 核心只是其中的一部分。這麼定義或許有些不太貼切，因為一般商業 Linux 發佈版中所含的諸多關鍵元件實際上是源自另一個專案，早在 Linux 問世的前幾年就已經開始進行了。

1.2.1 GNU 專案

Richard Stallman 是個天才型程式設計師，之前一直於 MIT 服務，他在 1984 年開始著手建立一個「自由的（free）」UNIX 系統。Stallman 的觀點屬於道德層面，而對「free」一詞的定義則屬於法律範疇而非經濟範疇（請參照 *http://www.gnu.org/philosophy/free-sw.html*）。然而，Stallman 所描述的這一法律意義上的「自由（freedom）」卻蘊含著弦外之音：「應可免費或以低價獲得諸如作業系統之類的軟體」。

對於那些在專有作業系統上強加限制條款的電腦廠商來說，Stallman 的這一舉動無疑妨害了他們的利益。所謂的限制條款是指：在一般情況下，電腦軟體的消費者不但無權閱讀自己所購軟體的原始碼，而且還不可複製、不可更改及不可重新發行所購軟體。Stallman 指出，在這種體制之下，只會造成程式師之間勾心鬥角、敝帚自珍的局面，無法合作與共用成果。

因此，為了開發出一套完整、可自由取得、包含核心及所有相關套裝軟體的 UNIX-like 系統，Stallman 發起 GNU 專案（GNU's not UNIX 的遞迴式縮寫），並積極招募有志之士。在 1985 年，Stallman 創立了自由軟體基金會（FSF）非營利機構，以支持 GNU 專案和廣義意義的自由軟體發展。

> GNU 專案成立時，BSD 還不具備 Stallman 所指的那種「free」屬性。使用 BSD 不但仍需獲得 AT&T 的許可，而且用戶不得隨意修改並重新發佈 BSD 中 AT&T 擁有產權的程式碼。

GNU 專案的重要成果之一是制定了 GNU GPL（通用公共授權合約），這也是 Stallman 宣導的自由（free）軟體概念在法律上的展現。Linux 發佈版中的大多數軟體，包括 Linux 核心，都是以 GPL 或與之類似的授權合約發佈的。以 GPL 授權合約發佈的軟體不但必須開放原始碼，而且應能在 GPL 條款的約束下自由對其進行重新發佈。可以不受限制的修改以 GPL 授權合約發佈的軟體，但任何經修改後發佈的軟體仍需遵守 GPL 條款。若經過修改的軟體以二進位（可執行的）格式發行，那麼軟體的修改者必需滿足軟體使用者的以下要求：「能以不高於發行成本的價格，獲得修改後的軟體原始碼。」GPL 的第一版發佈於 1989 年。當前的授權合約版本為 2007 年發佈的第三版。此授權合約的第二版於 1991 年發佈，至今仍在廣泛使用，Linux 核心就是以該版授權合約發佈的。（對各種自由軟體授權合約的討論可參考「St. Laurent，2004」與「Rosen，2005」）。

最初，GNU 專案未能開發出能夠有效運作的 UNIX 核心，但卻開發了大量其他程式。由於這些程式全都針對 UNIX-like 系統而設計，因此（理論上）可能都能在現有的 UNIX 系統上執行（實際上也是如此），甚至，有時還被移植到了其他作業系統。Emacs 文字編輯器、GCC（原名為 GNU C 編譯器，現在更名為 GNU 編譯器集合，集合了 C、C++，以及其他程式設計語言的編譯器）、*bash* shell 以及 *glibc*（GNU C 函式庫），都是 GNU 專案的成果。

到了 20 世紀 90 年代早期，GNU 專案已經開發出了一套幾乎完整的作業系統，除了還缺少其中最重要的一環：能夠有效運轉的 UNIX 核心。於是，GNU 專案以 Mach 微核心為基礎，發起了一項大型核心設計計畫，稱為 GNU/HURD 計畫。然而，時至今日，HURD 的發佈還遙遙無期（在寫作本書之際，HURD 的研發尚在進行中，該核心目前只能在 x86-32 架構運行）。

由於組成 Linux 系統的程式碼中，有許多部分是源自 GNU 專案，因此 Stallman 偏好使用「GNU/Linux」一詞來稱呼整個系統。這個名稱問題（Linux Vs. GNU/Linux）在自由軟體社群經常引發了一些爭論。因為本書主要著重於 Linux 核心的 API，所以我們通常採用「Linux」一詞。

萬事具備，只欠核心。只要再擁有一個能夠有效運作的核心，就能使 GNU 專案開發出的 UNIX 系統功德圓滿了。

1.2.2 Linux Kernel

在 1991 年有一位芬蘭赫爾辛基大學的學生，Linus Torvalds 在外界的激勵下為自己的 Intel 80386 個人電腦開發了一個作業系統。在一門學習課程中，Torvalds 開始接觸 Minix，此系統是由荷蘭大學教授 Andrew Tanenbaum 於 20 世紀 80 年代中期開發的一款小型、UNIX-like 的作業系統核心。Tanenbaum 將 Minix 連同原始碼完全開放，作為大學作業系統設計課程的教學工具。人們可以在 386 系統上建構並執行 Minix 核心。當然，正因為其主要用於教學，Minix 在設計上幾乎獨立於硬體架構，故而也未對 386 處理器的能力充分加以利用。

因此，為了開發出一個高效而又功能齊備的 UNIX 核心，Torvalds 開始獨立進行。數月之後，Torvalds 開發出一個核心的雛形，可以編譯並執行各種的 GNU 程式。隨後，於 1991 年 10 月 5 日，為求得其他程式師的幫助，Torvalds 在 Usenet 新聞群組 *comp.os.minix* 上就其核心 0.02 版發表了如下聲明，如今已被廣為引用。

> 您是否還懷念從前那美好的 Minix-1.1 時光，想要像以前的人一樣，有男子氣概、能自己設計驅動程式呢？您是否沒有好的專案可以參與並大展身手呢？您是不是對 Minix 系統的事物感到挫折呢？您不想再只是為了讓漂亮的程式執行而熬夜了嗎？若是如此，您就是本文所找尋的對象。我曾在一個月前說過，我正在做一個免費的作業系統，看起來類似 Minix，這個系統可以在 AT-386 電腦執行。現在它已經可以用了（雖然不一定符合您的需求），而且我願意公佈這些程式碼。雖然只是 0.02 版本，不過我已經成功在此系統上執行了 bash、gcc、gnu-make、gnu-sed、compress 等程式。

為了傳承 UNIX 歷史悠久的光榮傳統，在對 UNIX 系統的攀擬版本命名時，通常會以字母「X」結尾，而我們最後將這個核心命名為 Linux。在剛開始，Linux 的使用授權合約比較嚴謹，但 Torvalds 很快地將它歸於 GNU GPL 陣營。

Torvalds 登高一呼，其他程式設計師與 Torvalds 一起加入了 Linux 的開發行列，增加許多新功能，比如：改良的檔案系統、網路功能、設備驅動程式，以及多處理器的支援。到了 1994 年 3 月，開發者們發佈了 Linux 1.0 版本。隨之，

Linux 1.2 發佈於 1995 年 3 月，Linux 2.0 發佈於 1996 年 6 月，Linux 2.2 發佈於 1999 年 1 月，Linux 2.4 發佈於 2001 年 1 月。核心 2.5 版本的開發始於 2001 年 11 月，並最後在 2003 年 12 月發佈了 Linux 核心 2.6 版本。

題外話：BSD

值得一提的是，20 世紀 90 年代初，另一種可以免費獲得的 UNIX 也能在 x86-32 硬體架構上運作。Bill 和 Lynne Jolitz 將已成熟的 BSD 系統移植到 32 位元的 x86 cpu 上，命名為 386/bsd。這項移植工作基於 BSD Net/2（發佈於 1991 年 6 月），即 4.3BSD 原始碼的其中一個版本，主要針對六個無法輕易更換的原始碼檔案，此版本中僅存的全部 AT&T 專有原始碼，不是全部改掉，就是予以刪除。Jolitzes 夫婦將 Net/2 程式碼移植到 x86-32 硬體架構，重寫不足的程式碼，並於 1992 年 2 月發佈了 386/BSD 的第一個版本（0.0 版本）。

在初戰告捷後，對 386/BSD 的開發工作便出於各種原因而停滯不前。面對日漸積壓的大量補丁程式（patch），另外兩組開發團隊伺機而動，基於 386/BSD 分別建立了自己的版本：NetBSD 和 FreeBSD。前者著重於大量硬體平台的可攜性；後者則主要著重於效能，並成為如今應用最為廣泛的 BSD。1993 年 4 月，NetBSD 第一版（版本號為 0.8）發佈。FreeBSD 的第一個 CD-ROM 版本（版本號為 1.0）則發佈於 1993 年 12 月。1996 年，OpenBSD 在從 NetBSD 專案分支出去之後，也發佈了最初版（版本號 2.0）。相較而言，OpenBSD 偏重於安全性。2003 年中期，在與 FreeBSD 4.x 分道揚鑣之後，一款新型的 DragonFly BSD 又浮出水面。DragonFly BSD 採用的設計方法與 FreeBSD 5.x 有所不同，能夠支援對稱的多處理器（SMP）架構。

若是不提及 20 世紀 90 年代初 UNIX System Laboratories（USL，AT&T 獨立出去的子公司，專門從事 UNIX 的開發和銷售）與 Berkeley 的那場官司，那麼對 BSD 的介紹恐怕就不算完整。1992 年初，Berkeley Software Design，Incorporated 公司（BSDi，如今隸屬於 Wind River 公司）開始發行商業支援的 BSD UNIX（BSD/OS）以 Net/2 發佈版以及 Jolitze 夫婦所開發的 386/BSD 功能為基礎。BSDi 的發佈版包含執行檔及原始程式碼，售價 995 美元，此外，BSDi 還建議潛在客戶使用其電話號碼 1-800-ITS-UNIX。

1992 年 4 月，USL 對 BSDi 提出訴訟，訴狀稱 BSDi 售出產品中含有 USL 專有原始碼及商業機密，要求其停止銷售。此外，訴狀還指稱 BSDi 的電話號碼容易誤導消費者，要求 BSDi 停止使用。這場訴訟愈演愈烈，最後還加入了對加州大學的索賠請求。法院最後幾乎駁回了 USL 全部的訴訟請求，僅對其中的兩項請求予以支持。隨後，加州大學又針對 USL 發起訴訟，訴稱：USL 沒有為 System V 中所用的 BSD 程式碼支付費用。

在這場訴訟懸而未決之際，USL 已被 Novell 併購，當時的 Novell CEO（Ray Noorda）公開聲稱：與其在法庭辯論，自己的公司寧可參與市場競爭。雙方最終於 1994 年 1 月達成庭外和解。移除 Net/2 release 的 18,000 個程式碼檔案中的 3 個檔案，對若干其他檔案進行細部的修改，並為其他大約 70 個檔案增加 USL 版權的注意事項後，加州大學仍可繼續自由發佈 BSD。在 1994 年 6 月，經過修改的系統以 4.4BSD-Lite 之名發佈（1995 年 6 月，加州大學發佈了最後一版 4.4BSD-Lite，版本號為 Release 2）。此時，根據和解條款，BSDi、FreeBSD 以及 NetBSD 紛紛以經過修改的 4.4BSD-Lite 程式碼替換了各自的 Net/2 基礎程式碼。據（McKusick 等人，1996）一書的記述，即使這對於 BSD 衍生系統的開發造成了一定程度的延誤，但也有其正向意義。加州大學電腦系統研究小組（Computer Systems Research Group）將從 Net/2 發佈之後的 3 年開發成果，重新同步到這些系統中。

Linux 核心版本號

與大多自由軟體專案一樣，Linux 也遵循儘早、經常的發佈模式，因而對核心的修訂會頻繁出現（有時甚至是每天都有）。隨著 Linux 使用者的增加，調整了發佈的模式，意在降低對現有使用者的影響。具體而言，在 Linux1.0 版本之後，核心開發者每次發佈所採用的核心版本編號方案是 *x.y.z*。*x* 表示主版本編號，*y* 為附屬於主版本號的次版本號，*z* 是從屬於次版本號的修訂版本號（細部的改進及 bug 修正）。

採用這樣的發佈模式，核心的兩個版本會一直處於開發之中。一個是用於生產系統的穩定（*stable*）分支，其次版本號為偶數；另一個是經常變動的開發（*development*）分支，其次版本號為奇數（當前穩定版次版本號 +1）。基本規則是（實際上並未嚴格遵守）應將所有新功能添加到核心目前的開發分支系列中，而對核心穩定分支系列的修訂應嚴格限定為細部的改進及 bug 修正。當開發者認為目前的開發分支已經適合發佈時，會將該開發分支轉換成新的穩定分支，並為其分配一個偶數的次版本號。例如，核心開發分支 2.3.*z* 會升等為核心穩定分支 2.4。

隨著 2.6 核心的發佈，核心開發模式再次發生改變。穩定核心版本之間的發佈間隔過長，因而導致諸多問題和不便，這是核心開發模型改變的主要原因（從 Linux 2.4.0 到 2.6.0 的發佈歷時近 3 年）。雖然還會就該模型的微調定期進行討論，但基本細節已經確定如下。

- 不再有穩定核心和開發核心的概念。每個新的 2.6.*z* 發佈版都可以包含新功能，其生命週期始於對新功能的追加，然後歷經一系列候選發佈版本讓新的功能穩定下來。當開發者認為某個候選版本足夠穩定時，便可將其作為核心 2.6.*z* 發佈。一般情況下，發佈週期約為 3 個月。

- 有時，也可能需要為某個穩定的 2.6.*z* 發佈版提供一些小的補丁程式，以修復 bug 或安全問題。如果這樣的修復工作具有足夠高的優先順序，並且確定補丁程式的正確性，那麼無須等待下一個 2.6.*z* 發佈版，可以直接以此補丁建立一個版本號，形如 2.6.*z*.*r* 的發佈版本，其中，*r* 作為該 2.6.*z* 核心版本的次修訂版序號。
- 額外責任將轉嫁給 Linux 發行廠商，由他們來確保隨 Linux 發行版本一同發行核心的穩定性。

本書後續各章有時會提及 API 發生的特定變化（比如，新增了系統呼叫或者系統呼叫發生變化時）的相應核心版本。在 2.6.*z* 系列之前，雖然大多數核心變化都見諸於具有奇數版本號的開發分支，但本書通常所指的是那些變化初次出現的穩定核心版本，這是因為大多數應用開發者一般都會使用穩定版的核心，而非開發版本。很多情況下，開發手冊會註明某一具體特性出現或發生變化時開發版核心的確切版本號。

對 2.6.*z* 系列核心所發生的改變，本書會注明確切的核心版本號。當書中提及 2.6 版本核心的新特性，且版本號又不帶“*z*”這一修訂版本號時，意指該特性是在 2.5 開發版核心中實作，並首度出現於穩定核心版本 2.6.0。

> 寫作本書之際，Linux 核心 2.4 的穩定版尚處於維護期，維護者們仍在將關鍵性的補丁和缺陷修正合併起來，定期發佈新的修訂版。這使得已安裝系統能繼續使用 2.4 核心，而無須升級到新的核心系列（有時升級是挺累人的工作）。

其他硬體架構的移植

在 Linux 開發初期，主要目標是針對 Intel 80386 的高效率系統實作，而沒有考慮移植到其他處理器架構的可攜性。然而，隨著 Linux 的日益普及，開始出現其他處理器架構的移植版本，首先就是移植到 Digital Alpha 晶片。Linux 所支援的硬體架構隊伍在持續壯大，其中包括：x86-64、Motorola/IBM PowerPC 和 PowerPC64、Sun SPARC 和 SPARC64（UltraSPARC）、MIPS、ARM（Acorn）、IBM zSeries（formerly System/390）、Intel IA-64（Itanium，請參閱 [Mosberger & Eranian，2002]）、Hitachi SuperH、HP PA-RISC，以及 Motorola 68000。

Linux 發行版本

準確說來，術語 *Linux* 只是指由 Linus Torvalds 和其他人所開發出的核心。可是，也常使用此術語來代表核心外加一大堆其他軟體（工具和函式庫）所構成的完整作業系統。*Linux* 草創之際，需要使用者自行組裝上述所有軟體，建立檔案系統，在檔案系統上正確地安裝並設定所有軟體。使用者不但要具備專業知識，還需為此耗費大量時間。如此一來，這便為 Linux 的發行商們開啟了市場，他們建立套裝軟體（發行版本），來自動完成大部分的安裝過程，其中包括了建立檔案系統以及安裝核心和其他所需軟體等。

Linux 的發行版本最早出現於 1992 年，包括 MCC Interim Linux（英國，曼徹斯特電腦中心）、TAMU（德克薩斯 A&M 大學）以及 SLS（SoftLanding Linux System）。至今健在的商業發行版本 Slackware 誕生於 1993 年。幾乎與此同時，也誕生了非商業的 Debian 發行版本，SUSE 和 Red Hat 緊隨其後。時下最流行的 Ubuntu 發行版本問世於 2004 年。如今，對於那些在自由軟體專案中表現活躍的程式師，許多 Linux 發行公司也會加以聘任。

1.3 標準化

20 世紀 80 年代末，可用的 UNIX 系統不斷推出，但也帶來了種種弊端。有些 UNIX 系統是基於 BSD，而另一些則基於 System V，還有一些則是兼容這兩大門派。甚至每個廠商都在自己的 UNIX 系統中添加了額外的功能。其結果是導致軟體及技術人員難以在不同的 UNIX 系統間進行轉移。這一形勢有力地推動了 C 語言和 UNIX 系統的標準化，使得應用程式能夠在不同作業系統之間便利地進行移植。接下來，將介紹由此而產生的各種標準。

1.3.1 C 程式設計語言

20 世紀 80 年代初，C 語言問世已達 10 年之久，在大量 UNIX 系統以及其他作業系統上都有實作，各種 C 語言的實作之間存在著細微差別，這是因為當時的 C 語言標準（Kernighan 和 Ritchie 於 1978 年所著的 *The C Programming Language* 一書）沒有敘述這些細節（有時，人們將書中所記載的老式 C 語言語法稱為**傳統 *C*** 或 ***K&R C***）。此外，借鑒於 1985 年面世的 C++ 語言，在不破壞現有程式的前提下，C 語言得以進一步豐富和完善，其中最知名的莫過於函式原型（function prototype）、結構賦值（structure assignment）、型別限定詞（const 與 volatile）、列舉型別以及 void 關鍵字。

上述因素是促成 C 語言標準化的強力推手，ANSI（美國國家標準委員會）C 語言標準（X3.159-1989）最終於 1989 年獲批，隨之於 1990 年被 ISO（國際標準組織）所採納（ISO/IEC 9899:1990）。這份標準在定義 C 語言語法和語義的同時，還對標準 C 語言函式庫操作進行了描述，這包括 stdio 函式、字串處理函式、數學函式、各種標頭檔等。通常將 C 語言的這一版本稱為 C89 或者（不太常見的）ISO C90，Kernighan 和 Ritchie 所著的 *The C Programming Language* 第 2 版（1988）對其有完整描述。

1999 年，ISO 又正式批准了對 C 語言標準的修訂版（ISO/IEC 9899:1999，請見 *http://www. open-std.org/jtc1/sc22/wg14/www/standards*）。通常將這一標準稱為 C99，其中包括了對 C 語言及其標準函式庫的一系列修改，諸如，增加了 long long 和布林資料型別、C++ 風格的註解（//）、受限指標以及可變長度的陣列等。寫作本書之際，C 語言標準的修訂（非正式命名為 C1X）仍在進行之中，預計將於 2011 年正式獲批。

C 語言標準獨立於任何作業系統，換言之，C 語言並不依附於 UNIX 系統。這也意謂著單純以標準 C 函式庫所寫的 C 語言程式可以移植到支援 C 語言的任何電腦或作業系統。

> 回顧歷史，過去的 ANSI C 通常指 C89，時至今日，這一用法還時有所見。GCC 就是一例，其限定詞 -ansi 意指"支援所有 ISO C90 程式"。然而，本書會避免這種用法，因為如今該術語的含義有些含糊不清。自從 ANSI 委員會批准了 C99 修訂版之後，確切說來，現在的 ANSI C 應該是 C99。

1.3.2 第一個 POSIX 標準

術語 POSIX（可移植作業系統 *Portable Operating System Interface* 的縮寫）是指在 IEEE（電機及電子工程師學會），確切地說，是其底下的可移植應用標準委員會（PASC, *http://www.pasc.org/*）所贊助開發的一系列標準。PASC 標準的目標是提升應用程式在原始碼級別的可攜性。

> POSIX 之名來自於 Richard Stallman 的建議。最後一個字母之所以是"*X*"是因為大多數 UNIX 變體之名總以"*X*"結尾。該標準特別注明，POSIX 應發音為"pahz-icks"，類似於"positive"。

本書會關注名為 POSIX.1 的第一個 POSIX 標準，以及後續的 POSIX.2 標準。

POSIX.1 和 POSIX.2

POSIX.1 於 1989 年成為 IEEE 標準，並在稍作修訂後於 1990 年被正式採納為 ISO 標準（ISO/ IEC 9945-1:1990）。無法線上取得這一 POSIX 標準，但能從 IEEE（*http://www. ieee.org/*）購得。

> POSIX.1 一開始是基於一個更早期的（1984 年）非官方標準，由名為 */usr/group* 的 UNIX 廠商協會制定。

符合 POSIX.1 標準的作業系統應向程式提供呼叫各項服務的 API，POSIX.1 文件對此訂立規範，凡是提供上述 API 的作業系統都可被認定為符合 POSIX.1 標準。

POSIX.1 基於 UNIX 系統呼叫和 C 函式庫，但無須與任何特殊系統相關。這意謂著任何作業系統都可以實作該介面，而不一定要是 UNIX 作業系統。實際上，在基於不用大改底層作業系統的前提，一些廠商透過增加 API，使自己的作業系統符合了 POSIX.1 標準。

對原有 POSIX.1 標準的許多擴充也是同樣重要。正式獲批於 1993 年的 IEEE POSIX 1003.1b（POSIX.1b，原名 POSIX.4 或 POSIX 1003.4）包含了一系列對基本 POSIX 標準的即時性擴充（realtime extentions）。正式獲批於 1995 年的 IEEE POSIX 1003.1c（POSIX.1c）定義了 POSIX 執行緒。1996 年產出了一個經過修訂的 POSIX.1 版本，不須修改核心內容，就能增加了即時性和執行緒擴充。IEEE POSIX 1003.1g（POSIX.1g）定義包括通訊端在內的網路 API。分別是 1999 年和 2000 年的 IEEE POSIX 1003.1d（POSIX.1d）和基於 POSIX 基礎標準的 POSIX.1j 所額外定義的即時性擴展。

> POSIX.1b 即時性擴展包括檔案同步、非同步 I/O、行程排程、高精度時鐘和計時器、使用號誌（semaphore）、共享記憶體（shared memory）及訊息佇列（message queue）達成行程（processes）之間的通信。這三種行程之間的通信方法，其稱謂前通常以 *POSIX* 為前綴，以區分與相似而較古老的 System V 號誌、共享記憶體及訊息佇列。

POSIX.2（1992，ISO/IEC 9945-2:1993）這一與 POSIX.1 相關的標準，對 shell 和包括 C 編譯器命令列介面在內的各種 UNIX 工具進行了標準化。

F151-1 和 FIPS 151-2

FIPS 是 Federal Information Processing Standard（聯邦資訊處理標準）的縮寫，這套標準由美國政府為規範其對電腦系統的採購而制定。FIPS 151-1 於 1989 年發佈。這份標準基於 1988 年的 IEEE POSIX.1 標準和 ANSI C 語言標準草案。FIPS 151-1 和 POSIX.1（1988）之間的主要差別在於：對後者來說，某些是選配的功能，而對於前者來說，是必須的功能。由於美國政府是電腦系統的「大戶」，多數電腦廠商都會確保其 UNIX 系統符合 FIPS 151-1 版本的 POSIX.1 規範。

FIPS 151-2 與 POSIX.1 的 1990 ISO 版保持一致，但在其他方面則保持不變。2000 年 2 月廢止已經過期的 FIPS 151-2 標準。

1.3.3 X/Open 公司和 The Open Group

X/Open 公司是由多家國際電腦廠商所組成的聯盟，致力於採納和改進現有標準，以制定出一套全面而又一致的開放系統標準。該公司編著的「X/Open 可攜性指南（*X/Open Portability guide*）」是一套基於 POSIX 標準的可攜性指導叢書。這份指南的第一個重要版本是 1989 年發佈的第三號（XPG3），XPG4 隨之於 1992 年發佈。1994 年，X/Open 又對 XPG4 做了修訂，從而誕生了 XPG4 版本 2，其中吸收了 1.3.7 節所述 AT&T System V 介面定義第三號中的重要內容。也將這一修訂版稱為 *Spec 1170*，而 1170 是指標準中所定義的介面（函式、標頭檔及指令）數量。

1993 年初，Novell 從 AT&T 收購了 UNIX 系統的相關業務，又在不久之後放棄了這項業務，並將 UNIX 商標權轉讓給了 X/Open。（這一轉讓計畫於 1993 年公佈，但法律限制將這一轉讓推遲到 1994 年初。）隨後，X/Open 又將 XPG4 版本 2 "重新包裝" 為 SUS（*Single UNIX Specification*）（有時，也叫 SUSv1）或稱之為 UNIX95。其內容包括：XPG4 版本 2，X/Open Curses 規範第 4 號版本 2，以及 X/Opena 聯網服務（XNS）規範第 4 號。SUS 版本 2（SUSv2，*http://www.unix.org/version2/online.html*）發佈於 1997 年，人們也將經過該規範認證的 UNIX 系統稱為 UNIX 98。（有時，該規範也被稱之為 XPG5。）

1996 年，X/Open 與開放軟體基金會（OSF）合併，成立 *The Open Group*。如今，幾乎每家與 UNIX 系統有關的公司或組織都是 The Open Group 的會員，該組織持續著對 API 標準的開發。

> OSF 是 20 世紀 80 年代末 UNIX 紛爭期間成立的兩家廠商聯盟之一。OSF 的主要成員包括 Digital、IBM、HP、Apollo、Bull、Nixdorf 和 Siemens。OSF 成立的主要目的是為了應對由 AT&T（UNIX 的發明者）和 SUN 公司（UNIX 工作站市場的領航者）結盟所帶來的威脅。隨之，AT&T、SUN 和其他公司結成了與 OSF 對抗的 *UNIX International* 聯盟。

1.3.4 SUSv3 和 POSIX.1-2001

始於 1999 年，出於修訂並加強 POSIX 標準和 SUS 規範的目的，IEEE、Open 集團以及 ISO/ IEC 聯合技術委員會共同成立了奧斯丁公共標準修訂工作小組（CSRG，*http://www. opengroup.org/ austin/*）。（該工作組的首次會議於 1998 年 9 月在德州奧斯丁召開，這也是奧斯丁工作組名稱的由來。）2001 年 12 月，該工作組正式批准了 POSIX 1003.1-2001，有時簡稱為 POSIX.1-2001（隨後，又獲批為 ISO 標準：ISO/IEC 9945:2002）。

POSIX 1003.1-2001 取代了 SUSv2、POSIX.1、POSIX.2 以及大批早期的 POSIX 標準。有時，人們也將該標準稱為 Single Unix Specification 版本 3，本書在後續內容中將稱其為 *SUSv3*。

SUSv3 基本規範約有 3700 頁，分為以下 4 部分。

- **基本定義**（XBD）：包含了定義、術語、概念以及對標頭檔內容的規範。總計提供了 84 個標頭檔的規範。
- **系統介面**（XSH）：首先介紹了各種有用的背景資訊。主要內容包含對各種函式（在特定的 UNIX 系統中，這些函式不是作為系統呼叫，就是作為函式庫的函式）的定義，總計包括了 1123 個系統介面。
- ***Shell* 和實用工具**（XCU）：明確定義了 shell 和各種 UNIX 命令的行為。總共定義了 160 個實用工具的行為。
- **基本原理**（XRAT）：包括了與前三部分有關的描述性文字和原理說明。

此外，SUSv3 還包含了 X/Open CURSES 第 4 號版本 2（XCURSES）規範，該規範針對 curses 螢幕處理 API 定義了 372 個函式和 3 個標頭檔。

在 SUSv3 中共計定義了 1742 個介面。與之形成鮮明對照的是，POSIX.1-1990（連同 FIPS 151-2）定義了 199 個介面，POSIX.2-1992 定義了 130 個實用工具。

SUSv3 規範可線上獲得，網址是 *http://www.unix.org/version3/online.html*。通過 SUSv3 認證的 UNIX 系統可被稱為 UNIX 03。

自 SUSv3 獲批以來，人們針對規範文本中所發現的問題進行了多次小規模的修復和改進。因此而誕生的 ***1* 號技術勘誤表**併入了 2003 年發佈的 SUSv3 修訂版，而 ***2* 號技術勘誤表**的改進成果則併入了 SUSv3 2004 修訂版。

符合 POSIX、XSI 規範和 XSI 擴充

回顧歷史，SUS（和 XPG）標準順應了相應 POSIX 標準，並被組織為 POSIX 的功能大集合。除了對許多額外介面作出規範外，SUS 標準還將諸多被 POSIX 視為選配的介面和行為規範作為必備項。

對於身兼 IEEE 標準和 OPEN 群組技術標準的 POSIX 1003.1-2001 而言（如前所述，POSIX 1003.1-2001 是由早期的 POSIX 和 SUS 標準合併而成），上述區別的存在方式更顯微妙。該文件定義了對規範的兩級符合度。

- *POSIX* **規範符合度**，就符合該規範的 UNIX 系統所必須提供的介面定義了基準。規範允許符合度達標的 UNIX 系統提供其他選配介面。
- XSI（*X/Open* 系統介面（*X/Open System Interface*））**規範符合度**，對 UNIX 系統來說，要想完全符合 XSI 規範，除了必須滿足 POSIX 規範的所有規定之外，還要提供若干 POSIX 規範中的選配介面和行為。只有這一規範符合度達標，才能從 OPEN GROUP 獲得 *UNIX03* 稱號。

人們將 XSI 規範符合度達標所需的額外介面和行為統稱為 XSI 擴充。這些擴支援以下特性：執行緒、*mmap()* 和 *munmap()*、*dlopen* API、資源限制、虛擬終端機、System V IPC、*syslog* API、*poll()* 以及登入記帳。

後續各章所提及的"符合 SUSv3 規範"是指"符合 XSI 規範"。

> 由於 POSIX 和 SUSv3 目前由同一份文件描述，因此在文件的正文中，對於滿足 SUSv3 符合度所需的額外介面和強制選項都以陰影和邊注形式加以標明。

未定義和未明確定義的介面

有時，我們會稱某些介面在 SUSv3 中「未定義」或「未明確定義」。

未定義的介面是指儘管偶爾會在背景和原理描述中提及，而未經正式標準定義過的介面。

未明確定義的介面是指標準雖然包括了該介面，但卻未對其重要細節進行規範。（通常是由於現有介面的實作差異導致標準委員會成員無法達成一致性意見。）

在使用未定義或未明確定義的介面時，我們無法完全保證可以將應用程式在不同的 UNIX 系統之間進行移植。因此，可攜的應用程式應該避免倚賴特定系統的實作行為。儘管如此，有些此類介面在不同實作的行為又相當一致。針對這些介面，本書通常會在提及時說明。

LEGACY（傳統）特性

書中有時會指出 SUSv3 將某個特定特性標記為 *LEGACY*。這一術語意謂著保留此特性意在與舊版的應用程式保持相容，而在新應用程式中應避免使用。這也是標準對此特性的限制所在。大多數情況都能找到與 LEGACY 特性等效的其他 API。

1.3.5 SUSv4 和 POSIX.1-2008

2008 年，奧斯丁工作群組完成了對已合併的 POSIX 和 SUS 規範的修訂工作。相較於先前的版本，該標準包含了基本規範以及 XSI 擴充。人們將這一修訂版本稱為 SUSv4。

與 SUSv3 的變化相比，SUSv4 的變化範圍不算太大，最顯著的變化如下所示：

- SUSv4 為一系列函式增加了新規範，本書將會介紹以下在新標準中定義的下列函式：*dirfd()*、*fdopendir()*、*fexecve()*、*futimens()*、*mkdtemp()*、*psignal()*、*strsignal()* 以及 *utimensat()*。另一組與檔案相關的函式（例如：*openat()*，參考 18.11 節）和現有函式（例如：*open()*）功能相同，其區別在於前者對相對路徑的解釋是相對於打開檔案描述符的所屬目錄而言，而非相對於行程的當前工作目錄。
- 某些在 SUSv3 中定義為選配的函式，在 SUSv4 中成為基本標準的必備部分。例如，某些原本在 SUSv3 中屬於 XSI 擴充的函式，在 SUSv4 中轉而隸屬於基本標準。在 SUSv4 中轉變為必備的函式有 dlopen API（42.1 節）、realtime signal API（22.8 節）、POSIX semaphore API（53 章）以及 POSIX timer API（23.6 節）。
- SUSv4 廢止了 SUSv3 中的某些函式，這包括 *asctime()*、*ctime()*、*ftw()*、*gettimeofday()*、*getitimer()*、*setitimer()* 以及 *siginterrupt()*。
- SUSv4 刪除了在 SUSv3 中標記為廢止的一些函式，這包括 *gethostbyname()*、*gethostbyaddr()* 以及 *vfork()*。
- SUSv4 對 SUSv3 現有規範的各方面細節進行了修改。例如，對於應滿足非同步訊號安全（async-signal-safe）的函式清單，二者內容就有所不同（見表 21-1）。

本書後文會就提及的相關主題指出在 SUSv4 中的修改。

1.3.6 UNIX 標準時間表

圖 1-1 總結了上述各節所述及各種標準之間的關係，並按時間順序對標準進行了排列。圖中的實線表示標準間的直接過渡，虛線則表示標準間有一定的瓜葛，這無非有兩種情況：其一，一個標準被併入了另一標準；其二，一個標準依附於另一個標準。

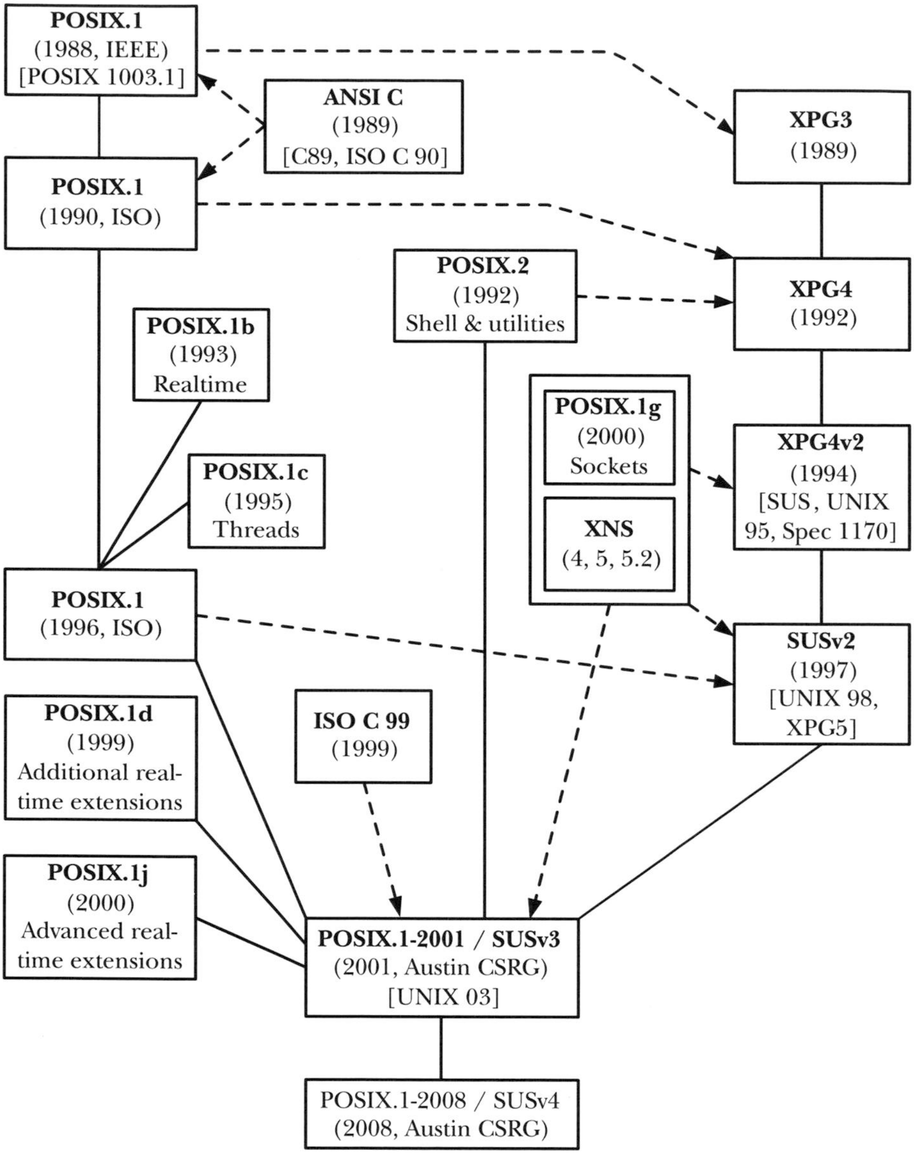

圖 1-1：各種 UNIX 和 C 標準之間的關係圖

在網路標準方面，情況稍微有些複雜。該領域的標準化工作始於 20 世紀 80 年代末期，成立了 POSIX 1003.12 委員會，對通訊端 API、XTI（X/Open 傳輸介面）API（另一套基於 System V 傳輸層介面的網路程式設計 API）以及各種相關的 API 進行規範。該標準的醞釀歷時數年，並於 2000 年獲得了批准。其間，POSIX 1003.12 更名為 POSIX 1003.1g。

在開發 POSIX 1003.1g 的同時，X/Open 也在開發自己的 X/Open 網路規範（XNS）。該規範的第一版 XNS 第 4 號隸屬於 SUS 首版。其後繼版本為 XNS 第 5 號，隸屬於 SUSv2。XNS 第 5 號與當時的 POSIX.1g 草案（6.6）基本相同。緊隨其後的 XNS 第 5.2 號與 XNS 第 5 號以及獲批為標準的 POSIX.1g 有所不同，將 XTI API 標記為作廢，並納入了於 20 世紀 90 年代中期開發的 IPv6。XNS 第 5.2 號構成了 SUSv3 中網路程式設計相關內容的基礎，如今已被取代。基於類似原因，POSIX.1g 在獲批後不久也退出了歷史舞臺。

1.3.7 實作標準

除了由獨立或各方組織所制定的標準，有時，人們也會提到由 4.4BSD（BSD 的最終版）和 SVR4（AT&T 的 System V Release 4）所定義的兩種實作標準。後者隨 AT&T 所發佈的 SVID（System V 定義）而正式出現。1989 年，AT&T 發佈了 SVID 第 3 號，定義了自稱為 System V Release 4 的 UNIX 系統所必須提供的介面。（從 *http://www.sco.com/ developers/devspecs/* 可以下載到 SVID。）

> 在 BSD 和 SVR4 之間，某些系統呼叫和函式庫函式行為各不相同，因此，許多 UNIX 系統都提供了相容函式庫和條件的編譯工具，可模擬非特定 UNIX 系統的任意一種 UNIX 特性（請參考 3.6.1 節）。這減輕了從另一 UNIX 系統移植應用程式的負擔。

1.3.8 Linux、標準、Linux 標準規範

遵守各種 UNIX 標準，尤其是符合 POSIX 和 SUS 規範，是 Linux（即核心、*glibc* 以及工具）開發的總體目標。可是，在寫作本書之際，尚無 Linux 發行版本被 The Open group 授予"UNIX"商標。造成這一問題的主要原因不外乎是時間和費用。為了獲得這一冠名，每個廠商的發行版本都要經受規範符合度檢查，每當有新的發行版本誕生，還需重複執行上述檢查。不過，由於 Linux 實際上幾乎符合各種 UNIX 標準，才會在 UNIX 市場上如此成功。

大多數商業 UNIX 系統都是由同一家公司來開發和發佈作業系統的。Linux 則有所不同，其實作與發行是分開的，多家組織（無論是商業性質還是非商業性質）都握有 Linux 的發行權。

Linus Torvalds 並不參與或支持任一特定 Linux 發行版本。然而，就參與 Linux 開發的其他人而言，情況更為複雜。許多從事 Linux 核心及其他自由軟體專案開發的人員若非受雇於各家 Linux 發行商，就是任職於對 Linux 有濃厚興趣的某些公司（諸如 IBM 和 HP）。這些公司允許其程式師為特定 Linux 專案的開發投入一定的工作時間，這雖然對 Linux 的發展方向有所影響，但還沒有哪家公司能夠

真正控制 Linux 的開發。更何況，很多參與 Linux 和 GUN 專案的其他開發者都是義工。

> 寫作本書之際，Torvalds 受雇成為 Linux 基金會會員（*http://www.linux-foundation. org*，之前的開放原始碼發展實驗室 OSDL），該基金會是一家由多個商業和非商業組織組成的非營利性聯盟，旨在推動 Linux 的成長。

由於 Linux 的發行商眾多，並且核心的開發者又無法控制 Linux 發佈版的內容，因此還沒有誕生"標準"的商業 Linux。一般情況下，每家 Linux 發行商所提供的核心都是基於某特定時間點發佈的主要核心（比如 Torvalds）版本的快照，最多不過針對其提供幾個補丁。

發行商普遍認為，這些補丁所提供的特性可以在一定程度上迎合商業需求，因而能夠提高市場競爭力。在某些情況下，主要核心版本稍後會提出補丁。實際上，某些新核心特性最初正是由某個 Linux 發行商開發而成，最終被納入主要核心版本之前，這些新特性早已隨著發行商的 Linux 發佈版銷售了。例如，被正式納入主線 2.4 核心版本之前，版本 3 的 *Reiserfs* 日誌檔案伺服器已經隨著某些 Linux 發佈版銷售很長時間了。

上面的論述所要說明的就是由不同 Linux 發行公司提供的系統（往往）存在（細微的）差別。這使人在一定程度上不禁想起在 UNIX 發展之初，其實作方面所存在的各種差異。為了保證不同 Linux 發佈版之間的相容性，LSB 付出了不懈的努力。為了達成上述願望，LSB（*http://www.linux-foundation.org/en/LSB*）開發並推廣了一套 Linux 系統標準，其主要目的是用來確保讓二進位應用程式（即編譯過的程式）能夠在任何符合 LSB 規範的系統上執行。

> 由 LSB 所推廣的二進位（binary）可攜性與 POSIX 所推廣的可攜程式碼可謂"一時瑜亮"。可攜式程式碼是指以 C 語言編寫的程式可在任何符合 POSIX 規範的系統上編譯並執行。而二進位可攜性則要苛刻得多，通常，只要硬體平臺不一，便無法實現。二進位可攜性允許我們在某特定平臺上將程式一次編譯"成型"，然後，便可在任何符合 LSB 標準的 Linux 系統實作上執行該編譯好的程式，當然，符合 LSB 標準的 Linux 系統必須運作在相同的硬體平台之上。對於在 Linux 上開發應用程式的獨立軟體發展商來說，二進位可攜性是其生存的基本前提。

1.4 小結

在 1969 年，貝爾實驗室（AT&T 的一個部門）的 Ken Thompson 在 Digital PDP-7 迷你電腦上首次實作了 UNIX 系統。對該作業系統而言，無論是理念還是其雙關語的稱謂都源於早期的 MULTICS 系統。時至 1973 年，UNIX 已經被移植到了 PDP-11 迷你電腦上，並以 C 語言重寫，C 程式設計語言是由貝爾實驗室的 Dennis Ritchie 設計並實作的。因為法律禁止 AT&T 銷售 UNIX，於是，在象徵性地收取了一定的費用之後，AT&T 索性將 UNIX 系統散佈進了大學。這其中包括了原始碼，因為這一廉價作業系統的程式碼可供大學電腦系的師生研究和修改，故而這一作業系統在校園內廣受歡迎。

在 UNIX 系統的開發方面，加州大學柏克萊分校扮演關鍵角色。在該校，Ken Thompson 及一些研究生又對這一作業系統進行了精雕細琢。到了 1979 年，這所大學發佈了屬於自己的 UNIX 發佈版（BSD）。這一發佈版在學術界廣為流傳，並在日後成為某些商業 UNIX 系統的基石。

在這段期間，隨著 AT&T 不再壟斷電信市場，該公司被獲准銷售 UNIX。這也就催生出了另一種 UNIX 的變種（System V），日後，它也成為了某些商業 UNIX 系統的基石。

有兩股不同的潮流引領著（GNU/）Linux 的開發。其中之一便是由 Richard Stallman 所創的 GNU 專案。20 世紀 80 年代末，GNU 專案已經開發出了一套幾乎完備且可以自由分發的 UNIX 系統，但獨缺一顆能夠有效運作的核心。1991 年，Linus Torvalds 受 Minix 核心（由 Andrew Tanenbaum 設計）所啟發，於是便開發出了一顆能夠在 Intel x86-32 架構上正常運作的核心。應 Torvalds 之邀，許多其他程式師也加入到了改進核心的行列中。隨著時光的流逝，在一些程式師的不懈努力下，Linux 逐漸發展壯大，並被移植到了多種硬體架構之上。

20 世紀 80 年代末，UNIX 和 C 語言的實作百家爭鳴，所引發的可攜性問題迫使人們開始對上述兩者進行標準化工作。1989 年，對 C 語言的標準化工作完成（C89 頒佈），在 1999 年，對 C89 這一標準進行了修訂（C99 頒佈）。在作業系統介面方面，對其第一次的標準化催生了 POSIX.1，1988 年和 1990 年，IEEE 和 ISO 先後將 POSIX.1 採納為標準。20 世紀 90 年代，人們又開始醞釀一個囊括各版 SUS 在內的更為詳盡的標準。2001 年，合二為一的 POSIX 1003.1-2001 和 SUSv3 標準頒佈。該標準合併並擴展了先前的 POSIX 標準和各版 SUS。2008 年，人們完成了對該標準的修訂（改動幅度不算太大）工作，於是，合二為一的 POSIX 1003.1-2008 和 SUSv4 標準浮出水面。

與大多數商業 UNIX 系統不同，Linux 的開發與發行並沒有關係。因此，並無單一的官方 Linux 發佈版。各家 Linux 發行商所提供的只是當前穩定核心的快照，最多提供補丁修正。LSB 開發並推廣了一套 Linux 系統標準，其主要目的是用來保證在硬體平台相同情況下，已編譯過的二進位應用程式在不同 Linux 發佈版之間的相容性，以便其能夠在任何符合 LSB 規範的作業系統上執行。

進階資訊

更多有關 UNIX 歷史及標準的資訊細節，請參考（Ritchie，1984）、（McKusick 等人，1996）、（McKusick & Neville-Neil，2005）、（Libes & Ressler，1989）、（Garfinkel 等人，2003）、（Stevens & Rago，2005）、（Stevens，1999）、（Quartermann & Wilhelm，1993）、（Goodheart & Cox，1994）以及（McKusick，1999）。

（Salus，1994）是一本詳盡的 UNIX 歷史書，本章的許多內容均取自該書。（Salus，2008）則回顧了 Linux 和其他自由軟體專案的簡史。此外，與 UNIX 歷史相關的許多細節都可以在 Ronda Hauben 所著的線上書籍 History of UNIX 中找到。在 *http://www.dei.isep.ipp.pt/~acc/ docs/unix.html* 上，可下載到該書。在 *http://www.levenez.com/unix/* 上，刊載了一張非常詳盡的、顯示了各種 UNIX 系統實作版本變遷的時間表。

（Josey，2004）概括了 UNIX 系統和 SUSv3 發展的歷史，在指導讀者如何使用 SUSv3 規範的同時，還提供了 SUSv3 所含介面的匯總表，除此之外，還提供從 SUSv2 和 C89 升級到 SUSv3 和 C99 的遷移指南。

除了提供軟體和文件之外，GNU Web 網站（*http://www.gnu.org/*）還刊載了許多與自由軟體專案有關的哲學性文章。（Williams，2002）是一本 Richard Stallman 的個人傳記。

在（Torvalds & Diamond，2001）中，Torvalds 提供了自己用來開發 Linux 的帳號。

2

基本概念

本章旨在向 Linux 和 UNIX 新手們介紹一系列與 Linux 系統程式設計相關的概念。

2.1 作業系統的精隨：核心

「作業系統（operating system）」一詞通常包含兩種不同含義：

- 指完整的套裝軟體，這包括用來管理電腦資源的中央軟體，以及附帶的所有標準軟體工具，諸如命令列直譯器（interpreter）、圖形化使用者介面（GUI）、檔案操作工具與文字編輯器等。
- 在狹義的定義上，是指管理和分配電腦資源（即 CPU、RAM 和設備）的中央軟體。

「核心（kernel）」一詞通常是代表第二種含義，本書中的「作業系統」一詞也是這層意思。

雖然在沒有核心的情況下，電腦也能執行程式，但有了核心能極為簡化其他程式的設計和使用，提升程式設計師的戰力及彈性。這要歸功於核心為管理電腦的有限資源所提供的軟體層。

一般情況下，Linux 核心的可執行檔採用 /boot/vmlinuz 或與之類似的路徑名稱。而檔案名稱的來歷也頗有淵源。早期的 UNIX 系統稱其核心為 UNIX。在後續實作虛擬記憶體機制的 UNIX 系統中，其核心名稱變更為 vmunix。對 Linux 來說，檔案名稱中的系統名稱需要調整，而以「z」取代「linux」末尾的「x」，表示核心是經過壓縮的可執行檔。

核心的職責

核心能執行的主要任務如下所示：

- **行程排程**（*Process Scheduling*）：電腦內均有安裝一個或多個 CPU（中央處理器），以執行程式指令。與其他 UNIX 系統一樣，Linux 屬於可搶先多工的作業系統。「多工」意指多個行程（即執行中的程式）可同時駐留於記憶體，且每個行程都能獲得對 CPU 的使用權。「搶佔（preemptive）」則是指一組控制由哪些行程獲得對 CPU 的使用，以及能使用多久時間的規則。
- **記憶體管理**：以十年、二十年前的標準來看，如今電腦的記憶體容量可謂相當龐大，但軟體的規模也一樣相應地成長，因而實體記憶體（RAM）仍然屬於有限資源，核心必須以公平、高效能的方式在行程間共享此資源。與大多數現代作業系統一樣，Linux 也採用了虛擬記憶體管理機制（6.4 節），這項技術主要具有以下兩方面的優勢：
  - 行程與行程間、行程與核心之間彼此隔離，因此一個行程無法讀取、修改核心或其他行程的記憶體內容。
  - 只需將行程的部分內容留在記憶體中，這不但降低了每個行程對記憶體的需求量，而且還能在 RAM 中同時載入更多的行程。這樣的方式能夠盡可能讓 CPU 在任何時間點都至少有一個行程可以執行，進而充分提高 CPU 資源的使用率。
- **提供檔案系統**：核心在磁碟上提供檔案系統，允許對檔案進行建立、讀取、更新以及刪除等操作。
- **建立與終止行程**：核心可將新程式載入記憶體，提供執行所需的資源（比如，CPU、記憶體以及存取檔案等）。這樣一個執行中的程式我們稱之為「行程（process）」。一旦行程執行完畢，核心還要確保釋放其佔用的資源，以供後續程式重新使用。
- **存取裝置**：電腦外接裝置（滑鼠、鍵盤、磁片和磁帶裝置等）可讓電腦與外部世界溝通，溝通機制包含輸入、輸出或是兩者。核心不僅提供程式簡化存取裝置的標準介面，同時還要仲裁多個行程對每一個裝置的存取。

- **網路**：核心代為傳送與接收使用者行程的網路訊息（封包），其工作包括將網路封包繞送（routing）至目的系統。
- **提供系統呼叫應用程式介面**（*API*）：行程是做為要求核心執行各種任務的進入點（所謂的系統呼叫）。Linux 系統呼叫 API 是本書的主題。3.1 節會詳細描述行程在執行系統呼叫時所經歷的步驟。

除了上述功能之外，Linux 之類的多使用者作業系統會提供每個使用者一個虛擬私人電腦（*virtual private computer*）的抽象化。也就是說，每個使用者都可以登入系統、獨立操作，而與其他使用者分開。例如，每個使用者都有屬於自己的儲存空間（主目錄）。另外，使用者能夠執行程式，每個程式都能分享 CPU 的資源，並於自有的虛擬位址空間（virtual address space）中執行，而且它們還能各自存取裝置以及透過網路傳遞資訊。核心負責解決（多行程）存取硬體資源時可能引發的衝突，使用者和行程可不須理會這些衝突。

核心模式與使用者模式

現代處理器架構通常允許 CPU 至少在兩種不同的狀態運作，即：**使用者模式**（*user mode*）和**核心模式**（*kernel mode*），核心模式有時會稱為「**監督模式**（*supervisor mode*）」。透過執行硬體指令可使 CPU 在兩種模式間切換。相對地，虛擬記憶體區域可劃分（標示）為**使用者空間**（*user space*）或**核心空間**（*kernel space*）。在使用者模式時，CPU 只能存取標示為使用者空間的記憶體，若試圖存取屬於核心空間的記憶體，則會造成硬體異常。當在核心模式時，CPU 就能存取使用者空間及核心空間的記憶體。

僅當處理器在核心模式時，才能執行某些特定的操作。這樣的例子包括：執行 halt 指令關閉系統、存取記憶體管理的硬體，以及初始化設備的 I/O 操作等。作業系統開發人員利用這個硬體設計，將作業系統置於核心空間，可確保使用者行程無法存取核心的指令及資料結構，也無法進行會影響系統正常運作的控制。

以行程及核心的角度檢視系統

在完成諸多日常程式設計的工作時，程式設計師習慣以行程導向（process-oriented）的思維來考量程式設計的問題。然而，在研究本書後續所涵蓋的各種主題時，讀者有必要轉換角度，站在核心的角度來看問題。為了突顯二者之間的差異，本書接下來會分別從行程和核心的角度來檢視系統。

一個運作中的系統通常會有多個行程同時執行。對行程而言，許多事件的發生都是無法預期的。執行中的行程不知道自己的 CPU 使用權何時到期，系統隨之又會調度哪個行程來使用 CPU（以及以何種順序來排班），也不知道自己何時會再次獲得 CPU 的使用權。傳遞訊號（signal）和觸發行程之間的通信事件都是由核心統一協調，對行程而言，這些事情隨時都會發生，但卻又無法得知這些事情。行程不會知道自己所在的 RAM 位置，換句話說，行程根本不知道自身的某塊記憶體空間目前是位在記憶體，還是儲存於置換空間（swap space，一塊保留的磁碟空間，用以補給電腦的 RAM）。同樣地，行程也不會知道目前所存取的檔案位在磁碟機的何處，只是單純參考檔名進行操控。每個行程是獨自運作的，無法直接與其他行程通信，行程本身無法建立新的進程，甚至連要自我了結都不行。最後，行程也不能與電腦外接的輸入、輸出裝置設備直接溝通。

相較之下，核心則是系統運作的中樞，系統完全在核心的掌控，為系統上所有行程的執行提供良好環境。核心決定行程的 CPU 使用權分配，如：何時配置、使用時間等。核心維護的資料結構包含了全部執行中的行程相關資訊。隨著行程的建立、狀態發生變化或結束，核心會及時更新這些資料結構。核心維護的底層資料結構可將程式使用的檔案名轉換為磁碟的物理位置（或稱實體位置）。此外，每個行程的虛擬記憶體與電腦實體記憶體及磁碟換區域之間的映射關係，也在核心維護的資料結構裡。行程之間的全部通信都是透過核心提供的機制完成。為了回應行程送出的請求，核心會建立新的行程，結束現有行程。最後，核心（尤其是裝置驅動程式）直接進行與輸入 / 輸出裝置的全部溝通，傳遞資訊給使用者行程，以及轉送來自使用者行程的請求。

本書後續內容中會出現如下措辭，例如：「某行程可建立另一個行程」、「某行程可建立管線（pipe）」、「某行程可將資料寫入檔案」，以及「呼叫 *exit()* 以結束某行程」。請務必牢記，以上所有動作都是由核心居中處理，上述只是「某行程可以請求核心建立另一個行程」的簡述，依此類推。

進階資料

涵蓋作業系統概念和設計，尤其是特地引用 UNIX 作業系統的現代教科書有：（Tanenbaum，2007）、（Tanenbaum & Woodhull，2006）以及（Vahalia，1996），最後一本包含了與虛擬記憶體架構有關的細節。（Goodheart & Cox，1994）詳細介紹了 System V Release 4。（Maxwell，1999）則是選擇性地針對 Linux 2.2.5 的部分核心原始碼進行了註解。（Lions，1996）對第六版的 UNIX 原始碼進行詳盡的闡釋，一直以來是研究 UNIX 作業系統內幕的入門級經典。（Bovet & Cesati，2005）描述了 Linux2.6 核心的實作。

2.2 Shell

Shell 是一個特殊用途的程式，主要用於讀取使用者輸入的指令，並執行相對應的程式以回應指令。有時，人們也稱之為**指令直譯器**（*command interpreter*）。

登入 *shell*（*login shell*）一詞是指使用者剛登入系統時，由系統建立，用以執行 shell 的行程。

即使有些作業系統將指令直譯器整合在核心裡，然而，對 UNIX 系統而言，shell 只是一個使用者行程。系統上通常會存在各式的 shell，登入同一台電腦的不同的使用者可同時使用不同的 shell（就單一使用者而言，也是如此）。縱觀 UNIX 歷史，出現過以下幾種重要的 shell：

- *Bourne shell*（*sh*）：這款由 Steve Bourne 開發的 shell 歷史最為悠久，且應用廣泛，曾是第七版 UNIX 基本搭載的 shell。Bourne shell 也包含在其他 shell 許多常見的功能，I/O 重導、管線、檔名生成（萬用字元）、變數、環境變數處理、指令取代、背景執行指令、及函式。對於在第七版 UNIX 之後的全部系統，除了它們可能會提供的其他 shell 之外，基本上，至少都會提供 Bourne shell。
- *C shell*（*csh*）：由 Bill Joy 在加州大學柏克萊分校開發，其命名是因為這個 shell 的許多流程控制語法與 C 語言相似。C shell 當時提供許多 Bourne shell 沒有提供的實用互動式功能，包含指令的歷史紀錄、命令列編輯功能、工作控制（job control）及別名（alias）。C shell 並不相容於 Bourne shell。雖然 C shell 之前是 BSD 系統的基本互動式 shell，但為了可攜性，便於跨全部的 UNIX 系統，通常 shell scripts（稍後介紹）都是基於 Bourne shell 語法。
- *Korn shell*（*ksh*）：AT&T 貝爾實驗室的 David Korn 設計了此 shell，做為 Bourne shell 的繼承人。Korn shell 不僅相容於 Bourne shell，亦融合了類似 C shell 的互動式功能。
- *Bourne again shell*（*bash*）：此 shell 是 GNU 專案對 Bourne shell 的再造，Bash 提供與 C shell 和 Korn shell 類似的互動式功能。Brian Fox 和 Chet Ramey 是 *bash* 的主要開發者，bash 或許是 Linux 系統最廣為使用的 shell。在 Linux 系統，Bourne shell（*sh*）實際上是由 *bash* 模擬而成的。

POSIX.2-1992 基於當時的 Korn shell 版本定義了一個 shell 標準。如今，Korn shell 和 bash 都符合 POSIX 規範，但兩者都提供了大量對標準的擴充，其擴充之間存在許多差異。

設計 shell 的目的不僅是為了互動的用途，也能直譯 *shell script*（*shell* **腳本，包含** *shell* **指令的文字檔**）。為了這個目的，每款 shell 都內建與程式設計相關的功能，包含變數、迴圈及條件陳述式（conditional statement）、I/O 指令及函式。

即使每個 shell 在語法有些差異，但它們執行的任務都大致相同。除非有指名特定 shell 的操作，否則本書所指的 shell 通常是指以一般的 shell 行為運作。本書多數範例所需的是 bash，不過，若無特別說明，讀者可假設這些範例在其他 Bourne 類型的 shell 也能正常執行。

2.3 使用者和群組

系統上的每個使用者都有個別的身份識別，而且可以將使用者分到群組中。

使用者

系統的每個使用者都有個唯一的**登入名稱**（username），以及對應的數值化使用者 ID（UID），位在系統密碼檔 /etc/passwd 中，以一行紀錄定義一個使用者的資訊，該紀錄的資訊如下：

- *群組 ID*：使用者所屬第一個群組的整數型群組 ID。
- **家目錄**：使用者登入後所在的初始目錄。
- *Login shell*：用以執行解譯使用者指令的程式名稱。

密碼紀錄也可包含加密格式的使用者密碼。然而，基於安全考量，使用者密碼通常是另外儲存於另一個 *shadow* **密碼檔**，僅供特權使用者讀取。

群組

基於管理目的，尤其是用以控制檔案及其他系統資源的存取，將使用者進行分組是很好的方式。例如，同一個專案的開發團隊人員需要共用同一組檔案，就可以將他們編為同一個群組的成員。在早期的 UNIX 系統中，一個使用者只能加入一個群組。BSD 開始允許一個使用者能同時屬於多個群組，其他的 UNIX 系統及 POSIX.1-1990 標準後來都採用了這個概念。每個群組都對應著系統群組檔案 /etc/group 中的一行紀錄，該紀錄包含了如下的資訊：

- *Group name*：群組的（唯一）名稱。
- *Group ID*（*GID*）：代表這個群組的數值 ID。
- *User list*：隸屬於此群組的使用者登入名稱清單（密碼檔記錄的 group ID 欄位無法識別的此群組其他成員，也在此列），以逗號分隔。

超級使用者（Superuser）

有一個使用者，即所謂的超級使用者，在系統中具有特權。超級使用者這個帳號的使用者 ID 是 0，登入名稱通常是 root。在一般的 UNIX 系統上，超級使用者不須接受系統中的各項權限檢查，例如：超級使用者可以存取系統裡的任何檔案，無視檔案的存取權限；也能發送訊號（signal）給系統中任何一個使用者行程。系統管理員可以使用超級使用者帳號來進行各種系統的管理工作。

2.4 單目錄階層、目錄、連結及檔案

核心維護一個單階層目錄結構，用以組織系統中的全部檔案。（這與 Microsoft Windows 這類作業系統形成了對比，Windows 系統的每個磁碟裝置都有自己的目錄階層。）此階層的最頂層是名為「/」（slash）的根目錄。全部的檔案與目錄都是根目錄的孩子或子孫。圖 2-1 是一個階層檔案結構的範例。

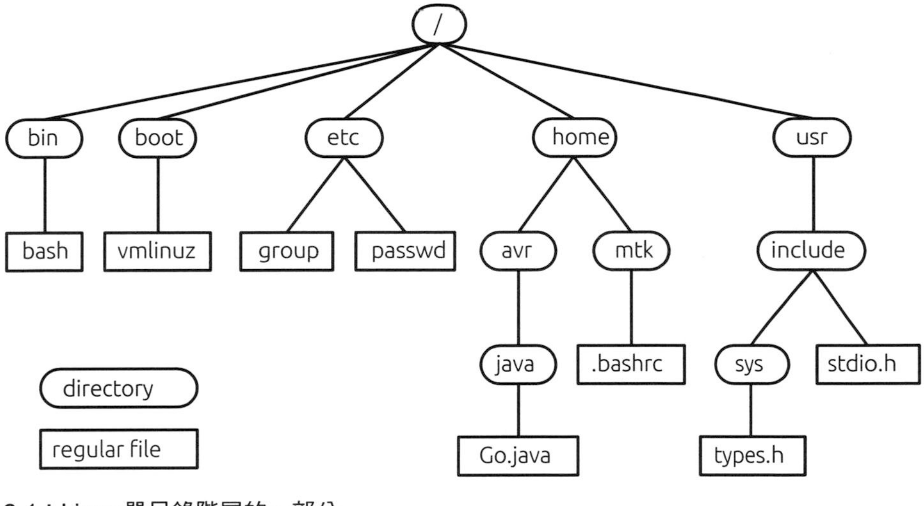

圖 2-1：Linux 單目錄階層的一部分

檔案類型

在檔案系統中，會將每個檔案標示為一種**類型**（*type*），以代表其種類。其中一種用來表示普通的資料檔案，一般稱之為**正規**（*regular*）或**純文字**（*plain*）檔案，以將它們與其他類型的檔案做區分。其他的檔案類型包括裝置、管線、socket、目錄以及符號連結（symbolic link）。

檔案一詞通常來表示一個任意類型的檔案，而不只是普通檔案。

路徑和連結

目錄是一種特殊的檔案類型，其內容採用的形式是檔名結合參考相對應檔案的表格。此「檔名加參考」的組合稱為連結。每個檔案都可以有多個連結，因而會有多個名稱出現在同目錄或不同的目錄裡。

目錄可包含指向檔案或其他目錄的連結。目錄之間的連結所建立的階層如圖 2-1 所示。

每個目錄至少有兩個項目：「.（點）」以及「..（點點）」，前者是指向目錄自身的連結，後者是指向其**上層父目錄**（*parent directory*）的連結。除了根目錄，每個目錄都有父目錄。至於根目錄，.. 是指向根目錄自身的連結（因此，「/..」就是「/」）。

符號連結（Symbolic link）

類似一般連結（normal link），符號連結提供檔案的另一個檔名，只不過一般連結在目錄清單中的內容是一個「檔名＋指標」的項目，而符號連結則是有特殊標示的檔案，內容是另一個檔案的檔名。（換句話說，一個符號連結在目錄中的內容是「檔名＋指標」的一個項目，指標所指向的檔案，其內容是個字串，此字串是另一個檔案的檔名。）所謂「另一個檔案」通常稱為符號連結的**目標**（*target*），通常會說符號連結是「指向」或「參考、參照」目的檔案。在多數情況下，只要在系統呼叫指定了**路徑名稱**（*pathname*），核心會自動解參考（dereference）該路徑名稱的每個符號連結，以符號連結所指向的檔案名來替換符號連結。若符號連結的目的檔案自身也是一個符號連結，那麼上述過程會以遞迴方式重複下去。（為了避免可能出現環繞的無限迴圈，核心會限制解參考的次數。）如果符號連結指向的檔案並不存在，那麼可將該連結視為**懸置連結**（*dangling link*）。

通常，人們會分別以**硬式連結**（*hard link*）表示一般連結，以**軟式連結**（*soft link*）表示符號連結，第 18 章將說明為何存在這兩種類型的連結。

檔名

在大多數的 Linux 檔案系統，檔名最長可達 255 個字元。除了「/」和空字元「\0」以外，其他全部的字元都可以用在檔名上，然而，建議只使用字母、數字、點「.」、底線「_」以及連字號「-」。SUSv3 將 [-._a-zA-Z0-9] 這 65 個字元的集合稱為**可攜式檔名字元集**（*portable filename character set*）。

至於可攜式檔名字元集以外的字元，由於可能會在 shell、正規表示式（regular expression）或其他場景中具有特殊意義，故而應避免在檔名使用。若在上述環境中出現了包含特殊意義字元的檔案，則需要對這些字元進行跳脫處理（escape），即對此類字元進行特殊標記（一般會在特殊字元前插入一個「\」），以指明不應以特殊意義對其進行解譯。若場景不支援跳脫字元的機制，則不能使用此類檔案名。

此外，還應避免以連字號「-」作為檔名的起始字元，因為一旦在 shell 指令中使用這種檔名，會誤判為指令的選項。

路徑名稱（Pathname）

路徑名稱是由一連串檔名組成的字串，彼此以「/」分隔，第一個字元可以為「/」（非強制）。除了最後一個檔名外，該串的檔名皆是目錄名稱（或為指向目錄的符號連結）。路徑名稱的尾部可標示為任意類型的檔案，包括目錄在內。有時將該字串中最後一個「/」字元之前的部分稱為路徑名稱的目錄部分，將其之後的部分稱為路徑名稱的檔案部分或基礎部分。

路徑名稱應該從左至右的順序閱讀，路徑名稱中每個檔名之前的部分，即為該檔案所處的目錄。可在路徑名稱中的任意位置後引入字串「..」，用以代表路徑名稱中目前位置的父目錄。

路徑名稱描述單根目錄階層下的檔案位置，又可分為絕對路徑名稱和相對路徑名稱：

- 絕對路徑名稱以「/」開始，表示檔案相對於根目錄的檔案位置。圖 2-1 中的 `/home/mtk/.bashrc`、`/usr/include` 以及 `/`（根目錄的路徑名）都是絕對路徑的例子。
- 相對路徑名稱定義了相對於行程目前的工作目錄（見下文）的位置，相較於絕對路徑名稱，相對路徑名稱缺少了起始的「/」。如圖 2-1 所示，在 `usr` 目錄，可使用相對路徑名稱 `include/sys/types.h` 來引用 `types.h` 檔案，在 `avr` 目錄，可使用相對路徑名稱 `../mtk/.bashrc` 來存取 `.bashrc` 檔案。

當前工作目錄

每個行程都有一個當前工作目錄（有時簡稱為行程工作目錄）。這就是單根目錄階層下行程的「現在位置」，也是行程解譯相對路徑名稱的參考點。

行程的目前工作目錄繼承自其父行程。對登入的 shell 來說，其初始的目前工作目錄，是依據密碼檔中的該使用者紀錄之主目錄欄位決定。可使用 cd 指令改變 shell 的目前工作目錄。

檔案所有者（ownership）和權限（permission）

每個檔案都有一個相關的使用者 ID 和群組 ID，分別定義於檔案的所有者（擁有者）及所屬的群組。系統根據檔案的所有者來判定使用者對檔案的存取權限。

為了存取檔案，系統把使用者分為三類：檔案的所有者（*owner*，有時，也稱為檔案的**使用者**）、與有相同檔案群組 ID 的群組成員（*group*），及其他使用者（*other*）。可為以上三類使用者分別設定三個權限位元（共計 9 種權限）：*read* 只允許讀取檔案內容、*write* 允許修改檔案內容、*execute* 允許執行檔案。這裡的檔案可指程式或是交由直譯程式（通常是 shell，但不一定都是）處理的腳本（script）。

這些權限可設定於目錄，不過意義會有點不同：*read* 可以列出目錄的內容（如該目錄裡的檔名）、*write* 可以改變目錄的內容（如，新增、刪除或修改檔名），*execute*（有時也稱為 *search*）可以存取目錄中的檔案（但依然須受檔案本身的存取權限限制）。

2.5 檔案 I/O 模型

UNIX 系統 I/O 模型最為顯著的特性之一是其 I/O 的通用概念。也就是說，同一套系統呼叫（*open()*、*read()*、*write()*、*close()* 等）所執行的 I/O 操作，可施於所有檔案類型，包括裝置檔案在內。（應用程式送出的 I/O 請求，核心會將其轉化為相對應的檔案系統操作，或者設備驅動程式操作，以此來執行針對目的檔案或設備的 I/O 操作。）因此，採用這些系統呼叫的程式能夠處理任何類型的檔案。

就本質而言，核心只提供一種檔案類型：循序的位元組串流（sequential stream of bytes），在處理磁碟檔案、磁碟或磁帶裝置時，可使用 *lseek()* 系統呼叫進行隨機存取。

許多應用程式和函式庫都將換行符號（*newline*，十進位的 ASCII 碼為 10，有時亦稱其為 *linefeed*）視為一行文字的結束並開始另一行。UNIX 系統沒有**檔案結束**（*end-of-file*）**字元**，讀取檔案時如無資料返回，便會認定是到了檔案結尾。

檔案描述符（File descriptor）

I/O 系統呼叫使用檔案描述符，一個（通常很小的）非負整數（大於或等於零）來參考開啟的檔案。取得檔案描述符的常用手法是呼叫 *open()*，在參數中指定 I/O 操作目的檔案的路徑名稱。

通常，由 shell 啟動的行程會繼承三個已打開的檔案描述符：描述符 0 為**標準輸入**（*standard input*），提供行程讀取輸入的檔案；描述符 1 為**標準輸出**（*standard output*），提供行程寫入輸出的檔案；描述符 2 為**標準錯誤**（*standard error*），提供行程寫入錯誤訊息或異常通報檔案。在互動式 shell 或程式中，上述三者通常會與終端機相連。在 *stdio* 函式庫中，這些描述符分別對應到 *stdin*、*stdout* 和 *stderr* 檔案串流（file stream）。

stdio 函式庫

為了執行檔案 I/O，C 程式通常採用標準 C 函式庫中的 I/O 函式。這組函式就稱為 stdio 函式庫，其中包括 *fopen()*、*fclose()*、*scanf()*、*printf()*、*fgets()*、*fputs()* 等。在 stdio 的函式是位於 I/O 系統呼叫（*open()*、*close()*、*read()*、*write()* 等）的上層。

> 本書假設讀者已經瞭解了 C 語言的標準 I/O（*stdio*）函式，因此不會介紹這方面的內容。更多與 stdio 函式庫相關的資訊請參考（Kernighan & Ritchie，1988）、（Harbison & Steele，2002）、（Plauger，1992）和（Stevens & Rago，2005）。

2.6 程式

程式通常有兩種格式，其一為原始碼，以程式語言（比如，C 語言）寫成的一系列語句組成，是人類可以閱讀的文字。想要執行程式，則需將原始碼轉換為第二種格式，即電腦可以理解的二進位機器語言指令。（這與腳本形成了鮮明對照，腳本是包含指令的文字檔，可以由 shell 或其他指令直譯器之類的程式直接處理。）一般認為，「程式」一詞的上述兩種含義幾近相同，因為經過編譯和連結處理，會將原始碼轉換為語義相同的二進位機器碼。

過濾器（Filter）

從 *stdin* 讀取輸入，加以轉換，再將轉換後的資料輸出到 *stdout*，常常將擁有上述行為的程式稱為**過濾器**（*filter*），如 *cat*、*grep*、*tr*、*sort*、*wc*、*sed*、*awk* 均在其列。

命令列參數

C 語言程式可以存取命令列參數，即程式執行時在命令列中輸入的內容。若要存取命令列參數，須在程式的 *main()* 函式進行如下的宣告：

```
int main(int argc, char *argv[])
```

argc 變數包含命令列參數的總個數，*argv* 指標陣列的成員指標則逐一指向每個命令列參數字串，第一個字串 *argv[0]*，即是標示程式本身的檔名。

2.7 行程（Process）

總而言之，行程是正在執行中的程式實體（instance）。執行程式時，核心會將程式碼載入虛擬記憶體，為程式變數配置空間，建立核心簿記（bookkeeping）的資料結構，以記錄與行程有關的各種資訊（比如，行程 ID、使用者 ID、群組 ID 以及終止狀態）。

從核心的觀點來看，行程是一個一個的實體，核心必須讓它們共用各種電腦資源。對於記憶體這類的有限資源而言，核心一開始會為行程分配一定數量的資源，並在行程的生命週期內，統籌該行程和整個系統對資源的需求，對這一分配進行調整。程式終止時，核心會釋放所有此類資源，供其他行程重新使用。其他資源（如 CPU、網路頻寬等）都屬於可再生資源，但必須在所有行程間平等共用。

行程記憶體佈局

邏輯上將一個行程劃分為以下幾部分（也稱為區段）：

- *Text*（文字）：程式的指令。
- *Data*（資料）：程式使用的靜態變數。
- *Heap*（堆積）：程式可從該區域動態分配額外的記憶體。
- *Stack*（堆疊）：隨函式呼叫、返回而增減的一塊記憶體，用於配置區域變數和函式呼叫連結資訊的儲存空間。

建立行程和執行程式

行程可使用 *fork()* 系統呼叫來建立一個新的行程。呼叫 *fork()* 的行程稱為父行程，新建立的行程則稱為子行程。核心透過複製父行程以建立子行程。子行程從父行程繼承資料區段（data segment）、堆積區段（heap segment），以及堆疊區段（stack segment）的副本，可以修改這些內容，而不會影響父行程的原始內容（在記憶體中被標記為唯讀的程式「文字區段（text segment）」則由父行程與子行程共用）。

然後，子行程可執行與父行程共用的程式碼片段中之另一組不同函式，或者，較為常見的情況是使用 *execve()* 系統呼叫載入並執行一個全新的程式。*execve()* 會銷毀現有的文字區段、資料區段、堆積區段及堆疊區段，並根據新程式的程式碼，建立新的區段來取代它們。

C 函式庫基於 *execve()* 提供了幾個相關的函式，介面雖略有不同，但功能全都相同。以上所有函式庫的函式名稱均以字串「*exec*」開頭，它們的差異不會有什麼影響，本書會以 *exec()* 符號作為這些函式的統稱。不過，仍要請讀者記得，實際上名為 *exec()* 的函式庫函式並不存在。

一般情況下，本書會使用「**執行**（*exec*）」一詞來表示 *execve()* 及其衍生函式所進行的操作。

行程 ID 和父行程 ID

每一行程都有一個唯一的整數型行程識別碼（PID，*process identifier*）。此外，每一個行程還具有一個**父行程識別碼**（PPID）的屬性，用以識別要求核心建立此行程的行程。

行程終止和終止狀態

可使用以下方式之一來終止一個行程：行程可使用 *_exit()* 系統呼叫（或相關的 *exit()* 函式庫函式），或者，向行程傳遞訊號，將其「殺死」。無論以何種方式，行程都會產生「終止狀態（termination status）」，這是一個可供父行程以 *wait()* 系統呼叫檢測之非負小整數。在呼叫 *_exit()* 時，行程會指明自己的終止狀態。若以訊號來「殺死」行程，則終止狀態是依據導致行程「死掉」的訊號類型來設置。（有時會將傳遞給 *_exit()* 的參數稱為行程的「結束狀態（exit status）」，用以區分與終止狀態的差異，結束狀態是指傳遞給 *_exit()* 的參數值，或是「殺死」行程的訊號。）

根據慣例，終止狀態為 0 表示行程「完成任務」，非 0 則表示有錯誤發生。大多數的 shell 會將前一個執行程式的終止狀態保存於 shell 的 *$?* 變數。

行程的使用者和群組識別碼（憑證）

每個行程都有一組與之相關的使用者 ID（UID）和群組 ID（GID），如下所示：

- *真實使用者 ID（Real userID）和真實群組 ID（real groupID）*：用來識別行程所屬的使用者和群組。新行程從其父行程繼承這些 ID。登入 shell 則會從系統密碼檔的相應欄位中取得其真實使用者 ID 和真實群組 ID。
- *有效使用者 ID（Effective user ID）和有效群組 ID（effective group ID）*：行程在存取受保護的資源（比如，檔案和行程間通訊的物件）時，會使用這兩個 ID（並結合下述的補充群組 ID），以確認存取權限。一般情況下，行程的有效 ID（effective ID）與相應的真實（real ID）值是相同的。正如即將討論的，改變行程的有效 ID 實為一種機制，可使行程具有其他使用者或群組的權限。
- *補充群組 ID（Supplementary group ID）*：用來識別行程所屬的額外群組，新行程從其父行程繼承補充群組 ID。登入的 shell 行程則從系統群組檔案中取得其補充群組 ID。

特權行程（privileged process）

在 UNIX 系統上，就傳統意義而言，特權行程是指其有效使用者 ID 為 0（超級使用者）的行程。這類行程可通過核心在權限上的限制。反之，「無特權（或非特權）」行程一詞是指由其他使用者執行的行程，此類行程的有效使用者 ID 為非 0 值，而且被迫必須遵守核心的權限規則。

由某一特權行程建立的行程，也可以是特權行程。例如，一個由 *root*（超級使用者）起始的登入 shell。成為特權行程的另一個方法是利用 set-user-ID 機制，該機制允許行程的有效使用者 ID 可與其執行的程式檔之使用者 ID 相同。

能力（Capability）

始於核心 2.2，Linux 把傳統上賦予超級使用者的許可權劃分為一組相互獨立的單元（稱之為「能力」）。每個特權操作都與特定的能力相關，僅當行程具有特定能力時，才能執行相對應操作。傳統意義上的超級使用者行程（有效使用者 ID 為 0）則相對應於開啟全部的能力。

賦予某行程部分能力，使得其既能夠執行某些特權級操作，又能防止其執行其他特權級操作。

本書第 39 章會對能力做深入討論。在本書後文中，當提及只能由特權行程執行的特殊操作時，一般都會在括弧中標明所需的能力。能力的命名以 `CAP_` 為前綴字（prefix），例如，`CAP_KILL`。

行程 init

系統開機時，核心會建立一個名為 init 的特殊行程，即「全部行程之父行程」，該行程的對應程式檔為 `/sbin/init`。系統的所有行程若非由 *init*（使用 *fork()*）親自建立，則是由其後代行程建立。行程 *init* 的 Process ID 是 1，且以超級使用者權限執行。任何人（即使是超級使用者）都無法殺掉 *init* 行程，只有關閉系統才能終止該行程。行程 *init* 的主要任務是建立並監控系統運行所需的一系列行程。（細節請參閱 *init(8)* 手冊。）

守護行程（Daemon process）

守護行程指的是具有特殊用途的行程，系統建立和處理此類行程的方式與其他行程相同，但以下特徵是其所獨有的：

- 它很「長壽」，守護行程通常在系統開機時啟動，直到系統關機前，都會一直存在。
- 守護行程在背景執行，且無控制的終端機供其讀取或寫入資料。

守護行程的例子有 *syslogd*（在系統日誌中記錄訊息）和 *httpd*（透過 HTTP 提供網頁）。

環境清單

每個行程都有一份**環境清單**（*environment list*），即在行程的使用者空間記憶體中維護的一組環境變數。這份清單的每一元素都由一個名稱及其相關值組成。由 *fork()* 建立的新行程，會繼承父行程的環境副本。這也為父行程與子行程間的通信提供了一種機制。當行程呼叫 *exec()* 取代目前正在執行的程式時，新程式可繼承原先的程式環境，或是在 *exec()* 呼叫的參數中指定新環境並加以接收。

在絕大多數 *shell* 中，可使用 *export* 指令來建立環境變數（C shell 使用 setenv 指令），如下所示：

```
$ export MYVAR='Hello world'
```

> 本書在示範互動式輸入、輸出的 shell 作業階段日誌時，總是以黑體字來呈現輸入的文字。有時也會在日誌中以斜體字格式加註，以說明輸入的指令和產生的輸出。

C 語言可使用外部變數（*char **environ*）來存取環境，而函式庫中的函式也允許行程取得或修改自身的環境變數值。

環境變數的用途多種多樣。例如，shell 定義並使用了一系列變數，供 shell 執行的腳本和程式存取。其中包括：HOME 變數（明確定義了使用者登入目錄的路徑名稱）、PATH 變數（代表使用者輸入指令之後，shell 查詢與之相對應程式時所搜尋的目錄清單）。

資源限制

每個行程都會消耗一些資源，如開啟的檔案數量、記憶體以及 CPU 時間之類。行程可使用 *setrlimit()* 系統呼叫設定自身消耗的各類資源之上限。此類的資源限制，每一項均有兩個相關值：柔性限制（soft limit）限制了行程可以消耗的資源總數，而硬性限制（hard limit）是柔性限制可調整的上限。非特權行程在針對特定資源調整柔性限制值時，可將其設置為 0 到相對應的硬性限制值之間的任意值，但硬性限制值則只能調低，不能調高。

由 *fork()* 建立的新行程，會繼承其父行程的資源限制設定。

使用 *ulimit* 指令（在 C shell 中為 *limit*）可調整 shell 的資源限制，shell 為執行指令所建立的子行程會繼承上述的資源設置。

2.8 記憶體映射（Memory mapping）

呼叫系統函式 *mmap()* 的行程，會在其虛擬位址空間中建立一個新的記憶體映射。

映射分為兩類：

- **檔案映射**（*file mapping*）：將檔案的一塊區間（region）映射到呼叫的行程（calling process）之虛擬記憶體。映射一旦完成，就能透過存取相對應記憶體區間的位元組，以達成對檔案內容的存取。映射的分頁（page）會自動從所需的檔案中載入。
- 相對地，**匿名映射**（*anonymous mapping*）沒有相對應的檔案，因而，會將其映射的分頁內容初始化為 0。

在某個行程中的映射記憶體可以與其他行程中的映射共用。這是有可能發生的，因為兩個行程映射相同檔案的同一個區間，或是因為子行程透過 *fork()* 繼承了父行程的映射。

當兩個以上的行程共用相同的分頁時，每個行程是否能看到其他行程對分頁內容的更動，取決於映射是以私有或共用的方式建立。當映射為私有時，修改的映射內容就不會讓其他行程看到，且不會影響底層的檔案。若映射是共有的，則其他行程可以見到修改過的映射內容，並會影響底層的檔案。

記憶體映射的用途很多，其中包括：以可執行檔的相對應區段來初始化行程的文字區段（text segment）、配置記憶體（內容填滿 0）、檔案 I/O（記憶體映射 I/O），以及行程間的通信（透過共用映射）。

2.9 靜態和共享函式庫

物件函式庫（*object library*）檔案包含了編譯過的物件碼，提供一組可從應用程式呼叫的函式（通常是邏輯上有相關的）。將這組函式的程式碼放置於一個檔案中，簡化程式的開發與維護工作。現代的 UNIX 系統提供兩類物件函式庫：靜態函式庫及共享函式庫。

靜態函式庫（static library）

靜態函式庫（有時也稱為 archives）是早期 UNIX 系統中唯一的函式庫類型。靜態函式庫本質上是一個結構化的已編譯物件模組。若要使用靜態函式庫中的函式，我們須在建立程式的連結指令上指定函式庫。將主程式在靜態函式庫模組中參考的各個函式經過解析之後，連結器（linker）會從函式庫解開所需的物件模組副本，並複製到最後的執行檔中。我們稱這類的程式是**靜態連結的**（*statically linked*）。

對於所需函式庫內的各物件模組，採用靜態連結方式生成的程式都存有一份副本。這會引起諸多不便。其一，在不同的可執行檔中，可能都存有相同物件程式碼的副本，這會浪費磁碟空間。同理，呼叫同一函式庫函式的程式，若均以靜態連結方式生成，且同時執行，這會造成記憶體的浪費，因為每個程式所呼叫的函式都各有一份副本駐留在記憶體中。此外，如果對函式庫進行了修改，需要重新加以編譯、生成新的靜態函式庫，而所有需要呼叫該「更新版」函式的應用程式，都必須重新連結新生成的靜態函式庫。

共享函式庫（shared library）

設計共享函式庫的目的就是為了克服靜態函式庫的問題。

若連結到共享函式庫，則連結器不須將函式庫中的物件模組複製到可執行檔中，而是在可執行檔中寫入一條紀錄，以代表可執行檔在執行時需要使用該共享函式庫。一旦在執行時將可執行檔載入記憶體，名為「動態連結器（dynamic linker）」的程式會確保找出可執行檔所需的動態函式庫，並載入記憶體，隨後在執行時連結，解析可執行檔中的函式呼叫，將其與共享函式庫中相對應的函式定義關聯。在執行期時，共享函式用的程式碼在記憶體中只需保留一份，且可供所有執行中的程式使用。

經過編譯處理的函式僅在共享函式庫內保存一份，因而節省了磁碟空間。另外，這一設計還能大大地確保各類程式可即時採用最新版的函式，只需單純重建有新函式定義的共享函式庫，使得現有的程式可以在下次執行時，自動使用新定義的函式。

2.10 行程間的通信及同步

執行中的 Linux 系統有許多行程，多數都是獨立運作。然而，有些行程必須相互合作以達成預期目的，因此彼此間需要通信和同步機制。

讀寫磁碟檔中的資訊是行程間通信的其中一個方法。然而，對許多應用程式而言太過緩慢及缺乏彈性。因此，Linux 與全部的現代 UNIX 系統一樣，提供了豐富的**行程間通信**（IPC，*interprocess communication*）機制，如下所示：

- **訊號**（*signal*），用來表示事件發生。
- **管線**（*pipe*），亦即 shell 使用者熟悉的「|」操作符，和 FIFO，皆可用於在行程之間傳遞資料。
- **通訊端**（*socket*），供同一台主機或是網路連線的不同主機所執行的行程之間傳遞資料。
- **檔案上鎖**（*file locking*），為防止其他行程讀取或更新檔案內容，允許某行程對檔案的部分區間加以鎖定。
- **訊息佇列**（*message queue*），用於在行程間交換消息（資料封包）。
- **號誌**（*semaphore*），用來同步行程的動作。
- **共享記憶體**（*shared memory*），允許兩個及兩個以上行程共用一塊記憶體。當某行程改變了共用記憶體的內容時，其他所有行程會立即看見此變化。

UNIX 系統的 IPC 機制種類如此繁多，有些功能還互有重疊，部分原因是由於各種 IPC 機制是在不同的 UNIX 系統上演變而來的，需要遵循的標準也各不相同。例如，就本質而言，FIFO 和 UNIX domain socket 功能相同，允許同一系統上並無關聯的行程彼此交換資料。二者之所以並存到現代的 UNIX 系統之中，是由於 FIFO 來自 System V，而 socket 則源自於 BSD。

2.11 訊號（signal）

即使上一節將訊號視為 IPC 的方法之一，但其在其他方面的廣泛應用則更為普遍，因此值得深入討論。

人們往往將訊號稱為「軟體中斷（software interrupt）」，行程收到訊號，就意謂著某一事件或異常情況的發生。訊號的類型很多，每一種分別代表不同的事件或情況。採用不同的整數來識別各種訊號的類型，並以 SIGxxxx 形式的符號名稱加以定義。

核心、其他行程（只要具有相對應的權限）或行程本身均可向行程發送訊號。例如，發生下列情況之一時，核心可向行程發送訊號：

- 使用者鍵入中斷字元（通常為 *Control-C*）。
- 行程的其中一個子行程已經終止。
- 由行程設定的計時器（告警時鐘）已經到期。
- 行程嘗試存取無效的記憶體位址。

在 shell 中，可使用 kill 指令向行程發送訊號。在程式內部，*kill()* 系統呼叫可提供相同的功能。

收到訊號時，行程會根據訊號採取如下動作之一：

- 忽略訊號。
- 被訊號殺掉。
- 先暫停，之後收到特定用途的訊號時再喚醒。

就大多數訊號類型而言，程式可選擇不採取預設的訊號動作，而是忽略訊號（當訊號的預設處理行為並非忽略此訊號時，就會派上用場）或者建立自己的訊號處理常式（signal handler）。訊號處理常式是由程式設計師定義的函式，會在行程收到訊號時自動呼叫，根據訊號的產生條件執行相應的動作。

訊號從產生到送達行程的這段期間，會處於**擱置**（*pending*）狀態。通常，擱置中的訊號會在接收端行程進入可執行排程狀態時，盡快地傳遞，或若行程已經正在執行中，則會立刻傳遞。然而，也可以透過將訊號加入行程的**訊號遮罩**（*signal mask*）中，對其進行**阻斷**（*block*）。若訊號在被阻斷時產生，則仍會被擱置，直到它解除阻斷（即從訊號遮罩中移除訊號）。

2.12 執行緒（Thread）

在現代 UNIX 系統中，每個行程都可執行多個執行緒。可將執行緒想像為共用同一虛擬記憶體及一些其他屬性的行程。每個執行緒都會執行相同的程式碼，共用同一資料區域和堆積（heap）。可是，每個執行緒都擁有屬於自己的堆疊（stack），包含區域變數及函式呼叫連結資訊。

執行緒之間可透過共用的全域變數進行通信。借助於執行緒 API 所提供的**條件變數**（*condition variables*）和**互斥**（*mutex*）機制，行程所屬的執行緒之間得以相互通信及行為同步，尤其是在共用變數的使用方面。此外，利用 2.10 節所述的 IPC 和同步機制，執行緒間也能彼此通信。

執行緒的主要優點在於協同執行緒之間的資料共用（透過全域變數）更為容易，而且就某些演算法而言，以多執行緒實作會比多行程的實作更加自然。此外，多執行緒的應用程式可從多處理器硬體上的平行處理獲益。

2.13 行程群組及 shell 工作控制

由 shell 執行的每個程式都會以一個新的行程啟動，比如，shell 建立了三個行程來執行以下的管線指令（在目前的工作目錄下，根據檔案大小對檔案進行排序並顯示）：

```
$ ls -l | sort -k5n | less
```

除 Bourne shell 以外，幾乎所有的主流 shell 都提供了一種互動式特性，名為**工作控制**（*job control*）。該特性允許使用者同時執行並操縱多個指令或管線。在支援工作控制的 shell 中，會將管線內的所有行程置於一個新的行程群組或工作中。（如果情況很簡單，shell 命令列只包含一條指令，那麼就會建立一個只包含單個行程的新行程群組。）行程群組中的每個行程都具有相同的行程群組識別碼（以整數形式），其實就是行程群組中某個行程（也稱為行程群組組長 *process group leader*）的行程 ID。

核心可對行程群組中的所有成員執行各種動作，尤其是訊號的傳遞。如下節所述，支援工作控制的 shell 會利用這一特性，以暫停或恢復執行管線中的所有行程。

2.14 作業階段、控制終端機和控制行程

作業階段（session）指的是一組行程群組（工作）。作業階段中的全部行程都具有相同的作業階段識別碼（session identifier）。作業階段組長（session leader）是指建立作業階段的行程，其行程 ID 會成為作業階段 ID。

使用作業階段最多的是支援工作控制的 shell，由 shell 建立的全部行程群組與 shell 自身隸屬於同一個作業階段，shell 是此作業階段的作業階段組長。

通常，作業階段都會與某個**控制終端機**（*controlling terminal*）相關。在作業階段組長行程初次開啟終端機裝置時，會建立控制終端機。對於由互動式 shell 所建立的作業階段，這就是使用者登入的終端機。一個終端機最多只能成為一個作業階段的控制終端機。

開啟控制終端機之後，作業階段組長會成為該終端機的**控制行程**（*controlling process*）。若終端機斷線（即，若終端視窗關閉），則作業階段組長會收到一個 SIGHUP 訊號。

在任一時間點，作業階段中的一個行程群組是**前景行程群組**（**前景工作**，*foreground job*），可以讀取終端機的輸入，以及傳送輸出給終端機。若使用者在控制終端機中輸入了中斷字元（通常是 Control-C）或暫停字元（通常是 Control-Z），那麼終端機驅動程式會發送訊號以終止或暫停（亦即停止）前景的行程群組。一個作業階段可以有任意數量的**背景行程群組**（**背景工作**），可用「&」字元結尾的指令建立背景行程。

支援工作控制的 shell 提供如下指令：列出所有工作、向工作發送訊號，以及在前景、背景工作之間來回切換。

2.15 虛擬終端機

虛擬終端機（pseudo terminal）是一對相互連接的虛擬裝置，也稱為主從式（master and slave）裝置。在這對設備之間，設有一條 IPC 通道，可供資料進行雙向傳遞。

Slave 裝置提供的介面之行為與終端機類似，基於此特點，可以將終端導向（terminal-oriented）的程式連線到 slave 裝置，然後，使用另一個連線到 master 裝置的程式驅動這個終端導向程式，這是虛擬終端機的一個關鍵用途。驅動程式所產生的輸出，在經由終端機驅動程式的一般輸入處理之後（例如，在預設模式時，會將「回車字元，carriage return（Enter）」對應為換行符號），傳遞給與 slave 相連的終端導向程式，做為終端導向程式的輸入。由終端導向程式寫入 slave 的任何資料，會傳遞給驅動程式，做為驅動程式的輸入（在執行完全部的常規終端輸入處理之後）。換句話說，驅動程式的角色等同於使用者之於傳統終端機的角色。

虛擬終端機廣泛地使用於各種應用，最為著名的是於 X Window 系統底下的終端機視窗實作，以及提供網路登入服務的應用，例如：*telnet* 及 *ssh*。

2.16 日期與時間

與行程相關的有兩種時間：

- **真實時間**（*Real time*）：指的是在行程的生命週期內（所經歷的時間或壁鐘時間），以某個標準時間點（日曆時間）或固定時間點（通常是行程的啟動時間）為起點測量得出的時間。在 UNIX 系統上，日曆時間是以世界協調時間（Universal Coordinated Time，通常簡稱 UTC）1970 年 1 月 1 日凌晨為起始點，按秒測量得出的時間，再進行時區調整（定義時區的基準點為穿過英格蘭格林威治的經線）。這一日期與 UNIX 系統的生日很接近，也被稱為**紀元**（*Epoch*）。
- **行程時間**（*Process time*）：亦稱為 CPU 時間，指的是行程自啟動之後，所佔用的 CPU 時間總量。可進一步將 CPU 時間劃分為系統 CPU 時間和使用者 CPU 時間。前者是指在核心模式中，執行程式碼所花費的時間（比如，執行系統呼叫，或代表行程執行其他的核心服務）。後者是指在使用者模式中，執行程式碼所花費的時間（比如，執行一般的程式碼）。

指令 time 會顯示出真實時間、系統 CPU 時間，以及執行管線中多個行程所花費的使用者 CPU 時間。

2.17 客戶端 / 伺服器架構

本書有許多地方討論客戶端 / 伺服器（client/server）應用程式的設計與實作。

一個客戶端 / 伺服器應用程式可分為兩個元件行程：

- **客戶端**：向伺服器發送請求消息，請求伺服器執行某些服務。
- **伺服器**：分析客戶端的請求，執行相應的動作，並接著將回應訊息送回客戶端。

有時，伺服器與客戶端之間可能僅需要一次服務，就會進行多次的請求與回應。

通常客戶端應用程式是與使用者互動，而伺服器應用程式則提供存取一些共享資源。一般而言，會有多個客戶端行程與少量的伺服端行程通信。

客戶端與伺服器可位於同一台主機電腦，或是在透過網路連接的不同電腦上。客戶端與伺服器使用 2.10 節所討論的 IPC 機制達成彼此之間的通信。

伺服器可提供各種服務，如下所示：

- 提供存取資料庫或其他共享的資訊資源。
- 提供透過網路存取遠端檔案。
- 封裝某些商業邏輯。
- 提供存取共享的硬體資源（如印表機）。
- 提供網頁服務。

將服務封裝於單一伺服器有眾多實用的理由，舉例如下：

- **效率**：與其在本地的每台電腦上提供相同的資源，在伺服器的應用管理下提供一份資源實體，成本會比較低廉。
- **控制、協調和安全**：將資源（尤其是資訊資源）存放於單一位置，伺服器既可以協調資源的存取（例如，讓兩個客戶端不能同時更新同一資訊），還可以保護資源的安全，只開放給特定的客戶端。
- **在異質環境中運作**：透過網路，客戶端與伺服器可以在不同的硬體及作業系統平台上執行。

2.18 Realtime（即時）

Realtime（即時）應用程式是指那些需要對輸入做出即時回應的應用程式。此類輸入往往是來自外部的感測器（external sensor），或特定的輸入裝置，而輸出則是用於控制某些外部硬體。有即時回應需求的應用程式包括：自動化組裝生產線、銀行自動提款機（ATM），以及飛機導航系統等。

雖然許多 realtime 應用程式都要求對輸入做出快速回應，但決定性因素卻在於要在事件觸發後的一定時限內要保證交付回應。

要提供即時回應，尤其是短時間內的回應，就需要底層作業系統的支援。由於即時回應的需求與多使用者分時作業系統的需求存在衝突，大多數作業系統原生並不提供這類支援。雖然已經設計出不少 realtime 的 UNIX 版本，但傳統的 UNIX 系統都不是 realtime 作業系統。Linux 也已經建立了 realtime 版本，而且最近的 Linux 核心正朝著全面支援原生 realtime 應用前進。

為了支援 realtime 應用，POSIX.1b 定義了多個 POSIX.1 擴充（extension），其中包括非同步 I/O、共享記憶體、記憶體映射檔、記憶體鎖定、realtime 時鐘和計時器、備選排程策略、realtime 訊號、訊息佇列，以及號誌（semaphore）。雖然這些擴充還不具備嚴格意義上的 realtime，但目前多數的 UNIX 系統都支援上述的部份或全部擴充（本書將介紹 Linux 所支援的 POSIX.1b 功能）。

本書會以術語「真實時間（real time）」來表示日曆時間或經歷時間的概念，而術語「即時性（realtime）」則是指作業系統或應用程式具備本節所述的回應能力。

2.19 /proc 檔案系統

Linux 與其他幾個 UNIX 系統類似，提供了 /proc 檔案系統，由掛載（mount）於 /proc 目錄底下的一組目錄和檔案組成。

/proc 檔案系統是一種虛擬檔案系統（virtual file system），以檔案系統目錄和檔案的形式，提供一個指向核心資料結構的介面。這是便於檢視及改變各種系統屬性的機制。此外，還能透過一組以 /proc/*PID* 形式命名的目錄（PID 即 Process ID）查看系統中各執行中的行程之相關資訊。

通常，/proc 目錄下的檔案內容都採取人類可讀的文字格式，shell 腳本也能對其進行解析。程式可以開啟、讀取和寫入 /proc 目錄中的檔案。大多數情況下，只有特權級行程才能修改 /proc 目錄底下的檔案內容。

本書在講解各種 Linux 程式設計介面的同時，也會介紹相關的 /proc 檔案。12.1 節將就該檔案系統的整體資訊進行深入介紹。尚無任何標準規範 /proc 檔案系統，本書與該檔案系統相關的細節皆為 Linux 特有的。

2.20 小結

本章導覽一系列與 Linux 系統程式設計相關的基本概念，對於 Linux 或 UNIX 新手而言，理解這些基本概念將為學習系統程式設計提供足夠的背景知識。

3

系統程式設計概念

本章涵蓋各式系統程式設計所預先需要的主題。我們先導讀系統呼叫及詳細敘述在執行之間所發生的步驟。我們接著探討函式庫的函式，以及它們與系統呼叫的差異，並搭配（GNU）C 函式庫的介紹。

為了判斷呼叫是否成功，無論我們在何時建立系統呼叫或是呼叫函式庫的函式，我們應該都要檢查呼叫的傳回值。我們會說明如何執行這類檢查，並介紹一些書中範例使用的大多數函式，以從系統呼叫及函式庫的函式中診斷錯誤。

最後我們透過探討各式與可攜（portable）程式設計的相關議題進行總結，特別是使用功能測試巨集（feature test macro），以及 SUSv3 所定義的標準系統資料型別。

3.1 系統呼叫（System Call）

系統呼叫（*system call*）是控制的核心進入點，讓行程（process）要求核心代為執行一些動作。核心透過系統呼叫的應用程式設計介面（API，application programming interface），建立允許程式存取服務的範圍。這些服務諸如：建立一個新的行程、執行 I/O，以及建立管線（pipe）做為行程間的通訊（inter process communication）。（*syscalls(2)* 使用手冊會列出 Linux 的系統呼叫）。

在繼續介紹系統呼叫如何運作的細節以前，我們先提一些通用的觀念：

- 系統呼叫將處理器的狀態從使用者模式（user mode）切換為核心模式（kernel mode），讓 CPU 可以存取受保護的核心記憶體。
- 系統呼叫組合（system calls set）是固定的，每個系統呼叫由單個唯一的號碼識別。（一般程式不會知道這個編號機制，程式是透過名稱識別系統呼叫）。
- 每個系統呼叫可以有一個參數集，用來設定要從使用者空間（user space）（如：行程的虛擬記憶體空間）傳輸到核心空間（kernel space）的資訊，反之亦然。

從程式設計的觀點，呼叫一個系統呼叫看起來就像是呼叫一個 C 函式，然而，在場景背後，在執行一個系統呼叫期間有許多步驟在進行。我們以「x86-32」硬體平台為例，依系統呼叫在此平台發生的步驟順序進行探討，其步驟如下：

1. 應用程式可藉由呼叫 C 函式庫的包裝函式（wrapper function）以產生系統呼叫。

2. 包裝函式必須將全部的系統呼叫參數提供給陷阱處理常式（system call trap-handling routine）（這裡是簡述）。這些參數透過堆疊（stack）傳遞給包裝函式，但是核心希望它們可以好好待在特定的暫存器裡，所以包裝函式會將參數複製到暫存器中。

3. 因為全部的系統呼叫進入核心的方式都一樣，所以核心需要一些識別系統呼叫的方法。為此，包裝函式將系統呼叫的編號複製到特定的 CPU 暫存器（`%eax`）。

4. 包裝函式會執行一個 *trap* 機器指令（`int 0x80`），讓處理器從使用者模式切換到核心模式，並執行系統陷阱向量（trap vector）`0x80` 指向的程式碼（即十進位的 128）。

   大多數的近代 x86-32 架構都會實作 `sysenter` 指令，提供一個比傳統 `int 0x80` trap 指令更快速的方法來切換到核心模式。在核心 2.6 及 *glibc* 2.3.2 以後都有提供使用 `sysenter`。

5. 為了回應在位置 `0x80` 的 trap，核心會呼叫 *system_call()* 常式（位在組合語言檔 `arch/x86/kernel/entry.S`），以處理此 trap。這個處理常式（handler）進行的工作如下：

   a）將暫存器值儲存到核心堆疊（6.5 節）。

   b）檢查系統呼叫編號的有效性。

c）可以系統呼叫編號檢索一張系統呼叫服務常式表格（核心變數 *sys_call_table*），以找出合適的系統呼叫服務常式（system call service routine），並進行呼叫。若系統呼叫服務參數需要任何參數，則先檢查這些參數的可用性；例如，檢查指向使用者記憶體中有效位置的位址。接著，服務常式會執行要求的任務，可進行呼叫以修改參數所指定位址的值，以及在使用者記憶體與核心記憶體之間傳輸資料（如：在 I/O 操作裡）。最後，服務常式會將結果狀態（result status）傳回 *system_call()* 常式。

d）從核心堆疊回存暫存器值，並將系統呼叫的傳回值存在堆疊。

e）回到包裝函式，同時將處理器切回使用者模式。

6. 若系統呼叫服務常式的傳回值指出有錯誤發生，則包裝函式以此值設定 *errno* 全域變數（參考 3.4 節）。接著從包裝函式返回到呼叫者時，會提供一個整數的傳回值，用以表示系統呼叫的成功與否。

> 在 Linux 上，系統呼叫服務常式遵循著一個慣例，以非負數的傳回值代表成功。在一個發生錯誤的情況，常式會傳回負數，是某個負值的 *errno* 常數。當傳回負值時，C 函式庫的包裝函式會將負數改成正數，並將結果複製到 *errno*，再傳回 -1 做為包裝函式的結果，用以通知呼叫的程式有錯誤發生。

> 此慣例的成立是基於，假設系統呼叫服務常式不會在執行成功時傳回負值。然而，在一些常式上，這樣的假設不會成立。通常這不是問題，因為 *errno* 的負數值範圍不會與傳回的負數值重疊。然而，此慣例在一種情況下會有問題：在 *fcntl()* 系統呼叫的 F_GETOWN 操作，我們會在 63.3 節中說明。

圖 3-1 呈現的是前述使用 *execve()* 系統呼叫的順序。在 Linux/x86-32 系統，*execve()* 的系統呼叫編號是 11（__NR_execve）。因此，在 *sys_call_table* 向量中，entry 11 包含 *sys_execve()* 的位址，為此系統呼叫的服務常式。（在 Linux 系統，通常系統呼叫服務常式的命名格式是 *sys_xyz()*，這裡的 *xyz()* 是問題中的系統呼叫）。

上一段所提供的資訊已經足以應付本書所需的知識，然而，重點在於，即使是個單純的系統呼叫，很少工作要處理，但系統呼叫依然存在著小但仍有影響的負載。

> 舉個進行系統呼叫產生的負載範例，以 *getppid()* 系統呼叫為例，它單純傳回呼叫者行程的父行程 ID。筆者的某台 x86-32 系統使用 Linux 2.6.25，完成一千萬次的 *getppid()* 呼叫大約需要 2.2 秒。平均每個呼叫大約花費 0.3 微秒（microsecond）。提供另一個對照組，我們在相同的系統上，將單純傳回一個整數的 C 函式執行一千萬次僅需 0.11 秒，大約是呼叫 *getppid()* 所需時間的 1/20。當然，多數系統呼叫的負載都比 *getppid()* 更大。

因為，從 C 程式的觀點，呼叫 C 函式庫的包裝函式與呼叫相對應的系統呼叫服務常式差不多，本書後續會使用如「執行 *xyz()* 系統呼叫」這類字眼，用以表示「呼叫會執行 *xyz()* 系統呼叫的包裝函式」。

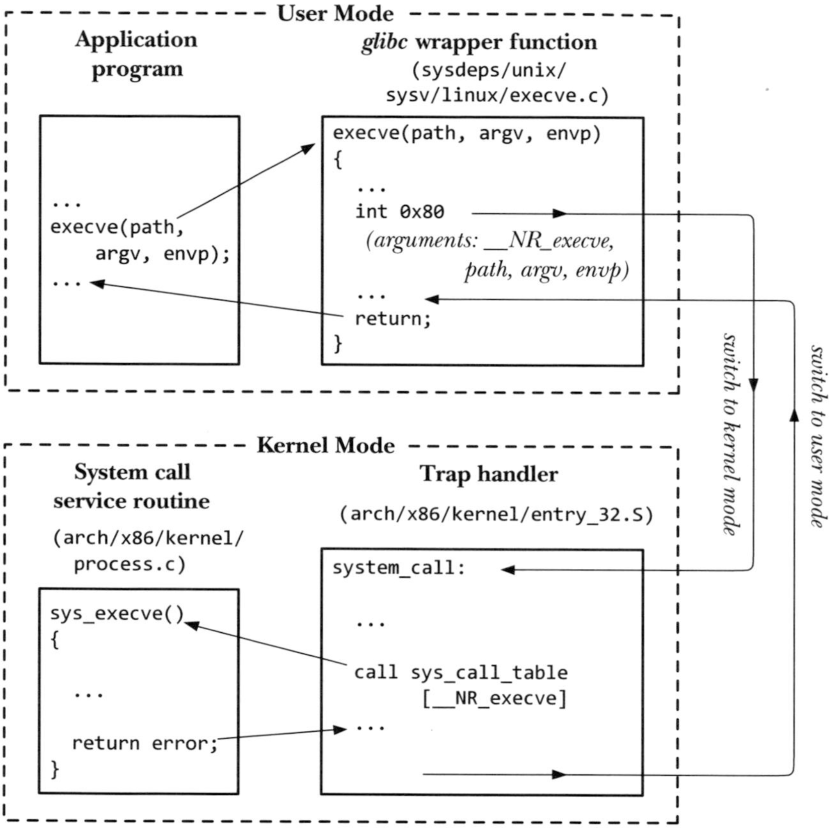

圖 3-1：執行系統呼叫所進行的步驟

附錄 A 所述的 *strace* 指令可追蹤程式使用的系統呼叫，若非用在除錯，則是單純找出程式正在做什麼事。

更多與 Linux 系統呼叫機制的相關資訊可以參考（Love，2010）、（Bovet & Cesati，2005）以及（Maxwell，1999）。

3.2 函式庫函式（library function）

一個函式庫函式（library function）就只是構成標準 C 函式庫的多個函式之一。（簡而言之，本書後續提及特定函式時，通常只會稱為**函式**，而不是**函式庫函式**）。這些函式的目的彼此大不同，比如有開啟檔案、將時間轉換為人們可讀的格式，以及比較兩個字元字串等任務。

許多函式庫函式不會使用任何的系統呼叫（如：字串處理函式）。另一方面，有些函式庫函式會架構於系統呼叫之上。例如：fopen 函式庫函式實際上是使用 *open()* 系統呼叫開啟檔案。通常設計函式庫函式是為了提供比底層系統呼叫更為友善的呼叫介面。例如：*printf()* 函式提供輸出格式及資料緩衝，但是 *write()* 系統呼叫則只能輸出一個區塊的位元組資料。同樣地，*malloc()* 及 *free()* 函式執行各種簿記（bookkeeping）任務，因此會比底層的 *brk()* 系統呼叫更易於配置及釋放記憶體。

3.3 標準 C 函式庫；GNU C 函式庫（*glibc*）

在各個 UNIX 平台上的標準 C 函式庫實作都有所差異，在 Linux 上最常用的實作是 GNU C 函式庫（*glibc*，*http://www.gnu.org/software/libc/*）。

> GNU C 函式庫的主要開發者與維護者原本是 Roland McGrath。之後，這項任務由 Ulrich Drepper 負責。
>
> Linux 也有各種 C 函式庫可用，包含記憶體需求較少的函式庫，適用於開發嵌入式裝置的應用程式。這類函式庫有 *uClibc*（*http://www.uclibc.org/*）及 *diet libc*（*http://www.fefe.de/dietlibc/*）。我們在本書僅探討 glibc，因為多數在 Linux 上開發的應用程式都是使用這個 C 函式庫。

取得系統的 *glibc* 版本

我們有時會需要得知系統的 *glibc* 版本。我們可以將 *glibc* 共享函式庫視為執行檔，並直接在 shell 中執行以取得版本編號。當我們直接將函式庫當作執行檔執行時，它會顯示許多文字，包含版本編號。

```
$ /lib/libc.so.6
GNU C Library stable release version 2.10.1, by Roland McGrath et al.
Copyright (C) 2009 Free Software Foundation, Inc.
This is free software; see the source for copying conditions.
There is NO warranty; not even for MERCHANTABILITY or FITNESS FOR A
PARTICULAR PURPOSE.
Compiled by GNU CC version 4.4.0 20090506 (Red Hat 4.4.0-4).
Compiled on a Linux >>2.6.18-128.4.1.el5<< system on 2009-08-19.
Available extensions:
```

```
        The C stubs add-on version 2.1.2.
        crypt add-on version 2.1 by Michael Glad and others
        GNU Libidn by Simon Josefsson
        Native POSIX Threads Library by Ulrich Drepper et al
        BIND-8.2.3-T5B
        RT using linux kernel aio
For bug reporting instructions, please see:
<http://www.gnu.org/software/libc/bugs.html>.
```

在一些 Linux 平台上，GNU C 函式庫所在的路徑名稱並不是 `/lib/libc.so.6`。得知函式庫位置的一種方式是執行 *ldd*（列出動態相依性）程式，可查詢執行檔使用的動態連結函式庫（多數的執行檔以動態方式連結）。我們接著就能檢視函式庫相依性清單的結果，以找出 *glibc* 共享函式庫的位置：

```
$ ldd myprog | grep libc
        libc.so.6 => /lib/tls/libc.so.6 (0x4004b000)
```

應用程式可以取得系統目前 GNU C 函式庫版本的另一個方式：透過測試常數（testing constant）或呼叫一個函式庫函式。*Glibc* 從 2.0 版本起定義兩個常數：`__GLIBC__` 以及 `__GILBC_MINOR__`，這些常數可以在編譯期測試（在 `#if` 陳述句）。在一個裝有 *glibc* 2.12 的系統上，這些常數的值分別是 2 與 12。然而，這些常數只能用在同一個系統編譯的程式，不能用在其他有不同 *glibc* 版本的系統上。為了處理這個問題，程式可以在執行期呼叫 *gnu_get_libc_version()* 函式，已取得可用的 *glibc* 版本。

```
#include <gnu/libc-version.h>

const char *gnu_get_libc_version(void);
```

Returns pointer to null-terminated, statically allocated string containing GNU C library version number

函式 *gnu_get_libc_version()* 傳回指向字串的指標，比如是 2.12。

我們可透過使用 *confstr()* 函式解析（*glibc* 特有的）`_CS_GNU_LIBC_VERSION` 組態變數值，以取得版本資訊。這個呼叫會傳回如 *glibc 2.12* 的字串。

3.4 處理系統呼叫及函式庫函式的錯誤

幾乎每個系統呼叫與函式庫函式都會傳回幾種狀態值，用以表示呼叫成功或失敗。無論呼叫成功與否，我們都應該不斷檢查此狀態值。若呼叫失敗，則應該採取適當的處理，至少應該讓程式顯示錯誤訊息，警告有預期以外的事情發生。

雖然可透過排除這些檢查來節省輸入的時間（尤其是看過沒有檢查狀態值的 UNIX 與 Linux 程式範例之後），但是這個地方不該節省。因為若不檢查這些「不太可能會失敗」的系統呼叫或函式庫函式的傳回狀態，可能反而要浪費好幾個小時的時間除錯。

> 有些系統呼叫絕對不會失敗。例如：*getpid()* 只會成功並傳回行程 ID，而 *_exit()* 只會將行程結束。這類系統呼叫不需檢查其傳回值。

處理系統呼叫錯誤

每個系統呼叫的使用手冊都有說明可能的傳回值，介紹哪個值代表著錯誤。錯誤時通常是透過傳回 -1 來表示。因而，系統呼叫可用下列的程式碼檢查：

```
fd = open(pathname, flags, mode);        /* system call to open a file */
if (fd == -1) {
    /* Code to handle the error */
}
...
if (close(fd) == -1) {
    /* Code to handle the error */
}
```

當系統呼叫失敗時，會將全域整數變數 *errno* 設定為正值，這表示特定的錯誤。引用 `<errno.h>` 標頭檔可取得 *errno* 的宣告，以及各種錯誤編號的常數組。這些符號名稱全部都以 E 開頭。在每個使用手冊的 ERRORS 章節會提供每個系統呼叫可能傳回的 *errno* 值清單。這裡是個使用 *errno* 診斷系統呼叫錯誤的簡單範例：

```
cnt = read(fd, buf, numbytes);
if (cnt == -1) {
    if (errno == EINTR)
        fprintf(stderr, "read was interrupted by a signal\n");
    else {
        /* Some other error occurred */
    }
}
```

成功的系統呼叫與函式庫函式絕不會將 *errno* 重設為 0，所以此變數的值可能不是零，而是之前呼叫產生的錯誤。此外，SUSv3 允許執行成功的函式呼叫將 *errno* 設定為非零值（雖然只有少數函式這麼做）。因此，在檢查錯誤時，我們應該每次都要先檢查函式的傳回值是否指出錯誤，並接著檢測 *errno*，以得知發生錯誤的原因。

有些系統呼叫（如：*getpriority()*）可以在執行成功時傳回 -1。為了判斷這類呼叫是否有錯誤發生，我們會在呼叫之前就將 *errno* 設定為 0，並在呼叫之後檢查。若呼叫傳回 -1 且 *errno* 不為零，則表示有錯誤發生。（這同樣也能套用在一些函式庫函式）。

在系統呼叫失敗之後，一般採取動作是依據 *errno* 的值印出錯誤訊息，這就是 *perror()* 及 *strerror()* 函式庫函式的功能。

函式 *perror()* 印出其 *msg* 參數指向的字串，並接著一個相對應於 *errno* 現值的訊息。

```
#include <stdio.h>

void perror(const char *msg);
```

處理系統呼叫錯誤的一個簡易方式如下：

```
fd = open(pathname, flags, mode);
if (fd == -1) {
    perror("open");
    exit(EXIT_FAILURE);
}
```

函式 *strerror()* 傳回其 *errnum* 參數中的錯誤編號所對應的錯誤字串。

```
#include <string.h>

char *strerror(int errnum);
```

Returns pointer to error string corresponding to *errnum*

由 *strerror()* 傳回的字串可以是靜態配置的，這表示下次的 *strerror()* 呼叫會覆蓋此字串。

若 errnum 是個無法確認的錯誤編號，則 *strerror()* 傳回一個 *Unknown error nnn* 格式的字串。在一些其他平台，*strerror()* 此時會傳回 NULL。

因為 *perror()* 與 *strerror()* 函式會跟系統的語系有關（10.4 節），所以會依據系統語系來顯示錯誤說明。

處理函式庫函式的錯誤

各種函式庫函式會傳回不同的資料型別，以及依錯誤傳回不同的值。（檢查每個函式的使用手冊）。依照我們的目的，可將函式庫函式分成下列幾類：

- 有些函式庫函式傳回錯誤資訊的方式與系統呼叫相同：傳回值為 -1 時，以 *errno* 指出錯誤。這類函式的例子是 *remove()*，可用來移除檔案（使用 *unlink()* 系統呼叫）或移除目錄（使用 *rmdir()* 系統呼叫）。診斷這些函式錯誤的方式與系統呼叫相同。
- 有些函式庫函式在執行失敗時並非傳回 -1，不過依然將 *errno* 設定為代表錯誤的數值。例如：*fopen()* 在發生錯誤時傳回一個 NULL 指標，並依據底層執行失敗的系統呼叫來設定 *errno*。函式 *perror()* 及 *strerror()* 可用於診斷這些錯誤。
- 其他函式庫函式完全不使用 *errno*。得知發生錯誤以及錯誤原因的方式須依據特定函式，這些都記載於函式的使用手冊。在這些函式使用 *errno*、*perror()* 或 *strerror()* 診斷錯誤是不對的。

3.5 本書的範例程式

本節會介紹本書範例程式採用的各種慣例與功能。

3.5.1 命令列選項與參數

書中許多範例程式的行為需要依據命令列選項及參數來決定。

傳統的 UNIX 命令列選項包含一開始的分隔號、一個識別選項的字母，以及一個選配參數。（GNU 工具集提供擴充的選項語法，包含兩個初始分隔號，接著一個識別選項的字串，及一個選配參數。）我們會使用標準的 *getopt()* 函式庫函式來解析這些選項（於附錄 B 介紹）。

我們在每個範例程式都會有個命令列語法，可為使用者提供簡易的協助：若使用 *-help* 選項，則程式會顯示命令列選項與參數語法的使用資訊。

3.5.2 常用的函式與標頭檔

多數的範例程式會引用一個標頭檔（header），內含常用的定義，並且也會使用一組常用的函式。我們在本節會探討標頭檔與函式。

常見的標頭檔

列表 3-1 列出本書每個程式最常用到的標頭檔。此標頭檔包含多數範例程式用到的各種其他標頭檔，並定義一個布林（*Boolean*）資料型別，以及定義用以計算兩個數值的最小值與最大值的巨集。使用此標頭檔可以讓我們的範例程式行數少一點。

列表 3-1：多數範例程式使用的標頭檔

lib/tlpi_hdr.h

```
#ifndef TLPI_HDR_H
#define TLPI_HDR_H      /* Prevent accidental double inclusion */

#include <sys/types.h>  /* Type definitions used by many programs */
#include <stdio.h>      /* Standard I/O functions */
#include <stdlib.h>     /* Prototypes of commonly used library functions,
                           plus EXIT_SUCCESS and EXIT_FAILURE constants */
#include <unistd.h>     /* Prototypes for many system calls */
#include <errno.h>      /* Declares errno and defines error constants */
#include <string.h>     /* Commonly used string-handling functions */

#include "get_num.h"    /* Declares our functions for handling numeric
                           arguments (getInt(), getLong()) */

#include "error_functions.h"  /* Declares our error-handling functions */

typedef enum { FALSE, TRUE } Boolean;

#define min(m,n) ((m) < (n) ? (m) : (n))
#define max(m,n) ((m) > (n) ? (m) : (n))

#endif
```

lib/tlpi_hdr.h

錯誤診斷函式

為了簡化範例程式的錯誤處理，我們使用列表 3-2 宣告的錯誤診斷函式。

列表 3-2：常用的錯誤處理函式之宣告

lib/error_functions.h

```
#ifndef ERROR_FUNCTIONS_H
#define ERROR_FUNCTIONS_H

void errMsg(const char *format, ...);

#ifdef __GNUC__
```

```
    /* This macro stops 'gcc -Wall' complaining that "control reaches
       end of non-void function" if we use the following functions to
       terminate main() or some other non-void function. */

#define NORETURN __attribute__ ((__noreturn__))
#else
#define NORETURN
#endif

void errExit(const char *format, ...) NORETURN ;

void err_exit(const char *format, ...) NORETURN ;

void errExitEN(int errnum, const char *format, ...) NORETURN ;

void fatal(const char *format, ...) NORETURN ;

void usageErr(const char *format, ...) NORETURN ;

void cmdLineErr(const char *format, ...) NORETURN ;

#endif
```

lib/error_functions.h

我們為了診斷系統呼叫與函式庫函式造成的錯誤，會使用 *errMsg()*、*errExit()*、*err_exit()* 與 *errExitEN()* 函式。

```
#include "tlpi_hdr.h"

void errMsg(const char *format, ...);
void errExit(const char *format, ...);
void err_exit(const char *format, ...);
void errExitEN(int errnum, const char *format, ...);
```

函式 *errMsg()* 可將訊息輸出至標準錯誤（standard error），其參數列與 *printf()* 相同，除了會自動將結尾的換行字元附加到輸出的字串。函式 *errMsg()* 會印出與 *errno* 現值對應的錯誤文字，包含錯誤名稱，比如 EPERM，加上 *strerror()* 傳回的錯誤描述，依據參數列指定的格式輸出。

函式 *errExit()* 的運作模式與 *errMsg()* 類似，可是還會終止程式，會呼叫 *exit()*，或是若有將 EF_DUMPCORE 變數定義為字串（非空字串），則透過呼叫 *abort()* 產生一個核心傾印檔（core dump file），以供除錯器使用（我們會在 22.1 節介紹核心傾印檔）。函式 *err_exit()* 與 *errExit()* 類似，但有兩個不同之處：

- 不會在印出錯誤訊息以前刷新（flush）標準輸出。
- 是透過呼叫 *_exit()* 終止行程，而非 *exit()*，這能讓行程終止而不用刷新 *stdio* 緩衝區，也不用呼叫 exit 處理常式。

關於在 *err_exit()* 操作的細部差異會在第 25 章清楚說明，到時會介紹 *_exit()* 與 *exit()* 之間的差異，並探討在以 *fork()* 建立的子行程中，如何面對 *stdio* 緩衝區及 exit 處理常式。至於現在，我們只需要知道，若我們寫一個函式庫函式，用來建立需要因為發生錯誤而終止的子行程時，*err_exit()* 是非常好用的。此類的終止不會刷新子行程的 *stdio* 緩衝區（父行程的複本），也不會呼叫父行程建立的 exit 處理常式。

函式 *errExitEN()* 與 *errExit()* 相同，但 *errExitEN()* 不會依據 *errno* 現值而印出相對應的錯誤訊息，而是依據 *errnum* 參數提供的錯誤編號（因而以 EN 為後綴字），印出相對應的錯誤訊息。

我們主要會在使用 POSIX 執行緒 API 的程式使用 *errExitEN()*。POSIX 執行緒函式藉由傳回錯誤編號（通常 *errno* 的數值是正數）來診斷錯誤（POSIX 執行緒執行成功時，會傳回 0），這點與傳統的 UNIX 系統呼叫在錯誤時傳回 -1 不同。

我們可使用下列程式碼診斷 POSIX 執行緒函式發生的錯誤：

```
errno = pthread_create(&thread, NULL, func, &arg);
if (errno != 0)
    errExit("pthread_create");
```

然而，這個方法的效率不彰，因為執行緒程式會將 *errno* 定義為巨集（擴展為一個函式呼叫，可傳回一個可修改的左值）。因而，每次使用 *errno* 都會導致發生一次函式呼叫。函式 *errExitEN()* 可以讓我們寫出與上列程式碼等價，但更有效率的程式：

```
int s;

s = pthread_create(&thread, NULL, func, &arg);
if (s != 0)
    errExitEN(s, "pthread_create");
```

> 在 C 的術語中，左值（lvalue）是個參照一塊儲存空間的表示式（expression）。最常見的左值範例是變數的識別器（identifier）。有些操作元（operator）也會產生左值，比如：若 *p* 是個指向儲存區域的指標，則 **p* 就是一個左值。在 POSIX 執行緒 API 底下，會將 *errno* 重新定義為一個函式，可傳回一個指向執行緒特有的儲存區域之指標（請見 31.3 節）。

為了診斷其他類型的錯誤，我們會使用 *fatal()*、*usageErr()* 及 *cmdLineErr()*。

```
#include "tlpi_hdr.h"

void fatal(const char *format, ...);
void usageErr(const char *format, ...);
void cmdLineErr(const char *format, ...);
```

函式 *fatal()* 用在診斷通用錯誤，包含沒有設定 *errno* 的函式庫函式錯誤。其參數清單與 *printf()* 相同，除了會將終止的換行字元自動附加到輸出字串中。它會依照格式在標準錯誤輸出，並接著以 *errExit()* 終止程式。

函式 *usageErr()* 用在診斷命令列參數使用上的錯誤。其採用 *printf()* 風格的參數清單，並印出字串 Usage:，緊接著在標準錯誤依照格式印出輸出，再來透過呼叫 *exit()* 終止程式。（書中的部分範例程式提供自己的 *usageErr()* 函式擴充版本，名稱為 *usageError()*）。

函式 *cmdLineErr()* 與 *usageErr()* 類似，不過是用在診斷提供給程式的命令列參數錯誤。

我們錯誤診斷函式之實作如列表 3-3 所示：

列表 3-3：全部程式使用的錯誤處理函式

lib/error_functions.c

```
#include <stdarg.h>
#include "error_functions.h"
#include "tlpi_hdr.h"
#include "ename.c.inc"          /* Defines ename and MAX_ENAME */

#ifdef __GNUC__
__attribute__ ((__noreturn__))
#endif
static void
terminate(Boolean useExit3)
{
    char *s;

    /* Dump core if EF_DUMPCORE environment variable is defined and
       is a nonempty string; otherwise call exit(3) or _exit(2),
       depending on the value of 'useExit3'. */

    s = getenv("EF_DUMPCORE");

    if (s != NULL && *s != '\0')
        abort();
    else if (useExit3)
```

```
        exit(EXIT_FAILURE);
    else
        _exit(EXIT_FAILURE);
}

static void
outputError(Boolean useErr, int err, Boolean flushStdout,
        const char *format, va_list ap)
{
#define BUF_SIZE 500
    char buf[BUF_SIZE], userMsg[BUF_SIZE], errText[BUF_SIZE];

    vsnprintf(userMsg, BUF_SIZE, format, ap);

    if (useErr)
        snprintf(errText, BUF_SIZE, " [%s %s]",
                (err > 0 && err <= MAX_ENAME) ?
                ename[err] : "?UNKNOWN?", strerror(err));
    else
        snprintf(errText, BUF_SIZE, ":");

    snprintf(buf, BUF_SIZE, "ERROR%s %s\n", errText, userMsg);

    if (flushStdout)
        fflush(stdout);       /* Flush any pending stdout */
    fputs(buf, stderr);
    fflush(stderr);           /* In case stderr is not line-buffered */
}

void
errMsg(const char *format, ...)
{
    va_list argList;
    int savedErrno;

    savedErrno = errno;       /* In case we change it here */

    va_start(argList, format);
    outputError(TRUE, errno, TRUE, format, argList);
    va_end(argList);

    errno = savedErrno;
}

void
errExit(const char *format, ...)
{
    va_list argList;
```

```
    va_start(argList, format);
    outputError(TRUE, errno, TRUE, format, argList);
    va_end(argList);

    terminate(TRUE);
}

void
err_exit(const char *format, ...)
{
    va_list argList;

    va_start(argList, format);
    outputError(TRUE, errno, FALSE, format, argList);
    va_end(argList);

    terminate(FALSE);
}

void
errExitEN(int errnum, const char *format, ...)
{
    va_list argList;

    va_start(argList, format);
    outputError(TRUE, errnum, TRUE, format, argList);
    va_end(argList);

    terminate(TRUE);
}

void
fatal(const char *format, ...)
{
    va_list argList;

    va_start(argList, format);
    outputError(FALSE, 0, TRUE, format, argList);
    va_end(argList);

    terminate(TRUE);
}

void
usageErr(const char *format, ...)
{
    va_list argList;

    fflush(stdout);           /* Flush any pending stdout */
```

```
    fprintf(stderr, "Usage: ");
    va_start(argList, format);
    vfprintf(stderr, format, argList);
    va_end(argList);

    fflush(stderr);           /* In case stderr is not line-buffered */
    exit(EXIT_FAILURE);
}

void
cmdLineErr(const char *format, ...)
{
    va_list argList;

    fflush(stdout);           /* Flush any pending stdout */

    fprintf(stderr, "Command-line usage error: ");
    va_start(argList, format);
    vfprintf(stderr, format, argList);
    va_end(argList);

    fflush(stderr);           /* In case stderr is not line-buffered */
    exit(EXIT_FAILURE);
```
}lib/error_functions.c

列表 3-3 引用的 ename.c.inc 檔案如表 3-4 所示。這個檔案定義一個 *ename* 字串陣列，內容包含的符號名稱可與每個 *errno* 值對應。我們的錯誤處理函式會依此陣列，而印出與特定錯誤編號對應的符號名稱，這是個權宜之計。另一方面，*strerror()* 傳回的字串不能用來辨識其錯誤訊息對應的符號常數。而在另一方面，使用手冊使用符號名稱說明錯誤。印出符號名稱可讓我們簡單的以使用手冊查詢錯誤的發生原因。

> 檔案 ename.c.inc 的內容是依架構而定的，因為 *errno* 值幾乎隨著 Linux 的硬體架構而異。列表 3-4 所示的版本是 Linux 2.6/x86-32 系統。此檔是使用本書程式碼附的腳本（lib/Build_ename.sh）建立的。此腳本可用以建立一個版本的 ename.c.inc，可適用於特定硬體平台及核心版本。

請注意在 *ename* 陣列裡會有些空字串，對應的是尚未使用的錯誤值。此外，*ename* 裡有些字串會用斜線將兩個錯誤名稱隔開，這些字串對應的是，兩個符號錯誤名稱的數值相同時之情況。

> 我們可以在 ename.c.inc 檔案看到 EAGAIN 及 EWOULDBLOCK 錯誤有相同的值。（SUSv3 顯然允許如此，而這些常數值多數是相同的，但並非全部的 UNIX 系統都是這樣）。這些錯誤通常在系統呼叫應該阻塞時（即強迫必須在完

成之前等待）傳回，但是呼叫者要求系統呼叫必須傳回錯誤，而不是發生阻塞。EAGAIN 源自 System V，而它就是由執行 I/O、號誌操作（smeaphore operation）、訊息佇列操作（message queue operation）以及檔案鎖定（file locking，*fcntl()*）的系統呼叫傳回的錯誤。EWOULDBLOCK 源自 BSD，而它是由檔案鎖定及 socket（通信端）相關的系統呼叫傳回的。

SUSv3 只有在 socket 相關的 API 規格會提及 EWOULDBLOCK。在 SUSv3 的規範，這些 API 只有在以非阻塞（nonblocking）呼叫時可傳回 EAGAIN 或 EWOULDBLOCK。至於 socket 以外的全部非阻塞呼叫，SUSv3 則只允許傳回 EAGAIN 錯誤。

列表 3-4：Linux 錯誤名稱（x86-32 版本）

lib/ename.c.inc

```
static char *ename[] = {
    /*   0 */ "",
    /*   1 */ "EPERM", "ENOENT", "ESRCH", "EINTR", "EIO", "ENXIO", "E2BIG",
    /*   8 */ "ENOEXEC", "EBADF", "ECHILD", "EAGAIN/EWOULDBLOCK", "ENOMEM",
    /*  13 */ "EACCES", "EFAULT", "ENOTBLK", "EBUSY", "EEXIST", "EXDEV",
    /*  19 */ "ENODEV", "ENOTDIR", "EISDIR", "EINVAL", "ENFILE", "EMFILE",
    /*  25 */ "ENOTTY", "ETXTBSY", "EFBIG", "ENOSPC", "ESPIPE", "EROFS",
    /*  31 */ "EMLINK", "EPIPE", "EDOM", "ERANGE", "EDEADLK/EDEADLOCK",
    /*  36 */ "ENAMETOOLONG", "ENOLCK", "ENOSYS", "ENOTEMPTY", "ELOOP", "",
    /*  42 */ "ENOMSG", "EIDRM", "ECHRNG", "EL2NSYNC", "EL3HLT", "EL3RST",
    /*  48 */ "ELNRNG", "EUNATCH", "ENOCSI", "EL2HLT", "EBADE", "EBADR",
    /*  54 */ "EXFULL", "ENOANO", "EBADRQC", "EBADSLT", "", "EBFONT", "ENOSTR",
    /*  61 */ "ENODATA", "ETIME", "ENOSR", "ENONET", "ENOPKG", "EREMOTE",
    /*  67 */ "ENOLINK", "EADV", "ESRMNT", "ECOMM", "EPROTO", "EMULTIHOP",
    /*  73 */ "EDOTDOT", "EBADMSG", "EOVERFLOW", "ENOTUNIQ", "EBADFD",
    /*  78 */ "EREMCHG", "ELIBACC", "ELIBBAD", "ELIBSCN", "ELIBMAX",
    /*  83 */ "ELIBEXEC", "EILSEQ", "ERESTART", "ESTRPIPE", "EUSERS",
    /*  88 */ "ENOTSOCK", "EDESTADDRREQ", "EMSGSIZE", "EPROTOTYPE",
    /*  92 */ "ENOPROTOOPT", "EPROTONOSUPPORT", "ESOCKTNOSUPPORT",
    /*  95 */ "EOPNOTSUPP/ENOTSUP", "EPFNOSUPPORT", "EAFNOSUPPORT",
    /*  98 */ "EADDRINUSE", "EADDRNOTAVAIL", "ENETDOWN", "ENETUNREACH",
    /* 102 */ "ENETRESET", "ECONNABORTED", "ECONNRESET", "ENOBUFS", "EISCONN",
    /* 107 */ "ENOTCONN", "ESHUTDOWN", "ETOOMANYREFS", "ETIMEDOUT",
    /* 111 */ "ECONNREFUSED", "EHOSTDOWN", "EHOSTUNREACH", "EALREADY",
    /* 115 */ "EINPROGRESS", "ESTALE", "EUCLEAN", "ENOTNAM", "ENAVAIL",
    /* 120 */ "EISNAM", "EREMOTEIO", "EDQUOT", "ENOMEDIUM", "EMEDIUMTYPE",
    /* 125 */ "ECANCELED", "ENOKEY", "EKEYEXPIRED", "EKEYREVOKED",
    /* 129 */ "EKEYREJECTED", "EOWNERDEAD", "ENOTRECOVERABLE", "ERFKILL"
};

#define MAX_ENAME 132
```

lib/ename.c.inc

解析數值命令列參數的函式

列表 3-5 的標頭檔提供 *getInt()* 與 *getLong()* 函式宣告，我們經常用來解析整數命令列參數。不使用 *atoi()*、*atol()* 及 *strtol()* 的原因是，這兩個函式可對數值參數提供基本的檢測。

```
#include "tlpi_hdr.h"

int getInt(const char *arg, int flags, const char *name);
long getLong(const char *arg, int flags, const char *name);
```

Both return *arg* converted to numeric form

函式 *getInt()* 及 *getLong()* 分別將 *arg* 所指的字串轉換為 *int* 或 *long*。若 *arg* 的內容不是合法的整數字串（如：只有數字及字元 + 和 -），則這些函式會印出錯誤訊息，並終止程式。

若 *name* 參數不是 NULL，則應包含一個字串，用以識別 *arg* 中的參數。此字串會包含在這些函式顯示的錯誤訊息中。

參數 *flags* 提供一些 *getInt()* 與 *getLong()* 函式的操控。這些函式預設認為字串一定是有號的十進位整數。我們透過對一個或多個列表 3-5 定義的 GN_* 常數進行（|）位元邏輯運算，並存放於 *flags* 參數，則可以選擇其他進位的轉換，並限制數值為非負數或大於 0。

列表 3-6 提供函式 *getInt()* 及 *getLong()* 的實作。

> 雖然我們可以用 *flags* 參數強制進行文中所述的範圍檢查，但在有些情況，即使合乎邏輯我們也不能在範例程式進行這類檢查。例如：我們在列表 47-1 不會檢查 *init-value* 參數，意思是使用者可以將號誌（semaphore）的初值設定為負數，這將導致後續的 *semctl()* 系統呼叫發生錯誤（ERANGE）。因為號誌不可以是負值。我們在這類範例忽略範圍檢查，不僅能實驗測試系統呼叫與函式庫函式是否正常，而且還能查看提供錯誤的參數時會發生什麼事情。實際使用的應用程式通常都會對命令列參數施以嚴謹的檢測。

列表 3-5：get_num.c 的標頭檔

lib/get_num.h

```
#ifndef GET_NUM_H
#define GET_NUM_H

#define GN_NONNEG       01      /* Value must be >= 0 */
#define GN_GT_0         02      /* Value must be > 0 */
```

```
                                      /* By default, integers are decimal */
#define GN_ANY_BASE   0100      /* Can use any base - like strtol(3) */
#define GN_BASE_8     0200      /* Value is expressed in octal */
#define GN_BASE_16    0400      /* Value is expressed in hexadecimal */

long getLong(const char *arg, int flags, const char *name);

int getInt(const char *arg, int flags, const char *name);

#endif
```

lib/get_num.h

列表 3-6：解析數值命令列參數的函式

lib/get_num.c

```
#include <stdio.h>
#include <stdlib.h>
#include <string.h>
#include <limits.h>
#include <errno.h>
#include "get_num.h"

static void
gnFail(const char *fname, const char *msg, const char *arg, const char *name)
{
    fprintf(stderr, "%s error", fname);
    if (name != NULL)
        fprintf(stderr, " (in %s)", name);
    fprintf(stderr, ": %s\n", msg);
    if (arg != NULL && *arg != '\0')
        fprintf(stderr, "        offending text: %s\n", arg);

    exit(EXIT_FAILURE);
}

static long
getNum(const char *fname, const char *arg, int flags, const char *name)
{
    long res;
    char *endptr;
    int base;

    if (arg == NULL || *arg == '\0')
        gnFail(fname, "null or empty string", arg, name);

    base = (flags & GN_ANY_BASE) ? 0 : (flags & GN_BASE_8) ? 8 :
                        (flags & GN_BASE_16) ? 16 : 10;

    errno = 0;
```

```
    res = strtol(arg, &endptr, base);
    if (errno != 0)
        gnFail(fname, "strtol() failed", arg, name);

    if (*endptr != '\0')
        gnFail(fname, "nonnumeric characters", arg, name);

    if ((flags & GN_NONNEG) && res < 0)
        gnFail(fname, "negative value not allowed", arg, name);

    if ((flags & GN_GT_0) && res <= 0)
        gnFail(fname, "value must be > 0", arg, name);

    return res;
}

long
getLong(const char *arg, int flags, const char *name)
{
    return getNum("getLong", arg, flags, name);
}

int
getInt(const char *arg, int flags, const char *name)
{
    long res;

    res = getNum("getInt", arg, flags, name);

    if (res > INT_MAX || res < INT_MIN)
        gnFail("getInt", "integer out of range", arg, name);

    return (int) res;
}
```

lib/get_num.c

3.6 可攜式的議題

我們在本節探討設計可攜式（portable）程式主題。我們簡介功能測試巨集（feature test macro）及 SUSv3 定義的標準系統資料型別，接著探討一些其他可攜式議題。

3.6.1 功能測試巨集

各標準支配著系統呼叫與函式庫函式 API 的行為（請見 1.3 節）。部分標準是由如 Open Group（Single UNIX Specification）制定的，而其他則是由兩個在歷史佔有重要份量的 UNIX 平台制定：BSD 與 System V Release 4（以及相關的 System V Interface Definition）。

我們有時在設計可攜式應用程式時，會只想揭露各標頭檔中特定標準的定義（常數、函式原型等）。我們為此在編譯程式時，會定義一個或多個下列的功能測試巨集。一種方法是在引用任何標頭檔以前，在程式的原始碼中定義巨集：

```
#define _BSD_SOURCE 1
```

此外，我們可以在 C 編譯器使用 -D 選項：

```
$ cc -D_BSD_SOURCE prog.c
```

> 功能測試巨集一詞可能會令人混淆，但若以實作角度來探討，則會比較合理。實作藉由測試（以 #if）應用程式定義的這些巨集值，決定啟用標頭檔中的哪些功能。

下列的功能測試巨集是由相關的標準制定的，因此在支援這些標準的系統上，這些巨集是可攜的：

_POSIX_SOURCE

若有定義（任意值），則揭露 POSIX.1-1990 與 ISO C（1990）的定義。此巨集已由 _POSIX_C_SOURCE 取代。

_POSIX_C_SOURCE

若定義為 1，則效力等同 _POSIX_SOURCE。若定義為大於或等於 199309，則同時揭露 POSIX.1b（realtime）定義。若定義為大於或等於 199506，則也會接露 POSIX.1c（thread）定義。若定義為 200112，則也會揭露 POSIX.1-2001 base specification 的定義（即排除 XSI extension）。（Glibc 在 2.3.3 版以前，*glibc* 標頭不會將 _POSIX_C_SOURCE 直譯為 200112 值）。若定義為 200809，則也會揭露 POSIX.1-2008 base specification 的定義。（在 *glibc* 2.10 版以前，標頭檔不會將 _POSIX_C_SOURCE 直譯為 200809）。

_XOPEN_SOURCE

若有定義（任意值），則揭露 POSIX.1、POSIX.2 及 X/Open（XPG4）的定義。若定義為 500 或更大的值，則也會揭露 SUSv2（UNIX 98 及 XPG5）擴充。設定為 600 或更大的值會額外揭露 SUSv3 XSI（UNIX 03）擴充及 C99

擴充。（在 *glibc* 2.2 版以前，在標頭不會將 _XOPEN_SOURCE 直譯為 600）。設定為 700 或更大的值也會揭露 SUSv4 XSI 擴充。（在 *glibc* 2.10 版以前，標頭不會將 _XOPEN_SOURCE 直譯為 700）。SUSv2、SUSv3 及 SUSv4 分別是 X/Open 規格的 Issues 5、6 及 7，分別將 _XOPEN_SOURCE 設定為 500、600 及 700。

下列功能測試巨集是 *glibc* 特有的：

_BSD_SOURCE

若有定義（任意值），則揭露 BSD 定義。在會有標準衝突的情況，明確設定此巨集會傾向偏好 BSD 定義。

_SVID_SOURCE

若有定義（任意值），則揭露 System V Interface Definition（SVID）定義。

_GNU_SOURCE

若有定義（任意值），則揭露之前設定的全部巨集定義，以及各種 GNU 擴充。

當執行 GNU C 編譯器且沒有使用特殊選項時，_POSIX_SOURCE、_POSIX_C_SOURCE=200809（glibc 版本 2.5 至 2.9 是 200112，或在 2.4 版以前的 *glibc* 是 199506），預設是定義 _BSD_SOURCE 及 _SVID_SOURCE。

若有定義個別的巨集，或是編譯器以某個標準模式（如：*cc -ansi* 或 *cc -std=c99*）執行，則只提供所需的定義。不過有一個例外：若未定義 _POSIX_C_SOURCE，且編譯器未以任一標準模式執行，則會將 _POSIX_C_SOURCE 定義為 200809（在 glibc 版本 2.4 至 2.9 是 200112，而 *glibc* 2.4 版以前則是定義為 199506）。

多個巨集定義是使用添加的方式，以便我們能用下列的 *cc* 指令直接選擇巨集設定：

```
$ cc -D_POSIX_SOURCE -D_POSIX_C_SOURCE=199506 \
                -D_BSD_SOURCE -D_SVID_SOURCE prog.c
```

<features.h> 標頭檔與 *feature_test_macros(7)* 使用手冊提供精確的深入資訊，可了解每個功能測試巨集的值。

_POSIX_C_SOURCE、_XOPEN_SOURCE 及 POSIX.1/SUS

在 POSIX.1-2001/SUSv3 僅規範了 _POSIX_C_SOURCE 及 _XOPEN_SOURCE 功能測試巨集，並要求在應用程式上，這些巨集須定義為 200112 與 600。將 _POSIX_C_SOURCE 定義為 200112 可遵循 POSIX.1-2001 基本規範（即：遵循 POSIX，但排除 XSI 擴

充）。將 _XOPEN_SOURCE 定義為 600 可符合 SUSv3 規範（即：遵循 XSI 的基本與擴充規範）。這些敘述也能套用於 POSIX.1-2008/SUSv4，它們要求須將這兩個巨集定義為 200809 及 700。

若將 _POSIX_C_SOURCE 設定為 200112，則 SUSv3 指定將 _XOPEN_SOURCE 設定為 600，應該會提供全部的已啟用功能。因此，應用程式只須針對 SUSv3 定義 _XOPEN_SOURCE（即：XSI）。SUSv4 制定了一個類似的規範：若將 _POSIX_C_SOURCE 設定為 200809，則將 _XOPEN_SOURCE 設定為 700，應該會提供全部的已啟用功能。

在函式原型及原始碼範本中的功能測試巨集

為了得知標頭檔中的特定常數定義或函式宣告，使用手冊會說明必須定義那個（些）功能測試巨集。

在本書的全部原始碼範例都有寫，以便能使用預設的 GNU C 編譯器選項進行編譯，或是使用下列的選項：

```
$ cc -std=c99 -D_XOPEN_SOURCE=600
```

為了使用程式裡的功能，本書展示的每個函式原型都會指出需要定義的功能測試函式，無論是以預設的編譯器選項，或是如所示的 *cc* 指令之選項。使用手冊會提供更為精確的功能測試巨集（用以揭露每個函式宣告）介紹。

3.6.2 系統資料型別

各種實作資料型別會以標準的 C 型別重新表示，例如，行程 ID、使用者 ID 及檔案偏移量（file offset）。雖然可能使用 C 的基本型別（如：*int* 與 *long*），用以宣告儲存這類資訊的變數，但是這會降低跨 UNIX 系統的可攜度，理由如下：

- 這些基本型別的大小隨著不同的 UNIX 平台而異（如：*long* 在某系統可以是 4 個位元組，而在其他系統則是 8 個位元組），或有時甚至在同個平台，但不同的編譯環境也會不同。此外，不同平台可能會使用不同的型別來表示同樣的資訊。例如：行程 ID 在某個系統是 *int*，而在另一個系統則是 *long*。
- 即使在單個 UNIX 平台上，用於表示資訊的型別可能隨著實作版本而異。在 Linux 的範例是使用者 ID 與群組 ID，在 Linux 2.2 及早期版本，這些值是以 16 位元表示，而在 Linux 2.4 及以後的版本，則都是 32 位元。

為了避免這類的的移植問題，SUSv3 規範各種標準的系統資料型別，並要求平台需定義並適當使用這些型別。

每個型別都使用 C 的 typedef 功能定義。例如：*pid_t* 資料型別用以表示行程 ID，而在 Linux/x86-32 系統，此型別定義如下：

```
typedef int pid_t;
```

多數的標準系統資料型別命名是以 _t 結尾，多數宣告於 <sys/types.h> 標頭檔，雖然有些定義在其他標頭檔。

可攜式應用程式應該採用這些型別定義來宣告其使用的變數。例如：下列宣告可以讓應用程式在任何與 SUSv3 相容的系統正確表示行程 ID：

```
pid_t mypid;
```

表 3-1 列出我們本書用到的一些系統資料型別。在本表的某些型別，SUSv3 要求型別要以算術（arithmetic）型別實作，這意謂著實作可以選擇整數或浮點數（實數或複數）型別做為底層型別。

表 3-1：選擇的系統資料型別

資料型別	SUSv3 的型別規範	說明
blkcnt_t	signed integer	File block count（15.1 節）
blksize_t	signed integer	File block size（15.1 節）
cc_t	unsigned integer	Terminal special character（62.4 節）
clock_t	integer or real-floating	System time in clock ticks（10.7 節）
clockid_t	an arithmetic type	Clock identifier for POSIX.1b clock and timer functions（23.6 節）
comp_t	not in SUSv3	Compressed clock ticks（28.1 節）
dev_t	an arithmetic type	Device number, consisting of major and minor numbers（15.1 節）
DIR	no type requirement	Directory stream（18.8 節）
fd_set	structure type	File descriptor set for select()（63.2.1 節）
fsblkcnt_t	unsigned integer	File-system block count（14.11 節）
fsfilcnt_t	unsigned integer	File count（14.11 節）
gid_t	integer	Numeric group identifier（8.3 節）
id_t	integer	A generic type for holding identifiers; large enough to hold at least pid_t, uid_t, and gid_t
in_addr_t	32-bit unsigned integer	IPv4 address（59.4 節）
in_port_t	16-bit unsigned integer	IP port number（59.4 節）
ino_t	unsigned integer	File i-node number（15.1 節）
key_t	an arithmetic type	System V IPC key（45.2 節）
mode_t	integer	File permissions and type（15.1 節）
mqd_t	no type requirement, but	POSIX message queue descriptor

資料型別	SUSv3 的型別規範	說明
	shall not be an array type	
msglen_t	unsigned integer	Number of bytes allowed in System V message queue（46.4 節）
msgqnum_t	unsigned integer	Counts of messages in System V message queue（46.4 節）
nfds_t	unsigned integer	Number of file descriptors for poll()（63.2.2 節）
nlink_t	integer	Count of (hard) links to a file（15.1 節）
off_t	signed integer	File offset or size（4.7 與 15.1 節）
pid_t	signed integer	Process ID, process group ID, or session ID（6.2, 34.2, 與 34.3 節）
ptrdiff_t	signed integer	Difference between two pointer values, as a signed integer
rlim_t	unsigned integer	Resource limit（36.2 節）
sa_family_t	unsigned integer	Socket address family（56.4 節）
shmatt_t	unsigned integer	Count of attached processes for a System V shared memory segment（48.8 節）
sig_atomic_t	integer	Data type that can be atomically accessed（21.1.3 節）
siginfo_t	structure type	Information about the origin of a signal（21.4 節）
sigset_t	integer or structure type	Signal set（20.9 節）
size_t	unsigned integer	Size of an object in bytes
socklen_t	integer type of at least 32 bits	Size of a socket address structure in bytes（56.3 節）
speed_t	unsigned integer	Terminal line speed（62.7 節）
ssize_t	signed integer	Byte count or (negative 節） error indication
stack_t	structure type	Description of an alternate signal stack（21.3 節）
suseconds_t	signed integer allowing range [–1, 1000000]	Microsecond time interval（10.1 節）
tcflag_t	unsigned integer	Terminal mode flag bit mask（62.2 節）
time_t	integer or real-floating	Calendar time in seconds since the Epoch（10.1 節）
timer_t	an arithmetic type	Timer identifier for POSIX.1b interval timer functions（23.6 節）
uid_t	integer	Numeric user identifier（8.1 節）

後續章節在討論表 3-1 的資料型別時，我們常常會這麼敘述，有些型別「是整數型別（由 SUSv3 制定的）」。這意謂著 SUSv3 要求需要將型別定義為整數，但不需使用特定的原生（native）整數型別（如：*short*、*int* 或 *long*）。（對於表示 Linux 每個系統資料型別的原生資料型別，我們通常不會特別說明，因為可攜的應用程式應該要使用系統資料型別，而可不管使用的資料型別）。

印出系統資料型別的值

當印出表 3-1 中的某個數字系統資料型別時（如：*pid_t* 及 *uid_t*），我們必須小心別在 *printf()* 呼叫中使用代名相依（representation dependency）。代名相依的發生原因是因為 C 的參數促進規則（promotion rule）會將 *short* 型別的值轉換為 *int*，但是將 *int* 及 *long* 型別的值維持不變。意思是，若依賴系統資料型別的定義，則傳遞給 *printf()* 呼叫的型別就是 *int* 或 *long*。然而，因為 *printf()* 無法在執行期決定其參數的型別，所以呼叫者必須使用 %d 或 %ld 格式說明符（specifier）明確地提供資訊。問題在於，單純在 *prinft()* 呼叫中使用這些說明符會產生平台的相依性。一般的解決方式是使用 %ld 說明符，並每次都要將對應的值轉型為 *long*，類似這樣：

```
pid_t mypid;

mypid = getpid();              /* 傳回 calling process 的 process ID */
printf( "My PID is %ld\n" , (long) mypid);
```

上述技術有一個例外情況，因為 *off_t* 資料型別在一些編譯環境的大小是 *long long*，我們會將 *off_t* 值轉型為這個型別，並使用 %lld 說明符，如 5.10 節所述。

> C99 標準為 *printf()* 定義 z 長度的修改器（modifier），用以指出下列與 *size_t* 或 *ssize_t* 型別對應的整數轉換。所以我們對 *ssize_t* 型別可以寫 %zd 取代 %ld 與型別轉換，以及對 *size_t* 型別使用 %zu。雖然 *glibc* 有提供此說明符，但是因為不是全部的 UNIX 系統都有提供，所以我們會避免使用。
>
> C99 標準也有定義 j 長度修改器，指定的對應參數是 *intmax_t* 型別（或 *uintmax_t*），一個保證足以容納任何型別整數的整數型別。最後使用（*intmax_t*）型別轉換與 %jd 說明符應該可以取代（*long*）型別轉換與 %ld 說明符，做為印出數字系統資料型別值的最佳方法，因為前者也會處理 *long long* 數值及如 *int128_t* 的任何擴充整數型別。然而，我們（再次強調）避免使用此技術的理由是因為並非全部的 UNIX 平台都有提供。

3.6.3 可攜議題集錦

我們在本節探討一些寫系統程式時可能會遇到的其他可攜議題。

初始化與使用結構

每個 UNIX 平台會指定用於各個系統呼叫與函式庫函式的幾個標準結構。如以探討 *sembuf* 結構為例，可用以代表一個 *semop()* 系統呼叫執行的號誌操作（semaphore operation）：

```
struct sembuf {
    unsigned short sem_num;         /* Semaphore number */
    short          sem_op;          /* Operation to be performed */
    short          sem_flg;         /* Operation flags */
};
```

雖然 SUSv3 制定了如 *sembuf* 的這類資料結構，但有下列幾個重點需要知道：

- 通常不會規範這類結構的欄位定義順序。
- 有時這類結構會額外包含平台特有的欄位。

因此，使用下列的結構初始器（initializer）是不可攜的：

```
struct sembuf s = { 3, -1, SEM_UNDO };
```

雖然這個初始器在 Linux 可以正常運作，但是在其他系統上，當 *sembuf* 結構定義的欄位順序不同時，會無法正常運作。所以為了讓這類結構的初始化能具備可攜性，我們必須直接使用參數指派設定，如下所示：

```
struct sembuf s;

s.sem_num = 3;
s.sem_op = -1;
s.sem_flg = SEM_UNDO;
```

若我們使用 C99，則我們能採用語言的新結構初始器語法，寫一個等價的初始設定：

```
struct sembuf s = { .sem_num = 3, .sem_op = -1, .sem_flg = SEM_UNDO };
```

若我們想要將標準結構的內容寫入檔案，則也須可量標準結構的成員順序。為了可攜性，我們不能直接將結構以二進位整個寫入，而是以特定順序，個別寫入結構欄位（或是以文字格式）。

使用不是每個平台都有的巨集

有很多情況，有的巨集不是每個 UNIX 系統都有提供。例如：大多數系統都有提供 WCOREDUMP() 巨集（檢查子行程是否有產生傾印檔），但 SUSv3 沒有特別規範。因此，有些 UNIX 平台可能沒有提供此巨集。為了處理這些可能發生的可攜問題，我們能使用 C 的 #ifdef directive 前置處理器（preprocessor），如下列範例所示：

```
#ifdef WCOREDUMP
    /* 使用 WCOREDUMP() 巨集 */
#endif
```

所需標頭檔在不同平台的差異

有時為了取得各系統呼叫與函式庫函式的原型，所需的標頭檔會隨著 UNIX 平台而異。我們在本書示範 Linux 的需求，以及提及 SUSv3 的各種改變。

本書有些函式的概覽在特定標頭檔中會有註解 /* *For portability* */，這表示在 Linux 或 SUSv3 不需要這個標頭檔。不過因為有些其他的（尤其是舊版的）平台會需要，所以我們在設計可攜程式時應該要引用。

> 對於 POSIX.1-1990 規範的許多函式，需要在引用任何其他函式相關的標頭以前，必須先引用 <sys/types.h> 標頭。然而，這項需求是額外的負擔，因為多數同期的 UNIX 平台並不要求應用程式幫這些函式引用此標頭。因此，SUSv1 移除了這項要求。然而，我們在設計可攜程式時，還是應該要引用前述的某個標頭檔。（然而，我們在範例程式忽略此標頭，因為 Linux 不需要，而且可以讓我們的範例程式少一行程式碼）。

3.7 小結

系統呼叫可讓行程請求核心服務。系統呼叫與使用者空間的函式呼叫相較之下，即使是最單純的系統呼叫也會產生顯著的負載，因為系統在執行系統呼叫時，必須暫時切換到核心模式，而核心也要驗證系統呼叫的參數，並在使用者記憶體及核心記憶體之間傳輸資料。

標準的 C 函式庫提供許多執行各種任務的函式庫函式。有些函式庫函式利用系統呼叫達成任務；而其他函式庫則全部都在使用者空間執行任務。在 Linux 系統，*glibc* 是一般使用的標準 C 函式庫。

多數系統呼叫與函式庫函式會傳回一個表示呼叫成功或失敗的狀態，這類的傳回狀態都應該經過檢查。

我們簡介許多本書範例程式使用的函式，這些函式執行的任務有診斷錯誤及解析命令列參數。

我們討論各種有助於在與標準相容的各系統上設計可攜系統程式的方針與技術。

我們在編譯應用程式時，可以定義各種控制揭露標頭檔定義的功能測試巨集。這有助於我們確保程式可相容於一些正式的或實作定義的標準。

我們可使用各標準中定義的系統資料型別，而不是原生的 C 型別，以改善系統程式的可攜性。SUSv3 規定在實作時應該支援並且應用程式應該採用的一些系統資料型別。

3.8 習題

3-1. 當使用 Linux 透有的 *reboot()* 系統呼叫以重新開啟系統時，第二個參數：*magic2* 必須設定為魔術號碼組（magic number set）的某個數字（如：LINUX_REBOOT_MAGIC2），這些數字何者最顯著呢？（將它們轉換為十六進位可以得到線索）。

4

檔案 I/O：通用的 I/O 模型

我們現在開始深入研究系統呼叫（system call）API。檔案（file）是一個好的開始，因為檔案是 UNIX 哲學的中心思想。本章著重於介紹用在檔案輸入及輸出的系統呼叫。

我們會先簡介檔案描述符（file descriptor）的概念，隨後探討構成通用 I/O 模型的系統呼叫，可用於開啟檔案、關閉檔案、讀取及寫入檔案資料。

本章著重於磁碟檔案的 I/O。然而，本章很多內容都與後續的章節有關，因為這些系統呼叫可適用於各類檔案的 I/O，如管線（pipe）與終端機（terminal）之類。

第 5 章會延伸本章所討論的內容，對檔案 I/O 有深入的探討。緩衝（buffering）是檔案 I/O 的另一要點，其複雜程度足以用一整個章節來說明。第 13 章則涵蓋了核心及 stdio 函式庫的 I/O 緩衝。

4.1 概述

全部執行 I/O 操作的系統呼叫都是透過檔案描述符（一個非負整數，通常是小的整數）來操控開啟的檔案。各類型的檔案在開啟之後，都能以檔案描述符進行操控，包含管線、FIFO、socket、終端機、裝置及和普通檔案。每個行程都有自己的一組檔案描述符。

依照慣例，多數的程式都能使用表 4-1 所列的三個標準檔案描述符。這三個檔案描述符在程式啟動以前就由 shell 代為開啟。更精確地說，程式繼承了 shell 的檔案描述符副本，且 shell 在平常就會將這三個檔案描述符保持一直開啟。（在互動式 shell 中，這三個檔案描述符通常是指向 shell 執行所在的終端機。）如果在命令列指定 I/O 重導（redirection），則 shell 可確保檔案描述符在程式啟動以前有經過適當地修改。

表 4-1：標準檔案描述符

檔案描述符	用途	POSIX 名稱	*stdio* stream
0	標準輸入	STDIN_FILENO	*stdin*
1	標準輸出	STDOUT_FILENO	*stdout*
2	標準錯誤	STDERR_FILENO	*stderr*

在程式中表示這些檔案描述符時，可以使用數字（0、1、2）表示，或者採用 <unistd.h> 所定義的 POSIX 標準名稱（此方法更為建議）。

> 雖然 stdin、stdout 和 stderr 變數在程式初始化時用於代表行程的標準輸入、標準輸出和標準錯誤，但是呼叫 *freopen()* 函式庫的函式可以使這些變數代表其他任何檔案物件。做為其操作的一部分，*freopen()* 可以在將串流（stream）重新開啟時，一併更換隱匿其中的檔案描述符。換言之，針對 stdout 呼叫 *freopen()* 函式後，無法保證 stdout 變數值仍然為 1。

下面介紹執行檔案 I/O 操作的四個主要系統呼叫（程式設計語言和套裝軟體通常會利用 I/O 函式對它們進行間接呼叫）：

- *fd = open(pathname, flags, mode)* 函式開啟 pathname 所代表的檔案，並返回檔案描述符，用以在後續函式呼叫中代表開啟的檔案。如果檔案不存在，*open()* 函式可以建立之，這取決於對位元遮罩參數 flags 的設定。*flags* 參數還可指定檔案的開啟方式：唯讀、唯寫或是可讀寫模式。mode 參數則指定了由 *open()* 呼叫建立檔案的存取權限，如果 *open()* 函式並未建立檔案，那麼可以忽略或省略 mode 參數。
- *numread = read(fd, buffer, count)* 呼叫從 fd 所代表的開啟檔案中讀取最多 count 位元組的資料，並儲存到 buffer 中。*read()* 呼叫的返回值為實際讀取到的位元組數，如果不再有資料可讀（例如：讀到檔案結尾 EOF 時），則返回值為 0。
- *numwritten = write(fd, buffer, count)* 呼叫從 buffer 中讀取多達 count 位元組的資料，並寫入由 fd 所代表的已開啟檔案中，*write()* 呼叫的返回值為實際寫入檔案的位元組數，且有可能小於 count。

- *status = close(fd)* 在所有輸入 / 輸出操作完成後，呼叫 *close()*，釋放檔案描述符 fd 以及與之相關的核心資源。

在詳細說明這些系統呼叫之前，列表 4-1 簡要展示了它們的使用方法。該程式實作了一個簡易版的 *cp(1)* 指令，將原始檔案內容複製到新檔案中。在命令列中，程式的第一個參數代表已存在的原始檔案，第二個參數則代表新檔案。

我們可以如下使用列表 4-1 的程式：

```
$ ./copy oldfile newfile
```

列表 4-1：使用 I/O 系統呼叫

fileio/copy.c

```
#include <sys/stat.h>
#include <fcntl.h>
#include "tlpi_hdr.h"

#ifndef BUF_SIZE        /* Allow "cc -D" to override definition */
#define BUF_SIZE 1024
#endif

int
main(int argc, char *argv[])
{
    int inputFd, outputFd, openFlags;
    mode_t filePerms;
    ssize_t numRead;
    char buf[BUF_SIZE];

    if (argc != 3 || strcmp(argv[1], "--help") == 0)
        usageErr("%s old-file new-file\n", argv[0]);

    /* Open input and output files */

    inputFd = open(argv[1], O_RDONLY);
    if (inputFd == -1)
        errExit("opening file %s", argv[1]);

    openFlags = O_CREAT | O_WRONLY | O_TRUNC;
    filePerms = S_IRUSR | S_IWUSR | S_IRGRP | S_IWGRP |
                S_IROTH | S_IWOTH;      /* rw-rw-rw- */
    outputFd = open(argv[2], openFlags, filePerms);
    if (outputFd == -1)
        errExit("opening file %s", argv[2]);

    /* Transfer data until we encounter end of input or an error */
```

```
    while ((numRead = read(inputFd, buf, BUF_SIZE)) > 0)
        if (write(outputFd, buf, numRead) != numRead)
            fatal("couldn't write whole buffer");
    if (numRead == -1)
        errExit("read");

    if (close(inputFd) == -1)
        errExit("close input");
    if (close(outputFd) == -1)
        errExit("close output");

    exit(EXIT_SUCCESS);
}
```

fileio/copy.c

4.2 通用的 I/O

UNIX I/O 模型的顯著特點之一是其輸入 / 輸出的通用性概念。這意謂著使用四個同樣的系統呼叫 *open()*、*read()*、*write()* 和 *close()* 可以對所有類型的檔案執行 I/O 操作，包括終端機之類的裝置。因此，僅使用這些系統呼叫編寫的程式，將適用於任何類型的檔案。例如，針對列表 4-1 中的程式，如下操作都是可行的：

`$ ./copy test test.old`	*Copy a regular file*
`$ ./copy a.txt /dev/tty`	*Copy a regular file to this terminal*
`$ ./copy /dev/tty b.txt`	*Copy input from this terminal to a regular file*
`$ ./copy /dev/pts/16 /dev/tty`	*Copy input from another terminal*

要實作通用 I/O，就必須確保每一檔案系統和裝置驅動程式都實作了相同的一組 I/O 系統呼叫。由於檔案系統或裝置所特有的操作細節是由核心處理，在程式設計時通常可以忽略裝置專有的因素。一旦應用程式需要存取檔案系統或裝置的特有功能時，可以選擇如瑞士刀般的 *ioctl()* 系統呼叫（4.8 節），該呼叫為通用 I/O 模型之外的專有特性提供了存取介面。

4.3 開啟檔案：*open()*

open() 呼叫既能開啟一個已經存在的檔案，也能建立並開啟一個新檔案。

```
#include <sys/stat.h>
#include <fcntl.h>

int open(const char *pathname, int flags, ... /* mode_t mode */);
```

Returns file descriptor on success, or –1 on error

要開啟的檔案由參數 pathname 來識別。如果 pathname 是一個符號連結，則會對其進行解參考。如果呼叫成功，則 *open()* 將返回一個檔案描述符，用於在後續的函式呼叫中代表該檔案。若發生錯誤，則返回 -1，並將 *errno* 設定為相對應的錯誤編號。

參數 flags 為位元遮罩，用於指定檔案的存取模式，可選擇表 4-2 所示的其中一個常數。

> 早期的 UNIX 系統中使用數字 0、1、2，而非表 4-2 中所列的常數名稱。大多數現代 UNIX 系統將這些常數定義為上述相對應數字（以期與早期系統保持相容）。由此可見，O_RDWR 並不等同於 O_RDONLY | O_WRONLY，後者（或組合）屬於邏輯錯誤。

當呼叫 *open()* 建立新檔案時，位元遮罩參數 mode 指定了檔案的存取權限。（SUSv3 規定，*mode* 的資料型別 *mode_t* 屬於整數型別。）如果 *open()* 並未指定 O_CREAT 旗標，則可以省略 *mode* 參數。

表 4-2：檔案存取模式

存取模式	說明
O_RDONLY	以唯讀模式開啟檔案
O_WRONLY	以唯寫模式開啟檔案
O_RDWR	以讀寫模式開啟檔案

15.4 節將詳細描述檔案權限。之後，讀者會瞭解到新建檔案的存取權限不僅依賴於參數 *mode*，而且受到行程的 umask 值（15.4.6 節）和（可能存在的）父目錄的預設存取控制清單（17.6 節）影響。同時，需要注意 *mode* 參數可以指定為數字（通常為八進位數），更為可取的做法是對 0 個或多個表 15-4（15.4.1 節）中所列位元遮罩常數進行 OR 位元邏輯（|）操作。

列表 4-2 展示了 *open()* 呼叫的幾個使用實例，其中有些呼叫用到了其他旗標位元，後續將會加以介紹。

列表 4-2：open 函式的使用範例

```
/* Open existing file for reading */

fd = open("startup", O_RDONLY);
if (fd == -1)
    errExit("open");

/* Open new or existing file for reading and writing, truncating to zero
```

```
   bytes; file permissions read+write for owner, nothing for all others */

fd = open("myfile", O_RDWR | O_CREAT | O_TRUNC, S_IRUSR | S_IWUSR);
if (fd == -1)
    errExit("open");

/* Open new or existing file for writing; writes should always
   append to end of file */

fd = open("w.log", O_WRONLY | O_CREAT | O_APPEND,
                   S_IRUSR | S_IWUSR);
if (fd == -1)
    errExit("open");
```

open() 呼叫所返回的檔案描述符數值

SUSv3 規定，如果呼叫 *open()* 成功，必須保證其返回值為行程中最小的未用檔案描述符。可以利用該特性以特定檔案描述符開啟某一檔案。例如，如下程式碼順序就會確保使用標準輸入（檔案描述符 0）開啟一個檔案。

```
if (close(STDIN_FILENO) == -1)        /* Close file descriptor 0 */
    errExit("close");

fd = open(pathname, O_RDONLY);
if (fd == -1)
    errExit("open");
```

由於檔案描述符 0 尚未使用，所以 *open()* 呼叫勢必會使用此描述符開啟檔案。5.5 節中所提及的 *dup2()* 和 *fcntl()* 也可實作類似功能，但對於檔案描述符的控制更加有彈性。該節還將舉例說明對於已經開啟的檔案，控制其描述符為何大有益處。

4.3.1 *open()* 呼叫中的 *flags* 參數

在列表 4-2 展示的一些 *open()* 呼叫範例中，除了 *flags* 參數使用的檔案存取旗標之外，還使用了其他操作旗標（O_CREAT、O_TRUNC 和 O_APPEND）。現在將詳細介紹 *flags* 參數。表 4-3 總結了可參與 *flags* 參數 OR 位元邏輯運算（|）的一套常數。最後一列顯示常數的標準化是符合 SUSv3 還是 SUSv4。

表 4-3：*open()* 系統呼叫的 *flags* 參數值介紹

旗標	用途	SUS 版本
O_RDONLY	以唯讀模式開啟	v3
O_WRONLY	以唯寫模式開啟	v3
O_RDWR	以讀寫模式開啟	v3

旗標	用途	SUS 版本
O_CLOEXEC	設定 close-on-exec 旗標（自 Linux 2.6.23 版本開始）	v4
O_CREAT	若檔案不存在則建立之	v3
O_DIRECTORY	如果 *pathname* 不是目錄，則失敗	v4
O_EXCL	結合 O_CREAT 參數使用，專門用於建立檔案	v3
O_LARGEFILE	在 32 位元系統中使用此旗標開啟大檔案	
O_NOCTTY	不要讓 *pathname*（所指向的終端機裝置）成為控制終端機	v3
O_NOFOLLOW	對符號連結不予解參考	v4
O_TRUNC	截斷現存的檔案，使其長度為零	v3
O_APPEND	總在檔案結尾部附加資料	v3
O_ASYNC	當 I/O 操作可行時，產生訊號（signal）通知行程	
O_DIRECT	檔案 I/O 跳過緩衝區快取（buffer cache）	
O_DSYNC	提供同步的 I/O 資料完整性（自 Linux 2.6.33 版本開始）	v3
O_NOATIME	在 *read()* 時不更新最近的存取時間（自 Linux 2.6.8 開始）	
O_NONBLOCK	以非阻塞方式開啟	v3
O_SYNC	以同步方式寫入檔案	v3

表 4-3 中常數分為如下幾組：

- 檔案存取模式旗標：先前描述的 O_RDONLY、O_WRONLY 和 O_RDWR 旗標均在此列，呼叫 *open()* 時，上述三者在 *flags* 參數中不能同時使用，只能指定其中一種。呼叫 *fcntl()* 的 F_GETFL 操作能夠檢索檔案的存取模式（見 5.3 節）。
- 檔案建立旗標：這些旗標在表 4-3 中位於第二部分，其控制範圍不拘於 *open()* 的呼叫行為，還涉及後續 I/O 操作的各個選項。這些旗標不能檢索，也無法修改。
- 已開啟檔案的狀態旗標：這些旗標是表 4-3 中的剩餘部分，使用 *fcntl()* 的 F_GETFL 和 F_SETFL 操作可以分別檢索和修改此類旗標，有時將其稱為檔案狀態旗標。

> 始於核心版本 2.6.22，讀取位於 /proc/*PID*/fdinfo 目錄下的 linux 系統特有檔案，可以取得系統內任一行程中檔案描述符的相關資訊。針對行程中每一個已開啟的檔案描述符，該目錄下都有相對應的檔案，以對應檔案描述符的數值命名。檔案中的 pos 欄位表示目前的檔案偏移量（4.7 節）。而 flags 欄位為一個八進位數，表示檔案存取旗標和已開啟檔案的狀態旗標。（該數字的解碼需要參考這些旗標在 C 語言函式庫標頭檔中所定義的數值。）

以下是 *flags* 常數的詳細描述。

O_APPEND

總是在檔案結尾部附加資料，5.1 節將討論此旗標的意義。

O_ASYNC

當對於 *open()* 呼叫所返回的檔案描述符可以進行 I/O 操作時，系統會產生一個訊號通知行程。此特性也被稱為訊號驅動 I/O，僅對特定類型的檔案有效，諸如終端機、FIFO 及 socket。（在 SUSv3 中並未規定 O_ASYNC 旗標，但大多數 UNIX 系統都支援此旗標或者舊版中與其等效的 FASYNC 旗標。）在 Linux 中，呼叫 *open()* 時指定 O_ASYNC 旗標沒有任何實質效果。要啟用訊號驅動 I/O 特性，必須呼叫 *fcntl()* 的 F_SETFL 操作來設定 O_ASYNC 旗標（見 5.3 節）。（其他一些 UNIX 系統的實作有類似行為。）關於 O_ASYNC 旗標的更多內容請參考 63.3 節。

O_CLOEXEC（自 *Linux 2.6.23* 版本開始支援）

為新（建立）的檔案描述符啟用 close-on-flag 旗標（FD_CLOEXEC）。27.4 節將描述 FD_CLOEXEC 旗標。使用 O_CLOEXEC 旗標（開啟檔案），可以免去程式執行 *fcntl()* 的 F_GETFD 和 F_SETFD 操作來設定 close-on-exec 旗標的額外工作。在多執行緒程式中執行 *fcntl()* 的 F_GETFD 和 F_SETFD 操作有可能導致競速條件（race condition），而使用 O_CLOEXEC 旗標則能夠避免此點。可能引發競爭的情境是：執行緒某甲開啟一檔案描述符，嘗試為該描述符標示 close-on-exec 旗標，於此同時，執行緒某乙執行 *fork()* 呼叫，然後呼叫 *exec()* 執行任意一個程式。（假設在某甲開啟檔案描述符和呼叫 *fcntl()* 設定 close-on-exec 旗標之間，某乙成功地執行了 *fork()* 和 *exec()* 操作。）此類競爭可能會在無意間將開啟的檔案描述符洩露給不安全的程式。（更多關於競速條件的內容請參考 5.1 節。）

O_CREAT

如果檔案不存在，將建立一個新的空檔案。即使檔案以唯讀方式開啟，此旗標依然有效。如果在 *open()* 呼叫中指定 O_CREAT 旗標，那麼還需要提供 mode 參數，否則，會將新檔案的權限設定為堆疊（stack）中的某個隨機值。

O_DIRECT

無系統緩衝的檔案 I/O 操作。該特性將在 13.6 節中詳述。為使定義在 <fcntl.h> 中的 O_DIRECT 旗標常數有效，必須定義 _GNU_SOURCE 功能測試巨集（feature test macro）。

O_DIRECTORY

如果 pathname 參數並非目錄，將返回錯誤（錯誤代號 *errno* 為 ENOTDIR）。此旗標是專為實作 *opendir()* 函式（18.8 節）而設計的擴充旗標。為使定義在 <fcntl.h> 中的 O_DIRECTORY 旗標常數有效，必須定義 _GNU_SOURCE 功能測試巨集。

O_DSYNC（自 *Linux 2.6.33* 版本開始支持）

根據同步 I/O 資料完整性的完成要求來執行檔案寫入操作，可參考 13.3 節中關於核心 I/O 緩衝的討論。

O_EXCL

此旗標與 O_CREAT 旗標結合使用表示如果檔案已經存在，則不會開啟檔案，且 *open()* 呼叫失敗，並返回錯誤，錯誤代號 *errno* 為 EEXIST。換言之，此旗標確保了呼叫者（*open()* 的呼叫行程）就是建立檔案的行程。檢查檔案存在與否和建立檔案這兩步驟屬於同一原子操作（5.1 節將討論原子操作的概念）。如果在 *flags* 參數中同時指定了 O_CREAT 和 O_EXCL 旗標，且 pathname 參數是符號連結，則 *open()* 函式呼叫失敗（錯誤代號 *errno* 為 EEXIST）。SUSv3 之所以如此規定，是要求有特權的應用程式在已知目錄下建立檔案，避免符號連結在不同位置建立檔案而產生安全問題（例如，系統目錄）。

O_LARGEFILE

支援以大檔案方式開啟檔案。在 32 位元作業系統中使用此旗標，以支援大檔案操作。儘管在 SUSv3 中沒有規定此旗標，但其他一些 UNIX 系統都支持此特性。此旗標在諸如 Alpha、IA-64 之類的 64 位 Linux 實作中是無效的。更多的內容將在 5.10 節中討論。

O_NOATIME（自 *Linux 2.6.8* 版本開始）

在讀檔案時，不更新檔案的最近存取時間（15.1 節中所描述的 *st_atime* 屬性）。要使用該旗標，要麼呼叫行程的有效使用者 ID 必須與檔案的擁有者相匹配，要麼行程需要擁有特權（CAP_FOWNER）。否則，*open()* 呼叫失敗，並返回錯誤，錯誤代號 *errno* 為 EPERM。（事實上，如 9.5 節所述，對於非特權行程，當以 O_NOATIME 旗標開啟檔案時，檔案使用者 ID 必須與行程的檔案系統使用者 ID 匹配，而非行程的有效使用者 ID。）此旗標是 Linux 特有的非標準擴充。要從 <fcntl.h> 中啟用此旗標，必須定義 _GNU_SOURCE 功能測試巨集。O_NOATIME 旗標的設計旨在為索引和備份程式服務。使用該旗標能夠顯著減少磁碟的活動量，避免同時讀取檔案內容與更新檔案 i-node 結構中最近存取時間，進而節省了磁頭在磁碟上的反覆搜尋時間（14.4 節）。*mount()* 函式中的 MS_ NOATIME 旗標（14.8.1 節）和 FS_NOATIME_FL 旗標（15.5 節）與 O_NOATIME 旗標功能相似。

O_NOCTTY

如果正在開啟的檔案屬於終端機裝置，則 O_NOCTTY 旗標可以防止其成為控制終端機。34.4 節將討論控制終端機。如果正在開啟的檔案不是終端機裝置，則此旗標無效。

O_NOFOLLOW

通常，如果 pathname 參數是符號連結，則 *open()* 函式將對 pathname 參數進行解參考。一旦在 *open()* 函式中指定了 O_NOFOLLOW 旗標，且 pathname 參數屬於符號連結，則 *open()* 函式將返回失敗（錯誤代號 *errno* 為 ELOOP）。此旗標在特權程式中極為有用，能夠確保 *open()* 函式不對符號連結進行解參考。為使 O_NOFOLLOW 旗標在 <fcntl.h> 中有效，則必須定義 _GNU_SOURCE 功能測試巨集。

O_NONBLOCK

以非阻塞方式開啟檔案，參考 5.9 節。

O_SYNC

以同步 I/O 方式開啟檔案，參考 13.3 節針對核心 I/O 緩衝的討論。

O_TRUNC

如果檔案已經存在且為普通檔案，那麼將清空檔案內容，將其長度設定為 0。在 Linux 下使用此旗標，無論以讀、可寫模式開啟檔案，都可清空檔案內容（在這兩種情況下，都必須擁有對檔案的寫入權限）。SUSv3 對 O_RDONLY 與 O_TRUNC 旗標的組合並未規範，但多數其他 UNIX 系統與 Linux 的處理方式相同。

4.3.2 *open()* 呼叫的錯誤

若開啟檔案時發生錯誤，*open()* 將返回 -1，錯誤代號 *errno* 代表錯誤原因。以下是一些可能發生的錯誤（除了在上節參數介紹中已經提及的錯誤之外）。

EACCES

檔案權限不允許呼叫行程以 *flags* 參數指定的方式開啟檔案。無法存取檔案的可能原因是目錄權限的限制、檔案不存在並且也無法建立該檔案。

EISDIR

所指定的檔案屬於目錄，而呼叫者企圖開啟該檔案進行寫入操作。不允許這種用法。（另一方面，在某些場合中，開啟目錄進行讀取操作是必要的，18.11 節將舉例說明。）

EMFILE

行程已開啟的檔案描述符數量達到了行程資源限制的上限（在 36.3 節將描述 RLIMIT_NOFILE 參數）。

ENFILE

檔案開啟數量已經達到系統允許的上限。

ENOENT

檔案不存在，且未指定 O_CREAT 旗標或指定了 O_CREAT 旗標，但 pathname 參數所指定路徑的某個目錄不存在，或者 pathname 參數為符號連結，而該連結指向的檔案不存在（空連結）。

EROFS

所指定的檔案隸屬於唯讀檔案系統，而呼叫者企圖以可寫模式開啟檔案。

ETXTBSY

所指定的檔案為可執行檔案（程式），且正在執行。系統不允許修改正在執行的程式（比如以可寫模式開啟檔案）。（必須先終止程式的執行，然後才可以修改可執行檔案。）

後續在描述其他系統呼叫或函式庫的函式時，一般不會再以上述方式展現可能發生的一系列錯誤。（每個系統呼叫或函式庫的函式的錯誤清單可從相關使用手冊中查詢獲得。）採用上述方式原因有二，一是因為 *open()* 是本書詳細描述的首個系統呼叫，而上述清單表示任一原因都有可能導致系統呼叫或函式庫的函式呼叫失敗。二是 *open()* 呼叫失敗的具體原因清單本身就頗為值得討論，它展示了影響檔案存取的一些因素，以及存取檔案時系統所執行的一系列檢查。（上述錯誤清單並不完整，更多 *open()* 呼叫失敗的錯誤原因請查看 *open(2)* 的使用手冊。）

4.3.3 *creat()* 系統呼叫

在早期的 UNIX 系統中，*open()* 只有兩個參數，無法建立新檔案，而是使用 *creat()* 系統呼叫來建立並開啟一個新檔案。

```
#include <fcntl.h>

int creat(const char *pathname, mode_t mode);
                                Returns file descriptor, or –1 on error
```

creat() 系統呼叫根據 pathname 參數建立並開啟一個檔案，若檔案已存在，則開啟檔案，並清空檔案內容，將其長度清 0。*creat()* 返回一檔案描述符，供後續系統呼叫使用。*creat()* 系統呼叫等價於如下 *open()* 呼叫：

```
fd = open(pathname, O_WRONLY | O_CREAT | O_TRUNC, mode);
```

儘管 *creat()* 在一些老舊程式的程式碼中還時有所見，但由於 *open()* 的 *flags* 參數能對檔案開啟方式提供更多控制（例如：可以指定 O_RDWR 旗標代替 O_WRONLY 旗標），對 *creat()* 的使用現在已不多見。

4.4 讀取檔案內容：*read()*

read() 系統呼叫從檔案描述符 fd 所代表的開啟檔案中讀取資料。

```
#include <unistd.h>

ssize_t read(int fd, void *buffer, size_t count);
                Returns number of bytes read, 0 on EOF, or –1 on error
```

count 參數指定最多能讀取的位元組數。（*size_t* 資料型別屬於無號整數型別。）*buffer* 參數提供用來存放輸入資料的記憶體緩衝區位址。緩衝區至少應有 count 個位元組。

> 系統呼叫不會分配記憶體緩衝區用以返回資訊給呼叫者。所以，必須預先分配大小合適的緩衝區並將緩衝區指標傳遞給系統呼叫。反之，有些函式庫的函式會分配記憶體緩衝區用以返回資訊給呼叫者。

如果 *read()* 呼叫成功，則返回實際讀取的位元組數，如果遇到檔案結束（EOF）則返回 0，如果出現錯誤則返回 -1。*ssize_t* 資料型別屬於有號的整數型別，用來存放（讀取的）位元組數或 -1（表示錯誤）。

一次 *read()* 呼叫所讀取的位元組數可以小於請求的位元組數。對於普通檔案而言，這有可能是因為目前讀取位置靠近檔案結尾部。

當 *read()* 應用於其他檔案類型時，比如管線、FIFO、socket 或者終端機，在不同環境下也會出現 *read()* 呼叫讀取的位元組數小於請求位元組數的情況。例如，預設情況下從終端機讀取字元，一遇到分行符號（\n），*read()* 呼叫就會結束。在後續章節提及其他類型檔案時，會再次針對這些情況進行探討。

使用 *read()* 從終端機讀取一連串的字元，我們會期望下面的程式碼會有效用：

```
#define MAX_READ 20
char buffer[MAX_READ];

if (read(STDIN_FILENO, buffer, MAX_READ) == -1)
    errExit("read");
printf("The input data was: %s\n", buffer);
```

這段程式碼的輸出可能會很奇怪，因為輸出結果除了實際輸入的字串外還會包括其他字元。這是因為 *read()* 呼叫沒有在 *printf()* 函式列印的字串尾部添加一個表示終止的空字元。思索片刻就會意識到這肯定是癥結所在，因為 *read()* 能夠從檔案中讀取任何順序的資料。有些情況下，輸入資訊可能是文字資料，但在其他情況下，又可能是二進位整數或者二進位格式的 C 語言資料結構。*read()* 無從區分這些資料，故而也無法遵從 C 語言對字串處理的約定，在字串尾部追加代表字串結束的空字元。如果輸入緩衝區的結尾處需要一個表示終止的空字元，則必須明確追加。

```
char buffer[MAX_READ + 1];
ssize_t numRead;

numRead = read(STDIN_FILENO, buffer, MAX_READ);
if (numRead == -1)
    errExit("read");

buffer[numRead] = '\0';
printf("The input data was: %s\n", buffer);
```

由於表示字串終止的空字元需要一個位元組的記憶體空間，所以緩衝區的大小至少要比預計讀取的最大字串長度多出一個位元組。

4.5 資料寫入檔案：*write()*

write() 系統呼叫將資料寫入一個已開啟的檔案中。

```
#include <unistd.h>

ssize_t write(int fd, const void *buffer, size_t count);
```
Returns number of bytes written, or –1 on error

write() 呼叫的參數含義與 *read()* 呼叫類似，buffer 參數為要寫入檔案中資料的記憶體位址，count 參數為欲從 buffer 寫入檔案的資料位元組數，fd 參數為一檔案描述符，代表資料要寫入的檔案。

如果 *write()* 呼叫成功，將返回實際寫入檔案的位元組數，該返回值可能小於 count 參數值。這被稱為「部分寫入」。對磁碟檔案來說，造成「部分寫入」的原因可能是由於磁碟已滿，或是因為行程資源對檔案大小的限制。（相關的限制為 RLIMIT_FSIZE，將在 36.3 節描述。）

對磁碟檔案執行 I/O 操作時，*write()* 呼叫成功並不能保證資料已經寫入磁碟。為了減少磁碟活動量和加快 *write()* 系統呼叫，核心會對磁碟的 I/O 操作設定緩衝區，第 13 章將會詳加介紹。

4.6 關閉檔案：*close()*

close() 系統呼叫關閉一個開啟的檔案描述符，並將其釋放，供該行程繼續使用。當一行程終止時，將自動關閉已開啟的所有檔案描述符。

```
#include <unistd.h>

int close(int fd);
```
Returns 0 on success, or –1 on error

明確關閉不再需要的檔案描述符是良好的程式設計習慣，會使程式碼在後續修改時更具可讀性，也更可靠。進而言之，檔案描述符屬於有限資源，因此檔案描述符關閉失敗可能會導致一個行程將檔案描述符資源消耗殆盡。在設計需要長期執行並處理大量檔案的程式時，比如 shell 或者網路伺服器程式，需要特別加以注意。

如同其他所有系統呼叫，應對 *close()* 的呼叫進行錯誤檢查，如下所示：

```
if (close(fd) == -1)
    errExit("close");
```

上述程式碼能夠捕獲的錯誤有：企圖關閉一個未開啟的檔案描述符，或者兩次關閉同一檔案描述符，也能捕獲特定檔案系統在關閉操作中診斷出的錯誤條件。

> 針對特定檔案系統的錯誤，NFS（網路檔案系統）就是一例。如果 NFS 出現提交失敗，這意謂著資料沒有抵達遠端磁碟，隨之將此錯誤做為 *close()* 呼叫失敗的原因傳遞給應用程式。

4.7 改變檔案偏移量：*lseek()*

對於每個開啟的檔案，系統核心會記錄其檔案偏移量，有時也將檔案偏移量稱為讀寫偏移量或指標。檔案偏移量是指執行下一個 *read()* 或 *write()* 操作的檔案位置，會以相對於檔案開頭起始點的位置來表示。檔案第一個位元組的偏移量為 0。

檔案開啟時，會將檔案偏移量設定為指向檔案開頭，以後每次 *read()* 或 *write()* 呼叫將自動調整，以指向已讀或已寫資料後的下一位元組。因此，連續的 *read()* 和 *write()* 呼叫將按順序遞進，對檔案進行操作。

針對檔案描述符 *fd* 參數所代表的已開啟檔案，*lseek()* 系統呼叫依照 *offset* 和 *whence* 參數值調整該檔案的偏移量。

```
#include <unistd.h>

off_t lseek(int fd, off_t offset, int whence);
```

Returns new file offset if successful, or –1 on error

offset 參數指定了一個以位元組為單位的數值。（SUSv3 規定 *off_t* 資料型別為有號整數。）*whence* 參數則表示應參考哪個基準點來解釋 offset 參數，應為下列其中之一：

SEEK_SET

將檔案偏移量設定為從檔案起始點起算的 offset 個位元組。

SEEK_CUR

相對於目前的檔案偏移量，將檔案偏移量調整 offset 個位元組。

SEEK_END

將檔案偏移量設定為檔案大小加上 offset 個位元組。也就是說，offset 參數應該從檔案最後一個位元組之後的下一個位元組算起。

圖 4-1 展示了 whence 參數的含義。

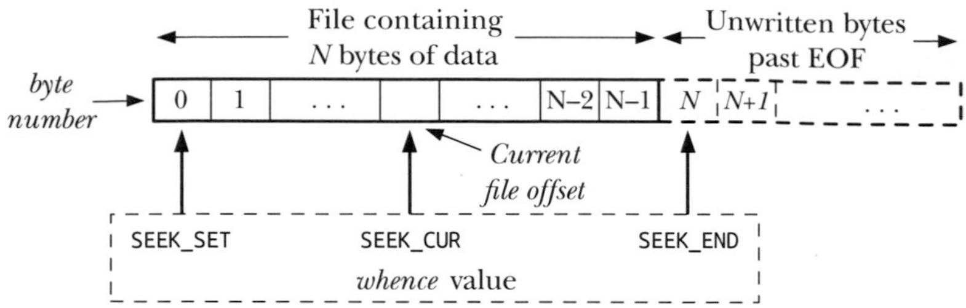

圖 4-1：解釋 lseek() 函式中 whence 參數

> 在早期的 UNIX 系統中，whence 參數用整數 0、1、2 來表示，而非正文中顯示的 SEEK_* 常數。BSD 的早期版本使用另一套命名：L_SET、L_INCR 和 L_XTND 來表示 whence 參數。

如果 whence 參數值為 SEEK_CUR 或 SEEK_END，offset 參數可以為正數也可以為負數；如果 whence 參數值為 SEEK_SET，offset 參數值必須為非負數。

lseek() 呼叫成功會返回新的檔案偏移量，下面的呼叫只是取得檔案偏移量的目前位置，並沒有修改它。

```
curr = lseek(fd, 0, SEEK_CUR);
```

> 有些 UNIX 系統（Linux 不在此列）實作了非標準的 *tell(fd)* 函式，其呼叫目的與上述 *lseek()* 相同。

這裡提供 *lseek()* 呼叫的其他一些範例，在註解中指出檔案偏移量所要移動的位置：

```
lseek(fd, 0, SEEK_SET);          /* Start of file */
lseek(fd, 0, SEEK_END);          /* Next byte after the end of the file */
lseek(fd, -1, SEEK_END);         /* Last byte of file */
lseek(fd, -10, SEEK_CUR);        /* Ten bytes prior to current location */
lseek(fd, 10000, SEEK_END);      /* 10001 bytes past last byte of file */
```

lseek() 呼叫只是調整核心中與檔案描述符相關的檔案偏移量紀錄，並沒有進行任何物理裝置的存取。

我們將在 5.4 節進一步描述檔案偏移量、檔案描述符、已開啟檔案三者之間的關係。

我們會將 *lseek()* 使用在所有類型的檔案，但不允許將 *lseek()* 應用於管線、FIFO、socket 或者終端機。一旦如此，呼叫將會失敗，並將 *errno* 設定為 ESPIPE。另一方面，只要合理，也可以將 *lseek()* 應用於裝置。例如，可以移動到磁碟或者磁帶的特定位置。

> *lseek()* 呼叫名稱中的 l 源於這樣一個事實：*offset* 參數和呼叫返回值的型別起初都是 *long* 型別。早期的 UNIX 系統還提供了 *seek()* 系統呼叫，當時這兩個值的型別為 *int* 型別。

檔案空洞（file hole）

如果程式的檔案偏移量已然跨越了檔案結尾，然後再執行 I/O 操作，將會發生什麼情況？ *read()* 呼叫將返回 0，表示檔案結尾。有點令人驚訝的是，*write()* 函式可以在檔案結尾後的任意點寫入資料。

從檔案結尾後到新寫入資料間的這段空間稱為檔案空洞。從程式設計角度看，檔案空洞中是存在資料的，讀取空洞將傳回填滿零（null byte）的緩衝區。

然而，檔案空洞並不佔用任何磁碟空間。直到後續某個時間點，在檔案空洞中寫入了資料，檔案系統才會為之分配磁碟區塊。檔案空洞的主要優勢在於，相較於為實際需要的空位元組分配磁碟區塊，稀疏填充的檔案會佔用較少的磁碟空間。核心傾印檔案（core dump）（見 22.1 節）是包含空洞檔案的常見範例。

> 對於檔案空洞不佔用磁碟空間的說法需要稍微限定一下。在大多數檔案系統中，檔案空間的分配是以區塊（block）為單位的（14.3 節），區塊的大小取決於檔案系統，通常是 1024 位元組、2048 位元組、4096 位元組。如果空洞的邊界落在區塊內，而非恰好落在區塊邊界上，則會分配一個完整的區塊來儲存資料，區塊中與空洞相關的部分則以空位元組填充。

大多數“原生” UNIX 檔案系統都支援檔案空洞的概念，但很多“非原生”檔案系統（比如，微軟的 VFAT）並不支援此概念。不支援檔案空洞的檔案系統會直接將空位元組寫入檔案。

空洞的存在表示一個檔案名義上的大小（nominal size）可能要比其佔用的磁碟儲存總量要大（有時會大出許多）。向檔案空洞中寫入位元組資料，核心需要為其分配儲存區塊，即使檔案大小不變，系統的可用磁碟空間也將減少。這種情況並不常見，但也需要瞭解。

> SUSv3 的函式 *posix_fallocate(fd, offset, len)* 規定，針對檔案描述符 fd 所代表的檔案，能確保按照由 *offset* 參數和 *len* 參數所決定的位元組範圍為其在磁碟上分配儲存空間。這樣，應用程式對檔案的後續 *write()* 呼叫不會因磁碟空間耗盡而失敗（否則，當檔案中一個空洞被填滿後，或者因其他應用程式在完全寫入檔案之前消耗了磁碟空間，都可能因磁碟空間耗盡而引發此類錯誤）。在過去，*glibc* 函式庫在實作 posix_*fallocate()* 函式時，透過向指定範圍內的每個區塊寫入一個值為 0 的位元組以達到預期結果。自核心版本 2.6.23 開始，Linux 系統提供了 *fallocate()* 系統呼叫，能更為有效率地確保所需儲存空間的

分配。當 *fallocate()* 呼叫可用時，glibc 函式庫會利用其來實作 posix_*fallocate()* 函式的功能。

14.4 節將描述空洞在檔案中的表示方式。15.1 節將描述 *stat()* 系統呼叫，該呼叫能夠提供檔案目前大小和實際分配給檔案的區塊數量等資訊。

範例程式

列表 4-3 示範了 *lseek()* 與 *read()*、*write()* 的協作使用。該程式的第一個命令列參數為要開啟的檔案名稱，其他參數則指定了在檔案上執行的輸入 / 輸出操作。每個表示操作的參數都以一個字母與一個相關值組成（中間無空格分隔）。

- *soffset*：從檔案開頭檢索到 offset 位元組的位置位設定。
- *rlength*：在目前檔案偏移量處，從檔案中讀取 length 個位元組資料，並以文字形式顯示。
- *Rlength*：在目前檔案偏移量處，從檔案中讀取 length 個位元組資料，並以十六進位形式顯示。
- *wstr*：在目前檔案偏移量處，向檔案寫入由 *str* 指定的字串。

列表 4-3：*read()*、*write()* 和 *lseek()* 的使用示範

fileio/seek_io.c

```
#include <sys/stat.h>
#include <fcntl.h>
#include <ctype.h>
#include "tlpi_hdr.h"

int
main(int argc, char *argv[])
{
    size_t len;
    off_t offset;
    int fd, ap, j;
    char *buf;
    ssize_t numRead, numWritten;

    if (argc < 3 || strcmp(argv[1], "--help") == 0)
        usageErr("%s file {r<length>|R<length>|w<string>|s<offset>}...\n",
                 argv[0]);

    fd = open(argv[1], O_RDWR | O_CREAT,
                S_IRUSR | S_IWUSR | S_IRGRP | S_IWGRP |
                S_IROTH | S_IWOTH);                     /* rw-rw-rw- */
    if (fd == -1)
```

```
        errExit("open");

    for (ap = 2; ap < argc; ap++) {
        switch (argv[ap][0]) {
        case 'r':   /* Display bytes at current offset, as text */
        case 'R':   /* Display bytes at current offset, in hex */
            len = getLong(&argv[ap][1], GN_ANY_BASE, argv[ap]);

            buf = malloc(len);
            if (buf == NULL)
                errExit("malloc");

            numRead = read(fd, buf, len);
            if (numRead == -1)
                errExit("read");

            if (numRead == 0) {
                printf("%s: end-of-file\n", argv[ap]);
            } else {
                printf("%s: ", argv[ap]);
                for (j = 0; j < numRead; j++) {
                    if (argv[ap][0] == 'r')
                        printf("%c", isprint((unsigned char) buf[j]) ?
                                                buf[j] : '?');
                    else
                        printf("%02x ", (unsigned int) buf[j]);
                }
                printf("\n");
            }

            free(buf);
            break;

        case 'w':   /* Write string at current offset */
            numWritten = write(fd, &argv[ap][1], strlen(&argv[ap][1]));
            if (numWritten == -1)
                errExit("write");
            printf("%s: wrote %ld bytes\n", argv[ap], (long) numWritten);
            break;

        case 's':   /* Change file offset */
            offset = getLong(&argv[ap][1], GN_ANY_BASE, argv[ap]);
            if (lseek(fd, offset, SEEK_SET) == -1)
                errExit("lseek");
            printf("%s: seek succeeded\n", argv[ap]);
            break;

        default:
            cmdLineErr("Argument must start with [rRws]: %s\n", argv[ap]);
```

```
        }
    }

    if (close(fd) == -1)
        errExit("close");

    exit(EXIT_SUCCESS);
```

fileio/seek_io.c

下面的 shell 作業階段示範了列表 4-3 程式的使用，還顯示了從檔案空洞中讀取位元組時的情況：

```
$ touch tfile                         Create new, empty file
$ ./seek_io tfile s100000 wabc        Seek to offset 100,000, write "abc"
s100000: seek succeeded
wabc: wrote 3 bytes
$ ls -l tfile                         Check size of file
-rw-r--r--    1 mtk    users    100003 Feb 10 10:35 tfile
$ ./seek_io tfile s10000 R5           Seek to offset 10,000, read 5 bytes from hole
s10000: seek succeeded
R5: 00 00 00 00 00                    Bytes in the hole contain 0
```

4.8 通用 I/O 模型以外的操作：*ioctl()*

除在本章上述的通用 I/O 模型，*ioctl()* 系統呼叫又為進行檔案和裝置操作提供了一種通用的機制。

```
#include <sys/ioctl.h>

int ioctl(int fd, int request, ... /* argp */);
```

Value returned on success depends on *request*, or –1 on error

fd 參數是某個裝置或檔案已開啟的檔案描述符，request 參數指定了將在 fd 上執行的控制操作，裝置特有的標頭檔定義了可傳遞給 request 參數的常數。

ioctl() 呼叫的第三個參數採用了標準 C 語言的省略符號（...）來表示（稱之為 argp），可以是任意資料型別。*ioctl()* 根據 request 的參數值來確定 argp 所期望的型別。通常情況下，argp 是指向整數或結構的指標，有些情況下，不需要使用 argp。

後面各章中將會有許多 *ioctl()* 的用法展示（例如 15.5 節）。

SUSv3 對 *ioctl()* 的唯一規定是針對串流（STREAM）裝置的控制操作。（串流是 System V 作業系統的特性。儘管有一些外掛程式，但主流的 Linux 核心並不提供該特性。）本書提及的 *ioctl()* 的其他操作都不在 SUSv3 的規範之列。然而，從早期版本開始，*ioctl()* 呼叫就是 UNIX 系統的一部分，因此本書所描述的幾個 *ioctl()* 操作在許多其他 UNIX 系統中都已實作。在討論 *ioctl()* 呼叫的各個操作時，會點出既有的可攜性問題。

4.9 小結

為了對普通檔案執行 I/O 操作，首先必須呼叫 *open()* 以獲得一個檔案描述符，並使用 *read()* 和 *write()* 執行檔案的 I/O 操作，然後應使用 *close()* 釋放檔案描述符及相關資源。這些系統呼叫可對所有類型的檔案執行 I/O 操作。

所有類型的檔案和裝置驅動都實作了相同的 I/O 介面，這保證了 I/O 操作的通用性，同時也意謂著無須對特定類型的檔案編寫程式碼，程式通常就能操作所有類型的檔案。

對於已開啟的每個檔案，核心都會維護一個檔案偏移量，這決定了下一次讀或寫入操作的起始位置。讀取和寫入操作會隱式修改檔案偏移量。使用 *lseek()* 函式可以直接將檔案偏移量設定為檔案中或檔案結尾後的任一位置。在檔案原結尾處之後的某一位置寫入資料將導致檔案空洞。從檔案空洞處讀取檔案將返回內容全 0 的位元組資料。

對於未納入標準 I/O 模型的全部裝置和檔案操作而言，*ioctl()* 系統呼叫是個百寶箱。

4.10 習題

4-1. *tee* 指令會從標準輸入中讀取資料，直至檔案結尾，隨後將資料寫入標準輸出和命令列參數所指定的檔案。（44.7 節討論 FIFO 時，會示範使用 *tee* 指令的範例。）請使用 I/O 系統呼叫實作 *tee* 指令。預設情況下，若已存在與命令列參數指定檔案同名的檔案，則 *tee* 指令會將其覆蓋。如檔案已存在，請實作 *-a* 命令列選項（*tee –a file*）在檔案結尾處追加資料。（請參考附錄 B 中對 *getopt()* 函式的描述來解析命令列選項。）

4-2. 設計一個類似 *cp* 指令的程式，當使用該程式複製一個包含空洞（連續的空位元組）的普通檔案時，要求目的檔案的空洞與原始檔案保持一致。

5

檔案 I/O：深入探討

本章將延續上一章的檔案 I/O 討論。

我們在繼續討論 *open()* 系統呼叫時，會介紹一種原子（atomicity）概念：即系統呼叫（system call）執行時不能受到中斷，許多系統呼叫會有此要求，才能正確執行。

我們會簡介另一個與檔案相關的系統呼叫（多用途的 *fcntl()*），並示範其使用方法：擷取並設定開啟檔案狀態旗標（open file status flag）。

我們接著探討用來表示檔案描述符（file descriptor）與開啟檔案的核心資料結構。了解這些資料結構的關係可以釐清後續章節討論的檔案 I/O 之微妙。我們基於此模型繼續介紹如何複製檔案描述符。

我們接著會探討一些提供擴充讀取與寫入功能的系統呼叫。這些系統呼叫能讓我們在檔案的特定位置進行 I/O，而不用改變檔案偏移量（file offset），並能在一個程式的多個緩衝區之間傳遞資料。

我們也會簡述非阻塞式 I/O（non-blocking I/O）的概念，並介紹一些可支援超大型檔案 I/O 的擴充功能。

因為許多系統程式都會用到暫存檔（temporary file），所以我們也會探討一些函式庫的函式，這些函式可隨機產生唯一檔名的暫存檔來供我們使用。

5.1 原子概念與競速條件

我們在討論系統呼叫的操作時，會不斷遇到原子的概念。各種系統呼叫都是原子式地執行。意謂核心能保證每個步驟都能在該操作之內完成，而不會受到其他行程（process）或執行緒（thread）中斷。

有些操作要能順利執行完成會需要原子的概念，原子概念能讓我們避開競速條件（race condition）（有時稱為 race hazards）。比如有兩個行程（或執行緒）同時要操作共用的資源，而行程取得 CPU 使用權的順序是無法預期的，因而產生競速條件的情況。

我們在後續幾頁會探討進行檔案 I/O 會發生的兩種競速條件，並示範如何利用 *open()* 旗標（可保證相關的檔案操作是以原子概念進行）消弭這些情況。

我們在介紹 22.9 節的 *sigsuspend()* 與 24.4 節的 *fork()* 時，會再次探討競速條件的問題。

以互斥的方式建立檔案

我們在 4.3.1 節提過，在 *open()* 時設定 O_EXCL 與 O_CREAT，可以在檔案已存在時傳回錯誤。此方法讓行程確保本身是檔案的建立者。檢查存在的檔案與建立檔案都是以原子概念進行的。為了瞭解其重要性，我們在列表 5-1 的程式碼不使用 O_EXCL 旗標。（在此程式，我們會顯示 *getpid()* 系統呼叫傳回的行程 ID，讓我們可以判斷此程式分別執行的輸出）。

列表 5-1：以不正確的程式碼互斥地開檔

fileio/bad_exclusive_open.c

```
    fd = open(argv[1], O_WRONLY);       /* Open 1: check if file exists */
    if (fd != -1) {                     /* Open succeeded */
        printf("[PID %ld] File \"%s\" already exists\n",
                (long) getpid(), argv[1]);
        close(fd);
    } else {
        if (errno != ENOENT) {          /* Failed for unexpected reason */
            errExit("open");
        } else {
            /* WINDOW FOR FAILURE */
            fd = open(argv[1], O_WRONLY | O_CREAT, S_IRUSR | S_IWUSR);
            if (fd == -1)
                errExit("open");

            printf("[PID %ld] Created file \"%s\" exclusively\n",
                    (long) getpid(), argv[1]);          /* MAY NOT BE TRUE! */
```

```
        }
    }
```

fileio/bad_exclusive_open.c

除了使用兩個冗長的 *open()* 呼叫，列表 5-1 的程式碼還有個問題（bug）。假設我們的行程第一次呼叫 *open()* 時檔案不存在，但是第二次 *open()* 時，已經有其他行程建立檔案。這種情況發生在核心的排程器（kernel scheduler）認為此行程的使用時間已經結束，並將控制權移交給另一個行程，如圖 5-1 所示。或是，若兩個行程同時在一個多核心處理器的系統上執行。圖 5-1 敘述的情況是兩個行程同時執行列表 5-1 程式時，行程 A 誤認為是自己建立了檔案，因為無論檔案是否存在，第二次的 *open()* 都會順利完成。

雖然行程誤認自己是檔案建立者的機率很小，但若發生了還是會導致程式的執行結果不夠可靠。這些操作的實際輸出結果取決於這兩個行程的排程順序，則是所謂的競速條件。

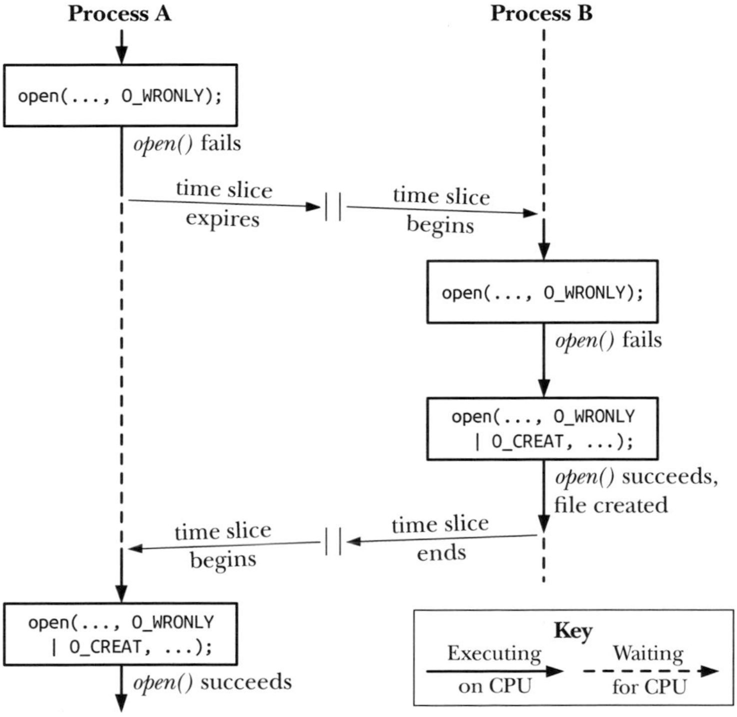

圖 5-1：無法以互斥的方式建立檔案

為了要示範這段程式碼存在著問題，我們可以在檢查檔案存在與建立檔案的程式碼之間，將列表 5-1 中的註解「WINDOW FOR FAILURE」取代為一段人為的延遲時間。

```
printf("[PID %ld] File \"%s\" doesn't exist yet\n", (long) getpid(), argv[1]);
if (argc > 2) {                     /* Delay between check and create */
    sleep(5);                       /* Suspend execution for 5 seconds */
    printf("[PID %ld] Done sleeping\n", (long) getpid());
}
```

sleep() 函式庫函式依照設定的秒數將行程暫停執行，我們會在 23.4 節討論這個函式。

如果我們同時執行兩個列表 5-1 程式的兩個實體（instance），我們看到它們都宣稱已經獨佔地建立了檔案：

```
$ ./bad_exclusive_open tfile sleep &
[PID 3317] File "tfile" doesn't exist yet
[1] 3317
$ ./bad_exclusive_open tfile
[PID 3318] File "tfile" doesn't exist yet
[PID 3318] Created file "tfile" exclusively
$ [PID 3317] Done sleeping
[PID 3317] Created file "tfile" exclusively                Not true
```

在上面輸出的倒數第二行，我們看到 shell 提示與測試程式第一個實體的輸出混合在一起了。

每個行程都宣稱自己已經建立檔案，因為第一個行程的程式碼在檔案的存在檢查與建立檔案之間時受到中斷。使用一個設定 O_CREAT 與 O_EXCL 旗標的 *open()* 呼叫可以避免這種問題，藉由保證檢查與建立的步驟是在單一個原子（即不可中斷的）操作中。

將資料附加到檔案

第二個需要原子操作的例子是當我們有多個行程要增加資料到同一個檔案時（如：一個全域的紀錄檔）。為此目的，我們可以在我們的每一個寫入者（writer）裡使用一段類似下列的程式碼：

```
if (lseek(fd, 0, SEEK_END) == -1)
    errExit("lseek");
if (write(fd, buf, len) != len)
    fatal("Partial/failed write");
```

然而，這段程式碼跟前面的範例都有同樣的問題，第一個執行程式碼的行程在 *lseek()* 與 *write()* 呼叫之間會被第二個目的相同的行程中斷，那麼兩個行程會在寫入之前將它們的檔案偏移值（file offset）設定到相同的位置，而當第一個行程受到重新排程時，它將會覆蓋第二個行程已經寫入的資料。這也是競速條件，因為結果取決於兩個行程的排程順序。

為了避免這個問題，必須讓移到往檔案結尾方向的下一個位元組（byte）操作與寫入操作都是原子式操作，我們可以透過 O_APPEND 旗標達成。

> 某些檔案系統（如：NFS）不支援 O_APPEND，此時，核心（kernel）改回前述的非原子式循序呼叫，結果一定會如所剛才所說的，造成檔案毀損（file corruption）。

5.2 檔案控制操作：*fcntl()*

fcntl() 系統呼叫對開啟檔案描述符（open file descriptor）進行控制操作。

```
#include <fcntl.h>

int fcntl(int fd, int cmd, ...);
```

Return value on success depends on *cmd*, returns –1 on error

cmd 參數可以設定一大段操作範圍，我們在後續幾節會探討部分參數，而其他參數會在後續章節探討。

如省略符號所示，*fcntl()* 的第三個參數可以是不同型別，或者可以忽略。核心使用 *cmd* 參數值來決定這個參數的資料型別。

5.3 開啟檔案狀態旗標（Open File Status Flag）

fcntl() 的用途之一是取得或修改存取模式（access mode）以及一個已開啟檔案的開啟檔案狀態旗標（這些是在呼叫 *open()* 時的 *flags* 參數設定值）。為了取得這些設定，我們將 cmd 設定為 F_GETFL：

```
int flags, accessMode;

flags = fcntl(fd, F_GETFL);         /* Third argument is not required */
if (flags == -1)
    errExit("fcntl");
```

在上述的程式碼片段之後，我們可以測試檔案是否已經使用同步寫入（synchronized writes）的方式開啟，如下：

```
if (flags & O_SYNC)
    printf("writes are synchronized\n");
```

> SUSv3 規範只有在 *open()* 期間指定的狀態旗標，或在之後 *fcntl()* F_SETFL 應該要設定於開啟的檔案。然而，Linux 有一方面是衍生自此：若應用程式使用 5.10 節所述的其中一項開啟大型檔案技術編譯而成，則 O_LARGEFILE 將會永遠被設定於 F_GETFL 取得的旗標中。

檢查檔案的存取模式是有點複雜的，因為 O_RDONLY(0)、O_WRONLY(1) 及 O_RDWR(2) 常數沒有對應到開啟檔案狀態旗標的單個位元（single bit）。因此，為了進行這項檢查，我們以 O_ACCMODE 常數遮蔽 *flags* 的值，而接著測試這些常數中的相等性：

```
accessMode = flags & O_ACCMODE;
if (accessMode == O_WRONLY || accessMode == O_RDWR)
    printf("file is writable\n");
```

我們可以使用 *fcntl()* F_SETFL 指令去修改某些開啟檔案狀態旗標。可以修改的旗標是 O_APPEND、O_NONBLOCK、O-NOATIME、O_ASYNC 與 O_DIRECT。會忽略對其他旗標的修改。（一些其他的 UNIX 平台允許 *fcntl()* 修改其他的旗標，如 O_SYNC）。

在下列情況使用 *fcntl()* 修改開啟檔案狀態旗標是最有幫助的：

- 檔案不是由執行呼叫的程式（calling program）開啟的，所以無法將旗標用在 *open()* 呼叫來控制（如：檔案可以是在檔案啟動以前開啟的三個標準描述符之一）。
- 檔案描述符是由系統呼叫取得的，而不是 *open()*。例如：*pipe()* 系統呼叫會建立一個管線（pipe），並且傳回兩個參考管線端的檔案描述符；而 *socket()* 會建立一個通訊端（socket），並傳回一個參考此通訊端的檔案描述符。

為了修改開啟檔案狀態旗標，我們使用 *fcntl()* 取得現有的檔案旗標副本，接著修改我們想要改變的位元（bit），最後呼叫 *fcntl()* 以更新旗標。因此，為了啟用 O_APPEND 旗標，我們將如下撰寫：

```
int flags;

flags = fcntl(fd, F_GETFL);
if (flags == -1)
    errExit("fcntl");
flags |= O_APPEND;
if (fcntl(fd, F_SETFL, flags) == -1)
    errExit("fcntl");
```

5.4 檔案描述符與開啟的檔案之間的關係

至此，看起來檔案描述符與開啟的檔案之間有一對一的對應關係。然而，並非如此。有可能而且比較實用的方式是多個描述符參考到同一個開啟的檔案。這些檔案描述符可以在同一個行程或是不同的行程中開啟。

為了瞭解發生的原因，我們需要檢查三個由核心維護的資料結構：

- 個別行程檔案描述符表格（Per-process file descriptor table）。
- 整個系統的開啟檔案描述符表格（open file description table）。
- 檔案系統 i-node 表格。

核心為每個行程維護一個開啟檔案描述符表格，此表中的每筆紀錄記載著單一檔案描述符的相關資訊，包含：

- 一組控制檔案描述符操作的旗標（這種旗標只有一組，即我們在 27.4 節所述的 close-on-exec 旗標）。
- 一個指向開啟檔案描述符的參考（reference）。

核心維護整個系統的每個開啟檔案描述符表格。（此表有時會參考開啟檔案表，而表格內的紀錄有時稱為 open file handle）。一個開啟檔案描述符會儲存所有與開啟檔案的相關資訊，包含：

- 目前的檔案偏移值（如 *read()* 與 *write()* 更新的，或直接使用 *lseek()* 修改的）。
- 開啟檔案時設定的狀態旗標（如：*open()* 的 *flags* 參數）。
- 檔案存取模式（在 *open()* 所設定的唯讀、唯寫、或可讀寫）。
- 與訊號驅動 I/O（signal-driver I/O）有關的設定（63.3 節）。
- 此檔案的 *i-node* 物件（object）之參考（reference）。

每個檔案系統都有一個位在檔案系統中全部檔案的 i-node 表格。i-node 資料結構與一般的檔案系統會在第 14 章詳細討論。目前，我們只談下列的檔案 i-node 資訊：

- 檔案類型（如：普通檔案、socket 或 FIFO）以及權限。
- 一個指向檔案鎖清單之指標。
- 檔案的各種特性（property），包含檔案大小及與不同檔案操作類型相關的時戳（timestamp）。

我們這裡會綜觀磁碟與記憶體在表示一個 i-node 的差異。磁碟上的 i-node 記錄檔案的固定屬性，例如檔案類型、權限、與時戳。當存取檔案時，會在記憶體上建立一個 i-node 副本，而 i-node 副本記錄參考到此 i-node 的開啟檔案描述符數量，以及 i-node 副本來源的裝置之主要（major）與次要（minor）ID。在記憶體中的 i-node 也記錄各種檔案開啟時的相關短暫屬性，如檔案鎖（file lock）。

圖 5-2 呈現了檔案描述符、開啟檔案描述符與 i-nodes 之間的關係。在此圖中，兩個行程有許多開啟檔案描述符。

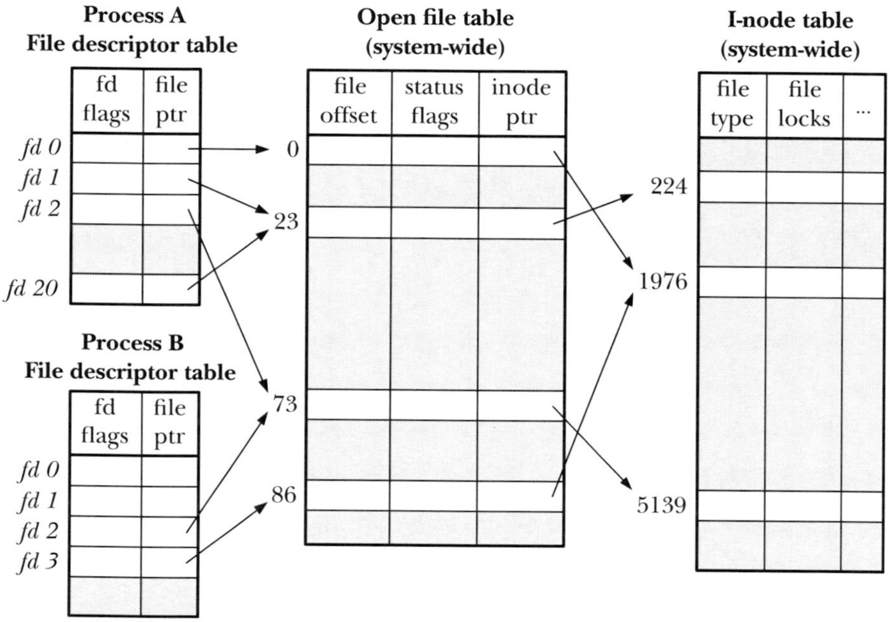

圖 5-2：檔案描述符、開啟檔案描述符與 i-nodes 間的關係

在行程 A，描述符 1 與 20 都參考到相同的開啟檔案描述符（標籤是 23）。這個情況可能是由呼叫 *dup()*、*dup2()* 或 *fcntl()* 產生的結果（參考 5.5 節）。

行程 A 的描述符 2 與行程 B 的描述符 2 參考到同一個開啟檔案描述符（73）。這個情況會發生在呼叫 *fork()* 之後（如：行程 A 是行程 B 的父行程，反之亦然），或是當一個行程以 UNIX domain socket（61.13.3 節）傳遞一個開啟的描述符給另一個行程時。

最後，我們看到行程 A 的描述符 0 與行程 B 的描述符 3 參考到不同的開啟檔案描述符，但是這些描述符參考到 i-node 表的同一筆紀錄（1976），換句話說，就是參考到相同的檔案。原因是每個行程各自對相同的檔案呼叫 *open()*。若一個行程對相同的檔案開啟兩次，也會發生類似的情況。

我們可以從之前的討論歸納出一些結果：

- 參考到相同開啟檔案描述符的兩個檔案描述符會共用檔案偏移值。因此，若檔案偏移值經由檔案描述符更動時（呼叫 *read()*、*write()* 或 *lseek()* 的結果），這個改變可以通過另一個檔案描述符得知。此條件不管兩個檔案描述符都屬於相同行程或不同行程都能適用的。
- 相似的範圍規則（scope rule）也適用在使用 *fcntl()* `F_GETFL` 與 `F_SETFL` 操作取得與改變開啟檔案狀態旗標（如：`O_APPEND`、`O_NONBLOCK` 與 `O_ASYNC`）。
- 相對地，檔案描述符旗標（如：close-on-exec 旗標）是行程與檔案描述符私有的（private）。修改這些旗標不會影響相同行程或不同行程的其他檔案描述符。

5.5 複製檔案描述符

使用（Bourne shell）I/O 重導語法 2>&1 通知 shell 我們想要將標準錯誤（standard error，檔案描述符為 2）重新導向給標準輸出（standard output，檔案描述符為 1）。因此，下列的指令會（因為 shell 對 I/O 導向的判斷是由左到右）將標準輸出與標準錯誤都送給 `results.log` 檔案：

```
$ ./myscript > results.log 2>&1
```

Shell 透過將檔案描述符 2 變成檔案描述符 1 的副本以重新導向標準錯誤（stderr），使得檔案描述符 2 與檔案描述符 1 參考到相同的開啟檔案描述符（在圖 5-2 中，以同樣的方式，讓行程 A 的描述符 1 與 20 參考到相同的開啟檔案描述符）。此效果可以用 *dup()* 與 *dup2()* 系統呼叫達成。

注意，單純讓 shell 開啟兩次 `results.log` 檔案是不夠的：一次是檔案描述符 1，而一次是檔案描述符 2。其中一個理由是這兩個檔案描述符沒有共用檔案偏移指標，於是結果會覆寫彼此的輸出。另一個原因是檔案不一定是磁碟檔案。我們先探討下列的指令，這會將標準錯誤與標準輸出送到相同的管線中：

```
$ ./myscript 2>&1 | less
```

在 *dup()* 呼叫傳入一個 oldfd 檔案描述符，並傳回一個新的檔案描述符（參考到相同的開啟檔案描述符），新的描述符保證是最小的未使用檔案描述符。

```
#include <unistd.h>

int dup(int oldfd);
                    Returns (new) file descriptor on success, or –1 on error
```

假使我們執行下列的呼叫：

```
newfd = dup(1);
```

假設是一般情況，此時 shell 已經幫程式開啟了檔案描述符 0、1 與 2，同時沒有其他使用中的描述符，而 *dup()* 將使用描述符 3 建立描述符 1 的副本。

若我們想要建立描述符為 2 的副本，我們可以使用下列方式：

```
close(2);               /* Frees file descriptor 2 */
newfd = dup(1);         /* Should reuse file descriptor 2 */
```

這個程式碼只在描述符 0 開啟時正常運作，為了讓上面的程式碼更為簡單，並確保我們總是可以取得我們想要的檔案描述符，我們可以使用 *dup2()*。

```
#include <unistd.h>

int dup2(int oldfd, int newfd);
                    Returns (new) file descriptor on success, or –1 on error
```

dup2() 系統呼叫利用 newfd 提供的描述符數字，產生 oldfd 指定的檔案描述符副本。若在 newfd 指定的檔案描述符已經開啟了，則 *dup2()* 會先關閉它。（在關閉期間所發生的任何錯誤會被忽略。）關閉與回收使用 newfd 的動作是原子式操作，可避免在一個訊號處理常式（signal handle）的兩個步驟之間、或配置檔案描述符的平行執行緒中回收使用 newfd。

我們可以將之前的 *close()* 與 *dup()* 呼叫簡化如下：

```
dup2(1, 2);
```

成功的 *dup2()* 傳回複製的描述符編號（如：newfd 的值）。

若 oldfd 不是有效的檔案描述符，那麼 *dup2()* 會失敗並產生 EBADF 錯誤，且不會關閉 newfd。若 oldfd 是一個有效的檔案描述符，而 oldfd 與 newfd 的值相同，那麼 *dup2()* 什麼事都不會做，即不會關閉 newfd，而且以 newfd 做為 *dup2()* 函式的結果傳回。

fcntl() F_DUPFD 操作是一個進階的介面（interface），提供一些額外的彈性來複製檔案描述符：

```
newfd = fcntl(oldfd, F_DUPFD, startfd);
```

這個呼叫以最低未使用的、同時大於或等於 startfd 的檔案描述符來產生一個 oldfd 副本，這樣是實用的，如果我們想要保障新的描述符（newfd）會落在某段值之中。呼叫 *dup()* 與 *dup2()* 的程式碼一定可以改寫為呼叫 *close()* 與 *fcntl()*，雖然前面的呼叫比較簡潔。（也要注意到，某些由 *dup2()* 與 *fcntl()* 傳回的 *errno* 的錯誤碼有差異，如使用手冊所述）。

從圖 5-2，我們可以看到複製的檔案描述符在它們的共用開啟檔案描述符中是共用相同的檔案偏移值與狀態旗標。然而，新的檔案描述符有自己的一組檔案描述符旗標，而且其 close-on-exec 旗標（FD_CLOEXEC）必為關閉的。我們介紹的下一個介面可以明確控制新的檔案描述符的 close-on-exec 旗標。

dup3() 系統呼叫執行的工作與 *dup2()* 相同，但是新增了一個額外的 *flags* 參數，那是一個位元遮罩（bit mask），可用來修改系統呼叫的行為。

```
#define _GNU_SOURCE
#include <unistd.h>

int dup3(int oldfd, int newfd, int flags);
```

Returns (new) file descriptor on success, or –1 on error

現在，*dup3()* 支援一個旗標，O_CLOEXEC，這讓核心對新的檔案描述符啟用 close-on-exec 旗標（FD_CLOEXEC）。這個旗標的實用理由與 4.3.1 節所述的 *open()* O_CLOEXEC 旗標相同。

dup3() 系統呼叫是在 Linux 2.6.27 新推出的，而且是 Linux 特有的功能。

從 Linux 2.6.24 起，Linux 也支援一個額外的 *fcntl()* 操作，用於複製檔案描述符：F_DUPFD_CLOEXEC。這個旗標做的工作與 F_DUPFD 一樣，不過額外地對新的檔案描述符設定 close-on-exec 旗標（FD_CLOEXEC）。同樣地，此操作實用的理由與 *open()* O_CLOEXEC 旗標相同。F_DUPFD_CLOEXEC 在 SUSv3 沒有規範，但有規範於 SUSv4。

5.6 指定偏移的檔案 I/O：*pread()* 與 *pwrite()*

pread() 與 *pwrite()* 系統呼叫的運作與 *read()* 及 *write()* 類似，除了檔案 I/O 是在指定的 offset 位置執行，而不是目前的檔案偏移值之外。這些呼叫不會改變檔案偏移值。

```
#include <unistd.h>

ssize_t pread(int fd, void *buf, size_t count, off_t offset);
                    Returns number of bytes read, 0 on EOF, or –1 on error
ssize_t pwrite(int fd, const void *buf, size_t count, off_t offset);
                    Returns number of bytes written, or –1 on error
```

呼叫 *pread()* 等同於原子式地（atomically）執行下列呼叫：

```
off_t orig;

orig = lseek(fd, 0, SEEK_CUR);      /* Save current offset */
lseek(fd, offset, SEEK_SET);
s = read(fd, buf, len);
lseek(fd, orig, SEEK_SET);          /* Restore original file offset */
```

對於 *pread()* 與 *pwrite()*，由 fd 所參考的檔案必須是可搜尋的（seekable）（例如：允許呼叫 *lseek()* 的檔案描述符）。

這些系統呼叫在多執行緒的應用程式特別有用，如同我們在第 29 章所見，行程中每個執行緒共用相同的檔案描述符表格。這表示每個開啟的檔案，其檔案偏移值對所有的執行緒而言都是全域的。多執行緒可以同時使用 *pread()* 或 *pwrite()* 對相同的檔案描述符執行 I/O，而不會因其他執行緒對檔案偏移值改變而受到影響。若我們打算使用 *lseek()* 加上 *read()*（或 *write()*）來取代，那麼我們會產生類似我們在 5.1 節討論 `O_APPEND` 旗標所述的競速條件。（*pthread()* 與 *pwrite()* 系統呼叫在多個行程都有檔案描述符參考到相同的開啟檔案描述符時，對於避免競速條件是很有用的）。

> 若我們不斷地在檔案 I/O 之後執行 *lseek()* 呼叫，那麼 *pread()* 與 *pwrite()* 系統呼叫在一些例子中也能提供效能優點。這是因為單一 *pread()*（或 *pwrite()*）系統呼叫的成本比 *lseek()* 與 *read()*（或 *write()*）這兩個系統呼叫的成本還少。然而，系統呼叫的成本比起實際上執行 I/O 所需的時間通常算少的。

5.7 分散式輸入與集中輸出（Scatter-Gather I/O）：*readv()* 與 *writev()*

readv() 與 *writev()* 系統呼叫分別進行分散式輸入與集中輸出 I/O。

```
#include <sys/uio.h>

ssize_t readv(int fd, const struct iovec *iov, int iovcnt);
                        Returns number of bytes read, 0 on EOF, or –1 on error
ssize_t writev(int fd, const struct iovec *iov, int iovcnt);
                        Returns number of bytes written, or –1 on error
```

並非接受單一資料的緩衝區被讀取或寫入，這些函式在單一的系統呼叫中傳輸多個資料緩衝區。傳輸的緩衝區集合由 iov 陣列所定義。iovcnt 整數在 iov 中設定的元素數量，iov 的每個元素是一個如下的結構：

```
struct iovec {
    void *iov_base;         /* 緩衝區的起始位址 */
    size_t iov_len;         /* 傳輸 到 / 自 緩衝區的位元組數量 */
};
```

SUSv3 允許實作時取代 iov 中的元素數量限制。實作可以透過在 `<limits.h>` 中定義 `IOV_MAX` 以定義它的限制，或者在執行期時透過 `sysconf(_SC_IOV_MAX)` 的傳回值。（我們在 11.2 節介紹 *sysconf()*）。SUSv3 要求這個限制至少是 16。在 Linux 上，`IOV_MAX` 定義為 1,024，這對應到核心在這個向量（vector）的大小限制（透過核心的 `UIO_MAXIOV` 常數定義）。

然而，*readv()* 及 *writev()* 的 glibc 包裝函式（wrapper function）會默默地做一些額外的工作。若由於 iovcnt 太大而系統呼叫失敗，那麼包裝函式會暫時配置單個夠大且足以支撐所有 iov 所述項目（item）之緩衝區，並執行 *read()* 或 *write()* 呼叫（參考下列如何能夠以 *write()* 實作 *writev()* 的討論）。

圖 5-3 呈現一個 iov 與 iovcnt 參數間關係的範例，及它們所參考的緩衝區。

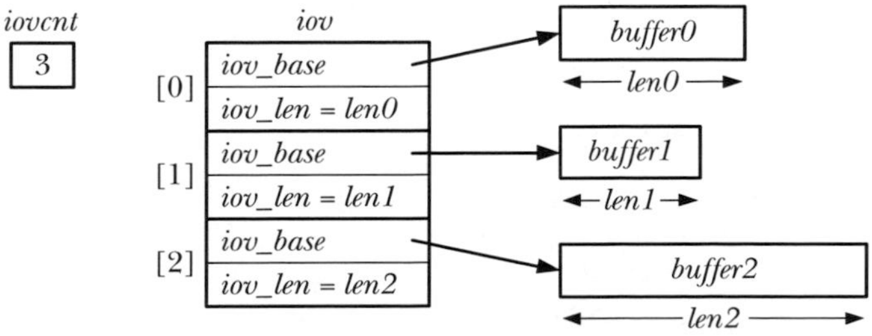

圖 5-3：一個 iovec 陣列與相關緩衝區的範例

分散式輸入（Scatter input）

readv() 系統呼叫進行分散式輸入：它從由檔案描述符所參考的檔案讀取鄰近的連續資料，且將這些資料分散放置（“scatters”）於 iov 設定的緩衝區。每個緩衝區由定義的 *iov[0]* 起始，並在 *readv()* 執行下個緩衝區前被完整的填滿。

readv() 的一個重要特性是它是原子式操作；即為，從呼叫行程的觀點，核心在 fd 所參考的檔案及使用者記憶體之間執行單一資料傳輸。這表示當我們讀取檔案時，可以確保所讀取的資料範圍是連續的，即使共用相同檔案偏移的其他行程（或執行緒）企圖在 *readv()* 呼叫的同時操縱偏移值。

當成功完成時，*readv()* 傳回讀取的資料數目，或者在檔案結尾（end-of-file）時傳回 0。呼叫者必須檢查這個數值以驗證是否已讀取所有需要的資料。若沒有足夠的資料，那麼只會填滿部分的緩衝區，而最終只會填滿部份的緩衝區。

列表 5-2 示範 *readv()* 的用途。

> 在我們程式中主要示範的單個系統呼叫或函式庫函式，表示的方式是使用字首 t_ 接著一個函式名稱做為一個範例程式的名稱（如：在列表 5-2 中的 t_readv.c）。

列表 5-2：以 *readv()* 執行分散式輸入

fileio/t_readv.c

```
#include <sys/stat.h>
#include <sys/uio.h>
#include <fcntl.h>
#include "tlpi_hdr.h"

int
main(int argc, char *argv[])
{
    int fd;
    struct iovec iov[3];
    struct stat myStruct;       /* First buffer */
    int x;                      /* Second buffer */
#define STR_SIZE 100
    char str[STR_SIZE];         /* Third buffer */
    ssize_t numRead, totRequired;

    if (argc != 2 || strcmp(argv[1], "--help") == 0)
        usageErr("%s file\n", argv[0]);

    fd = open(argv[1], O_RDONLY);
    if (fd == -1)
        errExit("open");
```

```
    totRequired = 0;

    iov[0].iov_base = &myStruct;
    iov[0].iov_len = sizeof(struct stat);
    totRequired += iov[0].iov_len;

    iov[1].iov_base = &x;
    iov[1].iov_len = sizeof(x);
    totRequired += iov[1].iov_len;

    iov[2].iov_base = str;
    iov[2].iov_len = STR_SIZE;
    totRequired += iov[2].iov_len;

    numRead = readv(fd, iov, 3);
    if (numRead == -1)
        errExit("readv");

    if (numRead < totRequired)
        printf("Read fewer bytes than requested\n");

    printf("total bytes requested: %ld; bytes read: %ld\n",
            (long) totRequired, (long) numRead);
    exit(EXIT_SUCCESS);
}
```

fileio/t_readv.c

集中式輸出（Gather output）

writev() 系統呼叫進行集中式輸出，它集中串聯（"gathers"）在 iov 指定的全部緩衝區資料，並依序將它們鄰近的資料寫入由 fd 檔案描述符參考到的檔案。緩衝區以陣列的順序聚集，並由 *iov[0]* 所定義的緩衝區起始。

類似 *readv()*，*writev()* 以原子式操作完成，全部的資料在單個操作中從使用者記憶體傳輸到 fd 所參考的檔案。因而，當寫入到一個普通檔案時，我們可以確定全部所需的資料已連續寫入檔案，而不會受到其他行程（或執行緒）的寫入所穿插。

如同 *write()*，也可以進行部份寫入，因此，我們必須檢查來自 *writev()* 的傳回值，以查看全部所要求的資料已經寫入。

readv() 與 *writev()* 主要的好處是便利與速度，例如，我們可以透過下列方式取代 *writev()* 的呼叫：

- 配置單一大緩衝區，將要寫入的資料從行程位址空間中的其他位置複製到緩衝區，並接著呼叫 *write()* 輸出緩衝區；或者
- 連續執行 *write()* 呼叫，以分別輸出緩衝區。

第一個選項的語意與 *writev()* 相同，讓我們配置緩衝區與在使用者空間複製資料都不太方便（且沒有效率）。

第二個選項語意上與單次呼叫 *writev()* 不同，因為 *write()* 呼叫不是原子式的操作。此外，執行單次 *writev()* 系統呼叫比執行多次 *write()* 呼叫的成本還低（參考 3.1 節系統呼叫的討論）。

在特定的偏移進行分散式輸入與集中式輸出（scatter-gather I/O）

Linux 2.6.30 新增兩個新的系統呼叫，整合 scatter-gather I/O 功能與在特定偏移進行 I/O 的能力：即 *preadv()* 與 *pwritev()*。這些系統呼叫是非標準的，但是在現代的 BSD 也有支援。

```
#define _BSD_SOURCE
#include <sys/uio.h>

ssize_t preadv(int fd, const struct iovec *iov, int iovcnt, off_t offset);
                    Returns number of bytes read, 0 on EOF, or –1 on error
ssize_t pwritev(int fd, const struct iovec *iov, int iovcnt, off_t offset);
                         Returns number of bytes written, or –1 on error
```

preadv() 與 *pwritev()* 系統呼叫執行與 *readv()* 及 *writev()* 相同的任務，但是在 offset 指定的檔案位置執行 I/O（如 *pread()* 與 *pwrite()*）。這些系統呼叫不會更動檔案偏移值。

這些系統呼叫能結合 scatter-gather I/O 的優點與不用依靠當前檔案偏移位置進行 I/O 的能力，對於有此需求的應用程式很有幫助（如：多執行緒的應用程式）。

5.8 截斷檔案：*truncate()* 與 *ftruncate()*

truncate() 與 *ftruncate()* 系統呼叫，可將一個檔案的大小設定為 length 的值。

```
#include <unistd.h>

int truncate(const char *pathname, off_t length);
int ftruncate(int fd, off_t length);
```

Both return 0 on success, or –1 on error

若檔案大小比 length 還大，則超過的資料就會遺失。若檔案大小目前比 length 還小，則它會以連續的空位元組或一個空洞（hole）來填充。

這兩個系統呼叫的差異在於如何設定檔案，使用 *truncate()*，其檔案必須是可存取與可寫入，以路徑名稱字串指定，若 pathname 是符號連結，則會對它進行解參考（dereference）。而 *ftruncate()* 系統呼叫會採用一個以可寫入模式開啟的檔案描述符，不會改變檔案的檔案偏移值。

若 *ftruncate()* 的 length 參數超過目前的檔案大小，則 SUSv3 允許兩個可能的行為：延展檔案大小（如在 Linux 上）或是讓系統呼叫傳回錯誤，XSI-conformant 系統必須採用前者的行為。SUSv3 要求 *truncate()* 在 length 大於目前的檔案大小時，一定要延展檔案。

> *truncate()* 系統呼叫是唯一可以改變檔案內容，而不用事先透過 *open()*（或一些類似的方式）取得檔案描述符的系統呼叫。

5.9 非阻塞式 I/O（Nonblocking I/O）

當為了兩種目的開檔時，會指定 O_NONBLOCK 旗標：

- 若檔案無法立即開啟時，則 *open()* 會傳回錯誤而不是發生阻塞。FIFO 是一個在 *open()* 時會產生阻塞的範例（44.7 節）。
- 在成功執行 *open()* 之後，之後的 I/O 操作也是非阻塞的。若 I/O 系統呼叫不能立即完成，那麼會進行部分的資料傳輸，或是系統呼叫會失敗並傳回 EAGAIN 或 EWOULDBLOCK 錯誤。傳回的錯誤取決於系統呼叫而定，在 Linux 上，如同許多 UNIX 平台，這兩個錯誤常數是同義的。

非阻塞模式可以用在裝置上（如：終端機與虛擬終端機）、管線（pipe）、FIFO 與 socket。（因為管線與 socket 的檔案描述符不是使用 *open()* 取得的，所以我們必使用 5.3 節中所述的 *fcntl()* F_SETFL 操作啟用這個旗標）。

通常在普通檔案（regular file）會忽略 O_NONBLOCK，因為如同 13.1 節所述，核心緩衝區快取能確保普通檔案的 I/O 不會發生阻塞。然而，當採用強制檔案鎖時，O_NONBLOCK 的確對普通檔案有效果（55.4 節）。

我們在第 63 章的 44.9 節談論更多關於非阻塞式 I/O。

> 在歷史上，System V 所衍生的實作有提供 O_NDELAY 旗標，類似 O_NONBLOCK 的語意。主要的差異是，若 *write()* 無法完成而且非阻塞式的 *read()* 因為沒有資料可讀而傳回 0 時，則在 System V 上的非阻塞式 *write()* 會傳回 0。這個行為對 *read()* 是有問題的，因為它無法辨別 end-of-file 的情況，因而第一個 POSIX.1 標準導入了 O_NONBLOCK。有些 UNIX 平台繼續以舊的語意提供 O_NDELAY 旗標。在 Linux 有定義 O_NDELAY 常數，不過它是 O_NONBLOCK 的同義詞。

5.10 對大型檔案進行 I/O

用來承載檔案偏移的 *off_t* 資料型別通常實作為有號的長整數（long integer，需要有號的資料型別是因為使用 -1 值來表示錯誤）。在 32 位元的架構上（如：x86-32），這會限制檔案的大小為 2^{31}-1 個位元組（如：2 GB）。

然而，磁碟機的容量遠遠超過這個限制，且因為 32 位元的 UNIX 平台要處理大於這個大小的檔案而產生需求。由於這對許多平台而言是個常見的問題，consortium of UNIX 供應商與 Large File Summit（LFS）合作，擴展 SUSv2 規格為能額外存取大型檔案的功能。我們在本節摘錄 LFS 的擴充。（完整的 LFS 規格在 1996 年完成，可於 *http://opengroup.org/platform/lfs.html* 中找到）。

Linux 從 2.4 的核心起，已在 32-bit 的系統提供 LFS 支援（需要 *glibc* 2.2 或之後的版本）。此外，相對應的檔案系統也必須支援大型檔案。多數原生的（native）Linux 檔案系統有提供這項資源，但是一些非原生的檔案系統則無提供（須注意的例子是，無論是否採用 LFS 擴充，Microsoft 的 VFAT 與 NFSv2 兩者都有 2GB 的硬性限制）。

> 由於長整數在 64 位元的架構是使用 64 個位元（如：x86-64、Alpha，以及 IA-64），所以 LFS 的擴充特性可突破限制，然而，即使在 64 位元的系統上，一些原生 Linux 檔案系統的實作細節意謂著，在理論上檔案的最大值可以不會超過 2^{63}-1。在多數的情況中，這些限制遠高於目前的磁碟大小，所以它們並不會實際對檔案大小進行限制。

我們能以兩種方式寫需要 LFS 功能的應用程式：

- 使用支援大型檔案的替代 API。此 API 是由 LFS 為 "transitional extension" Single UNIX Specification 所設計。因而，此 API 不需要位於相容 SUSv2 或 SUSv3 的系統上，但是許多相同的系統有提供此 API，此方法目前已經過時了。
- 當我們編譯程式時，將 _FILE_OFFSET_BITS 巨集（macro）值定義為 64，此為推薦的方法，由於它能讓相容的應用程式取得 LFS 功能，而不用改變任何原始碼。

過渡型（transitional）LFS API

為了使用過渡型 LFS API，我們在編譯程式時，於引用任何標頭檔之前，必須要定義 _LARGEFILE64_SOURCE 功能測試巨集（feature test macro），可以定義在命令列（command line）或者在原始碼。此 API 提供處理 64 位元的檔案大小及偏移的函式，這些函式與它們的 32 位元版本有相同的名稱，但是會附加字尾 64 到函式的名稱中。這些函式分別是 *fopen64()*、*open64()*、*lseek64()*、*truncate64()*、*stat64()*、*mmap64()* 及 *setrlimit64()*。（我們已經介紹過這些函式的一些 32 位元版本；其他的會在之後的章節介紹）。

為了存取大型檔案，我們單純使用函式的 64 位元版本。例如：要開啟一個大型檔案，我們可以如下的寫法：

```
fd = open64(name, O_CREAT | O_RDWR, mode);
if (fd == -1)
    errExit("open");
```

> 呼叫 open64() 等同於在當呼叫 *open()* 時設定 O_LARGEFILE 旗標。若想要呼叫 *open()* 開啟大於 2 GB 的檔案，但是沒有使用這個旗標時將會傳回錯誤。

除了上述提及的函式，過渡型 LFS API 還新增一些新的資料型別，包含：

- *struct stat64*：類似 *stat* 結構（15.1 節），支援大型檔案。
- *off64_t*：用於表示檔案偏移量的 64 位元型別。

如同列表 5-3 所示，資料型別 *off64_t* 用於 *lseek64()* 函式，此程式採用兩個命令列參數：要開啟的檔案名稱及指定檔案偏移的一個整數值。該程式開啟指定的檔案，找尋（seek）到指定的檔案偏移，並接著寫入一個字串。下列的 shell 作業階段示範的用法是，程式在檔案中找尋到一個很大的偏移量（大於 10 GB），並接著寫入一些資料：

```
$ ./large_file x 10111222333
$ ls -l x                                        Check size of resulting file
-rw-------    1 mtk      users     10111222337 Mar 4 13:34 x
```

列表 5-3：存取大型檔案

fileio/large_file.c

```
#define _LARGEFILE64_SOURCE
#include <sys/stat.h>
#include <fcntl.h>
#include "tlpi_hdr.h"

int
main(int argc, char *argv[])
{
    int fd;
    off64_t off;

    if (argc != 3 || strcmp(argv[1], "--help") == 0)
        usageErr("%s pathname offset\n", argv[0]);

    fd = open64(argv[1], O_RDWR | O_CREAT, S_IRUSR | S_IWUSR);
    if (fd == -1)
        errExit("open64");

    off = atoll(argv[2]);
    if (lseek64(fd, off, SEEK_SET) == -1)
        errExit("lseek64");

    if (write(fd, "test", 4) == -1)
        errExit("write");
    exit(EXIT_SUCCESS);
}
```

fileio/large_file.c

_FILE_OFFSET_BITS 巨集

建議採用 LFS 功能的方式是在編譯程式時將 _FILE_OFFSET_BITS 巨集的值定義為 64，一種方式是透過命令列選項提供給 C 編譯器：

```
$ cc -D_FILE_OFFSET_BITS=64 prog.c
```

另一種方式，我們能在引用任何標頭檔案以前，先在 C 的原始碼定義此巨集：

```
#define _FILE_OFFSET_BITS 64
```

這會自動將全部的相關的 32 位元函式及資料型別轉換為它們的 64 位元版本。因而，例如：呼叫 *open()* 實際上會被轉換為呼叫 *open64()*，而 *off_t* 資料型別定義為

64 位元的長度。換句話說，我們可以重新編譯現有的程式來處理大型檔案，而不需要改變原始碼。

使用 _FILE_OFFSET_BITS 會比使用過渡型 LFS API 更為清楚單純，但是此方法倚賴於乾淨撰寫的應用程式（如：正確地使用 *off_t* 宣告變數來儲存檔案偏移值，而不是使用原生的 C 整數型別）。

_FILE_OFFSET_BITS 巨集不在 LFS 規範中，僅提到此巨集是指定 *off_t* 資料型別大小的方法之一，一些 UNIX 平台會使用不同的功能測試巨集以啟用此功能。

> 若我們想要使用 32 位元的函式存取大型檔案（如：程式的編譯過程沒有將 _FILE_OFFSET_BITS 設定為 64），那麼呼叫可能會傳回 EOVERFLOW 錯誤。例如：若我們想要使用 *stat()* 的 32 位元版本（15.1 節）以取得大小超過 2GB 的檔案資訊時，則會發生此錯誤。

傳遞 *off_t* 的值給 *printf()*

LFS 擴充功能無法解決的一個問題是，如何傳遞 *off_t* 的值給 *printf()* 呼叫。我們在 3.6.2 節提及一個預先定義系統資料型別顯示值的可攜方法（如：*pid_t* 或 *uid_t*）是將該值強制轉型為 *long*，並在 *printf()* 中使用 %ld 說明符（specifier）。然而，若我們採用 LFS 擴充功能，則 %ld 將無法處理 *off_t* 資料型別，因為對該資料型別的定義可能會超出 long 型別，一般是 *long long* 型別。因此，為了要顯示一個 *off_t* 型別的值，我們會將它轉型為 *long long*，並使用 %lld *printf()* 的說明符，如同下列所示：

```
#define _FILE_OFFSET_BITS 64

off_t offset;           /* Will be 64 bits, the size of 'long long' */

/* Other code assigning a value to 'offset' */

printf("offset=%lld\n", (long long) offset);
```

類似的建議也適用於相關的 *stat* 結構之 *blkcnt_t* 資料型別（於 15.1 節中所述）。

> 若我們在分開編譯的模組之間傳遞 *off_t* 型別的函式參數或 *stat*，那麼我們需要確保兩個模組在這些型別都使用相同的大小（如：我們都將 _FILE_OFFSET_BITS 設定為 64 來編譯，或者都不設定的情況下編譯）。

5.11 /dev/fd 目錄

核心對於每個行程都有提供特別的虛擬目錄 /dev/fd，此目錄包含 /dev/fd/*n* 形式的檔案名稱，其中 *n* 是與行程中的開啟檔案描述符相對應的編號。因此，例如：

/dev/fd/0 對該行程而言是標準輸入。（/dev/fd 功能在 SUSv3 中沒有規範，但是許多其他的 UNIX 平台有提供這項功能）。

有些系統（但不包含 Linux）開啟 /dev/fd 目錄中的一個檔案效果等同於複製相對應的檔案描述符，所以下列的程式碼是相等的：

```
fd = open("/dev/fd/1", O_WRONLY);
fd = dup(1);                        /* Duplicate standard output */
```

open() 呼叫的 *flags* 參數會被直譯，以致於我們應該小心將存取模式設定為與原本的描述符相同，在此設定其他旗標，如 O_CREAT，是沒有意義的（會被忽略）。

> 實際上，/dev/fd 是符號（symbolic）連結，指向 Linux 特有的 /proc/self/fd 目錄。後頭的目錄是一個 Linux 特有的 /proc/*PID*/fd 目錄特例之一，每個目錄都包含對應到行程所開啟的每個檔案之符號連結。在 Linux 系統上，開啟 /dev/fd 中的其中一個檔案等同於再開啟該原本的檔案，所以新的檔案描述符會與新的開啟檔案描述符關聯（因而會有不同的檔案狀態旗標以及檔案偏移值）。

程式很少會使用 /dev/fd 目錄中的檔案，其主要用途在 shell 中。許多使用者層級的 shell 指令將檔案名稱做為參數，有時需要將指令輸出至管線，並將某個參數替換為標準輸入或標準輸出。基於此目的，有些指令（例如，*diff*、*ed*、*tar* 和 *comm*）提供了一個解決方法，使用「-」符號做為指令的參數之一，用以表示標準輸入或輸出（視情況而定）。所以，要比較 ls 指令輸出的檔名列表與之前生成的檔名列表，指令就可以寫成：

```
$ ls | diff - oldfilelist
```

這種方法有不少問題。首先，該方法要求每個程式都對「-」符號做專門處理，但是許多程式並未實作這樣的功能，這些指令只能處理檔案，不支援將標準輸入或輸出作為參數。其次，有些程式還將單個「-」符解釋為表示命令列選項結束的分隔符號。

若使用 /dev/fd 目錄，上述問題將迎刃而解，可以把標準輸入、標準輸出和標準錯誤作為檔名參數傳輸給任何需要它們的程式。所以，可以將前一個 shell 指令改寫成如下形式：

```
$ ls | diff /dev/fd/0 oldfilelist
```

方便起見，系統還提供了三個符號連結：/dev/stdin、/dev/stdout 和 /dev/stderr，分別連結到 /dev/fd/0、/dev/fd/1 和 /dev/fd/2。

5.12 建立暫存檔

有些程式需要建立一些暫存檔案，僅供其在執行期間使用，程式終止後立即刪除。例如，很多編譯器程式會在編譯過程中建立暫存檔案。GNU C 語言函式庫為此而提供了一系列函式庫函式。（之所以有一系列的函式庫函式，部分原因是由於這些函式分別繼承自各種 UNIX 實作。）本節將介紹其中的兩個函式：*mkstemp()* 和 *tmpfile()*。

基於呼叫者提供的範本，*mkstemp()* 函式產生一個唯一檔名並開啟該檔案，傳回一個可用於 I/O 呼叫的檔案描述符。

```
#include <stdlib.h>

int mkstemp(char *template);
```

Returns file descriptor on success, or –1 on error

參數 template 採用路徑名稱的形式，最後的六個字元必須是 XXXXXX。這六個字元會被字串取代，讓檔案名稱可以唯一，且此修改過的字串會透過 template 參數傳回。因為 template 已經修改過，它必須被指定為字元陣列，而不是字串常數。

檔案擁有者對 *mkstemp()* 函式建立的檔案擁有讀寫權限（其他使用者則沒有任何操作權限），且開啟檔案時使用了 O_EXCL 旗標，以保證呼叫者以獨佔方式存取檔案。

通常，開啟暫存檔案不久，程式就會使用 unlink 系統呼叫（參考 18.3 節）將其刪除。故而，*mkstemp()* 函式的範例程式碼如下所示：

```
int fd;
char template[] = "/tmp/somestringXXXXXX";

fd = mkstemp(template);
if (fd == -1)
    errExit("mkstemp");
printf("Generated filename was: %s\n", template);
unlink(template);      /* Name disappears immediately, but the file
                          is removed only after close() */

/* Use file I/O system calls - read(), write(), and so on */

if (close(fd) == -1)
    errExit("close");
```

函式 *tmpnam()*、*tempnam()* 及 *mktemp()* 也能用於產生唯一的檔名。然而，應該要避免使用這些函式，因為它們會在應用程式中產生安全性的漏洞。關於這些函式的深入細節請見使用手冊。

tmpfile() 函式會建立一個名稱唯一的暫存檔案，並以可讀寫方式將其開啟。（開啟該檔案時使用了 O_EXCL 旗標，以防一個可能性極小的衝突，即另一個行程已經建立了一個同名檔案。）

```
#include <stdio.h>

FILE *tmpfile(void);
```

Returns file pointer on success, or NULL on error

成功時，*tmpfile()* 傳回一個檔案串流（file stream），可以用於 stdio 函式庫函式中。當關閉暫存檔時也會自動刪除暫存檔。為了這麼做，*tmpfile()* 在開啟檔案之後，內部會呼叫 *unlink()* 立即移除檔名。

5.13 小結

在本章的課程中，我們介紹原子操作（atomicity）的概念，對於一些系統呼叫（system call）的正確操作非常重要。在實務上，*open()* O_EXCL 旗標讓呼叫者能確保自身是檔案的建立者，而 *open()* O_APPEND 旗標則確保多個行程（process）能增加資料到相同的檔案上，而不會覆蓋別人的輸出。

系統呼叫 *fcntl()* 可執行各種的檔案控制，包含改變檔案狀態旗標及複製檔案描述符（duplicating file descriptor）。複製檔案描述符也可以使用 *dup()* 及 *dup2()*。

我們探討檔案描述符、開啟檔案描述符（open file description）及檔案 i-nodes 之間的關係，並且所提到的不同資訊與這三個物件（object）都有關聯。複製的檔案描述符會參考到相同的開啟檔案描述符，因此會共用開啟檔案狀態旗標（open file status flag）及檔案偏移值（file offset）。

我們介紹許多擴充傳統 *read()* 及 *write()* 系統呼叫功能的其他系統呼叫。系統呼叫 *pread()* 及 *pwrite()* 在指定的檔案位置執行 I/O，而不需要改變檔案偏移值。至於 *readv()* 及 *writev()* 呼叫則分別進行分散式輸入與集中式輸出（scatter-gather I/O）。而 *preadv()* 及 *pwritev()* 呼叫則混合了 scatter-gather I/O 的功能，具備於指定的檔案位置進行 I/O 的能力。

使用 *truncate()* 和 *ftruncate()* 系統呼叫，既可以丟棄多餘的位元組以縮小檔案大小，又能使用填充為 0 的檔案空洞（file hole）來增加檔案大小。

我們簡介非阻塞（nonblocking）I/O 的概念，而且在後面的章節我們也將回到這個主題。

LFS 規格定義了一個擴充集，讓行程可以在檔案太大而無法以 32 位元表示時，能夠順利地在 32 位元系統上運作。

在 /dev/fd 虛擬目錄中的編號檔案讓行程可以透過檔案描述符編號存取自己所擁有的檔案，這樣對 shell 指令很實用。

函式 *mkstemp()* 及 *tmpfile()* 讓應用程式可以建立暫存檔。

5.14 習題

5-1. 若你有 32 位元的 Linux 系統，請修改列表 5-3 程式以使用標準檔案 I/O 系統呼叫（*open()* 與 *lseek()*）以及 off_t 資料型別。將 _FILE_OFFSET_BITS 巨集（macro）設定為 64 並編譯程式，測試是否能夠成功建立一個大型檔案。

5-2. 寫一個程式，使用 O_APPEND 旗標開啟一個現有的檔案以供寫入，並接著在寫入一些資料以前找尋（seek）至檔案的開頭位置。資料會出現在檔案的哪些地方？為什麼？

5-3. 本習題的設計目的在於示範為何以 O_APPEND 旗標開啟檔案來保障操作的原子性是必要的。請設計程式，可接收多達三個命令列參數：

```
$ atomic_append filename num-bytes [x]
```

此程式應該開啟指定的檔名（若有需要時建立），並使用 *write()* 以一次寫入一個位元組（byte）的方式將 num-bytes 資料增加到檔案中。預設時，程式應該以 O_APPEND 旗標開啟檔案，但是若有提供第三個命令列參數（*x*），則應該忽略 O_APPEND 旗標，並在每次 *write()* 以前，將程式改為執行 *lseek(fd, 0, SEEK_END)* 呼叫。在沒有 *x* 參數的情況下，同時執行此程式的兩個實體（instance），寫入一百萬個位元組到相同的檔案：

```
$ atomic_append f1 1000000 & atomic_append f1 1000000
```

重複同樣的步驟，寫到不同的檔案，但是這次要設定 *x* 參數：

```
$ atomic_append f2 1000000 x & atomic_append f2 1000000 x
```

使用 *ls -l* 列出檔案 f1 及 f2 的大小，並表達其差異之處。

5-4. 使用 *fcntl()* 實作 *dup()* 及 *dup2()*，並在有需要之處執行 *close()*（你可以忽略 *dup2()* 及 *fcntl()* 實際上對於某些錯誤的例子會傳回不一樣的 *errno* 值）。對於 *dup2()*，記得要處理特殊的例子（在 *oldfd* 等於 *newfd* 之處）。在此例中，你應該檢查 *oldfd* 是否為有效值，例如：檢查 *fcntl(oldfd, F_GETFL)* 是否成功。若 *oldfd* 不是有效值，那麼函式應該傳回 -1 並將 *errno* 設定為 EBADF。

5-5 寫個程式驗證複製檔案描述符會共用一個檔案偏移值及開啟檔案狀態旗標。

5-6. 在下列的程式碼中，每次呼叫 *write()* 之後，表達輸出檔案的內容會是什麼，以及為什麼：

```
fd1 = open(file, O_RDWR | O_CREAT | O_TRUNC, S_IRUSR | S_IWUSR);
fd2 = dup(fd1);
fd3 = open(file, O_RDWR);
write(fd1, "Hello,", 6);
write(fd2, " world", 6);
lseek(fd2, 0, SEEK_SET);
write(fd1, "HELLO,", 6);
write(fd3, "Gidday", 6);
```

5-7. 使用 *read()*、*write()* 與 *malloc* package 中的適當函式實作 *readv()* 及 *writev()*（7.1.2 節）。

6

行程（Process）

我們在本章探討行程（process）的結構，特別是行程虛擬記憶體的佈局與內容。我們還會查看行程的一些屬性（attribute）。在後面的章節，我們更進一步的查看行程屬性「例如：第 9 章的行程憑證（process credential）以及第 35 章的行程優先權（process priority）與排程（scheduling）」。在第 24 章到 27 章，我們研究如何建立行程、如何結束，以及如何用來執行新的程式。

6.1 行程與程式（Process and Program）

行程是一個執行中的程式實體（instance），我們在本節闡述定義並釐清程式與行程之間的差異。

程式是一個檔案，包含一段資訊，用於說明如何在執行期建構行程，資訊包含的內容如下：

- **二進位格式識別**（*Binary format identification*）：每個程式檔案包含描述執行檔格式的中介資訊（meta-information），這讓核心（kernel）能夠解譯檔案裡的資訊。傳統上，兩個廣為使用的 UNIX 執行檔格式是原始的 *a.out*「組譯器輸出（Assembler output）」格式，以及後來比較複雜的 *COFF*「一般物件檔案格式（Common Object File Format）」。如今，大多數的 UNIX 平台（包含 Linux）採用可執行與連結的格式（Executable and Linking Format，ELF），比舊有格式提供更多的好處。

- **機器語言指令**（*machine-language instruction*）：程式的編碼演算法。
- **程式進入點位址**（*program entry-point address*）：識別程式在開始執行的指令位置。
- **資料**：程式檔包含用來初始化變數的值，以及程式所使用的文字常數（如：字串）。
- **符號與重新定位表**（*symbol and relocation table*）：這些說明程式內函式與變數的位置與名稱。這些表格用在各種目的，包含除錯與執行期的符號解析「動態連結（dynamic linking）」。
- **共享函式庫與動態連結資訊**（*Shared-library and dynamic-linking information*）：程式檔所包含的欄位列出程式在執行期需要用到的共享函式庫，以及用來載入這些函式庫的動態連結器（dynamic linker）之路徑名稱（pathname）。
- **其他資訊**：程式檔包含各種描述如何建構行程的其他資訊。

一個程式可以用來建構許多行程，或是，倒過來講，許多行程可以跑同一個程式。

我們可以將本章一開始所給的定義重新定義為：一個行程是一個核心定義的抽象實體（abstract entity），對於為了執行程式所配置的系統資源。

從核心的觀點，行程構成的使用者空間（user-space）記憶體包含了程式碼與程式所使用的變數，以及一段用來維護行程狀態的核心資料結構。記錄在核心資料結構中的資訊，包含行程、虛擬記憶體表格（virtual memory table）、開啟檔案描述符表格（open file descriptor table）、關於訊號（signal）傳遞與處理資訊、行程資源使用率與限制、目前的工作目錄，以及主機的其他資訊等各種識別編號（ID）。

6.2 行程 ID 與父行程 ID

每個行程有一個行程 ID（process ID，PID），一個唯一識別系統上該行程的正整數。行程 ID 供各種系統呼叫（system call）使用及回傳。例如：*kill()* 系統呼叫（20.5 節）接受呼叫者用指定的行程 ID 送出訊號給行程。如果我們需要為行程建立一個唯一的識別碼（identifier），行程 ID 也是有幫助的。常見的例子是使用行程 ID 做為行程專屬（process-unique）檔名的一部分。

getpid() 系統呼叫傳回呼叫者行程（calling process）的行程 ID。

```
#include <unistd.h>

pid_t getpid(void);
```

總是成功傳回呼叫者的行程 ID

用在 *getpid()* 傳回值的 *pid_t* 資料型別是一個 SUSv3 規範的整數型別，用於儲存行程 ID 的目的。

程式與程式執行中的行程 ID 之間沒有固定關係，不過有些系統行程例外，如 *init*（行程 ID 為 1）。

Linux 核心限制行程 ID 為小於或等於 32,767，當建立新的行程時，會依序指派下一個可用的行程 ID。每次到達 32,767 的限制時，核心就會重置它的行程 ID 計數器（counter），讓行程 ID 從低的整數值開始分配。

> 一旦達到 32,767 時，行程 ID 計數器會重置為 300，而不是 1，這麼做是因為許多低編號（low-numbered）的行程 ID 是由系統行程與守護行程（daemon）永久使用，因而若需在此範圍內搜尋未用的行程 ID 會比較耗時。
>
> 在 Linux 2.4 及更早的 Linux 中，32,767 的行程 ID 限制由核心的常數 `PID_MAX` 定義。到了 Linux 2.6 就有些改變。雖然預設的行程 ID 上限仍然是 32,767，但這個限制是可以透過 Linux 特有的 `/proc/sys/kernel/pid_max` 檔案調整（是比最大的行程 ID 還要大的值）。在 32 位元平台上，這個檔案內容的最大值是 32,768，但在 64 位元平台，可以調整為高達 2^{22} 以下的任何值（大約 4 百萬），讓系統可以容納極為大量的行程。

每個行程都有一個創造它的父行程（parent），行程可以用 *getppid()* 系統呼叫查出它的父行程之行程 ID。

```
#include <unistd.h>

pid_t getppid(void);
```

永遠成功地傳回呼叫者的父行程之行程 ID

實際上，每個行程的父行程 ID 屬性表示，系統上的每個行程之間的關係類似樹狀結構，每個行程的父行程都有自己的父行程，依此類推，全部的行程最終都會回到行程 ID 為 1 的 *init*，這是全部父行程的祖先。（這個「家族樹」可以用 *pstree(1)* 指令來檢視）。

若子行程（child process）成為了孤兒（orphaned），由於它親生的父行程已經終止了，所以子行程會被 init 行程領養，子行程在受到領養之後呼叫 *getppid()* 時只會傳回 1（參考 26.2 節）。

任何行程的父行程都能藉由查詢在 Linux 特有的 `/proc/PID/status` 檔案所提供的 `PPid` 欄位找到。

6.3 行程的記憶體佈局

配置給每個行程的記憶體是由許多部分構成，通常是稱為區段（segment）。這些區段如下：

- **文字區段**（*text segment*）包含行程執行程式的機器語言指令，文字區段是唯讀的，讓行程無法意外地透過有問題的指標值修改自己的指令。因為可能會有許多行程執行相同的程式，所以文字區段是可以共用的，讓程式碼的單一複本可以映射到所有行程的虛擬位址空間（virtual address space）。
- **初始化的資料區段**（*initialized data segment*）包含明確初始化過的全域（global）與靜態（static）變數，程式會從執行檔讀取這些變數值並載入記憶體。
- **未初始化的資料區段**（*uninitialized data segment*）包含沒有明確初始化的全域與靜態變數。在啟動程式之前，系統會將區段中所有的記憶體初始化為 0。基於歷史的理由，這通常稱之為 bss 區段，一個衍生自古老組譯器對「以符號開頭的區塊（block started by symbol）」之助憶名稱。將已初始化的全域與靜態變數放在尚未初始化的分隔區段中的理由是，因為當一個程式存放在硬碟上時，不需要替尚未初始化的資料配置空間。執行檔只需要記錄尚未初始化資料區段的位置與大小，而這個空間由程式載入器（program loader）在執行期配置。
- **堆疊**（*stack*）是一個動態成長與縮小的區段，包含了堆疊訊框（stack frame）。一個堆疊訊框由每個目前被呼叫的函式所配置，訊框儲存函式的區域變數（local variable），亦稱為自動變數（automatic variable）、參數與傳回值。在 6.5 節有對堆疊訊框進行詳細的討論。
- **堆積**（*heap*）是可以在執行期動態配置記憶體（給變數）的區域，堆積的頂端稱之為程式斷點（program break）。

較少使用但較常提到的初始化與未初始化資料區段標籤是使用者初始化的資料區塊（user-initialized data segment）與以零初始化的資料區段（zero-initialized data segment）。

size(1) 指令會顯示二進位執行檔的文字、已初始化的資料，以及未初始化的資料（bss）區段之大小。

> 本文中使用的區段（segment）術語不應與用在如 x86-32 硬體架構的硬體區段混淆。當然，此區段是行程在 UNIX 系統上的虛擬記憶體之邏輯分割。有時候節段（section）術語用於代替區段，因為節段與目前對執行檔格式較為普及的 ELF 規範術語較為一致。
>
> 本書許多地方會提到，一個函式庫函式會傳回一個指向靜態配置的記憶體指標。我們以此表示配置的記憶體是已初始化或未初始化的資料區段。（在有些例子，函式庫函式可能改成只在堆積上進行一次動態記憶體配置，然而，這個實作細節與我們這裡描述的語意是無關的）。重要的是，要能知道函式庫函式是透過靜態配置的記憶體傳回資訊，因為記憶體是與函式呼叫獨立的，而且記憶體內容可能被後續的相同函式呼叫給覆蓋了（或是在有些例子，是被後續的相關函式呼叫覆蓋）。使用靜態配置記憶體的影響是使得函式變得不可重入（non-reentrant），我們在 21.1.2 與 31.1 節談到關於更多的不可重入。

列表 6-1 呈現各種 C 語言變數的種類，以註解說明每個變數所屬的區段。這些註解的說明是立足在假設沒有啟用編譯器的優化（optimizing，或稱最佳化）功能，以及應用程式二進位介面（application binary interface）的每個參數都是以堆疊傳遞。在實務上，啟動優化功能的編譯器可以在暫存器（register）配置經常使用的變數，或針對特定變數進行優化。此外，一些 ABI 會需要透過暫存器傳遞函式參數與函式結果，而不是透過堆疊。不過，這個例子可做為 C 語言變數與行程區段之間的映射（mapping）示範。

列表 6-1：在行程記憶體區段中的程式變數位置

proc/mem_segments.c

```
#define _BSD_SOURCE
#include <stdio.h>
#include <stdlib.h>

char globBuf[65536];            /* Uninitialized data segment */
int primes[] = { 2, 3, 5, 7 };  /* Initialized data segment */

static int
square(int x)                   /* Allocated in frame for square() */
{
    int result;                 /* Allocated in frame for square() */

    result = x * x;
    return result;              /* Return value passed via register */
}
```

```
static void
doCalc(int val)                 /* Allocated in frame for doCalc() */
{
    printf("The square of %d is %d\n", val, square(val));

    if (val < 1000) {
        int t;                  /* Allocated in frame for doCalc() */

        t = val * val * val;
        printf("The cube of %d is %d\n", val, t);
    }
}

int
main(int argc, char *argv[])    /* Allocated in frame for main() */
{
    static int key = 9973;      /* Initialized data segment */
    static char mbuf[10240000]; /* Uninitialized data segment */
    char *p;                    /* Allocated in frame for main() */

    p = malloc(1024);           /* Points to memory in heap segment */

    doCalc(key);

    exit(EXIT_SUCCESS);
}
```

proc/mem_segments.c

> 應用程式二進位介面（application binary interface，ABI）是一組規則，可於執行期時指定二進位執行檔如何與某個服務（如核心或一個函式庫）交換資訊。至於其他事情，ABI 可指定使用哪個暫存器與堆疊位置來交換資訊，以及交換值的意義。一旦針對一個特定的 ABI 進行編譯，二進位的執行檔就應該能夠在任何有著相同 ABI 的系統上執行。相對之下，標準化的 API（如 SUSv3）只能保證從原始碼編譯而成的應用程式具有可攜性。

雖然不在 SUSv3 的規範內，不過多數的 UNIX 平台（包含 Linux），在 C 語言環境提供了三個全域符號，分別是：*etext*、*edata* 與 *end*。可以在程式中用這些符號分別取得下列區段的下一個位元組位址：文字區段（text）結尾、已初始化的資料區段結尾，以及未初始化的資料區段結尾。若要使用這些符號，我們必須明確的宣告它們，方法如下：

```
extern char etext, edata, end;
        /* 例如：&etext 給下一個要傳遞的位元組位址、
           文字區段的結尾、初始化過資料的起點 */
```

圖 6-1 呈現的是 x86-32 架構的各式記憶體區段排列。在這張圖上面標記為 *argv, environ* 的空間，承載程式的命令列參數（C 語言的 *main()* 函式之 *argv* 參數），以及行程環境串列（我們等一下會介紹）。圖中的 16 進位位址可能會改變，取決於核心的組態設定以及程式的連結（linking）選項。灰色的區域表示行程虛擬位址空間中無效的範圍，亦即尚未建立分頁表（page table）的區域（參考下列虛擬記憶體管理的討論）。

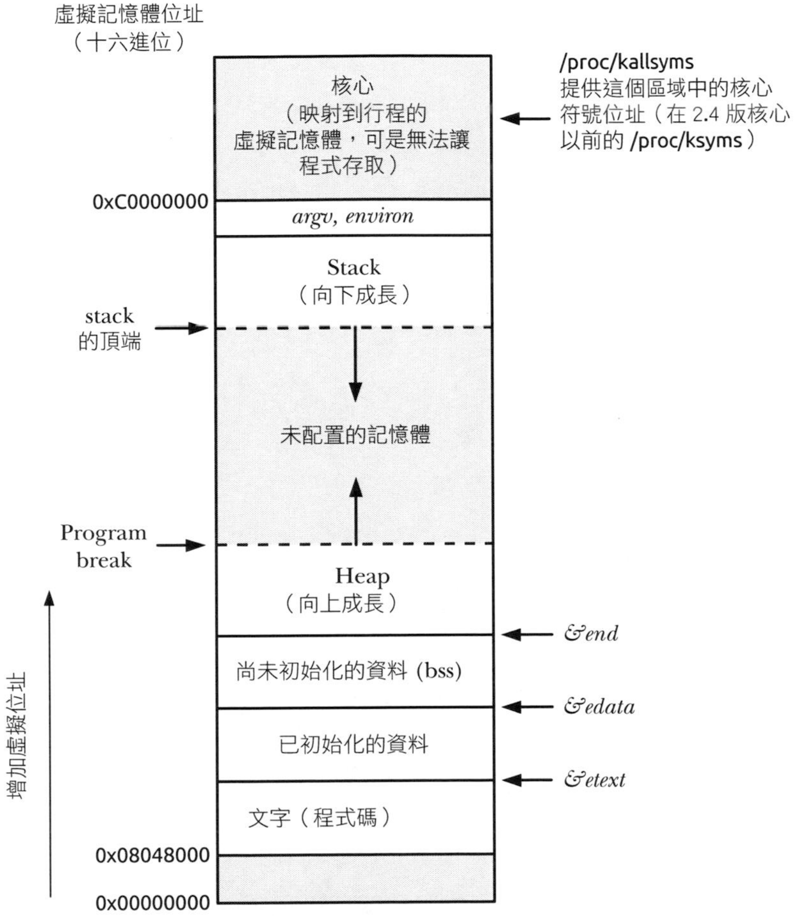

圖 6-1：在 Linux/x86-32 中典型的行程記憶體佈局

我們會在 48.5 節比較詳細的複習記憶體佈局（process memory layout）主題，我們到時會探討共享記憶體與共享函式庫是放在行程虛擬記憶體的何處。

6.4 虛擬記憶體管理

之前在介紹行程記憶體佈局時忽略了虛擬記憶體（virtual memory）的實際佈局。因為了解虛擬記憶體有助於後續探討的主題，例如 *fork()* 系統呼叫、共用記憶體，及映射檔案（mapped files），所以我們先介紹一些細節。

Linux 如同多數的現代核心，採用所謂的「虛擬記憶體管理」技術，此技術旨在藉由開發一項大部分程式都有的特徵：參考的局部性（locality of reference），以有效使用 CPU 與 RAM（實體記憶體）。大部分的程式可分為兩種局部性：

- 空間局部性（*spatial locality*）：是指程式傾向參考最近存取的記憶體位址附近的記憶體位置（由於指令時循序執行的，而有時是循序處理資料結構）。
- 時間局部性（*temporal locality*）：是程式傾向稍後會再次存取最近剛存取的相同記憶體位址（由於迴圈）。

參考的局部性旨在只有部分位址空間（address space）可以在 RAM 中維護時還是能夠執行程式。

虛擬記憶體機制將每個程式使用的記憶體切割成小塊的、固定大小的單位，稱為分頁（page）。相對地，RAM 被分成連續相同大小的分頁訊框（page frame）；這些分頁形成所謂的位置集合（resident set）。一個程式中未使用的分頁副本在置換區域（swap area）維護，置換區域是一個保留的磁碟空間區域，用以擴充電腦的 RAM，並只在需要的時候載入到實體記憶體。當行程參考到的分頁目前不在實體記憶體時，會發生分頁錯誤（page fault），此時核心會暫停執行行程，並將分頁從磁碟載入記憶體。

> 在 x86-32 平台上，分頁的大小是 4,096 個位元組（byte），一些 Linux 平台會使用較大的分頁大小，例如，Alpha 使用的分頁大小是 8,192 個位元組，而 IA-64 的分頁大小是可變的，一般預設是 16,384 個位元組。程式可以使用 *sysconf(_SC_PAGESIZE)* 呼叫定義系統的虛擬記憶體分頁大小，如 11.2 節所述。

為了支援此架構，核心幫每個行程維護一個分頁表（page table）（圖 6-2），分頁表說明每個分頁在程式虛擬位址空間（行程可用的全部虛擬記憶體分頁集合）的位置。在分頁表中的每筆紀錄會指出 RAM 裡面的虛擬分頁位置或是分頁目前位在磁碟上。

並非行程虛擬位址空間中的每個位址範圍都需要分頁表紀錄（page-table entry）。通常很大範圍的潛在虛擬位址空間都不會使用，以便不需要維護對應的分頁表紀錄。若行程試圖存取的位址沒有對應的分頁表紀錄時，則會收到一個 SIGSEGV 訊號。

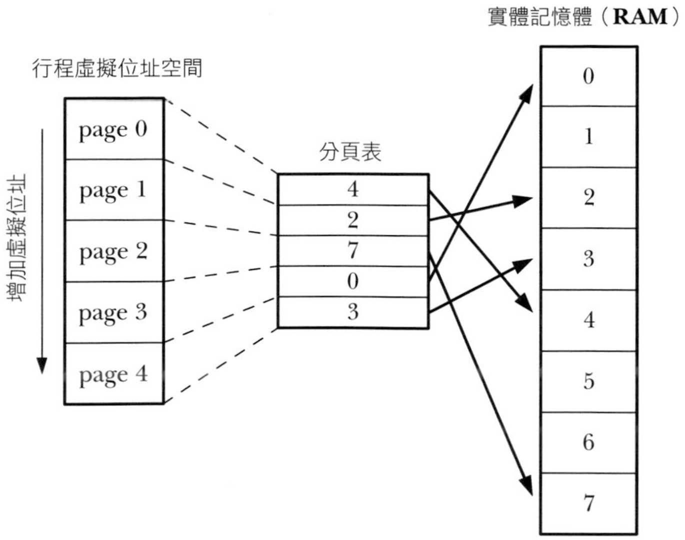

圖 6-2：虛擬記憶體概觀

當核心配置與釋放行程的分頁（與分頁表紀錄）時，行程可用的虛擬位址範圍會隨著生命週期改變，這會在下列情況發生：

- 堆疊在超出限制前往下成長。
- 當配置或釋放堆積上的記憶體時，藉由使用 *brk()*、*sbrk()* 或 *malloc* 家族函式來引起程式斷點（program break）（第 7 章）。
- 當使用 *shmat()* 加載（attach）以及使用 *shmdt()* 卸載（deattach）System V 的共享記憶體區間時（第 48 章）。
- 當使用 *mmap()* 建立記憶體映射與使用 *munmap()* 解除記憶體映射時（第 49 章）。

> 實作虛擬記憶體需要硬體以分頁記憶體管理單元（paged memory management unit，PMMU）的形式支援。當特定的虛擬記憶體位址對應到一個不存在於 RAM 的分頁時，PMMU 將每個虛擬記憶體位址參考轉換為對應的實體記憶體位址，並通知核心分頁錯誤。

虛擬記憶體管理將行程的虛擬記憶體位址與 RAM 的實體記憶體空間隔開，如此可提供許多優點：

- 在核心中行程可以互相獨立，讓行程無法讀取或修改其他行程或核心的記憶體。將每個行程的分頁表紀錄指向 RAM 中不同的實體記憶體分頁集（或在置換區域中）來達成目的。

- 有適當的地方可以讓兩個或更多行程共享記憶體，核心透過讓每個行程的分頁表紀錄參考到相同的 RAM 分頁達成此效果。記憶體共享發生在兩個常見的情況：
  — 執行相同程式的多個行程可以共用一份（唯讀的）程式碼複本。當多個程式執行相同的程式檔案（或載入相同的共用函式庫）時，會隱含地進行這種分享。
  — 行程可以使用 *shmget()* 與 *mmap()* 系統呼叫，明確地要求與其他行程共用記憶體區間，這可以藉由行程間的通訊（IPC，inter-process communication）達成。
- 實作記憶體保護機制是有用的，亦即，可以對分頁表紀錄進行標示，以指出相對應的分頁內容是可讀、可寫、可執行，或是並用這些保護功能。在多個行程共享 RAM 分頁的地方，可以為每個行程設定不同的記憶體保護；例如，這個行程只能唯讀存取分頁，而另一個行程可以讀寫存取分頁。
- 程式設計師及如編譯器（compiler）與連結器（linker）之類的工具可不在乎 RAM 裡面程式的實體佈局（physical layout）。
- 因為只有部分程式需要放在記憶體裡，所以可以較快的載入與執行程式。此外，行程的「記憶體腳印（memory footprint）」（如：虛擬的大小）可以超過 RAM 的容量。

最後一個虛擬記憶體管理的優點是，因為每個行程使用較少的 RAM，所以同時可以在 RAM 中放比較多的行程，這樣通常會有較佳的 CPU 使用率，因為這可以提升在任何時刻、任何時間點，CPU 至少都有一個行程可以執行的機會。

6.5 堆疊與堆疊訊框

當呼叫與傳回函式時，堆疊呈線性成長與縮減。對於 x86-32 架構上的 Linux，（及在多數其他的 Linux 與 UNIX 平台），堆疊位於記憶體的高點，而向下成長（面向堆積）。一個特殊用途的暫存器「堆疊指標（stack pointer）」，會追蹤目前堆疊的頂端。每次呼叫一個函式時，會在堆疊上另外配置一個訊框（frame），而此訊框會在函式傳回時移除。

> 即使堆疊向下成長，我們仍然稱堆疊的成長端為頂端（top），因為以抽象的角度來看就是如此。堆疊成長的實際方向是一個（硬體）實作細節。在 Linux 平台上，HP PA-RISK 真的就使用一個向上成長的堆疊。
>
> 以虛擬記憶體的角度，當配置堆疊訊框時，堆疊區段的大小增加，但是在多數的實作上，在釋放這些訊框之後並不會縮減大小。（當配置新的堆疊訊框

時，單純重新使用記憶體）。當我們談到堆疊區段的成長與縮小時，我們是從從堆疊新增與移除訊框的邏輯角度來探討的。

有時候，使用者堆疊（user stack）一詞是用來分辨我們這裡所介紹的核心堆疊（kernel stack）。核心堆疊是一個在核心記憶體中維護的個別行程（per-process）記憶體區間，在一次系統呼叫的執行期間，用來執行內部函式呼叫的堆疊。（核心無法為此目的採用使用者堆疊，因為它位在無保護的使用者記憶體中）。

每個（使用者）堆疊訊框會包含下列資訊：

- **函式參數與區域變數**（*function arguments and local variables*）：在 C 語言，這些被視為自動變數（automatic variable），因為會在呼叫函式時自動建立。當函式傳回時，這些變數則自動消失。（因為堆疊訊框消失了），而這形成自動變數與靜態（及全域）變數之間主要的語意差異：後者會永久存在，與函式的執行無關。
- **呼叫連結資訊**（*call linkage information*）：每個函式會使用特定的 CPU 暫存器，如程式計數器（program counter），用以指向下一個要執行的機器語言指令。每次一個函式呼叫另一個函式時，這些暫存器的副本會儲存在被呼叫函式的堆疊訊框中，讓函式在回傳的時候，可以將適當的暫存器值回存給呼叫它的函式（calling function）。

因為函式可以呼叫另一個函式，所以在堆疊上可以有多個訊框。（若一個函式用遞迴的方式呼叫自己，在堆疊上將會有多個該函式的訊框）。參考列表 6-1，在執行 *square()* 函式期間，堆疊所包含的訊框將如圖 6-3 所示。

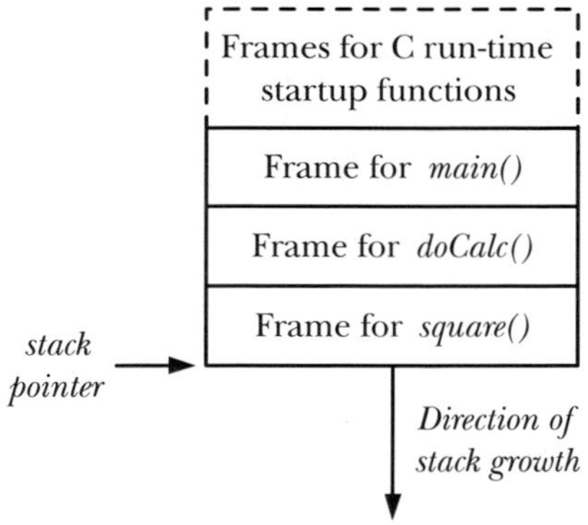

圖 6-3：一個行程堆疊的範例

6.6 命令列參數（*argc, argv*）

每個 C 程式必須有一個名為 *main()* 的函式，這是程式的開始執行點。當執行程式時，可以透過 *main()* 函式的兩個參數取得命令列參數（由 shell 解析與分隔的單字）。第一個參數是 int argc，表示命令列參數的數目；第二個參數是 *char *argv[]*，這是一個指向命令列參數的指標陣列，每個指標都是一個指向以 NULL 結尾的字元字串。這些字串中的第一個參數是 *argv[0]*，（通常）是程式本身的名稱，在 argv 中的指標串列（list of pointer）則是以 NULL 指標結尾（即：*argv[argc]* 為 NULL）。

實際上，*argv[0]* 的程式名稱有一個巧妙的用途，我們可以為一個程式建立多個連結（link），然後可以在程式中判斷 *argv[0]*，並依據所呼叫的檔案名稱採取不同的行動。這項技術範例之一是：*gzip(1)*、*gunzip(1)* 與 *zcat(1)* 等指令，在有些 Linux 發行套件，它們都連結到相同的執行檔。（如果我們採用這項技術，我們必須要小心使用者可能會以預期以外的名稱連結來執行程式）。

當執行列表 6-2 的程式時，其 *argc* 與 *argv* 的資料結構將如圖 6-4 所示。在這個流程圖裡，每個字串的結尾使用 C 語言符號 \0 做為終止的空位元組（terminating null byte）。

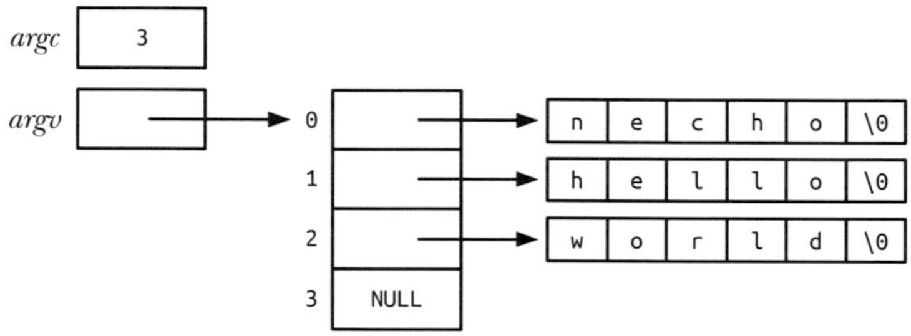

圖 6-4： necho hello world 指令的 argc 與 argv 值

在列表 6-2 程式回應的命令列參數，每行的輸出以一個字串呈現所要顯示的 *argv* 成員。

列表 6-2：回應命令列參數

proc/necho.c

```
#include "tlpi_hdr.h"

int
main(int argc, char *argv[])
{
    int j;
```

```
    for (j = 0; j < argc; j++)
        printf("argv[%d] = %s\n", j, argv[j]);

    exit(EXIT_SUCCESS);
}
```

proc/necho.c

因為 *argv* 串列以 NULL 值結尾，所以我們可以使用下列方式取代列表 6-2 程式的程式碼，在每一行只輸出命令列參數：

```
char **p;

for (p = argv; *p != NULL; p++)
    puts(*p);
```

argc/argv 機制的一項限制是這些變數只能用在 *main()* 的參數，為了讓命令列參數也能用在其他的函式中，我們必須傳遞 *argv* 做為這些函式的參數或設定一個指向 *argv* 的全域變數。

有一些不可攜的方法能從任何地方存取程式裡部分或全部的資訊：

- 可以從 Linux 特有的 /proc/*PID*/cmdline 檔案中讀取任一行程的命令列參數，包含每個以 null 結尾的參數（程式可以透過 /proc/self/cmdline 存取自己的命令列參數）。
- 為了取得呼叫程式的名稱（例如：第一個命令列參數），GNU C 函式庫提供兩個全域變數，可以在程式中的任意位置使用。其中第一個是 *program_invocation_name*，提供呼叫程式的完整路徑名稱。第二個是 *program_invocation_short_name*，提供移除路徑名稱前段的資料夾名稱（如：路徑名稱的 basename 元件），這兩個變數的宣告方式可透過定義 _GNU_SOURCE 巨集，並從 <errno.h> 取得。

如圖 6-1 所示，*argv* 和 *environ* 陣列，以及這些參數最初指向的字串，都位於行程堆疊上的一個單一、連續的記憶體區域。（下一節將描述 *environ* 參數，該參數用於儲存程式的環境列表。）此區域可儲存的位元組數有上限要求，SUSv3 規定使用 ARG_MAX 常數（定義於 <limits.h>）或者呼叫 *sysconf*（*_SC_ARG_MAX*）函式以確定該上限值（將在 11.2 節描述 *sysconf()* 函式），並且 SUSv3 還要求 ARG_MAX 常數的下限為 _POSIX_ARG_MAX（4096）個位元組，而大多數 UNIX 實作的限制都遠高於此。但 SUSv3 並未規定 ARG_MAX 限制在實作中是否要將一些開銷位元組計算在內（比如終止的空字元、位元組對齊、*argv* 和 *environ* 指標陣列）。

> Linux 中的 ARG_MAX 參數值曾一度固定為 32 個分頁（在 Linux/x86-32 中即為 131,072 個位元組），且包含了負載位元組（overhead byte）。自核心 2.6.23 版本開始，可以透過資源限制 RLIMIT_STACK 來控制 argv 和 environ 參數所使用的空間總量上限，在這種情況下，允許 argv 和 environ 參數使用的空間上限要比以前大出許多，具體限額為資源柔性限制 RLIMIT_ STACK 的四分之一，RLIMIT_STACK 在呼叫 *execve()* 時已經生效。更多詳細資訊請參照 *execve(2)* 使用手冊。

許多程式（包括本書中的幾個例子）使用 *getopt()* 函式庫函式來解析命令列選項（即以「-」符號開頭的參數）。附錄 B 將描述 *getopt()* 函式。

6.7 環境清單

每一個行程都有相關的環境清單（environment list），這是一個字串陣列，簡稱為環境（environment）。其中每個字串都以名稱 = 值（name=value）形式定義。因此，環境是「名稱 - 值」的成對集合，可儲存任何資訊。常將清單中的名稱稱為環境變數（environment variable）。

新行程在建立之時，會繼承父行程的環境副本，這是一種原始的行程間通信方式，卻頗為常用。環境（environment）提供了將資訊從父行程傳輸給子行程的方法。由於子行程只有在建立時才能獲得其父行程的環境副本，所以這一資訊傳輸是單向的、一次性的。子行程建立後，父、子行程均可更改各自的環境變數，且這些變更對彼此而言不再可見。

環境變數的常見用途之一是在 shell 中，透過在自身環境中放置變數值，shell 就可確保把這些值傳輸給其所建立的行程，並以此來執行使用者指令。例如，環境變數 SHELL 被設定為 shell 程式本身的路徑名稱，如果程式需要執行 shell 時，大多會將此變數視為需要執行的 shell 名稱。

可以透過設定環境變數來改變一些函式庫函式的行為。正因如此，使用者無須修改程式碼或者重新連結相關的函式庫，就能控制呼叫該函式的應用程式行為。*getopt()* 函式就是其中一例（附錄 B），可透過設定 POSIXLY_CORRECT 環境變數來改變此函式的行為。

大多數 shell 使用 export 指令向環境中新增變數值。

```
$ SHELL=/bin/bash          Create a shell variable
$ export SHELL             Put variable into shell process's environment
```

在 *bash* shell 和 Korn shell 中，可以簡寫為：

```
$ export SHELL=/bin/bash
```

在 C shell 中，使用的則是 setenv 指令：

```
% setenv SHELL /bin/bash
```

上述指令把一個值永久地增加到 shell 環境中，此後這個 shell 建立的所有子行程都將繼承此環境。在任一時刻，可以使用 *unset* 指令撤銷一個環境變數（在 C shell 中則使用 *unsetenv* 指令）。

在 Bourne shell 和其衍生 shell（諸如 *bash* shell 和 Korn shell）中，可使用下列語法向執行某應用程式的環境中添加一個變數值，而不影響其父 shell（和後續指令）：

```
$ NAME=value program
```

此指令僅向執行特定程式的子行程環境添加了一個（環境變數）定義。如果希望（多個變數對該程式有效），可以在 program 前放置多對賦值（以空格分隔）。

> env 指令在執行程式時使用了一份經過修改的 shell 環境列表副本。可同時為 shell 環境列表副本增加和移除環境變數定義，以修改此環境列表。詳細內容請參閱 *env(1)* 手冊。

printenv 指令顯示目前的環境清單，此處是其輸出的一例：

```
$ printenv
LOGNAME=mtk
SHELL=/bin/bash
HOME=/home/mtk
PATH=/usr/local/bin:/usr/bin:/bin:.
TERM=xterm
```

後續章節將適時描述大多數上述環境變數的用途（也可參閱 environ(7) 手冊）。

由以上輸出可知，環境清單的排列是無序的，清單中的字串順序只是最易於實作的排列形式。一般而言，無序的環境列表不是問題，因為通常都是存取單個的環境變數，而非環境清單中按序排列的一串。

透過 Linux 特有的 /proc/PID/environ 檔案檢查任一行程的環境列表，每一個「NAME=value」對都以空位元組終止。

從程式中存取環境

在 C 語言程式中，可以使用全域變數 *char **environ* 存取環境列表。（C 執行時啟動程式碼定義了該變數並以環境清單位置為其賦值。）*environ* 與 *argv* 參數類似，指向一個以 NULL 結尾的指標列表，每個指標又指向一個以空位元組終止的字串。圖 6-5 所示為與上述 *printenv* 指令輸出環境相對應的環境清單資料結構。

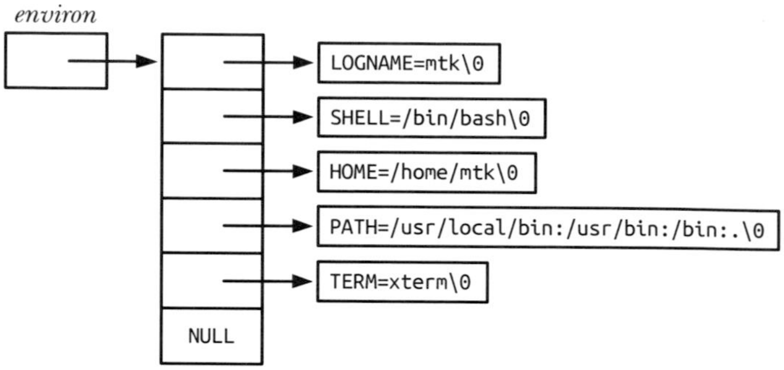

圖 6-5：行程環境清單資料結構的範例

列表 6-3 的程式透過存取 environ 變數來示範該行程環境中的所有值。該程式的輸出結果與 printenv 指令的輸出結果相同。程式中的迴圈利用指標來遍尋 environ 變數。雖然可以把 environ 當成陣列來使用（正如列表 6-2 中 *argv* 的用法），但這多少有些生硬，因為環境列表中各項的排列不分先後，而且也沒有變數（相當於 *argc*）用來指定環境列表的長度。（同理，也沒有對圖 6-5 中的 environ 陣列元素進行編號。）

列表 6-3：顯示行程環境

proc/display_env.c

```
#include "tlpi_hdr.h"

extern char **environ;

int
main(int argc, char *argv[])
{
    char **ep;

    for (ep = environ; *ep != NULL; ep++)
        puts(*ep);

    exit(EXIT_SUCCESS);
}
```

proc/display_env.c

另外，還可以透過宣告 *main()* 函式中的第三個參數來存取環境列表：

```
int main(int argc, char *argv[], char *envp[])
```

該參數隨即可被視為 environ 變數來使用，差異在於，該參數的作用範圍（scope）在 *main()* 函式內。雖然 UNIX 系統普遍實作了這一特性，但還是要避免使用，因為除了侷限於作用範圍的限制，該特性也不在 SUSv3 的規範之列。

getenv() 函式能夠從行程環境中檢索單個值。

```
#include <stdlib.h>

char *getenv(const char *name);
                    Returns pointer to (value) string, or NULL if no such variable
```

向 *getenv()* 函式提供環境變數名稱，該函式將傳回相應的字串指標。因此，就前面所示的環境（列表）範例來看，如果指定 SHELL 為參數 *name*，那麼將傳回 /bin/bash。如果不存在指定名稱的環境變數，那麼 *getenv()* 函式將傳回 NULL。

以下是使用 *getenv()* 函式時可攜性方面的注意事項：

- SUSv3 規定應用程式不應修改 *getenv()* 函式傳回的字串，這是由於（在大多數 UNIX 實作中）該字串實際上屬於環境的一部分（即 *name=value* 字串的 value 部分）。若需要改變一個環境變數的值，可以使用 *setenv()* 函式或 *putenv()* 函式（見下文）。
- SUSv3 允許 *getenv()* 函式的實作使用靜態配置的緩衝區傳回執行結果，後續對 *getenv()*、*setenv()*、*putenv()* 或者 *unsetenv()* 的函式呼叫可以重寫該緩衝區。雖然 glibc 函式庫的 *getenv()* 函式實作並未這樣使用靜態緩衝區，但具備可攜性的程式如需保留 *getenv()* 呼叫傳回的字串，就應先將傳回字串複製到其他位置，之後方可對上述函式發起呼叫。

修改環境

有時，對行程來說，修改其環境很有用處。原因之一是這一修改對該行程後續建立的所有子行程均可見。另一個可能的原因在於設定某一變數，以求對於將要載入行程記憶體的新程式（“execed”）可見。從這個意義而言，環境不僅是一種行程間通信的形式，還是程式間通信的方法。（第 27 章將深入描述這一點，還將解釋在同一行程中，*exec()* 函式如何使目前程式被一新程式取代。）

putenv() 函式新增一個新變數到呼叫行程的環境，或者修改一個已經存在的變數值。

```
#include <stdlib.h>

int putenv(char *string);
                                    Returns 0 on success, or nonzero on error
```

參數 string 是一個指標，指向 name=value 形式的字串。呼叫 *putenv()* 函式後，該字串就成為環境的一部分，換言之，putenv 函式將 environ 變數中某一元素改為 string 參數的指向位置，而非 string 參數所指向字串的複製副本。因此，如果隨後修改 string 參數所指的內容，這將影響該行程的環境。出於這一原因，string 參數不應為自動變數（即在堆疊中配置的字元陣列），因為定義此變數的函式一旦傳回，就有可能會重寫這塊記憶體區域。

注意，*putenv()* 函式呼叫失敗將傳回非 0 值，而非 -1。

putenv() 函式的 glibc 函式庫實作還提供了一個非標準擴充。如果 string 參數內容不包含一個等號（=），那麼將從環境列表中移除以 string 參數命名的環境變數。

setenv() 函式可以代替 *putenv()* 函式，在環境中新增一個變數。

```
#include <stdlib.h>

int setenv(const char *name, const char *value, int overwrite);
```

成功時傳回 0，或者錯誤時傳回 -1

setenv() 函式為形如 *name=value* 的字串配置一塊記憶體緩衝區，並將 name 和 value 所指向的字串複製到此緩衝區，以此來建立一個新的環境變數。注意，不需要（實際上是絕對不要）在 name 的結尾處或者 value 的開始處提供一個等號字元，因為 *setenv()* 函式會在向環境添加新變數時添加等號字元。

若以 name 代表的變數在環境中已經存在，且參數 overwrite 的值為 0，則 *setenv()* 函式將不改變環境，如果參數 overwrite 的值為非 0，則 *setenv()* 函式總是會改變環境。

這一事實，*setenv()* 函式複製其參數（到環境中），意謂著與 *putenv()* 函式不同，之後對 name 和 value 所指字串內容的修改將不會影響環境。此外，使用自動變數作為 *setenv()* 函式的參數也不會有任何問題。

unsetenv() 函式從環境中移除由 name 參數代表的變數。

```
#include <stdlib.h>

int unsetenv(const char *name);
```

成功時傳回 0，或者錯誤時傳回 -1

如同 *setenv()* 函式，參數 name 不應包含等號字元。

setenv() 函式和 *unsetenv()* 函式均來自 BSD，不如 *putenv()* 函式使用普遍。儘管起初的 POSIX.1 標準和 SUSv2 並未定義這兩個函式，但 SUSv3 已將其納入規範。

> 在 glibc 2.2.2 之前版本中，*unsetenv()* 函式原型的回傳值為 void 型別，這與最初 BSD 實作的 *unsetenv* 函式原型相同，一些 UNIX 實作目前仍然沿用 BSD 原型。

有時，需要清除整個環境，然後以所選值進行重建。例如，為了以安全方式執行 set-user-ID 程式（38.8 節），就需要這樣做。可以透過將 environ 變數賦值為 NULL 來清除環境。

```
environ = NULL;
```

這也正是 *clearenv()* 函式庫函式的工作內容。

```
#define _BSD_SOURCE /* Or: #define _SVID_SOURCE */
#include <stdlib.h>

int clearenv(void)
```

Returns 0 on success, or a nonzero on error

在某些情況下，使用 *setenv()* 函式和 *clearenv()* 函式可能會導致程式記憶體洩露。前面已提及：*setenv()* 函式所配置的一塊記憶體緩衝區，之後會成為行程環境的一部分。而呼叫 *clearenv()* 時則沒有釋放該緩衝區（*clearenv()* 呼叫並不知到該緩衝區的存在，故而也無法將其釋放）。重複呼叫這兩個函式的程式，會不斷產生記憶體洩露。實際上，這不大可能成為一個問題，因為程式通常僅在啟動時呼叫 *clearenv()* 函式一次，用於移除繼承自其父行程（即呼叫 *exec()* 函式來啟動目前程式的程式）環境中的所有紀錄。

> 許多 UNIX 實作都支援 *clearenv()* 函式，但是 SUSv3 沒有對此函式進行規範。SUSv3 規定如果應用程式直接修改 environ 變數，正如 *clearenv()* 函式所做的那樣，則不對 *setenv()*、*unsetenv()* 和 *getenv()* 的行為進行定義。（這一作法的根本原因在於禁止符合 SUSv3 標準的應用程式直接修改環境，意在使 UNIX 實作能完全控制其實作環境變數時所採用的資料結構。）SUSv3 允許應用程式清空自身環境的唯一方法是先取得所有環境變數的清單（透過 environ 變數獲得所有環境變數的名稱），然後逐一呼叫 *unsetenv()* 移除每個環境變數。

範例程式

列表 6-4 示範了本節討論的所有函式的用法。該應用程式首先清空環境，然後在環境逐一添加命令列參數提供的環境變數定義；之後，如果環境中尚無名為 GREET 的變數，就在環境中添加該變數；接著，從環境中移除名為 BYE 的變數；最後列印目前的環境清單。此處為該程式執行時輸出結果的一例：

```
$ ./modify_env "GREET=Guten Tag" SHELL=/bin/bash BYE=Ciao
GREET=Guten Tag
SHELL=/bin/bash
$ ./modify_env SHELL=/bin/sh BYE=byebye
SHELL=/bin/sh
GREET=Hello world
```

如果將 environ 參數指定為 NULL（正如列表 6-4 中 *clearenv()* 函式呼叫的所作所為），那麼可以預見如下形式的迴圈（如列表 6-4 中使用的迴圈）將失敗，因為 **environ* 是無效的。

```
for (ep = environ; *ep != NULL; ep++)
    puts(*ep);
```

然而，如果 *setenv()* 函式和 *putenv()* 函式發現 environ 參數為 NULL，則會建立一個新的環境列表，並使 environ 參數指向此列表，結果上面的迴圈操作又將正確執行。

列表 6-4：修改行程環境

proc/modify_env.c

```
#define _GNU_SOURCE     /* Get various declarations from <stdlib.h> */
#include <stdlib.h>
#include "tlpi_hdr.h"

extern char **environ;

int
main(int argc, char *argv[])
{
    int j;
    char **ep;

    clearenv();         /* Erase entire environment */

    for (j = 1; j < argc; j++)
        if (putenv(argv[j]) != 0)
            errExit("putenv: %s", argv[j]);

    if (setenv("GREET", "Hello world", 0) == -1)
        errExit("setenv");
```

```
    unsetenv("BYE");

    for (ep = environ; *ep != NULL; ep++)
        puts(*ep);

    exit(EXIT_SUCCESS);
}
```

proc/modify_env.c

6.8 執行非區域跳轉：*setjmp()* 和 *longjmp()*

使用函式庫函式 *setjmp()* 和 *longjmp()* 可執行非區域跳轉（nonlocal goto）。術語「非區域（nonlocal）」是指跳轉的目標為目前執行函式之外的某個位置。

C 語言如同許多其他程式設計語言，包含 goto 語句。這就好比開啟了潘朵拉的魔盒。若無止境的濫用，將使程式難以閱讀和維護。不過偶爾也能一顯身手，令程式更簡單、更快速，或是兼備。

C 語言的 goto 語句有一個限制，即不能從目前函式跳轉到另一函式。然而，偶爾還是需要這一功能的。考慮錯誤處理中經常出現的如下場景：在一個深度巢狀的函式呼叫中發生了錯誤，需要放棄目前任務，從多層函式呼叫中返回，並在較高層級的函式中繼續執行（也許甚至是在 *main()* 中）。要做到這一點，可以讓每個函式都傳回一個狀態值，由函式的呼叫者檢查並做相應處理。

這此方法肯定有效，而且，在許多情況下，是處理這類情況的理想方法。然而，有時候如果能從巢狀函式呼叫中跳出，返回該函式的呼叫者之一（目前呼叫者或者呼叫者的呼叫者，等等），程式碼會更為簡單。*setjmp()* 和 *longjmp()* 就提供了這一功能。

> 由於在 C 語言中，所有函式作用範圍的層級相同（儘管 *gcc* 將此功能做為其擴充功能，標準 C 語言不支援巢狀函式宣告），所以 goto 語句不能應用於函式間跳轉。給定兩個函式 X 和 Y，編譯器無從知曉當呼叫 Y 時，X 函式的堆疊訊框是否在堆疊上，所以也無法判斷從 Y 函式跳轉（goto）到 X 函式是否可行。支援巢狀函式宣告的語言，比如 Pascal 語言，允許 goto 從一個巢狀函式跳轉到其呼叫者，編譯器得以根據函式的靜態作用域來確定函式動態作用域的某些資訊。因此，編譯器若在語法解析時獲悉函式 Y 是位於函式 X 之內，也必然能夠推斷當呼叫 Y 時，X 函式的堆疊訊框一定已在堆疊中存在（即動態作用範圍），並能為函式 Y 產生 goto 程式碼，從 Y 中跳轉到 X 函式的某處。

```
#include <setjmp.h>

int setjmp(jmp_buf env);
                    Returns 0 on initial call, nonzero on return via longjmp()
void longjmp(jmp_buf env, int val);
```

setjmp() 呼叫為後續由 *longjmp()* 呼叫執行的跳轉確立了跳轉目標。該目標正是程式執行 *setjmp()* 呼叫的位置。從程式設計角度看來，呼叫 *longjmp()* 函式後，看起來就和從第二次呼叫 *setjmp()* 傳回時完全一樣。透過查看 *setjmp()* 傳回的整數值，可以區分 setjmp 呼叫是初始傳回還是第二次"傳回"。初始呼叫回傳值為 0，後續"偽"傳回的回傳值為 *longjmp()* 呼叫中 val 參數所指定的任意值。透過對 val 參數使用不同值，能夠區分出程式中跳轉至同一目標的不同起跳位置。

如果指定 *longjmp()* 函式的 val 參數值為 0，而 longjmp 函式對此又不做檢查，就會導致模擬 *setjmp()* 時回傳值為 0，如同初次呼叫 *setjmp()* 函式傳回時一樣。基於此原因，如果指定 val 參數值為 0，則 *longjmp()* 呼叫實際會將其取代為 1。

這兩個函式的參數 env 為成功實作跳轉提供了黏合劑。*setjmp()* 函式把目前行程環境的各種資訊保存到 env 參數中，呼叫 *longjmp()* 時必須指定相同的 env 變數，以此來執行"偽"傳回。由於對 *setjmp()* 函式和 *longjmp()* 函式的呼叫分別位於不同函式（否則，使用簡單的 goto 即可），所以應該將 env 參數定義為全域變數，或者將 env 作為函式參數來傳輸，後一種做法較為少見。

呼叫 *setjmp()* 時，env 除了儲存目前行程的其他資訊，還保存了程式計數暫存器（指向目前正在執行的機器語言指令）和堆疊指標暫存器（標示堆疊頂部）的副本。這些資訊能夠使後續的 *longjmp()* 呼叫完成兩個關鍵步驟的操作：

- 將發起 *longjmp()* 呼叫的函式與之前呼叫 *setjmp()* 的函式之間的函式堆疊訊框從堆疊上剝離。有時又將此過程稱為"解開堆疊（unwinding the stack）"，這是透過將堆疊指標暫存器重置為 env 參數內的保存值來實作的。
- 重置程式計數暫存器，使程式得以從初始的 *setjmp()* 呼叫位置繼續執行。同樣，此功能是透過 env 參數中的值（程式計數暫存器）來實作的。

範例程式

列表 6-5 示範了 *setjmp()* 和 *longjmp()* 函式的用法。該程式透過 *setjmp()* 的初始呼叫建立了一個跳轉目標，接下來的 switch（針對 *setjmp()* 呼叫的回傳值）用於檢測是初次從 *setjmp()* 呼叫傳回還是在呼叫 *longjmp()* 後傳回。當 *setjmp()* 呼叫回傳值為 0 時，亦即對 *setjmp()* 的初始呼叫完成後，將呼叫 *f1()* 函式，*f1()* 函式根據 argc

參數值（即命令列參數個數）來決定是立刻呼叫 *longjmp()* 函式還是繼續去呼叫 *f2()* 函式。如果是呼叫 *f2()* 函式，則 *f2()* 函式將馬上呼叫 *longjmp()* 函式。兩處對 *longjmp()* 的呼叫都會使行程恢復到呼叫 *setjmp()* 的位置。程式在兩處呼叫中為 val 參數設定了不同值，以供 *main()* 函式的 switch 語句區分發生跳轉的函式，並列印相應資訊。

在不帶任何命令列參數的情況下執行列表 6-5 中的程式，結果如下所示：

```
$ ./longjmp
Calling f1() after initial setjmp()
We jumped back from f1()
```

指定命令列參數，會使程式跳轉發生在函式 *f2()* 中：

```
$ ./longjmp x
Calling f1() after initial setjmp()
We jumped back from f2()
```

列表 6-5：示範函式 *setjmp()* 和 *longjmp()* 的用法

proc/longjmp.c

```
#include <setjmp.h>
#include "tlpi_hdr.h"

static jmp_buf env;

static void
f2(void)
{
    longjmp(env, 2);
}

static void
f1(int argc)
{
    if (argc == 1)
        longjmp(env, 1);
    f2();
}

int
main(int argc, char *argv[])
{
    switch (setjmp(env)) {
    case 0:     /* This is the return after the initial setjmp() */
        printf("Calling f1() after initial setjmp()\n");
        f1(argc);               /* Never returns... */
        break;                  /* ... but this is good form */
```

```
        case 1:
            printf("We jumped back from f1()\n");
            break;

        case 2:
            printf("We jumped back from f2()\n");
            break;
        }

        exit(EXIT_SUCCESS);
    }
```

proc/longjmp.c

對 *setjmp()* 函式的使用限制

SUSv3 和 C99 規定，對 *setjmp()* 的呼叫只能在如下的上下文（context）中使用：

- 構成選擇或迭代運算語句中（`if`、`switch`、`while` 等）的整個控制運算式。
- 做為一元運算符 !（*not*）的運算子，其最終運算式構成了選擇或迭代運算語句的整個控制運算式。
- 做為比較運算符（`==`、`!=`、`<` 等）的一部分，另一運算子必須是一個整數常數運算式，且其最終運算式構成選擇或迭代運算語句的整個控制運算式。
- 做為獨立的函式呼叫，且沒有嵌入到更大的運算式之中。

注意：C 語言的賦值陳述式不在上述清單之列，以下形式的語句是不符合標準的：

```
s = setjmp(env);                /* WRONG! */
```

之所以規定這些限制，是因為做為正規函式的 *setjmp()* 實作無法保證擁有足夠資訊來保存所有暫存器值和封閉運算式中用到的臨時堆疊位置，以便於在 *longjmp()* 呼叫後此類資訊能得以正確恢復。因此，僅允許在足夠簡單且無須臨時儲存的運算式中呼叫 *setjmp()*。

濫用 longjmp()

如果將 env 緩衝區定義為全域變數，對所有函式可見（這也是通常用法），那麼就可以執行如下操作的步驟順序：

1. 呼叫函式 *x()*，使用 *setjmp()* 呼叫在全域變數 env 中建立一個跳轉目標。
2. 從函式 *x()* 中傳回。
3. 呼叫函式 *y()*，使用 env 變數呼叫 *longjmp()* 函式。

這是一個嚴重錯誤，因為 *longjmp()* 呼叫不能跳轉到一個已經返回的函式中。思考一下，在這種情況下，*longjmp()* 函式會對堆疊打什麼主意，嘗試解開堆疊，恢復到一個不存在的堆疊訊框位置，這無疑將引起混亂。如果幸運的話，程式會崩潰（crash）結束。然而，取決於堆疊的狀態，也可能會引起呼叫與傳回間的無窮呼叫返回迴圈，而程式好像真的從一個目前並未執行的函式中傳回了。（在多執行緒程式中有與之相類似的濫用，在執行緒某甲中呼叫 *setjmp()* 函式，卻在執行緒某乙中呼叫 *longjmp()*。）

> SUSv3 規定，如果從巢狀的訊號處理常式（signal handler）（即訊號某甲的處理常式正在執行時，又觸發訊號某乙處理常式的呼叫）中呼叫 *longjmp()* 函式，則該程式的行為是未定義的（不可預期）。

優化編譯器的問題

優化（或稱最佳化）編譯器會重組程式的指令執行順序，並在 CPU 暫存器中，而非 RAM 中儲存某些變數。這種優化一般依賴於反映程式語法結構的執行期（run-time）控制流程。由於 *setjmp()* 和 *longjmp()* 的跳轉操作需在執行期才能得以確立和執行，並未在程式的語法結構中有所反映，故而編譯器在進行優化時也無法將其考慮在內。此外，某些應用程式二進位介面（ABI）實作的語意要求 *longjmp()* 函式恢復先前 *setjmp()* 呼叫所保存的 CPU 暫存器副本。這意謂著 *longjmp()* 操作會使經過優化的變數被賦以錯誤值。列表 6-6 中的程式行為就是其中一例。

列表 6-6：編譯器的優化和 *longjmp()* 函式相互作用的示範

proc/setjmp_vars.c

```
#include <stdio.h>
#include <stdlib.h>
#include <setjmp.h>

static jmp_buf env;

static void
doJump(int nvar, int rvar, int vvar)
{
    printf("Inside doJump(): nvar=%d rvar=%d vvar=%d\n", nvar, rvar, vvar);
    longjmp(env, 1);
}

int
main(int argc, char *argv[])
{
    int nvar;
    register int rvar;          /* Allocated in register if possible */
    volatile int vvar;          /* See text */
```

```
    nvar = 111;
    rvar = 222;
    vvar = 333;

    if (setjmp(env) == 0) {     /* Code executed after setjmp() */
        nvar = 777;
        rvar = 888;
        vvar = 999;
        doJump(nvar, rvar, vvar);

    } else {                    /* Code executed after longjmp() */

        printf("After longjmp(): nvar=%d rvar=%d vvar=%d\n", nvar, rvar, vvar);
    }

    exit(EXIT_SUCCESS);
}
```

proc/setjmp_vars.c

當我們不使用優化的方式來編譯器列表 6-6 的程式，則輸出結果符合預期：

```
$ cc -o setjmp_vars setjmp_vars.c
$ ./setjmp_vars
Inside doJump(): nvar=777 rvar=888 vvar=999
After longjmp(): nvar=777 rvar=888 vvar=999
```

然而，當我們以優化方式編譯該程式，結果就有些出乎預料了：

```
$ cc -O -o setjmp_vars setjmp_vars.c
$ ./setjmp_vars
Inside doJump(): nvar=777 rvar=888 vvar=999
After longjmp(): nvar=111 rvar=222 vvar=999
```

此處，在 *longjmp()* 呼叫後，nvar 和 rvar 參數被重置為 *setjmp()* 初次呼叫時的值。起因是優化器對程式碼的重組受到 *longjmp()* 呼叫的干擾。做為候選優化物件的任一區域變數可能都難免會遇到這類問題，一般包含指標變數和 *char*、*int*、*float*、*long* 等任何簡單型別的變數。

將變數宣告為 volatile，是告訴優化器不要對其進行優化，從而避免了程式碼重組。在上面的程式輸出中，無論編譯優化與否，宣告為 volatile 的變數 *vvar* 都得到了正確處理。

因為不同的優化器有著不同的優化方法，具備良好可攜性的程式應在呼叫 *setjmp()* 的函式中，將上述型別的所有區域變數都宣告為 volatile。

若在 GNU C 語言編譯器中加入 -Wextra（產生額外的警告資訊）選項，則 setjmp_vars.c 程式的編譯結果將顯示如下有用的警告資訊：

```
$ cc -Wall -Wextra -O -o setjmp_vars setjmp_vars.c
setjmp_vars.c: In function `main':
setjmp_vars.c:17: warning: variable `nvar' might be clobbered by `longjmp' or
`vfork'
setjmp_vars.c:18: warning: variable `rvar' might be clobbered by `longjmp' or
`vfork'
```

無論優化與否，查看編譯 setjmp_vars.c 程式所產生的組合語言輸出都是有益的。*cc –S* 指令產生一個以「*.s*」為副檔名的檔案，內容為程式的組合語言。

盡可能避免使用 *setjmp()* 函式和 *longjmp()* 函式

如果 goto 語句會使程式難以閱讀，那麼非區域跳轉會讓事情的糟糕程度增加一個數量級，因為它能在程式中任意兩個函式間傳輸控制。因此，應當慎用 *setjmp()* 函式和 *longjmp()* 函式。在設計和寫程式時花點心思來避免使用這兩個函式，這通常是值得的。程式更具可讀性，可能會更具可攜性。話雖如此，但在設計訊號處理常式時，這些函式偶爾還會派上用場，我們討論訊號時將重新論及這些函式的變種版本（參考 21.2.1 節中的 *sigsetjmp()* 函式和 *siglongjmp()* 函式）。

6.9 小結

每個行程都有一個唯一的行程 ID（process ID），並維護一筆父行程 ID 的紀錄。

行程的虛擬記憶體邏輯上被劃分成許多區段：文字區段（text segment）、（已初始化和未初始化的）資料區段（data segment）、堆疊區段（stack segment）和堆積區段（heap segment）。

堆疊由一系列的訊框（frame）組成，隨函式呼叫而增，隨函式返回而減。每個訊框都包含有函式的區域變數、函式參數以及單個函式呼叫的呼叫連結資訊。

程式呼叫時，命令列參數透過 *argc* 和 *argv* 參數提供給 *main()* 函式。通常，*argv[0]* 包含呼叫程式的名稱。

每個行程都會獲得其父行程環境清單的一個副本，即一組「名稱 - 值」的鍵值配對。全域變數 environ 和各種函式庫函式允許行程存取和修改其環境清單中的變數。

setjmp() 函式和 *longjmp()* 函式提供了從函式某甲執行非區域跳轉到函式某乙（堆疊解開）的方法。在呼叫這些函式時，為避免編譯器優化所引發的問題，應使用 volatile 修飾符宣告變數。非區域跳轉會使程式難於閱讀和維護，應儘量避免使用。

進階資料

（Tanenbaum，2007）和（Vahalia，1996）詳細描述了虛擬記憶體管理。（Gorman，2004）則詳細描述了 Linux 核心記憶體管理演算法和程式碼。

6.10 習題

6-1. 編譯列表 6-1 的程式（mem_segments.c），使用 *ls -l* 指令顯示可執行檔的大小。雖然該套裝程式含一個大約 10MB 的陣列，但可執行檔大小卻遠小於此，為什麼？

6-2. 設計一個程式，觀察當使用 *longjmp()* 函式跳轉到一個已經返回的函式時會發生什麼事？

6-3. 使用 *getenv()* 函式、*putenv()* 函式，必要時可直接修改 environ，來實作 *setenv()* 函式和 *unsetenv()* 函式。此處的 *unsetenv()* 函式應檢查是否對環境變數進行了多次定義，如果是多次定義則將移除對該變數的全部定義（glibc 版本的 *unsetenv()* 函式實作了這一功能）。

7

記憶體配置（Memory Allocation）

許多系統程式需要能夠為動態的資料結構配置額外的記憶體（如：linked list 與 binary tree），大小取決於只有在執行期可取得的資訊。本章說明用於配置 heap（堆積）或 stack（堆疊）記憶體的函式。

7.1 在堆積（heap）上配置記憶體

一個行程（process）可以透過增加堆積的大小配置記憶體，一個可變動大小的連續虛擬記憶體區段，起點只在行程的未初始化資料區段之後，並隨著記憶體配置與釋放時成長、縮小（參考圖 6-1），program break 可用來參考目前的堆積限制。

為了配置記憶體，C 程式通常用我們簡介的 malloc 家族函式。然而，我們以說明 *brk()* 與 *sbrk()* 做為開始，這些是 malloc 函式的基石。

7.1.1 調整 Program Break：*brk()* 與 *sbrk()*

更改堆積的大小（如：配置或釋放記憶體）實際上與告訴核心（kernel）調整行程何處的 program break 的想法一樣簡單。在初始化時，program break 只是位於未初始化資料區段的結尾（如同圖 6-1 所示，與 *&end* 相同的地方）。

在增加 program break 之後，程式可能會存取新配置區域的任何位址，可是尚未配置實體記憶體分頁。在行程第一次想要存取那些分頁的位址時，核心會自動地配置新的實體分頁。

傳統上，UNIX 系統已經提供兩個操作 program break 的系統呼叫（system call），而 *brk()* 與 *sbrk()* 在 Linux 上都可以使用。雖然這些系統呼叫很少直接用在程式中使用，但是了解它們有助於釐清記憶體配置是如何運作的。

```
#define _BSD_SOURCE            /* Or: #define _SVID_SOURCE */
#include <unistd.h>

int brk(void *end_data_segment);
```

Returns 0 on success, or –1 on error

```
void *sbrk(intptr_t increment);
```

Returns previous program break on success, or *(void *)* –1 on error

brk() 系統呼叫將 program break 設定為 *end_data_segment* 所指定的位置，因為虛擬記憶體是以分頁為單位配置的，所以 *end_data_segment* 可以有效地延展到下一個分頁邊界。

想將 program break 設定為它的初始值底下（如：在 *&end* 底下）似乎會導致不可預期的行為，如當嘗試存取目前不存在的已初始化、或未初始化的部分資料區段時，會發生記憶體區段錯誤（在 20.2 節所述的 SIGSEGV 訊號）。Program break 能準確的將上限設定到何處，取決於影響因子的範疇，包含：行程對資料區段大小的資源限制（於 36.3 節所述的 RLIMIT_DATA）；以及記憶體映射的位置、共享記憶體區段與共享函式庫。

呼叫 *sbrk()* 是透過將 increment 加到 program break 以對 program break 進行調整。（在 Linux 上，*sbrk()* 是一個基於 *brk()* 實作的函式庫函式）。*intptr_t* 型別（type）宣告 increment 是一個整數資料型別。*sbrk()* 成功時，傳回之前的 program break 位址。換句話說，若我們已經增加 program break，則傳回值會指向新配置的記憶體區塊起點。

呼叫 *sbrk(0)* 會傳回目前的 program break 設定而不會改變它。這能應用在我們想要追蹤堆積的大小時，或許為了監控一個記憶體配置套件（memory allocation package）的行為。

> 在 SUSv2 規範了 *brk()* 與 *sbrk()*（將它們標示為 LEGACY），但 SUSv3 將它們從規範中移除了。

7.1.2 於堆積配置記憶體：*malloc()* 與 *free()*

通常，C 程式用 malloc 函式家族配置與釋放堆積上的記憶體。這些函式提供幾項比 *brk()* 與 *sbrk()* 優越之處。特別是它們：

- 是 C 語言的部分標準。
- 比較容易在執行緒程式使用。
- 提供簡單的介面，允許記憶體以小單位配置。
- 允許我們強制釋放在一個自由串列（free list）中所維護的記憶體區塊，並回收以供未來的呼叫配置記憶體使用。

malloc() 函式從堆積配置 size 個位元組（bytes）的記憶體，並傳回一個指向新配置記憶體區塊的指標，不會初始化所配置的記憶體。

```
#include <stdlib.h>

void *malloc(size_t size);
```

Returns pointer to allocated memory on success, or NULL on error

由於 *malloc()* 傳回 *void **，我們可以將它指派（assign）給任何型別的 C 指標，由 *malloc()* 傳回的記憶體區塊一定是對齊一個適用於有效率存取各種 C 資料結構型別的位元組邊界。在實務上，這表示在多數的架構上是 8 個位元組或 16 個位元組的邊界配置。

> SUSv3 規定呼叫 *malloc(0)* 可以傳回 NULL 或指向可以用 *free()* 釋放的小片段記憶體指標。在 Linux 上，*malloc(0)* 依循後者的行為。

若無法配置記憶體（或許是因為我們達到了 program break 可以提升的上限），接著 *malloc()* 傳回 NULL，並設定 *errno* 以指出該錯誤。雖然配置記憶體失敗的可能性很小，但是在每次呼叫 *malloc()* 與我們之後介紹的相關函式時，都應該要檢查這個傳回的錯誤。

free() 函式釋放由 ptr 參數所指的記憶體區塊，ptr 應該是由之前 *malloc()* 傳回的位址，或是我們在本章之後說明的其中一個其他堆積記憶體配置函式傳回的位址。

```
#include <stdlib.h>

void free(void *ptr);
```

一般而言，*free()* 不會降低 program break，反而是將記憶體區塊新增到自由區塊的串列（list of free blocks），回收供之後呼叫 *malloc()* 使用。這麼做有幾項理由：

- 所釋放的記憶體區塊通常位在堆積之中的某處，而不是在結尾，所以不可能降低 program break。
- 可以最小化程式必須執行 *sbrk()* 呼叫的次數（如 3.1 節所提的，系統呼叫會有小但重要的負荷（overhead）。
- 在許多例子中，降低 program break 無法幫助程式配置大量記憶體，因為它們通常想要持有所配置的記憶體或重複地釋放並重新配置記憶體；而不是釋放全部的記憶體，然後在延展的時間週期內繼續執行。

若代入 *free()* 的參數是一個 NULL 指標，那麼這個呼叫不做任何事情（換句話說，將一個 NULL 指標給 *free()* 不會發生錯誤）。

在呼叫 *free()* 之後，對 ptr 的任何使用－例如：再次將 ptr 傳遞給 *free()*，會導致一個不可預期結果的錯誤。

範例程式

列表 7-1 的程式可以用來示範 *free()* 對 program break 的影響，這個程式配置多個記憶體區塊並接著釋放部分或全部的記憶體，依據程式的（選配）命令列參數決定。

前兩個命令列參數設定要配置的區塊數量與大小，第三個命令列參數設定釋放記憶體區塊時的迴圈累加單位。若我們在這裡設定為 1（這也是省略這個參數時的預設值），那麼程式釋放每一個記憶體區塊；若為 2，那麼是釋放每兩個配置區塊的第二塊；以此類推。第四個與第五個命令列參數設定我們想要釋放的區塊範圍，若省略這些參數，那麼會釋放所有配置的區塊（依據第三個命令列參數所給的累加單位）。

列表 7-1：展示記憶體釋放時，program break 發生什麼事

memalloc/free_and_sbrk.c

```
#define _BSD_SOURCE
#include "tlpi_hdr.h"

#define MAX_ALLOCS 1000000

int
main(int argc, char *argv[])
{
    char *ptr[MAX_ALLOCS];
```

```
    int freeStep, freeMin, freeMax, blockSize, numAllocs, j;

    printf("\n");

    if (argc < 3 || strcmp(argv[1], "--help") == 0)
        usageErr("%s num-allocs block-size [step [min [max]]]\n", argv[0]);

    numAllocs = getInt(argv[1], GN_GT_0, "num-allocs");
    if (numAllocs > MAX_ALLOCS)
        cmdLineErr("num-allocs > %d\n", MAX_ALLOCS);

    blockSize = getInt(argv[2], GN_GT_0 | GN_ANY_BASE, "block-size");

    freeStep = (argc > 3) ? getInt(argv[3], GN_GT_0, "step") : 1;
    freeMin =  (argc > 4) ? getInt(argv[4], GN_GT_0, "min") : 1;
    freeMax =  (argc > 5) ? getInt(argv[5], GN_GT_0, "max") : numAllocs;

    if (freeMax > numAllocs)
        cmdLineErr("free-max > num-allocs\n");

    printf("Initial program break:          %10p\n", sbrk(0));

    printf("Allocating %d*%d bytes\n", numAllocs, blockSize);
    for (j = 0; j < numAllocs; j++) {
        ptr[j] = malloc(blockSize);
        if (ptr[j] == NULL)
            errExit("malloc");
    }

    printf("Program break is now:           %10p\n", sbrk(0));

    printf("Freeing blocks from %d to %d in steps of %d\n",
                freeMin, freeMax, freeStep);
    for (j = freeMin - 1; j < freeMax; j += freeStep)
        free(ptr[j]);

    printf("After free(), program break is: %10p\n", sbrk(0));

    exit(EXIT_SUCCESS);
}
```

memalloc/free_and_sbrk.c

以下列的指令執行列表 7-1 程式會讓程式配置 1,000 個記憶體區塊，並接著每兩個區塊釋放一次：

```
$ ./free_and_sbrk 1000 10240 2
```

輸出顯示在這些區塊已經被釋放之後，program break 仍而維持在配置所有記憶體區塊時的層級：

```
Initial program break:          0x804a6bc
Allocating 1000*10240 bytes
Program break is now:           0x8a13000
Freeing blocks from 1 to 1000 in steps of 2
After free(), program break is: 0x8a13000
```

下列的命令列指定釋放最後一個配置區塊以外的記憶體，program break 仍然再度處在它的「高水位」。

```
$ ./free_and_sbrk 1000 10240 1 1 999
Initial program break:          0x804a6bc
Allocating 1000*10240 bytes
Program break is now:           0x8a13000
Freeing blocks from 1 to 999 in steps of 1
After free(), program break is: 0x8a13000
```

然而，若我們釋放一個位於堆積頂端的完整區塊集（complete set of blocks），我們會看到 program break 從它的峰值（peak value）減少，表示 *free()* 已經用 *sbrk()* 降低 program break。在這裡，我們釋放最後 500 個配置的記憶體區塊：

```
$ ./free_and_sbrk 1000 10240 1 500 1000
Initial program break:          0x804a6bc
Allocating 1000*10240 bytes
Program break is now:           0x8a13000
Freeing blocks from 500 to 1000 in steps of 1
After free(), program break is: 0x852b000
```

在此例，（glibc）*free()* 函式可以確認堆積頂端全部的區間是自由的（可用的），因為，當釋放區塊時，它將相鄰的自由區塊（free block）合併為一個單獨較大的區塊。（完成這樣的合併用於避免在自由串列上有大量的小片段（fragment），所有的片段可能因為太小而無法滿足後來 *malloc()* 的要求）。

> 只有當頂端的自由區塊夠大時，glibc *free()* 函式會呼叫 *sbrk()* 降低 program break，這裡的夠大是由控制 malloc 套件（package）操作的參數所定義（通常設定值是 128kB）。這會減少 *sbrk()* 的必要呼叫次數（如：*brk()* 系統呼叫的次數）。

是否執行 *free()* ？

當行程結束時，所有的記憶體會歸還給系統，包含由 malloc 套件函式（package function）配置的堆積記憶體。從配置記憶體並一直使用直到程式結束的程式，通常會省略呼叫 *free()*，倚賴這個行為自動釋放記憶體。這對配置很多記憶體區塊的程式特別有用，因為增加多次 *free()* 呼叫是很昂貴的（依據 CPU 時間），以及或許會讓程式碼更複雜。

雖然倚賴程式結束而自動釋放記憶體對許多程式是可以接受的，但是有許多為什麼明確釋放所有配置記憶體是可以接受的原因：

- 明確地呼叫 *free()* 可能會使程式在未來的修改層面更為可讀與維護。
- 若我們使用 malloc 除錯函式庫（於下面說明）找出程式中的記憶體洩漏（memory leak），那麼任何沒有明確釋放的記憶體都會被提報為記憶體洩漏，這會增加找出真正記憶體洩漏工作的複雜度。

7.1.3 *malloc()* 與 *free()* 的實作

雖然 *malloc()* 與 *free()* 提供配置記憶體的介面，比使用 *brk()* 與 *sbrk()* 簡單很多，當使用它們時仍然可能產生各種程式設計錯誤。了解 *malloc()* 與 *free()* 如何實作有助於我們了解這些錯誤起因及如何避免的眼光。

malloc() 的實作是很直覺的，為了找到一塊較大或剛好符合需求的記憶體區塊，它先掃描之前由 *free()* 釋放的記憶體區塊串列。（依據實作，掃描可能會採用不同的策略，例如：*first-fit* 或 *best-fit*）。若區塊剛好是對的大小，那麼就會將它傳回給呼叫者（caller）；若較大時，那麼它會被切割，讓一個正確大小的區塊傳回給呼叫者，而較小的自由區塊則保留在自由串列上。

若在自由串列上沒有足夠大的區塊時，那麼 *malloc()* 會呼叫 *sbrk()* 以配置更多記憶體，為了減少呼叫 *sbrk()* 的次數，所以不會配置剛好符合所需的位元組數量，*malloc()* 會以較大的單位增加 program break（一些虛擬記憶體分頁大小的倍數），並將多餘的記憶體放置到自由串列上。

我們來研究 *free()* 的實作，事情已經開始變得更有趣。當 *free()* 將一個記憶體區塊放到自由串列上時，它如何知道區塊是什麼大小？這是有技巧的。當 *malloc()* 配置區塊時，它配置額外的位元組以存放一個包含區塊大小的整數。這個整數位於區塊的起點，實際上傳回給呼叫者的位址是指向跳過這個長度值的位置，如同圖 7-1 所示。

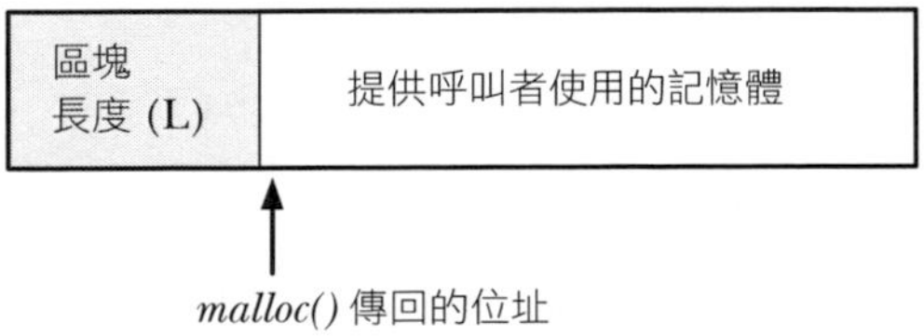

圖 7-1：*malloc()* 傳回的記憶體區塊

當一個區塊位在雙重鏈結（double linked）結構的自由串列上時，*free()* 為了將區塊新增到串列中，會使用它自己的區塊位元組，如圖 7-2 所示。

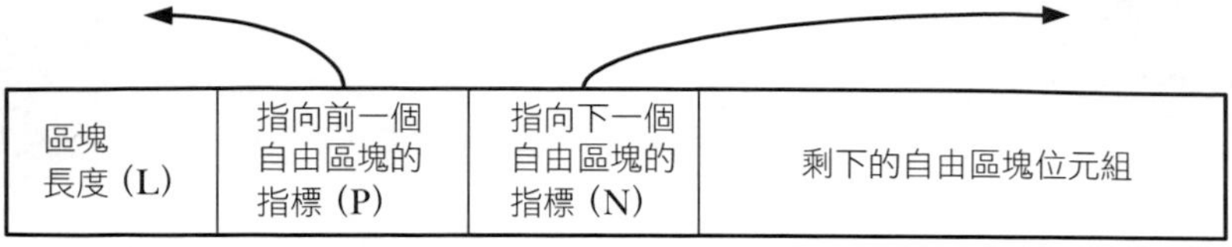

圖 7-2：在自由串列上的一個區塊

當隨著時間不斷釋放區塊並重新配置區塊時，自由串列上的區塊將會參雜著已配置區塊、使用中的記憶體，如圖 7-3 所示。

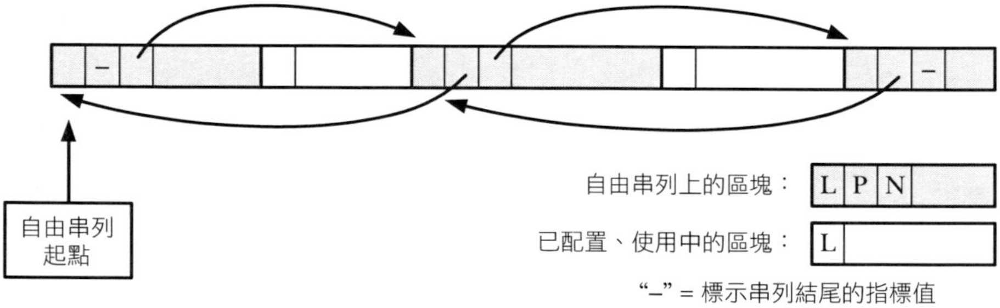

圖 7-3：包含已配置區塊與一個自由串列的堆積

現在所探討的事是 C 允許我們建立指向堆積（heap）任何位置的指標，並修改它們所指位置，包含長度（length）、前一個自由區塊（previous free block），以及由 *free()* 與 *malloc()* 維護的下一個自由區塊（next free block）指標。若使用這些功能而不小心引發一些隱含的程式錯誤（bug），則會遭遇相當危險的處境。例如：若我們透過一個誤指的指標意外地在配置的一塊記憶體區塊前面增加一個長度值，然後就釋放該區塊，那麼 *free()* 將在自由串列上記錄錯誤的記憶體區塊大小。之後 *malloc()* 可能重新配置這個區塊，導致程式用指標指向它認為是不一樣的兩個已配置記憶體區塊，但實際上記憶體是重疊的（overlap）。

為了避免這些類型的錯誤，我們應該遵守下列的規則：

- 在我們配置一個記憶體區塊之後，我們應該要小心別碰觸任何區塊範圍外的位元組資料，例如：這會發生在錯誤的指標運算結果或迴圈誤以大小為一（off-by-one）的差距來更新一個區塊的內容。

- 對同一塊已配置的記憶體重複釋放是一個錯誤，在 Linux 上的 glibc，我們經常會得到一個記憶體區段錯誤（SIGSEGV 訊號）。這很好，因為它警告我們已經犯了一個程式設計的錯誤。然而，通常對同一塊記憶體釋放兩次會導致不可預期的行為。
- 我們絕對不該用 malloc 套件（package）以外的函式所取得的指標值來呼叫 *free()*。
- 若我們設計一個長時間運作（long-running）的程式（如：一個 shell 或 network daemon process），則需要持續為各種用途配置記憶體，那麼我們應該確保在我們完成使用記憶體之後，要釋放全部的記憶體。這部分沒有處理好則堆積會穩定成長，直到我們遇到了可用虛擬記憶體的限制，在這個時候，若想要再配置記憶體就會失敗，這樣的情況是已知的記憶體洩漏（memory leak）。

malloc 的除錯工具與函式庫

若不遵守上列規則會導致產生容易隱藏而且難以重製的 bug，發現這種 bug 的任務可以透過 glibc 或 malloc 除錯函式庫提供的 malloc 除錯工具來消除。

在 malloc 除錯工具中，由 glibc 提供的如下：

- *mtrace()* 與 *muntrace()* 函式允許程式啟動與關閉記憶體配置呼叫的追蹤。這些函式會與 MALLOC_TRACE 環境變數一起使用，應該要將 MALLOC_TRACE 定義為一個用於寫入追蹤資訊的檔案名稱。當呼叫 *mtrace()* 時，它會檢查是否有定義這個檔案，並可以開啟用於寫入；若可以，那麼會追蹤呼叫的每一個 malloc 套件函式，並記錄於這個檔案。因為記錄結果的檔案並不太容易讓人解讀，所以會提供一個稱為 mtrace 的腳本（script），用來分析這個檔案並產生一個可讀的摘要。基於安全理由，set-user-ID 與 set-group-ID 的程式會忽略對 *mtrace()* 的呼叫。
- *mcheck()* 與 *mprobe()* 函式允許程式對已配置的記憶體區塊執行一致性檢查，例如：捕捉想要跳過配置的記憶體區塊結尾位置進行寫入的錯誤，這些函式提供的功能幾乎與上述的 malloc 除錯函式庫重疊。採用這些功能的程式必須使用 cc -lmcheck 選項與 mcheck 函式庫連結。
- MALLOC_CHECK_ 環境變數（注意結尾的底線）提供類似 *mcheck()* 與 *mprobe()* 的目的。（要注意兩個技術間的差異是，使用 MALLOC_CHECK_ 不需要修改與重新編譯程式）我們可以透過設定這個變數為不同的整數值，以控制一個程式如何回應記憶體配置的錯誤。可能的設定是：0 表示忽略錯誤、1 表示將在 stderr 印出診斷錯誤、2 表示呼叫 *abort()* 結束程式。並非所有的記憶體配置與釋放的錯誤都可以透過 MALLOC_CHECK_ 偵測到；它只會找出常見的錯誤。然而，這項技術與 malloc 除錯函式庫相較而言，比較快速、容易使用，並有較低的執行期負擔。基於安全理由，MALLOC_CHECK_ 的設定會被 set-user-ID 與 set-group-ID 程式忽略。

關於上述功能的進階資訊可以在 glibc 手冊找到。

malloc 除錯函式庫提供與標準 *malloc* 套件相同的 API，可是捕捉記憶體配置 bug 會需要額外的工作。為了使用這樣的函式庫，我們將應用程式連結函式庫，以取代標準 C 函式庫的 *malloc* 套件。因為這些函式庫通常會減少程式的執行速度或增加記憶體消耗，或是都有；我們應該只將它們用在除錯目的上，並接著回歸結連標準的 *malloc* 套件，做為應用程式的產品版本。這樣的函式庫有 *Electric Fence*（*http://www.perens.com/FreeSoftware/*）、*dmalloc()*（*http://dmalloc.com/*）、*Valgrind*（*http://valgrind.org/*）、與 *Insure++*（*http://www.parasoft.com/*）。

> Valgrind 與 Insure++ 可以偵測許多其他種類的錯誤，不只是那些與 heap 配置有關的錯誤，細節請參考它們各自的網站。

控制與監視 *malloc* 套件

glibc 手冊說明一些非標準函式庫的範疇，在 malloc 套件中的函式用於監視與控制記憶體配置，包含如下：

- *mallopt()* 函式修改各種控制 *malloc()* 所用演算法的參數，例如：有一個參數可以設定最小的可釋放空間數量（這個空間必須在使用 *sbrk()* 縮小堆積以前，就存在自由串列的結尾）。另一個參數將從堆積配置的區塊大小設定一個上限；會用 *mmap()* 系統呼叫配置超過上限大小的區塊（參考 49.7 節）。
- *mallinfo()* 函式傳回一個資料結構，這個資料結構包含使用 *malloc()* 配置記憶體的各種統計資訊。

許多 UNIX 平台會提供各種版本的 *mallopt()* 與 *mallinfo()* 函式，然而，這些函式提供的 interface（介面）會隨著實作而異，所以它們是不可攜的。

7.1.4 其他在堆積配置記憶體的方法

如同 *malloc()*，C 函式庫提供配置堆積記憶體的其他函式，我們將在此介紹那些函式。

以 *calloc()* 與 *realloc()* 配置記憶體

calloc() 函式會為一個可識別項目（identical item）的陣列配置記憶體。

```
#include <stdlib.h>

void *calloc(size_t numitems, size_t size);
```
Returns pointer to allocated memory on success, or NULL on error

numitems 參數設定要配置多少項目（item），而 size 設定它們的大小。在配置一個適當大小的記憶體區塊之後，*calloc()* 傳回指向這個區塊起點的指標（若記憶體無法配置時則傳回 NULL）。與 *malloc()* 不同，*calloc()* 會將配置的記憶體內容初始化為 0。

這裡是一個使用 *calloc()* 的範例：

```
struct myStruct { /* Some field definitions */ };
struct myStruct *p;

p = calloc(1000, sizeof(struct myStruct));
if (p == NULL)
    errExit("calloc");
```

realloc() 函式用於更改（通常是加大）之前由其中一個 malloc 套件函式配置的一塊記憶體區塊大小。

```
#include <stdlib.h>

void *realloc(void *ptr, size_t size);
```
Returns pointer to allocated memory on success, or NULL on error

ptr 參數是一個指向要更改大小的記憶體區塊指標，size 參數設定所需的新區塊大小。

成功時，*realloc()* 傳回指向已更改大小區塊位置的指標，這可能與呼叫之前的位置不同；失敗時，*realloc()* 傳回 NULL，並將 ptr 所指的區塊保留未動（SUSv3 要求的）。

當 *realloc()* 增加一個已配置記憶體區塊的大小時，它不會初始化額外配置的位元組空間。

使用 *calloc()* 或 *realloc()* 配置的記憶體應該要用 *free()* 釋放。

> 呼叫 *realloc(ptr, 0)* 等同於在 *free(ptr)* 之後呼叫 *malloc(0)*。若 *ptr* 設定為 NULL，那麼 *realloc()* 等同於呼叫 *malloc(size)*。

對於一般的例子，在我們要增加記憶體區塊大小的地方，若區塊存在且夠大時，*realloc()* 會想立即合併區塊與自由串列上的記憶體區塊。若區塊位於堆積結尾，那麼 *realloc()* 將擴展堆積。若記憶體區塊位於堆積中間，且當下沒有足夠的自由空間跟隨時，則 *realloc()* 會配置一塊新的記憶體區塊，並由舊有區塊複製所有已存在的資料到新的區塊。最後一個例子很常見且與 CPU 高度相關。一般而言，會建議盡量減少 *realloc()* 的使用。

因為 *realloc()* 可能重新定位記憶體區塊，所以我們必須將 *realloc()* 傳回的指標供之後參考記憶體區塊使用，我們以下列方式使用 *realloc()* 重新配置 ptr 變數指向的區塊：

```
nptr = realloc(ptr, newsize);
if (nptr == NULL) {
    /* Handle error */
} else {                /* realloc() succeeded */
    ptr = nptr;
}
```

在這個例子，我們不會直接將 *realloc()* 的傳回值指派給 ptr，因為若 *realloc()* 失敗時，那麼 ptr 會被設定為 NULL，使得無法存取現有的區塊。

由於 *realloc()* 會搬動記憶體區塊，在呼叫 *realloc()* 以前，任何指向區塊內位置的指標可能在呼叫之後就不再有效了。要保證參考到區塊內位置仍然有效的唯一方式是：藉由將指向區塊起始位置指標增加偏移（offset）的方式，我們在 48.6 節對這點有深入的討論。

配置對齊的記憶體：*memalign()* 與 *posix_memalign()*

memalign() 與 *posix_memalign()* 函式可以從對齊指定的 2 次方邊界位址開始配置記憶體，對於一些應用程式是有用的功能（例如，參考列表 13-1）。

```
#include <malloc.h>

void *memalign(size_t boundary, size_t size);
```

成功時傳回指向配置記憶體的指標，或失敗時傳回 NULL

memalign() 函式配置 size 個位元組，由對齊到 boundary 倍數的位址開始（必須為 2 的次方），並傳回配置的記憶體位址。

memalign() 函式目前不是所有的 UNIX 平台都有提供，大多數其他提供 *memalign()* 的 UNIX 平台為了取得函式宣告，需要 include（引入）`<stdlib.h>`，而不是 `<malloc.h>`。

SUSv3 沒有規範 *memalign()*，但有規定類似的函式，名為 *posix_memalign()*，這個函式是最近建立的 standards committees，並只出現在少數的 UNIX 平台。

```
#include <stdlib.h>

int posix_memalign(void **memptr, size_t alignment, size_t size);
```
成功時傳回 0，或失敗時傳回一個正的錯誤編號

posix_memalign() 函式有兩個地方與 *memalign()* 不同：

- 配置的記憶體位址於 memptr 中傳回。
- 記憶體會對齊 alignment 的倍數，必須是 2 的次方、*sizeof(void *)* 的倍數（在大多數的硬體架構是 4 或 8 個位元組）。

也要注意這個函式的不尋常傳回值，在錯誤時不是傳回 -1，而是會傳回一個錯誤編號（如：通常以 *errno* 型態傳回的一個正整數）。

若 *sizeof(void *)* 為 4，那麼我們可以如下使用 *posix_memalign()* 配置 65,536 個位元組的記憶體，對齊一個 4096 位元組的邊界：

```
int s;
void *memptr;

s = posix_memalign(&memptr, 1024 * sizeof(void *), 65536);
if (s != 0)
    /* 錯誤處理 */
```

使用 *memalign()* 或 *posix_memalign()* 配置的記憶體區塊應該要用 *free()* 釋放。

> 在一些 UNIX 平台，不可能呼叫 *free()* 釋放 *memalign()* 所配置的記憶體區塊，因為 *memalign()* 實作使用 *malloc()* 配置一個記憶體區塊，並接著傳回指向該區塊中適當對齊位址的指標。*memalign()* 的 glibc 實作不會受到這項限制。

7.2 於堆疊（stack）上配置記憶體：*alloca()*

類似 malloc 套件的函式，*alloca()* 可以動態配置記憶體。然而，並非從堆積取得記憶體，*alloca()* 透過增加堆疊訊框（stack frame）的大小從堆疊取得記憶體。這是可行的，因為定義上，呼叫的函式它的堆疊訊框是在堆疊頂部。因此，在訊框上方有空間可以擴充，這可以簡單透過修改堆疊指標（stack pointer）的值來達成。

```
#include <alloca.h>

void *alloca(size_t size);
```

傳回指向配置的記憶體區塊指標

size 參數設定配置於堆疊的位元組數量，*alloca()* 函式傳回配置記憶體的指標。我們不需要（肯定沒必要）呼叫 *free()* 釋放 *alloca()* 所配置的記憶體，同樣地，不可能用 *realloc()* 更改 *alloca()* 所配置的記憶體區塊大小。

雖然 *alloca()* 並不在 SUSv3 的規範內，但是大多數的 UNIX 平台都有提供，因而合理地具可攜性。

> glibc 早期的版本，以及一些其他的 UNIX 平台（主要是 BSD 衍生系列），為了取得 *alloca()* 的宣告，需要 include `<stdlib.h>`，而不是 `<alloca.h>`。

若由於呼叫 *alloca()* 發生堆疊溢位（stack overflow），那麼程式的行為是不可預期的。實務上，我們不會取得 NULL 傳回值以得知錯誤。（實際在這種情況，我們可能收到一個 SIGSEGV 訊號，深入的細節請參考 21.3 節。）

注意我們不能在一個函式的參數列中使用 *alloca()*，如同這個範例：

```
func(x, alloca(size), z);                /* 錯誤！ */
```

這是因為由 *alloca()* 配置的堆疊空間（stack space）會出現在函式參數空間的中間（放置於堆疊訊框的固定位置）。因而，我們必須使用如下的程式碼：

```
void *y;

y = alloca(size);
func(x, y, z);
```

使用 *alloca()* 配置記憶體有時會比 *malloc()* 好，其中一個是以 *alloca()* 配置記憶體區塊會比 *malloc()* 快，因為編譯器（compiler）以行內碼（inline code）實作 *alloca()*，直接調整堆疊指標。此外，*alloca()* 不需要維護一個區塊串列（list of block）。

另一個 *alloca()* 的優點是當堆疊訊框移除時，所配置的記憶體會自動釋放；也就是原本執行 *alloca()* 呼叫的函式已經返回時。這是因為執行的程式碼在函式返回時，會將堆疊指標暫存器的值重設為之前訊框的結尾（如：假設一個向下成長的堆疊，到了目前訊框起點之上的位址）。因為我們不需要在函式返回前確認記憶體是否已經釋放，所以一些函式的程式碼已經變得很簡單。

若我們用 *longjmp()*（6.8 節）或 *siglongjmp()*（21.2.1 節）從一個訊號處理常式（signal handler）執行非區域的跳轉（nonlocal goto）時，則使用 *alloca()* 會特別地有用。在這個例子，若我們在跳過的（jumped-over）函式中用 *malloc()* 配置記憶體，則很難或甚至無法避免記憶體洩漏。相對地，*alloca()* 可以完全地避免這個問題，因為，當這些呼叫解開堆疊時，會自動釋放配置的記憶體。

7.3 小結

使用 *malloc* 家族函式可以讓行程動態配置與釋放堆積上的記憶體。在探討這些函式的實作時，我們看到一個程式對配置的記憶體區塊不當處理而引發錯誤的各種問題，而且我們提過有許多除錯工具可以協助找出這種錯誤的來源。

alloca() 函式在堆疊上配置記憶體，這種記憶體在呼叫 *alloca()* 的函式返回時會自動地被釋放。

7.4 習題

7-1. 修改列表 7-1 的程式（`free_and_sbrk.c`），在每次執行 *malloc()* 之後，印出目前的 program break 值。指定一個小的配置區塊來執行程式。這將能展示 *malloc()* 在每次呼叫時不會用 *sbrk()* 調整 program break，而是定期分配大塊的記憶體，並每次傳回一小片記憶體給呼叫者。

7-2. （進階的）實作 *malloc()* 與 *free()*。

8

使用者與群組

每個使用者都有一個唯一的登入名稱以及相關的數值型使用者識別碼（UID，user identifier）。使用者可隸屬於一個或多個群組。而每個群組也各自擁有唯一的名稱及群組識別碼（GID）。

使用者與群組 ID 的主要用途是決定各種系統資源的所有權，以及控制賦予給行程存取這些資源的權限。例如，每個檔案都屬於特定的使用者與群組，而每個行程有許多使用者及群組 ID，定義行程屬於誰的，以及行程在存取檔案時所具備的權限（細節請參考第 9 章）。

我們在本章探討用於定義使用者和群組的系統檔案，之後接著介紹用以解析檔案資訊的函式庫。最後，我們透過探討用於加密及認證登入密碼的 *crypt()* 函式做為結論。

8.1 密碼檔：/etc/passwd

針對系統的每個使用者帳號，系統密碼檔 /etc/passwd 會以一行文字描述。每行都包含七個欄位，之間用冒號分隔，如下所示：

```
mtk:x:1000:100:Michael Kerrisk:/home/mtk:/bin/bash
```

接下來，將依序介紹這七個欄位：

- **登入名稱**：登入系統時，使用者必須輸入的唯一名稱。通常，也將其稱為使用者帳號。此外，也可將登入名稱視為人類可讀的（符號）識別字，與數位使用者識別碼（稍後介紹）相對應。當使用如 *ls(1)* 這樣的程式顯示檔案的所有權時（比如，執行 *ls -l*），會顯示出登入名稱，而非與檔案關聯的數值型使用者 ID。
- **已加密的密碼**：該欄位是經過加密處理的密碼，長度為 13 個字元，8.5 節會對此做深入討論。如果密碼欄位中包含了任何其他字串，特別是，當字串長度超過 13 個字元時，將禁止此帳號登入，原因是此類字串不能代表一個經過加密的有效密碼。不過，請注意，要是啟用了 shadow（影子）密碼（這是常規做法），系統將不會解析該欄位。此時，在 `/etc/passwd` 的密碼欄位會包含字母「*x*」，而經過加密處理的密碼實際上卻儲存到 shadow 密碼檔中（參考 8.2 節）。若 `/etc/passwd` 中的密碼欄位為空，則該帳號登入時則不需密碼（即使啟用了 shadow 密碼，也是如此）。

  本章假設密碼的加密演算法是 DES（資料加密標準），這也是 UNIX 一直廣泛使用的密碼加密演算法。還可用其他加密演算法（比如，MD5）來替代 DES，針對輸入生成 128 位元的訊息摘要（hash 的一種）。在密碼（或 shadow 密碼）檔中，該訊息摘要會以長度為 34 字元的字串形式儲存。

- **使用者 *ID*（*UID*）**：使用者的數值型 ID。如果該欄位的值為 0，那麼相應帳號即具有特權級權限。這種帳號一般只有一個，其登入名稱為 root。在 Linux 2.2 或更早的版本中，使用者 ID 的數值有 16 位元，其範圍為 0 ～ 65,535。而 Linux 2.4 及其以後的版本則以 32 位元來儲存使用者 ID，因此能夠支援更多的使用者數量。

  在密碼檔中，允許（但不常見）同一使用者 ID 擁有多筆紀錄，因而使得同一個使用者 ID 會有多個登入名稱。如此一來，多個使用者便能以不同密碼（登入），以存取相同的資源（如檔案）。不同的登入名稱也能與不同的群組 ID 互相關聯。

- **群組 *ID*（*GID*）**：這是使用者所在的群組中，第一個群組的數值型識別碼。此使用者的群組成員關係定義於系統群組檔。
- **註解**：此欄位存放此使用者的文字說明，有各種程式能顯示此資訊，如 *finger(1)*。
- **家目錄**：使用者登入後所在的初始目錄，HOME 環境變數的值會設定為此欄位。

- 登入 *shell*：一旦使用者登入了，會將控制權交給此程式，通常是某種 shell 程式（如 bash），但也可以是任何其他程式。如果此欄位為空，那麼登入 shell 則預設為 /bin/sh（Bourne shell）。會將此欄位設定為 SHELL 環境變數的值。

在單機系統中，全部的密碼資訊都是儲存在 /etc/passwd 檔案。然而，如果使用如網路資訊系統（NIS，Network Information System）或輕型的目錄存取協定（LDAP，Lightweight Directory Access Protocol）在網路環境中分發密碼，則部分或全部的密碼資訊會位於遠端系統。只要存取密碼資訊的程式採用本章後續介紹的函式（*getpwnam()*、*getpwuid()* 等），則無論使用 NIS 或 LDAP，對應用程式而言都是透明的。這些同樣適用於接下來的章節所討論的 shadow 密碼檔和群組檔。

8.2 shadow 密碼檔：/etc/shadow

以往 UNIX 系統都以 /etc/passwd 維護全部的使用者資訊，包括加密過的密碼（encrypted password）。但這有安全上的問題。由於許多非特權級別的系統工具需要讀取權限，以存取密碼檔中的其他資訊，所以密碼檔必須開放讀取權限給全部的使用者，這為密碼破解程式敞開了大門，它們會嘗試對可能成為密碼的大量詞彙（比如，字典中的標準單字或人名）進行加密，然後再將結果與經過加密處理的使用者密碼進行比對。為了避免這類攻擊，則出現 shadow 密碼檔（/etc/shadow）的方式。其概念是將全部非敏感的使用者資訊存放在公開可讀的密碼檔，而加密過的密碼則由 shadow 密碼檔個別維護，僅供具特權的程式讀取。

在 shadow 密碼檔中，除了有登入名稱（用來比對 password 密碼檔中的相對應紀錄）與加密過的密碼，還包含了許多其他與安全相關的欄位。深入的細節可在 *shadow(5)* 使用手冊找到。本章主要關注的是加密過的密碼欄位，我們將在 8.5 節介紹 *crypt()* 函式庫的函式時深入探討。

SUSv3 並未規範 shadow 密碼，並非全部的 UNIX 實作都有提供此功能，而且在有提供此功能的系統上，其檔案位置與 API 的細節也都不盡相同。

8.3 群組檔案：/etc/group

基於各種的管理目的，尤其是控制對檔案及其他系統資源的存取，所以對使用者進行分群是很實用的。

使用者所屬的群組資訊定義於兩個地方：在密碼檔中的使用者密碼紀錄（其中使用者的群組 ID 欄位）；以及，群組檔案中所列出的使用者所屬群組清單。這種將資訊分置於兩個檔案的特殊現象有其歷史淵源，在早期的 UNIX 系統，一個使用者同時只能屬於一個群組。登入時，使用者最初所屬的群組關係由密碼檔的群組 ID 欄位決定，在此之後，可使用 *newgrp(1)* 指令更改使用者所屬群組，但使用者需要提供群組密碼（若該群組處於密碼的保護之下）。4.2 BSD 引入同時多重群組關係（multiple simultaneous group memberships）的概念，隨後成為 POSIX.1-1990 的標準。在此機制之下，群組檔案會額外列出每個使用者的其他所屬群組。（*groups(1)* 指令會顯示目前 shell 行程所屬的各群組資訊，如果將一個或多個使用者名稱作為其命令列參數，則該指令將顯示相對應使用者所屬各群組的資訊。）

系統中的每個群組在群組檔（`/etc/group`）中都對應著一筆紀錄，每筆紀錄包含四個欄位，欄位之間以冒號分隔，如下所示：

```
users:x:100:
jambit:x:106:claus,felli,frank,harti,markus,martin,mtk,paul
```

本節將依次介紹這四個欄位：

- ***群組名稱***：這是群組的名稱，與密碼檔中的登入名稱相似，可以將它視為與數值型群組識別碼相對應的人類可讀（符號）識別字。
- ***已加密的密碼***：此欄位的群組密碼是選配的，隨著多重群組關係的出現，UNIX 系統現在已經很少使用群組密碼。不過，依然可以設定群組密碼（特權使用者可使用 *gpasswd* 指令）。如果使用者不是該群組的成員，則在起始新的 shell 以前（其群組關係包含該群組），*newgrp(1)* 會需要使用者提供此密碼。若啟用了 shadow 密碼，則會忽略此欄位（此時該欄位通常只包含字母 x，但也允許其內容為包括空字串在內的任何字串），而加密過的密碼實際上則存放於 shadow 群組檔案（`/etc/gshadow`），此檔案僅供有特權的使用者和程式存取。群組密碼的加密方式與使用者密碼類似（8.5 節）。
- ***群組 ID（GID）***：群組的數值型 ID，通常會有個群組的群組 ID 是 0，名為 root（如 /etc/passwd 使用者 ID 為 0 的那筆資料，但是與使用者 ID 0 不同的是，此群組沒有特權）。在 Linux 2.2 或更早的版本，群組 ID 的值是 16 位元，其範圍是 0 到 65,535；而自 Linux 2.4 以後的版本，則是以 32 位元儲存群組 ID。
- ***使用者清單***：以逗號將群組中的使用者名稱隔開（這份清單包含的是使用者名稱，而非使用者 ID，同前述的理由，在密碼檔裡的使用者 ID 可以不必是唯一的。）

為了記載使用者 avr 是 users、staff 及 teach 等群組的成員，我們可以參考下列的密碼檔資料：

```
avr:x:1001:100:Anthony Robins:/home/avr:/bin/bash
```

而且在群組檔案中會有如下的紀錄：

```
users:x:100:
staff:x:101:mtk,avr,martinl
teach:x:104:avr,rlb,alc
```

在密碼檔紀錄的第四個欄位，群組 ID 為 100，這表示 avr 是 users 群組的成員。其他的群組成員關係，則列於群組檔內的 avr 的每個相關紀錄。

8.4 檢索使用者與群組資訊

我們於本節探討的函式庫函數，其功能包括可讓我們從密碼檔、shadow 密碼檔，及群組檔檢索個別的紀錄，並掃描上述各檔的全部紀錄。

從密碼檔檢索紀錄

函式 *getpwnam()* 和 *getpwuid()* 可從密碼檔檢索紀錄。

```
#include <pwd.h>

struct passwd *getpwnam(const char *name);
struct passwd *getpwuid(uid_t uid);
```

Both return a pointer on success, or NULL on error;
see main text for description of the "not found" case

於 name 提供登入名稱，*getpwnam()* 函式就會傳回一個指標，指向如下型別的結構，其中包含了與密碼紀錄相對應的資訊：

```
struct passwd {
    char *pw_name;       /* Login name (username) */
    char *pw_passwd;     /* Encrypted password */
    uid_t pw_uid;        /* User ID */
    gid_t pw_gid;        /* Group ID */
    char *pw_gecos;      /* Comment (user information) */
    char *pw_dir;        /* Initial working (home) directory */
    char *pw_shell;      /* Login shell */
};
```

雖然 SUSv3 尚未定義 *passwd* 結構的 *pw_gecos* 和 *pw_passwd* 欄位，不過已經可以在全部的 UNIX 系統上使用。只有在沒有啟用影子密碼（password shadowing）的情況下，*pw_passwd* 欄位才會提供有效的資訊（在程式設計上，驗證是否啟用影子密碼的最簡單方式是在成功呼叫 *getpwnam()* 之後，跟著呼叫稍後會介紹的 *getspnam()*，以查看函式是否傳回同一個使用者名稱的影子密碼紀錄）。有些其他的系統會在此結構提供額外、非標準的欄位。

> *pw_gecos* 欄位的命名源於早期的 UNIX 系統，該欄位的資訊原本用於與執行 GECOS（通用電器綜合作業系統，General Electric Comprehensive Operating System）的電腦進行通信。雖然此用途已經過時，但其名稱仍沿用至今，並用於記錄使用者的相關資訊。

函式 *getpwuid()* 的傳回結果與 *getpwnam()* 完全相同，但會使用 uid 參數提供的數值型使用者 ID 進行查詢。

函式 *getpwnam()* 和 *getpwuid()* 兩者都會傳回一個指標，指向一個靜態配置的結構。每次呼叫這些函式（或是後續介紹的 *getpwent()* 函式）都會覆寫資料結構裡的內容。

> 由於 *getpwnam()* 和 *getpwuid()* 傳回的指標是指向靜態配置的記憶體，因此兩者都是屬於不可重入的（not reentrant）函式。實際的情況可能更為複雜，因為傳回的 passwd 結構包含了指向其他資訊（如 *pw_name* 欄位）的指標，而這些資訊同樣也是靜態配置的。（我們會在 21.1.2 節探討可重入（reentrancy）的概念。）類似的同樣適用於 *getgrnam()* 和 *getgrgid()* 函式（稍後介紹）。
>
> SUSv3 規範了等價的可重入函式：*getpwnam_r()*、*getpwuid_r()*、*getgrnam_r()* 以及 *getgrgid_r()*。其參數包括 passwd（或 group）結構，以及一個緩衝區，此緩衝區用以承載 passwd（group）結構中各欄位所指向的其他結構。這塊額外的緩衝區，其所需的大小可以透過 *sysconf(_SC_GETPW_R_SIZE_MAX)* 呼叫（或在與群組相關的情況中，使用 *sysconf(_SC_GETGR_R_SIZE_MAX)*）取得。這些函式的細節請參考使用手冊。

依據 SUSv3 的規範，若無法找到匹配的 passwd 紀錄，則 *getpwnam()* 和 *getpwuid()* 將傳回 `NULL`，且不會改變 *errno*。意思是我們可以使用下列程式碼區分「是否發生錯誤」及「無法找到」的情況：

```
struct passwd *pwd;

errno = 0;
pwd = getpwnam(name);
if (pwd == NULL) {
    if (errno == 0)
        /* Not found */;
    else
        /* Error */;
}
```

然而，許多 UNIX 系統在這點並未遵守 SUSv3 的規範。若找不到符合的 passwd 紀錄，則這些函式會傳回 NULL，並將 *errno* 設定為非零值，比如，ENOENT 或 ESRCH。針對這種情況，2.7 版本以前的 glibc 會產生 ENOENT 錯誤，而從 2.7 版本開始，glibc 開始遵守 SUSv3 的規範。系統實作之間之所以存在上述的差異，部分原因是由於 POSIX.1-1990 未要求這些函式在錯誤時設定 *errno*，而且允許它們在「無法找到」的情況時，設定 *errno*。總之就是如果用了這些函式來區分錯誤及「無法找到」的情況，則無法保證程式碼的可攜性。

從群組檔檢索紀錄

函式 *getgrnam()* 和 *getgrgid()* 的可從群組檔檢索紀錄。

```
#include <grp.h>

struct group *getgrnam(const char *name);
struct group *getgrgid(gid_t gid);
```

Both return a pointer on success, or NULL on error; see main text for description of the "not found" case

函式 *getgrnam()* 透過群組名稱查詢群組資訊，而 *getgrgid()* 函式透過群組 ID 進行查詢。兩者都會傳回一個指標，指向如下類型的結構：

```
struct group {
    char *gr_name;        /* Group name */
    char *gr_passwd;      /* Encrypted password (if not password shadowing) */
    gid_t gr_gid;         /* Group ID */
    char **gr_mem;        /* NULL-terminated array of pointers to names
                             of members listed in /etc/group */
};
```

SUSv3 並未規範 *group* 結構 *gr_passwd* 欄位，但多數的 UNIX 系統都有提供此欄位。

如同前述的相對應密碼函式，呼叫這兩個函式都會覆寫此結構的內容。

這些函式若無法找到匹配的 group 紀錄，則其行為變化會與前述的 *getpwnam()* 和 *getpwuid()* 函式相同。

範例程式

本節介紹的函式最常用來將文字符號（symbolic）的使用者名稱、群組名稱轉換為相對的數值 ID。列表 8-1 以 *userNameFromId()*、*userIdFromName()*、*groupNameFromId()* 及 *groupIdFromName()* 這四個函式，示範上述的轉換。為了便於呼叫者，*userIdFromName()* 和 *groupIdFromName()* 允許 name 參數可以接收（純）數值字串。對於這種情況，會直接將字串轉換為數字並傳回給呼叫者。本書之後的一些程式範例也會採用這些函式。

列表 8-1：在使用者名稱 / 群組名稱及使用者 ID/ 群組 ID 之間互相轉換的函式

users_groups/ugid_functions.c

```
#include <pwd.h>
#include <grp.h>
#include <ctype.h>
#include "ugid_functions.h"     /* Declares functions defined here */

char *          /* Return name corresponding to 'uid', or NULL on error */
userNameFromId(uid_t uid)
{
    struct passwd *pwd;

    pwd = getpwuid(uid);
    return (pwd == NULL) ? NULL : pwd->pw_name;
}

uid_t           /* Return UID corresponding to 'name', or -1 on error */
userIdFromName(const char *name)
{
    struct passwd *pwd;
    uid_t u;
    char *endptr;

    if (name == NULL || *name == '\0')  /* On NULL or empty string */
        return -1;                      /* return an error */

    u = strtol(name, &endptr, 10);      /* As a convenience to caller */
    if (*endptr == '\0')                /* allow a numeric string */
        return u;

    pwd = getpwnam(name);
    if (pwd == NULL)
        return -1;

    return pwd->pw_uid;
}
```

```
char *          /* Return name corresponding to 'gid', or NULL on error */
groupNameFromId(gid_t gid)
{
    struct group *grp;

    grp = getgrgid(gid);
    return (grp == NULL) ? NULL : grp->gr_name;
}

gid_t           /* Return GID corresponding to 'name', or -1 on error */
groupIdFromName(const char *name)
{
    struct group *grp;
    gid_t g;
    char *endptr;

    if (name == NULL || *name == '\0')  /* On NULL or empty string */
        return -1;                      /* return an error */

    g = strtol(name, &endptr, 10);      /* As a convenience to caller */
    if (*endptr == '\0')                /* allow a numeric string */
        return g;

    grp = getgrnam(name);
    if (grp == NULL)
        return -1;

    return grp->gr_gid;
}
```

users_groups/ugid_functions.c

掃描密碼檔和群組檔中的全部紀錄

函式 *setpwent()*、*getpwent()* 和 *endpwent()* 是用來依序掃描密碼檔中的紀錄。

```
#include <pwd.h>

struct passwd *getpwent(void);
                Returns pointer on success, or NULL on end of stream or error
void setpwent(void);
void endpwent(void);
```

函式 *getpwent()* 能夠逐筆傳回密碼檔中的紀錄，當找不到紀錄（或錯誤發生）時，則傳回 NULL。在第一次呼叫 *getpwent()* 時，會自動開啟密碼檔。當我們完成處理密碼檔時，可呼叫 *endpwent()* 將其關閉。

我們可用下列的程式碼解析整個密碼檔，並印出登入名稱及使用者 ID：

```
struct passwd *pwd;

while ((pwd = getpwent()) != NULL)
    printf("%-8s %5ld\n", pwd->pw_name, (long) pwd->pw_uid);

endpwent();
```

呼叫 *endpwent()* 是為了讓後續的 *getpwent()* 呼叫（或許在程式的其他部份，或是在我們呼叫的某些函式庫中）可以再次開啟密碼檔，並重新開始。另一方面，若我們檔案處理到一半時，也能使用 *setpwent()* 函式重新回到起點。

函式 *getgrent()*、*setgrent()* 和 *endgrent()* 也對群組檔進行類似的任務。由於這三個函式與前述的密碼檔函式功能相似，所以我們忽略這些函式的原型，詳細資訊請參考使用手冊。

從 shadow 密碼檔中檢索紀錄

下列函式可以檢索 shadow 密碼檔紀錄，並掃描檔案中的全部紀錄。

```
#include <shadow.h>

struct spwd *getspnam(const char *name);
                    Returns pointer on success, or NULL on not found or error
struct spwd *getspent(void);
                    Returns pointer on success, or NULL on end of stream or error
void setspent(void);
void endspent(void);
```

由於上述函式的操作與相對應的密碼檔函式類似，所以我們不會詳細介紹。（SUSv3 並未規範這些函式，且也不是全部的 UNIX 系統都有提供。）

函式 *getspnam()* 及 *getspent()* 會返回指向 spwd 類型結構的指標，結構的格式如下：

```
struct spwd {
    char *sp_namp;          /* Login name (username) */
    char *sp_pwdp;          /* Encrypted password */

    /* Remaining fields support "password aging", an optional
       feature that forces users to regularly change their
       passwords, so that even if an attacker manages to obtain
       a password, it will eventually cease to be usable. */

    long sp_lstchg;         /* Time of last password change
```

```
                                 (days since 1 Jan 1970) */
    long sp_min;             /* Min. number of days between password changes */
    long sp_max;             /* Max. number of days before change required */
    long sp_warn;            /* Number of days beforehand that user is
                                 warned of upcoming password expiration */
    long sp_inact;           /* Number of days after expiration that account
                                 is considered inactive and locked */
    long sp_expire;          /* Date when account expires
                                 (days since 1 Jan 1970) */
    unsigned long sp_flag;   /* Reserved for future use */
};
```

我們在列表 8-2 中示範 *getspnam()* 的用法。

8.5 密碼加密和使用者認證

有些應用程式會自行要求使用者認證，認證的方式通常是透過使用者名稱（登入名稱）及密碼。為了此目的，應用程式會維護自有的使用者名稱和密碼資料庫。然而，有時為了需求或便利性，會允許使用者直接輸入他們的標準使用者名稱及密碼（定義於 /etc/passwd 和 /etc/shadow 之中）。（在本節之後的部份，我們假設系統啟用了 shadow 密碼的功能，因而加密過的密碼是儲存於 /etc/shadow。）提供登入遠端系統的網路應用程式，如 ssh 和 ftp 就是這類程式的典範。這些應用程式必須按照標準 login 程式的方式，驗證使用者名稱及密碼。

基於安全考量，UNIX 系統的密碼加密是採用單向加密（*one-way encryption*）演算法，表示無法從加密過得密碼重新還原為原始的密碼。因此，驗證候選密碼的唯一方法是使用相同的演算法對其進行加密，並將加密結果與儲存在 /etc/shadow 中的密碼進行比對。加密演算法封裝於 *crypt()* 函式中。

```
#define _XOPEN_SOURCE
#include <unistd.h>

char *crypt(const char *key, const char *salt);
```

Returns pointer to statically allocated string containing encrypted password on success, or NULL on error

函式 *crypt()* 的加密演算法會使用一把多達 8 個字元的金鑰（即密碼），並對它施之資料加密演算法（DES，Data Encryption Standard）的改良。參數 salt 是兩個字元的字串，其值用於擾動（改變）演算法，這個技術是設計來提升加密過的密碼之破解難度。該函式會傳回一個指標，指向長度為 13 個字元的字串，該字串為靜態配置，內容即為經過加密處理的密碼。

DES 的詳細資訊請參考 *http://www.itl.nist.gov/fipspubs/fip46-2.htm*。如前所述，除了 DES，也可用其他加密演算法。例如，MD5 演算法可生成一個 34 個字元的字串，其字首為為美元符號（$），這可以讓 *crypt()* 區分是 DES 演算法加密的密碼或 MD5 演算法所加密的密碼。

在我們的密碼加密討論中，本書對「加密（encryption）」一詞的使用定義相對寬鬆。確切說來，DES 會以給定的密碼字串作為加密金鑰，以編碼得出一個固定位元長度的字串，而 MD5 則是一種複雜的雜湊函式。以上兩種方法其實殊途同歸，輸入的密碼在加密之後既不可逆又難以破解。

參數 salt 與加密過的密碼都是由 `[a-zA-Z0-9/.]` 這 64 個字元的組合所構成。因此，兩個字元的 salt 參數可使加密演算法有 4096（64*64）種不同的變化。這表示無法事先加密整個字典，並對字典中的全部單字進行加密過的密碼檢測。破解者（cracker）必須與字典的 4,096 個加密版本進行密碼檢查。

由 *crypt()* 所返回的已加密密碼中，前兩個字元是複製原本 salt 的值。也就是說，在加密候選密碼時，我們能從儲存於 `/etc/shadow` 中的已加密密碼取得 salt 的值。（如 *passwd(1)* 這類的程式在加密新密碼時，會產生一個隨機的 salt 值。）實際上，*crypt()* 函式會自動忽略 salt 字串前兩個字元以外的其他字元。因此，可以直接將已加密密碼設定為 salt 參數。

為了在 Linux 中使用 *crypt()*，我們在編譯程式時，必須加上 *-lcrypt* 選項，以便程式連結 crypt 函式庫。

範例程式

列表 8-2 示範如何使用 *crypt()* 驗證使用者。此程式先讀取使用者名稱，接著檢索相對應的密碼紀錄以及（若有）shadow 密碼紀錄。若程式無法找到密碼紀錄，或是沒有權限可讀取 shadow 密碼檔（這需要超級使用者的權限，或是具有 shadow 群組的成員資格），則程式會輸出一筆錯誤訊息並離開。程式接著使用 *getpass()* 函式讀取使用者的密碼。

```
#define _BSD_SOURCE
#include <unistd.h>

char *getpass(const char *prompt);
```

Returns pointer to statically allocated input password string on success, or NULL on error *getpass()* 函式會先關閉 echo 及停止處理全部的終端機特殊字元（如中斷字元，一般為 *Control-C*）。（我們在第 62 章將論述如何改變這些終端機的設定。）然後，印出 prompt 所指的字串，並讀取一行輸入，將已清除結尾的換行字元且以 NULL 結尾的輸入字串回傳。（該字串是靜態配置，所以後續呼叫 *getpass()* 將會覆蓋其原有內容。）在返回結果之前，*getpass()* 會將終端機的設定回存為原本的狀態。

在用 *getpass()* 讀取密碼之後，列表 8-2 所示的程式會對密碼進行驗證，使用 *crypt()* 加密密碼，並將結果與 shadow 密碼檔中經過加密的密碼紀錄進行比對。若兩者匹配，則顯示使用者 ID，如下所示：

```
$ su                              Need privilege to read shadow password file
Password:
# ./check_password
Username: mtk
Password:                         We type in password, which is not echoed
Successfully authenticated: UID=1000
```

> 列表 8-2 中，以 *sysconf(_SC_LOGIN_NAME_MAX)* 傳回的值做為儲存使用者名稱的字元陣列大小，這能取得主機系統的使用者名稱的最大字串長度。將在 11.2 節介紹 *sysconf()* 的使用。

列表 8-2：根據 shadow 密碼檔驗證使用者

users_groups/check_password.c

```
#define _BSD_SOURCE     /* Get getpass() declaration from <unistd.h> */
#define _XOPEN_SOURCE   /* Get crypt() declaration from <unistd.h> */
#include <unistd.h>
#include <limits.h>
#include <pwd.h>
#include <shadow.h>
#include "tlpi_hdr.h"

int
main(int argc, char *argv[])
{
    char *username, *password, *encrypted, *p;
    struct passwd *pwd;
    struct spwd *spwd;
    Boolean authOk;
    size_t len;
    long lnmax;

    lnmax = sysconf(_SC_LOGIN_NAME_MAX);
    if (lnmax == -1)                    /* If limit is indeterminate */
        lnmax = 256;                    /* make a guess */
```

```
    username = malloc(lnmax);
    if (username == NULL)
        errExit("malloc");

    printf("Username: ");
    fflush(stdout);
    if (fgets(username, lnmax, stdin) == NULL)
        exit(EXIT_FAILURE);             /* Exit on EOF */

    len = strlen(username);
    if (username[len - 1] == '\n')
        username[len - 1] = '\0';       /* Remove trailing '\n' */

    pwd = getpwnam(username);
    if (pwd == NULL)
        fatal("couldn't get password record");
    spwd = getspnam(username);
    if (spwd == NULL && errno == EACCES)
        fatal("no permission to read shadow password file");

    if (spwd != NULL)           /* If there is a shadow password record */
        pwd->pw_passwd = spwd->sp_pwdp;     /* Use the shadow password */

    password = getpass("Password: ");

    /* Encrypt password and erase cleartext version immediately */

    encrypted = crypt(password, pwd->pw_passwd);
    for (p = password; *p != '\0'; )
        *p++ = '\0';

    if (encrypted == NULL)
        errExit("crypt");

    authOk = strcmp(encrypted, pwd->pw_passwd) == 0;
    if (!authOk) {
        printf("Incorrect password\n");
        exit(EXIT_FAILURE);
    }

    printf("Successfully authenticated: UID=%ld\n", (long) pwd->pw_uid);

    /* Now do authenticated work... */

    exit(EXIT_SUCCESS);
}
```

users_groups/check_password.c

列表 8-2 示範了一個安全要點。讀取密碼的程式應立即將密碼加密，並儘快將尚未加密的密碼明文從記憶體中抹除，以減少程式因當掉而產生核心傾印檔（core dump file）時，密碼被讀取的機會。

> 仍有其他方法可揭露未加密的密碼。例如，若將包含密碼的虛擬記憶體分頁置換出去時（swap out），則特權級程式就能從置換檔讀取密碼。此外，擁有足夠許可權的行程可透過讀取 /dev/mem（一個虛擬裝置，可以將電腦的實體記憶體表示為依序的位元組串流），以嘗試探索密碼。
>
> SUSv2 將 *getpass()* 函式標示為 LEGACY，並特別指出該函式名稱容易產生誤解，且該函式所提供的功能無論在何種情況下都很容易實作。SUSv3 移除了 *getpass()* 的規範，但在多數的 UNIX 系統中，依然有提供這個函式。

8.6 小結

每個使用者都有一個唯一的使用者名稱，以及一個與之對應的數值型使用者 ID。使用者可以隸屬於一個或多個群組，每個群組都有一個唯一的名稱和一個與之對應的數字型識別碼。這些識別碼的主要用途可用於確立各種系統資源（比如，檔案）的所有權和存取資源權限。

使用者名稱和 ID 定義於 /etc/passwd 檔案，該檔案也包含有關使用者的其他資訊。使用者的隸屬群組則定義於 /etc/passwd 和 /etc/group 檔案中的相關欄位。還有一個只能由特權級行程所讀取的 /etc/shadow 檔案，其用途在於將敏感的密碼資訊與 /etc/passwd 中的共用使用者資訊隔開。系統還提供不同的函式庫函式，用於從上述各個檔中檢索資訊。

函式 *crypt()* 加密密碼的方式與標準的 login 程式相同，這對需要認證使用者的程式來說極為有用。

8.7 習題

8-1. 執行下列程式碼時，會顯示兩個不同使用者 ID 的使用者名稱，我們發現程式將相同的使用者名稱顯示兩次。請問為什麼？

```
printf("%s %s", getpwuid(uid1)->pw_name,
                getpwuid(uid2)->pw_name);
```

8-2. 使用 *setpwent()*、*getpwent()* 和 *endpwent()* 來實作 *getpwnam()*。

9

行程憑證（process credential）

每個行程都有一組相關的數值型使用者 ID（UID）及群組 ID（GID）。有時，也將這些 ID 稱為行程憑證（process credential），如下所示：

- 真實使用者 ID（real user ID）和真實群組 ID（real group ID）。
- 有效使用者 ID（effective user ID）和有效群組 ID（effective group ID）。
- Saved set-user-ID 和 saved set-group-ID。
- 檔案系統使用者 ID（file-system user ID）及檔案系統群組 ID（file-system group ID）（Linux 特有的 ID）。
- 補充群組 ID（supplementary group ID）。

我們在本章將詳細介紹這些行程 ID 的用途，並且介紹可用於檢索及改變行程 ID 的系統呼叫（system call）與函式庫函式（library function）。我們也會討論特權級行程（privileged process）與非特權行程的概念，並闡述 set-user-ID 和 set-group-ID 的使用機制，可讓建立的程式以指定的特權使用者或群組執行。

9.1 真實使用者 ID 和真實群組 ID

真實使用者 ID 和真實群組 ID 可識別行程所屬的使用者與群組。在登入過程的部份步驟中，登入 shell 會從 /etc/passwd 檔案的使用者密碼紀錄之第三與第四個欄位取得它的真實使用者及真實群組 ID（8.1 節）。當建立新的行程（如，當 shell 執行一個程式）時，此行程會從其父行程繼承這些 ID。

9.2 有效使用者 ID 和有效群組 ID

在大多數的 UNIX 系統（Linux 有點不同，在 9.5 節有詳細說明）中，當行程嘗試執行各種操作（即系統呼叫）時，將使用有效使用者 ID、有效群組 ID 及補充群組 ID，以定義授權給行程的權限。例如，這些 ID 決定了要賦予行程在存取如檔案、System V 行程間通信（IPC）物件等系統資源的權限，而這些資源本身也有所屬的相關使用者及群組 ID。如 20.5 節所述，核心使用有效使用者 ID 來決定一個行程是否能發送訊號給另一個行程。

有效使用者 ID 為 0（*root* 的使用者 ID）的行程擁有超級使用者的全部權限。這樣的行程又稱為特權級行程。而有些系統呼叫只能由特權級行程執行。

> 第 39 章介紹了 Linux 系統的能力（capability），這種機制可以將超級使用者的特權再劃分為幾個不同的單位（unit），且能獨立啟用與關閉這些單位。

通常，有效使用者 ID 及群組 ID 的值與其相對應的真實 ID 相同，但有兩種方法能夠讓二者不同。一種方法是使用 9.7 節中所討論的系統呼叫，第二種方法是執行 set-user-ID 及 set-group-ID 程式。

9.3 Set-User-ID 和 Set-Group-ID 程式

一個 set-user-ID 程式允許行程取得原本沒有的特權，方法是將行程的有效使用者 ID 設定為執行檔的使用者 ID（擁有者）。一個 set-group-ID 程式可對行程的有效群組 ID 進行類似的任務。（set-user-ID 程式和 set-group-ID 程式等用詞有時會簡稱為 set-UID 程式和 set-GID 程式。）

如同其他檔案，可執行程式檔有其使用者 ID 與群組 ID，用以決定此檔案的擁有者。此外，可執行檔有兩個特別的權限位元：set-user-ID 與 set-group-ID 位元。（實際上，每個檔案都有這兩個權限位元，但我們有興趣的是它們在可執行檔的用途。）我們可使用 chmod 指令來設定這些權限位元。非特權的使用者只能對自己擁有的檔案設定這些位元，而特權級使用者（CAP_FOWNER）能夠設定任何檔案的這些位元，例如：

```
$ su
Password:
# ls -l prog
-rwxr-xr-x    1 root    root         302585 Jun 26 15:05 prog
```

```
# chmod u+s prog                    Turn on set-user-ID permission bit
# chmod g+s prog                    Turn on set-group-ID permission bit
```

正如此例所示，雖然比較少這麼做，不過我們可以同時對程式設定這兩個位元。當使用 *ls -l* 指令列出有設定 set-user-ID 或 set-group-ID 權限位元的程式時，則會用 *s* 取代一般用來代表執行權限的 *x*。

```
# ls -l prog
-rwsr-sr-x    1 root    root        302585 Jun 26 15:05 prog
```

當執行 set-user-ID 程式（即透過 *exec()* 呼叫載入行程的記憶體中）時，核心會將行程的有效使用者 ID 設定為可執行檔的使用者 ID。執行 set-group-ID 程式也會對行程的有效群組 ID 造成類似的影響。以這個方法改變有效使用者或群組 ID，能夠使行程（換句換說，執行該程式的使用者）取得原本沒有的特級權限。例如，若可執行檔是由 root（超級使用者）所有，且開啟此程式的 set-user-ID 權限位元，則行程在執行此程式時，就會取得超級使用者的特權。

可利用 set-user-ID 及 set-group-ID 設計程式，用以將行程的有效 ID 更改為 root 以外的其他使用者。例如要提供存取受保護檔案（或其他系統資源）的權限，可以建立一個特殊用途的使用者（群組）ID，使其具備存取該檔案的特權，並建立一個啟用 set-userID（set-group-ID）的程式，用以將行程的有效使用者（群組）ID 更改為該 ID。如此一來，就能讓程式存取該檔案，而不須開放全部的超級使用者權限。

我們有時會使用 set-user-ID-*root* 一詞，用以區分 root 使用者所擁有的 set-user-ID 程式，以及由其他使用者擁有的 set-user-ID 程式，後者僅提供該使用者具有的特權給行程。

> 我們現在開始以兩種不同的含義使用特權（privileged）一詞，一則為較早所定義的含意：有效使用者 ID 為 0 的行程擁有全部的 root 特權。然而，當我們提及「是使用者所擁有，而非 root 所擁有」的 set-user-ID 程式時，我們是指，行程依據 set-user-ID 程式的使用者而取得的特權。我們所表達的特權（privileged）一詞之含義，應可透過上下文而得以明瞭。
>
> 基於我們於 38.3 節所表達的原因，所以 set-user-ID 與 set-group-ID 權限位元在 Linux 系統中對 shell 腳本無效。

在 Linux 系統常用的 set-user-ID 程式有：用於更改使用者密碼的 *passwd(1)*、掛載和卸載檔案系統的 *mount(8)* 與 *umount(8)*、允許使用者以另一個使用者身份執行 shell 的 *su(1)*。至於 set-group-ID 程式則如 *wall(1)*，可用來將訊息寫入 tty 群組（一般而言，每個終端機都屬於此群組）的每個終端機。

我們在 8.5 節提過，執行列表 8-2 的程式需要 root 使用者身份，以便存取 /etc/shadow 檔。欲使該程式可讓每個使用者執行，必須將其設定為 set-user-ID-*root* 程式，如下所示：

```
$ su
Password:
# chown root check_password          Make this program owned by root
# chmod u+s check_password           With the set-user-ID bit enabled
# ls -l check_password
-rwsr-xr-x    1 root    users    18150 Oct 28 10:49 check_password
# exit
$ whoami                             This is an unprivileged login
mtk
$ ./check_password                   But we can now access the shadow
Username: avr                        password file using this program
Password:
Successfully authenticated: UID=1001
```

set-user-ID/set-group-ID 技術是既實用又強大的工具，只是由於設計不良因而可能有安全隱患。我們在第 38 章列出一整套的良好程式設計習慣，可供撰寫 set-user-ID 及 set-group-ID 程式的參考。

9.4 Saved Set-User-ID 與 Saved Set-Group-ID

saved set-user-ID 及 saved set-group-ID 可以結合 set-user-ID 及 set-group-ID 程式使用。當執行程式時，將會（依次）發生如下的事件（在諸多事件之中）：

1. 若有開啟可執行檔的 set-user-ID（set-group-ID）權限位元，則行程的有效使用者（群組）ID 會設定為可執行檔的擁有者。若沒有設定 set-user-ID（set-group-ID）權限位元，則不會更動行程的有效使用者（群組）ID。
2. Saved set-user-ID 及 saved set-group-ID 的值是從相對應的有效 ID 複製過來的。無論執行中的檔案是否設定了 set-user-ID 或 set-group-ID 位元，都會進行複製。

我們舉例說明上述步驟的效力，假設有個行程的真實使用者 ID、有效使用者 ID 和 saved set-user-ID 都是 1000，當此行程執行一個 root 使用者（使用者 ID 為 0）擁有的 set-user-ID 程式之後，行程的使用者 ID 會有如下的變化：

```
real=1000 effective=0 saved=0
```

很多系統呼叫都允許 set-user-ID 程式將其有效使用者 ID 在真實使用者 ID 及 saved set-user-ID 之間切換。類似的系統呼叫也能讓 set-group-ID 程式修改其有效群組

ID。程式能以此方式隨時捨棄及取用執行檔的使用者（群組）ID 之相關特權。（換句話說，程式可以游走於兩種狀態之間，隨時能使用特權及已實際使用特權進行操作的狀態。）如同我們在 38.2 節的介紹，基於安全程式設計的實務考量，只要 set-user-ID 程式和 set-group-ID 程式執行的操作是與特權級（即 saved set）ID 無關，則須設定為非特權（即真實）ID。

> 有時也將 saved set-user-ID 與 saved set-group-ID 稱之為 saved user ID 與 saved group ID。
>
> saved set ID 是由 System V 首創，並之後受到 POSIX 採用。在 4.4 版之前的 BSD 不提供此功能。而初始的 POSIX.1 標準將這些 ID 的支援列為選配，不過之後的標準（始於 1988 年的 FIPS 151-1 標準）則將此功能列為基本配備。

9.5 檔案系統使用者 ID 及檔案系統群組 ID

在 Linux 系統中，用以決定進行檔案系統操作（如開檔、改變檔案擁有者、修改檔案權限）的權限是依據檔案系統使用者 ID（file-system user ID）及群組 ID（結合補充群組 ID），而非有效使用者 ID 和群組 ID。（如同其他的 UNIX 系統，有效使用者 ID 和群組 ID 仍用於我們稍早介紹過的其他用途。）

通常，檔案系統使用者 ID 和群組 ID 的值與其相對應的有效 ID 相同（因而一般也會與相對應的真實使用者 ID 和群組 ID 相同）。此外，當有效使用者或群組 ID 改變時，無論是透過系統呼叫，或是執行 set-user-ID 或 set-group-ID 程式，其相對應的檔案系統 ID 也將隨著改變為相同的值。由於檔案系統 ID 依此遵循著有效 ID，這表示 Linux 在檢查特權與權限時，行為與其他 UNIX 系統類似。只有在我們使用 Linux 特有的兩個系統呼叫（*setfsuid()* 與 *setfsgid()*）時，才能明確讓檔案系統 ID 與相對的有效 ID 不同，所以 Linux 與其他 UNIX 系統還是有所不同。

為何 Linux 要提供檔案系統 ID，以及在何種情況下我們會讓有效 ID 與檔案系統 ID 不同呢？主因是過去的需求，檔案系統 ID 最早是出現在 Linux 1.2 版本，在該版的核心中，如果傳送端行程的有效使用者 ID 與目標行程（target process）的真實使用者 ID 或有效使用者 ID 匹配時，則發送端可以發送訊號（signal）給目標行程。這會影響某些程式，比如 Linux 網路檔案系統（NFS，Network File System）伺服器程式，需要具有該相對應的客戶端行程之有效 ID，用以存取檔案。然而，若 NFS 伺服器修改了自身的有效使用者 ID，則會受到來自非特權使用者行程的訊號攻擊。為了防範此風險，檔案系統使用者 ID 和群組 ID 則應運而生。NFS 伺服器透過保持有效 ID 不變，而改變其檔案系統 ID，以偽裝為另一個使用者，用以存取檔案且不會遭受使用者行程的訊號攻擊。

自核心 2.0 起，Linux 在訊號發送的權限方面開始遵循 SUSv3 的規範，且這些規則不再涉及目標行程的有效使用者 ID（參考 20.5 節）。因此，檔案系統 ID 的功能已經不再迫切需要（現在的行程可藉由判斷及使用本章後續介紹的系統呼叫，依其需求將有效使用者 ID 的值更改成非特權值，或將非特權值改為有效使用者 ID 的值。），不過仍可與現有的軟體相容。

由於檔案系統 ID 真的是奇妙的東西，而且它們的值通常都與相對應的有效 ID 一樣，本書後續將從行程的有效 ID 角度來介紹各式檔案權限檢查，以及新檔案的擁有者設定。即使行程的檔案系統 ID 在 Linux 系統真的是用在這些用途，不過它們其實也不會造成多大的差異。

9.6 補充群組 ID

補充群組 ID 是行程所屬的一些額外群組。新的行程會從父行程繼承這些 ID。登入 shell 會從系統群組檔取得補充群組 ID。如前所述，這些 ID 可結合有效及檔案系統 ID 使用，用以定義檔案、System V IPC 物件（object）及其他系統資源的存取權限。

9.7 檢索和修改行程憑證

為了檢索與更改本章已介紹的各種使用者和群組 ID，Linux 提供一系列的系統呼叫及函式庫函數。SUSv3 僅對這些 API 中的部分做了規範，在之後的部份，有些在其他的 UNIX 系統有廣泛提供，而有些是 Linux 特有的。我們在討論每個 API 介面時，會特別注重可攜的議題。在本章結尾以表 9-1 小結操作更改行程憑證的全部介面。

對於後續所介紹的系統呼叫，可用 Linux 系統特有的 /proc/*PID*/status 檔案替代使用，透過檢查檔案中的 Uid、Gid 和 Groups 各行資訊，以取得任何行程的憑證。Uid 與 Gid 等行所列出的 ID 依序分別是：真實、有效、saved set 及檔案系統 ID。

我們在下列章節使用特權級行程的傳統定義，即其有效使用者 ID 為 0。然而，如同第 39 章所述，Linux 可將超級使用者的特權劃分為不同的能力（capability）。我們在討論修改使用者 ID 和群組 ID 的全部系統呼叫時，將涉及其中的兩種：

- CAP_SETUID 能力允許行程任意修改其使用者 ID。
- CAP_SETGID 能力允許行程任意修改其群組 ID。

9.7.1 檢索及修改真實、有效和 Saved Set ID

我們在下列的段落介紹用以檢索（retrieve）和修改真實、有效和 saved set ID 的系統呼叫。能完成這些任務的系統呼叫有多個，有時它們的功能還會相互重疊，反映出各系統呼叫源自不同 UNIX 系統的事實。

檢索真實和有效 ID

系統呼叫 *getuid()* 和 *getgid()* 分別傳回呼叫者行程的真實使用者 ID 和群組 ID。而系統呼叫 *geteuid()* 和 *getegid()* 則是對相對應的有效 ID 進行同樣的功能。這些系統呼叫都必定會成功。

```
#include <unistd.h>

uid_t getuid(void);
                                    Returns real user ID of calling process
uid_t geteuid(void);
                               Returns effective user ID of calling process
gid_t getgid(void);
                                   Returns real group ID of calling process
gid_t getegid(void);
                              Returns effective group ID of calling process
```

修改有效 ID

系統呼叫 *setuid()* 將有效使用者 ID（也可以是呼叫者行程的真實使用者 ID 及 saved set-user-ID）的值更改為 uid 參數所給的值。系統呼叫 *setgid()* 則對相對應的群組 ID 進行類似的處理。

```
#include <unistd.h>

int setuid(uid_t uid);
int setgid(gid_t gid);
                               Both return 0 on success, or –1 on error
```

行程可以用 *setuid()* 及 *setgid()* 對其憑證進行哪些修改的規則，取決於行程是否具有特權（如：其有效使用者 ID 為 0）。下列的規則可套用於 *setuid()*：

1. 當非特權行程呼叫 *setuid()* 時，只能改變行程的有效使用者 ID。此外，只能將有效使用者 ID 的值更改為相對應的真實使用者 ID 或 saved set-user-ID。

（若企圖違反此約束將會導致發生 EPERM 錯誤。）這表示，對於非特權使用者而言，這個呼叫只有在執行 set-user-ID 程式時有效用，因為在執行普通的程式時，行程的真實使用者 ID、有效使用者 ID 和 saved set-user-ID 三者都有相同的值。在一些衍生自 BSD 的系統中，非特權行程呼叫 *setuid()* 或 *setgid()* 的語意有別於其他的 UNIX 系統：系統呼叫會改變真實、有效和 saved set ID（將其改為目前的真實或有效 ID 值）。

2. 當特權行程呼叫 *setuid()* 時代入的參數不為零，則真實使用者 ID、有效使用者 ID 及 saved set-user-ID 都會設定為 uid 參數所指定的值。此一操作是單向過程，一旦特權級行程以此方式修改其 ID，則會失去全部的特權，而且因此之後無法再使用 *setuid()* 呼叫將 ID 重置為 0。如果不希望發生這種情況，請使用稍後介紹的 *seteuid()* 或者 *setreuid()* 系統呼叫來取代 *setuid()*。

使用 *setgid()* 系統呼叫修改群組 ID 的規則與之相類似，不過需要用 *setgid()* 取代 *setuid()* 以及用群組取代使用者。透過這些修改，規則 1 與前述完全一致，但在規則 2 中，由於改變群組 ID 不會讓行程失去特權（由有效使用者 ID 決定的特權），特權級程式可以自由使用 *setgid()*，將群組 ID 修改為任何值。

對於有效使用者 ID 目前為 0，而無法取消全部特權的 set-user-ID-root 程式而言，下列的呼叫是較好的方法（藉由將有效使用者 ID 與 saved set-user-ID 的值設定為與真實使用者 ID 相同）：

```
if (setuid(getuid()) == -1)
    errExit("setuid");
```

如果不是 root 擁有 set-user-ID 程式，則可以使用 *setuid()* 切換有效使用者 ID 的值，可切換為真實使用者 ID 或 saved set-user-ID，其安全考量已在 9.4 節提過。然而，最好是以 *seteuid()* 來達成這個目的，因為無論 set-user-ID 程式是否由 root 擁有，*seteuid()* 都能達到同樣的效果。

行程能使用 *seteuid()* 來修改其有效使用者 ID（改為參數 euid 指定的值），以及使用 *setegid()* 修改其有效群組 ID（改為參數 egid 指定的值）。

```
#include <unistd.h>

int seteuid(uid_t euid);
int setegid(gid_t egid);
```

Both return 0 on success, or –1 on error

行程使用 *seteuid()* 和 *setegid()* 來修改其有效 ID 時，會遵循以下規則：

1. 非特權級行程僅能將其有效 ID 修改為相應的真實 ID 或者 saved set ID。（換句話說，對非特權級行程而言，除了前述的 BSD 可攜性議題，*seteuid()* 和 *setegid()* 分別等效於 *setuid()* 和 *setgid()*。）
2. 特權級行程能夠將其有效 ID 修改為任意值。若特權行程使用 *seteuid()* 將其有效使用者 ID 修改為非 0 值，則此行程將不再具有特權（但可以根據規則 1 以重新取得特權）。

若 set-user-ID 與 set-group-ID 程式要能暫時捨棄特權，以及之後再重新取得特權，則最好使用 *seteuid()*，範例如下：

```
euid = geteuid();               /* Save initial effective user ID (which
                                   is same as saved set-user-ID) */
if (seteuid(getuid()) == -1)    /* Drop privileges */
    errExit("seteuid");
if (seteuid(euid) == -1)        /* Regain privileges */
    errExit("seteuid");
```

源自 BSD 系統的 *seteuid()* 及 *setegid()*，目前已經納入 SUSv3 的規範，而且多數的 UNIX 系統都有支援。

在 GNU C 函式庫的早期版本中（glibc 2.0 及其先前的版本），將 *seteuid(euid)* 以 *setreuid(-1, euid)* 實作。而在現代的 glibc 版本，則將 *seteuid(euid)* 以 *setresuid(-1, euid, -1)* 實作。（稍後將簡介 *setreuid()*、*setresuid()* 及其類似函式。）這兩種實現方式都能讓我們將 euid 參數值設定為目前有效使用者 ID 的值（即保持不變）。然而，SUSv3 並未規範 *seteuid()* 的這個行為，而且有些其他的 UNIX 系統也沒有提供。一般來說，這項系統實作之間的潛在差異不會很明顯，因為在一般的情況，有效使用者 ID 的值會與真實使用者 ID 或 saved set-user-ID 相同。（在 Linux 系統上，要讓有效使用者 ID 與真實使用者 ID 及 saved set-user-ID 不同的不二法門是透過使用非標準的 *setresuid()* 系統呼叫。）

類似的建議也適用於 glibc 的 *setegid(egid)* 實作，除了在 glibc 2.2 或 2.3 版本有將 *setregid(-1, egid)* 切換為 *setregid(-1, egid, -1)* 之外（精確的 glibc 版本取決於硬體架構而定）。

修改真實 ID 與有效 ID

系統呼叫 *setreuid()* 允許呼叫者行程獨立改變其真實和有效使用者 ID。系統呼叫 *setregid()* 對真實和有效群組 ID 則進行類似的功能。

```
#include <unistd.h>

int setreuid(uid_t ruid, uid_t euid);
int setregid(gid_t rgid, gid_t egid);
```

Both return 0 on success, or –1 on error

這些系統呼叫的第一個參數都是新的真實 ID，第二個參數都是新的有效 ID。若我們只想改變其中一個 ID，則可以將另外一個參數設定為 -1。

衍生自 BSD 的 *setreuid()* 與 *setregid()* 目前在 SUSv3 有了規範，並且在多數的 UNIX 系統都有提供。

如同本節所述的其他系統呼叫，有些規則限制我們能用 *setreuid()* 與 *setregid()* 所進行的改變。下面我們將以 *setreuid()* 的觀點介紹這些規則，若無另外說明，則 *setregid()* 函式的規則也是類似的。

1. 非特權行程只能將其真實使用者 ID 設定為目前的真實使用者 ID 值（即保持不變）或有效使用者 ID 值；且只能將有效使用者 ID 設定為目前的真實使用者 ID、有效使用者 ID（即保持不變）或是 saved set-user-ID。

   SUSv3 聲稱，對於非特權行程是否能使用 *setreuid()* 將其真實使用者 ID 修改為真實使用者 ID、有效使用者 ID 或 saved set-user-ID 目前的值，並不予規範，而對於真實使用者 ID 能有哪些改變的細節，則是隨著系統實作而異。

   SUSv3 對 *setregid()* 的規定稍有不同，非特權行程能夠將其真實群組 ID 設定為 saved set-group-ID 的現值，或是將其有效群組 ID 設定為真實群組 ID 或 saved set-group-ID 的現值。同樣地，對於真實群組 ID 能有哪些改變的細節，則是隨著系統實作而異。

2. 特權級行程能對這些 ID 進行任何的改變。

3. 對於特權級或非特權級行程，若下列任一條件為真，也會將 saved set-user-ID 設定為（新的）有效使用者 ID 值。

   a） ruid 不是 -1（即設定真實使用者 ID，即使與現在的值相同）。

   b） 正將有效使用者 ID 設定為與在呼叫之前的真實使用者 ID 不同的值。

   反之，若行程使用 *setreuid()* 只能將有效使用者 ID 改成真實使用者 ID 的現值，則 saved set-user-ID 的值將保持不變，且後續呼叫 *setreuid()*（或 *seteuid()*）時，可以將有效使用者 ID 還原為 saved set-user-ID 的值。（SUSv3 並未規範 *setreuid()* 與 *setregid()* 對 saved set ID 的效力，但 SUSv4 已經規範了這裡所述的行為。）

第三條規則提供 set-user-ID 程式一個永久放棄特權的方法，使用如下的呼叫：

```
setreuid(getuid(), getuid());
```

一個 set-user-ID-root 行程若想要將其使用者憑證和群組憑證更改為任意值，則應先呼叫 *setregid()*，然後接著呼叫 *setreuid()*。若呼叫的順序相反，則呼叫 *setregid()* 將會失敗，因為在呼叫 *setreuid()* 之後，程式將不再具有特權。若我們將 *setresuid()* 與 *setresgid()* 用於此目的（詳見下述），則前面的敘述也能適用。

> BSD 釋出之後，一直到 4.3 BSD 為止，都沒有提供 saved set-user-ID 與 saved set-group-ID（目前已受 SUSv3 強制規範而必須提供）。反之，在 BSD 中，*setreuid()* 與 *setregid()* 允許行程藉由交換真實與有效 ID 的值，以捨棄與重新取得特權。此方式的不良副作用是為了改變有效使用者 ID 而須改變真實使用者 ID。

檢索真實、有效和 saved set ID

在多數的 UNIX 系統中，行程不能直接檢索（或更新）其 saved set-user-ID 和 saved set-group-ID 的值。然而，Linux 提供了兩個（非標準的）系統呼叫，以讓我們來實現此項功能：*getresuid()* 與 *getresgid()*。

```
#define _GNU_SOURCE
#include <unistd.h>

int getresuid(uid_t *ruid, uid_t *euid, uid_t *suid);
int getresgid(gid_t *rgid, gid_t *egid, gid_t *sgid);
```

Both return 0 on success, or –1 on error

系統呼叫 *getresuid()* 於三個參數所指定的位置傳回呼叫者行程目前的真實使用者 ID、有效使用者 ID 和 saved set-user-ID 值。系統呼叫 *getresgid()* 會對群組 ID 進行類似的工作。

修改真實、有效和 saved set ID

系統呼叫 *setresuid()* 允許呼叫的行程（calling process）獨自改變全部三個使用者 ID 的值。每個使用者 ID 的新值由系統呼叫的三個參數指定。系統呼叫 *setresgid()* 對於群組 ID 也是類似的功能。

```
#define _GNU_SOURCE
#include <unistd.h>

int setresuid(uid_t ruid, uid_t euid, uid_t suid);
int setresgid(gid_t rgid, gid_t egid, gid_t sgid);
```

Both return 0 on success, or –1 on error

若我們不想要修改全部的 ID，則需將參數設定為 -1，用以表示不更改該參數所對應的 ID。例如，下列呼叫等同於 *seteuid(x)*：

```
setresuid(-1, x, -1);
```

對於 *setresuid()* 可進行哪些改變的規則（*setresgid()* 也是類似）則如下所示：

1. 非特權行程能將其真實使用者 ID、有效使用者 ID 和 saved set-user-ID 中的任一個 ID 設定為真實使用者 ID、有效使用者 ID 或 saved set-user-ID 之中的任何一個現值。

2. 特權級行程能夠對其真實使用者 ID、有效使用者 ID 和 saved set-user-ID 進行任何改變。

3. 不管系統呼叫是否對其他的 ID 進行改變，總是將檔案系統使用者 ID 設定為與有效使用者 ID（可能是新值）相同。

呼叫 *setresuid()* 及 *setresgid()* 會有 0/1 效應，若非全部的 ID 都順利改變，否則是都不會改變。（這也適用於本章所述的其他修改多個 ID 的系統呼叫。）

雖然 *setresuid()* 與 *setresgid()* 提供了最直接的 API，可用以改變行程憑證，但是採用這些 API 的應用程式是不具可攜性的。SUSv3 並未規範這些 API，而且只有少數的 UNIX 系統有提供。

9.7.2 檢索和修改檔案系統 ID

前述全部修改行程有效使用者 ID 或群組 ID 的系統呼叫也會一直修改相對應的檔案系統 ID。若要獨立於有效 ID 而修改檔案系統 ID，則必須使用 Linux 特有的系統呼叫：*setfsuid()* 和 *setfsgid()*。

```
#include <sys/fsuid.h>

int setfsuid(uid_t fsuid);
```

Always returns the previous file-system user ID

```
int setfsgid(gid_t fsgid);
```

Always returns the previous file-system group ID

系統呼叫 *setfsuid()* 會將行程的檔案系統使用者 ID 修改為在參數 fsuid 指定的值。系統呼叫 *setfsgid()* 會將檔案系統群組 ID 更改為參數 fsgid 所指定的值。

同樣地，此類型的更改也有一些規則需要遵循。在 *setfsgid()* 的規則也與 *setfsuid()* 相似，下列是 *setfsuid()* 的規則：

1. 非特權行程能將檔案系統使用者 ID 設定為真實使用者 ID、有效使用者 ID、檔案系統使用者 ID（即保持不變）或 saved set-user-ID 的現值。
2. 特權級行程能任意設定檔案系統使用者 ID 的值。

這些系統呼叫在實作上有點粗造，一開始並沒有相對應的系統呼叫可以檢索檔案系統 ID 的現值。此外，這些系統呼叫沒有錯誤檢查，若非特權行程試圖將檔案系統 ID 設定為不能接受的值，則會默默忽略這個嘗試。無論這些呼叫是否成功，其傳回值都是相對應的檔案系統之前的 ID 值。因為我們只有這個方法可以找出檔案系統 ID 的現值，可是只能在我們嘗試（無論成功與否）更改值的情況下同時進行。

Linux 已經不再需要使用系統呼叫 *setfsuid()* 與 *setfsgid()*，而且為了能將應用程式移植到其他 UNIX 系統，應該要避免在應用程式中使用。

9.7.3 檢索及修改補充群組（Supplementary Group）ID

系統呼叫 *getgroups()* 會將呼叫者行程所屬的群組集合，於參數 *grouplist* 指向的陣列傳回。

```
#include <unistd.h>

int getgroups(int gidsetsize, gid_t grouplist[]);
```

Returns number of group IDs placed in *grouplist* on success, or –1 on error

如同多數的 UNIX 系統，在 Linux 系統的 *getgroups()* 僅傳回呼叫者行程的補充群組（supplementary group）ID。然而，SUSv3 也允許在實作時，於傳回的 *grouplist* 中包含呼叫行程的有效群組 ID。

呼叫的程式必須負責配置 *grouplist* 陣列，並在 *gidsetsize* 參數中指定長度。若順利完成呼叫，則 *getgroups()* 會傳回位於 *grouplist* 中的群組 ID 數量。

若行程所屬群組的數量超出 *gidsetsize*，則 *getgroups()* 將回傳錯誤 (錯誤碼是 EINVAL)。為了避免發生這種情況，我們能將 grouplist 陣列的大小設定為略大於（為了可攜性，陣列中可能會包含有效群組 ID）NGROUPS_MAX+1 常數（定義於

<limits.h> 檔），此常數定義了行程所屬補充群組的最大數量。因此，我們可以將 grouplist 宣告如下：

```
gid_t grouplist[NGROUPS_MAX + 1];
```

在 Linux 核心版本 2.6.4 之前，NGROUPS_MAX 的值為 32。從核心 2.6.4 之後，NGROUPS_MAX 的值為 65,536。

應用程式也能在執行期時，以下列方式決定 NGROUPS_MAX 的上限：

- 呼叫 sysconf(_SC_NGROUPS_MAX)。（我們在 11.2 節說明 *sysconf()* 的使用方法。）
- 從 Linux 特有的 /proc/sys/kernel/ngroups_max 唯讀檔案中讀取該限制，此檔案從核心 2.6.4 開始提供。

此外，應用程式能在呼叫 *getgroups()* 時將 gidsetsize 參數設定為 0。以此例而言，不會修改 grouplist，但是系統呼叫的傳回值會提供行程所屬的群組數量。

以任何一種執行期技術取得的值，都能用來動態配置 grouplist 陣列，供之後的 *getgroups()* 呼叫使用。

特權級行程能夠使用 *setgroups()* 和 *initgroups()* 來更改其補充群組 ID 集合。

```
#define _BSD_SOURCE
#include <grp.h>

int setgroups(size_t gidsetsize, const gid_t *grouplist);
int initgroups(const char *user, gid_t group);
```

Both return 0 on success, or –1 on error

系統呼叫 *setgroups()* 以 grouplist 陣列所指定的集合來取代呼叫者行程的補充群組 ID。參數 gidsetsize 設定陣列參數 grouplist 中的群組 ID 數量。

函式 *initgroups()* 初始化呼叫行程之補充群組 ID 的方式是：掃描 /etc/group 檔並建立一份清單，記錄名為 user 所屬的全部群組。此外，參數 group 中設定的群組 ID 也會被加入行程的補充群組 ID 集合裡。

函式 *initgroups()* 的主要使用者是建立登入作業階段（login session）的程式，例如：login(1)，可在執行使用者的登入 shell 以前，先設定各種行程屬性（attribute）。這類的程式通常從密碼檔的使用者紀錄讀取群組 ID 欄位，取得用於 group 參數的值。這會有點令人困惑，因為密碼檔中的群組 ID 並非實際上的補充群組 ID，而是定義登入 shell 的初始真實群組 ID、有效群組 ID 和 saved set-group-ID。儘管如此，*initgroups()* 函式通常就是這樣做。

雖然並未列入 SUSv3 規範，但是 *setgroups()* 與 *initgroups()* 在全部的 UNIX 系統都有提供。

9.7.4 用以修改行程憑證的系統呼叫摘錄

表 9-1 摘錄用於改變行程憑證的各式系統呼叫及函式庫函式的效果。

圖 9-1 將表 9-1 的資訊以圖形總覽，此圖從更改使用者 ID 的系統呼叫角度呈現，但更改群組 ID 的規則是類似的。

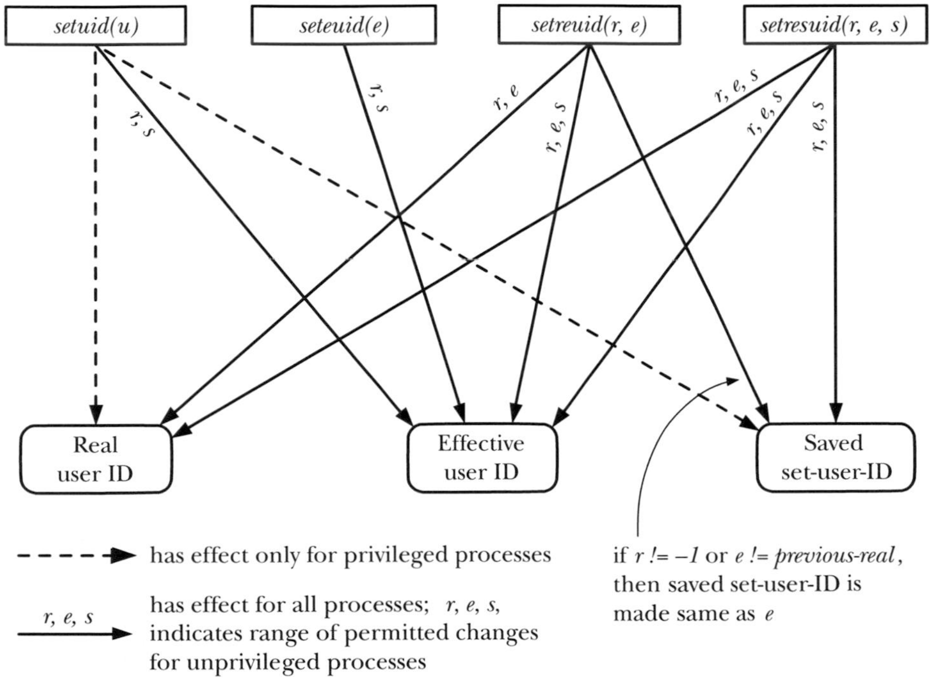

圖 9-1：憑證修改函式對行程使用者 ID 的效果

表 9-1：用以更改行程憑證的介面（interface）一覽表

介面	目的與效果的應用對象		可攜性
	非特權行程	特權級行程	
setuid(u) *setgid(g)*	將有效 ID 更改為目前的真實 ID 或 saved set ID	將真實 ID、有效 ID 和 saved set ID 修改為任何的（單一）值	在 SUSv3 規範內，但 BSD 的衍生系統則有不同的語意

介面	目的與效果的應用對象		可攜性
	非特權行程	特權級行程	
seteuid(e) *setegid(e)*	將有效 ID 修改為真實或 savedset ID 的現值	修改有效 ID 為任意值	在 SUSv3 規範之內
setreuid(r, e) *setregid(r, e)*	（獨立地）將真實 ID 修改為真實或有效 ID 的現值，而將有效 ID 更改為真實、有效或 saved set ID 的現值	（獨立地）將真實 ID 和有效 ID 修改為任意值	在 SUSv3 規範之內，但操作則隨系統實作而異
setresuid(r, e, s) *setresgid(r, e, s)*	（獨立地）將真實 ID、有效 ID 及 saved set ID 更改為真實、有效或 saved set ID 的現值	（獨立地）將真實 ID、有效 ID 和 saved set ID 修改為任意值	不在 SUSv3 規範之內，並少出現於其他的 UNIX 系統
setfsuid(u) *setfsgid(u)*	將檔案系統 ID 更改為真實、有效、檔案系統或 saved set ID 的現值	將檔案系統 ID 修改為任意值	Linux 特有的
setgroups(n, l)	非特權行程無法呼叫	將補充群組 ID 設定為任意值	不在 SUSv3 規範之內，但全部的 UNIX 系統都有提供

下列是表 9-1 的補充資訊：

- 函式 *seteuid()* 與 *setegid()* 在 glibc 的實作也允許將有效 ID 設定為有效 ID 的現值，但 SUSv3 對此未作規範。
- 對於由特權及非特權行程呼叫 *setreuid()* 及 *setregid()*，若 *r* 的值不等於 -1，或者 *e* 的值與函式呼叫前的真實 ID 不同，則將 saved set-user-ID 或 saved set-group-ID 設定為（新的）有效 ID。（*setreuid()* 和 *setregid()* 函式對 saved set ID 的改變不在 SUSv3 規範之內。）
- 當改變了有效使用者（群組）ID，則 Linux 特有的檔案系統使用者（群組）ID 也會改變為同樣的值。
- 不管有效使用者 ID 是否改變，*setresuid()* 系統呼叫會一直將檔案系統使用者 ID 修改為有效使用者 ID 的值，呼叫 *setresgid()* 對檔案系統群組 ID 也是類似的效果。

9.7.5 範例：顯示行程憑證

在列表 9-1 中的程式使用前述的系統呼叫和函式庫函式，以檢索行程全部的使用者 ID 和群組 ID，並呈現。

列表 9-1：顯示行程的全部使用者 ID 和群組 ID

proccred/idshow.c

```
#define _GNU_SOURCE
#include <unistd.h>
#include <sys/fsuid.h>
#include <limits.h>
#include "ugid_functions.h"   /* userNameFromId() & groupNameFromId() */
#include "tlpi_hdr.h"

#define SG_SIZE (NGROUPS_MAX + 1)

int
main(int argc, char *argv[])
{
    uid_t ruid, euid, suid, fsuid;
    gid_t rgid, egid, sgid, fsgid;
    gid_t suppGroups[SG_SIZE];
    int numGroups, j;
    char *p;

    if (getresuid(&ruid, &euid, &suid) == -1)
        errExit("getresuid");
    if (getresgid(&rgid, &egid, &sgid) == -1)
        errExit("getresgid");

    /* Attempts to change the file-system IDs are always ignored
       for unprivileged processes, but even so, the following
       calls return the current file-system IDs */

    fsuid = setfsuid(0);
    fsgid = setfsgid(0);

    printf("UID: ");
    p = userNameFromId(ruid);
    printf("real=%s (%ld); ", (p == NULL) ? "???" : p, (long) ruid);
    p = userNameFromId(euid);
    printf("eff=%s (%ld); ", (p == NULL) ? "???" : p, (long) euid);
    p = userNameFromId(suid);
    printf("saved=%s (%ld); ", (p == NULL) ? "???" : p, (long) suid);
    p = userNameFromId(fsuid);
    printf("fs=%s (%ld); ", (p == NULL) ? "???" : p, (long) fsuid);
    printf("\n");

    printf("GID: ");
    p = groupNameFromId(rgid);
    printf("real=%s (%ld); ", (p == NULL) ? "???" : p, (long) rgid);
    p = groupNameFromId(egid);
    printf("eff=%s (%ld); ", (p == NULL) ? "???" : p, (long) egid);
```

```
    p = groupNameFromId(sgid);
    printf("saved=%s (%ld); ", (p == NULL) ? "???" : p, (long) sgid);
    p = groupNameFromId(fsgid);
    printf("fs=%s (%ld); ", (p == NULL) ? "???" : p, (long) fsgid);
    printf("\n");

    numGroups = getgroups(SG_SIZE, suppGroups);
    if (numGroups == -1)
        errExit("getgroups");

    printf("Supplementary groups (%d): ", numGroups);
    for (j = 0; j < numGroups; j++) {
        p = groupNameFromId(suppGroups[j]);
        printf("%s (%ld) ", (p == NULL) ? "???" : p, (long) suppGroups[j]);
    }
    printf("\n");

    exit(EXIT_SUCCESS);
}
```

proccred/idshow.c

9.8 小結

每個行程都有許多相關的使用者 ID 和群組 ID（憑證）。真實 ID 定義了行程的擁有者。在大多數的 UNIX 系統中，有效 ID 用以決定行程在存取資源（如檔案）的權限。然而，在 Linux 系統，以檔案系統 ID 決定檔案的存取權限，而將有效 ID 用於檢查其他權限。（因為檔案系統 ID 的值通常等於相對應的有效 ID，所以 Linux 在檢查檔案權限時的行為會與其他 UNIX 系統相同。）行程的補充群組 ID 則是另一個行程所屬的群組集合，目的是用來進行權限檢查。各種系統呼叫及函式庫函式允許行程檢索及改變其使用者和群組 ID。

當 set-user-ID 程式執行時，行程的有效使用者 ID 會設定為檔案的擁有者。此機制允許使用者在執行特定程式時，借用其他使用者的身份及特權。相對地，set-group-ID 會改變執行程式的行程之有效群組 ID。其 saved set-user-ID 和 saved set-group-ID 允許 set-user-ID 和 set-group-ID 程式可暫時捨棄特權，然後之後在取回特權。

使用者 ID 0 是與眾不同的，通常會有個名為 root 的使用者帳號。有效使用者 ID 為 0 的行程是屬於特權級行程。也就是這些行程可以在進行系統呼叫時（例如用以隨意更改各種行程使用者及群組 ID 的系統呼叫），免去權限檢查。

9.9 習題

9-1. 假設在下列的各種情況中，行程使用者 ID 的初始設定分別為 real（真實）=1000、effective（有效）=0、saved（保存）=0、file-system（檔案系統）=0。當執行這些呼叫之後，使用者 ID 的狀態如何？

a）*setuid(2000);*

b）*setreuid(–1, 2000);*

c）*seteuid(2000);*

d）*setfsuid(2000);*

e）*setresuid(–1, 2000, 3000);*

9-2. 擁有如下使用者 ID 的行程具有特權嗎？請表達您的看法。

```
real=0 effective=1000 saved=1000 file-system=1000
```

9-3. 使用 *setgroups()* 及函式庫函式從密碼檔、群組檔（參考 8.4 節）檢索資訊，以實作 *initgroups()*。請記得，呼叫 *setgroups()* 的行程必須具有特權。

9-4. 假設使用者 ID 值皆為 X 的行程執行了使用者 ID 為 Y 的 set-user-ID 程式，且 Y 值不為 0，接著將行程憑證設定如下：

```
real=X effective=Y saved=Y
```

（我們忽略檔案系統使用者 ID，因為該 ID 會跟隨有效使用者 ID。）為執行如下操作，請分別列出對 *setuid()*、*seteuid()*、*setreuid()* 和 *setresuid()* 的呼叫。

a）暫停並恢復 set-user-ID 的身份（即將有效使用者 ID 切換為真實使用者 ID 的值，並接著切回 saved set-user-ID 的值）。

b）永久放棄 set-user-ID 的身份（即確保將有效使用者 ID 和 saved set-user-ID 設定為真實使用者 ID）。

（此習題還需要使用 *getuid()* 和 *geteuid()* 函式，以檢索行程的真實使用者 ID 和有效使用者 ID。）請注意上述列出的特定系統呼叫，其部分操作會無法進行。

9-5. 以一個執行 set-user-ID-*root* 程式的行程，重複上個習題，其行程憑證之初始設定如下：

```
real=X effective=0 saved=0
```

10

時間

在程式中可能會用到兩種時間：

- **真實時間**（*real time*）：此時間的量測可源自：某個標準點（日曆時間）或行程生命週期中的某個固定點（通常是啟動時）。前者為日曆（calendar）時間，適用於資料庫紀錄或檔案的時間戳記；後者則稱之為已用（elapsed）時間或壁鐘（wall clock）時間，主要適用於週期性操作或定期量測外部輸入裝置的程式。
- **行程時間**（*process time*）：一個行程使用的 CPU 時間總量，行程時間的量測適用於檢查程式或演算法效能優化（或稱最佳化）的程式具有極大的幫助。

多數的電腦架構都內建硬體時鐘，使核心得以量測真實時間與行程時間。本章將探討處理這兩種時間的系統呼叫，以及可在人們可讀的時間格式與機器內部的時間格式之間互相轉換的函式庫函式。由於可讀的時間格式與地理位置、語言和文化習俗相關，因此這些討論將引領我們深入研究時區及地區。

10.1 日曆時間（Calendar Time）

無論地理位置為何，自從 Epoch（1970 年 1 月 1 日 00:00:00 UTC）至今以來，UNIX 系統的時間表示方式都是以秒數來度量的，Epoch 亦即世界協調時間（UTC，以前也稱為格林威治標準時間，或 GMT）的 1970 年 1 月 1 日早晨零點。這也是 UNIX 系統問世的大約日期。日曆時間儲存在 *time_t* 型別的變數，是由 SUSv3 規範的的整數型別。

> 在 32 位元的 Linux 系統，*time_t* 是個有號整數，可以表示的日期範圍從 1901 年 12 月 13 日 20 點 45 分 52 秒至 2038 年 1 月 19 號 03 點 14 分 07 秒。（SUSv3 未規範 *time_t* 值為負數時的含義。）因此，許多當前 32 位元的 UNIX 系統都存在一個理論上的 2038 年問題，若有基於未來日期所進行的運算，則可能在 2038 年以前就會遭遇這個問題。實際上，到了 2038 年，可能全部的 UNIX 系統都已經升級為 64 位元，甚至更多，所以這個問題就會明顯地減少。然而，32 位元的嵌入式系統相較於桌上型電腦，通常有較長的使用年限，故而仍然會受此問題衝擊。此外，此問題也會影響到仍然以 32 位元的 *time_t* 格式維護時間之歷史資料與應用程式。

系統呼叫 *gettimeofday()*，以 *tv* 指向的緩衝區傳回日曆時間。

```
#include <sys/time.h>

int gettimeofday(struct timeval *tv, struct timezone *tz);
```

成功時傳回 0，或者錯誤時傳回 -1

參數 *tv* 是指向如下資料結構的指標：

```
struct timeval {
    time_t       tv_sec;     /* Seconds since 00:00:00, 1 Jan 1970 UTC */
    suseconds_t tv_usec;     /* Additional microseconds (long int) */
};
```

雖然 *tv_usec* 欄位提供微秒級的精度，但其回傳值的準度則是依架構實作而定。在 *tv_usec* 中的 u 源自其字形相似的希臘字母 μ（讀音 "mu"），在公制系統中表示一百萬分之一。在現代的 x86-32 系統上，*gettimeofday()* 確實能提供微秒級的準度（例如，Pentium 系統內建時戳計數暫存器，隨每個 CPU 時鐘週期而加一）。

函式 *gettimeofday()* 的參數 *tz* 是個歷史產物。早期的 UNIX 系統用以檢索系統的時區資訊，此參數目前已經過期廢止，因此只會設定為 NULL。（SUSv4 將 *gettimeofday()* 標示為廢止，如在 23.5 節的 POSIX clocks API 介紹所述）

> 如果有提供 tz 參數，則會返回一個 *timezone* 結構，其欄位內容會包含之前呼叫 *settimeofday()* 時所設定的 tz 參數值（已廢棄）。此結構包含兩個欄位：*tz_minuteswest* 及 *tz_dsttime*。其 *tz_minuteswest* 欄位表示要將本時區時間轉換為 UTC 時間所必須增加的分鐘數，若為負值，則表示此時區位於 UTC 以東（例如，如為歐洲中部時間，會早 UTC 一小時，則此欄位會設定為 -60）。在 *tz_dsttime* 欄位內是一個常數，用以表示這個時區是否強制施行日光節約時間（DST，light saving time）。由於日光節約時間無法單純以演算法表達，所以 tz 參數已廢棄。（Linux 從未支援過此參數。）細節請參考 *gettimeofday(2)* 手冊。

系統呼叫 *time()* 傳回自 Epoch 以來的秒數（和函式 *gettimeofday()* 所傳回的 *tv* 參數之 *tv_sec* 欄位的數值相同）。

```
#include <time.h>

time_t time(time_t *timep);
```

Returns number of seconds since the Epoch,or *(time_t)* –1 on error

若 *timep* 參數不為 NULL，則還會將自 Epoch 以來的秒數放置於 *timep* 所指向的位置。

由於 *time()* 會以兩種方式傳回相同的值，而在使用 *time()* 時，唯一會出錯的情況是 timep 參數為無效位址時（EFAULT），所以我們通常會以下列的方式進行呼叫（不用錯誤檢查）：

```
t = time(NULL);
```

> 存在兩個本質、目的相同的系統呼叫（*time()* 和 *gettimeofday()*）是有其歷史因素。早期的 UNIX 系統提供了 *time()*。而 4.2 BSD 新增了更高精度的 *gettimeofday()* 系統呼叫。此時 *time()* 系統呼叫的存在就顯得冗贅，所以能以一個 *gettimeofday()* 函式庫函式來實作。

10.2 時間轉換函式

圖 10-1 所示為用以互轉 *time_t* 值及其他時間格式的函式，其中包括可列印的輸出格式。這些函式可讓我們避免這些轉換的複雜度，包含時區、日光節約時間和語系本土化議題。我們在 10.3 節討論時區（timezone），而 10.4 節討論地區（locale）。

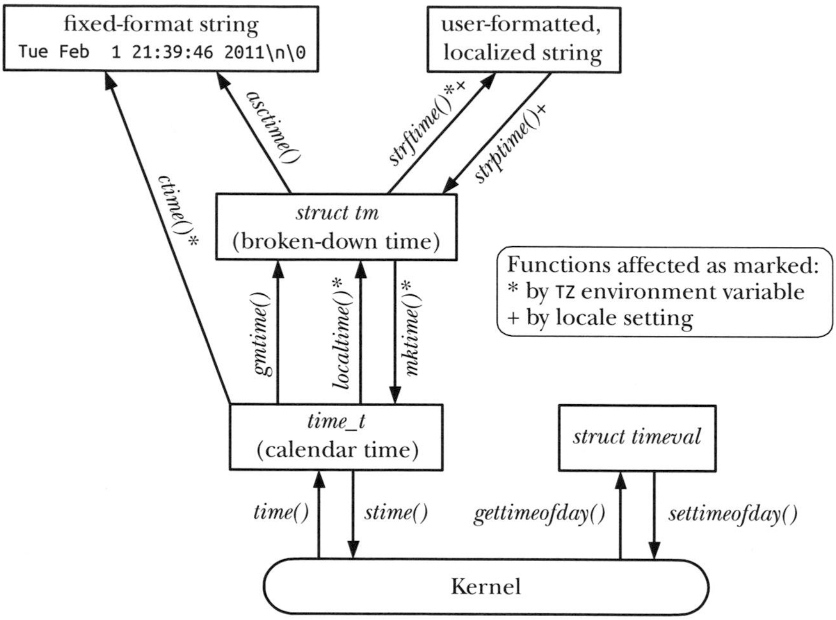

圖 10-1：檢索與使用日曆時間的函式

> SUSv4 將 *ctime()* 與 *asctime()* 註明為廢止，因為這些函式不會傳回本地化的字串資料（而且這些資料也是不可重入的）。

10.2.1 將 *time_t* 轉換為可列印格式

函式 *ctime()* 提供一個簡易的方式，可將 *time_t* 的值轉換為可列印格式。

```
#include <time.h>

char *ctime(const time_t *timep);
```

Returns pointer to statically allocated string terminated by newline and \0 on success, or NULL on error

將指向 *time_t* 值的指標以 timep 參數代入 *ctime()* 函式，則會傳回一個長達 26 個位元組的字串，包含了標準格式的日期和時間，如下例所示：

```
Wed Jun  8 14:22:34 2011
```

該字串包含一個結尾的換行符號及結尾的空位元組（null byte）。函式 *ctime()* 在進行轉換時，會自動計算本地時區和 DST 設定（我們在 10.3 節解釋這些設定如何定義）。傳回的字串是靜態配置的，之後呼叫 *ctime()* 時將會覆蓋它。

SUSv3 規定，在呼叫 *ctime()*、*gmtime()*、*localTime()* 或 *asctime()* 任一函式時，都可能會覆蓋其他函式傳回的靜態配置結構。換句話說，這些函式可共用傳回的字元陣列以及 tm 結構，而有些版本的 glibc 也是如此實作的。若我們需要維護多次呼叫這些函式的傳回資訊，則我們必須自行儲存區域副本（local copy）。

> 函式 ctime_*r()* 是 *ctime()* 的可重入（reentrant）版本。（我們會在 21.1.2 節說明可重入。）此函式接受呼叫者指定一個額外的指標參數，用以指向一塊（呼叫者提供的）緩衝區，將此緩衝區用以傳回時間字串。在本章所提及的其他可重入函式之操作也是類似。

10.2.2 *time_t* 與分解（Broken-Down）時間的互相轉換

函式 *gmtime()* 與 *localtime()* 可將一個 *time_t* 值轉換為一個所謂的分解時間（broken-down time)。分解時間儲存於一個靜態配置的結構中，其位址則是由函式的傳回值取得。

```
#include <time.h>

struct tm *gmtime(const time_t *timep);
struct tm *localtime(const time_t *timep);
                    Both return a pointer to a statically allocated broken-down
                            time structure on success, or NULL on error
```

函式 *gmtime()* 能夠把日曆時間轉換為一個相對應於 UTC 的分解時間。（字母 gm 源於格林威治標準時間）。相對之下，*localtime()* 函式需要考慮時區和日光節約時間（DST）的設定，以傳回對應於系統本地時間的一個分解時間。

> 這些函式的可重入版本是 *gmtime_r()* 及 *localtime_r()*。

這些函式傳回的 tm 結構中，日期和時間被分解為多個獨立欄位，其格式如下：

```
struct tm {
    int tm_sec;       /* Seconds (0-60) */
    int tm_min;       /* Minutes (0-59) */
    int tm_hour;      /* Hours (0-23) */
    int tm_mday;      /* Day of the month (1-31) */
    int tm_mon;       /* Month (0-11) */
    int tm_year;      /* Year since 1900 */
    int tm_wday;      /* Day of the week (Sunday = 0)*/
    int tm_yday;      /* Day in the year (0-365; 1 Jan = 0)*/
    int tm_isdst;     /* Daylight saving time flag
                            > 0: DST is in effect;
                            = 0: DST is not effect;
```

```
                                    < 0: DST information not available */
};
```

欄位 *tm_sec* 的上限可到 60（而不是 59），用以計算閏秒，偶爾用來將人們用的日曆校正為精確的（所謂回歸）年。

若定義了 _BSD_SOURCE 功能測試巨集（feature test macro），則在 glibc 定義的 tm 結構也有兩個額外的欄位，包含與所示時間（represented time）相關的深入資訊。第一個欄位是 *long int tm_gmtoff*，包含落在 UTC 以東的所示時間秒數。第二個欄位是 *const char* tm_zone*，是時區名稱的縮寫（例如，CEST 為歐洲中部夏令時間）。SUSv3 並未定義這些欄位，且只有在少數其他的 UNIX 系統有提供這些欄位（主要是 BSD 衍生的版本）。

函式 *mktime()* 將一個以本地時區表示的分解時間轉換為 *time_t* 值，並做為函式的傳回值。呼叫者將分解時間存在一個 timeptr 所指的 tm 結構。在轉換期間，會忽略輸入的 tm 結構之 *tm_wday* 和 *tm_yday* 欄位。

```
#include <time.h>

time_t mktime(struct tm *timeptr);
```

Returns seconds since the Epoch corresponding to *timeptr* on success, or *(time_t)* –1 on error

函式 *mktime()* 可以修改 timeptr 所指的結構。至少可確保將 *tm_wday* 與 *tm_yday* 欄位的值設定為適應相對的其他欄位值。

此外，*mktime()* 不會要求 tm 結構的其他欄位須受限於前述的範圍。即使任何欄位的值超出範圍，*mktime()* 只會將欄位值調整回有效範圍之內，並適當調整其他欄位。這些全部的調整，都在 *mktime()* 更新 *tm_wday*、*tm_yday* 欄位，以及計算要傳回的 *time_t* 之前進行。

例如，若輸入欄位 *tm_sec* 的值是 123，則在返回時，此欄位的值就會是 3，而 *tm_min* 欄位值則是原本的值再加上 2。（若這個加法的動作造成 *tm_min* 溢位，則會調整 *tm_min* 的值，並增加 *tm_hour* 欄位的值，依此類推。）這些調整甚至可用在負的欄位值，例如，將 *tm_sec* 設定為 -1 即表示前一分鐘的第 59 秒。此功能可以讓我們對分解時間值進行日期與時間的運算，故而非常有用。

在進行轉換時，*mktime()* 會設定時區。此外，是否使用 DST 設定取決於輸入欄位 tm_isdst 的值。

- 若 *tm_isdst* 為 0，則將此時間視為標準時間（即每年強制於此時忽略日光節約時間）。
- 若 *tm_isdst* 大於 0，則將此時間視為日光節約時間（即每年強制於此時施行日光節約時間）。
- 若 *tm_isdst* 小於 0，則試著判斷每年的此時是否為日光節約時間，通常我們會採用這個設定。

完成轉換時（無論 *tm_isdst* 的初始設定為何），若提供的日期位於日光節約時間內，則 *mktime()* 會將 *tm_isdst* 欄位設定為正值，否則將 *tm_isdst* 設定為 0。

10.2.3 分解時間與可列印格式的互相轉換

本節介紹將分解時間與可列印格式（printable form）相互進行轉換的函式。

從分解時間轉換為可列印格式

參數 tm 是一個指向分解時間結構的指標，*asctime()* 則會傳回一個指標，指向靜態配置的時間字串，其格式與 *ctime()* 相同。

```
#include <time.h>

char *asctime(const struct tm *timeptr);
```

Returns pointer to statically allocated string terminated by newline and \0 on success, or NULL on error

相較於 *ctime()*，本地時區設定不會影響 *asctime()*，因為它所轉換的是分解時間，此時間通常已經透過 *localtime()* 進行本地化語系處理，或者已由 *gmtime()* 轉換為 UTC。

如同 *ctime()*，我們無法控制 *asctime()* 產生的字串格式。

asctime() 的可重入版本是 asctime_*r()*。

列表 10-1 示範 *asctime()* 及本章全部時間轉換函式的用法。此程式先取得目前的日曆時間，接著使用各種時間轉換函式並顯示其結果。下例為在冬天的德國慕尼黑執行此程式的結果，位於中歐時區，在 UTC 的前一個小時。

```
$ date
Tue Dec 28 16:01:51 CET 2010
$ ./calendar_time
Seconds since the Epoch (1 Jan 1970): 1293548517 (about 40.991 years)
```

```
  gettimeofday() returned 1293548517 secs, 715616 microsecs
Broken down by gmtime():
  year=110 mon=11 mday=28 hour=15 min=1 sec=57 wday=2 yday=361 isdst=0
Broken down by localtime():
  year=110 mon=11 mday=28 hour=16 min=1 sec=57 wday=2 yday=361 isdst=0

asctime() formats the gmtime() value as: Tue Dec 28 15:01:57 2010
ctime() formats the time() value as:     Tue Dec 28 16:01:57 2010
mktime() of gmtime() value:    1293544917 secs
mktime() of localtime() value: 1293548517 secs      3600 secs ahead of UTC
```

列表 10-1：檢索及轉換日曆時間

time/calendar_time.c

```c
#include <locale.h>
#include <time.h>
#include <sys/time.h>
#include "tlpi_hdr.h"

#define SECONDS_IN_TROPICAL_YEAR (365.24219 * 24 * 60 * 60)

int
main(int argc, char *argv[])
{
    time_t t;
    struct tm *gmp, *locp;
    struct tm gm, loc;
    struct timeval tv;

    t = time(NULL);
    printf("Seconds since the Epoch (1 Jan 1970): %ld", (long) t);
    printf(" (about %6.3f years)\n", t / SECONDS_IN_TROPICAL_YEAR);

    if (gettimeofday(&tv, NULL) == -1)
        errExit("gettimeofday");
    printf("  gettimeofday() returned %ld secs, %ld microsecs\n",
            (long) tv.tv_sec, (long) tv.tv_usec);

    gmp = gmtime(&t);
    if (gmp == NULL)
        errExit("gmtime");

    gm = *gmp;          /* Save local copy, since *gmp may be modified
                           by asctime() or gmtime() */
    printf("Broken down by gmtime():\n");
    printf("  year=%d mon=%d mday=%d hour=%d min=%d sec=%d ", gm.tm_year,
            gm.tm_mon, gm.tm_mday, gm.tm_hour, gm.tm_min, gm.tm_sec);
    printf("wday=%d yday=%d isdst=%d\n", gm.tm_wday, gm.tm_yday, gm.tm_isdst);
```

```
    locp = localtime(&t);
    if (locp == NULL)
        errExit("localtime");

    loc = *locp;        /* Save local copy */

    printf("Broken down by localtime():\n");
    printf("  year=%d mon=%d mday=%d hour=%d min=%d sec=%d ",
            loc.tm_year, loc.tm_mon, loc.tm_mday,
            loc.tm_hour, loc.tm_min, loc.tm_sec);
    printf("wday=%d yday=%d isdst=%d\n\n",
            loc.tm_wday, loc.tm_yday, loc.tm_isdst);

    printf("asctime() formats the gmtime() value as: %s", asctime(&gm));
    printf("ctime() formats the time() value as:     %s", ctime(&t));

    printf("mktime() of gmtime() value:    %ld secs\n", (long) mktime(&gm));
    printf("mktime() of localtime() value: %ld secs\n", (long) mktime(&loc));

    exit(EXIT_SUCCESS);
}
```

time/calendar_time.c

在將分解時間轉換成可列印格式時，函式 *strftime()* 會提供更精密的控制。在 timeptr 所指的分解時間，*strftime()* 會將一個 null 結尾、有日期與時間的相對應字串儲存於 outstr 所指向的緩衝區中。

```
#include <time.h>

size_t strftime(char *outstr, size_t maxsize, const char *format,
                const struct tm *timeptr);
```

Returns number of bytes placed in *outstr* (excluding terminating null byte) on success, or 0 on error

在 outstr 中傳回的字串格式是依據 format 參數的定義，參數 maxsize 指定 outstr 的最大長度。與 *ctime()* 和 *asctime()* 不同，*strftime()* 不會在字串結尾加上換行符號（除非 format 原本就內含換行符號）。

若執行成功，則 *strftime()* 傳回 outstr 所指緩衝區的位元組資料長度，但不包含結尾的空位元組（null byte）。若結果字串的總長度（包含結尾的空位元組）超過了 maxsize 個位元組，則 *strftime()* 會傳回 0 以示發生錯誤，且無法確定 outstr 的內容。

函式 *strftime()* 的 format 參數是個字串，與賦予 *printf()* 的參數相類似。以百分比（%）開頭的字元序列是轉換規格，將百分比字元後面的說明符字元（specifier character），以日期和時間元件取代。這是一組相當豐富的轉換說明符，表 10-1 列出其中一個子集（subset）。（完整的清單可參考 *strftime(3)* 手冊。）若非特別註明，這些轉換說明符全部都會符合 SUSv3 標準。

說明符 %U 與 %W 都會產生一年內的週數（week number），%U 的週數依下列方法計算，包含週日的第一週編號為 1，而此週之前的那個零碎週，其編號為 0。若週日落在年度的第一天時，則沒有第 0 週，且當年的最後一天則會落在第 53 週。%W 的週數編號也是依相同的方式運作，只是以週一為參考，而不是週日。

通常我們在本書會想要以各種範例程式來呈現現在的時間。因此，本書提供了 *currTime()* 函式，它會傳回一個字串，內含的現在時間格式如同 *strftime()* 的 format 參數格式。

```
#include "curr_time.h"

char *currTime(const char *format);
```

Returns pointer to statically allocated string, or NULL on error

列表 10-2 所示為 *currTime()* 函式的實作。

表 10-1：strftime() 的轉換說明符選集

說明符	說明	範例
%%	百分號（%）字元	%
%a	星期幾的縮寫	Tue
%A	星期幾的全名	Tuesday
%b，%h	月份名稱的縮寫	Feb
%B	月份全名	February
%c	日期和時間	Tue Feb 1 21:39:46 2011
%d	一個月的一天（2 位數，01 至 31 天）	01
%D	美國日期格式（與 %m%d%y 相同）	02/01/11
%e	一個月中的一天（2 個字元）	1
%F	ISO 日期格式（與 %Y-%m-%d 相同）	2011-02-01
%H	小時（24 小時制，2 位數）	21
%I	小時（12 小時制，2 位數）	09
%j	一年中的一天（3 位數，從 001 到 366）	032
%m	十進位月（2 位數，01 到 12）	02
%M	分（2 位數）	39

說明符	說明	範例
%p	AM/PM	PM
%P	上午 / 下午（GNU 擴充）	pm
%R	24 小時制的時間（和 %H:%M 格式相同）	21:39
%S	秒（00 至 60）	46
%T	時間（和 %H:%M:%S 格式相同）	21：39：46
%u	星期幾編號（1 至 7，星期一 = 1）	2
%U	以週日計算、一年中的週數（00 到 53）	05
%w	星期幾編號（0 至 6，星期日 = 0）	2
%W	以週一計算、一年中的周數（00 到 53）	05
%x	日期（當地語系化）	02/01/11
%X	時間（當地語系化）	21：39：46
%y	2 位數年份	11
%Y	4 位數年份	2011
%Z	時區名稱	CET

列表 10-2：傳回現在時間字串的函式

time/curr_time.c

```
#include <time.h>
#include "curr_time.h"          /* Declares function defined here */

#define BUF_SIZE 1000

/* Return a string containing the current time formatted according to
   the specification in 'format' (see strftime(3) for specifiers).
   If 'format' is NULL, we use "%c" as a specifier (which gives the'
   date and time as for ctime(3), but without the trailing newline).
   Returns NULL on error. */

char *
currTime(const char *format)
{
    static char buf[BUF_SIZE];  /* Nonreentrant */
    time_t t;
    size_t s;
    struct tm *tm;

    t = time(NULL);
    tm = localtime(&t);
    if (tm == NULL)
        return NULL;

    s = strftime(buf, BUF_SIZE, (format != NULL) ? format : "%c", tm);
```

```
    return (s == 0) ? NULL : buf;
}
```

time/curr_time.c

從可列印格式轉換為分解時間

函式 *strptime()* 是 *strftime()* 的反向函式，將一個日期與時間的字串轉換為分解時間。

```
#include _XOPEN_SOURCE
#include <time.h>

char *strptime(const char *str, const char *format, struct tm *timeptr);
```

Returns pointer to next unprocessed character in *str* on success, or NULL on error

函式 *strptime()* 依照參數 format 的格式要求，解析 str 的日期與時間字串，並將轉換後的分解時間儲存在指標 timeptr 所指的結構中。

若執行成功，則 *strptime()* 傳回一個指標，指向 str 中下個未處理的字元。（若字串包含需要呼叫者程式處理的資訊，則此特性就能派上用場。）若無法匹配完整的格式字串，則 *strptime()* 會傳回 NULL，以表示錯誤。

在 *strptime()* 的格式規範類似 scanf(3)，包含下列的字元類型：

- 轉換規格（conversion specification）以一個百分比（%）字元開頭。
- 空白字元意謂在輸入的字串可以是零個或多個空格。
- （% 以外的）非空白字元必須與輸入字串完整匹配。

轉換規格與 *strftime()* 相似（表 10-1），主要的差異在於，此處的說明符號較為通用。例如，%a 與 %A 都能接受不拘於星期名稱的全名或簡稱，而 %d 和 %e，無論單個數字的前面是否有 0，皆可用於讀取一個月內的一天。此外，不分大小寫，例如，May 和 MAY 是等價的月份名稱。字串 %% 可用以比對輸入字串中的百分比字元。細節可參考 *strptime(3)* 手冊。

於 glibc 實作的 *strptime()* 不會修改尚未經過 format 說明符初始化的 tm 結構中的那些欄位。這表示我們可以連續呼叫 *strptime()*，以從多個字串（比如一個日期字串和一個時間字串）中的資訊建構出單個 tm 結構。雖然 SUSv3 允許這樣的行為，但是沒有強制規範，所以並不是全部的 UNIX 系統都能這麼做。若要保證應用程式的可攜性，則須確保 str 和 format 中的輸入資訊能足以設定 tm 結構的每個欄位，或是要確定在呼叫 *strptime()* 之前已經對 tm 結構進行適當的初始化。在多數的情況，以 *memset()* 將整個結構設定為 0 也就足夠，但須留意的是，在 glibc 和許多其他時間轉換函式的實作中，*tm_mday* 欄位值為 0 的意思是上個月的最後一天。最後須注意的是，*strptime()* 絕對不會設定 tm 結構的 *tm_isdst* 欄位。

> GNU C 函式庫還提供兩個目的與 *strptime()* 相似的函式：*getdate()*（已由 SUSv3 規範，且應用廣泛）及其可重入版本 *getdate_r()*（在 SUSv3 中未定義，僅有少數 UNIX 系統提供）。此處將不會介紹這些函式，因為它們用外部檔案（由 DATEMSK 環境變數設定）來指定掃描日期所用的格式，這不但令其難以使用，而且也會在 set-user-ID 程式中造成安全漏洞。

列表 10-3 示範了 *strptime()* 與 *strftime()* 的用法，此程式從命令列參數取得日期和時間，並以 *strptime()* 將其轉換為分解時間，接著顯示 *strftime()* 反向轉換的結果。此該程式最多可接收三個參數，其中前兩個參數是必要的。第一個參數是包含日期和時間的字串。第二個參數是 *strptime()* 要解析第一個參數時使用的格式規定。選配的第三個參數是 *strftime()* 進行逆向轉換時使用的格式字串，若省略此參數，則會使用預設的格式字串。（本程式使用的 *setLocale()* 函式將在 10.4 節介紹。）以下的 shell 作業階段日誌展示此程式的使用方式：

```
$ ./strtime "9:39:46pm 1 Feb 2011" "%I:%M:%S%p %d %b %Y"
calendar time (seconds since Epoch): 1296592786
strftime() yields: 21:39:46 Tuesday, 01 February 2011 CET
```

下列的用法也是相似的，只是這次我們為 *strftime()* 明確指定格式：

```
$ ./strtime "9:39:46pm 1 Feb 2011" "%I:%M:%S%p %d %b %Y" "%F %T"
calendar time (seconds since Epoch): 1296592786
strftime() yields: 2011-02-01 21:39:46
```

列表 10-3：檢索並轉換日曆時間

time/strtime.c

```
#define _XOPEN_SOURCE
#include <time.h>
#include <locale.h>
#include "tlpi_hdr.h"

#define SBUF_SIZE 1000

int
main(int argc, char *argv[])
{
    struct tm tm;
    char sbuf[SBUF_SIZE];
    char *ofmt;
```

```
    if (argc < 3 || strcmp(argv[1], "--help") == 0)
        usageErr("%s input-date-time in-format [out-format]\n", argv[0]);

    if (setlocale(LC_ALL, "") == NULL)
        errExit("setlocale");   /* Use locale settings in conversions */

    memset(&tm, 0, sizeof(struct tm));          /* Initialize 'tm' */
    if (strptime(argv[1], argv[2], &tm) == NULL)
        fatal("strptime");

    tm.tm_isdst = -1;           /* Not set by strptime(); tells mktime()
                                   to determine if DST is in effect */
    printf("calendar time (seconds since Epoch): %ld\n", (long) mktime(&tm));

    ofmt = (argc > 3) ? argv[3] : "%H:%M:%S %A, %d %B %Y %Z";
    if (strftime(sbuf, SBUF_SIZE, ofmt, &tm) == 0)
        fatal("strftime returned 0");
    printf("strftime() yields: %s\n", sbuf);

    exit(EXIT_SUCCESS);
}
```

time/strtime.c

10.3 時區

在不同的國家（有時一個國家會有不同地區）會使用不同的時區和日光節約時間規定（DST）。對需要輸入和輸出時間的程式而言，執行時必須估計系統所在的時區和日光節約時間的規定。所幸這些細項已經在 C 函式庫處理好了。

時區定義

由於時區資訊既多又易於改變，因此系統並非直接將時區編碼在程式或函式庫中，而是以標準格式儲存於檔案中維護。

這些檔案位於 /usr/share/zoneinfo 目錄。此目錄的每個檔案都包含一個特定國家或地區的時區制度資訊。這些檔案依其所述的時區命名，所以我們可以看到如 EST（美國東部標準時間）、CET（中歐時間）、UTC、Turkey 和 Iran 這類的檔名。此外，能以子目錄對相關的時區進行階層分組。例如，在 Pacific 目錄底下，可以找到 Auckland、Port_Moresby 和 Galapagos 等檔案。當我們以程式設定使用的時區時，實際上是指定此目錄底下的某個時區檔案之相對路徑名稱。

系統的本地時間定義於 /etc/localtime 時區檔，通常連結到 /usr/share/zoneinfo 中的檔案。

時區檔格式的文件位在 tzfile(5) 使用手冊，可使用 zic(8)（時區資訊編譯器，zoone information compiler）建立時區檔。指令 zdump(8) 可根據指定的時區檔之時區顯示目前的時間。

為程式指定時區

若要在執行程式時指定時區，則須將 TZ 環境變數設定為一個由冒號（:）組成的字串，後面接著定義於 /usr/share/zoneinfo 的時區名稱。設定時區就會影響到這些函式：*ctime()*、*localtime()*、*mktime()* 及 *strftime()*。

為了取得目前的時區設定，每個函式都會用 *tzset(3)* 對三個全域變數進行初始化：

```
char *tzname[2];      /* Name of timezone and alternate (DST) timezone */
int daylight;         /* Nonzero if there is an alternate (DST) timezone */
long timezone;        /* Seconds difference between UTC and local
                         standard time */
```

函式 *tzset()* 會先檢查 TZ 環境變數，若未設定此變數值，則將時區初始化為 /etc/localtime 時區檔中預設的定義值。若 TZ 環境變數的值為空或是沒有匹配的時區檔，則使用 UTC。可將 TZDIR 環境變數（非標準的 GNU 擴充）設定為搜尋時區資訊的目錄名稱，以取代預設的 /usr/share/zoneinfo 目錄。

我們可透過執行列表 10-4 的程式，以觀察 TZ 變數的效果。在第一次執行時，我們看到輸出是相對應系統的預設時區（中歐時間，CET）。在第二次執行時，我們將指定時區為紐西蘭（New Zealand），此區在每年的此時已進入日光節約時間，在 CET 的前 12 個小時。

```
$ ./show_time
ctime() of time() value is:  Tue Feb  1 10:25:56 2011
asctime() of local time is:  Tue Feb  1 10:25:56 2011
strftime() of local time is: Tuesday, 01 Feb 2011, 10:25:56 CET
$ TZ=":Pacific/Auckland" ./show_time
ctime() of time() value is:  Tue Feb  1 22:26:19 2011
asctime() of local time is:  Tue Feb  1 22:26:19 2011
strftime() of local time is: Tuesday, 01 February 2011, 22:26:19 NZDT
```

列表 10-4：示範時區與地區的效果

time/show_time.c

```
#include <time.h>
#include <locale.h>
#include "tlpi_hdr.h"

#define BUF_SIZE 200
```

```
int
main(int argc, char *argv[])
{
    time_t t;
    struct tm *loc;
    char buf[BUF_SIZE];

    if (setlocale(LC_ALL, "") == NULL)
        errExit("setlocale");   /* Use locale settings in conversions */

    t = time(NULL);

    printf("ctime() of time() value is:  %s", ctime(&t));

    loc = localtime(&t);
    if (loc == NULL)
        errExit("localtime");

    printf("asctime() of local time is:  %s", asctime(loc));

    if (strftime(buf, BUF_SIZE, "%A, %d %B %Y, %H:%M:%S %Z", loc) == 0)
        fatal("strftime returned 0");
    printf("strftime() of local time is: %s\n", buf);

    exit(EXIT_SUCCESS);
}
```

time/show_time.c

在 SUSv3 定義了設定 TZ 環境變數的兩個通用方法：一則如前述，可將 TZ 設定為由冒號加上字串組成的字元序列，其中的字串用於標識時區，此方法隨著實作而異，通常是以路徑名稱作為時區描述檔的路徑名。（Linux 與一些其他的 UNIX 系統在使用此格式時，可以省略冒號，但是在 SUSv3 並沒有特別規範，所以若考量可攜性，建議都要加上冒號。）

在 SUSv3 中有完整定義設定 TZ 的方法，此方法可以將如下形式的字串賦予 TZ：

std offset [*dst* [*offset*][, *start-date* [/*time*] , *end-date* [/*time*]]]

為了便於閱讀，上面這行字串加入了空格，但實際上，TZ 值是不會包含任何的空格，中括號（[]）是用來表示選配元件。

元件 std 和 dst 是字串，用以定義標準及 DST 時區的名稱。例如，CET 與 CEST 分別為中歐時間與中歐夏令時間。各種情況下的 offset 分別表示，在轉換為 UTC 時，需要增加到本地時間的正或負調整值。最後四個元件提供一項規則，用以描述何時開始從標準時間變更為 DST。

日期能以各種格式設定，其中一種是 *Mm.n.d*，此符號的意思是：第 m(1 ～ 12) 月、第 *n* 週（1 ～ 5，第 5 週一定有最後一個 d）、星期 *d*（0= 星期日，6= 星期六）。若省略 time，則無論何種情況下，預設都是 02:00:00（上午 2 點）。

以下是我們如何將 TZ 定義為中歐（Central Europe）時區，這裡的標準時間比 UTC 早 1 小時，且 DST 始於 3 月的最後一個星期日，直至 10 月的最後一個星期日結束，比 UTC 早 2 小時。

```
TZ="CET-1:00:00CEST-2:00:00,M3.5.0,M10.5.0"
```

我們省略了 DST 轉換時間的設定，因為預設時間是在 02:00:00。當然，相較之下，上述格式較缺乏可讀性：

```
TZ=":Europe/Berlin"
```

10.4 地區（Locale）

全世界有數千種的語言，其中有相當大的比例用在電腦系統上。此外，不同的國家在顯示如數字、貨幣金額、日期和時間等資訊也都不同。例如，歐洲多數的國家在分隔數字（實數）的整數和小數部分是使用逗號，而不是小數點，而多數國家使用的日期格式也與美國採用的 MM/DD/YY 格式不同。SUSv3 對 locale 的定義為：「一個使用者環境中，與語言及文化習俗相關的子集」。

理想上，全部設計用來在多個地區執行的程式都應該處理地區（locales）概念，依照使用者的語言和格式來顯示資訊及接收輸入的資訊。這構成了一個複雜的國際化（internationalization）主題。在理想國度中，我們只需要一次寫完程式，則可以在任何地方執行，程式在進行 I/O 時，則會自動正確工作，亦即，這需要進行本土化（localization）的任務。即使有各種工具可用來減輕負擔，但是程式的國際化還是個耗時的工作。如 glibc 之類的函式庫也提供協助國際化的設施（facility）。

> 術語 internationalization 經常寫作 I18N，意即：I 加上 18 個字母再加 N。這一形式既便於快速書寫，又避免了單詞本身在英語和美語間拼寫方式不同的問題。

地區定義（Locale Definition）

如同時區資訊，地區資訊也是既繁多且善變的。基於此原因，與其要求每個程式和函式庫儲存地區資訊，不如由系統依標準格式將地區資訊儲存於檔案維護。

所維護的地區資訊位於 `/usr/share/local` 底下的目錄階層裡（或是有些發行版本是在 `/usr/lib/local`）。此目錄底下的每個子目錄都有特定地區的資訊，這些目錄的命名遵循以下的協議：

language[_*territory*[.*codeset*]][@*modifier*]

其中，*language* 是雙字母的 ISO 語言代碼，territory 是雙字母的 ISO 國家代碼，而 *codeset* 表示字元編碼集，modifier 則提供了一種方法，用以區分多個地區目錄下 language、territory 和 codeset 均相同的狀況。這裡有個完整的地區目錄名稱範例，`de_DE.utf-8@euro`，表示德語、德國、UTF-8 字元編碼，並採用歐元作為貨幣單位。

如同命名格式中的中括號所示，可以將地區目錄名稱中的相應部分省略。通常命名只包括語言和國家。因此，`en_US` 目錄是（說英語的）美國的地區目錄，而 `fr_CH` 則是瑞士法語區的地區目錄。

> 這裡的 CH 代表 Confoederatio Helvetica，在拉丁語（本土中性語言，locally language-neutra）中的意思是「瑞士」。由於有四種官方語言，瑞士是一個國家跨多時區的一個範例。

當我們在程式中指定使用的地區時，實際上是指定 `/usr/share/locale` 底下的某個子目錄名稱。若程式指定的地區沒有匹配任何的子目錄名稱，則 C 函式庫會依照下列的順序，從指定的地區（locale）中剝離（strip）元件，以尋求匹配：

1. codeset（字元編碼）
2. normalized codeset（標準化字元編碼）
3. territory
4. modifier

標準化字元編碼是一個字元編碼版本的名稱，剔除了全部非字母、非數字的字元，並將全部的字母轉換為小寫，最後在產生的字串前冠上 ISO 三個字元。標準化的目的在於排除字元編碼名稱中的大小寫和標點符號（例如，額外的連字號）而產生的差異。

這裡是個剝離過程的例子，假設一個程式指定的地區為 *fr_CH.utf-8*，但此名稱的地區目錄並不存在，但若 fr_CH 地區目錄存在，則會與之匹配。若 fr_CH 目錄也不存在，則將採用 fr 地區目錄。最慘的若 fr 目錄也不存在，則簡而言之，*setlocale()* 函式將回報錯誤。

> /user/share/locale/locale.alias 檔案定義了為程式設定地區的替代方案，細節請參考 *locale.aliases(5)* 手冊。

在每個地區子目錄中有一組標準檔，指定此地區的協議，如表 10-2 所示，下列是此表有幾點要注意的資訊：

- 檔案 LC_COLLATE 定義了一套規則，描述字元在字元集中是如何排序的（例如 alphabetical「按字母順序排列的」字元集順序）。這些規則將決定 strcoll(3) 與 strxfrm(3) 函式的動作。即使是使用基於拉丁語系的語言，亦不會遵循同樣的排序規則。例如，一些歐洲語系有額外字母，會在某些情況下排在字母 Z 之後。另外一些特殊情況，如西班牙語的雙字母序列 ll，排序時會位於字母 l 之後。又如德語的元音變音字元，如 ä，相對應於 ae，並與該雙字母排在相同位置。
- 目錄 LC_MESSAGES 是程式顯示資訊邁向國際化的步驟之一，要實現更全面的程式資訊國際化，可以採用訊息目錄（參考 *catopen(3)* 和 *catgets(3)* 使用手冊）或是 GNU 的 gettext API（參見 *http://www.gnu.org/*）。

> 版本 2.2.2 的 glibc 簡介許多新的、非標準的地區新類別。LC_ADDRESS 定義針對地區的郵政地址表示規則。LC_IDENTIFICATION 指定識別地區的資訊。LC_MEASUREMENT 定義地區的測量系統（例如，公制 / 英制）。LC_NAME 定義了特定地區的人名及頭銜表示規則。LC_PAPER 定義了該地區的標準紙張尺寸（例如，美國信紙及其他多數國家使用的 A4 格式紙）。LC_TELEPHONE 則定義了特定地區的國內及國際電話號碼表示規則，以及國際長途國家代碼和國際撥號首碼。

表 10-2：特定地區的子目錄內容

檔案名稱	目的
LC_CTYPE	該檔案包含字元分類（參考 *isalpha(3)* 手冊）以及大小寫轉換規則
LC_COLLATE	該檔案包含一字元集的排序規則
LC_MONETARY	該檔案包含幣值的格式化規則（參考 *localeconv(3)* 和 <locale.h>）
LC_NUMERIC	該檔案包含對幣值以外數位的格式化規則（參考 *localeconv(3)* 和 <locale.h>）
LC_TIME	該檔案包含對日期和時間的格式化規則
LC_MESSAGES	該目錄包含的檔案規範用於肯定和否定（是 / 否）回應的格式及數值

系統中實際定義的地區會有所不同。除了必須定義一個名為 POSIX（與 C 同義，後者的存在是由於歷史原因）的標準地區外，SUSv3 對此沒有提出要求。POSIX 反映了 UNIX 系統的歷史淵源。因此，系統基於 ASCII 字元集，使用英文描述日期與月份的名稱，以及用 "yes/no" 回應。該地區的貨幣和數字格式則處於未定義狀態。

> 指令 locale 可顯示目前地區環境（在 shell 之內）的相關資訊，指令 locale -a 將列出系統上定義的全部地區。

為程式設定地區

函式 *setlocale()* 可用於設定及查詢程式的所在地區。

```
#include <locale.h>

char *setlocale(int category, const char *locale);
```

Returns pointer to a (usually statically allocated) string identifying the new or current locale on success, or NULL on error

參數 category 選擇設定或查詢地區的哪個部分，可設定為表 10-2 所列的地區類別之其中一個常數名稱。所以，比如可以設定地區的時間顯示格式是德國，而地區的貨幣符號是美元。或者是更常見的，我們可以利用 LC_ALL 指定我們想要設定的地區之全部值。

使用 *setLocale()* 設定地區有兩種不同的方法，locale 參數可以是個字串，用以指定系統上定義的其中一個地區（例如，/usr/lib/locale 底下的子目錄名稱），比如 de_DE 或 en_US。另外，locale 可以指定為空字串，這表示 locale 的設定是從環境變數取得。

```
setlocale(LC_ALL, "");
```

我們必須進行此呼叫才能讓程式使用環境變數中的地區。若省略此呼叫，則這些環境變數將對程式無效。

當執行中的程式呼叫 *setLocale(LC_ALL，"")* 時，我們就能使用一組環境變數控制地區的各個內容，環境變數名稱對應於表 10-2 所列的類型：LC_CTYPE、LC_COLLATE、LC_MONETARY、LC_NUMERIC、LC_TIME 及 LC_MESSAGES。此外，我們可以用 LC_ALL 或 LANG 環境變數指定整個地區的設定。如果設定多個之前的環境變數，則 LC_ALL 會覆蓋所有其他的 LC_* 環境變數，而 LANG 的優先順序是最低的。因此，可以使用 LANG 為全部類別設定預設的地區，然後用個別的 LC_* 變數，將地區的整個內容設定為某些預設值以外的值。

在結果的部份，*setlocale()* 會返回一個指標，指向一個識別此類地區設定的字串（通常是靜態配置的）。若我們僅需查詢目前的地區設定不須更動時，則我們可以將 locale 參數指定為 NULL。

地區設定影響了許多 GNU/Linux 工具以及 glibc 許多函式的操作。其中有函式 *strftime()* 和 *strptime()*（10.2.3 節），當我們在不同地區執行列表 10-4 的程式時，*strftime()* 傳回的結果如下所示：

```
$ LANG=de_DE ./show_time                    German locale
ctime() of time() value is:  Tue Feb  1 12:23:39 2011
asctime() of local time is:  Tue Feb  1 12:23:39 2011
strftime() of local time is: Dienstag, 01 Februar 2011, 12:23:39 CET
```

下一個執行 LC_TIME 比 LANG 的優先權高的例子：

```
$ LANG=de_DE LC_TIME=it_IT ./show_time      German and Italian locales
ctime() of time() value is:  Tue Feb  1 12:24:03 2011
asctime() of local time is:  Tue Feb  1 12:24:03 2011
strftime() of local time is: martedi, 01 febbraio 2011, 12:24:03 CET
```

而這裡執行 LC_ALL 比 LC_TIME 的優先權高的例子：

```
$ LC_ALL=fr_FR LC_TIME=en_US ./show_time    French and US locales
ctime() of time() value is:  Tue Feb  1 12:25:38 2011
asctime() of local time is:  Tue Feb  1 12:25:38 2011
strftime() of local time is: mardi, 01 fevrier 2011, 12:25:38 CET
```

10.5 更新系統時鐘

我們現在探討兩個更新系統時鐘的介面：*settimeofday()* 與 *adjtime()*。應用程式很少用到這兩個介面，因為系統時間通常是由網路時間協定守護程式（Network Time Protocol daemon）這類工具維護的，而且呼叫它們需要具有（CAP_SYS_TIME）特權。

系統呼叫 *settimeofday()* 是 *gettimeofday()* 的逆向操作（這是我們在 10.1 節中說明的）：它將系統的日曆時間設定為 tv 所指的 timeval 結構中的秒和微秒。

```
#define _BSD_SOURCE
#include <sys/time.h>

int settimeofday(const struct timeval *tv, const struct timezone *tz);
```

成功時傳回 0，或者錯誤時傳回 -1

如同 *gettimeofday()*，*tz* 參數已經廢棄，而此參數應只設定為 NULL。

在 *tv.tv_usec* 欄位的微秒精度（precision）不代表我們在控制系統時鐘就能有微秒的準度（accuracy），因為時鐘的粒度（granularity）可能會大於微秒（亦即時鐘無法達到微秒準度）。

雖然 SUSv3 沒有定義 *settimeofday()*，但它已廣泛用於其他的 UNIX 系統。

> Linux 也提供 *stime()* 系統呼叫，用以設定系統時鐘。在 *settimeofday()* 與 *stime()* 之間的差異是，後者只允許以一秒的精度來表示新的日曆時間。如同 *time()* 與 *gettimeofday()*，*stime()* 與 *settimeofday()* 的並存是由於歷史因素：之後比較高精度的呼叫是在 4.2 BSD 增加的。

由 *settimeofday()* 呼叫造成的系統時間突然變化，會對倚靠系統時鐘單調遞增的應用程式造成負面影響（例如，*make(1)*、資料庫系統使用的時間戳記、或包含時間戳記的日誌檔）。基於這個理由，當對時間進行微幅調整時（幾秒鐘的級別），通常推薦使用函式庫的 *adjtime()* 函式，它將系統時鐘以粒度刻度調整至所需的值。

```
#define _BSD_SOURCE
#include <sys/time.h>

int adjtime(struct timeval *delta, struct timeval *olddelta);
```

成功時傳回 0，或者錯誤時傳回 -1

參數 delta 指向一個 timeval 結構，指定需要改變的時間之秒和微秒。若此值為正，則每秒都會增加額外的小量時間至系統時間，直到增加完所需的時間。若 delta 值為負，則時鐘以類似的方式減慢。

> 在 Linux/x86-32 以每 2000 秒變化 1 秒（或每天 43.2 秒）的比例調整時鐘。

在 *adjtime()* 呼叫時，可能有未完成的時鐘調整在進行中。此時，剩餘的未調整時間會存放在 olddelta 指向的 timeval 結構中。如果我們不在意這個值，我們可以將 olddelta 設定為 `NULL`。反之，如果我們只在意目前未完成時間校正的時間資訊，而並不想改變它，我們可以將 delta 參數設定為 `NULL`。

雖然 SUSv3 未規範 *adjtime()*，但是在多數 UNIX 系統都有提供。

> 在 Linux 系統上，*adjtime()* 是實作於更通用的（且更複雜的）Linux 特有的 *adjtimex()* 呼叫之上。網路時間協定（NTP）daemon 也使用了這個系統呼叫。若需要深入的資訊，可參考 Linux 原始程式碼、Linux adjtimex(2) 使用手冊及 NTP 規格書（Mills，1992）。

10.6 軟體時脈（jiffy）

本書所介紹的各種時間相關的系統呼叫之準度受限於系統軟體時脈（software clock) 的解析度（resolution），其度量單位稱為 jiffy。一個 jiffy 的大小是由核心程式碼的 HZ 常數所定義。這是核心基於 round-robin 分時排程演算法（35.1 節）分配 CPU 給行程的單位。

Linux/x86-32 在 2.4 或更新版本的核心中，軟體時脈的速度是 100 赫茲（hertz），也就是說，一個 jiffy 是 10 毫秒。

由於從 Linux 誕生以來，CPU 的速度已大為增長，在 Linux/x86-32，核心 2.6.0 版本的軟體時脈速度已經提高為 1000 赫茲。更高軟體時脈速率的好處是，計時器可以有更高的操作準度，以及能以更高的精度測量時間。然而，因為每個時鐘中斷都會消耗少量的 CPU 時間，這部分的時間 CPU 無法用來執行行程，所以時脈速度不能任意提升。

經過核心開發人員之間的的討論，最終決議將軟體時脈頻率變成一個可設定的核心選項（位於 *Processor type and features, Timer frequency* 之下）。自核心 2.6.13 版本起，時脈頻率可以設定為 100、250（預設值），或 1000 赫茲，其對應的 jiffy 值分別為 10、4 及 1 毫秒。自核心 2.6.20 版本起，額外增加一個頻率：300 赫茲，這個數字可以讓兩個常用的影像畫面更新率（video frame rate）整除：每秒 25 個畫面（PAL）及每秒 30 個畫面（NTSC）。

10.7 行程時間

行程時間是從建立行程之後所使用的 CPU 時間數。基於記錄的目的，核心將 CPU 時間分成以下兩部分：

- *使用者 CPU 時間*是在使用者模式下執行所花費的時間數量，有時也稱為虛擬時間（virtual time），這時間對於程式而言，是已經存取 CPU 的時間。
- *系統 CPU 時間*是在核心模式中執行所花費的時間數量。這是核心用於執行系統呼叫或代表程式執行的其他任務（例如，處理分頁錯誤）的時間。

有時候，我們將行程時間代表行程所消耗的全部 CPU 時間。

當我們在 shell 執行程式時，我們可以使用 *time(1)* 指令取得兩種的行程時間值，以及執行程式所需的實際時間。

```
$ time ./myprog
real    0m4.84s
```

```
user    0m1.030s
sys     0m3.43s
```

系統呼叫 *times()* 檢索行程時間資訊，並將結果透過 buf 所指的結構傳回。

```
#include <sys/times.h>

clock_t times(struct tms *buf);
```

Returns number of clock ticks (*sysconf(_SC_CLK_TCK)*) since "arbitrary" time in past on success, or *(clock_t)* –1 on error

由 buf 所指的 tms 結構格式如下：

```
struct tms {
clock_t tms_utime;      /* User CPU time used by caller */
clock_t tms_stime;      /* System CPU time used by caller */
clock_t tms_cutime;     /* User CPU time of all (waited for) children */
clock_t tms_cstime;     /* System CPU time of all (waited for) children */
};
```

結構 tms 的前兩個欄位傳回呼叫的行程至目前為止所用的使用者和系統 CPU 時間。最後兩個欄位傳回的資訊是：其父行程（如，*times()* 的呼叫者）已經完成 *wait()* 系統呼叫，其全部已經終止的子行程所使用的 CPU 時間資訊。

用在 tms 結構的四個欄位之 *clock_t* 資料型別是整數型別，以 clock tick（時鐘計時單元）為單位量測時間。我們可以呼叫 sysconf(_SC_CLK_TCK) 取得每秒的 clock tick 數，然後以此數除以 clock_t 值，以轉換為秒。（我們會在 11.2 節介紹 *sysconf()*。）

> 在多數的 Linux 硬體架構，*sysconf(_SC_CLK_TCK)* 傳回的數值是 100。與此對應的核心常數是 USER_HZ。然而，USER_HZ 在一些架構可以定義為 100 以外的值，如 Alpha 和 IA - 64。

如果執行成功，*times()* 的傳回值是從之前某個時間點開始算，總共消耗的（真實）時間（時間單位是 clock tick）。SUSv3 並未指定這個時間點，僅知道這個時間點是在呼叫的行程生命週期內的某一點。因此，若要讓程式碼可攜，則只能透過量測行程執行時耗費的時間，透過計算呼叫兩次 *times()* 的傳回值差異取得。然而，即使用這個方式，其實 *times()* 的傳回值還是不可靠，因為它會超出 *clock_t* 的值域，此時所指的值將再次回到 0（即，後呼叫的 *times()* 所傳回的數值會小於前面呼叫的 *times()* 傳回值）。較可靠的量測耗費時間方法是使用 *gettimeofday()* 函式（在 10.1 節有介紹）。

我們在 Linux 系統可以將 buf 參數設定為 NULL。在這種情況，*times()* 只是單純回傳函式的結果，然而，這樣是不可攜的，因為 SUSv3 並沒有規範可以將 buf 設定為 NULL，而且許多其他 UNIX 系統的這個參數都必須設定為非 NULL 值。

函式 *clock()* 提供了一個簡易介面，用以取得行程時間。它會傳回一個單值，即呼叫的行程它使用的 CPU 總時數（即使用者與系統）。

```
#include <time.h>

clock_t clock(void);
```

Returns total CPU time used by calling process measured in *CLOCKS_PER_SEC*, or *(clock_t) –1* on error

函式 *clock()* 傳回值之量測單位是 CLOCKS_PER_SEC，所以我們必須除以這個值以取得行程使用的 CPU 時間秒數。在 POSIX.1，無論底層的軟體時脈（10.6 節）解析度為何，CLOCKS_PER_SEC 固定是一百萬。而 *clock()* 的準度（accuracy）仍然受限於軟體時脈的解析度。

> 雖然 *clock()* 與 *times()* 的傳回值都是 clock_t 資料型別，但是這兩個介面採用的測量單位並不同。這是由於過去對 clock_t 的定義有衝突所導致的結果，一個定義是 POSIX.1 標準，而另一個定義是 C 程式設計語言的標準。

縱使 CLOCKS_PER_SEC 的值固定在一百萬，但是 SUSv3 註明此常數在非 XSI（non-XSI- conformant) 系統上可以是整數變數，以致我們無法將它視為一個可攜的編譯期常數（即，我們不能將它用在 #ifdef 前置處理表示式），因為它的型別可能會定義為長整數（即 1000000L），所以為了能可攜的在 *printf()* 輸出這個變數，我們必須將這個常數轉型為 long（見 3.6.2 節）。

對於 SUSv3 中的 *clock()* 應傳回「行程所使用的 CPU 時間」這句話，有開放給不同的釋義。在一些 UNIX 系統上，*clock()* 傳回的時間會包含等待子行程的 CPU 時間，而在 Linux 則無。

範例程式

列表 10-5 的程式示範如何使用本節所述的函式。函式 *displayProcessTimes()* 印出呼叫者提供的訊息，並接著使用 *clock()* 與 *times()* 檢索及顯示行程時間。主程式一開始先呼叫 *displayProcessTimes()* 函式，接著進入一個迴圈，透過重複呼叫 *getppid()* 以消耗一些 CPU 時間，再次呼叫 *displayProcessTimes()* 以查看此迴圈已消耗多少 CPU 時間。當我們以此程式呼叫一千萬次 *getppid()*，其結果如下：

```
$ ./process_time 10000000
CLOCKS_PER_SEC=1000000  sysconf(_SC_CLK_TCK)=100

At program start:
        clock() returns: 0 clocks-per-sec (0.00 secs)
        times() yields: user CPU=0.00; system CPU: 0.00
After getppid() loop:
        clock() returns: 2960000 clocks-per-sec (2.96 secs)
        times() yields: user CPU=1.09; system CPU: 1.87
```

列表 10-5：取得行程的 CPU 時間

time/process_time.c

```
#include <sys/times.h>
#include <time.h>
#include "tlpi_hdr.h"

static void             /* Display 'msg' and process times */
displayProcessTimes(const char *msg)
{
    struct tms t;
    clock_t clockTime;
    static long clockTicks = 0;

    if (msg != NULL)
        printf("%s", msg);

    if (clockTicks == 0) {      /* Fetch clock ticks on first call */
        clockTicks = sysconf(_SC_CLK_TCK);
        if (clockTicks == -1)
            errExit("sysconf");
    }

    clockTime = clock();
    if (clockTime == -1)
        errExit("clock");

    printf("        clock() returns: %ld clocks-per-sec (%.2f secs)\n",
            (long) clockTime, (double) clockTime / CLOCKS_PER_SEC);

    if (times(&t) == -1)
        errExit("times");
    printf("        times() yields: user CPU=%.2f; system CPU: %.2f\n",
            (double) t.tms_utime / clockTicks,
            (double) t.tms_stime / clockTicks);
}

int
main(int argc, char *argv[])
```

```
{
    int numCalls, j;

    printf("CLOCKS_PER_SEC=%ld  sysconf(_SC_CLK_TCK)=%ld\n\n",
            (long) CLOCKS_PER_SEC, sysconf(_SC_CLK_TCK));

    displayProcessTimes("At program start:\n");

    numCalls = (argc > 1) ? getInt(argv[1], GN_GT_0, "num-calls") : 100000000;
    for (j = 0; j < numCalls; j++)
        (void) getppid();

    displayProcessTimes("After getppid() loop:\n");

    exit(EXIT_SUCCESS);
}
```
time/process_time.c

10.8 小結

真實時間（real time）對應至時間的每天定義，當從一些標準點量測到真實時間時，我們偏好稱之為日曆時間，藉以與經過的時間（elapsed time）互相對照，經過的時間是從一個行程的生命週期內之某個點（通常是啟動時）開始測量的。

行程時間是一個行程使用的 CPU 時間量，並分為使用者時間與系統時間。

有各種系統呼叫可讓我們取得及設定系統時鐘的值（即日曆時間，從 Epoch 起算的秒數），以及一系列的函式庫函式可以完成日曆時間與其他時間格式之間的轉換，包括分解時間（broken-down）和可讀（human-readable）的字元字串。談論這類的轉換將我們帶到了地區（locale）與國際化（internationalization）的討論。

使用與顯示時間和日期在許多應用程式是很重要的部分，而我們在本書後續章節會經常使用本章介紹的函式，我們也會在第 23 章對時間的測量有稍微深入的探討。

進階資訊

關於 Linux 核心如何量測時間的細節可參考（Love，2010）。

關於時區和國際化的延伸討論可在 GNU C 函式庫手冊找到（線上網址：*http://www.gnu.org/*）。SUSv3 文件也有涵蓋地區的細節。

10.9 習題

10-1. 假設系統呼叫 *sysconf(_SC_CLK_TCK)* 的傳回值是 100。假設 *times()* 傳回的 *clock_t* 值是一個有號的 32 位元整數，需要多久這個值才能進入下一個從 0 開始的週期呢？請對 *clock()* 傳回的 CLOCKS_PER_SEC 值進行同樣的運算。

11

系統限制與選項

每個 UNIX 系統對各種系統功能與資源設限，並提供（或選擇不提供）由各種標準定義的選項，例如：

- 一個行程能同時開啟多少個檔案？
- 系統是否支援即時訊號？
- 型別為 int 的變數可儲存的最大值為何？
- 一個程式能有多大的參數清單？
- 路徑名稱的最大長度是多少？

我們雖能將假定的限制（limit）與選項（option）固定寫在應用程式裡，但會減少可攜性，因為限制與選項會隨之改變：

- **跨** ***UNIX*** **系統**：雖然限制與選項在各系統上可以是固定的，但是這些值隨著不同的 UNIX 系統而異，int 變數可以儲存的最大值就是這類限制的一個實例。
- **在特定系統的執行期環境**：比如：可以從核心重新設定限制值。此外，應用程式可能是在某系統編譯的，但是在另一個有不同限制與選項的系統上執行。
- **從一個檔案系統到另外一個檔案系統**：例如，在傳統的 System V 檔案系統之檔名最多可長達 14 個位元組，而傳統的 BSD 檔案系統與多數的原生 Linux 檔案系統的檔名則最多可長達 255 個位元組。

因為系統限制和選項會影響應用程式的行為，所以可攜的應用程式需要方法來定義限制值以及可用的選項。C 語言標準與 SUSv3 提供兩個重要途徑，讓應用程式取得這類資訊：

- 某些限制與選項可以在編譯期定義，例如，int 型別的最大值取決於硬體架構和編譯器的設計與選擇。此類限制會記錄在標頭檔中。
- 其他的限制與選項會在執行期時改變，對於這類情況，SUSv3 定義三個函式：*sysconf()*、*pathconf()* 及 *fpathconf()*，供應用程式呼叫以檢查系統系統的限制和選項。

SUSv3 指定合乎規範的系統必須遵守限制的範圍，以及特定系統是否能提供的一組選項。我們在本章介紹一些限制與選項，其他部份則在後續章節中，適時的介紹。

11.1 系統限制

SUSv3 要求全部的系統，對於 SUSv3 指定的限制都要提供一個最小值。在多數情況，此最小值會在 <limits.h> 的常數中定義，其命名則前綴 _POSIX_ 字串，而且（通常）還包含 _MAX 字串，因此命名格式則如 _POSIX_XXX_MAX。

若應用程式將每個限制都自我設限為 SUSv3 指定的最小值，則能移植到全部遵循此標準的系統。然而，這麼做會導致即使系統支援更高的限制，但是應用程式卻無法提升限制值。基於這項理由，通常在特定的系統上比較傾向使用 <limits.h>、*sysconf()* 或 *pathconf()* 定義限制值。

> 對於 SUSv3 定義的限制名稱，說這些包含 _MAX 字串名稱是最小值是挺令人困惑的。當我們了解這些用來定義某些資源或特性上限值的常數，標準的意思是，此上限值必須有明確的最小值時，這樣就能清楚理解了。
>
> 在某些情況，會將限制設定為最大值，而這些值的名稱包含了 _MIN 字串。這些常數所代表的意思是某些資源的下限，依標準所述，在符合標準的系統中，此下限不能大於某個值。例如，FLT_MIN(1E-37) 這個限制的定義是，設定系統中能夠表示的最小浮點數之最大值，而且全部遵循標準的系統至少都要能夠表示如此小的浮點數。

每個限制都有一個名稱，與上述最小值的名稱相對應，但少了 _POSIX_ 字首。系統能以此名稱在 <limits.h> 檔案定義一個常數，用以表示此系統的相應限制。若已定義，則此限制值將會一直保持至少等於前述的最小值（即 XXX_MAX >= _POSIX_XXX_MAX）。

SUSv3 將其規範的限制分為三類：執行期恆定值（runtime invariant value）、路徑名稱變動值（pathname variable value）和執行期可增值（runtime increasable value）。我們在下列的段落介紹這些類別並提供一些範例。

執行期恆定值（可能不確定）

所謂執行期恆定值是一種限制（若已定義於 <limits.h>），其值對於系統而言固定不變。然而，該值可能會是不確定的（或許是因為該值依賴可用的記憶體空間），因而在 <limits.h> 略過。在這種情況（即使該限制已定義於 <limits.h>），應用程式在執行期可以使用 *sysconf()* 定義該值。

MQ_PRIO_MAX 限制是個執行期恆定值的範例，如同 52.5.1 節所述，在 POSIX 訊息佇列中的訊息存在優先權的限制。SUSv3 將 _POSIX_MQ_PRIO_MAX 常數的值定義為 32，做為全部遵循規範的系統對此限制的最小值。這代表我們可以確定，全部遵循規範的系統可提供 0 到至少 31 為止的訊息優先權。UNIX 系統可以設定更高的值，將常數 MQ_PRIO_MAX 定義於 <limits.h> 做為其限制值。例如，Linux 將 MQ_PRIO_MAX 的值定義為 32,768，也能在執行期透過下列呼叫定義此值：

```
lim = sysconf(_SC_MQ_PRIO_MAX);
```

路徑名稱變動值

所謂路徑名稱變動值是與路徑名稱（檔案、目錄、終端機等）相關的限制，每個限制可以是系統定義的常數，也可以隨著不同的檔案系統而異。在限制值可能隨路徑名稱而異的情況下，應用程式可以使用 *pathconf()* 或 *fpathconf()* 定義其值。

NAME_MAX 限制是路徑名稱變動值的一個範例。此限制定義一個特定檔案系統的最大檔名長度。SUSv3 將 _POSIX_NAME_MAX 的值定義為 14（舊版的 System V 檔案系統限制），做為系統允許的最小限制值。系統可以將 NAME_MAX 定義為較高的值，且（或）透過下列的呼叫形式，取得特定檔案系統的資訊：

```
lim = pathconf(directory_path, _PC_NAME_MAX)
```

參數 *directory_path* 是在檔案系統上要取得的目錄路徑名稱資訊。

執行期可增值

執行期可增值是一種限制，在特定系統有其固定值，且全部的系統在實作時，至少須提供這個最小值。然而，特定系統可以在執行期增加此值，且應用程式可以使用 *sysconf()* 找出系統支援的實際值。

NGROUPS_MAX 是個執行期可增值的一個範例，定義一個行程所屬的補充群組 ID 之最大數量（9.6 節）。SUSv3 將相對應的最小值，_POSIX_NGROUPS_MAX 定義為 8。在執行期時，應用程式能使用 *sysconf(_SC_NGROUPS_MAX)* 呼叫取得此限制值。

節錄 SUSv3 的限制

表 11-1 是與本書相關的限制，同時也是 SUSv3 所定義的一部分（其他限制將在後續章節介紹）。

表 11-1：選擇的 SUSv3 限制

限制的名稱（<limits.h>）	最小值	在 *sysconf()* / *pathconf()* 中的參數命名（<unistd.h>）	說明
ARG_MAX	4096	_SC_ARG_MAX	提供給 *exec()* 的參數（*argv*）及環境變數（*environ*）之最大位元組數（見 6.7 節和 27.2.3 節）
none	None	_SC_CLK_TCK	提供給 *times()* 的量測單位
LOGIN_NAME_MAX	9	_SC_LOGIN_NAME_MAX	登入名稱的最大長度（包含結尾的空字元）
OPEN_MAX	20	_SC_OPEN_MAX	一個行程同時可開啟的檔案描述符最大數量，且會比最大的可用描述符數量多 1（見 36.2 節）
NGROUPS_MAX	8	_SC_NGROUPS_MAX	行程所屬的補充群組 ID 數量之最大值（見 9.7.3 節）
none	1	_SC_PAGESIZE	一個虛擬記憶體分頁的大小（_SC_PAGE_SIZE 與其同義）
RTSIG_MAX	8	_SC_RTSIG_MAX	單一（distinct）即時訊號的最大數量（見 22.8 節）
SIGQUEUE_MAX	32	_SC_SIGQUEUE_MAX	排隊即時訊號的最大數量（見 22.8 節）
STREAM_MAX	8	_SC_STREAM_MAX	同時可開啟的最大 *stdio* stream 數量
NAME_MAX	14	_PC_NAME_MAX	除了結尾的空字元，檔名的最大位元組長度
PATH_MAX	256	_PC_PATH_MAX	路徑名稱的最大位元組長度，包含結尾的空字元
PIPE_BUF	512	_PC_PIPE_BUF	一次性（原子式操作，atomically）寫入管線或 FIFO 的資料之最大位元組數（44.1 節）

表 11-1 的第一行是限制的名稱，可定義為 <limits.h> 中的常數，用於表示特定實作的限制。第二行是 SUSv3 對這些限制所定義的最小值（也定義於 <limits.h>）。在多數情況，會將每個最小值定義為常數，並且以 _POSIX_ 字串為字首。例如，常數 _POSIX_RTSIG_MAX（其值定義為 8）為 SUSv3 對相應的 RTSIG_MAX 常數所要求的最小值。第三行指定的常數名稱在執行期時可用於 *sysconf()* 或 *pathconf()*，以取得系統的限制值。以 _SC_ 開頭的常數可用於 *sysconf()*，而以 _PC_ 開頭的常數則適用於 *pathconf()* 與 *fpathconf()*。

請注意下列表 11-1 的補充資訊：

- 函式 *getdtablesize()* 是一個行程檔案描述符（OPEN_MAX）限制的備案，目前已經停用。此函式曾定義於 SUSv2（標示為 LEGACY），但在 SUSv3 已移除。
- 函式 *getpagesize()* 是一個系統分頁大小（_SC_PAGESIZE）的備案，目前已經停用。此函式曾定義於 SUSv2（標示為 LEGACY），但在 SUSv3 已移除。
- 定義於 <stdio.h> 的 FOPEN_MAX 常數，與 STREAM_MAX 常數同義。
- NAME_MAX 不包含結尾的空字元，但 PATH_MAX 則有包含。在 POSIX.1 標準中，定義 PATH_MAX 時，對於是否包含終止空字元始終含糊不清，而上述差異則恰好彌補了這個缺陷。定義 PATH_MAX 須包含結束字元代表著，為路徑名稱配置 PATH_MAX 個位元組的應用程式依然可以與標準相容。

從 shell 取得限制與選項：getconf

我們可以在 shell 使用 getconf 指令取得特定 UNIX 系統提供的限制與選項。該指令的通用格式如下：

```
$ getconf variable-name [ pathname ]
```

variable-name 代表使用者想取得的限制，也就是 SUSV3 標準中的其中一個限制名稱，例如：ARG_MAX 或 NAME_MAX。關於與路徑名稱有關的限制，我們必須指定一個路徑名稱做為指令的第二個參數，如下第二個範例所示。

```
$ getconf ARG_MAX
131072
$ getconf NAME_MAX /boot
255
```

11.2 在執行期取得系統限制（及選項）

sysconf() 函式允許應用程式在執行期取得系統限制值。

```
#include <unistd.h>

long sysconf(int name);
```

Returns value of limit specified by *name*,
or –1 if limit is indeterminate or an error occurred

參數 name 是定義於 <unistd.h> 的其中一個 _SC_* 常數，部分列於表 11-1，函式傳回的結果即是限制值。

若 *sysconf()* 無法確定限制值或發生錯誤，則傳回 -1。（唯一指定的錯誤是 EINVAL，表示 name 無效。）為了區別上述兩種情況，我們必須在呼叫函式以前將 errno 設定為 0，若呼叫傳回 -1，且呼叫後 errno 值不為 0，則表示發生錯誤。

> 由 *sysconf()*（以及 *pathconf()* 與 *fpathconf()*）函式所傳回的限制值型別都是（長）整數型別。在對 *sysconf()* 函式的原理說明中，SUSv3 特別說明，一度曾考慮將字串作為可能的傳回值，但由於實作與使用的複雜度而否決了。

列表 11-1 示範如何使用 *sysconf()* 列出各種系統限制。在 Linux 2.6.31/x86-32 系統上執行此程式的結果如下：

```
$ ./t_sysconf
_SC_ARG_MAX:          2097152
_SC_LOGIN_NAME_MAX:   256
_SC_OPEN_MAX:         1024
_SC_NGROUPS_MAX:      65536
_SC_PAGESIZE:         4096
_SC_RTSIG_MAX:        32
```

列表 11-1：使用 *sysconf()*

syslim/t_sysconf.c

```
#include "tlpi_hdr.h"

static void             /* Print 'msg' plus sysconf() value for 'name' */
sysconfPrint(const char *msg, int name)
{
    long lim;

    errno = 0;
    lim = sysconf(name);
    if (lim != -1) {        /* Call succeeded, limit determinate */
```

```
        printf("%s %ld\n", msg, lim);
    } else {
        if (errno == 0)      /* Call succeeded, limit indeterminate */
            printf("%s (indeterminate)\n", msg);
        else                 /* Call failed */
            errExit("sysconf %s", msg);
    }
}

int
main(int argc, char *argv[])
{
    sysconfPrint("_SC_ARG_MAX:        ", _SC_ARG_MAX);
    sysconfPrint("_SC_LOGIN_NAME_MAX: ", _SC_LOGIN_NAME_MAX);
    sysconfPrint("_SC_OPEN_MAX:       ", _SC_OPEN_MAX);
    sysconfPrint("_SC_NGROUPS_MAX:    ", _SC_NGROUPS_MAX);
    sysconfPrint("_SC_PAGESIZE:       ", _SC_PAGESIZE);
    sysconfPrint("_SC_RTSIG_MAX:      ", _SC_RTSIG_MAX);
    exit(EXIT_SUCCESS);
}
```

syslim/t_sysconf.c

在 SUSv3 的規範中，*sysconf()* 所傳回的限制值在呼叫的行程之生命週期內必須是個常數。例如，我們可確定 _SC_PAGESIZE 限制的傳回值在行程執行期間不會改變。

> 在 Linux 系統，對於「在行程的生命週期內，限制值必須是個常數」這件事，有一些（合理的）例外。行程能使用 *setrlimit()*（36.2 節）更改各種行程的資源限制，這也會影響 *sysconf()* 回報的限制值：RLIMIT_NOFILE 定義行程能夠開啟的檔案數量（_SC_OPEN_MAX）；RLIMIT_NPROC（實際並未納入 SUSv3 規範），這是限制每個使用者能以此行程建立的子行程數量（_SC_CHILD_MAX）；從 Linux 2.6.23 起，RLIMIT_STACK 定義行程的命令列參數與環境變數之空間限制（_SC_ARG_MAX，細節請參考 *execve(2)* 手冊）。

11.3 於執行期取得檔案相關的限制（與選項）

函式 *pathconf()* 與 *fpathconf()* 允許應用程式在執行期取得檔案相關的限制值。

```
#include <unistd.h>

long pathconf(const char *pathname, int name);
long fpathconf(int fd, int name);
```

Both return value of limit specified by *name*,
or –1 if limit is indeterminate or an error occurred

在 *pathconf()* 與 *fpathconf()* 之間的唯一差異是開啟檔案或目錄的方式。以 *pathconf()* 而言，是指定路徑名稱，而 *fpathconf()* 則是透過（先前開啟的）檔案描述符。

參數 name 是定義於 `<unistd.h>` 的其中一個 _PC_* 系列常數，部份已列在表 11-1。表 11-2 對表 11-1 所示的 _PC_* 常數提供了一些更深入的細節。

函式傳回的結果即是限制值，我們能用與 *sysconf()* 一樣的方法來區分回傳的是限制值還是發生錯誤。

與 *sysconf()* 不同的地方是，SUSv3 並不要求 *pathconf()* 與 *fpathconf()* 的傳回值必須在行程的生命週期內保持不變。因為，比如，在行程執行時，檔案系統可能會被卸載並以不同的性質重新掛載。

表 11-2：選定的 *pathconf()* 之 _PC_* 命名細節

常數	說明
_PC_NAME_MAX	對於一個目錄，該目錄中檔名的最大長度，對於其他檔案類型則未規範。
_PC_PATH_MAX	對於一個目錄，該目錄中相對路徑名稱的最大長度，對於其他檔案類型則未規範。
_PC_PIPE_BUF	對於 FIFO 或者管線，這個值是套用在參考的檔案。對於一個目錄，該值套用於該目錄中建立的 FIFO。對於其他檔案類型則未規範。

列表 11-2 示範使用 *fpathconf()* 函式取得其標準輸入所參考的檔案之各種限制。當我們執行此程式時將 *ext2* 檔案系統上的目錄指定為標準輸入，其結果如下：

```
$ ./t_fpathconf < .
_PC_NAME_MAX:  255
_PC_PATH_MAX:  4096
_PC_PIPE_BUF:  4096
```

列表 11-2：使用 *fpathconf()*

syslim/t_fpathconf.c

```
#include "tlpi_hdr.h"

static void             /* Print 'msg' plus value of fpathconf(fd, name) */
fpathconfPrint(const char *msg, int fd, int name)
{
    long lim;

    errno = 0;
    lim = fpathconf(fd, name);
    if (lim != -1) {        /* Call succeeded, limit determinate */
        printf("%s %ld\n", msg, lim);
    } else {
        if (errno == 0)     /* Call succeeded, limit indeterminate */
```

```
            printf("%s (indeterminate)\n", msg);
        else                    /* Call failed */
            errExit("fpathconf %s", msg);
    }
}

int
main(int argc, char *argv[])
{
    fpathconfPrint("_PC_NAME_MAX: ", STDIN_FILENO, _PC_NAME_MAX);
    fpathconfPrint("_PC_PATH_MAX: ", STDIN_FILENO, _PC_PATH_MAX);
    fpathconfPrint("_PC_PIPE_BUF: ", STDIN_FILENO, _PC_PIPE_BUF);
    exit(EXIT_SUCCESS);
}
```

syslim/t_fpathconf.c

11.4 未定義的限制（Indeterminate Limit）

我們有時會發現某些系統限制沒有定義限制常數（如：PATH_MAX），因而 *sysconf()* 或 *pathconf()* 會通知我們未定義此限制 (如：_PC_PATH_MAX)。此時，我們可以採用下列其中一個策略：

- 在設計跨 UNIX 系統的可攜式應用程式時，我們可選擇使用 SUSv3 規範的最小限制值。諸如 _POSIX_*_MAX 形式命名的常數，細節請參考 11.1 節。此方法有時並不可行，因為該限制已低到不符合現實，正如 _POSIX_PATH_MAX 與 _POSIX_OPEN_MAX 的情況。
- 在某些情況，實際的解法是忽略檢查限制，改以執行相關的系統呼叫或函式庫函式。（類似的觀點也適用於 11.5 節所述的一些 SUSv3 選項。）若呼叫失敗，則 errno 會指出發生的錯誤，因為超出某些系統限制，因而我們可以重新嘗試、根據需求修改應用程式的行為。例如，多數的 UNIX 系統會限制一個行程的即時訊號在佇列的數量。一旦達到限額，則再（使用 *sigqueue()* 函式）發送訊號將會造成 EAGAIN 錯誤。此時，發送訊號的行程只能單純地在一段延遲間隔之後重送。同樣地，若試圖開啟一個檔名過長的檔案，則會產生 ENAMETOOLONG 錯誤，而應用程式可重新嘗試較短的檔名來處理這個問題。
- 我們可以自己設計程式或函式，以推論或估測限制值。在各種情況都先呼叫相關的 *sysconf()* 或 *pathconf()*，而若限制值未定，則函式傳回一個推估的值。雖然不是很完美，但這樣的解法通常在實務上是可行的。

- 我們用 GNU Autoconf 這類的擴充工具，就可以確定各種系統特性及限制的存在及設定。Autoconf 程式基於所收集到的資訊而產生標頭檔，並將這些檔案引入（include）C 程式。關於 Autoconf 的更多資訊，請參考 *http://www.gnu.org/software/autoconf/*。

11.5 系統選項

如同對各種系統資源的限制加以規範，SUSv3 還規範 UNIX 系統可支援的各種選項。包括對即時訊號、POSIX 共享記憶體、工作控制及 POSIX 執行緒等功能的支援。SUSv3 並不要求系統要支援全部的選項（只有一些選項例外），反而允許系統提出建議，可在編譯期與執行期決定是否支援特定功能。

系統將相對應的常數定義在 `<unistd.h>`，使得在編譯期時，能夠宣告所支援的 SUSv3 選項。這類常數的命名都會有個字首，用以表示其所源自的標準（如 `_POSIX_` 或 `_XOPEN_`）。

每個定義過的選項常數其值必為下列之一：

- 若值為 -1，則表示系統不支援該選項。此時，系統不須定義與選項相關的標頭檔、資料型別以及函式介面。我們會需要使用 `#if` 前置處理程式（preprocessor directive），有條件的編譯來處理這種情況。
- 若值為 0，則表示系統可能有支援該選項，應用程式必須在執行期檢查該是否支援該選項。
- 若值大於 0，則表示系統支援該選項。與此選項相關的全部標頭檔、資料型別及函式介面都已定義，且行為也符合規範要求。在許多情況下，SUSv3 要求此正值為 `200112L`，此常數對應於 SUSv3 批准的標準年份與月數。（在 SUSv4 的類似值是 `200809L`。）

常數定義為 0 時，應用程式可使用 *sysconf()* 與 *pathconf()*（或 *fpathconf()*）函式在執行期檢查是否有支援該選項。傳遞給這些函式的 name 參數格式通常與相對應的編譯期常數一樣，只是字首改成 `_SC_` 或 `_PC_`。系統至少必須提供標頭檔、常數以及進行執行期檢查所需的函式介面。

> 對於未定義的選項常數，其含義是等同於值為 0 的常數（可能支援該選項）或值為 -1 的常數（不支援該選項），在 SUSv3 並未明確規範。標準委員會之後決定，即這樣的情況應該表示與值定義為 -1 的常數含義相同，並且在 SUSv4 明確規範。

表 11-3 列出了 SUSv3 規範的一些選項。表中第一行提供選項（定義於 <unistd.h>）相關的編譯期常數名稱，以及相對應的 *sysconf()* (_SC_*) 或 *pathconf()* (_PC_*) 函式的 name 參數。對於特定選項，請注意以下幾點：

- 某些選項在 SUSv3 中是必需的，即編譯期常數的值永遠大於 0。以往這些選項的確是選配的，但如今並非如此。在「備註」欄會以字元「+」標示這選項。（許多在 SUSv3 中的選配選項在 SUSv4 中已經成為標配選項。）

  雖然這類選項在 SUSv3 中是必需的，但在安裝一些 UNIX 系統時，若設定不當，系統依然會與規範不符。因此，對於可攜的應用程式，無論標準是否要求，對於會影響應用程式的選項，都需要檢查是否支援。

- 對於某些選項，其編譯期常數必須為 -1 以外的值。換句話說，若非必須支援該選項，則是必須能在執行期檢查是否支援該選項。這些選項在「備註」欄會以「*」字元標示。

表 11-3：選擇的 SUSv3 選項

選項（常數）名（*sysconf()* / *pathconf()* 的 name 參數）	**說明**	**備註**
_POSIX_ASYNCHRONOUS_IO (_SC_ASYNCHRONOUS_IO)	非同步 *I/O*	
_POSIX_CHOWN_RESTRICTED (_PC_CHOWN_RESTRICTED)	僅有特權級行程能使用 *chown()* 和 *fchown()* 將檔案的使用者 ID 和群組 ID 修改為任意值（15.3.2 節）	*
_POSIX_JOB_CONTROL (_SC_JOB_CONTROL)	工作控制（34.7 節）	+
_POSIX_MESSAGE_PASSING (_SC_MESSAGE_PASSING)	*POSIX* 訊息佇列（第 52 章）	
_POSIX_PRIORITY_SCHEDULING (_SC_PRIORITY_SCHEDULING)	行程排班（35.3 節）	
_POSIX_REALTIME_SIGNALS (_SC_REALTIME_SIGNALS)	即時訊號擴充（22.8 節）	+
_POSIX_SAVED_IDS(none)	行程擁有的 saved set-user-ID 與 saved set-group-ID（9.4 節）	
_POSIX_SEMAPHORES (_SC_SEMAPHORES)	*POSIX* 號誌（第 53 章）	
_POSIX_SHARED_MEMORY_OBJECTS (_SC_SHARED_MEMORY_OBJECTS)	*POSIX* 共享記憶體物件（第 54 章）	
_POSIX_THREADS (_SC_THREADS)	*POSIX* 執行緒	
_XOPEN_UNIX (_SC_XOPEN_UNIX)	支援 XSI 擴充功能（1.3.4 節）	

11.6 小結

SUSv3 對於系統實作必須支援的限制和可能支援的系統選項進行規範。

通常不建議將系統的限制和選項之假設值固定寫在程式裡，因為這些值可能隨系統而異，且在同一個系統上，也會因執行期或跨檔案系統而異。因此，SUSv3 規範了一些方法，讓系統能夠聲明本身所支援的限制與選項。SUSv3 對於大多數的限制都有規範全部系統必須提供的最小值。此外，每個系統可以在編譯期聲明實作的限制與選項（透過 `<limits.h>` 或 `<unistd.h>` 中的常數定義），且（或）在執行期（透過呼叫 *sysconf()*、*pathconf()* 或 *fpathconf()* 函式）。這些用來找出系統所支援的 SUSv3 選項技術都很類似。在一些情況時，或許無法使用這些方法取得特定的限制值。對於這類未定的限制，我們必須採用特殊技術以決定應用程式所應遵循的限制。

進階資訊

（Stevens & Rago，2005）的第 1 章和（Gallmeister，1995）的第 2 章皆涵蓋了與本章類似的背景。（Lewine，1991）也提供了很多有用的（雖然有點過時）背景知識。在 Linux 及 glibc 與 POSIX 選項有關的一些細節，可參考 *http://people.redhat.com/drepper/posix-option-groups.html*。相關的 Linux 手冊如下：*sysconf(3)*、*pathconf(3)*、*feature_test_macros(7)*、*posixoptions(7)* 及 *standards(7)*。

最佳的資訊來源（雖然有時難以閱讀）是 SUSv3 中的相關部分，尤其是基本定義（XBD，the Base Definitions）的第 2 章，以及 `<unistd.h>`、`<limits.h>`、*sysconf()* 與 *fpathconf()* 的規格。（Josey，2004）則提供了 SUSv3 的使用指導方針。

11.7 習題

11-1. 試著在其他 UNIX 系統執行列表 11-1 的程式。

11-2. 試著在其他檔案系統中執行列表 11-2 的程式。

12

系統與行程資訊

我們在本章探討存取各種系統與行程（process）資訊的方法，本章主要著重於討論 /proc 檔案系統，並介紹用以取得各種系統身分識別的 *uname()* 系統呼叫（system call）。

12.1 /proc 檔案系統

舊版的 UNIX 系統通常沒有簡單的方式可以在內部分析（或改變）核心（kernel）屬性，請試著回答下列問題：

- 系統上有多少個行程正在執行？誰是這些行程的擁有者？
- 一個行程已經開啟哪些檔案？
- 哪些檔案目前是上鎖狀態，而且是哪些行程上鎖的？
- 系統上有哪些使用中的 socket ？

有些舊款的 UNIX 系統對此問題的解法是，讓特權程式可以得知核心記憶體中的資料結構，不過此方法會產生各種問題。在實務上需要具備核心資料結構的特殊知識，而這些資料結構可能隨著核心版本而異，並需要重新撰寫使用這些資料結構的程式。

為了易於存取核心資訊，許多現在的 UNIX 系統會提供一個 /proc 檔案系統，這個檔案系統位在 /proc 目錄底下，裡頭的檔案包含了各式的核心資訊，可以讓行程僅使用一般檔案 I/O 系統呼叫，就能便利地讀取資訊，並在某些情況更改設定。會說 /proc 檔案系統是虛擬的，是因為裡頭的檔案與子目錄並不是位在磁碟上，而是在行程想要存取這些檔案時，核心會在一邊運作時，一邊建立這些檔案。

我們在本節綜觀 /proc 檔案系統，而在後續章節，我們會在每一章與 /proc 有關的主題特別介紹特定的 /proc 檔案。雖然很多 UNIX 系統都有提供 /proc 檔案系統，但是 SUSv3 並沒有特別規範這個檔案系統，本書會針對 Linux 系統才有的細節進行說明。

12.1.1 取得與行程有關的資訊：/proc/*PID*

核心會對系統上的每個行程提供一個對應的 /proc/*PID* 目錄名稱，這裡的 PID 是行程的 ID。在此目錄有各種與該行程相關的檔案與子目錄。例如：我們可以透過 /proc/1 目錄的檔案取得 init 行程的相關資訊，其行程 ID 恆為 1。

在每個 /proc/*PID* 目錄中的檔案，會有個名為 status 的檔案提供一些該行程的資訊：

```
$ cat /proc/1/status
Name:   init                            Name of command run by this process
State:  S (sleeping)                    State of this process
Tgid:   1                               Thread group ID (traditional PID, getpid())
Pid:    1                               Actually, thread ID (gettid())
PPid:   0                               Parent process ID
TracerPid:      0                       PID of tracing process (0 if not traced)
Uid:    0       0       0       0       Real, effective, saved set, and FS UIDs
Gid:    0       0       0       0       Real, effective, saved set, and FS GIDs
FDSize: 256                             # of file descriptor slots currently allocated
Groups:                                 Supplementary group IDs
VmPeak:      852 kB                     Peak virtual memory size
VmSize:      724 kB                     Current virtual memory size
VmLck:         0 kB                     Locked memory
VmHWM:       288 kB                     Peak resident set size
VmRSS:       288 kB                     Current resident set size
VmData:      148 kB                     Data segment size
VmStk:        88 kB                     Stack size
VmExe:       484 kB                     Text (executable code) size
VmLib:         0 kB                     Shared library code size
VmPTE:        12 kB                     Size of page table (since 2.6.10)
Threads:        1                       # of threads in this thread's thread group
SigQ:   0/3067                          Current/max. queued signals (since 2.6.12)
SigPnd: 0000000000000000                Signals pending for thread
ShdPnd: 0000000000000000                Signals pending for process (since 2.6)
```

```
SigBlk: 0000000000000000                Blocked signals
SigIgn: fffffffe5770d8fc                Ignored signals
SigCgt: 00000000280b2603                Caught signals
CapInh: 0000000000000000                Inheritable capabilities
CapPrm: 00000000ffffffff                Permitted capabilities
CapEff: 00000000fffffeff                Effective capabilities
CapBnd: 00000000ffffffff                Capability bounding set (since 2.6.26)
Cpus_allowed:   1                       CPUs allowed, mask (since 2.6.24)
Cpus_allowed_list:      0               Same as above, list format (since 2.6.26)
Mems_allowed:   1                       Memory nodes allowed, mask (since 2.6.24)
Mems_allowed_list:      0               Same as above, list format (since 2.6.26)
voluntary_ctxt_switches:     6998       Voluntary context switches (since 2.6.23)
nonvoluntary_ctxt_switches:  107        Involuntary context switches (since 2.6.23)
Stack usage:    8 kB                    Stack usage high-water mark (since 2.6.32)
```

使用的核心版本如檔案輸出所示的 2.6.32 版本。此檔案的格式會隨著時間演進，在不同的核心版本陸續新增欄位（而有些少數情況會移除欄位）。（除了上列提及的 Linux 2.6，在 Linux 2.4 新增了 Tgid、TracerPid、FDSize 及 Threads 欄位）。

因為檔案內容會隨著時間改變，所以我們在使用 /proc 檔案時會特別小心，尤其當這些檔案含有多筆條目時，我們要小心的進行解析，以此例而言，我們是要找出包含一個特定字串（如 PPid）的那行條目，而不是依（邏輯上的）行號來處理檔案。

我們在表 12-1 列出在每個 /proc/*PID* 目錄中的一些其他檔案。

表 12-1：在每個 /proc/*PID* 目錄所選擇的檔案

檔案	說明（行程屬性）
cmdline	以 \0 分隔的命令列參數
cwd	指向目前工作目錄的符號連結（symbolic link）
environ	環境列表，以 *NAME=value* 配對，以 \0 分隔
exe	此符號連結指向要執行的檔案
fd	此目錄包含此行程所開啟的檔案之符號連結
maps	記憶體映射
mem	行程虛擬記憶體（必須在進行 I/O 之前使用 *lseek()* 移到有效的偏移（offset）位置）
mounts	此行程的掛載點（mount point）
root	此符號連結指向根（root）目錄
status	許多資訊（如：行程 ID、憑證、記憶體使用率、訊號）
task	包含行程中每個執行緒的子目錄（Linux 2.6）

/proc/*PID*/fd 目錄

在 /proc/*PID*/fd 目錄的符號連結指向行程開啟的每個檔案描述符，每一個符號連結都有一個名稱可以與描述符編號匹配，例如：/proc/1968/fd/1 是個連結到行程標準輸出的符號連結，進階資訊請參考 5.11 節。

為了便利，每個行程都可以使用 /proc/self 符號連結來存取自己的 /proc/*PID* 目錄。

Threads: the /proc/*PID*/task 目錄

在 Linux 2.4 新增了執行緒群組的概念，以正確支援 POSIX threading 模型。因為執行緒群組中的執行緒有些屬性會不同，所以 Linux 2.4 在 /proc/*PID* 底下新增了一個 task 子目錄。核心為此行程中的每個執行緒提供名為 /proc/*PID*/task/*TID* 的子目錄，這裡的 TID 是該執行緒的執行緒 ID。（在該執行緒中，此 ID 會與 *gettid()* 傳回的數字一樣）。

在每個 /proc/*PID*/task/*TID* 子目錄中，有一組檔案與目錄，正如 /proc/*PID* 可以找到的那些檔案。因為執行緒會共用很多屬性，所以在此行程中的每個執行緒，其對應的很多檔案資訊都相同。因此這些檔案因不同的執行緒，而顯示不同的資訊是合理的，例如：在一個執行緒群組的 /proc/*PID*/task/*TID*/status 檔案，其中的 *State*、*PID*、*SigPnd*、*SigBlk*、*CapInh*、*CapPrm*、*CapEff* 與 *CapBnd* 是在每個執行緒可能會不同的欄位。

12.1.2 在 /proc 中的系統資訊

在 /proc 中的許多檔案與子目錄提供存取整個系統的資訊，部分如圖 12-1 所示。

圖 12-1 所示的許多檔案會在本書內容中介紹，而表 12-2 摘錄了在圖 12-1 的 /proc 子目錄的通用目的。

表 12-2：選擇的 /proc 子目錄之目的

目錄	此目錄中檔案揭露的資訊
/proc	各種系統資訊
/proc/net	關於網路與 socket 的狀態資訊
/proc/sys/fs	與檔案系統相關的設定
/proc/sys/kernel	各種通用的核心設定
/proc/sys/net	網路與 socket 設定
/proc/sys/vm	記憶體管理設定
/proc/sysvipc	與 System V IPC 物件（object）有關的資訊

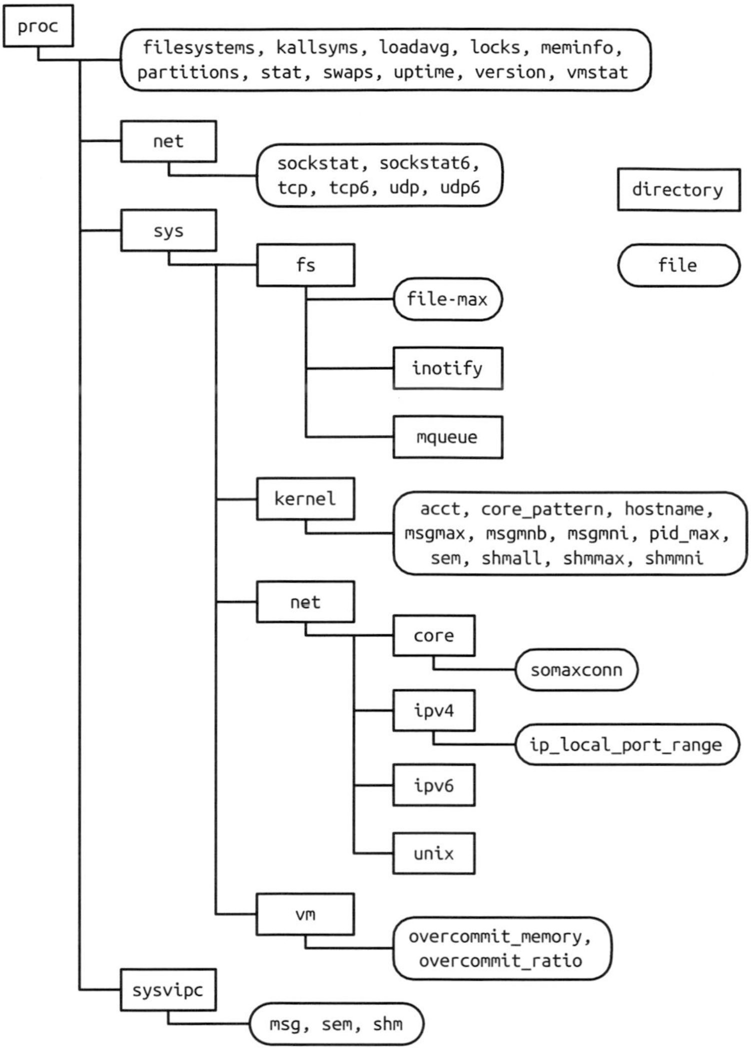

圖 12-1：選擇的 /proc 檔案與子目錄

12.1.3 存取 /proc 檔案

通常會使用 shell script（腳本語言）存取 /proc 的檔案（大多數有多個值的 /proc 檔案可以透過如 Python 或 Perl 這類腳本語言簡易解析）。例如：我們可以用下列指令修改並檢視一個 /proc 檔案的內容：

```
# echo 100000 > /proc/sys/kernel/pid_max
# cat /proc/sys/kernel/pid_max
100000
```

在程式也能使用普通的檔案 I/O 系統呼叫存取 /proc 檔案，在存取這些檔案時會有些限制：

- 有些 /proc 檔案是唯讀的，即其存在的目的只是用來呈現核心的資訊，所以不能修改這些資料，在 /proc/*PID* 目錄中的大多數檔案都是如此。
- 有些 /proc 檔案只允許檔案的擁有者（file owner）讀取（或具有特權的行程）。例如：在 /proc/*PID* 裡每個檔案的所有權都是屬於行程的使用者，而有些檔案（如：/proc/*PID*/environ）則是只授權唯讀權限給檔案的擁有者。
- 除了在 /proc/*PID* 子目錄中的檔案，在 /proc 底下的大多數檔案是由 root 所有，而且只有 root 可以修改檔案（若檔案可修改）。

存取 /proc/*PID* 中的檔案

/proc/*PID* 目錄是臨時的（volatile），在建立行程時，這些（與行程 ID 對應的）目錄就會自動出現，而在行程終止時，就會自動消失，這意謂著，若我們發現到特定的 /proc/*PID* 目錄存在，在我們試著開啟該目錄檔案的同時，我們必須能有效處理行程已經終止以及 /proc/*PID* 目錄已經刪除的情況。

範例程式

列表 12-1 示範如何讀取與修改一個 /proc 檔案，此程式讀取並顯示 /proc/sys/kernel/pid_max 的內容，若提供一個命令列參數，則此程式會利用這個值來更新檔案。此（在 Linux 2.6 新增的）檔案會指定行程 ID 的上限（6.2 節），這裡是此程式的使用範例：

```
$ su                                    需要特權來更新 pid_max 檔案
Password:
# ./procfs_pidmax 10000
Old value: 32768
/proc/sys/kernel/pid_max now contains 10000
```

列表 12-1：存取 /proc/sys/kernel/pid_max

sysinfo/procfs_pidmax.c

```
#include <fcntl.h>
#include "tlpi_hdr.h"

#define MAX_LINE 100

int
main(int argc, char *argv[])
{
    int fd;
```

```
    char line[MAX_LINE];
    ssize_t n;

    fd = open("/proc/sys/kernel/pid_max", (argc > 1) ? O_RDWR : O_RDONLY);
    if (fd == -1)
        errExit("open");

    n = read(fd, line, MAX_LINE);
    if (n == -1)
        errExit("read");

    if (argc > 1)
        printf("Old value: ");
    printf("%.*s", (int) n, line);

    if (argc > 1) {
        if (lseek(fd, 0, SEEK_SET) == -1)
            errExit("lseek");

        if (write(fd, argv[1], strlen(argv[1])) != strlen(argv[1]))
            fatal("write() failed");

        system("echo /proc/sys/kernel/pid_max now contains "
               "`cat /proc/sys/kernel/pid_max`");
    }

    exit(EXIT_SUCCESS);
}
```

sysinfo/procfs_pidmax.c

12.2 系統身分識別：*uname()*

系統呼叫 *uname()* 透過 utsbuf 指向的結構，傳回一些與應用程式執行的主機系統相關的身分識別資訊。

```
#include <sys/utsname.h>

int uname(struct utsname *utsbuf);
```

成功時傳回 0，或者錯誤時傳回 -1

utsbuf 參數是指向一個 utsname 結構的指標，其定義如下：

```
#define _UTSNAME_LENGTH 65

struct utsname {
    char sysname[_UTSNAME_LENGTH];      /* 系統名稱 */
```

```
    char nodename[_UTSNAME_LENGTH];     /* 網路的節點名稱 */
    char release[_UTSNAME_LENGTH];      /* 系統釋出的層級 */
    char version[_UTSNAME_LENGTH];      /* 釋出的版本層級 */
    char machine[_UTSNAME_LENGTH];      /* 執行系統的硬體 */

#ifdef _GNU_SOURCE                      /* 下列的項目是 Linux 特有的 */
    char domainname[_UTSNAME_LENGTH];   /* 主機的 NIS 網域名稱 */
#endif
};
```

SUSv3 有規範 *uname()*，不過對 utsname 結構的許多欄位長度保留尚未定義，僅要求字串必須以 null byte（空位元組）結束。Linux 系統的這些欄位的長度都是 65 個位元組，包含結尾的空位元組。有些 UNIX 系統的這些欄位會比較短，而在一些其他的系統（如：Solaris）可以長達 257 個位元組。

核心會自動設定 *utsname* 結構的 *sysname*、*release*、*version* 及 *machine* 等欄位。

在 Linux 系統的 /proc/sys/kernel 目錄，其中有三個檔案可存取的資訊與 *utsname* 結構的 *sysname*、*release* 及 *version* 欄位資訊相同，這些唯讀檔分別是 ostype、osrelease 與 version。而另外有一個 /proc/version 檔案，內含的資訊與這些檔案相同，並包含關於在核心編譯步驟時的資訊（如：執行編譯的使用者名稱、進行編譯的主機名稱，以及使用的 gcc 版本）。

在 nodename 欄位傳回的值是經由 *sethostname()* 系統呼叫設定的（此系統呼叫的細節請參考使用手冊）。此名稱有時會像系統的 DNS 網域名稱中前綴（prefix）的主機名稱。

在 domainname 欄位傳回的值是使用 *setdomainname()* 系統呼叫設定的（此系統呼叫的細節請參考使用手冊），這是主機的網路資訊服務（Network Information Services，NIS）網域名稱（與主機的 DNS 網域名稱不同）。

gethostname() 系統呼叫的功能與 *sethostname()* 相反，用以取得系統的主機名稱。系統主機名稱也能使用 hostname(1) 指令與 Linux 特有的 /proc/sys/kernel/hostname 檔案進行讀取與設定。

getdomainname() 系統呼叫提供 *setdomainname()* 相反功能，用以取得 NIS 網域名稱。NIS 網域名稱也是能利用 *domainname(1)* 指令與 Linux 特有的 /proc/sys/kernel/domainname 檔案進行讀取與設定。

在應用程式很少用到 *sethostname()* 與 *setdomainname()* 系統呼叫，通常主機名稱與 NIS 網域名稱是在開機時經由啟動腳本（startup script）建立的。

在列表 12-2 的程式呈現 *uname()* 傳回的資訊，下列是我們執行範例程式的輸出：

```
$ ./t_uname
Node name:   tekapo
System name: Linux
Release:     2.6.30-default
Version:     #3 SMP Fri Jul 17 10:25:00 CEST 2009
Machine:     i686
Domain name:
```

列表 12-2：*uname()* 的使用

sysinfo/t_uname.c

```
#ifdef __linux__
#define _GNU_SOURCE
#endif
#include <sys/utsname.h>
#include "tlpi_hdr.h"

int
main(int argc, char *argv[])
{
    struct utsname uts;

    if (uname(&uts) == -1)
        errExit("uname");

    printf("Node name:   %s\n", uts.nodename);
    printf("System name: %s\n", uts.sysname);
    printf("Release:     %s\n", uts.release);
    printf("Version:     %s\n", uts.version);
    printf("Machine:     %s\n", uts.machine);
#ifdef _GNU_SOURCE
    printf("Domain name: %s\n", uts.domainname);
#endif
    exit(EXIT_SUCCESS);
}
```

sysinfo/t_uname.c

12.3 小結

/proc 檔案系統可提供應用程式一些核心資訊，每個 /proc/*PID* 子目錄中會有檔案與子目錄，提供行程 ID 為 PID 的行程相關資訊。在 /proc 中的許多其他檔案與目錄提供整個系統的資訊，以供程式讀取（有時可以修改）。

uname() 系統呼叫讓我們可以查詢應用程式所在的 UNIX 系統與硬體類型。

進階資訊

關於 /proc 檔案系統的進階資訊可參考 *proc(5)* 使用手冊，以及核心原始碼的 Documentation/filesystems/proc.txt 與在 Documentation/sysctl 目錄的許多檔案。

12.4 習題

12-1. 設計一個具備下列功能的程式：可在程式命令列參數指定使用者，並列出使用者執行的全部行程之行程 ID 與指令名稱。（可以參考列表 8-1 的 *userIdFromName()* 函式，很好用）。可以找出系統上的每個 /proc/*PID*/status 檔案的內容，並檢視包含 *Name:* 與 *Uid:* 的部份。可以使用在 18.8 節所述的 *readdir(3)*，找出系統上全部的 /proc/*PID* 目錄。此外，程式必須能夠處理這個問題：「在程式找到 /proc/*PID* 目錄與嘗試開啟對應的 /proc/*PID*/status 檔案之前，目錄卻消失了」。

12-2. 請設計一個程式，以 init 為根節點，畫出一棵樹來呈現系統上全部行程的父子關係，程式要顯示行程的 ID 與執行的指令。程式的輸出應該類似 *pstree(1)* 的輸出，但不用很詳細。系統上的每個行程都可以透過檢測 /proc/*PID*/status 檔案內容，從包含 *PPid:* 的那一行找出父行程。不過要小心一個問題，就是行程的父行程（以及其 /proc/*PID* 目錄）可能會在掃描全部的 /proc/*PID* 目錄期間消失。

12-3. 設計一個程式，將已開啟特定路徑名稱的行程列出，可透過檢測每個 /proc/*PID*/fd/* 符號連結的內容取得，會需要使用巢狀迴圈與 *readdir(3)*，來掃描全部的 /proc/*PID* 目錄，接著是在每個 /proc/*PID* 目錄中的每個 /proc/*PID*/fd/ 條目內容。為了讀取 /proc/*PID*/fd/*n* 符號連結的內容，會需要使用 18.5 節所述的 *readlink()*。

13

檔案 I/O 緩衝區

為了速度與效率的考量，系統 I/O 呼叫（即核心）與標準 C 語言函式庫的 I/O 函式（即 stdio 函式）在操作磁碟檔案時會提供資料緩衝區。我們在本章介紹這兩種緩衝區類型，討論緩衝區對於應用程式效能的影響。在本章也探討影響與關閉這兩類緩衝區的各種技術，以及探討一種名為直接 I/O（direct I/O）的技術，這項技術在某些需要繞過核心緩衝區的情況是很好用的。

13.1 檔案 I/O 的核心緩衝區：緩衝區快取

系統呼叫 *read()* 與 *write()* 在操作磁碟檔案時不會直接初始磁碟的存取，而是單純在使用者空間緩衝區與核心緩衝區快取（kernel buffer cache）之間複製資料。例如，下列的呼叫將 3 個位元組的資料從使用者空間記憶體的緩衝區傳送到核心空間的緩衝區：

```
write(fd, "abc", 3);
```

此時，*write()* 返回。在後續的某個時間點，核心會將其緩衝區的資料寫入（刷新）磁碟。（因此，我們說系統呼叫與磁碟操作並非同步。）如果在此期間，另一個行程試圖讀取檔案的這幾個位元組，則核心將自動從緩衝區快取中提供資料，而不是從檔案讀取（過期的內容）。

相對地，在輸入的部份，核心從磁碟讀取資料並儲存在核心緩衝區。呼叫 *read()* 讀取此緩衝區的資料，一直到讀完緩衝區中的全部資料。此時，核心會將讀取檔案的下一個區段，並存入緩衝區快取。（這裡是簡化的流程，對於循序的檔案存取，核心通常會在讀取的行程要求資料以前先預讀（read-ahead）資料，以確保下一個檔案區塊能儲存在緩衝區快取。在 13.5 節對預讀有較多的討論。）

此設計的目標要讓 *read()* 與 *write()* 更為快速，因為它們不需要等待（慢速的）磁碟操作。此設計也更有效率，因為減少了核心必須執行的磁碟傳輸次數。

Linux 核心沒有限制緩衝區快取的大小上限，核心會盡可能的配置所需的緩衝區快取分頁空間，只會受限於實體記憶體的大小以及出於其他用途的實體記憶體需求（例如，執行中行程承載文字與資料分頁所需）。若可用的記憶體不足，則核心會將一些修改過的緩衝區快取分頁刷新（flush）寫入磁碟，以釋放分頁供系統重複使用。

> 更精確的說，從核心 2.4 起，Linux 不再另外維護一個緩衝區快取。而是直接以分頁快取做為檔案的 I/O 緩衝區，例如，其中還包含記憶體映射檔的分頁。然而，我們在本文的討論中使用的「緩衝區快取（buffer cache）」術語，是源自 UNIX 系統過去的通稱。

緩衝區大小對 I/O 系統呼叫效能的影響

我們無論對單個位元組進行 1000 次寫入，或是一次寫入 1000 個位元組，核心對磁碟的存取次數都一樣。然而，比較推薦使用後者的方式，因為只需要一次系統呼叫，而前者則需要呼叫 1000 次。雖然系統呼叫的速度比磁碟操作還快，但是系統呼叫耗費的時間總量也相當可觀，因為核心必須捕捉（trap）呼叫，檢查系統呼叫參數的有效性，以及在使用者空間和核心空間之間傳輸資料（細節請見 3.1 節）。

我們能以不同的 `BUF_SIZE` 值來執行列表 4-1 的程式，觀察不同的緩衝區大小對檔案 I/O 的效能影響。表 13-1 為在 Linux *ext2* 檔案系統上，分別使用不同的 `BUF_SIZE` 值進行 100MB 的檔案複製所需時間。本表中的資訊有下列幾點需要注意：

- 耗損的（Elapsed）與總計的（Total）CPU 時間這兩行的涵義很清楚。而使用者 CPU 和系統 CPU 兩行是將總共的 CPU 時間分解得到的，分別是程式在使用者模式的執行時間，以及在執行核心程式碼的時間（如系統呼叫）。
- 表中的測試結果是使用 2.6.30 的一般（vanilla）核心，以及區塊大小為 4096 位元組的 *ext2* 檔案系統。

我們所謂的一般核心（vanilla kernel），意思是尚未補丁的主線（mainline）核心。相較之下，多數發行商所提供的核心版本通常會包含各式補丁，以修正 bug 或新增功能。

- 每列顯示的是依其緩衝區大小執行 20 次的平均值。在這些測試以及本章後續的其他測試中，在程式每次的執行間隔中，都會卸載並重新掛載檔案系統，以確保檔案系統的緩衝區快取為空。計時則使用 shell 的 time 指令完成。

表 13-1：複製 100MB 大小的檔案所需時間

BUF_SIZE	時間（秒）			
	Elapsed	**Total CPU**	**User CPU**	**System CPU**
1	107.43	107.32	8.20	99.12
2	54.16	53.89	4.13	49.76
4	31.72	30.96	2.30	28.66
8	15.59	14.34	1.08	13.26
16	7.50	7.14	0.51	6.63
32	3.76	3.68	0.26	3.41
64	2.19	2.04	0.13	1.91
128	2.16	1.59	0.11	1.48
256	2.06	1.75	0.10	1.65
512	2.06	1.03	0.05	0.98
1024	2.05	0.65	0.02	0.63
4096	2.05	0.38	0.01	0.38
16384	2.05	0.34	0.00	0.33
65536	2.06	0.32	0.00	0.32

雖然使用不同的緩衝區大小，但是資料的傳輸總量（因此磁碟的操作次數）是相同的，表 13-1 所示為產生 *read()* 與 *write()* 呼叫的負擔。當緩衝區大小為 1 個位元組時，需要呼叫一億次 *read()* 與 *write()*，而緩衝區大小為 4096 個位元組時，則系統呼叫的次數則落在 24,000 次左右，幾乎達到最佳效能。當超過這個設定值時，對於效能的改善就不明顯了，這是因為與在使用者空間和核心空間之間複製資料及執行實際磁碟 I/O 所須的時間相較之下，*read()* 與 *write()* 系統呼叫的成本就顯得微不足道。

從表 13-1 的最後一列可以粗估在使用者空間與核心空間之間傳輸資料、執行檔案 I/O 的總耗時。因為此例的系統呼叫次數相當少，所以它們所花費的時間相對於總耗時和 CPU 時間可以忽略不計。因此，我們可以說，系統 CPU 時間主要是測量使用者空間與核心空間之間資料傳輸所消耗的時間，而總耗時則是估測磁碟傳輸資料所需的時間。（正如下面將提到的，時間主要花在讀取磁碟。）

總之，若我們正對檔案進行大量的資料讀寫，則以大區塊緩衝資料來減少系統呼叫，就能大幅提升 I/O 效能。

表 13-1 的資料測量了一些因素：執行 *read()* 與 *write()* 系統呼叫所需的時間、在核心空間與使用者空間的緩衝區之間傳輸資料所需的時間，以及在核心緩衝區與磁碟之間傳輸資料所需的時間。再探討最後的要素，顯然無法避免將輸入檔案的內容傳輸到緩衝區快取。

然而，我們已經知道，*write()* 在將資料從使用者空間傳輸到核心空間之後就會立即返回。由於測試系統上的 RAM 大小（4GB）遠超過要複製的檔案大小（100MB），所以我們可以令程式完成時，實際上不要將檔案寫入磁碟。因此，我們再做一個實驗，執行一個程式，分別使用不同的 *write()* 緩衝區大小，單純將任意資料內容寫入檔案，執行結果如表 13-2 所示。

表 13-2 所示的資料是從 2.6.30 核心取得，區塊大小（block size）為 4096 個位元組的 *ext2* 檔案系統，而每一列的結果是執行 20 次的平均值。我們沒有列出測試程式（filebuff/write_bytes.c）的程式碼，不過程式原始碼可在本書釋出的程式碼範例取得。

表 13-2：寫一個 100MB 大小的檔案所需的時間

BUF_SIZE	時間（秒）			
	Elapsed	**Toal CPU**	**User CPU**	**System CPU**
1	72.13	72.11	5.00	67.11
2	36.19	36.17	2.47	33.70
4	20.01	19.99	1.26	18.73
8	9.35	9.32	0.62	8.70
16	4.70	4.68	0.31	4.37
32	2.39	2.39	0.16	2.23
64	1.24	1.24	0.07	1.16
128	0.67	0.67	0.04	0.63
256	0.38	0.38	0.02	0.36
512	0.24	0.24	0.01	0.23
1024	0.17	0.17	0.01	0.16
4096	0.11	0.11	0.00	0.11
16384	0.10	0.10	0.00	0.10
65536	0.09	0.09	0.00	0.09

表 13-2 為使用不同的 *write()* 緩衝區大小進行 *write()* 系統呼叫，並將資料從使用者空間傳輸到核心緩衝區快取所花費的成本。我們可以看到緩衝區越大時，其資料與表 13-1 所示的資料差異越明顯。例如，對於一個 65,536 位元組大小的緩衝區，在表 13-1 中的耗時為 2.06 秒，而表 13-2 僅為 0.09 秒。這是因為後者並未實際執行磁碟 I/O 操作。換句話說，在表 13-1 的大緩衝區例子中，多數所需時間都是用在讀取磁碟。

如同 13.3 節所述，若我們在資料寫入磁碟以前強制阻塞（block）輸出操作，則 *write()* 呼叫的時間會明顯增加。

最後，在表 13-2 中該注意的資訊是（以及表 13-3），這僅代表一個檔案系統的（原生）效能測試。此外，測試結果可能會隨著檔案系統而異。對檔案系統的測量還有各種其他標準，比如多使用者及高負載時的效能，建立與刪除檔案的速度、在一個大型目錄搜尋一個檔案所需的時間、儲存小檔案所需的空間，或在系統崩潰時的檔案完整性維護。在考慮 I/O 或其他檔案系統操作效能的地方，於目標平臺上對特定應用程式的測試就無可取代。

13.2 *stdio* 函式庫的緩衝

當操作磁碟檔案時，對大型區塊資料使用緩衝可以降低系統呼叫，這正是 C 函式庫的 I/O 函式的方法（如，*fprintf()*、*fscanf()*、*fgets()*、*fputs()*、*fputc()*、*fgetc()*）。因此，使用 stdio 函式庫讓程式設計者無論是呼叫 *write()* 來輸出，或呼叫 *read()* 來輸入，可不需自行處理資料的緩衝。

設定一個 *stdio* stream（串流）的緩衝模式

在 stdio 函式庫使用 *setvbuf()* 函式控制緩衝區的使用方式。

```
#include <stdio.h>

int setvbuf(FILE *stream, char *buf, int mode, size_t size);
                                Returns 0 on success, or nonzero on error
```

參數 stream 可識別要修改的檔案串流（file stream）緩衝區。在開啟串流之後，必須在對串流進行任何其他的 stdio 函式之前先呼叫 *setvbuf()*。函式 *setvbuf()* 將影響全部後續的 stdio 操作對串流的行為。

不應將 stdio 函式庫使用的串流與 System V 系統的 STREAMS 設施混淆。Linux 的主線核心並未實作 System V 系統的 STREAMS。

參數 buf 與 size 指定 stream 使用的緩衝區，指定這些參數有下列兩種方式：

- 若 buf 不為 NULL，則以其指向的 size 大小區塊做為 stream 的緩衝區。因為 stdio 函式庫接著會使用 buf 指向的緩衝區，所以應該以靜態配置或（使用 *malloc()* 或類似函式）於堆積（heap）動態配置，不應配置為堆疊裡的函式區域變數，否則當函式返回時會釋放其堆疊訊框（stack frame），進而導致混亂。
- 若 buf 為 NULL，則 stdio 函式庫會自動配置一個緩衝區供 stream 使用（除非我們選擇無緩衝的 I/O，如下所述）。SUSv3 允許但不要求實作時使用 size 來決定緩衝區的大小。而 glibc 實作在這個例子中，則會忽略 size 參數。

參數 mode 指定了緩衝區的類型，並具有下列其中一個值：

_IONBF

不對 I/O 進行緩衝，每個 stdio 函式庫的呼叫會導致立刻執行 *write()* 或 *read()* 系統呼叫，並忽略 buf 與 size 參數，可分別將兩個參數設定為 NULL 和 0。在 stderr 預設是屬於這個類型，因此可保證錯誤輸出會立刻出現。

_IOLBF

使用行緩衝（line-buffered）I/O，這是參考終端機裝置的串流之預設旗標。輸出的串流在讀到換行字元以前，會先將資料放在緩衝區（除非緩衝區已滿）。輸入的串流則每次讀取一行資料。

_IOFBF

完全緩衝的 I/O，以緩衝區的大小為基本單位進行資料讀寫（透過呼叫 *read()* 或 *write()*）。這是磁碟檔案的串流預設模式。

下列的程式碼示範 *setvbuf()* 函式的用法：

```
#define BUF_SIZE 1024
static char buf[BUF_SIZE];

if (setvbuf(stdout, buf, _IOFBF, BUF_SIZE) != 0)
    errExit("setvbuf");
```

注意：*setvbuf()* 在出錯時會傳回非 0 值（不須為 -1）。

函式 *setbuf()* 位於 *setvbuf()* 的上層，進行類似的工作。

```
#include <stdio.h>

void setbuf(FILE *stream, char *buf);
```

呼叫 *setbuf(fp, buf)* 除了不會傳回函式的結果，還等同於：

```
setvbuf(fp, buf, (buf != NULL) ? _IOFBF: _IONBF, BUFSIZ);
```

參數 buf 可指定為 NULL 以表示無緩衝，或指向由呼叫者配置的 BUFSIZ 個位元組大小的緩衝區。（BUFSIZ 定義於 <stdio.h>，在 glibc 實作中，此常數的值通常是 8192。）

函式 *setbuffer()* 與 *setbuf()* 相似，但允許呼叫者指定 buf 緩衝區的大小。

```
#define _BSD_SOURCE
#include <stdio.h>

void setbuffer(FILE *stream, char *buf, size_t size);
```

呼叫 *setbuffer(fp, buf, size)* 等同於如下：

```
setvbuf(fp, buf, (buf != NULL) ? _IOFBF : _IONBF, size);
```

SUSv3 並未規範 *setbuffer()* 函式，但多數的 UNIX 系統都有提供。

刷新 *stdio* 緩衝區

我們在任何時候，可無視目前的緩衝區模式，使用函式庫的 *fflush()* 函式強制寫入 stdio 的輸出串流資料（如透過 *write()* 刷新寫入核心緩衝區）。此函式會刷新指定 stream 的輸出緩衝區。

```
#include <stdio.h>

int fflush(FILE *stream);
                                    Returns 0 on success, EOF on error
```

若 stream 參數為 NULL，則 *fflush()* 將刷新與輸出串流（output stream）相關的每個 stdio 緩衝區。

函式 *fflush()* 也能應用於輸入串流，這將捨棄緩衝區裡的輸入資料。（當程式下次嘗試從串流讀取資料時，將重頭開始寫入緩衝區。）

當關閉對應的串流時，就會自動刷新 stdio 緩衝區。

在許多的 C 函式庫實作中（包含 glibc），若 stdin 與 stdout 是參考到終端機，則無論何時從 stdin 中讀取輸入時，都會進行一次隱含的 *fflush(stdout)* 呼叫。這個效果是刷新寫入 stdout 的任何提示，但不包含結尾的換行符號（如，

printf("Date:")）。然而，SUSv3 與 C99 並未規範此行為，而且不是全部的 C 函式庫都有提供實作。可攜的程式應該要直接使用 *fflush(stdout)* 呼叫，以確保會顯示這類提示。

> C99 對於串流開啟做為輸入與輸出時有兩項要求：第一，一個輸出操作不能馬上接著一個輸入操作，必須在二個操作之間呼叫 *fflush()* 函式或其中一個檔案定位函式（*fseek()*、*fsetpos()* 或 *rewind()*）。第二，一個輸入操作不能緊跟著一個輸出操作，必須在二者之間呼叫其中一個檔案定位函式，除非輸入操作遇到檔案結尾。

13.3 控制檔案 I/O 的核心緩衝

可以強制將核心緩衝區刷新到輸出檔，有時有其必要性，比如應用程式（如資料庫的日誌行程）要確保在繼續操作前將輸出真正寫入磁碟（或至少寫入磁碟的硬體快取）。

在我們開始介紹控制核心緩衝的系統呼叫以前，會先探討一些 SUSv3 裡的相關定義。

同步 I/O 資料完整性與同步 I/O 檔案完整性

SUSv3 將同步 I/O 完成（synchronized I/O completion）定義為：「一種 I/O 操作，若非已成功傳輸（到磁碟），則是診斷為傳輸失敗。」

SUSv3 定義了兩種不同類型的同步 I/O 完成，二者之間的差異涉及描述檔案的中繼資料（metadata，與資料相關的資料），即核心針對檔案而儲存的資料。我們在 14.4 節研究檔案的 i-node 時，將會詳細探討檔案的中繼資料，不過目前僅須瞭解檔案中繼資料包含的資訊，如檔案擁有者與所屬群組、檔案權限、檔案大小、檔案的（硬性）連結數量、表示檔案最後存取時間、最後修改時間，以及中繼資料發生變化的時間，以及檔案資料區塊指標。

SUSv3 定義的第一種同步 I/O 完成是同步 I/O 資料完整性完成（synchronized I/O data integrity completion），著重於確保檔案資料的更新可傳遞足夠的資訊，以便進行後續的資料檢索。

- 對於讀取操作，意思是所需的檔案資料已經（從硬碟）傳輸給行程。若有任何尚未完成的寫入操作且會影響資料的讀取時，則會在進行讀取操作以前，先將資料寫入磁碟。

• 對於寫入操作，意思是在寫入請求的指定資料已傳輸（至磁碟）完成，且用以取得資料所需的全部檔案中繼資料也已傳輸（至磁碟）完畢。此處的關鍵在於不需要將全部的已修改檔案中繼資料屬性傳輸完成，就能檢索檔案資料。需要傳輸的其中一個已修改檔案中繼資料屬性是檔案的大小（若寫入操作延展了檔案）。相對之下，修改過的檔案時戳不需要在後續的資料檢索進行以前，傳輸到硬碟。

SUSv3 定義的另一種同步 I/O 完成是同步 I/O 檔案完整性完成（synchronized I/O file integrity completion），亦是上述的同步 I/O 資料完整性完成的超級組合（superset）。此 I/O 完成模式的差異在於，在檔案更新期間，會將全部已更新的檔案中繼資料傳輸到磁碟，即使是後續的檔案資料讀取操作不需要的檔案中繼資料。

用於控制檔案 I/O 核心緩衝的系統呼叫

系統呼叫 *fsync()* 會將緩衝資料及與開啟檔案描述符 fd 相關的全部中繼資料刷新到磁碟。呼叫 *fsync()* 會強制檔案處於同步 I/O 檔案完整性完成狀態。

```
#include <unistd.h>

int fsync(int fd);
```

成功時傳回 0，或者錯誤時傳回 -1

一個 *fsync()* 呼叫只會在完成磁碟裝置（或至少是快取記憶體）的傳輸之後才會返回。

而 *fdatasync()* 系統呼叫的運作與 *fsync()* 相似，但只有強制檔案處於同步 I/O 資料完整性完成的狀態。

```
#include <unistd.h>

int fdatasync(int fd);
```

成功時傳回 0，或者錯誤時傳回 -1

使用 *fdatasync()* 可能會降低磁碟操作的次數（由 *fsync()* 呼叫所需的兩次變為一次）。例如，若檔案資料改變了，但檔案大小不變，則呼叫 *fdatasync()* 只會強制更新資料。（我們提過檔案中繼資料的改變，如在同步 I/O 完整性完成狀態，不需要傳輸最後的修改時間。）相對之下，呼叫 *fsync()* 也會強制將中繼資料傳輸到磁碟。

在某些應用程式，以此方法減少磁碟 I/O 操作的次數是很有用的，比如對效能的要求極高，而對某些中繼資料（如時間戳記）的準確度要求不高的應用。當應用程式同時進行多檔案更新時，這會產生相當大的效能差距，因為檔案資料和中繼資料通常位在磁碟的不同區域，同時更新這些資料需要在磁碟上重複進行前後找尋（seek）的操作。

在 Linux 2.2 以及更早以前的版本，*fdatasync()* 在實作上，實際上是呼叫 *fsync()*，所以在使用上沒有效能的損益差距。

> 從核心 2.6.17 起，Linux 提供非標準的系統呼叫 *sync_file_range()*，當刷新檔案資料時，此呼叫提供比 *fdatasync()* 更為精細的控制。呼叫者能夠指定要刷新的檔案區域，並設定旗標，用以控制此系統呼叫在磁碟寫入時是否會發生阻塞（block）。深入的細節請參閱 *sync_file_range(2)* 使用手冊。

系統呼叫 *sync()* 會將包含更新檔案資訊的全部核心緩衝區（即資料區塊、指標區塊、中繼資料等）刷新到磁碟。

```
#include <unistd.h>

void sync(void);
```

在 Linux 系統中，*sync()* 僅在已將全部資料傳輸到磁碟裝置（或至少快取）之後返回。然而，SUSv3 允許 *sync()* 在實作時只是單純對 I/O 傳遞進行排班，因而可在未完成以前返回。

> 若修改過的核心緩衝區在 30 秒內未顯式同步到磁碟，則一個永久執行的核心執行緒會確保將已修改過的核心緩衝區刷新到磁碟中。此方法可確保緩衝區與其相對應的磁碟檔案不會長時間未同步（因而導致系統崩潰時資料遺失）。在 Linux 2.6 版本中，此任務由 pdflush 核心執行緒進行。（在 Linux 2.4 版本則由 kupdated 核心執行緒執行。）
>
> 檔案 `/proc/sys/vm/dirty_expire_centisecs` 規定了髒緩衝區（dirty buffer）在 pdflush 刷新以前的必須達到的時間（以百分之一秒為單位）。在同目錄中的其他檔案則控制 pdflush 操作的其他功能。

同步全部的寫檔：O_SYNC

在呼叫 *open()* 時指定 O_SYNC 旗標可讓全部的後續輸出同步（synchronous）。

```
fd = open(pathname, O_WRONLY | O_SYNC);
```

在 *open()* 呼叫之後，每次 *write()* 檔案都會自動將檔案資料與中繼資料刷新到磁碟（即，依同步 I/O 檔案完整性完成進行寫入操作）。

> 舊版的 BSD 系統使用 O_FSYNC 旗標來提供 O_SYNC 功能。在 glibc 中，O_FSYNC 是 O_SYNC 旗標的同義詞。

O_SYNC 對效能的影響

使用 O_SYNC 旗標（或頻繁呼叫 *fsync()*、*fdatasync()* 或 *sync()*）對效能的影響極大。表 13-3 所示的時間是，設定使用不同的緩衝區大小及以是否使用 O_SYNC 旗標的情況，將 1MB 資料寫入一個新建立的檔案（位於 *ext2* 檔案系統）所需時間。測試結果取自（使用本書發佈的原始碼之 `filebuff/write_bytes.c` 程式），執行環境是 vanilla 2.6.30 核心及區塊大小為 4096 位元組的 *ext2* 檔案系統。每一列的結果是依所給的緩衝區大小執行 20 次的平均值。

如表所示，在緩衝區為 1 個位元組的例子中，O_SYNC 會大幅增加耗損的時間（elapsed time），影響超過 1000 倍。還要注意，以 O_SYNC 執行寫入操作造成的耗損時間與 CPU 時間彼此的大量差距。這是因為，在將每個緩衝區的資料傳輸到磁碟時，程式會發生阻塞（block）所導致。

表 13-3 所示的結果中省略了使用 O_SYNC 時會影響效能的一個額外因素。現代的磁碟機有大量的內部快取，而預設時，使用 O_SYNC 只會將資料傳輸到快取緩衝。若我們關閉磁碟上的快取，（使用 *hdparm -W0* 指令），則 O_SYNC 對效能的影響將變得更為極端。以 1 個位元組大小的緩衝區為例，耗費的時間（elapsed time）將從 1030 秒提升到大約 16,000 秒。而以 4096 個位元組的緩衝區大小為例，則耗費的時間由 0.34 秒增加為 4 秒。

總之，若我們需要強制刷新核心的緩衝區，則我們在設計應用程式時，應該使用大型的 *write()* 緩衝區，或謹慎偶爾呼叫 *fsync()* 或 *fdatasync()*，而不是在開啟檔案時就使用 O_SYNC 旗標。

表 13-3：O_SYNC 旗標對於寫入 1MB 資料的速度影響

BUF_SIZE	所需時間（秒）			
	無 O_SYNC		有 O_SYNC	
	Elapsed	Toal CPU	Elapsed	Toal CPU
1	0.73	0.73	1030	98.8
16	0.05	0.05	65.0	0.40
256	0.02	0.02	4.07	0.03
4096	0.01	0.01	0.34	0.03

O_DSYNC 與 O_RSYNC 旗標

SUSv3 有規範兩個與同步 I/O 相關的開啟檔案狀態旗標（open file status flag）：分別是 O_DSYNC 與 O_RSYNC。

O_DSYNC 旗標使得寫入操作必須遵循同步 I/O 資料完整度完成進行（類似 *fdatasync()*）。而相對的 O_SYNC 旗標，則是使寫入操作須遵循同步 I/O 檔案完整度完成（類似 *fsync()* 函式）。

O_RSYNC 旗標可與 O_SYNC 或 O_DSYNC 配合使用，並將這些旗標對寫入操作的作用擴充至讀取操作。若在開啟檔案時同時指定 O_RSYNC 與 O_DSYNC，則表示後續全部的讀取都會根據同步 I/O 資料完整度進行讀取（即在執行讀取操作之前，要先將之前全部的檔案寫入完成，如同 O_DSYNC 所進行的）。而在開啟檔案時指定 O_RSYNC 與 O_SYNC 旗標，則表示全部的後續讀取都會依照同步 I/O 檔案完整度完成進行（即在執行讀取操作之前，要先將之前全部的檔案寫入完成，如同 O_SYNC 所進行的）。

在 Linux 核心 2.6.33 以前並未實作 O_DSYNC 與 O_RSYNC 旗標。而 glibc 標頭檔將這些常數值定義為與 O_SYNC 旗標相同。（這部份與 O_RSYNC 旗標無關，因為 O_SYNC 無法用於讀取操作。）

從 2.6.33 版本起，Linux 實作了 O_DSYNC，而 O_RSYNC 的實作似乎會在未來的版本新增。

> 在 2.6.33 版本之前，Linux 核心並未完全實作 O_SYNC 的語意，而是將 O_SYNC 以 O_DSYNC 實作。對於舊版的核心，若要保持所建立的應用程式有一致性行為，連結舊版 GNU C 函式庫的應用程式須繼續為 O_SYNC 提供 _DSYNC 語意，即使在 Linux 2.6.33 及之後的版本也是。

13.4 I/O 緩衝摘要

圖 13-1 提供 stdio 函式庫及核心使用的（輸出檔）緩衝概觀，以及控制各種緩衝的機制。此流程圖從中間由上而下來看，我們會看到 stdio 函式庫將使用者資料傳輸到 stdio 緩衝區（緩衝區位於使用者記憶體空間）。當緩衝區填滿時，stdio 函式庫會呼叫 *write()* 系統呼叫，將資料傳輸到核心的緩衝區快取（位於核心記憶體）。最後，核心啟動一個磁碟操作，將資料傳輸到磁碟。

圖 13-1 左方所示的呼叫可在任何時間顯式強制刷新緩衝區。圖右所示為用以自動刷新的呼叫，可透過關閉 stdio 函式庫的緩衝，或讓檔案輸出的系統呼叫同步，以讓每次的 *write()* 呼叫可立刻刷新到磁碟。

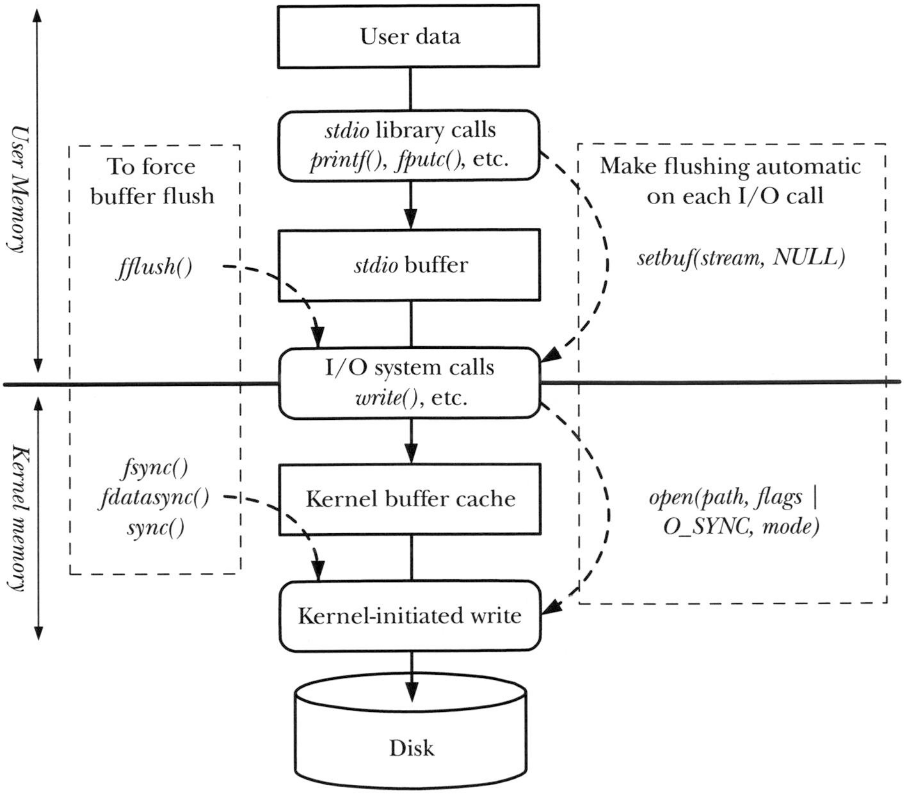

圖 13-1：I/O 緩衝區摘要

13.5 提供 I/O 模式建議給核心

系統呼叫 posix_*fadvise()* 允許行程通知核心，告知所偏好的存取檔案資料模式（pattern）。

```
#include <fcntl.h>

int posix_fadvise(int fd, off_t offset, off_t len, int advice);
```

Returns 0 on success, or a positive error number on error

核心可依據（但非必要）*posix_fadvise()* 提供的資訊，優化（或稱最佳化）緩衝區快取的使用，進而提升行程與整個系統的效能。呼叫 *posix_fadvise()* 不會影響到程式的語意。

參數 fd 是一個代表檔案的檔案描述符，即為我們要通知核心其存取模式的檔案。參數 offset 與 len 可識別要建議的檔案區域（region），其中 offset 指定區域的起點偏移量，而 len 指定區域的大小（以位元組為單位）當 len 為 0 時代表從 offset 開始，直到檔案結尾之間的資料。（在核心 2.6.6 版本之前，len 為 0 代表資料長度為 0 個位元組。）

參數 advice 表示行程期望對檔案採取的存取模式，可設定為下列其中一個參數：

`POSIX_FADV_NORMAL`

　　行程對存取模式並無特別建議，若無建議，則此為預設行為。在 Linux 系統，此操作將檔案的預讀視窗（read-ahead window）大小設定為預設值（128KB）。

`POSIX_FADV_SEQUENTIAL`

　　行程預計由低偏移量到高偏移量依序讀取資料，在 Linux 系統，此操作將檔案的預讀視窗大小設定為預設值的兩倍。

`POSIX_FADV_RANDOM`

　　行程預計以隨機順序存取資料，在 Linux 系統，此選項關閉檔案的預讀功能。

`POSIX_FADV_WILLNEED`

　　行程預計近期會存取指定的檔案區域，因此核心進行預讀，以將 offset 與 len 指定的範圍之檔案資料存入緩衝區快取。後續對該檔案的 *read()* 呼叫就不會在磁碟 I/O 時發生阻塞，只需單純從緩衝區快取擷取資料。至於從檔案讀取的資料會在緩衝區快取停留多久，核心無法提供保證。若其他行程或核心的行動對記憶體有重度需求，則最後還是得重新使用這些分頁。換句話說，若對記憶體的需求高，則我們應確保在 *posix_fadvise()* 呼叫與後續 *read()* 呼叫之間的耗時（elapsed time）短暫。（Linux 特有的 *readahead()* 系統呼叫提供的功能等同於 `POSIX_FADV_WILLNEED` 操作。）

`POSIX_FADV_DONTNEED`

　　行程預計最近將不會存取特定的檔案區域。建議核心釋放相對應的快取分頁（若有）。在 Linux 系統，此操作以兩個步驟進行。在第一個步驟，若底層的裝置目前沒有排滿一連串的寫入操作請求，則核心會刷新指定區域中已修改的分頁。第二步驟為，核心試圖釋放該區域的快取分頁。對於區域中已修改過的分頁，只有在第一個步驟已將分頁寫入底層裝置時，第二個步驟才會成功（亦即，若裝置的寫入佇列沒有壅塞）。因為應用程式無法控制裝置的壅塞，所以另一個確保能釋放快取分頁的替代方案是，在進行 POSIX_FADV_DONTNEED 操作之前，先對指定的參數 fd 執行 *sync()* 或 *fdatasync()* 呼叫。

POSIX_FADV_NOREUSE

行程預計只會對指定的檔案區域進行一次資料存取，接著不再重複使用。這在提醒核心可以在一次存取之後就釋放分頁。在 Linux 系統，此操作目前沒有作用。

因為 *posix_fadvise()* 是 SUSv3 新增的規範，不是全部的 UNIX 系統都有提供此介面。Linux 從 2.6 版的核心開始提供 *posix_fadvise()*。

13.6 繞過緩衝區快取：直接 I/O

從 2.4 版的核心開始，Linux 讓應用程式可以在進行磁碟 I/O 時，繞過緩衝區快取。因此能直接從使用者空間將資料傳輸到檔案或磁碟裝置。這個功能有時稱為直接 I/O（direct I/O）或低階 I/O（raw I/O）。

此處所述的細節為 Linux 特有的功能，並非 SUSv3 標準的規範。儘管如此，多數的 UNIX 系統都有提供一些存取裝置或檔案的直接 I/O 形式。

直接 I/O 有時會誤解為一種提供高速 I/O 效能的方法。然而，對多數的應用程式而言，使用直接 I/O 反而會大幅降低效能。這是因為，核心為了改善 I/O 效能，對緩衝區快取施行了許多優化（optimization），包含：依序預讀、以磁區叢集（cluster of disk block）進行 I/O，及讓多個行程存取同一個檔案以共享磁碟快取中的緩衝區。當我們使用直接 I/O 的同時，便失去了全部的優化條件。直接 I/O 只適用於有特定 I/O 需求的應用。例如資料庫系統有自己的快取與 I/O 優化，所以不需要核心消耗 CPU 時間與記憶體去進行同樣的工作。

我們可以對個別的檔案或區塊裝置（block device，如磁碟）執行直接 I/O。要做到這點，我們在以 *open()* 開啟檔案或裝置時就要指定 O_DIRECT 旗標。

O_DIRECT 旗標從核心 2.4.10 開始生效，並非全部的 Linux 檔案系統及核心版本都支援此旗標。多數的原生（native）檔案系統都有支援 O_DIRECT，但很多非 UNIX 的檔案系統（如 VFAT）則不支援。需要對使用的檔案系統進行相關測試（若檔案系統不支援 O_DIRECT，則 *open()* 將失敗並傳回 EINVAL 錯誤代碼）或是閱讀核心的原始碼，以檢查是否支援該檔案系統。

若行程以 O_DIRECT 旗標開啟一個檔案，而另一個行程以普通方式（即導致使用緩衝區快取）開啟同一檔案，則透過直接 I/O 讀寫的資料與緩衝區快取內容之間沒有一致性，應避免這類情況的發生。

在 *raw(8)* 使用手冊有介紹一個對磁碟裝置低階存取的舊式技術（目前已廢除）。

直接 I/O 的對齊限制

因為直接 I/O（在磁碟裝置與檔案）涉及對磁碟的直接存取，所以我們在執行 I/O 時，必須遵守一些限制：

- 傳輸用途的資料緩衝區，必須對齊符合區塊大小倍數的記憶體邊界。
- 資料傳輸的開始點，亦即檔案或裝置的偏移量，必須是區塊大小的倍數。
- 待傳輸資料的長度必須是區塊大小的倍數。

若違反上述任一條限制都會導致發生 EINVAL 錯誤。在上述列表中，區塊大小（block size）表示裝置的實體區塊大小（通常是 512 位元組）。

在執行直接 I/O 時，Linux 2.4 比 Linux 2.6 的限制更為嚴格：對齊、長度及偏移量都必須是底層檔案系統的邏輯區塊大小之倍數。（典型的檔案系統邏輯區塊大小為 1024、2048 或 4096 位元組。）

範例程式

列表 13-1 提供了一個使用 O_DIRECT 旗標開啟檔案並讀取資料的簡單範例。此程式使用四個命令列參數，依序指定要讀取的檔案、要從檔案讀取的位元組數、程式在讀取檔案以前應該定位（seek）的偏移量，以及傳輸給 *read()* 的資料緩衝區之對齊值。最後兩個參數是選配的，預設的偏移值與對齊值分別是 0 與 4096 個位元組，下列是我們執行程式會看到的一些執行結果範例：

```
$ ./direct_read /test/x 512                 Read 512 bytes at offset 0
Read 512 bytes                              Succeeds
$ ./direct_read /test/x 256
ERROR [EINVAL Invalid argument] read        Length is not a multiple of 512
$ ./direct_read /test/x 512 1
ERROR [EINVAL Invalid argument] read        Offset is not a multiple of 512
$ ./direct_read /test/x 4096 8192 512
Read 4096 bytes                             Succeeds
$ ./direct_read /test/x 4096 512 256
ERROR [EINVAL Invalid argument] read        Alignment is not a multiple of 512
```

列表 13-1 的程式使用 *memalign()* 函式來配置一塊記憶體，對齊第一個參數的倍數，我們在 7.1.4 節有介紹 *memalign()*。

列表 13-1：使用 O_DIRECT 繞過緩衝區快取

filebuff/direct_read.c

```
#define _GNU_SOURCE     /* Obtain O_DIRECT definition from <fcntl.h> */
#include <fcntl.h>
#include <malloc.h>
#include "tlpi_hdr.h"

int
main(int argc, char *argv[])
{
    int fd;
    ssize_t numRead;
    size_t length, alignment;
    off_t offset;
    char *buf;

    if (argc < 3 || strcmp(argv[1], "--help") == 0)
        usageErr("%s file length [offset [alignment]]\n", argv[0]);

    length = getLong(argv[2], GN_ANY_BASE, "length");
    offset = (argc > 3) ? getLong(argv[3], GN_ANY_BASE, "offset") : 0;
    alignment = (argc > 4) ? getLong(argv[4], GN_ANY_BASE, "alignment") : 4096;

    fd = open(argv[1], O_RDONLY | O_DIRECT);
    if (fd == -1)
        errExit("open");

    /* memalign() allocates a block of memory aligned on an address that
       is a multiple of its first argument. By specifying this argument as
       2 * 'alignment' and then adding 'alignment' to the returned pointer,
       we ensure that 'buf' is aligned on a non-power-of-two multiple of
       'alignment'. We do this to ensure that if, for example, we ask
       for a 256-byte aligned buffer, we don't accidentally get
       a buffer that is also aligned on a 512-byte boundary. */

    buf = memalign(alignment * 2, length + alignment);
    if (buf == NULL)
        errExit("memalign");

    buf += alignment;

    if (lseek(fd, offset, SEEK_SET) == -1)
        errExit("lseek");

    numRead = read(fd, buf, length);
    if (numRead == -1)
        errExit("read");
    printf("Read %ld bytes\n", (long) numRead);
```

```
    exit(EXIT_SUCCESS);
}
```

filebuff/direct_read.c

13.7 為檔案 I/O 混搭函式庫函式與系統呼叫

在對同一個檔案進行 I/O 操作時，可以混搭使用系統呼叫與標準 C 函式庫的函式。函式 *fileno()* 與 *fdopen()* 有助於我們達成這樣的任務。

```
#include <stdio.h>

int fileno(FILE *stream);
                    Returns file descriptor on success, or –1 on error
FILE *fdopen(int fd, const char *mode);
                    Returns (new) file pointer on success, or NULL on error
```

給定一個（檔案）串流，*fileno()* 傳回相對應的檔案描述符（即 stdio 函式庫為此串流開啟的檔案描述符）。此檔案描述符能以一般的方式使用於 *read()*、*write()*、*dup()* 和 *fcntl()* 等 I/O 系統呼叫。

函式 *fdopen()* 是 *fileno()* 的反函式，給定一個檔案描述符，此函式會建立一個與此檔案描述符對應的檔案串流供 I/O 使用。參數 mode 的涵義與在 *fopen()* 相同。例如，r 為讀取，w 為寫入，a 為附加寫入。若此參數與 fd 檔案描述符的存取模式不一致，則對 *fdopen()* 的呼叫會失敗。

函式 *fdopen()* 對非正規檔案的描述符特別有用，如同我們在後續章節所提及的，建立通訊端（socket）和管線（pipe）的系統呼叫都是傳回檔案描述符。為了將 stdio 函式庫用在這些類型的檔案，我們必須使用 *fdopen()* 建立相對應的檔案串流。

當使用 stdio 函式庫的函式，並結合 I/O 系統呼叫以對磁碟檔案進行 I/O 時，我們必須將緩衝的議題謹記於心。I/O 系統呼叫直接將資料傳輸到核心緩衝區快取，而 stdio 函式庫的函式則會等到使用者空間的串流緩衝區填滿了，才會呼叫 *write()* 將資料傳輸到核心緩衝區快取。請探討下列用來寫入標準輸出的程式碼：

```
printf("To man the world is twofold, ");
write(STDOUT_FILENO, "in accordance with his twofold attitude.\n", 41);
```

通常 *printf()* 的輸出會在 *write()* 輸出之後出現，因此這段程式會導致下列的輸出：

```
in accordance with his twofold attitude.
To man the world is twofold,
```

將 I/O 系統呼叫與 stdio 函式混合使用時，善用 *fflush()* 可規避此問題。我們也能用 *setvbuf()* 或 *setbuf()* 關閉緩衝功能，但如此一來可能會影響應用程式的 I/O 效能，因為每個輸出操作都會接著一個 *write()* 系統呼叫。

> SUSv3 用了一些篇幅針對應用程式須混搭 I/O 系統呼叫與 stdio 函式的需求進行規範。細節請見 *General Information in the System Interfaces*（*XSH*）*volume* 此章的 *headed Interaction of File Descriptors and Standard I/O Streams* 一節。

13.8 小結

輸入與輸出資料的緩衝是由核心與 stdio 函式庫執行的。我們在某些情況會不想使用緩衝，但是我們須要小心這對應用程式效能造成的影響。可以使用各種系統呼叫和函式庫的函式來控制核心與 stdio 緩衝，並執行一次性的緩衝區刷新。

行程能使用 *posix_fadvise()*，建議核心想要對特定檔案存取資料的模式。核心可利用此資訊來優化緩衝區快取的使用，進而提升 I/O 效能。

Linux 特有的 *open()* `O_DIRECT` 旗標可以讓特定的應用程式繞過緩衝區快取。

在對同一個檔案執行 I/O 操作時，*fileno()* 與 *fdopen()* 有助於我們混搭使用系統呼叫和標準 C 函式庫的函式。給定一個串流，*fileno()* 將傳回相對應的檔案描述符，而 *fdopen()* 則進行逆向操作，為指定的開啟檔案描述符建立一個新的串流。

進階資訊

（Bach，1986）描述了 System V 系統在緩衝區快取的實作與優點。（Goodheart & Cox，1994）和（Vahalia，1996）也介紹了 System V 緩衝區快取的基本原理和實作。更多關於 Linux 環境的相關資訊請參考（Bovet & Cesati，2005）和（Love，2010）。

13.9 習題

13-1. 使用 shell 內建的 time 指令，試著在你的系統上計算列表 4-1（`copy.c`）程式的執行時間。

a）使用不同的檔案與緩衝區大小進行實驗。你可以在編譯程式時使用 *-DBUF_SIZE=nbytes* 選項設定緩衝區大小。

b）修改 *open()* 系統呼叫，使用 O_SYNC 旗標，對於各種緩衝區大小，會對速度造成多少差異？

c）試著在各種檔案系統上進行這些時間量測（如，*ext3*、*XFS*、*Btrfs* 和 *JFS*）。結果會類似嗎？當緩衝區由小到大時，使用的時間還是一樣嗎？

13-2. 使用不同的緩衝區大小在檔案系統量測 filebuff/write_bytes.c 程式的操作時間（本書提供的程式碼有）。

13-3. 下列陳述句的效果為何？

```
fflush(fp);
fsync(fileno(fp));
```

13-4. 試解釋下列程式碼的輸出差異取決於將標準輸出重新導向到終端機或磁碟檔案而定。

```
printf("If I had more time, \n");
write(STDOUT_FILENO, "I would have written you a shorter letter.\n", 43);
```

13-5. 指令 *tail [-n num] file* 輸出檔名為 *file* 的最後 *num* 行（預設為 10 行）。使用 I/O 系統呼叫（*lseek()*、*read()*、*write()* 等）來實作這個指令。為了實作出更有效率的程式，請記得本章所介紹的那些緩衝議題。

14

檔案系統

本書在第 4 章、第 5 章及第 13 章介紹了檔案 I/O，尤其著重於普通（磁碟）檔案。本章和後續幾章則會深入探討與檔案相關的一系列主題。

- 本章會介紹檔案系統。
- 第 15 章將會討論與檔案相關的各種屬性（attribute），其中包括時間戳記（timestamp）、所有權（ownership）以及許可權（permissoin）。
- 第 16 章和第 17 章則會討論 Linux 2.6 的兩個新特性：擴充屬性（extended attribute）和存取控制清單（ACL）。擴充屬性可將任意中繼資料（metadata）與一檔案進行關聯，而 ACL 則是對傳統 UNIX 檔案權限模型的擴充。
- 第 18 章將討論目錄和連結。

檔案系統是檔案和目錄的集合組成，本章的絕大多數內容都與檔案系統相關。本章會解釋一系列與檔案系統有關的概念，舉例時將採用傳統的 Linux *ext2* 檔案系統。此外，本章還會簡要介紹一些 Linux 支援的日誌型檔案系統（journaling file system）。

在本章結尾，將會討論用於掛載（mount）和卸載（unmount）檔案系統的系統呼叫，以及用來取得已掛載檔案系統資訊的函式庫函式（library function）。

14.1 裝置專屬的檔案

本章會經常提到磁碟裝置，因此這裡先簡要介紹一下裝置檔的概念。

裝置專屬檔（device special file）與系統的某個裝置相對應。在核心中，每種裝置類型都有相對應的裝置驅動程式，用來處理裝置的全部 I/O 請求。裝置驅動程式屬核心程式碼單元，可執行一系列操作，（通常）與一個相關硬體的輸入 / 輸出動作相對應。由裝置驅動程式提供的 API 是固定的，包含的操作對應於系統呼叫 *open()*、*close()*、*read()*、*write()*、*mmap()* 以及 *ioctl()*。每個裝置驅動程式所提供的介面一致，這隱藏了每個裝置的操作差異，因而滿足了 I/O 操作的通用性（請參考 4.2 節）。

某些裝置是實際存在的裝置，比如滑鼠、磁碟和磁帶裝置。而另一些裝置則是虛擬的，亦即並不存在相應硬體，但核心會（通過裝置驅動程式）提供一種抽象裝置，其 API 與真實裝置一般無異。

可將裝置分為以下兩種類型：

- **字元裝置**（*character device*）基於每個字元來處理資料，終端機和鍵盤都屬於字元型裝置。
- **區塊裝置**（*block device*）則一次處理一個資料區塊，區塊的大小取決於裝置類型，但通常為 512 位元組的倍數，磁碟即是其中一種區塊裝置。

與其他類型的檔案一樣，裝置檔總會出現在檔案系統中，通常位於 /dev 目錄下。超級使用者可使用 mknod 指令建立裝置檔，特權級程式（CAP_MKNOD）執行 *mknod()* 系統呼叫亦可完成相同任務。

> 本書不會對 *mknod()*（建立檔案系統 i-node）這個系統呼叫做詳細介紹，因為該系統呼叫的用法很直觀，而且如今僅用於建立裝置檔案，一般應用程式很少使用。當然，也可以使用 *mknod()* 建立 FIFO（參考 44.7 節），但最好使用 *mkfifo()* 函式來完成該任務。以前某些 UNIX 實作會使用 *mknod()* 來建立目錄，但如今已由 *mkdir()* 系統呼叫取代。然而，還有一些 UNIX 實作（Linux 不在此列），為了保持向後的相容性，仍然在 *mknod()* 中保留了此能力，詳情請見 *mknod(2)* 使用手冊。

在 Linux 的早期版本中，/dev 包含了系統中所有可能裝置的項目，即使某些裝置實際並未與系統連接。這意謂 /dev 會包含數以千計的未用裝置項目，因此導致了兩個缺點：其一，對於需要掃描該目錄內容的應用而言，降低了程式的執行速度；其二，根據該目錄下的內容無法發現系統中實際存在哪些裝置。Linux 2.6 運用 udev 程式解決了上述問題。該程式所依賴的 sysfs 檔案系統，是裝載於 /sys 底下的虛擬檔案系統，將裝置和其他核心物件的相關資訊匯出至使用者空間（user space）。

> （Kroah-Hartman，2003）簡介 udev，並概述該程式比 devfs 較好的優勢，後者是 Linux 2.4 核心對此類問題的解決方案。與 sysfs 檔案系統有關的內容可參考 Linux 2.6 核心原始碼檔案 Documentation/filesystems/sysfs.txt 和（Mochel，2005）。

裝置 ID

每個裝置檔案都有主要 ID（major ID）與次要 ID（minor ID）編號。主要 ID 編號可識別一般的裝置，核心會使用主要 ID 查找與該類裝置相對應的驅動程式。次要 ID 可識別一般裝置的唯一特定裝置。指令 *ls -l* 可顯示出裝置檔案的主要與次要 ID。

裝置檔的 i-node 記錄裝置檔案的主要、次要 ID（本章第四節將介紹 i-node）。每個裝置驅動程式都會向核心註冊，將自己與特定的主要裝置 ID 建立關聯，藉此建立裝置專屬檔和裝置驅動程式之間的關係。核心不會使用裝置檔名來尋找驅動程式。

在 Linux 2.4 以及更早的版本中，系統的裝置總數受限於此：裝置的主要、次要 ID 只能用 8 位元表示。加上主要裝置 ID 固定不變，且為統一分配（由 Linux 命名和編號機構分配，請見 *http://www.lanana.org*），使得上述問題更為嚴重。Linux 2.6 採用了更多位元來存放主要、次要 ID（分別為 12 位元與 20 位元），從而緩解了這個問題。

14.2 磁碟與分割區

普通檔案（regular file）和目錄通常都存放在硬碟裝置。（其他裝置也能存放檔案和目錄，比如，CD-ROM、flash 記憶體卡以及虛擬磁碟等，但這裡主要探討的是硬碟裝置。）下面幾節會介紹磁碟如何組成，以及如何建立分割區。

磁碟機

硬碟是一種機械裝置，由一個或多個高速旋轉（每分鐘數千轉）的碟片組成。透過在磁碟上快速移動的讀 / 寫磁頭，便可取得 / 修改磁碟表面的磁性編碼資訊。磁碟表面資訊物理上儲存於稱為磁軌（track）的一組同心圓上。磁軌又分為若干個磁區，每個磁區則包含一串物理區塊。物理區塊的容量一般為 512 位元組（或 512 的倍數），代表了磁碟可讀 / 寫的最小資訊單元。

雖然現代磁碟機的速度很快，但讀寫磁碟資訊仍然相當耗時。首先，磁頭要移動到對應的磁軌（找尋時間）；然後，在相應磁區轉到磁頭下之前，磁碟機必須一直等待（轉動延遲）；最後，還要傳輸請求的區塊資料（傳輸時間）。執行上述操作所耗費的時間總量通常以毫秒為單位。相形之下，同樣的時間可供現代 CPU 執行數百萬條指令。

磁碟分割區

可將每塊磁碟劃分為一個或多個（不重疊的）分割區（partition）。核心則將每個分割區視為位於 /dev 路徑下的單個裝置。

> 系統管理員可使用 fdisk 指令來決定磁碟分割的編號、大小和類型。指令 fdisk -l 會列出磁碟上的所有分割區。Linux 特有檔案 /proc/partitions 記錄了系統中每個磁碟分割的主要與次要裝置的編號、大小和名稱。

磁碟分割區可容納任何類型的資訊，但通常只會包含以下其中一種：

- **檔案系統**：用來存放普通檔案，請參閱本章第 3 節。
- **資料區域**：可做為低階裝置進行存取，請參閱 13.6 節（一些資料庫管理系統會使用該技術）。
- **置換區域**（*swap area*）：供核心的記憶體管理用途。

可透過 *mkswap(8)* 指令來建立置換區域。特權級行程（CAP_SYS_ADMIN）可利用 *swapon()* 系統呼叫向核心報告將磁碟分割區做為置換區域。*swapoff()* 系統呼叫則會執行反向功能，告訴核心，停止將磁碟分割區做為置換區域用途。儘管 SUSv3 並未對上述系統呼叫進行規範，但它們卻獲得了許多 UNIX 實作的支援，其他資訊請參考 *swapon(2)*、*swapon(8)* 使用手冊。

> 可使用 Linux 特有的檔案 /proc/swaps 來查看系統中目前已啟動置換區域的資訊。其中包括每個置換區域的大小，以及在用置換區域的個數。

14.3 檔案系統

檔案系統是普通檔案和目錄的組織集合，建立檔案系統的指令是 mkfs。

Linux 的強項之一便是提供種類繁多的檔案系統，如下所示：

- 傳統的 *ext2* 檔案系統。
- 各種原生（native）UNIX 檔案系統，比如，Minix、System V 以及 BSD 檔案系統。

- 微軟的 FAT、FAT32 以及 NTFS 檔案系統。
- ISO 9660 CD-ROM 檔案系統。
- Apple Macintosh 的 HFS。
- 一系列的網路檔案系統，包括廣為使用的 SUN NFS（Linux 對 NFS 的實作資訊請參考 *http://nfs.sourceforge.net/*）、IBM 和微軟的 SMB、Novell NCP 以及 Carnegie Mellon 大學開發的 Coda 檔案系統。
- 一系列日誌檔案系統，包括 *ext3*、*ext4*、*Reiserfs*、*JFS*、*XFS* 以及 *Btrfs*。

從 Linux 特有的檔案 `/proc/filesystems` 可以檢視目前核心已知的檔案系統類型。

> Linux 2.6.14 中，增加了使用者空間檔案系統（*file system in user space*，FUSE）工具。採用此機制，可為核心增加掛鉤（hook），以便讓使用者空間程式來完整實作檔案系統，而無須對核心進行修補或重新編譯，詳細資訊請見 *http://fuse.sourceforge.net/*。

ext2 檔案系統

多年以來，*ext2*（*second extended file system*）是 Linux 上使用最為廣泛的檔案系統，也是原始的 ext Linux 檔案系統之繼承人。近來，隨著各種日誌檔案系統的興起，對 *ext2* 的使用也日趨減少。有時，在介紹通用檔案系統概念時，以一款特定的檔案系統實作為例會比較簡單，基於此目的，本章將以 *ext2* 為例來介紹檔案系統。

> *ext2* 檔案系統由 Remy Card 設計，*ext2* 的原始碼不多（約 5,000 行的 C 語言程式碼），是其他幾種檔案系統實作的原型。*ext2* 檔案系統的主頁為 *http://e2fsprogs. sourceforge.net/ext2.html*。該網站上有一篇概述 *ext2* 實作的好論文。此外，David Rusling 所著的線上書籍 "The Linux kernel"（可從 *http:// www.tldp.org/* 下載）對 *ext2* 也有描述。

檔案系統結構

在檔案系統中，用來分配空間的基本單位是邏輯區塊（logical block），或稱為磁區，亦即檔案系統所在磁碟裝置上的多個連續物理區塊。例如，在 *ext2* 檔案系統上，邏輯區塊的大小為 1024、2048 或 4096 位元組。（使用 *mkfs(8)* 指令建立檔案系統時，可指定邏輯區塊的大小作為命令列參數。）

特權級程式（CAP_SYS_RAWIO）可利用 *ioctl()* 的 FIBMAP 操作，來判定檔案指定邏輯區塊的物理位置。該呼叫的第三個參數是整數值，同時用於傳回結果。在呼叫之前，應將該參數設定為邏輯區塊編號（第一個邏輯區塊編號為 0）；在呼叫之後，其中傳回的是儲存此邏輯區塊的起始物理區塊編號。

圖 14-1 所示為磁碟分割區和檔案系統之間的關係，以及一般檔案系統的組成。

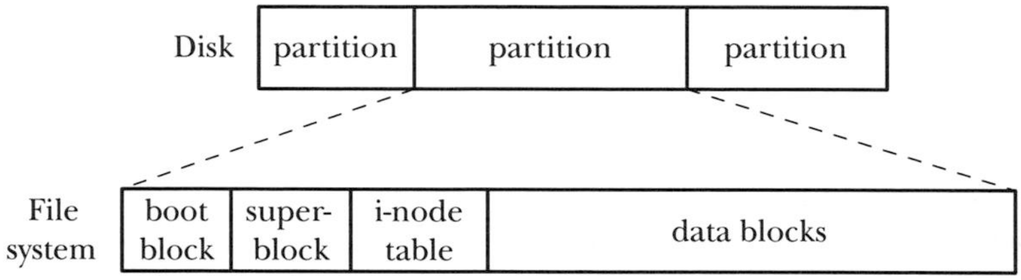

圖 14-1：磁碟分割區和檔案系統佈局

檔案系統由以下幾部分組成：

- **開機磁區**（*boot block*）：總是做為檔案系統的第一個區塊。開機磁區不提供檔案系統使用，只是包含用來引導作業系統的資訊。作業系統雖然只需一個開機磁區，但全部的檔案系統都設有開機磁區（其中的絕大多數都未使用）。
- **超級區塊**（*super block*）：緊隨開機磁區之後的一個獨立區塊，包含與檔案系統有關的參數資訊，其中包括：
  — i-node 表格容量
  — 檔案系統中邏輯區塊的大小
  — 以邏輯區塊計算檔案系統的大小

  位於同一物理裝置上的不同檔案系統，其類型、大小以及參數設定（比如，區塊大小）都可以有所不同。這也是將一塊磁碟劃分為多個分割區的原因之一。
- ***i-node* 表格**：檔案系統中的每個檔案或目錄在 i-node 表格中都對應到唯一的一筆紀錄。這筆紀錄記載了檔案的各種相關資訊。下一節會深入討論 i-node。有時也將 i-node 表稱為 i-list。
- **資料區塊**：檔案系統的大部分空間都用於存放資料，以構成位在檔案系統上的檔案和目錄。

以 *ext2* 檔案系統而言，情況要比文中的描述稍微複雜。在開始的開機磁區之後，*ext2* 檔案系統就被劃分為一系列大小相等的區塊群組（block group）。每個區塊群組都包含了一份超級區塊的副本，以及區塊群組有關的參數資訊，以及該區塊群組的 i-node 表和資料區塊。*ext2* 檔案系統會儘量在同一個區塊群組內儲存一個檔案的全部區塊，以期在對檔案線性存取時縮短找尋時間。細節請參考 Linux 原始碼 Documentation/filesystems/*ext2*.txt、*dumpe2fs* 程式的原始程式碼（以 *e2fsprogs* 套裝軟體的一部分進行發佈），以及（Bovet & Cesati，2005）。

14.4 i-node

針對位於於檔案系統上的每個檔案，檔案系統的 i-node 表會有一個 i-node（索引節點的簡稱）。可用 i-node 表格中的位置順序，以數字來識別 i-node。檔案的 i-node number（或簡稱為 i-number）是 *ls –l*i 指令顯示的第一個欄位。i-node 所維護的資訊如下所示：

- 檔案類型（比如，普通檔案、目錄、符號連結，以及字元裝置等）。
- 擁有者（亦稱使用者 ID 或 UID）。
- 群組（亦稱為群組 ID 或 GID）。
- 三類使用者的存取權限：擁有者（owner，有時也稱為使用者）、群組（group）以及其他使用者（other，擁有者與群組使用者之外的使用者），詳情請見 15.4 節。
- 三個時間戳記：檔案的最後存取時間（ls -lu 顯示的時間）、檔案的最後修改時間（ls -l 預設顯示的時間），以及檔案狀態的最後改變時間（ls -lc 顯示的最後改變 i-node 資訊的時間）。值得注意的是，與其他 UNIX 實作一樣，大多數 Linux 檔案系統不會記錄檔案的建立時間。
- 指向檔案的硬式連結（hard link）數量。
- 檔案的大小，以位元組為單位。
- 實際分配給檔案的區塊數量，以 512 位元組區塊為單位。這個數字可能不會單純對應檔案的位元組大小，因為要考慮檔案中包含空洞（hole）（請參考 4.7 節）的情形，分配給檔案的區塊數目可能會少於根據檔案正常大小（以位元組為單位）所計算出的區塊數目。
- 指向檔案資料區塊的指標。

ext2 中的 i-node 和資料區塊指標

如同大多數的 UNIX 檔案系統，*ext2* 檔案系統在儲存檔案時，資料區塊不一定是連續的，甚至不一定按照順序儲存（即使 *ext2* 會盡量讓資料區塊彼此靠近儲存）。為了定位檔案資料區塊的位置，核心在 i-node 內有維護一組指標。圖 14-2 所示為在 *ext2* 檔案系統上完成上述任務的情況。

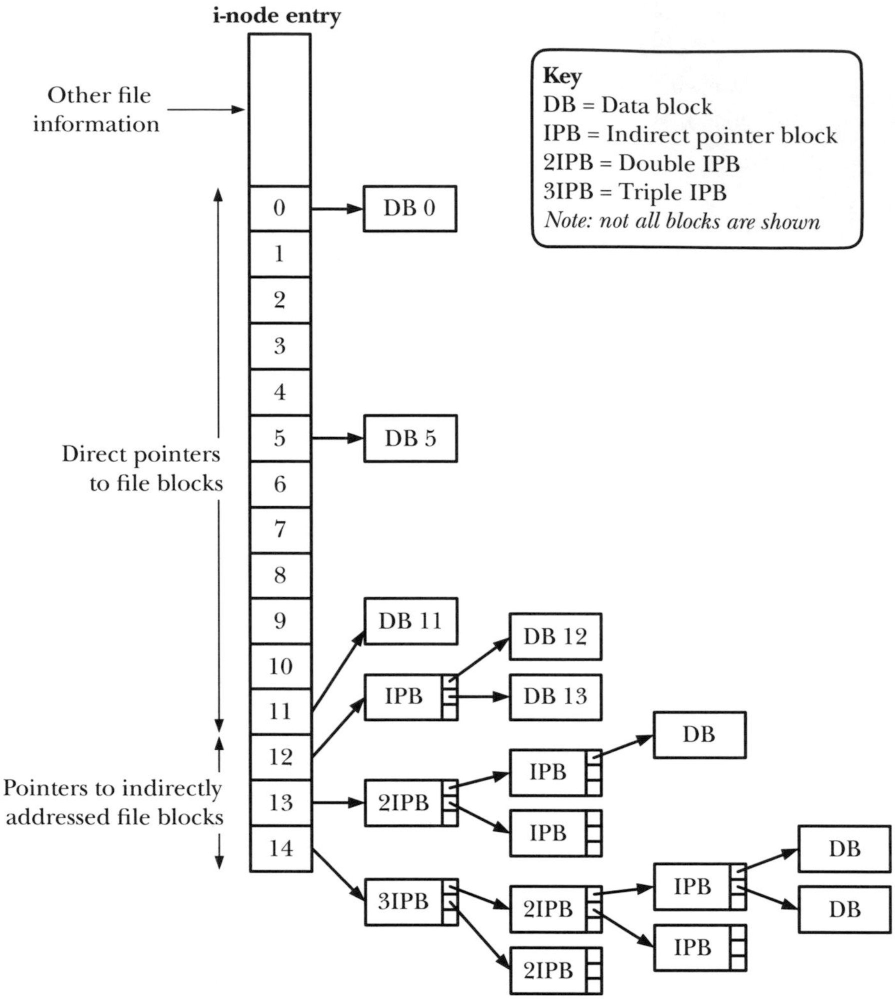

圖 14-2：*ext2* 檔案系統中檔案的檔案區塊結構

> 檔案系統不讓一個檔案使用連續的區塊是為了有效率地使用磁碟空間。在實務上，這樣可以減少閒置磁碟空間片段（*fragmentation*）的影響（許多不連續的閒置空間會造成浪費，因為這些空間都太小了而無法使用）。反之，有效率地使用閒置空間的這項好處之成本是需要將檔案片段，以填滿磁碟空間。

在 *ext2* 中，每個 i-node 包含 15 個指標。其中的前 12 個指標（圖 14-2 中編號為 0 ～ 11 的指標）指向檔案前 12 個區塊在檔案系統中的位置。接下來，是一個指向指標區塊的指標，提供了檔案的第 13 個以及後續資料區塊的位置。指標區塊中的指標數量取決於檔案系統中區塊的大小。每個指標需佔用 4 個位元組，因此指標的數量可能在 256（區塊容量為 1024 位元組）～ 1024（區塊容量為 4096 位元組）之間。這樣就考慮了大型檔案的情況。即便是對於巨型檔案，第 14 個指標（圖中編號為 13）是一個雙層間接指標（double indirect pointer），指向指標區塊，指標區塊再指向指標區塊，而指標區塊最終指向檔案的資料區塊。只要有體積龐大的檔案，就會隨之產生更深一層：圖中 i-node 的最後一個指標屬於三層的間接指標。

這看似複雜的系統，其設計意圖是為了滿足多重需求。首先，該系統可維持 i-node 結構大小固定，又能支援任意大小的檔案。其次，檔案系統既能以不連續方式來儲存檔案區塊，又可透過 *lseek()* 隨機存取檔案，而核心只需計算所要追隨的指標。最後，對於在大多數系統中佔絕對多數的小檔案而言，這種設計允許透過 i-node 的直接指標快速存取檔案資料區塊。

> 試舉一例，筆者對一個包含約 150,000 個檔案的系統進行了測量，其中 30% 以上的檔案大小在 1,000 位元組以下，80% 的檔案佔用了 10,000 位元組或更少的空間。假定區塊的大小為 1,024 位元組，只要使用 12 個直接指標便能參考大小為 10,000 位元組及以下的檔案，可存取總計 12,288 位元組的區塊。若區塊大小為 4,096 位元組，則該上限可達 49,152 位元組（系統中 95% 的檔案大小都處於該容量限制之下）。

上述設計同樣考慮了巨型檔案的處理，對於大小為 4,096 位元組的區塊而言，理論上，檔案大小可略高於 1024*1024*1024*4096 位元組，或大約 4TB（4096 GB）。（之所以說略高是因為，指標指向區塊的方式可以為直接、間接或雙層間接。與三層間接指標所指向的範圍相比，多出來的那些空間實在是微不足道。）

該設計的另一優點在於檔案可以有空洞（hole）（如 4.7 節所述）。檔案系統只需將 i-node 和間接指標區塊中的相對應指標標示為 0，表示這些指標並未指向實際的磁碟區塊即可，而無須為檔案空洞配置空的位元組資料區塊。

14.5 虛擬檔案系統（VFS）

Linux 提供的各種檔案系統，其實作細節均不同。舉例來說，這些差異包括檔案區塊的分配方式，以及目錄的組織方式。如果每個存取檔案的程式都需要理解各種檔案系統的具體細節，那麼設計使用各類檔案系統的程式將會是不可能的任務。虛擬檔案系統（VFS，有時也稱為 virtual file switch）是一種核心功能，透過為檔案系統操作建立抽象層來解決上述問題（參考圖 14-3）。VFS 背後的原理其實很直觀。

- VFS 針對檔案系統定義了一套通用的介面，全部與檔案互動的程式都會依此介面進行操作。
- 每種檔案系統都會提供 VFS 介面的實作。

如此一來，程式只需理解 VFS 介面，而無須知道具體檔案系統的實作細節。

VFS 介面的操作與涉及檔案系統和目錄的全部普通系統呼叫相對應，這些系統呼叫有 *open()*、*read()*、*write()*、*lseek()*、*close()*、*truncate()*、*stat()*、*mount()*、*umount()*、*mmap()*、*mkdir()*、*link()*、*unlink()*、*symlink()* 以及 *rename()*。

VFS 的抽象層依照傳統的 UNIX 檔案系統模型建模。當然，還有一些檔案系統，尤其是非 UNIX 檔案系統，並不支援全部的 VFS 操作。（比如，微軟的 VFAT 就不支援使用 *symlink()* 建立符號連結的概念。）對於這種情況，底層檔案系統會將錯誤程式碼傳回 VFS 層，表示不支援相對應的操作，而 VFS 隨後會將錯誤碼傳遞給應用程式。

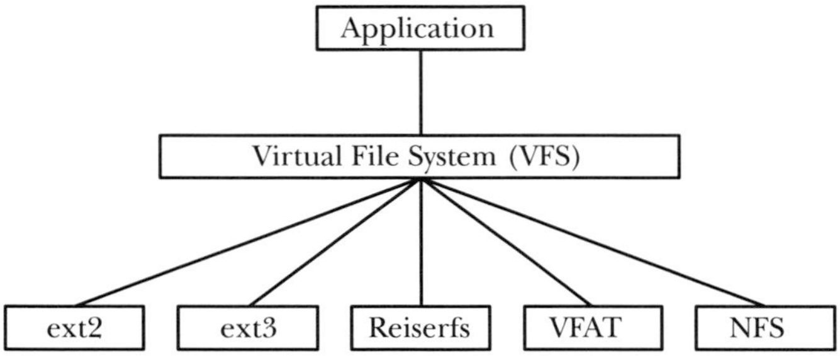

圖 14-3：虛擬檔案系統

14.6 日誌型檔案系統

Ext2 檔案系統是傳統 UNIX 檔案系統的優良範例，自然也受限於其典型的限制：系統當機之後，為確保檔案系統的完整性，重新開機時必須對檔案系統的一致性進行檢查（fcsk）。由於系統每次當機時，可能只有完成部份的檔案更新，而檔案系統的中繼資料（目錄項目、i-node 資訊以及檔案資料區塊指標）也將處於不一致狀態，一旦此問題無法修復，那麼檔案系統就會受到更進一步的損壞，因此上述措施實屬必要。如有可能，就必須進行修復，否則，將會捨棄那些無法取得的資訊（可能會包含檔案資料）。

問題在於，一致性檢查需要檢測整個檔案系統。如果檔案系統較小，只需幾秒或幾分鐘便可完成。而在大型檔案系統上，上述操作可能會歷時數小時，這對於需要保持高可用性的系統來說（比如，網路伺服器），情況就非常嚴重。

採用日誌型檔案系統（journaling file system），則無須在系統當機後對檔案進行漫長的一致性檢查。在實際更新中繼資料之前，日誌檔案系統會將這些更新操作記錄於專用的磁碟日誌檔，將相關的中繼資料（transaction）分群記載更新紀錄。在交易處理過程中，一旦系統當機，在系統重新開機時便可利用日誌重做（redo）任何未完成的更新，同時將檔案系統恢復成一致性的狀態。（借用資料庫的說法，日誌檔案系統能夠確保總是將檔案中繼資料的交易以一個完整的單位提交。）系統在當機之後，即使是超大型的日誌型檔案系統，通常也會在幾秒之內復原，因而對於有高可用性需求的系統極具吸引力。

日誌型檔案系統的缺點是會增加檔案更新時間，當然，良好的設計可以降低這方面的時間成本。

> 某些日誌檔案系統只會確保檔案中繼資料的一致性。由於不記錄檔案資料，因此一旦系統崩潰，可能會造成資料遺失。*ext3*、*ext4* 和 *Reiserfs* 檔案系統提供了記錄資料更新的選項，但若記錄的東西過多，則會降低檔案 I/O 的效能。

以下列出了 Linux 所支援的日誌檔案系統：

- *Reiserfs* 是第一個納入核心（版本號為 2.4.1）的日誌型檔案系統。*Reiserfs* 提供了一種名為「後端封裝（tail packing）或（tail merging）」的特性：可將小檔案或大型檔案的最後一個碎片（fragment）以及中繼資料，封裝在相同的磁區。而許多系統都有（或由應用程式建立了）很多小檔案，因此如此能節省大量的磁碟空間。
- *Ext3* 檔案系統是將 *ext2* 增加日誌功能的專案，從 *ext2* 升級到 *ext3* 非常簡單（無須備份和恢復操作），還支援反向降級，核心在版本 2.4.15 整合了 *ext3* 檔案系統。
- *Jfs* 由 IBM 開發，從版本 2.4.20 開始整合進核心。
- *Xfs*（*http://oss.sgi.com/projects/xfs/*）最初是由 SGI（Silicon Graphics）於 20 世紀 90 年代初期開發，供他們的私有 UNIX 實作（Irix）使用。在 2001 年，有人將 XFS 移植到 Linux 系統，並成為自由軟體專案之一，加入了 2.4.24 版的核心。

設定核心組態時，可在「File systems」功能表設定核心選項，以開啟不同檔案系統功能。

本書在撰寫之際，還有兩種具備日誌功能並支援多種其他進階功能的檔案系統尚在開發之中：

- *Ext4* 檔案系統（*http://ext4.wiki.kernel.org/*）是 *ext3* 檔案系統的接班人，Linux 2.6.19 整合了 *ext4* 的第一個實作，核心的後續版本中又陸續增加各種功能。在 *Ext4* 的規劃（或已實作的）特性中，包括 extents（預留連續的儲存區塊），旨為減少檔案碎片的配置功能、線上檔案系統的磁碟重組、更快速的檔案系統檢查，以及提供奈秒等級的時間戳記功能。
- *Btrfs*（B-tree FS，一般讀作"butter FS"，*http://btrfs.wiki.kernel.org/*），由下而上設計，提供一系列現代化功能，其中包括 extents、可寫的快照（等同於中繼資料與資料日誌的功能）、對資料和中繼資料的校驗和（checksum）、線上檔案系統檢查、線上檔案系統的磁碟重組、有效利用空間的小檔案封裝，以及有效利用空間的索引目錄。在核心版本 2.6.29 中開始納入此檔案系統。

14.7 單一根目錄階層與掛載點

如同其他的 UNIX 系統，Linux 上每個檔案系統的檔案都位於單一根目錄樹底下，樹根就是根目錄「/」。其他的檔案系統都掛載在根目錄之下，視為整個目錄層級的子樹（subtree）。超級使用者（super user）可使用如下指令掛載檔案系統：

```
$ mount device directory
```

這個指令會將名為「device」的檔案系統掛接到「directory」指定的目錄階層中，即檔案系統的掛載點。可使用 umount 指令卸載檔案系統，然後在另一個地方掛載檔案系統，因而改變檔案系統的掛載點。

> Linux 版本 2.4.19 以後的情況較為複雜。如今，核心支援個別行程（per-process）的掛載命名空間（mount namespace）。意謂著每個行程都可以擁有屬於自己的一組檔案系統掛載點，因此每個行程所見的單一根目錄階層會有所不同。本書將在 28.2.1 節介紹 CLONE_NEWNS 旗標時再次深入探討。

不使用任何的參數來執行 mount 指令，可以列出目前已掛載的檔案系統，如下例所示（與實際輸出相比，略有刪減）：

```
$ mount
/dev/sda6 on / type ext4 (rw)
proc on /proc type proc (rw)
sysfs on /sys type sysfs (rw)
devpts on /dev/pts type devpts (rw,mode=0620,gid=5)
/dev/sda8 on /home type ext3 (rw,acl,user_xattr)
/dev/sda1 on /windows/C type vfat (rw,noexec,nosuid,nodev)
/dev/sda9 on /home/mtk/test type reiserfs (rw)
```

圖 14-4 所示的部分目錄及檔案結構源自於執行上述 mount 指令的系統。該圖示範將掛載點映射到目錄階層。

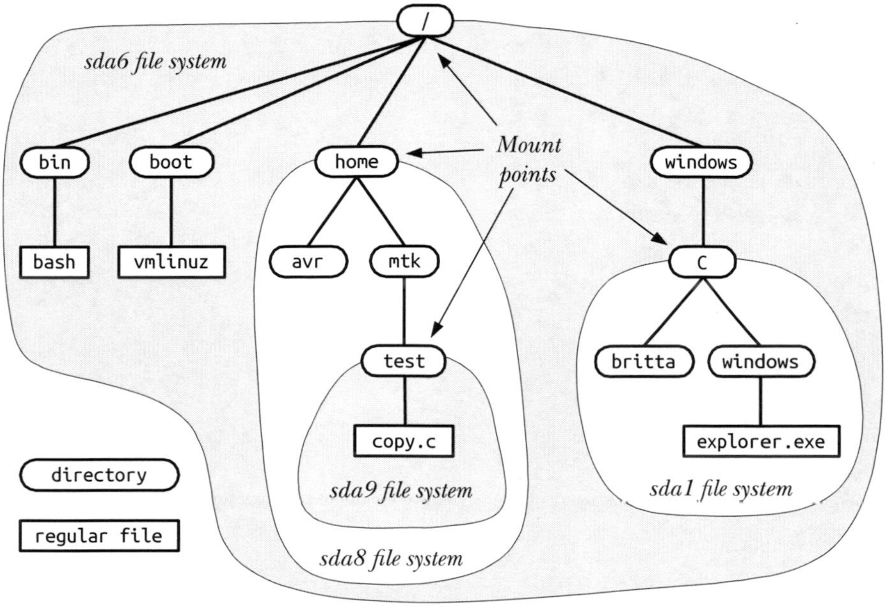

圖 14-4：示範檔案系統掛載點的目錄階層範例

14.8 掛載和卸載檔案系統

系統呼叫 *mount()* 和 *umount()* 提供特權級行程（CAP_SYS_ADMIN）掛載或卸載檔案系統。大多數 UNIX 實作都提供了這兩個系統呼叫。不過，SUSv3 並未對其進行規範，因此其操作也隨 UNIX 實作和檔案系統而異。

在討論這兩個系統呼叫之前，需要先瞭解以下三個檔案，其中包含了目前已掛載或可掛載的檔案系統資訊：

- 透過 Linux 特有的虛擬檔案 /proc/mounts，可查看目前已掛載檔案系統的清單。/proc/mounts 是一個核心資料結構的介面，因此會包含已掛載檔案系統的精確資訊。

  前述的個別行程掛載命名空間功能，目前每個行程都擁有一個 /proc/*PID*/mounts 檔案，其中會列出組成行程掛載空間的掛載點，而 /proc/mounts 只是指向 /proc/self/mounts 的符號連結。

- *mount(8)* 和 *umount(8)* 指令會自動維護 /etc/mtab 檔案，該檔案所包含的資訊類似 /proc/mounts 的內容，只是比較詳細一些。尤其是，/etc/mtab 包含了傳遞給 *mount(8)* 的檔案系統特有選項，這並未在 /proc/mounts 中出現。但是，因為系統呼叫 *mount()* 和 *umount()* 並不會更新 /etc/mtab，如果某些掛載或卸載了裝置的應用程式沒有更新該檔案，那麼 /etc/mtab 的內容可能就會不正確。
- /etc/fstab（由系統管理員手動維護）包含了系統支援的全部檔案系統之敘述，該檔案可供 *mount(8)*、*umount(8)* 以及 *fsck(8)* 使用。

/proc/mounts、/etc/mtab 和 /etc/fstab 的格式相同，請參考 *fstab(5)* 使用手冊，以下範例摘錄自 /proc/mounts 中的一行紀錄：

```
/dev/sda9 /boot ext3 rw 0 0
```

這筆紀錄包含六個欄位：

1. 已掛載的裝置名稱。
2. 裝置的掛載點。
3. 檔案系統類型。
4. 掛載旗標，上例的 rw 表示以可讀寫方式掛載檔案系統。
5. 一個數字，提供 *dump(8)* 控制檔案系統備份操作，只有 /etc/fstab 檔案才會用到該欄位和第六個欄位，在 /proc/mounts 和 /etc/mtab 中，該欄位總是 0。
6. 一個數字，在系統開機時，用於控制 *fsck(8)* 對檔案系統的檢查順序。

getfsent(3) 和 *getmntent(3)* 使用手冊記錄了能讀取上述檔案紀錄的函式。

14.8.1 掛載檔案系統：*mount()*

mount() 系統呼叫將由 source 指定裝置包含的檔案系統，掛載到 target 指定的目錄。

```
#include <sys/mount.h>

int mount(const char *source, const char *target, const char *fstype,
          unsigned long mountflags, const void *data);
```

成功時傳回 0，或者錯誤時傳回 -1

前面兩個參數分別命名為 source 和 target，原因在於，除了將磁碟檔案系統掛載到一個目錄下之外，*mount()* 還可以執行其他任務。

參數 fstype 是一個字串，用來識別裝置的檔案系統類型，比如，*ext4* 或 *btrfs*。

參數 mountflags 為一個位元遮罩，透過對表 14-1 所示的 0 個或多個旗標進行「或（OR）位元」操作而得出，稍後將做詳細介紹。

mount() 的最後一個參數 data 是一個指向資訊緩衝區的指標，對其資訊的解釋則取決於檔案系統。就大多數檔案系統而言，該參數是一字串，包含了以逗號分隔的選項設定。在 *mount(8)* 使用手冊中，有這些選項的完整清單。若 *mount(8)* 使用手冊不足的，請查詢相關的檔案系統文件。

表 14-1：供 *mount()* 使用的 *mountflags* 值

旗標	用途
MS_BIND	建立綁定掛載（始於 Linux 2.4）
MS_DIRSYNC	同步更新路徑（始於 Linux 2.6）
MS_MANDLOCK	允許強制鎖定檔案
MS_MOVE	以原子式操作將掛載點移到新位置
MS_NOATIME	不更新檔案的最後存取時間
MS_NODEV	不允許存取裝置
MS_NODIRATIME	不更新目錄的最後存取時間
MS_NOEXEC	不允許程式執行
MS_NOSUID	禁用 set-user-ID 和 set-group-ID 程式
MS_RDONLY	以唯讀方式掛載；不能修改或建立檔案
MS_REC	遞迴掛載（始於 Linux 2.4.11）
MS_RELATIME	只有當最後存取時間早於最後修改時間或最後狀態變更時間時，才對前者進行更新（始於 Linux 2.6.20）
MS_REMOUNT	使用新的 mountflags 和 data 重新掛載
MS_STRICTATIME	總是更新最後存取時間（始於 Linux 2.6.30）
MS_SYNCHRONOUS	使得所有檔案和目錄同步更新

mountflags 參數是旗標的位元遮罩，用來修改 *mount()* 操作。在 *mountflags* 中，可以指定 0 到多個如下的旗標：

MS_BIND（始於 *Linux 2.4*）

用來建立綁定掛載，在 14.9.4 節將說明此特性。如果指定了此旗標，那麼 *mount()* 會忽略 *fstype*、*data* 參數，以及 *mountflags* 中除 MS_REC 之外的旗標（見後續描述）。

MS_DIRSYNC（始於 *Linux 2.6*）

用來同步更新路徑。該旗標的效果類似 *open()* 的 O_SYNC 旗標（參考 13.3 節），但只針對路徑。後面介紹的 MS_SYNCHRONOUS 則提供了 MS_DIRSYNC 功能的超集合，可同時同步更新檔案和目錄。採用 MS_DIRSYNC 旗標的應用程式可確保同步更新目錄（比如，*open(pathname，O_CREAT)*、*rename()*、*link()*、*unlink()*、*symlink()* 以及 *mkdir()*），且無須負擔同步更新檔案的成本。FS_DIRSYNC_FL 旗標的用途與之相近，其區別在於可將 MS_DIRSYNC 應用於單個目錄。此外，在 Linux 上，對代表目錄的檔案描述符執行呼叫 *fsync()*，可更新目標目錄。（這項 Linux 特有的 *fsync()* 行為並未納入 SUSv3 的規範。）

MS_MANDLOCK

允許對該檔案系統的檔案強制進行紀錄上鎖（record locking），在第 55 章將描述紀錄上鎖。

MS_MOVE

將 source 指定的現有掛載點移到 target 指定的新位置，整個動作為一原子式操作，不可分割。這與 *mount(8)* 指令的 --move 選項相對應。實際上，這等同於卸載子樹，並將其重新掛載到另一位置，只是不用卸載子樹。source 參數為一個字串，其內容應與前一個 *mount()* 呼叫中的 target 相同。在使用此旗標時，*mount()* 將忽略 *fstype*、*data* 參數，以及 *mountflags* 中的其他旗標。

MS_NOATIME

針對該檔案系統中的檔案，不更新其最後存取時間。與下列介紹的 MS_NODIRATIME 旗標一樣，使用該旗標意在消除額外的磁碟存取，避免在每次存取檔案時更新檔案的 i-node。對某些應用程式來說，維護此時戳的意義不大，而放棄這一做法還能顯著提升效能。MS_NOATIME 旗標與 FS_NOATIME_FL 旗標（見 15.5 節）的目的相似，區別在於可將 FS_NOATIME_FL 旗標應用於單個檔案。此外，Linux 還可以運用 *open()* 的 O_NOATIME 旗標，來提供類似功能，可以針對個別開啟的檔案來選擇此行為（參考 4.3.1 節）。

MS_NODEV

不允許存取此檔案系統上的區塊（block）裝置和字元（character）裝置。設計此特性的目的是為了保障系統安全，避免如下情況：假設使用者插入了抽取式磁碟，而磁碟中又包含了可隨意存取系統的裝置專屬檔（device special file）。

MS_NODIRATIME

不更新此檔案系統中目錄的最後存取時間（該旗標提供了 MS_NOATIME 旗標的部分功能，MS_NOATIME 旗標不會對全部檔案類型的最後存取時間進行更新）。

MS_NOEXEC

不允許在此檔案系統上執行程式（或腳本）。該旗標適用於檔案系統包含非 Linux 可執行檔的情境。

MS_NOSUID

禁用此檔案系統上的 set-user-ID 和 set-group-ID 程式，這屬於安全特性，意在防止使用者從抽取式磁碟上執行 set-user-ID 和 set-group-ID 程式。

MS_RDONLY

以唯讀方式掛載檔案系統，在此檔案系統上既不能建立檔案，也不能修改現有的檔案。

MS_REC（*始於 Linux 2.4.11*）

該旗標與其他旗標（比如，MS_BIND）結合使用能以遞迴方式對子樹下的每個掛載進行掛載動作。

MS_RELATIME *(始於 Linux 2.6.20)*

在此檔案系統中，只有在檔案最後存取時間戳記的現值小於或等於最後一次修改或狀態變更的時間戳記時，才對其進行更新。不但提供了 MS_NOATIME 效能上的一些優點，而且還可應用於如下情境：「程式需要得知，檔案在上次更新之後，是否被讀取過」。自 Linux 2.6.30 以來，系統預設會提供 MS_RELATIME 的行為（除非明確指定 MS_NOATIME 旗標）。若要使用傳統行為，則必須使用 MS_STRICTATIME 旗標。此外，只要檔案最後存取時間戳記距今超過 24 小時，即使大於最近修改和狀態改變時間戳記，系統仍會更新該檔案的最後存取時間戳記。（該旗標對於監控目錄的系統程式來說極為有用，可以瞭解檔案最近是否經過存取。）

MS_REMOUNT

針對已掛載的檔案系統，改變其 mountflag（掛載旗標）與 data（資料）（例如，讓唯讀的檔案系統變成可寫入）。使用該旗標時，target 參數應該與最初的 *mount()* 系統呼叫參數相同，並忽略 fstype 與 source 參數。使用該旗標可以避免對磁碟進行卸載和重新掛載，在某些場合中，這是不可能做到的。比方說，如果有行程打開了檔案系統上的檔案，或行程（process）的當前工作目錄位於檔案系統之內（就 root 檔案系統而言，情況總是如此），則無法卸載相對應的檔案系統。使用 MS_REMOUNT 的另一個情境是 tmpfs（基於記憶體的）檔案系統，一旦卸載了這個檔案系統，其內容便會遺失。並非全部的 mountflag 都是可修改的，詳細資訊請參考 *mount(2)* 使用手冊。

MS_STRICTATIME（始於 *Linux 2.6.30*）

只要存取此檔案系統上的檔案，就一定會更新檔案的最後存取時戳。Linux 2.6.30 之前，這是系統的預設行為。只要定義了 MS_STRICTATIME，就會忽略 mountflag 中指定的 MS_NOATIME 和 MS_RELATIME 旗標。

MS_SYNCHRONOUS

對檔案系統上的每個檔案和目錄保持同步更新。（對檔案來說，就如同總是以 O_SYNC 旗標呼叫 *open()* 來開啟檔案一樣。）

> 從核心 2.6.15 起，為支援共用子樹（shared subtree）的概念，Linux 提供四個新的掛載旗標，分別是 MS_PRIVATE、MS_SHARED、MS_SLAVE、MS_UNBINDABLE。這些旗標可與 MS_REC 結合使用，從而將其效果延續至掛載子樹（mount subtree）下的每個子掛載點（submount）。設計共用子樹的目的，是為了支援某些進階的檔案系統特性，比如，個別程掛載命名空間（請參考 28.2.1 一節對 CLONE_NEWNS 的說明），以及使用者空間的檔案系統（FUSE）工具。共用子樹機制允許以一種可控制的方式在掛載命名空間之間傳遞檔案系統的掛載。關於共用子樹的詳細資訊，可查閱核心原始碼檔案 Documentation/filesystems/sharedsubtree.txt 和（Viro & Pai，2006）一書。

範例程式

列表 14-1 提供了 *mount(2)* 系統呼叫的指令層介面。其實就是 *mount(8)* 指令的簡化版。以下 shell 作業階段的紀錄示範了此程式的用法。我們先建立一個目錄做為掛載點，並掛載檔案系統：

```
$ su                                     Need privilege to mount a file system
Password:
# mkdir /testfs
# ./t_mount -t ext2 -o bsdgroups /dev/sda12 /testfs
# cat /proc/mounts | grep sda12          Verify the setup
/dev/sda12 /testfs ext3 rw 0 0           Doesn't show bsdgroups
# grep sda12 /etc/mtab
```

這裡可以發現，上面的 grep 指令並未產生任何輸出，因為該程式並未更新 /etc/mtab。現在繼續以唯讀的方式重新掛載檔案系統：

```
# ./t_mount -f Rr /dev/sda12 /testfs
# cat /proc/mounts | grep sda12          Verify change
/dev/sda12 /testfs ext3 ro 0 0
```

從 /proc/mounts 輸出的字串「ro」表示這是以唯讀的方式掛載。

最後，我們將掛載點移動到目錄階層中的新位置：

```
# mkdir /demo
# ./t_mount -f m /testfs /demo
# cat /proc/mounts | grep sda12          Verify change
/dev/sda12 /demo ext3 ro 0
```

列表 14-1：使用 mount()

filesys/t_mount.c

```
#include <sys/mount.h>
#include "tlpi_hdr.h"

static void
usageError(const char *progName, const char *msg)
{
    if (msg != NULL)
        fprintf(stderr, "%s", msg);

    fprintf(stderr, "Usage: %s [options] source target\n\n", progName);
    fprintf(stderr, "Available options:\n");
#define fpe(str) fprintf(stderr, "    " str)    /* Shorter! */
    fpe("-t fstype        [e.g., 'ext2' or 'reiserfs']\n");
    fpe("-o data          [file system-dependent options,\n");
    fpe("                 e.g., 'bsdgroups' for ext2]\n");
    fpe("-f mountflags    can include any of:\n");
#define fpe2(str) fprintf(stderr, "            " str)
    fpe2("b - MS_BIND         create a bind mount\n");
    fpe2("d - MS_DIRSYNC      synchronous directory updates\n");
    fpe2("l - MS_MANDLOCK     permit mandatory locking\n");
    fpe2("m - MS_MOVE         atomically move subtree\n");
    fpe2("A - MS_NOATIME      don't update atime (last access time)\n");
    fpe2("V - MS_NODEV        don't permit device access\n");
    fpe2("D - MS_NODIRATIME   don't update atime on directories\n");
    fpe2("E - MS_NOEXEC       don't allow executables\n");
    fpe2("S - MS_NOSUID       disable set-user/group-ID programs\n");
    fpe2("r - MS_RDONLY       read-only mount\n");
    fpe2("c - MS_REC          recursive mount\n");
    fpe2("R - MS_REMOUNT      remount\n");
    fpe2("s - MS_SYNCHRONOUS  make writes synchronous\n");
    exit(EXIT_FAILURE);
}
```

```
int
main(int argc, char *argv[])
{
    unsigned long flags;
    char *data, *fstype;
    int j, opt;

    flags = 0;
    data = NULL;
    fstype = NULL;

    while ((opt = getopt(argc, argv, "o:t:f:")) != -1) {
        switch (opt) {
        case 'o':
            data = optarg;
            break;

        case 't':
            fstype = optarg;
            break;

        case 'f':
            for (j = 0; j < strlen(optarg); j++) {
                switch (optarg[j]) {
                case 'b': flags |= MS_BIND;             break;
                case 'd': flags |= MS_DIRSYNC;          break;
                case 'l': flags |= MS_MANDLOCK;         break;
                case 'm': flags |= MS_MOVE;             break;
                case 'A': flags |= MS_NOATIME;          break;
                case 'V': flags |= MS_NODEV;            break;
                case 'D': flags |= MS_NODIRATIME;       break;
                case 'E': flags |= MS_NOEXEC;           break;
                case 'S': flags |= MS_NOSUID;           break;
                case 'r': flags |= MS_RDONLY;           break;
                case 'c': flags |= MS_REC;              break;
                case 'R': flags |= MS_REMOUNT;          break;
                case 's': flags |= MS_SYNCHRONOUS;      break;
                default:  usageError(argv[0], NULL);
                }
            }
            break;

        default:
            usageError(argv[0], NULL);
        }
    }

    if (argc != optind + 2)
        usageError(argv[0], "Wrong number of arguments\n");
```

```
    if (mount(argv[optind], argv[optind + 1], fstype, flags, data) == -1)
        errExit("mount");

    exit(EXIT_SUCCESS);
}
```

filesys/t_mount.c

14.8.2 卸載檔案系統：*umount()* 和 *umount2()*

umount() 系統呼叫可以卸載已掛載的檔案系統。

```
#include <sys/mount.h>

int umount(const char *target);
```

成功時傳回 0，或者錯誤時傳回 -1

target 參數指定待卸載的檔案系統掛載點。

> 對於 2.2 版以及更早的 Linux 核心而言，有兩種方法可以識別檔案系統：即透過掛載點或是存放該檔案系統的裝置名稱。自核心版本 2.4 之後，Linux 不再允許使用第二種方法，其原因是如今可以將同一個檔案系統掛載到多個位置，以第二種方式為 target 指定檔案系統就會造成混淆。本書在 14.9.1 節將詳細介紹。

無法卸載正在使用中的（busy）檔案系統，亦即此檔案系統上有檔案已經被開啟，或是行程的當前工作目錄仍駐留在此檔案系統。針對使用中的檔案系統，*umount()* 傳回 EBUSY 錯誤。

系統呼叫 *umount2()* 是 *umount()* 的擴充版本，透過 flags 參數，*umount2()* 可進行卸載操作的微調。

```
#include <sys/mount.h>

int umount2(const char *target, int flags);
```

成功時傳回 0，或者錯誤時傳回 -1

此旗標位元遮罩參數由下列 0 個或多個值進行（OR）位元邏輯運算組成。

MNT_DETACH（*始於 Linux 2.4.11*）

執行延遲（lazy）卸載，標示掛載點，以便允許已使用掛載點的行程得以繼續使用，同時禁止其他行程可以對它進行新的存取。當所有的行程都不再需要存取時，系統就會卸載相對應的檔案系統。

MNT_EXPIRE（*始於 Linux 2.6.8*）

將掛載點標示為已到期（expired）。若第一次呼叫 *umount2()* 時指定了此旗標，且掛載點並非處於忙碌狀態，則該呼叫將會失敗，並傳回 EAGAIN 錯誤，同時將掛載點標示為已到期。（如果掛載點處於忙碌狀態，那麼呼叫也將失敗，並傳回 EBUSY 錯誤，但不會將掛載點標示為已到期。）只要無任何後續行程繼續存取掛載點，該掛載點便會一直保持已到期狀態。再度呼叫 *umount2()* 時若有指定 MNT_EXPIRE 旗標，將會卸載已到期的掛載點。這項機制可以卸載在某段時間內未用的檔案系統。此旗標不能與 MNT_DETACH 或 MNT_FORCE 旗標同時使用。

MNT_FORCE

即使檔案系統（只對 NFS 掛載有效）處於忙碌狀態，依然強行卸載。採用此選項可能會造成資料遺失。

UMOUNT_NOFOLLOW（*始於 Linux 2.6.34*）

若 target 為符號連結，則不對其進行解參考（dereference）。該旗標專為某些 set-user-ID-root 程式所設計，此類程式允許非特權級使用者執行卸載操作，意在避免安全性問題的發生（例如，若 target 為符號連結，並被更改為指向不同的位置）。

14.9 進階的掛載功能

本節會介紹掛載檔案系統時可採用的一些進階功能，這裡會使用 *mount(8)* 指令來示範其中大多數的功能，在程式中呼叫 *mount(2)* 也能達到相同效果。

14.9.1 在多個掛載點掛載檔案系統

在核心版本 2.4 之前，一個檔案系統只能掛載於單個掛載點。從核心版本 2.4 開始，可以將一個檔案系統掛載於一個目錄階層中的多個位置。由於每個掛載點下的目錄子樹內容都相同，在一個掛載點中對目錄子樹所做的改變，在其他掛載點都能看到改變，如下列 shell 作業階段所示：

```
$ su                                    Privilege is required to use mount(8)
Password:
# mkdir /testfs                         Create two directories for mount points
# mkdir /demo
# mount /dev/sda12 /testfs              Mount file system at one mount point
# mount /dev/sda12 /demo                Mount file system at second mount point
# mount | grep sda12                    Verify the setup
/dev/sda12 on /testfs type ext3 (rw)
/dev/sda12 on /demo type ext3 (rw)
# touch /testfs/myfile                  Make a change via first mount point
# ls /demo                              View files at second mount point
lost+found myfile
```

如 ls 指令的輸出所示，對第一個掛載點（/testfs）目錄子樹的改變，會在第二個掛載點（/demo）看到。

在 14.9.4 節介紹綁定掛載（bind mount）時，將舉例說明多點掛載檔案系統的用途。

> 因為可以將一個裝置掛載到多個掛載點，因此從 Linux 2.4 與之後的版本開始，*umount()* 系統呼叫不再將裝置做為代入的參數。

14.9.2 對相同的掛載點進行堆疊式多次掛載

在核心版本 2.4 之前，一個掛載點只能使用一次。從核心 2.4 開始，Linux 允許對同一個掛載點執行多次掛載。每次執行的新掛載都會遮蔽先前掛載到此掛載點的目錄子樹。在卸載最新的（位在堆疊頂端的）掛載時，掛載點的內容就會出現前一個掛載內容，請參考以下的 shell 作業階段：

```
$ su                                    Privilege is required to use mount(8)
Password:
# mount /dev/sda12 /testfs              Create first mount on /testfs
# touch /testfs/myfile                  Make a file in this subtree
# mount /dev/sda13 /testfs              Stack a second mount on /testfs
# mount | grep testfs                   Verify the setup
/dev/sda12 on /testfs type ext3 (rw)
/dev/sda13 on /testfs type reiserfs (rw)
# touch /testfs/newfile                 Create a file in this subtree
# ls /testfs                            View files in this subtree
newfile
# umount /testfs                        Pop a mount from the stack
# mount | grep testfs
/dev/sda12 on /testfs type ext3 (rw)    Now only one mount on /testfs
# ls /testfs                            Previous mount is now visible
lost+found myfile
```

在已存在並且忙碌中的掛載點進行新的掛載操作是堆疊掛載的用法之一。持有打開的檔案描述符之行程、受到 *chroot()* 監禁（jail）的行程，以及目前工作目錄位於舊有掛載點的行程都能繼續在原本的掛載內容中執行，而對掛載點進行新存取的行程則使用新的掛載內容。結合 MNT_DETACH 旗標的卸載操作無須將檔案系統設定為單使用者模式，即可提供平滑轉移（smooth migration）。我們將在 14.10 節討論 tmpfs 時舉例說明堆疊掛載的其他實用範例。

14.9.3 每次掛載的掛載旗標

在核心 2.4 版本以前，檔案系統和掛載點之間是一對一的關係，但是從 Linux 2.4 開始，此特徵就不再適用，所以 14.8.1 節所述的某些 mountflag 旗標值可以分別在每次的掛載設定。這包括 MS_NOATIME（始於 Linux 2.6.16）、MS_NODEV、MS_NODIRATIME（始於 Linux 2.6.16）、MS_NOEXEC、MS_NOSUID、MS_RDONLY（始於 Linux 2.6.26），以及 MS_RELATIME。以下的 shell 作業階段示範了使用 MS_NOEXEC 旗標的效果：

```
$ su
Password:
# mount /dev/sda12 /testfs
# mount -o noexec /dev/sda12 /demo
# cat /proc/mounts | grep sda12
/dev/sda12 /testfs ext3 rw 0 0
/dev/sda12 /demo ext3 rw,noexec 0 0
# cp /bin/echo /testfs
# /testfs/echo "Art is something which is well done"
Art is something which is well done
# /demo/echo "Art is something which is well done"
bash: /demo/echo: Permission denied
```

14.9.4 綁定掛載（Bind Mount）

始於核心版本 2.4，Linux 提供建立綁定掛載，綁定掛載（由使用 MS_BIND 旗標的 *mount()* 呼叫來建立）是指在檔案系統目錄階層的另一處掛載目錄或檔案。這將導致檔案或目錄在兩處同時可見。綁定掛載有點類似硬性連結（hard link），但有兩點差異：

- 綁定掛載可以跨多個檔案系統掛載點（以及 chroot 監禁）。
- 可對目錄進行綁定掛載。

我們可以使用 *mount(8)* 的「*--bind*」選項在 shell 建立綁定掛載，如下面幾個範例所示。

我們在第一個範例中，於另一個地方綁定掛載一個目錄，並呈現此目錄中建立的檔案可在另一處的目錄看到。

```
$ su                          Privilege is required to use mount(8)
Password:
# pwd
/testfs
# mkdir d1                    Create directory to be bound at another location
# touch d1/x                  Create file in the directory
# mkdir d2                    Create mount point to which d1 will be bound
# mount --bind d1 d2          Create bind mount: d1 visible via d2
# ls d2                       Verify that we can see contents of d1 via d2
x
# touch d2/y                  Create second file in directory d2
# ls d1                       Verify that this change is visible via d1
x  y
```

在第二個範例，我們在另一處綁定掛載一個檔案，並展示修改其中一個掛載點的檔案，可以在另一處的掛載中見到檔案的改變。

```
# cat > f1                    Create file to be bound to another location
Chance is always powerful. Let your hook be always cast.
Type Control-D
# touch f2                    This is the new mount point
# mount --bind f1 f2          Bind f1 as f2
# mount | egrep '(d1|f1)'     See how mount points look
/testfs/d1 on /testfs/d2 type none (rw,bind)
/testfs/f1 on /testfs/f2 type none (rw,bind)
# cat >> f2                   Change f2
In the pool where you least expect it, will be a fish.
# cat f1                      The change is visible via original file f1
Chance is always powerful. Let your hook be always cast.
In the pool where you least expect it, will be a fish.
# rm f2                       Can't do this because it is a mount point
rm: cannot unlink `f2': Device or resource busy
# umount f2                   So unmount
# rm f2                       Now we can remove f2
```

綁定掛載的其中一個應用情境是可以建立 chroot 監禁區（jail）（參考 18.12 節）。不用在監禁區複製各種標準目錄（比如 `/lib`），只需為這些目錄建立綁定掛載即可。

14.9.5 遞迴式綁定掛載

在預設情況下，如果使用 `MS_BIND` 將某個目錄建立綁定掛載，那麼只會將該目錄掛載到新位置。假設原始目錄下還存在著子掛載（submount），則不會將這些子掛載複製到掛載的 target 之下。Linux 2.4.11 新增了 MS_REC 旗標，可與 MS_BIND 透過「位元邏輯（OR）」共同做為旗標參數的一部分傳入 *mount()*，則會將子掛載複製到掛載目標下，稱為遞迴綁定掛載。使用 *mount(8)* 指令提供的「*--rbind*」選項，可在 shell 中達到相同的任務，參考如下的 shell 作業階段：

先建立一個目錄樹（src1），將其掛載在 top 之下。此樹在（top/sub）有一個子掛載（src2）。

```
$ su
Password:
# mkdir top                      This is our top-level mount point
# mkdir src1                     We'll mount this under top
# touch src1/aaa
# mount --bind src1 top          Create a normal bind mount
# mkdir top/sub                  Create directory for a submount under top
# mkdir src2                     We'll mount this under top/sub
# touch src2/bbb
# mount --bind src2 top/sub      Create a normal bind mount
# find top                       Verify contents under top  mount tree
top
top/aaa
top/sub                          This is the submount
top/sub/bbb
```

現在以 top 做為原始目錄，另行建立綁定掛載（dir1）。由於屬於非遞迴操作，新掛載不會複製子掛載。

```
# mkdir dir1
# mount --bind top dir1           Here we use a normal bind mount
# find dir1
dir1
dir1/aaa
dir1/sub
```

輸出中並未發現 dir1/sub/bbb，這表示並未複製子掛載 top/sub。

再以 top 作為原始目錄來建立遞迴綁定掛載。

```
# mkdir dir2
# mount --rbind top dir2
# find dir2
dir2
dir2/aaa
dir2/sub
dir2/sub/bbb
```

從輸出中可以發現 dir2/sub/bbb，這表示已經複製了子掛載 top/sub。

14.10 虛擬記憶體檔案系統：*tmpfs*

到目前為止，本章已提及的全部檔案系統均駐留在磁碟之上。然而，Linux 同樣支援駐留於記憶體中的虛擬檔案系統。對應用程式來說，此類檔案系統看起來與任何其他檔案系統沒有差別，可進行同樣的操作（*open()*、*read()*、*write()*、*link()*、*mkdir()* 等）。不過兩者之間還是存在著一個重要的差異：由於不涉及磁碟存取，所以虛擬檔案系統的檔案操作速度極快。

在 Linux 上，已經開發出了許多基於記憶體的檔案系統。迄今為止，其中最為複雜的是 tmpfs 檔案系統，該系統在 Linux 2.4 中首度出現。較之於其他基於記憶體的檔案系統，特點在虛擬記憶體檔案系統。意謂此檔案系統不但使用 RAM，而且在 RAM 耗盡的情況下，還會使用置換空間（swap space）。（雖然此處介紹的 tmpfs 檔案系統為 Linux 特有的，但大多數的 UNIX 實作也都有提供一些基於記憶體的檔案系統。）

> tmpfs 檔案系統是一個 Linux 核心的元件選項，可通過 `CONFIG_TMPFS` 選項配置。

要建立 tmpfs 檔案系統，請使用如下形式的指令：

```
# mount -t tmpfs source target
```

其中「source」可以是任意名稱，只是會出現在 `/proc/mounts`，並透過 `mount` 和 `df` 指令顯示。與往常一樣，*target* 是該檔案系統的掛載點。請注意，無須使用 *mkfs* 預先建立一個檔案系統，核心會在 *mount()* 系統呼叫自動執行。

以 *tmpfs* 為例，採用堆疊掛載（無須考慮 `/tmp` 目錄目前是否處於在忙碌狀態），建立一個 tmpfs 檔案系統並將其掛載至 `/tmp`，如下所示：

```
# mount -t tmpfs newtmp /tmp
# cat /proc/mounts | grep tmp
newtmp /tmp tmpfs rw 0 0
```

有時，會使用如上指令（或 `/etc/fstab` 中的等價紀錄）來改善應用程式（比如編譯器）的效能，此類應用程式會因為建立暫存檔而頻繁使用 `/tmp` 目錄。

在預設情況下，會將 tmpfs 檔案系統的大小提高為 RAM 的一半容量，但在建立檔案系統或之後重新掛載時，可使用 *mount* 的 *size=nbytes* 選項，為該檔案系統的大小設定不同的上限值。（*tmpfs* 檔案系統僅會根據其目前持有的檔案來消耗記憶體和置換空間。）

只要卸載 *tmpfs* 檔案系統，或是遇到系統當機，那麼該檔案系統中的全部資料都將遺失，「*tmpfs*」正是依此命名。

除了提供使用者應用程式使用以外，*tmpfs* 檔案系統還有以下兩個特殊用途：

- 由核心內部掛載的隱含 tmpfs 檔案系統，用於實作 System V 共享記憶體（第 48 章）和共享匿名記憶體映射（shared anonymous memory mapping）（第 49 章）。
- 掛載於 /dev/shm（有些系統是 /run/shm）的 tmpfs 檔案系統，提供 glibc 實作 POSIX 共享記憶體（shared memory）和 POSIX 號誌（semaphore）。

14.11 取得檔案系統的相關資訊：*statvfs()*

statvfs() 和 *fstatvfs()* 函式庫函式能夠取得與已掛載檔案系統有關的資訊。

```
#include <sys/statvfs.h>

int statvfs(const char *pathname, struct statvfs *statvfsbuf);
int fstatvfs(int fd, struct statvfs *statvfsbuf);
```

Both return 0 on success, or –1 on error

兩者之間唯一的區別在於識別檔案系統的方式，*statvfs()* 需使用 pathname 來指定檔案系統中任一檔案的名稱。而 *fstatvfs()* 則需使用開啟的檔案描述符 fd，來代表檔案系統中的任一檔案。二者均傳回一個 statvfs 結構，屬於由 statvfsbuf 指向的緩衝區，其中包含了關於檔案系統的資訊，statvfs 結構的形式如下：

```
struct statvfs {
    unsigned long f_bsize;      /* File-system block size (in bytes) */
    unsigned long f_frsize;     /* Fundamental file-system block size
                                   (in bytes) */
    fsblkcnt_t    f_blocks;     /* Total number of blocks in file
                                   system (in units of 'f_frsize') */
    fsblkcnt_t    f_bfree;      /* Total number of free blocks */
    fsblkcnt_t    f_bavail;     /* Number of free blocks available to
                                   unprivileged process */
    fsfilcnt_t    f_files;      /* Total number of i-nodes */
    fsfilcnt_t    f_ffree;      /* Total number of free i-nodes */
    fsfilcnt_t    f_favail;     /* Number of i-nodes available to unprivileged
                                   process (set to 'f_ffree' on Linux) */
    unsigned long f_fsid;       /* File-system ID */
    unsigned long f_flag;       /* Mount flags */
    unsigned long f_namemax;    /* Maximum length of filenames on
                                   this file system */
};
```

上述註解已經清楚地說明 statvfs 結構多數欄位的用途，其中一些欄位要再稍微深入說明：

- *fsblkcnt_t* 和 *fsfilcnt_t* 資料型別是由 SUSv3 所定義的整數型別。
- 對絕大多數 Linux 檔案系統而言，*f_bsize* 和 *f_frsize* 的值是相同的。然而，某些檔案系統支持區塊碎片（block fragment）的概念，在無須使用完整資料區塊的情況下，可在檔案結尾部分配較小的儲存單元，因而避免分配完整區塊所導致的空間浪費。在此類檔案系統上，*f_frsize* 和 *f_bsize* 分別為區塊碎片與整個區塊的大小。（依據「McKusick 等人，1984」所述，UNIX 檔案系統的區塊碎片概念首先出現在 20 世紀 80 年代初期的 4.2 BSD 快速檔案系統。）
- 許多原生的 UNIX 和 Linux 檔案系統，都會幫超級使用者預留一部分的檔案系統區塊，如此即便檔案系統空間耗盡，超級使用者仍可以登入系統解決故障。如果檔案系統中有預留區塊，那麼 statvfs 結構中 *f_bfree* 和 *f_bavail* 欄位間的差值則為預留區塊的數目。
- *f_flag* 欄位是一個位元遮罩旗標，用於掛載檔案系統。也就是說，該欄位所包含的資訊類似傳遞給 *mount(2)* 的 mountflags 參數。然而，該欄位所使用的旗標在命名時的前綴字是 `ST_`，這與 mountflags 中前綴 `MS_` 的命名不同。SUSv3 僅規範了 `ST_RDONLY` 和 `ST_NOSUID` 常數，而 glibc 實作則支援與 `MS_*` 系列（參考 *mount()* 中對 mountflags 參數的說明）相對應的全系列常數。
- *f_fsid* 欄位可用來傳回檔案系統的唯一識別碼，例如，根據檔案系統所駐留裝置的 ID 來取值。對於舊版 Linux kernel 上的多數檔案系統，此欄位是傳回 0。

SUSv3 規範了 *statvfs()* 和 *fstatvfs()*。對於 Linux（其他幾種 UNIX 實作也一樣），二者均位在相似的 *statfs()* 和 *fstatfs()* 系統呼叫之上。（有些 UNIX 實作只提供 *statfs()* 系統呼叫，而不提供 *statvfs()*。）以下列出函式與系統呼叫間的主要區別（除了欄位命名的差異以外）：

- *statvfs()* 和 *fstatvfs()* 函式均傳回 *f_flag* 欄位，內含關於檔案系統的掛載旗標資訊。（glibc 實作透過掃描 `/proc/mounts` 或 `/etc/mtab` 來取得上述資訊。）
- *statfs()* 和 *fstatfs()* 系統呼叫傳回 *f_type* 欄位，內含檔案系統類型（比如，傳回值為 `0xef53` 則表示檔案系統類型為 *ext2*）。

在本書發佈的原始碼中，filesys 子目錄包含了 `t_statvfs.c` 和 `t_statfs.c` 檔案，用來示範 *statvfs()* 和 *statfs()* 的使用。

14.12 小結

裝置（device）都使用 /dev 下的檔案來表示，每個裝置都有相對應的裝置驅動程式，用以執行一套標準的操作，以及相對應的系統呼叫（system call）包括 *open()*、*read()*、*write()* 和 *close()*。裝置既可以是實際存在的，也可以是虛擬的，這分別代表硬體裝置的存在與否。無論如何，核心都會提供一種裝置驅動程式，並實作與真實裝置相同的 API。

可將硬碟分割為一個或多個分割區（partition），每個分割區都可包含一個檔案系統。檔案系統是普通檔案（regular file）和目錄的組成。Linux 實作了多種檔案系統，其中包括傳統的 *ext2* 檔案系統，*ext2* 檔案系統在概念上類似早期的 UNIX 檔案系統，由一個啟動磁區（boot block）、一個超級區塊（superblock）、一個 i-node 表格和包含檔案資料區塊的資料區域組成。每個檔案在檔案系統的 i-node 表都有一筆對應的紀錄，用以記錄檔案的各種相關資訊，其中包括檔案類型、大小、連結數、所有權、存取權、時間戳記，以及指向檔案資料區塊的指標。

Linux 還提供一些日誌型檔案系統，其中包括 *Reiserfs*、*ext3*、*ext4*、*XFS*、*JFS* 以及 *Btrfs*。在實際更新檔案之前，日誌檔案系統會記錄中繼資料的更新（還可選擇性的記錄資料更新和檔案系統更新）。這意謂著一旦系統當機，系統可以再次使用（replay）日誌檔案，並迅速將檔案系統恢復到一致狀態。日誌檔案系統的最大優點在於系統當機之後，無須像一般的 UNIX 檔案系統那樣對檔案系統進行漫長的一致性檢查。

Linux 系統上的全部檔案系統都被掛載在單個根目錄樹之下，其樹根為目錄「/」。目錄樹中掛載檔案系統的位置稱為檔案系統掛載點。

特權級行程可使用 *mount()* 和 *umount()* 系統呼叫來掛載、卸載檔案系統。可使用 *statvfs()* 來取得與已掛載檔案系統有關的資訊。

進階資訊

與裝置和裝置驅動程式有關的詳細資訊請參考（Bovet & Cesati，2005）和（Corbet 等人，2005），尤其是後者。在核心原始碼檔案的 Documentation/devices.txt，也能找到一些與裝置相關的有用資訊。

以下幾本著作都提供了關於檔案系統的深入資訊，（Tanenbaum，2007）對檔案系統的結構和實作做了一般的介紹。（Bach，1986）介紹 UNIX 檔案系統的實作，主要針對 System V。（Vahalia，1996）和（Goodheart & Cox，1994）也介紹了 System V 檔案系統。（Love，2010）和（Bovet & Cesati，2005）則討論了 Linux VFS 的實作。

在核心原始碼的子目錄 Documentation/filesystems 底下，可以找到關於各種檔案系統的文件。針對 Linux 所提供的大多數檔案系統實作，有許多網站也有介紹。

14.13 習題

14-1. 設計一個程式，試著量測在同一個目錄建立和刪除大量一個位元組（byte）的檔案所需的時間。該程式應以 xNNNNNN 命名格式來建立檔案，其中 NNNNNN 為隨機六位數的數字。檔案的建立順序與生成檔名一樣是隨機方式。刪除檔案則依照數字以昇冪操作（刪除與建立的順序不同）。檔案的數量（NF）和檔案所在目錄應由命令列指定。針對不同的 NF 值（比如，在 1000 和 20,000 之間取值）和不同的檔案系統（比如 *ext2*、*ext3* 和 *XFS*）來測量時間。隨著 NF 的遞增，每個檔案系統的耗時變化模板（pattern）是如何的？在不同檔案系統之間，情況又是如何呢？如果依照數字昇冪來建立檔案（x000000、x000001、x000002 等），然後以相同順序加以刪除，結果會改變嗎？如果會，原因何在？此外，上述結果會隨檔案系統類型的不同而改變嗎？

15

檔案屬性（File Attribute）

我們在本章探討檔案的各種屬性（檔案中繼資料，file metadata）。首先介紹 *stat()* 系統呼叫，它會傳回包含許多屬性的資料結構（包括檔案時戳、檔案所有權，以及檔案權限）。我們接著繼續研究各種用來改變這些屬性的系統呼叫。（在第 17 章會繼續討論檔案權限，到時也會討論存取控制清單。）本章會以探討 i-node 旗標（亦稱為 *ext2* 擴充檔案屬性）做為總結，i-node 旗標供核心控制各個方面的檔案處理。

15.1 取得檔案資訊：*stat()*

利用 *stat()*、*lstat()* 及 *fstat()* 系統呼叫，可取得檔案的相關資訊，多數取自檔案的 i-node。

```
#include <sys/stat.h>

int stat(const char *pathname, struct stat *statbuf);
int lstat(const char *pathname, struct stat *statbuf);
int fstat(int fd, struct stat *statbuf);
                              All return 0 on success, or –1 on error
```

這三個系統呼叫的差異在於指定檔案的方式：

- *stat()* 傳回命名檔案的相關資訊。
- *lstat()* 與 *stat()* 大致上類似，除了檔案屬於符號連結（symbolic link）時，則傳回連結本身的資訊，而不是連結所指的那個檔案。
- *fstat()* 傳回一個開啟檔案描述符所參照的檔案資訊。

系統呼叫 *stat()* 與 *lstat()* 無須具備存取檔案的權限，然而，需要具備 pathname 的每個父目錄之執行（搜尋）權限。只要提供 *fstat()* 系統呼叫有效的檔案描述符，則每次呼叫都會成功。

這些系統呼叫全部都會傳回一個（statbuf 指向的）stat 結構，結構的格式如下所示：

```
struct stat {
    dev_t     st_dev;       /* IDs of device on which file resides */
    ino_t     st_ino;       /* I-node number of file */
    mode_t    st_mode;      /* File type and permissions */
    nlink_t   st_nlink;     /* Number of (hard) links to file */
    uid_t     st_uid;       /* User ID of file owner */
    gid_t     st_gid;       /* Group ID of file owner */
    dev_t     st_rdev;      /* IDs for device special files */
    off_t     st_size;      /* Total file size (bytes) */
    blksize_t st_blksize;   /* Optimal block size for I/O (bytes) */
    blkcnt_t  st_blocks;    /* Number of (512B) blocks allocated */
    time_t    st_atime;     /* Time of last file access */
    time_t    st_mtime;     /* Time of last file modification */
    time_t    st_ctime;     /* Time of last status change */
};
```

在 SUSv3 中，明確定義了供 stat 結構各欄位使用的不同資料型別。更多與這些資料型別有關的資訊，請參考 3.6.2 節。

> 依據 SUSv3，當使用 *lstat()* 取得符號連結資訊時，只需要傳回 st_size 欄位及 st_mode 欄位的檔案類型欄位（稍後介紹）中的有效資訊，在其他欄位（比如 time 欄位）不需要有效資訊。基於效率考量，在實作時可以自由選擇不維護這些欄位。尤其是早期的 UNIX 標準要讓符號連結能以 i-node 或目錄的 entry 實作。若以後者實作，則不可能在 stat 結構實作全部的欄位。（在全部的主流 UNIX 系統上，符號連結都是以 i-node 實作，細節請參考 18.2 節）在 Linux 系統，使用 *lstat()* 查詢符號連結時，會傳回全部的 stat 欄位資訊。

接下來，我們會更詳細地探討 stat 結構的部份欄位，最後以一個範例程式顯示整個 stat 結構。

裝置 ID 與 i-node 編號

欄位 *st_dev* 可識別檔案所在的裝置，*st_ino* 欄位包含檔案的 i-node 編號。結合 *st_dev* 與 *st_ino* 就可跨全部的檔案系統識別出檔案。型別 *dev_t* 記錄裝置的主要（major）與次要（minor）ID（參考 14.1 節）。

若 i-node 是供裝置使用，則 *st_rdev* 欄位包含裝置的主要與次要 ID。

在 *dev_t* 中的主要與次要 ID 值可使用 *major()* 與 *minor()* 巨集取得。宣告這兩個巨集的標頭檔隨 UNIX 系統而異。在 Linux 系統，若有定義 _BSD_SOURCE 巨集，則會透過 <sys/types.h> 揭露這兩個巨集的定義。

由 *major()* 與 *minor()* 傳回的整數值大小隨著 UNIX 系統而異。為了可攜性，我們在印出這些值時，應需要將傳回值強制轉型為 long（見 3.6.2 節）。

檔案所有權

欄位 *st_uid* 與 *st_gid* 分別識別檔案的所有權（使用者 ID）與群組（群組 ID）。

連結數（Link count）

欄位 *st_nlink* 是檔案的（硬式）連結數量，本書於第 18 章詳細介紹連結。

檔案類型及權限

欄位 *st_mode* 是一個位元遮罩（bit mask），提供識別檔案類型及設定檔案權限的用途。此欄位的位元分佈如圖 15-1 所示。

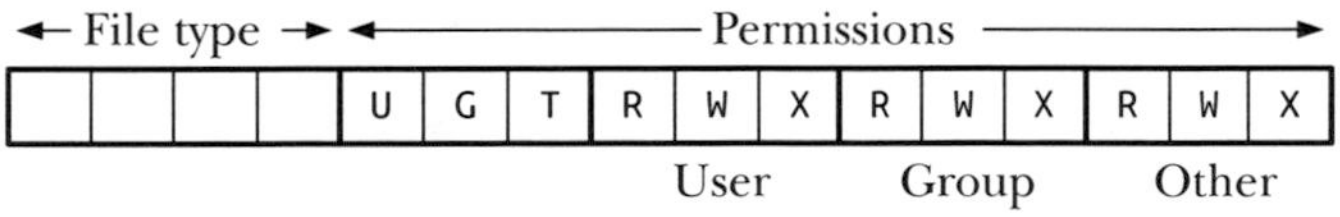

圖 15-1：*st_mode* 位元遮罩的佈局

檔案類型可用 AND（&）位元邏輯運算符及 S_IFMT 常數從該欄位萃取出。（Linux 的 *st_mode* 欄位將 4 個位元用在檔案類型。然而，由於 SUSv3 並未規範如何表示檔案類型，因此實作細節隨著系統而異。）計算結果的值可與一系列的常數比較，以找出檔案類型，比如：

```
if ((statbuf.st_mode & S_IFMT) == S_IFREG)
    printf("regular file\n");
```

由於這是常見的操作，因此可使用提供的標準巨集簡化如下：

```
if (S_ISREG(statbuf.st_mode))
    printf("regular file\n");
```

完整的檔案類型巨集（定義於 <sys/stat.h>）如表 15-1 所示。表 15-1 的全部檔案類型巨集在 SUSv3 都有規範，而且 Linux 也都有提供。一些其他的 UNIX 系統會定義額外的檔案類型（比如，用於 Solaris door 檔案的 S_IFDOOR）。因為呼叫 *stat()* 總是會取得符號連結所指的檔案，所以只有呼叫 *lstat()* 時會傳回 S_IFLNK 型別。

原始的 POSIX.1 標準並未規定表 15-1 中的第一行常數，雖然多數的 UNIX 系統都有提供大多數的常數。至於 SUSv3 則都有規範這些常數。

> 為了從 <sys/stat.h> 取得 S_IFSOCK 與 S_ISSOCK() 的定義，必須定義 _BSD_SOURCE 功能測試巨集，或是將 _XOPEN_SOURCE 定義為大於或等於 500。（這些規定隨著 glibc 版本而異：在某些情況，需將 _XOPEN_SOURCE 定義為大於或等於 600。）

表 15-1：針對 *stat* 結構中的 *st_mode* 進行檔案類型檢查的巨集

常數	測試巨集	檔案類型
S_IFREG	S_ISREG()	普通檔案
S_IFDIR	S_ISDIR()	目錄
S_IFCHR	S_ISCHR()	字元裝置
S_IFBLK	S_ISBLK()	區塊裝置
S_IFIFO	S_ISFIFO()	FIFO 或管線
S_IFSOCK	S_ISSOCK()	Socket
S_IFLNK	S_ISLNK()	符號連結

欄位 *st_mode* 的低 12 個位元定義檔案權限，我們會在 15.4 節介紹檔案權限位元。目前，我們只需要知道 9 個較常用的位元，分別是擁有者、群組及其他這三類的讀取、寫入、執行權限。

檔案大小、已配置區塊及最佳的 I/O 區塊大小

欄位 *st_size* 用在普通檔案表示檔案大小（以位元組為單位）。對於符號連結，則表示連結所指路徑名稱長度（以位元組為單位）。對於共享記憶體物件（shared memory object）（見第 54 章），該欄位則表示物件大小。

欄位 *st_blocks* 表示配置給檔案的總區塊數量，區塊大小為 512 個位元組，其中包含配置給指標區塊的空間（參考圖 14-2）。選擇 512 個位元組為量測單位是因為歷史因素，這是全部 UNIX 系統實作的檔案系統之最小區塊大小。較現代化的

UNIX 檔案系統則使用更大的邏輯區塊大小。例如，在 *ext2* 檔案系統的 *st_blocks* 值必定為 2、4 或 8 的倍數，這取決於 *ext2* 的邏輯區塊大小是 1024、2048 或 4096 位元組。

> SUSv3 並未定義 st_blocks 的量測單位，因此實作時可使用 512 個位元組以外的單位。多數的 UNIX 系統的確是使用 512 個位元組為單位，但 HP-UX 11 使用的單位則視檔案系統而定（如：有時為 1024 個位元組）。

欄位 *st_blocks* 記錄實際配置的磁碟區塊數量，若檔案包含空洞（hole，參考 4.7 節），則此值將小於相對應的檔案位元組數欄位（*st_size*）的值。（磁碟使用率指令，*du -k file*，會顯示實際上配置的檔案空間，以 KB 為單位，亦即，檔案的 *st_blocks* 值，而非 *st_size* 值。）

欄位 *st_blksize* 的命名會有點令人誤解，這並非底層檔案系統的區塊大小，而是在此檔案系統上進行 I/O 的最佳區塊大小（以位元組為單位）。若 I/O 採用的區塊尺寸小於該值，則效率較差（參閱 13.1 節）。通常傳回的 *st_blksize* 值是 4096。

檔案時間戳記

欄位 *st_atime*、*st_mtime* 及 *st_ctime*，分別是檔案的最後存取時間、最後修改時間，以及最後的狀態改變時間。這些欄位的型別都是 *time_t*，是標準的 UNIX 時間格式，記錄了自 Epoch 以來的秒數，我們在 15.2 節對此有深入描述。

範例程式

列表 15-1 的程式使用 *stat()* 取得命令列指定的檔案之相關資訊。若設定 -l 選項，則程式會改用 *lstat()*，以讓我們可以取得符號連結的相關資訊，而非該連結所指的檔案。此程式會輸出傳回的 stat 結構之全部欄位。（對於我們將 *st_size* 與 *st_blocks* 欄位轉型為 long long 型別的原因，請參考 5.10 節。）此程式使用的 *filePermStr()* 函式如列表 15-4 所示。

以下為該程式的執行情況：

```
$ echo 'All operating systems provide services for programs they run' > apue
$ chmod g+s apue          Turn on set-group-ID bit; affects last status change time
$ cat apue                Affects last file access time
All operating systems provide services for programs they run
$ ./t_stat apue
File type:                regular file
Device containing i-node: major=3 minor=11
I-node number:            234363
Mode:                     102644 (rw-r--r--)
    special bits set:     set-GID
```

```
Number of (hard) links:   1
Ownership:                UID=1000 GID=100
File size:                61 bytes
Optimal I/O block size:   4096 bytes
512B blocks allocated:    8
Last file access:         Mon Jun  8 09:40:07 2011
Last file modification:   Mon Jun  8 09:39:25 2011
Last status change:       Mon Jun  8 09:39:51 2011
```

列表 15-1：取得並直譯檔案的 *stat* 資訊

files/t_stat.c

```
#define _BSD_SOURCE     /* Get major() and minor() from <sys/types.h> */
#include <sys/types.h>
#include <sys/stat.h>
#include <time.h>
#include "file_perms.h"
#include "tlpi_hdr.h"

static void
displayStatInfo(const struct stat *sb)
{
    printf("File type:                ");

    switch (sb->st_mode & S_IFMT) {
    case S_IFREG:  printf("regular file\n");            break;
    case S_IFDIR:  printf("directory\n");               break;
    case S_IFCHR:  printf("character device\n");        break;
    case S_IFBLK:  printf("block device\n");            break;
    case S_IFLNK:  printf("symbolic (soft) link\n");    break;
    case S_IFIFO:  printf("FIFO or pipe\n");            break;
    case S_IFSOCK: printf("socket\n");                  break;
    default:       printf("unknown file type?\n");      break;
    }

    printf("Device containing i-node: major=%ld   minor=%ld\n",
            (long) major(sb->st_dev), (long) minor(sb->st_dev));

    printf("I-node number:            %ld\n", (long) sb->st_ino);

    printf("Mode:                     %lo (%s)\n",
        (unsigned long) sb->st_mode, filePermStr(sb->st_mode, 0));

    if (sb->st_mode & (S_ISUID | S_ISGID | S_ISVTX))
        printf("    special bits set:     %s%s%s\n",
                (sb->st_mode & S_ISUID) ? "set-UID " : "",
                (sb->st_mode & S_ISGID) ? "set-GID " : "",
                (sb->st_mode & S_ISVTX) ? "sticky " : "");
```

```
    printf("Number of (hard) links:   %ld\n", (long) sb->st_nlink);

    printf("Ownership:                UID=%ld   GID=%ld\n",
            (long) sb->st_uid, (long) sb->st_gid);

    if (S_ISCHR(sb->st_mode) || S_ISBLK(sb->st_mode))
        printf("Device number (st_rdev):  major=%ld; minor=%ld\n",
                (long) major(sb->st_rdev), (long) minor(sb->st_rdev));

    printf("File size:                %lld bytes\n", (long long) sb->st_size);
    printf("Optimal I/O block size:   %ld bytes\n", (long) sb->st_blksize);
    printf("512B blocks allocated:    %lld\n", (long long) sb->st_blocks);

    printf("Last file access:         %s", ctime(&sb->st_atime));
    printf("Last file modification:   %s", ctime(&sb->st_mtime));
    printf("Last status change:       %s", ctime(&sb->st_ctime));
}

int
main(int argc, char *argv[])
{
    struct stat sb;
    Boolean statLink;           /* True if "-l" specified (i.e., use lstat) */
    int fname;                  /* Location of filename argument in argv[] */

    statLink = (argc > 1) && strcmp(argv[1], "-l") == 0;
                                /* Simple parsing for "-l" */
    fname = statLink ? 2 : 1;

    if (fname >= argc || (argc > 1 && strcmp(argv[1], "--help") == 0))
        usageErr("%s [-l] file\n"
                "        -l = use lstat() instead of stat()\n", argv[0]);

    if (statLink) {
        if (lstat(argv[fname], &sb) == -1)
            errExit("lstat");
    } else {
        if (stat(argv[fname], &sb) == -1)
            errExit("stat");
    }

    displayStatInfo(&sb);

    exit(EXIT_SUCCESS);
}
```

files/t_stat.c

15.2 檔案時間戳記

結構 stat 的 *st_atime*、*st_mtime* 與 *st_ctime* 欄位包含了檔案的時間戳記，分別記錄檔案的最後存取時間、最後修改時間，以及最後檔案狀態改變的時間（即上次改變的檔案 i-node 資訊）。時間戳記的記錄時間是從 Epoch（自 1970 年 1 月 1 日，參考 10.1 節）以來的秒數。

多數的原生 Linux 和 UNIX 檔案系統都支援全部的時間戳記欄位，但是有些非 UNIX 的檔案系統則無。

表 15-2 摘錄了本書所述的各式系統呼叫及函式庫的函式所改變的時間戳記欄位（有時則是指父目錄的類似欄位）。本表的標題 *a*、*m* 及 *c* 分別表示 *st_atime*、*st_mtime* 和 *st_ctime* 欄位。在大多數情況，系統呼叫會將相關時間戳設定為目前的時間。例外是 *utime()* 及類似的呼叫（在 15.2.1 與 15.2.2 節討論），這可以直接將檔案的最後存取時間與最後修改時間設定為任意值。

表 15-2：各種函式對檔案時間戳記的影響

函式	檔案或目錄			父目錄			備註
	a	m	c	a	m	c	
chmod()			●				同 *fchmod()*
chown()			●				同 *lchown()* 與 *fchown()*
exec()	●						
link()			●		●	●	影響第二個參數的父目錄
mkdir()	●	●	●		●	●	
mkfifo()	●	●	●		●	●	
mknod()	●	●	●		●	●	
mmap()	●	●	●				僅在更新 MAP_SHARED 映射時，才會改變 *st_mtime* 與 *st_ctime*
msync()		●	●				僅在修改檔案時，才會改變
open(), creat()	●	●	●		●	●	在建立新檔時
open(), creat()		●	●				在截斷現有檔案時
pipe()	●	●	●				
read()	●						同 *readv()*、*pread()* 與 *preadv()*
readdir()	●						*readdir()* 可緩衝目錄 entry，只有讀取目錄時，才會更新時間戳記
removexattr()			●				同 *fremovexattr()* 與 *removexattr()*
rename()			●		●	●	同時影響檔案（更名前後）的父目錄。SUSv3 並未強制要求改變檔案的 *st_ctime*，但須注意有些系統會這麼處理

函式	檔案或目錄			父目錄			備註
	a	m	c	a	m	c	
rmdir()					●	●	同 *remove(directory)*
sendfile()	●						改變輸入檔的時間戳記
setxattr()			●				同 *fsetxattr()* 與 *lsetxattr()*
symlink()	●	●	●		●	●	設定連結（非目的檔）的時間戳記
truncate()		●	●				同 *ftruncate()*。
unlink()			●		●	●	同 *remove(file)*，若之前的連結計數大於 1，則會改變檔案的 *st_ctime*
utime()	●	●	●				同 *utimes()*、*futimes()*、*futimens()*、*lutimes()* 與 *utimensat()*
write()		●	●				同 *writev()*、*pwrite()* 與 *pwritev()*

本書於 14.8.1 節與 15.5 節分別介紹可避免更新檔案的最後存取時間之 *mount(2)* 選項及個別檔案旗標（per-file flag）。在 4.3.1 節介紹的 *open()* `O_NOATIME` 旗標也提供類似的目的。在一些應用程式中，因為此旗標可在存取檔案時降低對磁碟的操作次數，所以對改善效能很有幫助。

> 雖然多數的 UNIX 系統都不會記錄檔案的建立時間，但在最近的 BSD 系統，此時間會記錄在名為 st_birthtime 的欄位（stat 結構中）。

奈秒時間戳記

在 2.6 版的 Linux 在 *stat* 結構的三個時戳欄位提供了奈秒級解析度。奈秒級解析度可提高須基於檔案時戳順序進行決策的程式之準度（如 *make(1)*）。

SUSv3 並沒有為 *stat* 結構規範奈秒的時間戳記，但在 SUSv4 則新增此規範。

並非全部的檔案系統都支援奈秒時戳。在 *JFS*、*XFS*、*ext4* 及 *Btrfs* 都有支援，但 *ext2*、*ext3* 及 *Reiserfs* 則無。

在 glibc API（自 2.3 版本起），每個時戳欄分別定義於 timespec 結構（本節稍後在討論 *utimensat()* 時會介紹該結構），此結構是以秒和奈秒為單位來表示時間。適當的巨集定義可讓這些結構的秒元件使用傳統的欄位名稱（*st_atime*、*st_mtime* 及 *st_ctime*）。而奈秒的部分則使用下列欄位名稱存取：如 *st_atim.tv_nsec*，可取得檔案的最後存取時間之奈米部份。

15.2.1 使用 *utime()* 與 *utimes()* 更改檔案的時間戳記

儲存於檔案 i-node 中的最後檔案存取與修改時戳可直接使用 *utime()* 或其中一個相關的系統呼叫更改。如 *tar(1)* 與 *unzip(1)* 等程式可在解壓縮檔案時，使用這些系統呼叫重置檔案時戳。

```
#include <utime.h>

int utime(const char *pathname, const struct utimbuf *buf);
```

成功時傳回 0，或者錯誤時傳回 -1

參數 pathname 可識別我們想要修改的檔案時間。若 pathname 是個符號連結，則會進行解參考。參數 buf 可以是 NULL 或是指向 utimbuf 結構的指標。

```
struct utimbuf {
    time_t actime;       /* Access time */
    time_t modtime;      /* Modification time */
};
```

此結構中的欄位記錄了自 Epoch（參考 10.1 節）以來的秒數時間。

決定 *utime()* 如何運作的兩個方式：

- 若將 buf 設定為 NULL，則最後存取及最後修改時間都會設定為目前的時間。此時，行程的有效使用者 ID 必須能匹配檔案的使用者 ID（擁有者），行程必須具有檔案的寫入權限（邏輯上，因為具有檔案寫入權限的行程會使用其他可能會改變檔案時戳這類邊際效應的系統呼叫），否則行程必須具有特權（CAP_FOWNER 或 CAP_DAC_OVERRIDE）。（更精確的說，在 Linux 系統上是指行程的檔案系統使用者 ID，而非其有效使用者 ID，用以與檔案的使用者 ID 檢查，如 9.5 節所述）。
- 若將 buf 設定為指向 utimbuf 結構的指標，則會使用該結構的相對應欄位更新檔案的最後檔案存取和修改時間。此時，行程的有效使用者 ID 必須匹配檔案的使用者 ID（具備檔案的寫入權限還不夠），或者呼叫者必須具有特權（CAP_FOWNER）。

為了只改變其中一個檔案時戳，我們先使用 *stat()* 取得兩個時間，並使用其中一個時間來初始化 utimbuf 結構，然後再將另一個時間設定為所需的值。下列是程式碼範例，將檔案的最後修改時間改為與最後存取時間相同。

```
struct stat sb;
struct utimbuf utb;
```

```
if (stat(pathname, &sb) == -1)
    errExit("stat");
utb.actime = sb.st_atime;         /* Leave access time unchanged */
utb.modtime = sb.st_atime;
if (utime(pathname, &utb) == -1)
    errExit("utime");
```

只要成功呼叫 *utime()*，就一定能將檔案的最後狀態改變時間設定為目前的時間。

Linux 還提供源於 BSD 的 *utimes()* 系統呼叫，其功能與 *utime()* 類似。

```
#include <sys/time.h>

int utimes(const char *pathname, const struct timeval tv[2]);
```

成功時傳回 0，或者錯誤時傳回 -1

在 *utime()* 與 *utimes()* 之間最值得關注的差異在於 *utimes()* 能以微秒級準確度設定時間值（timeval 結構請見 10.1 節）。Linux 2.6 為檔案時戳提供（部分的）奈秒級準確度存取。新的檔案存取時間設定於 *tv[0]*，而新的檔案修改時間則設定於 tv[1]。

使用 *utimes()* 的範例請參考本書提供的範例程式 files/t_utimes.c。

函式庫中的 *futimes()* 與 *lutimes()* 函式功能與 *utimes()* 類似。前兩者與 *utimes()* 的差異在於要更改檔案時戳的參數。

```
#include <sys/time.h>

int futimes(int fd, const struct timeval tv[2]);
int lutimes(const char *pathname, const struct timeval tv[2]);
```

Both return 0 on success, or –1 on error

在 *futimes()* 是透過 fd 開啟檔案描述符來指定檔案。

在 *lutimes()* 則透過路徑名稱指定檔案，與 *utimes()* 不同的是，若路徑名稱指定的檔案是個符號連結，則 *lutimes()* 呼叫不會對連結進行解參考，而是直接更改連結本身的時戳。

從 glibc 2.3 起開始提供 *futimes()* 函式，而自 glibc 2.6 版起開始提供 *lutimes()* 函式。

15.2.2 使用 *utimensat()* 和 *futimens()* 改變檔案時間戳記

系統呼叫 *utimensat()*（核心自 2.6.22 版本提供）與函式庫的 *futimens()* 函式（glibc 2.6 開始提供）提供設定檔案最後存取與修改時戳的擴充功能，這些 API 的優點如下：

- 我們能以奈秒級精度設定時間戳記，這能將精度由原本 *utimes()* 提供的微秒再提升。
- 可獨立設定時戳（即一次一個）。如前所述，若使用舊版 API 改變其中一個時戳，我們必須先呼叫 *stat()* 取得另一個時戳的值，接著指定取得的值與我們想要改變的時戳值。（若另一個行程在這兩個步驟之間執行更新時戳的操作，則會導致競速條件）。
- 可獨立將任一時戳設定為目前的時間。若使用舊的 API 將一個時戳改為目前的時間，我們必須呼叫 *stat()* 取得我們想要保持不變的時間戳記之設定，並呼叫 *gettimeofday()* 取得目前的時間。

這些介面在 SUSv3 並未規範，但在 SUSv4 已納入規範。

系統呼叫 *utimensat()* 會將 pathname 指定的檔案時間戳記更新為由 times 陣列指定的值。

```
#define _XOPEN_SOURCE 700     /* Or define _POSIX_C_SOURCE >= 200809 */
#include <sys/stat.h>

int utimensat(int dirfd, const char *pathname,
              const struct timespec times[2], int flags);
```

成功時傳回 0，或者錯誤時傳回 -1

若 times 設定為 `NULL`，則兩個檔案時戳都會更新為目前的時間。若 times 不為 `NULL`，則新的最後存取時戳設定於 *times[0]*，而新的最後修改時戳設定於 *times[1]*。陣列 times 的每個元素都是如下格式的結構：

```
struct timespec {
    time_t tv_sec;     /* Seconds ('time_t' is an integer type) */
    long tv_nsec;      /* Nanoseconds */
};
```

在此結構所含的欄位分別設定自 Epoch（10.1 節）以來的秒數和奈秒數。

若要將其中一個時戳設定為目前的時間，則可將相對應的 *tv_nsec* 欄位設定為特定值 UTIME_NOW。若要將某個時戳保持不變，則需把相對應的 *tv_nsec* 欄位設定為特定值 UTIME_OMIT。這兩種情況都會忽略 *tv_sec* 欄位的值。

參數 dirfd 可設定為 AT_FDCWD，此時對 pathname 參數的解讀會與 *utimes()* 類似，或是設定為參考到一個目錄的檔案描述符，在 18.11 節將介紹後者的用途。

參數 flags 可以為 0 或是 AT_SYMLINK_NOFOLLOW，意思是，若 pathname 為符號連結時不須對其解參考（即會改變符號連結本身的時間戳記）。相對地，*utimes()* 總是對符號連結進行解參考。

以下程式碼片段將檔案的最後存取時間設定為目前的時間，並將最後修改時間保持不變。

```
struct timespec times[2];

times[0].tv_sec = 0;
times[0].tv_nsec = UTIME_NOW;
times[1].tv_sec = 0;
times[1].tv_nsec = UTIME_OMIT;
if (utimensat(AT_FDCWD, "myfile", times, 0) == -1)
    errExit("utimensat");
```

以 *utimensat()*（及 *futimens()*）改變時間戳記的權限規定與舊有的 API 函式類似，細節可參考 utimensat(2) 使用手冊。

使用函式庫的 *futimens()* 函式可更新 fd 開啟檔案描述符所代表的檔案時戳。

```
#define _GNU_SOURCE
#include <sys/stat.h>

int futimens(int fd, const struct timespec times[2]);
```

成功時傳回 0，或者錯誤時傳回 -1

參數 times 在 *futimens()* 的使用方法與 *utimensat()* 相同。

15.3 檔案所有權（File Ownership）

每個檔案都有相關的使用者 ID（UID）及群組 ID（GID），這些 ID 決定了檔案所屬的使用者與群組。我們現在研究決定新檔案所有權的規則，並介紹用以改變檔案所有權的系統呼叫。

15.3.1 新檔的所有權

在檔案建立之後，其使用者 ID 是取自行程的有效使用者 ID。而新建檔案的群組 ID 則取自行程的有效群組 ID（等同於 System V 系統的預設行為），或父目錄的群組 ID（BSD 系統的行為）。當為專案建立目錄時，該目錄下的所有檔案需要隸屬於某個群組，並且可供群組的全部成員存取，此時，採用後者的行為就非常實用。新建檔案的群組 ID 在這兩者間如何取捨是由多種因素決定的，新檔案所在檔案系統的類型就是其中之一。這裡先介紹一下 *ext2* 和某些其他類型檔案系統所遵循的規則。

> 更準確的說，在 Linux 系統上，有效使用者 ID 或群組 ID 術語在本節的用途，應該真的是檔案系統使用者 ID 或群組 ID（9.5 節）。

掛載 *ext2* 檔案系統時，mount 的指令可使用 *-o grpid*（或等效的 -o bsdgroups 選項），或是 *-o nogrpid* 選項 (或等效的 *-o sysvgroups* 選項)。（若沒有指定選項，則預設為 *-o nogrpid*）。若指定 *-o grpid* 選項，則新檔會從父目錄繼承其群組 ID。若指定 *-o nogrpid* 選項，則新建檔案預設從行程的有效群組 ID 取得其群組 ID。然而，若目錄已啟用 set-group-ID 位元（透過 *chmod g+s*），則檔案的群組 ID 繼承自其父目錄。表 15-3 摘錄了這些規則。

> 我們在 18.6 節將會看到，當對一個目錄設定了 set-group-ID 位元，則此目錄中新增的子目錄也都會啟用這個位元。以此方法，本文中所述的 set-group-ID 行為會遍佈整個目錄樹。

表 15-3：決定新建檔案群組所有權的規則

檔案系統掛載選項	有無設定父目錄的 Set-group-ID 位元	新建檔案的群組所有權取自何處
-o grpid，*-o bsdgroups*	忽略	父目錄群組 ID
-o nogrpid，*-o sysvgroups*（預設）	無	行程的有效群組 ID
	有	父目錄群組 ID

本書撰寫時，唯一支援 grpid 與 nogrpid 掛載選項的檔案系統有 *ext2*、*ext3*、*ext4* 及（自 Linux 2.6.14 起的）*XFS*。其他的檔案系統則遵循 nogrpid 規則。

15.3.2 改變檔案的所有權：*chown()*、*fchown()* 與 *lchown()*

系統呼叫 *chown()*、*lchown()* 與 *fchown()* 可改變檔案的所有權（使用者 ID）和群組（群組 ID）。

```
#include <unistd.h>

int chown(const char *pathname, uid_t owner, gid_t group);
int lchown(const char *pathname, uid_t owner, gid_t group);
int fchown(int fd, uid_t owner, gid_t group);
                                All return 0 on success, or –1 on error
```

這些系統呼叫之間的差異類似 *stat()* 系統呼叫家族：

- *chown()* 改變 pathname 參數中命名檔案的所有權。
- *lchown()* 用途相同，除了若 pathname 是個符號連結，則會改變連結檔案本身的所有權，而不是連結所指的檔案。
- *fchown()* 改變 fd 檔案描述符參考到的檔案之所有權。

參數 owner 設定檔案的新使用者 ID，而 group 參數則設定檔案的新群組 ID。若只改變其中一個 ID，則我們可將其他的參數設定為 -1，以保持 ID 不變。

> 在 Linux 2.2 之前，*chown()* 不會對符號連結進行解參考。從 Linux 2.2 開始，*chown()* 的語意改變了，並新增了新的 *lchown()* 系統呼叫，以提供舊有的 *chown()* 系統呼叫之行為。

只有特權級行程（CAP_CHOWN）可以使用 *chown()* 改變檔案的使用者 ID。非特權級行程可使用 *chown()* 將自己所擁有的（即行程的有效使用者 ID 能匹配檔案的使用者 ID）檔案群組 ID 改為自己所屬的任一群組。

若檔案的擁有者或群組改變了，則 set-user-ID 與 set-group-ID 權限位元也都會關閉。這個安全措施是確保一般的使用者不能對執行檔啟用 set-user-ID（或 set-group-ID）位元，並接著以某種方式使它為某些特權級使用者（或群組）所擁有，因而在執行檔案時取得特權身份。

> SUSv3 並未規範超級者在改變執行檔的擁有者或群組時，是否該關閉 set-user-ID 及 set-group-ID 位元。Linux 2.0 在此例的確會關閉這些位元，但有些早期的 2.2 核心版本則無（最多到 2.2.12）。之後的 2.2 核心又回到 2.0 的行為，將超級使用者造成的變化視為與大家一樣，而此行為在後續的核心版本持續維護。

在改變檔案的擁有者與群組時，若已經關閉群組的可執行（group-execute）權限位元，或若我們正在改變目錄的所有權，則不會關閉 set-group-ID 權限位元。在上述兩種情況，set-group-ID 位元的用途並非建立一個啟用 set-group-ID 的程式，因此不應該關閉此位元。其他的 set-group-ID 用途如下：

- 若關閉群組的可執行位元，則 set-group-ID 權限位元可用以啟用強制檔案上鎖（在 55.4 節討論）。
- 以目錄為例，set-group-ID 位元用以控制目錄中所建立的新檔所有權（15.3.1 節）。

在列表 15-2 示範 *chown()* 的用法，此程式允許使用者透過指定命令列參數，以改變任意數量檔案的擁有者與群組。（此程式使用列表 8-1 的 *userIdFromName()* 與 *groupIdFromName()* 函式，以將使用者及群組名稱轉換為相對應的數值 ID）。

列表 15-2：改變檔案的擁有者與群組

files/t_chown.c

```
#include <pwd.h>
#include <grp.h>
#include "ugid_functions.h"             /* Declarations of userIdFromName()
                                           and groupIdFromName() */
#include "tlpi_hdr.h"

int
main(int argc, char *argv[])
{
    uid_t uid;
    gid_t gid;
    int j;
    Boolean errFnd;

    if (argc < 3 || strcmp(argv[1], "--help") == 0)
        usageErr("%s owner group [file...]\n"
                "        owner or group can be '-', "
                "meaning leave unchanged\n", argv[0]);

    if (strcmp(argv[1], "-") == 0) {            /* "-" ==> don't change owner */
        uid = -1;
    } else {                                    /* Turn user name into UID */
        uid = userIdFromName(argv[1]);
        if (uid == -1)
            fatal("No such user (%s)", argv[1]);
    }

    if (strcmp(argv[2], "-") == 0) {            /* "-" ==> don't change group */
        gid = -1;
    } else {                                    /* Turn group name into GID */
        gid = groupIdFromName(argv[2]);
        if (gid == -1)
            fatal("No group user (%s)", argv[1]);
    }
```

```
    /* Change ownership of all files named in remaining arguments */

    errFnd = FALSE;
    for (j = 3; j < argc; j++) {
        if (chown(argv[j], uid, gid) == -1) {
            errMsg("chown: %s", argv[j]);
            errFnd = TRUE;
        }
    }

    exit(errFnd ? EXIT_FAILURE : EXIT_SUCCESS);
}
```
files/t_chown.c

15.4 檔案權限

我們在本節介紹應用於檔案和目錄的權限機制。雖然我們這裡談論的主要是應用於普通檔案與目錄的權限，不過我們所介紹的規則可適用於全部的檔案類型，包括裝置、FIFO 及 UNIX 網域通訊端（UNIX domain socket）。此外，System V 與 POSIX 行程間通信物件（共享記憶體、號誌與訊息佇列）也有權限遮罩，而適用於這些物件的規則也與檔案的規則相似。

15.4.1 普通檔案的權限

如 15.1 節所述，stat 結構中 st_mod 欄位的低 12 位元定義檔案的權限。這些位元的前 3 位是特殊位元，即所謂的 set-user-ID、set-group-ID 與 sticky 位元（在圖 15-1 分別標示為 U、G 與 T）。我們在 15.4.5 節對這些位元有更多的討論。其餘的 9 個位元遮罩定義授權使用者存取檔案的各類權限。檔案權限遮罩將世界分為三類：

- *Owner*（即所謂的 *user*）：授予檔案擁有者的權限。

  術語 user 為 chmod(1) 這類指令使用，使用縮寫 u 來表示此權限類別。

- *Group*：授予檔案群組成員使用者的權限。
- *Other*：授予其他使用者的權限。

可授權給每類使用者的權限如下：

- *Read*：可讀取檔案內容。
- *Write*：可更改檔案內容。

- *Execute*：可以執行檔案（如程式或腳本）。為了執行腳本檔（如 bash 腳本），需同時具備讀取與執行權限。

檔案的權限與所有權可使用 *ls –l* 指令檢視，範例如下：

```
$ ls -l myscript.sh
-rwxr-x---    1 mtk    users        1667 Jan 15 09:22 myscript.sh
```

在上面的範例，檔案權限顯示為 `rwxr-x---`（此字串開頭的連接符號表示此檔案的類型是普通檔案）。若要解譯此字串，需將這 9 個字元以 3 個字元進行分組，分別代表是否啟用可讀、可寫、可執行權限。第一組表示檔案擁有者的權限，在本例中，則是啟用讀取、寫入及執行權限。第二組表示群組權限，對於本例，群組內的使用者具有可讀和可執行權限，但不具有寫入權限。最後一組表示其他使用者的權限，本例中的其他使用者沒有任何權限。

標頭檔 `<sys/stat.h>` 定義的常數可用（&）與 stat 結構的 *st_mode* 欄位進行位元邏輯運算，用於檢查特定的權限位元是否設定。（這些常數也可以透過 `<fcntl.h>` 取得定義，此標頭檔也提供 *open()* 系統呼叫的原型）。這些常數如表 15-4 所示。

表 15-4：檔案權限位元的常數

常數	八進位值	權限位元
S_ISUID	04000	Set-user-ID
S_ISGID	02000	Set-group-ID
S_ISVTX	01000	Sticky
S_IRUSR	0400	User-read
S_IWUSR	0200	User-write
S_IXUSR	0100	User-execute
S_IRGRP	040	Group-read
S_IWGRP	020	Group-write
S_IXGRP	010	Group-execute
S_IROTH	04	Other-read
S_IWOTH	02	Other-write
S_IXOTH	01	Other-execute

除了表 15-4 所列的常數，還有定義三個常數，等同於為擁有者、群組及其他類別進行三種權限設定：`S_IRWXU` (0700)、`S_IRWXG` (070) 及 `S_IRWXO` (07)。

列表 15-3 的標頭檔宣告一個 *filePermStr()* 函式，若代入檔案權限遮罩，則會傳回一個靜態配置的字串，其表示遮罩的方式與 *ls(1)* 一樣。

列表 15-3：`file_perms.c` 檔案的標頭檔

files/file_perms.h

```
#ifndef FILE_PERMS_H
#define FILE_PERMS_H

#include <sys/types.h>

#define FP_SPECIAL 1            /* Include set-user-ID, set-group-ID, and sticky
                                   bit information in returned string */

char *filePermStr(mode_t perm, int flags);

#endif
```

files/file_perms.h

若在 *filePermStr()* 的 flag 參數設定 FP_SPECIAL 旗標，則傳回的字串會包括 set-user-ID、set-group-ID 及 sticky 位元的設定資訊，其呈現格式一樣如同 *ls(1)*。

函式 *filePermStr()* 的實作如同列表 15-4 所示，我們在列表 15-1 的程式採用了這個函式。

列表 15-4：將檔案權限遮罩轉換為字串

files/file_perms.c

```
#include <sys/stat.h>
#include <stdio.h>
#include "file_perms.h"                 /* Interface for this implementation */

#define STR_SIZE sizeof("rwxrwxrwx")

char *          /* Return ls(1)-style string for file permissions mask */
filePermStr(mode_t perm, int flags)
{
    static char str[STR_SIZE];

    snprintf(str, STR_SIZE, "%c%c%c%c%c%c%c%c%c",
        (perm & S_IRUSR) ? 'r' : '-', (perm & S_IWUSR) ? 'w' : '-',
        (perm & S_IXUSR) ?
            (((perm & S_ISUID) && (flags & FP_SPECIAL)) ? 's' : 'x') :
            (((perm & S_ISUID) && (flags & FP_SPECIAL)) ? 'S' : '-'),
        (perm & S_IRGRP) ? 'r' : '-', (perm & S_IWGRP) ? 'w' : '-',
        (perm & S_IXGRP) ?
            (((perm & S_ISGID) && (flags & FP_SPECIAL)) ? 's' : 'x') :
            (((perm & S_ISGID) && (flags & FP_SPECIAL)) ? 'S' : '-'),
        (perm & S_IROTH) ? 'r' : '-', (perm & S_IWOTH) ? 'w' : '-',
        (perm & S_IXOTH) ?
            (((perm & S_ISVTX) && (flags & FP_SPECIAL)) ? 't' : 'x') :
            (((perm & S_ISVTX) && (flags & FP_SPECIAL)) ? 'T' : '-'));
```

```
    return str;
}
```

files/file_perms.c

15.4.2 目錄權限

目錄的權限機制與檔案相同，然而，有三個權限會有不同的解釋：

- *Read*：可列出（如透過 ls）目錄內容（即檔案清單）。

  若透過實驗來驗證目錄的讀取權限位元操作，則要注意有一些 Linux 套件版本會對 ls 進行別名處理（alias），另外包含一些旗標（如 -F），因而需要有存取目錄的執行權限，以存取目錄中的檔案 i-node 資訊。為確保我們使用的是單純的 ls 指令，執行時要指定完整的指令路徑名稱（/bin/ls），或在 ls 指令前面加一個「\」符號來避免別名（\ls）。

- *Write*：可在目錄中建立及刪除檔案。注意，刪除檔案不需要具備該檔案的任何權限。

- *Execute*：可存取目錄中的檔案，執行權限有時也稱為搜尋（search）權限。

在存取檔案時，需要具備路徑名稱中的每個目錄之執行權限。例如，讀取 /home/mtk/x 檔案會需要 /、/home 及 /home/mtk 的執行權限（以及檔案 *x* 的讀取權限）。若目前的工作目錄為 /home/mtk/sub1，且我們存取相對路徑名稱 ../sub2/x 時，則需具備 /home/mtk 與 /home/mtk/sub2 的執行權限（但是不需要 / 或 /home）。

目錄的讀取權限只能讓我們檢視目錄中的檔案清單。我們若要存取目錄中的檔案內容或 i-node 資訊，則必須有目錄的執行權限。

反之，若我們有目錄的執行權限，而無讀取權限，則若我們知道檔名，就能存取目錄中的檔案，但不能列出目錄的內容（即目錄中的檔名）。這個簡單的技術常用以控制存取公共目錄的內容。

若要移除目錄中的檔案，則需要具有目錄的執行與寫入權限。

15.4.3 權限檢查演算法

只要我們在存取檔案或目錄的系統呼叫中指定路徑名稱，核心就會檢查檔案的權限。當賦予系統呼叫的路徑名稱包含目錄前綴字時，則核心不僅會檢查檔案本身所需的權限，還會檢查有此前綴字的每個目錄之執行權限。權限檢查是利用行程的有效使用者 ID、有效群組 ID 及補充群組 ID。（更準確地說，在 Linux 的檔案權限檢查是使用檔案系統使用者 ID 與群組 ID，而非相對應的有效使用者 ID 和群組 ID，如 9.5 節所述。）

一旦以 *open()* 開啟了檔案，則後續的系統呼叫不會再進行權限檢查（如 *read()*、*write()*、*fstat()*、*fcntl()* 及 *mmap()*）。

核心在檢查權限時，所遵循的規則如下：

1. 若是特權級行程，則授予全部的存取權限。
2. 若行程的有效使用者 ID 與檔案的使用者 ID（owner）相同，則會根據檔案擁有者的權限授權，例如，若開啟了檔案權限遮罩的擁有者讀取權限位元，則授予讀取權限，否則，則拒絕讀取。
3. 若行程的有效群組 ID 或任一補充群組 ID 能匹配檔案的群組 ID（group owner），則根據檔案的群組權限授權存取。
4. 否則，依據檔案的其他（other）權限授權存取。

核心程式碼實際建構了上述的檢測，以便檢測行程是否具備特權，只在行程不具所需權限時，才需要再透過其他某個測試。如此可免去設定 ASU 行程記帳旗標（process accounting flag），此旗標用以指出行程是否曾使用超級使用者特權（28.1 節）。

核心會依序檢查 owner、group 及 other 權限，並在找到適用的規則時，就會停止檢測。如此會有出乎意料的結果，例如，若群組權限超過了擁有者權限，則擁有者實際上會比檔案的群組成員具有更少的檔案權限，如下例所示：

```
$ echo 'Hello world' > a.txt
$ ls -l a.txt
-rw-r--r--   1 mtk users      12 Jun 18 12:26 a.txt
$ chmod u-rw a.txt                Remove read and write permission from owner
$ ls -l a.txt
----r--r--   1 mtk    users   12 Jun 18 12:26 a.txt
$ cat a.txt
cat: a.txt: Permission denied     Owner can no longer read file
$ su avr                          Become someone else...
Password:
$ groups                          who is in the group owning the file...
users staff teach cs
$ cat a.txt                       and thus can read the file
Hello world
```

若檔案的其他使用者授權大於檔案擁有者或群組時，上述論述也同樣適用。

因為檔案權限與擁有者資訊是由檔案的 i-node 所維護，所以參考到相同 i-node 的全部檔名（連結）都會共用這個資訊。

Linux 2.6 提供存取控制清單（ACL，access control list），可以分別為個別的使用者與個別群組定義檔案權限。若檔案有 ACL，則會使用改過的演算法版本，我們在第 17 章有介紹 ACL。

特權行程的權限檢查

我們在上面提到，「若行程具有特權，則在檢查權限時會完整授權存取。」我們需要對這句話加上一個條件，對於非目錄的檔案，Linux 只有在至少其中一個權限類型具有執行權限時，才會將執行權限授權給特權級行程。在一些其他的 UNIX 系統上，即使檔案的權限類型都不具執行權限，特權級行程也是可以執行檔案。而在存取目錄時，特權級行程必定具有執行（搜尋）權限。

> 我們能以兩個 Linux 行程能力重新闡述對特權級行程的介紹：CAP_DAC_READ_SEARCH 與 CAP_DAC_OVERRIDE（39.2 節）。具備 CAP_DAC_READ_SEARCH 能力的行程可讀取任何類型的檔案及具備目錄的讀取及執行權限（即可存取目錄中的檔案，以及讀取目錄中的檔案清單）。具備 CAP_DAC_OVERRIDE 能力的行程可讀取及寫入任何類型的檔案，若檔案是個目錄、或檔案權限類型至少有一類具備執行權限，則行程也具備執行權限。

15.4.4 檢查對檔案的存取權限：*access()*

如 15.4.3 節所述，在存取檔案時，可用 effective（有效）使用者 ID、群組 ID 以及補充群組 ID 決定行程所具備的權限。也可以讓一個程式（如 set-user-ID 或 set-group-ID 程式）基於 real（真實）使用者及群組 ID 檢查檔案的存取權限。

系統呼叫 *access()* 基於行程的真實使用者 ID 與群組 ID（以及補充群組 ID）檢查 pathname 中指定的檔案之存取權限。

```
#include <unistd.h>

int access(const char *pathname, int mode);
```

Returns 0 if all permissions are granted, otherwise –1

若 pathname 是個符號連結，則 *access()* 將對其解參考。

參數 mode 是個位元遮罩，由一個或以上的常數（表 15-5）以 OR 位元邏輯（|）構成的。若在 pathname 指定的檔案具備 mode 參數包含的每個權限，則 *access()* 傳回 0；若缺少至少其中一個所需權限（或有錯誤發生），則 *access()* 傳回 -1。

表 15-5：*access()* 的 *mode* 常數

常數	說明
F_OK	檔案是否存在？
R_OK	檔案是否可讀？
W_OK	檔案是否可寫？
X_OK	檔案是否可執行？

在對檔案呼叫 *access()* 與後續的操作之間會有時間差，意謂無法保證 *access()* 傳回的資訊在後續操作時（無論間隔多短）依舊成立。此情況會導致一些應用程式設計的安全漏洞。

例如，假設我們有一個 set-user-ID-root 程式，使用 *access()* 檢查程式的真實使用者 ID 是否可以存取某檔案，若可以，則對檔案進行操作（如 *open()* 或 *exec()*）。

問題在於，若提供給 *access()* 的路徑名稱是個符號連結，且惡意的使用者改變了符號連結所參考的檔案，導致在第二個步驟以前，連結就參考到不同的檔案，則 set-user-ID-root 就會操控真實使用者 ID 不具存取權限的檔案。（如 38.6 節所述的 time-of-check、time-of-use 競速情況）。基於這項理由，建立實作時要完全避開使用 *access()*（請見 [Borisov，2005]）。在前面的範例，我們可以透過暫時改變 set-user-ID 行程的有效（或檔案系統）使用者 ID 達成，嘗試所需的操作（如 *open()* 或 *exec()*），並接著檢查傳回值以及 errno，以判斷操作是否因為權限問題而導致失敗。

> GNU C 函式庫提供一個功能類似的非標準函式：*euidaccess()*（或同義函式 *eaccess()*），可使用行程的有效使用者 ID 檢查檔案的存取權限。

15.4.5 Set-User-ID、Set-Group-ID 與 Sticky 位元

如同用於擁有者（owner）、群組（group）及其他（other）權限的 9 個位元，檔案權限遮罩有 3 個額外的位元，即所謂的 set-user-ID（bit 04000）、set-group-ID（bit 02000）及 sticky（bit 01000）位元。我們已經在 9.3 節討論建立特權級程式時使用 set-user-ID 與 set-group-ID 權限位元。而 set-group-ID 位元還有兩個其他的目的：在以 nogrpid 選項（15.3.1 節）掛載的目錄中，控制建立的新檔之群組擁有者關係（group ownership），可對檔案啟用強制上鎖。本節後面將討論 sticky 位元的用途。

在舊有的 UNIX 系統，sticky 位元用來加速常用的程式。若對執行檔設定 sticky 位元，則在第一次執行程式時，會將程式的文字區段（program text）副本儲存在置換區域（swap area），即常駐（stick）在置換區域，因而提升後續執行時的載入速度。現代的 UNIX 系統有更準確的記憶體管理系統，所以對於 sticky 權限位元則廢棄不用。

> 在表 15-4 所示的 sticky 權限位元常數名稱（S_ISVTX）是源自 sticky 位元的別名：saved-text 位元。

在現代的 UNIX 系統（包含 Linux），sticky 權限位元提供另一個完全不同的目的。對目錄而言，sticky 權限位元如同限制刪除旗標（restricted deletion flag）。若對目錄設定此位元，則代表非特權行程在具有目錄的寫入權限且擁有該檔案或目錄時，能對目錄中的檔案進行移除連結（*unlink()*、*rmdir()*）及更改檔名（*rename()*）。（具有 CAP_FOWNER 能力的行程可跳過後者的擁有者檢查）。如此可建立一個多使用者共用的目錄，大家能在目錄中建立並刪除自己的檔案，但是不能刪除別人的檔案。因此，通常會對 /tmp 目錄設定 sticky 權限位元。

可透過 chmod 指令（*chmod +t file*）或 *chmod()* 系統呼叫設定檔案的 sticky 權限位元。若檔案有設定 sticky 權限位元，則 *ls –l* 會在 other-execute 的權限欄位顯示小寫或大寫的字母 T，取決於是否開啟 other-execute 權限位元，如下所示：

```
$ touch tfile
$ ls -l tfile
-rw-r--r--   1 mtk    users      0 Jun 23 14:44 tfile
$ chmod +t tfile
$ ls -l tfile
-rw-r--r-T   1 mtk    users      0 Jun 23 14:44 tfile
$ chmod o+x tfile
$ ls -l tfile
-rw-r--r-t   1 mtk    users      0 Jun 23 14:44 tfile
```

15.4.6 行程的檔案模式建立遮罩：*umask()*

我們將深入探討新建立的檔案或目錄之權限。對於新檔，核心使用 *open()* 或 *creat()* 中的 mode 參數設定權限。而新目錄則是依據 *mkdir()* 的 mode 參數設定權限。然而，這些設定都會被檔案模式建立遮罩（file mode creation mask，即簡稱的 umask）修改。該 umask 是個行程屬性，用以對行程建立的檔案或目錄，指定必須關閉的權限位元。

一般而言，行程只會使用繼承自父行程 shell 的 umask，所以使用者能使用 shell 內建的 umask 指令（可改變 shell 行程的 umask）控制在 shell 執行的程式之 umask。

多數的 shell 在初始化檔案時會將預設的 umask 設定為八進位的值 022（----w--w-）。此值代表著必須關閉群組（group）與其他（other）權限類型的寫入權限。因此，假設呼叫 *open()* 時的 mode 參數為 0666（即授權全部的使用者可讀寫，通常都是如此），則新檔的權限則是擁有者具備讀寫權限，而群組與其他使用者則只具備讀取權限（以 *ls –l* 指令顯示的結果是「rw-r--r--」）。同理，假定 *mkdir()* 的 mode 參數設定為 0777（即大家都具有全部的權限），則在新建的目錄權限中，擁有者具備全部的權限，而群組與其他使用者則只具備讀取與執行權限（即 rwxr-xr-x）。

系統呼叫 *umask()* 可將行程的 umask 更改為 mask 參數指定的值。

```
#include <sys/stat.h>

mode_t umask(mode_t mask);
```

Always successfully returns the previous process umask

參數 *mask* 能設定為八進位的數字，或是以位元邏輯運算（|）合併表 15-4 的常數。

呼叫 *umask()* 一定會成功，並傳回之前的 umask。

列表 15-5 示範 *umask()*、*open()* 與 *mkdir()* 搭配使用，該程式的執行結果如下：

```
$ ./t_umask
Requested file perms: rw-rw----          This is what we asked for
Process umask:        ----wx-wx          This is what we are denied
Actual file perms:    rw-r-----          So this is what we end up with

Requested dir. perms: rwxrwxrwx
Process umask:        ----wx-wx
Actual dir. perms:    rwxr--r--
```

我們在列表 15-5 使用 *mkdir()* 與 *rmdir()* 系統呼叫建立與移除目錄，以及使用 *unlink()* 系統呼叫刪除檔案。我們會在第 18 章介紹這些系統呼叫。

列表 15-5：使用 *umask()*

files/t_umask.c

```
#include <sys/stat.h>
#include <fcntl.h>
#include "file_perms.h"
#include "tlpi_hdr.h"

#define MYFILE "myfile"
#define MYDIR  "mydir"
#define FILE_PERMS    (S_IRUSR | S_IWUSR | S_IRGRP | S_IWGRP)
#define DIR_PERMS     (S_IRWXU | S_IRWXG | S_IRWXO)
```

```
#define UMASK_SETTING (S_IWGRP | S_IXGRP | S_IWOTH | S_IXOTH)

int
main(int argc, char *argv[])
{
    int fd;
    struct stat sb;
    mode_t u;

    umask(UMASK_SETTING);

    fd = open(MYFILE, O_RDWR | O_CREAT | O_EXCL, FILE_PERMS);
    if (fd == -1)
        errExit("open-%s", MYFILE);
    if (mkdir(MYDIR, DIR_PERMS) == -1)
        errExit("mkdir-%s", MYDIR);

    u = umask(0);               /* Retrieves (and clears) umask value */

    if (stat(MYFILE, &sb) == -1)
        errExit("stat-%s", MYFILE);
    printf("Requested file perms: %s\n", filePermStr(FILE_PERMS, 0));
    printf("Process umask:        %s\n", filePermStr(u, 0));
    printf("Actual file perms:    %s\n\n", filePermStr(sb.st_mode, 0));

    if (stat(MYDIR, &sb) == -1)
        errExit("stat-%s", MYDIR);
    printf("Requested dir. perms: %s\n", filePermStr(DIR_PERMS, 0));
    printf("Process umask:        %s\n", filePermStr(u, 0));
    printf("Actual dir. perms:    %s\n", filePermStr(sb.st_mode, 0));

    if (unlink(MYFILE) == -1)
        errMsg("unlink-%s", MYFILE);
    if (rmdir(MYDIR) == -1)
        errMsg("rmdir-%s", MYDIR);
    exit(EXIT_SUCCESS);
}
```

files/t_umask.c

15.4.7 更改檔案權限：*chmod()* 與 *fchmod()*

可利用系統呼叫 *chmod()* 和 *fchmod()* 修改檔案權限。

```
#include <sys/stat.h>

int chmod(const char *pathname, mode_t mode);
int fchmod(int fd, mode_t mode);
```

Both return 0 on success, or –1 on error

系統呼叫 *chmod()* 會更改 pathname 參數中的檔案權限，若此參數是個符號連結，則 *chmod()* 會改變符號連結所參考的檔案之權限，而非符號連結本身的權限。（符號連結對全部的使用者開放讀取、執行與讀取權限，且這些權限無法更動。而在對符號連結解參考時，則會忽略這些權限）。

系統呼叫 *fchmod()* 則會更改 fd 開啟檔案描述符所參考的檔案權限。

參數 mode 用以指定檔案的新權限，可用八進位數字或是表 15-4 所列的權限位元（|）而成。若要更改檔案的權限，則須是特權級行程（CAP_FOWNER），或其有效使用者 ID 須能與檔案的擁有者（使用者 ID）匹配。（嚴格說來，在 Linux 系統的非特權級行程，必須是行程的檔案系統使用者 ID，而非其有效使用者 ID，如 9.5 節所述）。

若要將檔案權限設定為全部的使用者都只有讀取權限，則可使用下列呼叫：

```
if (chmod("myfile", S_IRUSR | S_IRGRP | S_IROTH) == -1)
    errExit("chmod");
/* Or equivalently: chmod("myfile", 0444); */
```

為了修改檔案權限的特定位元，我們要先使用 *stat()* 取得目前的權限，再針對我們想要改變的位元，並接著使用 *chmod()* 更新權限。

```
struct stat sb;
mode_t mode;

if (stat("myfile", &sb) == -1)
    errExit("stat");
mode = (sb.st_mode | S_IWUSR) & ~S_IROTH;
        /* owner-write on, other-read off, remaining bits unchanged */
if (chmod("myfile", mode) == -1)
    errExit("chmod");
```

上述程式碼等同於下列的 shell 指令：

```
$ chmod u+w,o-r myfile
```

我們在 15.3.1 節提過，若目錄位於以 -o bsdgroups 選項掛載的 *ext2* 檔案系統，或是位於 *-o sysvgroups* 選項且啟用目錄的 set-group-ID 權限位元時，則目錄中的新建檔案會從其父目錄繼承擁有者權限設定，而非建立檔案的行程有效群組 ID。可能會出現這種情況，即這類檔案的群組 ID 無法匹配建立檔案行程的任何群組 ID。基於這個理由，當非特權（不具備 CAP_FSETID 能力的）行程呼叫 *chmod()*（或 *fchmod()*）時，若檔案的群組 ID 不等於行程的有效群組 ID 或任何補充群組 ID 時，核心則一定會清除檔案的 set-group-ID 權限位元。設計這項安全措施的目的是要避免使用者建立一個非他們所屬的群組之 set-group-ID 程式。下列的 shell 指令示範此安全措施所防禦的安全弱點：

```
$ mount | grep test                  Hmmm, /test is mounted with –o bsdgroups
/dev/sda9 on /test type ext3 (rw,bsdgroups)
$ ls -ld /test                       Directory has GID root, writable by anyone
drwxrwxrwx   3 root    root    4096 Jun 30 20:11 /test
$ id                                 I'm an ordinary user, not part of root group
uid=1000(mtk) gid=100(users) groups=100(users),101(staff),104(teach)
$ cd /test
$ cp ~/myprog .                      Copy some mischievous program here
$ ls -l myprog                       Hey! It's in the root group!
-rwxr-xr-x   1 mtk     root   19684 Jun 30 20:43 myprog
$ chmod g+s myprog                   Can I make it set-group-ID to root?
$ ls -l myprog                       Hmm, no…
-rwxr-xr-x   1 mtk     root   19684 Jun 30 20:43 myprog
```

15.5 I-node 旗標（*ext2* 的擴充檔案屬性）

部份的 Linux 檔案系統允許為檔案和目錄設定各種 i-node 旗標，此功能是非標準的 Linux 擴充。

> 現代的 BSD 提供類似 i-node 旗標格式的功能，可使用 chflags(1) 與 chflags(2) 設定。

第一個支援 i-node 旗標的 Linux 檔案系統是 *ext2*，而這些旗標有時稱為 *ext2* 擴充檔案屬性（*ext2 extended file attribute*）。之後其他檔案系統也開始支援 i-node 旗標，如 *Btrfs*、*ext3*、*ext4*、*Reiserfs*（從 Linux 2.4.19 起）、*XFS*（從 Linux 2.4.25 與 2.6 起）及 *JFS*（從 Linux 2.6.17 起）。

> 各種檔案系統對 i-node 旗標的支援範圍稍有不同。為了在 *Reiserfs* 檔案系統使用 i-node 旗標，我們在掛載檔案系統時須使用 -o attrs 選項。

在 shell 可使用 chattr 與 lsattr 指令設定與檢視 i-node 旗標，如下所示：

```
$ lsattr myfile
-------- myfile
$ sudo chattr +ai myfile              Turn on Append Only and Immutable flags
$ lsattr myfile
----ia-- myfile
```

在程式中，可利用 *ioctl()* 系統呼叫取得與修改 i-node 旗標，稍後會詳細說明。

可以對普通檔案與目錄設定 i-node 旗標，多數的 i-node 旗標都用在普通檔案，而部份也（只能）用在目錄。表 15-6 摘錄了可用的 i-node 旗標範疇，示範程式在呼叫 *ioctl()* 時使用的相對應旗標名稱（定義於 <linux/fs.h>），以及用在 chattr 指令的選項字母。

> 在 Linux 2.6.19 以前，<linux/fs.h> 尚未定義表 15-6 所列的 FS_* 常數。而是有一組檔案系統專屬的標頭檔，用以定義檔案系統專屬的常數名稱，全部的值都一樣。因此，*ext2* 為 EXT2_APPEND_FL，定義於 <linux/ext2_fs.h>、而 *Reiserfs* 為 REISERFS_APPEND_FL，以一樣的值定義於 <linux/reiser_fs.h>，其他檔案系統依此類推。由於每個標頭檔將相對應的常數都定義為同樣的值，所以在 <linux/fs.h> 沒有提供定義的舊有系統上，可以引用任何一個標頭檔，並使用檔案系統專屬的名稱。

表 15-6：i-node 旗標

常數	chattr 選項	用途
FS_APPEND_FL	a	只能附加（需要特權）
FS_COMPR_FL	c	啟用檔案壓縮（尚未實作）
FS_DIRSYNC_FL	D	目錄同步更新（自 Linux2.6 起）
FS_IMMUTABLE_FL	i	不可變更（需要特權）
FS_JOURNAL_DATA_FL	j	啟動資料日誌（需要特權）
FS_NOATIME_FL	A	不要更新檔案的最後存取時間
FS_NODUMP_FL	d	不要傾印
FS_NOTAIL_FL	t	禁用尾部打包（No tail packing）
FS_SECRM_FL	s	安全刪除（尚未實作）
FS_SYNC_FL	S	同步更新檔案（與目錄）
FS_TOPDIR_FL	T	以 Orlov 策略處理頂層目錄（自 Linux 2.6 起）
FS_UNRM_FL	u	可還原刪除的檔案（尚未實作）

各類的 FS_* 旗標與其意義如下所示：

FS_APPEND_FL

只有在指定 O_APPEND 旗標時，才能以寫入模式開啟檔案。（因而迫使全部的檔案更新都附加到檔案結尾）。例如，此旗標可用於日誌檔，只有特權級行程（CAP_LINUX_IMMUTABLE）才能設定此旗標。

FS_COMPR_FL

將檔案以壓縮格式儲存於磁碟。此功能在主要的原生 Linux 檔案系統標準沒有提供實作。（有些套裝軟體為 *ext2* 與 *ext3* 檔案系統實作此功能）。由於磁碟儲存裝置的成本低廉，以及壓縮與解壓縮耗費的 CPU 成本，而且實際上壓縮檔案就表示無法用簡單的方式隨機存取檔案內容（透過 *lseek()*），所以很多應用程式都不太需要使用檔案壓縮。

FS_DIRSYNC_FL（自 *Linux 2.6* 以後）

使目錄同步更新（例如：*open(pathname, O_CREAT)*、*link()*、*unlink()* 與 *mkdir()*）。這類似 13.3 節所述的檔案同步更新機制。同樣地，目錄同步更新也存在效能問題。此設定只能用在目錄上。（14.8.1 節所述的 MS_DIRSYNC 掛載旗標提供類似的功能，但是基於個別掛載）。

FS_IMMUTABLE_FL

將檔案設定為不可更改。無法更新檔案（*write()* 與 *truncate()*），且不能改變檔案的中繼資料（即 *chmod()*、*chown()*、*unlink()*、*link()*、*rename()*、*rmdir()*、*utime()*、*setxattr()* 與 *removexattr()*）。只有特權級行程（CAP_LINUX_IMMUTABLE）可對檔案設定此旗標。若設定了此旗標，則即使是特權級行程也無法改變檔案的內容或中繼資料。

FS_JOURNAL_DATA_FL

啟動資料的日誌功能。只有 *ext3* 與 *ext4* 檔案系統支援此旗標。這些檔案系統提供三種層次的日誌：journal（日誌）、ordered（排序），以及 writeback（寫回）。全部的日誌模式都會更新檔案的中繼資料，但是日誌模式額外記錄檔案資料的更新。在以排序或寫回模式執行日誌功能的檔案系統上，特權級（CAP_SYS_RESOURCE）行程能基於個別檔案設定此旗標，以啟用資料更新的日誌記錄。（*mount(8)* 使用手冊會介紹排序與寫回模式的區別）。

FS_NOATIME_FL

存取檔案時不更新檔案的最後存取時間。這省去了每次存取檔案時對 i-node 的更新，因而提升了 I/O 效能。（參考 14.8.1 節介紹的 MS_NOATIME 旗標）。

FS_NODUMP_FL

使用 *dump(8)* 備份時不要包含此檔案。此旗標的效果如同 *dump(8)* 使用手冊所述的 -h 選項。

FS_NOTAIL_FL

關閉結尾打包，只有 *Reiserfs* 檔案系統支援此旗標。此旗標關閉了 *Reiserfs* 的尾部打包功能，即是試著將小檔案（或是較大檔案的最後一個碎片）打包到與檔案中繼資料相同的磁區。在掛載 *Reiserfs* 檔案系統時，以 mount -o notail 選項掛載則能將整個 *Reiserfs* 檔案系統關閉結尾打包的功能。

FS_SECRM_FL

安全地刪除檔案。此特性尚未實作，意思是在刪除檔案時先進行覆寫，避免磁碟掃描程式讀取或重建檔案資料。（真正安全刪除資料的議題是相當複雜的：實際上需要對磁性媒介多次寫入，以安全地抹除之前的紀錄資料，請參考 [Gutmann，1996]）。

FS_SYNC_FL

使檔案更新同步，當套用於檔案時，此旗標會讓檔案的寫入同步完成（如同開啟檔案時必定指定 O_SYNC 旗標）。當套用在目錄時，此旗標的作用等同於前述的同步目錄更新旗標。

FS_TOPDIR_FL（自 *Linux 2.6* 起）

這會將 Orlov 區塊配置策略下的目錄進行特殊處理，Orlov 策略是 BSD 系統對 *ext2* 區塊配置策略的改版，試圖提升相關檔案（例如：同一目錄下的各個檔案）在磁碟中比鄰而居的機率，進而縮短磁碟的找尋（seek）時間。細節請參考（Corbet，2002）與（Kumar 等人，2008）。只有 *ext2* 與其衍生的 *ext3*、*ext4* 有支援 FS_TOPDIR_FL。

FS_UNRM_FL

允許在刪除檔案之後可還原檔案，此功能尚未實作，因為可以在核心之外實作檔案還原機制。

一般而言，若對目錄設定 i-node 旗標，則目錄底下新建的檔案與子目錄會自動繼承這些旗標，不過也有例外：

- FS_DIRSYNC_FL（*chattr +D*）旗標只能套用於目錄，所以只有目錄下的子目錄能繼承。
- 將 FS_IMMUTABLE_FL（*chattr +i*）旗標套用於目錄時，於此目錄中的檔案與子目錄不會繼承此旗標，因為此旗標會避免在此目錄新增項目。

在程式中可以分別使用 *ioctl()* 的 FS_IOC_GETFLAGS 與 FS_IOC_SETFLAGS 操作，以取得和修改 i-node 旗標（這兩個常數定義於 <linux/fs.h>）。下列程式碼示範了如何對 fd 開啟檔案描述符所參照的檔案設定 FS_NOATIME_FL 旗標。

```
int attr;

if (ioctl(fd, FS_IOC_GETFLAGS, &attr) == -1)    /* Fetch current flags */
    errExit("ioctl");
attr |= FS_NOATIME_FL;
if (ioctl(fd, FS_IOC_SETFLAGS, &attr) == -1)    /* Update flags */
    errExit("ioctl");
```

若要改變檔案的 i-node 旗標，則行程的有效使用者 ID 需匹配檔案的使用者 ID（owner），或是行程必須具有特權（CAP_FOWNER）。嚴格說來，對於 Linux 上的非特權行程，與檔案的使用者 ID 匹配的必須是行程的檔案系統使用者 ID，而不是有效使用者 ID（詳見 9.5 節）。

15.6 小結

系統呼叫 *stat()* 可取得檔案（中繼資料）的相關資訊，其中大部分取自檔案的 i-node，這些資訊包括檔案的所有權（ownership）、檔案權限以及檔案時間戳記。

程式可使用 *utime()*、*utimes()* 或各種類似的介面，以更新檔案的最後存取時間及最後修改時間。

每個檔案都有一個相關的使用者 ID（owner）及群組 ID，以及一組權限位元。為了限制使用者對檔案的存取權限，把檔案使用者劃分為三類：檔案擁有者（user）、群組（group）以及其他使用者（other）。可把三種權限（讀取、寫入與執行權限）授予上述的三類使用者。目錄也一樣，但權限位元的意義則略有不同。可利用系統呼叫 *chown()* 和 *chmod()* 更改檔案的所有權及權限。系統呼叫 *umask()* 則用來設定權限的位元遮罩，當行程新建檔案時，會依據位元遮罩關閉相對應的權限位元。

檔案和目錄還會用到三個額外的權限位元。可將 set-user-ID 和 set-group-ID 權限位元應用於程式檔案，在行程的執行過程中假借另一有效使用者或群組 ID（亦即屬於該程式檔案）的身份獲得特權。在以 nogrpid（sysvgroup）選項掛載的檔案系統，檔案系統上的目錄可透過設定 set-group-ID 權限位元來控制下列行為：該目錄下新建檔案的群組 ID 是繼承行程的有效群組 ID，還是父目錄的群組 ID。當將 sticky 權限位元應用於目錄時，其作用相當於限制刪除的旗標。

I-node 旗標可控制檔案和目錄的各種行為。雖然源自 *ext2*，但這些旗標目前已經在幾個其他的作業系統提供。

15.7 習題

15-1. 在 15.4 節中描述了各種檔案系統操作所需的權限。請使用 shell 指令或設計程式來回答或驗證以下說法：

a） 移除檔案擁有者的全部權限，但群組與其他使用者仍具有存取權限。

b） 在一個有讀取權限但無執行權限的目錄下，可列出目錄中的檔名，但無論檔案本身的權限如何，都無法存取檔案。

c） 要建立一個新檔案，開啟一個檔案進行讀取操作，開啟一個檔案進行寫入操作，以及刪除一個檔案，父目錄和檔案本身分別需要具備何種權限？對檔案執行重命名操作時，來源及目標目錄分別需要具備何種權限？若重命名操作的目的檔案已存在，該檔案需要具備何種權限？為目錄設定 sticky 位元（chmod +t），將如何影響重命名和刪除操作？

15-2. 你認為系統呼叫 *stat()* 可以任意改變檔案三個時間戳記的其中一個時間戳記嗎？請解釋原因。

15-3. 在執行 Linux 2.6 的系統上修改列表 15-1(t_stat.c)，令其能以奈秒級精度來顯示檔案時間戳記。

15-4. 系統呼叫 *access()* 會利用行程的實際使用者和群組 ID 來檢查權限。請設計相對應的函式，根據行程的有效使用者和群組 ID 進行權限檢查。

15-5. 如 15.4.6 節所述，*umask()* 總會在設定行程 umask 的同時傳回舊的 umask 副本。請問，如何在不改變行程目前 umask 的同時取得其副本？

15-6. 指令 *chmod a+rX file* 的作用是對各類使用者授予讀取權限，並且若 file 是目錄，或者 file 的任一使用者類型具有可執行權限時，則將向各類使用者授予可執行權限，如下例所示：

```
$ ls -ld dir file prog
dr--------  2 mtk users    48 May  4 12:28 dir
-r--------  1 mtk users 19794 May  4 12:22 file
-r-x------  1 mtk users 19336 May  4 12:21 prog
$ chmod a+rX dir file prog
$ ls -ld dir file prog
dr-xr-xr-x  2 mtk users    48 May  4 12:28 dir
-r--r--r--  1 mtk users 19794 May  4 12:22 file
-r-xr-xr-x  1 mtk users 19336 May  4 12:21 prog
```

使用 *stat()* 和 *chmod()* 寫一個程式，令其等效於執行 *chmod a+rX* 指令。

15-7. 設計 *chattr(1)* 指令的簡化版程式，以修改檔案的 i-node 旗標。參考 *chattr(1)* 使用手冊以掌握 chattr 命令列介面的細節。（無須實作 *-R*、*-V*、*-v* 選項）

16

擴充屬性（Extended Attribute）

本章介紹檔案的擴充屬性（EA，exteneded attribute）允許任意的中繼資料，以名稱與值對稱的格式與檔案 i-node 互相關聯。Linux 自 2.6 版起開始支援 EA。

16.1 概觀

EA 可用於實作存取控制清單（第 17 章）與檔案能力（file capability）（第 39 章）。而 EA 的通用設計使其足以適用其他用途。例如，EA 可用來記錄一個檔案的版本編號、檔案的 MIME type 資訊或字元集，或是指向圖示的指標。

在 SUSv3 並未規範 EA，然而，少數其他的 UNIX 系統有提供類似的功能，其中有現代的 BSD（參考 *extattr(2)*）及 Solaris 9 與其後續版本（參考 *fsattr(5)*）。

EA 需要底層檔案系統的支援，如 *Btrfs*、*ext2*、*ext3*、*ext4*、*JFS*、*Reiserfs* 及 *XFS* 檔案系統都有支援。

> 對於每個檔案系統而言，EA 是屬於選配的項目，可透過核心組態選項底下的檔案系統（File system）選單控制。*Reiserfs* 檔案系統從 Linux 2.6.7 起開始支援 EA。

EA 命名空間

EA 的命名格式為 namespace.name。其中 namespace 將 EA 的功能分為幾個不同的類別，而 name 則用以識別 namespace 中的個別 EA。

在 *namespace* 有提供四個值：*user*、*trusted*、*system* 及 *security*。這四種 EA 的用途如下所示：

- User EA 可在檔案權限檢查的限制之下，由非特權級行程控制。若要取得 user EA 的值，則需要檔案的讀取權限；若要改變 user EA 的值，則需要寫入權限。（若無所需權限，則會導致 EACCES 錯誤）。若要在 *ext2*、*ext3*、*ext4* 或 *Reiserfs* 檔案系統，將 user EA 與檔案關聯，則在掛載底層的檔案系統時，需使用 user_xattr 選項。

```
$ mount -o user_xattr device directory
```

- Trusted EA 類似 user EA，可由使用者行程操控。但差異在於，若要操縱 trusted EA，則行程必須具有特權（CAP_SYS_ADMIN）。
- System EA 供核心使用，將檔案與系統物件（system object）關聯。目前唯一支援的物件類型是存取控制清單（第 17 章）。
- Security EA 可以儲存檔案系統安全模組的檔案安全標籤（file security label），並且關聯可執行檔與能力（39.3.2 節）。Security EA 一開始的目的是支援 Security-Enhanced Linux（SELinux，*http://www.nsa.gov/research/selinux/*）。

一個 i-node 可以有多個關聯的 EA，可在相同的命名空間或不同的命名空間。在每個命名空間中的 EA 命名都是不同的集合。在 user 與 trusted 命名空間中，EA 命名可以是任意字串，在 system 命名空間中，只有核心明確授權的命名（如，用於存取控制清單的命名）才能使用。

> JFS 支援另一個命名空間（os2），這在其他檔案系統並未實作。此 os2 命名空間可供支援傳統的 OS/2 檔案系統 EA。行程不需要特權就能建立 os2 EA。

在 shell 建立與檢視 EA

我們在 shell 中，可使用 setfattr(1) 與 getfattr(1) 指令設定及檢視檔案的 EA：

```
$ touch tfile
$ setfattr -n user.x -v "The past is not dead." tfile
$ setfattr -n user.y -v "In fact, it's not even past." tfile
$ getfattr -n user.x tfile           Retrieve value of a single EA
# file: tfile                        Informational message from getfattr
user.x="The past is not dead."       The getfattr command prints a blank
```

```
                                        line after each file's attributes
$ getfattr -d tfile                     Dump values of all user EAs
# file: tfile
user.x="The past is not dead."
user.y="In fact, it's not even past."

$ setfattr -n user.x tfile              Change value of EA to be an empty string
$ getfattr -d tfile
# file: tfile
user.x
user.y="In fact, it's not even past."

$ setfattr -x user.y tfile              Remove an EA
$ getfattr -d tfile
# file: tfile
user.x
```

前述的 shell 作業階段示範重點在於，EA 的值可以是個空字串，這與未定義的 EA 值不同。（在 shell 作業階段結尾之處，*user.x* 的值是空字串，而 *user.y* 的值未定義）。

在預設情況，*getfattr* 只會列出 user EA 的值。可利用 *-m* 選項設定一個常規表示模式（pattern），以選擇要顯示的 EA 命名：

```
$ getfattr -m 'pattern' file
```

pattern 的預設值為「`^user\..`」，我們能使用下列指令列出一個檔案的全部 EA：

```
$ getfattr -m - file
```

16.2 擴充屬性的實作細節

我們在本節延續前一節的討論，補充說明 EA 的部份實作細節。

對 user 擴充屬性的限制

只能將 user EA 施加於普通檔案或目錄，排除其他檔案類型的理由如下：

- 對於符號連結，會對全部的使用者開放全部權限，而這些權限無法改變。（如 18.2 節所述，符號連結的權限在 Linux 沒有意義）。這意謂著，無法利用這些權限來預防任意的使用者將 user EA 施加於符號連結。此問題的解決方案是必須避免全部的使用者對符號連結建立 user EA。

- 對於裝置檔、socket 及 FIFO，權限控制可以達到授權使用者對底層物件進行 I/O 的目的。操控這些權限以控制 user EA 的建立則與此目的衝突。

此外，若目錄設定了 sticky 位元（15.4.5 節），則非特權級行程無法將 user EA 施加在屬於其他使用者的目錄。如此可避免任何使用者將 EA 施加於目錄，例如 `/tmp` 這類開放寫入的目錄（因而允許任意使用者可對目錄強制施加 EA），但由於目錄設定了 sticky 位元，所以可避免使用者刪除目錄中其他使用者的檔案。

實作限制

Linux VFS 對全部檔案系統的 EA 施加下列的限制：

- EA 命名的長度不能超過 255 個字元。
- EA 值限制為 64KB。

此外，有些檔案系統對與一個檔案相關的 EA 大小與數量施加更嚴謹的限制：

- 在 *ext2*、*ext3* 及 *ext4*，一個檔案的全部 EA 命名與值所使用的總位元組數，限制為單個邏輯磁區的大小（14.3 節）：1024、2048 或 4096 個位元組。
- 在 *JFS*，一個檔案的全部 EA 命名與值所使用的總位元組數上限為 128KB。

16.3 操控擴充屬性的系統呼叫

我們在本節探討用於更新、取得及移除 EA 的系統呼叫。

建立與修改 EA

系統呼叫 *setxattr()*、*lsetxattr()* 及 *fsetxattr()* 可設定檔案的其中一個 EA 值。

```
#include <sys/xattr.h>

int setxattr(const char *pathname, const char *name, const void *value,
             size_t size, int flags);
int lsetxattr(const char *pathname, const char *name, const void *value,
             size_t size, int flags);
int fsetxattr(int fd, const char *name, const void *value,
             size_t size, int flags);
                                    All return 0 on success, or –1 on error
```

這三個系統呼叫之間的區別類似 *stat()*、*lstat()* 及 *fstat()*（15.1 節）之間的差異：

- *setxattr()* 以 pathname 識別檔案，若檔案是個符號連結，則對其解參考。
- *lsetxattr()* 以 pathname 識別檔案，但不會對符號連結解參考。
- *fsetxattr()* 以 fd 這個開啟檔案描述符來識別檔案。

這些差異同樣可套用於本節後續介紹的其他系統呼叫。

參數 name 是一個以 NULL 結尾的字串，定義了 EA 的命名。參數 value 是個指向緩衝區的指標，定義了 EA 的新值。參數 size 則指定緩衝區大小。

在預設情況，若 name 指定的 EA 不存在，則這些系統呼叫會建立一個新的 EA。若 EA 已經存在，則取代 EA 的值。參數 flags 對此行為提供更好的控制。可將參數設定為 0，以取得預設的行為，或是設定為下列的其中一個常數：

XATTR_CREATE

若指定 name 的 EA 已存在，則失敗（EEXIST）。

XATTR_REPLACE

若指定 name 的 EA 不存在，則失敗（ENODATA）。

下例是使用 *setxattr()* 建立一個 user EA 的範例：

```
char *value;

value = "The past is not dead.";

if (setxattr(pathname, "user.x", value, strlen(value), 0) == -1)
    errExit("setxattr");
```

取得 EA 的值

可利用系統呼叫 *getxattr()*、*lgetxattr()* 及 *fgetxattr()* 取得 EA 的值。

```
#include <sys/xattr.h>

ssize_t getxattr(const char *pathname, const char *name, void *value,
                 size_t size);
ssize_t lgetxattr(const char *pathname, const char *name, void *value,
                 size_t size);
ssize_t fgetxattr(int fd, const char *name, void *value,
                 size_t size);
```

All return (nonnegative) size of EA value on success, or –1 on error

參數 name 是個以 NULL 結尾的字串，代表 EA 的命名。EA 的值儲存於 value 指向的緩衝區，此緩衝區必須由呼叫者配置，且須在 size 存放緩衝區大小。若呼叫成功，則這些系統呼叫會傳回複製到 value 所指緩衝區的位元組數量。

若檔案沒有名為「name」的屬性，則這些系統呼叫會失敗，並會傳回錯誤碼 ENODATA。若 size 值太小，則這些系統呼叫會失敗，並傳回錯誤碼 ERANGE。

可將 size 設定為 0，此時會忽略 value，但系統呼叫仍會傳回 EA 值的大小。此機制可確定 value 緩衝區的大小，供後續的呼叫實際取得 EA 值參考使用。但是要注意，我們依然無法保證在後續取得其值時，所傳回的大小是否夠大，因為可能有另一個行程在這期間將較大的值指派給該屬性，或是整個移除該屬性。

刪除 EA

系統呼叫 *removexattr()*、*lremovexattr()* 及 *fremovexattr()* 可移除檔案的 EA。

```
#include <sys/xattr.h>

int removexattr(const char *pathname, const char *name);
int lremovexattr(const char *pathname, const char *name);
int fremovexattr(int fd, const char *name);
```

All return 0 on success, or –1 on error

在 name 中以 NULL 結尾的字串，可識別要移除的 EA。若試圖移除一個不存在的 EA，則會失敗，並會傳回錯誤碼 ENODATA。

取得與檔案關聯的全部 EA 命名

執行系統呼叫 *listxattr()*、*llistxattr()* 及 *flistxattr()* 會傳回一個清單，清單包含了與一個檔案關聯的全部 EA 命名。

```
#include <sys/xattr.h>

ssize_t listxattr(const char *pathname, char *list, size_t size);
ssize_t llistxattr(const char *pathname, char *list, size_t size);
ssize_t flistxattr(int fd, char *list, size_t size);
```

All return number of bytes copied into *list* on success, or –1 on error

EA 命名的清單以 list 所指的緩衝區傳回，這是多個以 NULL 結尾的字串。必須在 size 指定緩衝區大小。執行成功時，這些系統呼叫會傳回複製到 list 中的位元組數量。

如同 *getxattr()*，這裡可以將 size 設定為 0，此時會忽略 list，但是系統呼叫會傳回緩衝區的大小，供後續呼叫實際取得 EA 命名清單使用（假定清單尚未改變）。

若要取得與檔案關聯的 EA 命名清單，則只要能夠存取檔案即可（亦即具有執行存取 pathname 中的全部目錄權限），而不需要有檔案本身的權限。

基於安全考量，list 傳回的 EA 命名可以不包含呼叫的行程無權存取的屬性。例如，在非特權行程中呼叫 *listxattr()* 時，大多數檔案系統都會省略 trusted 屬性。但須注意，前面說的「可以不包含」，意思是檔案系統在實作時不一定要遵守。因此，使用 list 中傳回的 EA 命名來呼叫 *getxattr()*，是有可能失敗的，因為行程並不具有取得該 EA 值所需的特權。（同樣，當另一個行程在 *listxattr()* 與 *getxattr()* 呼叫之間移除該屬性，也會發生類似錯誤。）

範例程式

列表 16-1 所示的程式會取得並顯示命令列所列出的檔案之全部 EA 命名與 EA 值。該程式使用 *listxattr()* 取得與每個檔案關聯的全部 EA 命名，接著以迴圈分別為每個命名呼叫 *getxattr()* 以取得相對應的值。預設以純文字顯示屬性值。若提供 -x 選項，則屬性值會以十六進位的字串呈現。下列的 shell 作業階段紀錄會示範此程式的用法：

```
$ setfattr -n user.x -v "The past is not dead." tfile
$ setfattr -n user.y -v "In fact, it's not even past." tfile
$ ./xattr_view tfile
tfile:
        name=user.x; value=The past is not dead.
        name=user.y; value=In fact, it's not even past.
```

列表 16-1：顯示檔案的擴充屬性

xattr/xattr_view.c

```
#include <sys/xattr.h>
#include "tlpi_hdr.h"

#define XATTR_SIZE 10000

static void
usageError(char *progName)
{
```

```
    fprintf(stderr, "Usage: %s [-x] file...\n", progName);
    exit(EXIT_FAILURE);
}

int
main(int argc, char *argv[])
{
    char list[XATTR_SIZE], value[XATTR_SIZE];
    ssize_t listLen, valueLen;
    int ns, j, k, opt;
    Boolean hexDisplay;

    hexDisplay = 0;
    while ((opt = getopt(argc, argv, "x")) != -1) {
        switch (opt) {
        case 'x': hexDisplay = 1;       break;
        case '?': usageError(argv[0]);
        }
    }

    if (optind >= argc)
        usageError(argv[0]);

    for (j = optind; j < argc; j++) {
        listLen = listxattr(argv[j], list, XATTR_SIZE);
        if (listLen == -1)
            errExit("listxattr");

        printf("%s:\n", argv[j]);

        /* Loop through all EA names, displaying name + value */

        for (ns = 0; ns < listLen; ns += strlen(&list[ns]) + 1) {
            printf("        name=%s; ", &list[ns]);

            valueLen = getxattr(argv[j], &list[ns], value, XATTR_SIZE);
            if (valueLen == -1) {
                printf("couldn't get value");
            } else if (!hexDisplay) {
                printf("value=%.*s", (int) valueLen, value);
            } else {
                printf("value=");
                for (k = 0; k < valueLen; k++)
                    printf("%02x ", (unsigned int) value[k]);
            }

            printf("\n");
        }
```

```
            printf("\n");
        }

        exit(EXIT_SUCCESS);
    }
```

xattr/xattr_view.c

16.4 小結

Linux 從 2.6 版本之後，開始提供擴充屬性，以允許屬性中繼資料與檔案關聯，格式為一對的命名與值（name-value pair）。

16.5 習題

16-1. 設計一個程式，可建立或修改檔案的 user EA（即，*setfattr(1)* 的簡化版）。應將檔名、EA 命名及 EA 值以命令列參數形式提供給程式。

17

存取控制清單（Access Control List）

在 15.4 節已介紹過傳統 UNIX（及 Linux）的檔案權限機制。對許多應用程式而言，此機制已經足夠。然而，有些應用程式需要對特定的使用者與群組授予權限，以達到微調控制。為了滿足此需求，許多 UNIX 系統對傳統 UNIX 檔案權限模型實作了擴充，即 ACL（存取控制清單，access control list）。ACL 允許將任意數量的使用者與群組，分別以個別使用者或個別群組設定檔案權限。Linux 從 2.6 版本起開始提供 ACL。

> ACL 在每個檔案系統是屬於選配，由核心組態的 File systems 選單控制。*Reiserfs* 檔案系統從核心 2.6.7 起開始提供 ACL 功能。
>
> 為了可以在 *ext2*、*ext3*、*ext4* 或 *Reiserfs* 檔案系統建立 ACL，檔案系統需要使用 mount -o acl 指令掛載。

ACL 從未加入 UNIX 系統的標準，在 POSIX.1e 與 POSIX.2c 標準草案曾經試圖列入，目的在於分別規範 ACL 的 API（application program interface）及 shell 指令（以及其他功能，如能力之類）。最後，此標準化過程失敗了，而這些草案標準也撤銷了。不過，許多的 UNIX 系統（包括 Linux），基於這些草案標準實作了 ACL（通常是定稿版本，即 draft 17）。然而，由於眾多的 ACL 實作版本各有所異（部分原因是標準草案還不盡完善），因此若要讓使用 ACL 所設計的程式可攜，則會有困難。

本章提供 ACL 的介紹及使用上的基本導引，也介紹如何使用一些函式庫的函式，用以操控與取得 ACL。由於 ACL 的相關函式眾多，我們並不會細說這些函式（細節請參考開發手冊）。

17.1 概述

一個 ACL 是一系列的 ACL entry，每個 ACL entry 分別定義了個別使用者或使用者群組的檔案權限（參考圖 17-1 所示）。

Tag type	Tag qualifier	Permissions
ACL_USER_OBJ	-	rwx
ACL_USER	1007	r--
ACL_USER	1010	rwx
ACL_GROUP_OBJ	-	rwx
ACL_GROUP	102	r--
ACL_GROUP	103	-w-
ACL_GROUP	109	--x
ACL_MASK	-	rw-
ACL_OTHER	-	r--

Group class entries (ACL_USER through ACL_GROUP rows)

ACL_USER_OBJ: Corresponds to traditional *owner* (*user*) permissions

ACL_GROUP_OBJ: Corresponds to traditional *group* permissions

ACL_OTHER: Corresponds to traditional *other* permissions

圖 17-1：一個存取控制清單範例

ACL entry

每個 ACL entry 包含下列的部份：

- *Tag type*（標籤類型）：識別此 entry 可套用於使用者、群組，或一些其他類型的使用者。
- 選配的 *tag qualifier*（標籤限定詞）：識別特定使用者或群組（即，使用者 ID 或群組 ID）。
- *Permission set*（權限集合）：指定此 entry 可授予的權限（讀取、寫入及執行）。

Tag type 可為下列的值：

`ACL_USER_OBJ`

此 entry 指定授予檔案擁有者的權限。每個 ACL 剛好包含一個 `ACL_USER_OBJ` entry。此 entry 與傳統的檔案 owner（user）權限相對應。

ACL_USER

由此 entry 指定授權給由 tag qualifier 識別的使用者之權限。一筆 ACL 可以有零個或多個 ACL_USER entry，但是對於一個特定的使用者，最多只能定義一筆 ACL_USER entry。

ACL_GROUP_OBJ

此 entry 指定授予給檔案群組的權限。每筆 ACL 只能有一個 ACL_GROUP_OBJ entry。除非 ACL 也包含 ACL_MASK entry，否則此 entry 相對應於傳統的檔案群組（group）權限。

ACL_GROUP

此 entry 指定授權給 tag qualifier 識別的群組之權限。一筆 ACL 可包含零個或多個 ACL_GROUP entry，但是針對特定一個群組，最多只能定義一個 ACL_GROUP。

ACL_MASK

此 entry 指定由 ACL_USER、ACL_GROUP_OBJ 及 ACL_GROUP entry 授權的最大權限。一筆 ACL 最多只能包含一筆 ACL_MASK entry。若 ACL 包含 ACL_USER 或 ACL_GROUP entry，則必須有一個 ACL_MASK。我們稍後將詳述此 tag type。

ACL_OTHER

此 entry 指定授權給無法與任其他 ACL entry 匹配的使用者權限。每筆 ACL 只能包含一個 ACL_OTHER entry。此 entry 對應到傳統檔案的其他使用者（other）權限。

Tag qualify 只能由 ACL_USER 與 ACL_GROUP entry 採用，可指定一個使用者 ID 或一個群組 ID。

最小的及擴充 ACL

最小化（minimal）ACL 在語意上等同於傳統的檔案權限集合，剛好包含三個 entry：ACL_USER_OBJ、ACL_GROUP_OBJ 及 ACL_OTHER。擴充 ACL（extended ACL）則是表示還額外包含 ACL_USER、ACL_GROUP 與 ACL_MASK entry。

需要區分最小化 ACL 與擴充 ACL 的理由之一是，擴充 ACL 對傳統的權限模組提供語意的擴充，另一個原因與 ACL 的 Linux 實作有關。ACL 以系統擴充屬性實作。（參考第 16 章）。用於維護一筆檔案存取 ACL 的擴充屬性稱為 *system.posix_acl_access*，此擴充屬性僅在檔案具有擴充 ACL 時，才需使用此擴充屬性。可將最小化 ACL 的權限資訊儲存於傳統的檔案權限位元中。

17.2 ACL 權限檢查演算法

較於相傳統的檔案權限模型（15.4.3 節），對具有 ACL 的檔案進行權限檢查時，條件並沒有什麼不同。檢查將依下列順序執行，直到符合某個準則為止。

1. 若行程具有特權，則擁有所有存取權限。與 15.4.3 節所述的傳統檔案權限模型相類似，這裡也有一個例外，執行某檔案時，唯若將可執行權限透過至少一筆 ACL 紀錄授予該檔案時，系統才會向特權級行程授予該權限。

2. 若某一行程的有效使用者 ID 可匹配檔案的擁有者（使用者 ID），則授予該行程 ACL_USER_OBJ entry 指定的權限。嚴謹的說法是在 Linux 系統中，本節所介紹的 ACL 權限檢測是使用行程的檔案系統 ID（請參閱本書 9.5 節），而非其有效使用者 ID。

3. 若行程的有效使用者 ID 與某一 ACL_USER entry 的標籤限定詞相匹配，則授予該行程此 entry 與 ACL_MASK entry 進行（&）運算結果之權限。

4. 若行程的某個群組 ID（即，有效群組 ID 或任一補充群組 ID）可與檔案群組（對應於 ACL_GROUP_OBJ entry）或者任一 ACL_GROUP entry 的標籤限定詞相匹配，則會依次進行如下檢查，直到可匹配為止。

   a）若行程的某個群組 ID 可匹配檔案群組，且 ACL_GROUP_OBJ entry 授予了請求的權限，則會依據此 entry 來判定對檔案的存取權限。如果 ACL 中還包含了 ACL_MASK entry，那麼對該檔案的存取權限將是兩個 entry 權限進行（&）後的結果。

   b）若行程的某個群組 ID 可匹配該檔案所轄 ACL_GROUP entry 的標籤限定詞，且該 ACE 授予了所請求的權限，那麼會依據此 entry 來判定對檔案的存取權限。如果 ACL 中包含了 ACL_MASK entry，那麼對該檔案的存取權限應為兩個 entry 權限進行（&）的結果。

   c）否則，拒絕對該檔案的存取。

5. 否則，將在 ACL_OTHER entry 指定的權限授予行程。

下面舉例說明這些與群組 ID 相關的檔案授權規則。假定某檔案的群組 ID 為 100，並受圖 17-1 所列 ACL 的保護。若群組 ID 為 100 的某一行程發起系統呼叫 *access(file，R_OK)*，則本次呼叫將會成功（即傳回 0）。（15.4.4 節會介紹 *access()*。）而另一方面，即使 ACL_GROUP_OBJ entry 授予了全部的權限，系統呼叫 *access(file，R_OK | W_OK | X_OK)* 仍將失敗（亦即，傳回 -1，且將 *errno* 設定為 EACCES），這是由於存取權限會與 ACL_MASK entry 權限進行（&）的結果，而此結果禁用了檔案的執行權限。

再以圖 17-1 為例，假定某行程的群組 ID 為 102，其補充群組 ID 之一為 103。對該行程來說，呼叫 *access(file，R_OK)* 和 *access(file，W_OK)* 都會成功，因為它們分別可匹配群組 ID 102 和 103 的 ACL_GROUP entry。另外，該行程呼叫 *access(file，R_OK | W_OK)* 將會失敗，因為沒有符合的 ACL_GROUP entry 可授予讀寫權限。

17.3 ACL 的長與短文字格式

當使用 setfacl 和 getfacl 指令或某些 ACL 函式庫函式來操控 ACL 時，我們需指定 ACL entry 的文字表示格式，ACL entry 的文字格式有兩種：

- **長文字格式**的 ACL：每行都包含一筆 ACL entry，還可以包含註解，註解需以「#」開始，直至行尾結束。Getfacl 指令的輸出會以長文字格式顯示 ACL。Getfacl 指令的 *-M acl-file* 選項從指定檔案中「取得」長文字格式的 ACL 規格。
- **短文字格式**的 ACL：包含一整串以逗點分隔的 ACL entry。

無論是上述哪種格式，每筆 ACL entry 都由以冒號分隔的三個部分組成：

```
tag-type:[tag-qualifier]: permissions
```

tag-type 欄位值如表 17-1 第一行所示，*tag-type* 之後的 *tag-qualifier* 是選配的，採用名稱或數字 ID 來識別使用者或群組。僅當 *tag-type* 為 ACL_USER 和 ACL_GROUP 時，才允許 *tag-qualifier* 的存在。

表 17-1：對 ACL entry 文字格式的解釋

Tag 文字格式	是否存在 Tag qualifier	對應的 tag type	Entry 的用途
user	N	ACL_USER_OBJ	檔案擁有者（使用者）
u，user	Y	ACL_USER	特定使用者
g，group	N	ACL_GROUP_OBJ	檔案群組
g，group	Y	ACL_GROUP	特定群組
m，mask	N	ACL_MASK	群組分類遮罩
o，other	N	ACL_OTHER	其他使用者

以下所示為短文字格式的 ACL，對應於傳統的權限遮罩 0650：

```
u::rw-,g::r-x,o::---
u::rw,g::rx,o::-
user::rw,group::rx,other::-
```

下列這一短文字格式 ACL 則包含了兩筆命名使用者 ACE、一筆命名群組 ACE 以及一筆遮罩 entry。

```
u::rw,u:paulh:rw,u:annabel:rw,g::r,g:teach:rw,m::rwx,o::-
```

17.4 ACL_MASK Entry 與 ACL 群組分類

若一個 ACL 包含 ACL_USER 或 ACL_GROUP entry，則也一定會包含一個 ACL_MASK entry。若 ACL 未包含任何 ACL_USER 或 ACL_GROUP entry，那麼 ACL_MASK entry 則為選配的選項。

ACL_MASK entry 會對所謂「群組分類（group class）」中的 entry 設置授權上限。群組分類是指在 ACL 中的全部 ACL_USER、ACL_GROUP 以及 ACL_GROUP_OBJ entry 所組成的集合。

ACL_MASK entry 之目的在於即使執行無 ACL 概念的應用程式，也能保障其行為的一致性。我們舉例說明為何需要 mask entry，假設一個檔案的 ACL 包含下列的 entry：

```
user::rwx                          # ACL_USER_OBJ
user:paulh:r-x                     # ACL_USER
group::r-x                         # ACL_GROUP_OBJ
group:teach:--x                    # ACL_GROUP
other::--x                         # ACL_OTHER
```

若某程式對該檔案執行下列的 *chmod()* 呼叫。

```
chmod(pathname, 0700);          /* Set permissions to rwx------ */
```

對於未使用 ACL 的應用程式而言，這意謂著「除了檔案擁有者之外，拒絕任何人存取」。即便該檔案的 ACL 存在，這些語意應該也會成立。如果 ACL 中不含 ACL_MASK entry，那麼有多種方法來實作這一行為，但每種方法都有缺陷。

- 單純將 ACL_GROUP_OBJ 和 ACL_OTHER entry 的遮罩簡單地修改為 --- 並不足以解決問題，因為使用者 paulh 和群組 teach 依舊擁有檔案的某些權限。
- 另一種可行的方式是，將新的群組和其他使用者的權限設定（即關閉全部的權限）套用在 ACL 中的全部 ACL_USER、ACL_GROUP、ACL_GROUP_OBJ 以及 ACL_OTHER entry。

```
user::rwx                          # ACL_USER_OBJ
user:paulh:---                     # ACL_USER
group::---                         # ACL_GROUP_OBJ
group:teach:---                    # ACL_GROUP
other::---                         # ACL_OTHER
```

此方法的問題在於，由會使用 ACL 的應用程式建立的檔案權限會受到不使用 ACL 的應用程式無意刪除，因為下列的呼叫（舉例）不會將 ACL 中的 ACL_USER 和 ACL_GROUP entry 恢復到它們之前的狀態：

```
chmod(pathname, 751);
```

- 為了避免這些問題，可以考慮使用 ACL_GROUP_OBJ entry 做為全部的 ACL_USER 和 ACL_GROUP entry 的限制集。然而，這意謂著總是需要將 ACL_GROUP_OBJ entry 設定為 ACL_USER 和 ACL_GROUP entry 所允許權限的聯集。而系統又會使用 ACL_GROUP_OBJ entry 來決定檔案群組的權限，這會產生衝突。

設計 ACL_MASK entry 是為了解決上述問題，此機制提供傳統意義的 *chmod()* 操作實作，也無損於由具有 ACL 概念的應用所建立的檔案權限語意。當 ACL 包含一個 ACL_MASK entry 時：

- 呼叫 *chmod()* 對傳統群組權限所做的變更，都會改變 ACL_MASK entry（而非 ACL_GROUP_OBJ entry）的設定。
- 呼叫 *stat()*，在 *st_mode* 欄位（圖 15-1）的群組權限位元中會傳回 ACL_MASK 權限（而非 ACL_GROUP_OBJ 權限）。

儘管 ACL_MASK entry 可保護 ACL 資訊免遭未使用 ACL 的應用程式刪除，但逆向卻不一定成立。ACL 的優先順序高於傳統的檔案群組權限操作。例如，假設我們對一個檔案設定了下列的 ACL：

```
user::rw-,group::---,mask::---,other::r--
```

若對該檔案執行 *chmod g+rw* 指令，則 ACL 將會變成：

```
user::rw-,group::---,mask::rw-,other::r--
```

此例的群組使用者仍無法存取檔案，一種迂回策略是修改群組的 ACL entry，讓群組具有全部的權限。結果，群組使用者之後總是能獲得 ACL_MASK entry 的所有權限。

17.5 *getfacl* 和 *setfacl* 指令

在 shell 中執行 getfacl 指令檢視一個檔案的 ACL。

```
$ umask 022                          Set shell umask to known state
$ touch tfile                        Create a new file
$ getfacl tfile
# file: tfile
# owner: mtk
# group: users
```

```
user::rwgroup::
r--
other::r--
```

我們在 getfacl 指令的輸出可以看到，新建檔案具有最小的 ACL 權限。而且 getfacl 指令會在輸出 ACL entry 的文字格式之前，顯示檔案的名稱、擁有者與群組。執行 getfacl 指令時可使用 *--omit–header* 選項來省略這些內容。

接下來示範使用傳統的 chmod 指令來改變一個檔案的存取權限時，也會加到 ACL 中。

```
$ chmod u=rwx,g=rx,o=x tfile
$ getfacl --omit-header tfile
user::rwx
group::r-x
other::--x
```

指令 setfacl 可修改檔案的 ACL。我們在這裡使用 setfacl -m 指令將 ACL_USER 和 ACL_GROUP entry 新增到 ACL。

```
$ setfacl -m u:paulh:rx,g:teach:x tfile
$ getfacl --omit-header tfile
user::rwx
user:paulh:r-x                    ACL_USER entry
group::r-x
group:teach:--x                   ACL_GROUP entry
mask::r-x                         ACL_MASK entry
other::--x
```

在 setfacl 指令使用 *-m* 選項可修改現有的 ACL entry，或若給定的 tag type 與 qualifier 之相對應 ACL entry 不存在時，則會新增新的 entry。我們還可使用 *-R* 選項，將指定的 ACL 以遞迴的方式套用在目錄樹中的全部檔案。

由 getfacl 指令的輸出可知，setfacl 會自動為該 ACL 建立一筆 ACL_MASK entry。

追加了 ACL_USER 和 ACL_GROUP entry 會將該 ACL 轉變為擴充 ACL。因此，在執行 *ls -l* 指令時，會在檔案的傳統權限遮罩之後多一個加號（"+"）。

```
$ ls -l tfile
-rwxr-x--x+    1 mtk     users           0 Dec 3 15:42 tfile
```

接下來繼續執行 setfacl 指令，以禁用 ACL_MASK entry 中除了執行權限以外的全部權限，然後再執行 getfacl 指令來查看檔案的 ACL。

```
$ setfacl -m m::x tfile
$ getfacl --omit-header tfile
user::rwx
user:paulh:r-x                  #effective:--x
group::r-x                      #effective:--x
group:teach:--x
mask::--x
other::--x
```

在使用者 paulh 和檔案群組（group::）後的"#effective:"註解是指：在與 ACL_MASK entry 進行（AND）運算之後，這些 entry 實際賦予的權限會少於在 entry 中指定的權限。

再次執行 *ls -l* 指令來觀察檔案的傳統權限位元，由輸出可知，群組分類權限位元反映的是 ACL_MASK entry 的權限 (--x)，而非 ACL_GROUP entry 中的權限 (r-x)。

```
$ ls -l tfile
-rwx--x--x+    1 mtk     users              0 Dec 3 15:42 tfile
```

setfacl -x 則用來從 ACL 中移除 entry，我們在這裡移除使用者 paulh 和群組 teach 的 entry（刪除 entry 時無須指定權限）：

```
$ setfacl -x u:paulh,g:teach tfile
$ getfacl --omit-header tfile
user::rwx
group::r-x
mask::r-x
other::--x
```

請注意，在執行上述操作期間，setfacl 指令會自動將遮罩型 entry 調整為群組分類 entry 的全部聯集（只有一筆此類 entry：ACL_GROUP_OBJ）。若不想進行這種調整，則執行 setfacl 指令時要使用 *-n* 選項。

最後要說的是，setfacl 指令的 *-b* 選項可以從一個 ACL 中移除全部的擴充 entry，並只保留最小化的 entry（即使用者、群組及其他）。

17.6 預設型 ACL 與建立檔案

至此，對 ACL 的討論所描述的均屬存取型（access）ACL。顧名思義，當一個行程存取與該 ACL 相關的檔案時，將使用存取型 ACL 來判定行程對檔案的存取權限。針對目錄，還可建立第二種 ACL：預設型（default）ACL。

預設型 ACL 並不會決定存取目錄時授予的權限，預設型 ACL 的存在與否決定了在目錄下所建立檔案或子目錄的 ACL 和權限。（預設型 ACL 儲存於一個名為 *system.posix_acl_default* 的擴充屬性。）

要檢視及設定目錄的預設型 ACL，可以在 getfacl 和 setfacl 指令使用 *-d* 選項。

```
$ mkdir sub
$ setfacl -d -m u::rwx,u:paulh:rx,g::rx,g:teach:rwx,o::- sub
$ getfacl -d --omit-header sub
user::rwx
user:paulh:r-x
group::r-x
group:teach:rwx
mask::rwx                    setfacl generated ACL_MASK entry automatically
other::---
```

我們可以使用 setfacl 指令的 *-k* 選項，移除目錄的預設型 ACL。

若針對目錄設定了預設型 ACL，則：

- 於此目錄新建的子目錄會繼承此目錄的預設型 ACL，做為子目錄的預設型 ACL。換句話說，預設型 ACL 會隨子目錄的建立而沿目錄樹傳播開來。
- 於此目錄建立的檔案或子目錄會將繼承目錄的預設型 ACL，做為其存取型 ACL。與傳統檔案權限位元相對應的 ACL entry 將和建立檔案或子目錄時系統呼叫（*open()*、*mkdir()* 等等）中的 mode 參數進行（&）運算。所謂「對應的 ACL entry」是指：

  — ACL_USER_OBJ。

  — ACL_MASK，若不含 ACL_MASK，則為 ACL_GROUP_OBJ。

  — ACL_OTHER。

當目錄有一個預設型 ACL 時，那麼對於該目錄新建立的檔案而言，行程的 umask（15.4.6 節）並不參與決定檔案的存取型 ACL 之 entry 權限。

試舉一例，示範一新建檔案如何將其父目錄的預設型 ACL 繼承為自身的存取型 ACL。假設使用如下 *open()* 呼叫，在前例所建目錄下建立一新檔案：

```
open("sub/tfile", O_RDWR | O_CREAT,
        S_IRWXU | S_IXGRP | S_IXOTH); /* rwx--x--x */
```

此新檔案的存取型 ACL 如下：

```
$ getfacl --omit-header sub/tfile
user::rwx
user:paulh:r-x                #effective:--x
group::r-x                    #effective:--x
```

```
group:teach:rwx                #effective:--x
mask::--x
other::---
```

若該目錄並無預設型 ACL，則：

- 於該目錄下新建立的子目錄也不會有預設型 ACL。
- 沿用傳統規則（15.4.6 節）來設定目錄下新建檔案或目錄的權限，除了行程的 umask 關閉的那些位元之外，會將檔案權限設定為（*open()*、*mkdir()* 等呼叫中）mode 參數的值。這時，新檔案將擁有最小的 ACL。

17.7 ACL 的實作限制

各類檔案系統都會揭露在一個 ACL 中的 entry 筆數限制。

- 對於 *ext2*、*ext3* 以及 *ext4* 檔案系統，一個檔案的 ACL 總和受制於如下要求：該檔案擴充屬性的所有名稱與值所占位元組必須位於同一邏輯磁碟區塊之內（見 16.2 節）。每筆 ACL entry 需占 8 位元組，因而一檔案所含的 ACL entry 最大數量會略少於區塊大小的 1/8（因為 ACL 的擴充屬性名稱也有一定開銷）。因此，大小為 4,096 位元組的區塊最多允許 500 筆左右的 ACL entry。（2.6.11 版本之前，核心要求 *ext2* 和 *ext3* 檔案系統中檔案 ACL entry 總數限制是 32 筆。）
- 對於 XFS 檔案系統，每一個 ACL 限制只能有 25 個 entry（最多）。
- 對於 *Reiserfs* 和 *JFS* 檔案系統，ACL 最多可含 8,191 個 entry。之所以如此，是由於 VFS 要求擴充屬性的值大小不得超過 64KB（見 16.2 節）。

  寫作本書時，*Btrfs* 檔案系統將 ACL 的 entry 限制在 500 筆左右。但鑒於該檔案系統的開發極其活躍，所以此限制隨時可能會改變。

雖然上述的檔案系統大多允許一個 ACL 包含大量的 entry，但由於以下原因，還是應當避免：

- 冗長的 ACL 將增加維護的複雜度，且容易出錯：
- 掃描 ACL 尋找匹配的 entry 時（在執行群組 ID 檢查時，還將匹配多筆 entry）所需的時間，將隨 entry 筆數的增加而線性成長。

通常的做法是：在系統群組檔案（8.3 節）中定義適當的群組，並在 ACL 中使用這些群組，以將檔案 ACL 的 entry 筆數保持降低為合理的數量。

17.8 ACL API

POSIX.1e 標準草案定義了大量處理 ACL 的函式和資料結構。因為其數量繁多，所以我們並不打算一一說明。而是先概觀介紹此類函式的用法，再以一個範例程式總結。

程式要使用 ACL API，就應引用 `<sys/acl.h>`。如果還用到了 POSIX.1e 標準草案中的各種 Linux 擴充（*acl(5)* 使用手冊列了一系列 Linux 擴充），則程式可能還需要引用 `<acl/libacl.h>`。為了連結 libacl 函式庫，編譯使用 ACL 的程式需使用 *-lacl* 選項。

> 如前所述，在 Linux 上，ACL 是以擴充屬性的方式來實作的，而將 ACL API 實作為一套操控使用者空間資料結構的函式庫函式，並且會在必要時呼叫 *getxattr()* 和 *setxattr()*，來取得和修改承載 ACL representation 的 system 擴充屬性。此外，應用程式可直接呼叫 *getxattr()* 和 *setxattr()* 來操控 ACL（雖然不建議）。

概述

構成 ACL API 的函式陳列於 *acl(5)* 使用手冊中。乍看之下，此類函式及資料結構數量之巨，著實令人不得其門而入。圖 17-2 概括了各種資料結構之間的關係，並指出許多 ACL 函式的用法。

由圖 17-2 可知，ACL API 將 ACL 視為一個階層式的物件：

- 一個 ACL 包含一筆或多筆 ACL entry。
- 每筆 ACL entry 包含一個 tag type、一個選配的 tag qualifier，以及一組權限。

接下來，將簡要介紹各種 ACL 函式。多數情況下，不會對每個函式的傳回錯誤加以說明。傳回整數（狀態）的函式，通常以 0 表示成功，以 -1 表示錯誤。傳回 handle（指標）的函式在出錯時將傳回 `NULL`。通常可以使用 *errno* 來診斷錯誤。

> 控制碼（handle）是一抽象術語，用以表示一物件或資料結構，handle 的表示方式由 API 實作決定，例如：可以是一個指標、一個陣列索引值，或者是一個 hash 的鍵值（key）。

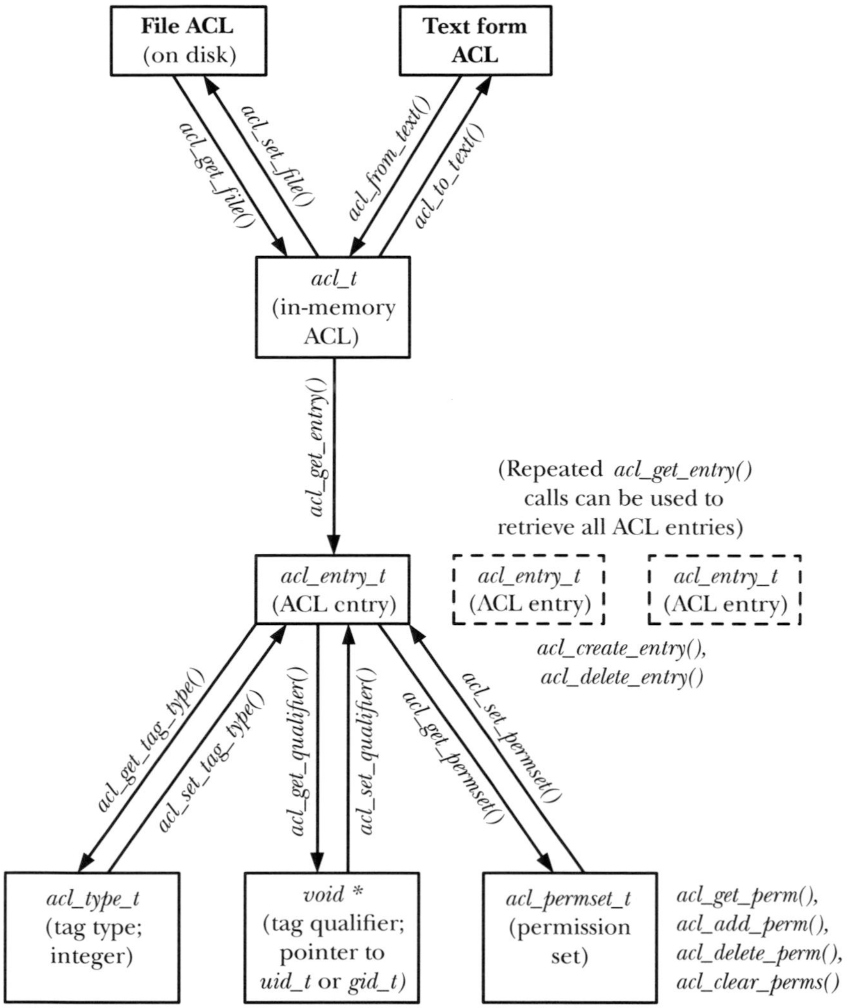

圖 17-2：ACL 的函式庫函式與資料結構之間的關係

將一個檔案的 ACL 載入記憶體

acl_get_file() 函式可用來取得（由 pathname 代表的）檔案的 ACL 副本。

```
acl_t acl;

acl = acl_get_file(pathname, type);
```

此函數依據參數 type 的值（ACL_TYPE_ACCESS 或 ACL_TYPE_DEFAULT）決定取得存取型 ACL 或預設型 ACL，*acl_get_file()* 函式將傳回一個（*acl_t* 型別的）handle，供其他 ACL 函式使用。

從記憶體中的一個 ACL 取得 entry

acl_get_entry() 函式會傳回一個 handle（*acl_entry_t* 型別），參考到（由函式的 *acl* 參數參考的）記憶體中的 ACL 之 ACL entry，handle 的傳回位置由函式的最後一個參數指定。

```
acl_entry_t entry;

status = acl_get_entry(acl, entry_id, &entry);
```

entry_id 參數決定要傳回的 entry 之 handle，若將其指定為 ACL_FIRST_ENTRY，則會傳回 ACL 中第一個 entry 的 handle。若將該參數指定為 ACL_NEXT_ENTRY，則會傳回下一個 ACL entry 的 handle。因此，在首次呼叫 *acl_get_entry()* 時，把 *entry_id* 參數指定為 ACL_FIRST_ENTRY，在隨後的呼叫中，只要將 *entry_id* 指定為 ACL_NEXT_ENTRY，就可以遍尋一個 ACL 的全部 entry。

若成功取得到一筆 ACL entry，則 *acl_get_entry()* 函式將傳回 1；如無更多 entry 可取時，則傳回 0；若失敗，則傳回 -1。

取得並修改 ACL entry 中的屬性

函式 *acl_get_tag_type()* 和 *acl_set_tag_type()* 可分別用來取得和修改（由 entry 參數所指定）ACL entry 中的 tag type。

```
acl_tag_t tag_type;

status = acl_get_tag_type(entry, &tag_type);
status = acl_set_tag_type(entry, tag_type);
```

tag_type 參數型別是 *acl_type_t*（整數型別），其值可為 ACL_USER_OBJ、ACL_USER、ACL_GROUP_OBJ、ACL_GROUP、ACL_OTHER 或 ACL_MASK 之一。

函式 *acl_get_qualifier()* 和 *acl_set_qualifier()* 可分別用來取得和修改（由 entry 參數所指定）ACL entry 中的 tag qualifier。下面是兩個函式的使用實例，這裡假設透過檢測 tag type，已經確定此 entry 是 ACL_USER。

```
uid_t *qualp;                /* Pointer to UID */

qualp = acl_get_qualifier(entry);
status = acl_set_qualifier(entry, qualp);
```

只在 ACL entry 的 tag type 是 ACL_USER 或 ACL_GROUP 時，tag qualifier 才有效用。在上例中，qualp 是指向使用者 ID (*uid_t* *) 的一個指標，在下例中，則是指向群組 ID (*gid_t* *) 的指標。

函式 *acl_get_permset()* 和 *acl_set_permset()* 則可分別用來取得和修改（由 entry 參數所指定的）ACL entry 中的權限集。

```
acl_permset_t permset;

status = acl_get_permset(entry, &permset);
status = acl_set_permset(entry, permset);
```

資料型別 *acl_permset_t* 是一個代表權限集合的 handle。

下列函式則用來操控某一權限集合的內容：

```
int is_set;

is_set = acl_get_perm(permset, perm);

status = acl_add_perm(permset, perm);
status = acl_delete_perm(permset, perm);
status = acl_clear_perms(permset);
```

在上述各個呼叫中，可將 perm 參數指定為 `ACL_READ`、`ACL_WRITE` 或 `ACL_EXECUTE`，上述函式的用法如下所述：

- 若在（由 permse 參數代表的）權限集合中成功啟動由 perm 參數所指定的權限，*acl_get_perm()* 函式將傳回 1（真值），否則傳回 0。該函式為 Linux 對 POSIX.1e 標準草案的擴充。
- *acl_add_perm()* 函式在 permse 參數所代表的權限集合中新增 perm 參數指定的權限。
- *acl_delete_perm()* 函式在 permse 參數所代表的權限集合中刪除 perm 參數指定的權限。（即便要刪除的權限在權限集合中並不存在，函式也不會回報錯誤。）
- *acl_clear_perm()* 函式會將 permse 參數代表的權限集合中的全部權限刪除。

建立和刪除 ACL entry

acl_create_entry() 函式可在一個現有的 ACL 中建立一個新 entry，該函式會透過第二個參數指定的記憶體位置傳回新 entry 的 handle。

```
acl_entry_t entry;

status = acl_create_entry(&acl, &entry);
```

然後，即可利用先前介紹過的函式來設定新的 entry。

acl_delete_entry() 函式可以移除一個 ACL 中的一筆 entry。

```
status = acl_delete_entry(acl, entry);
```

更新一個檔案的 ACL

acl_set_file() 函式的作用與 *acl_get_file()* 相反，將使用記憶體中（由 *acl* 參數代表）的 ACL 內容來更新磁碟上的 ACL。

```
int status;

status = acl_set_file(pathname, type, acl);
```

若要更新存取型 ACL，則需將該函式的 tpye 參數指定為 ACL_TYPE_ACCESS；若要更新目錄的預設型 ACL，則需將 type 指定為 ACL_TYPE_DEFAULT。

ACL 在記憶體和文字格式之間的轉換

acl_from_text() 函式可將包含（長短不拘）的文字格式 ACL 字串轉換為記憶體中的 ACL，並傳回一個 handle，用以在後續函式呼叫中代表該 ACL。

```
acl = acl_from_text(acl_string);
```

acl_to_text() 則執行與上述函式相反的轉換，並同時傳回與 ACL 對應（由 *acl* 參數指定）的長文字格式字串。

```
char *str;
ssize_t len;

str = acl_to_text(acl, &len);
```

若參數 len 不為 NULL，那麼會在該參數所指向的緩衝區中存放傳回字串的長度。

ACL API 中的其他函式

接下來將介紹幾個不在圖 17-2 的常用 ACL 函式。

acl_calc_mask(&acl) 函式用來計算並設定記憶體中的 ACL（其 handle 由 *acl* 參數指定）ACL_MASK entry 之權限。通常，只要是修改或建立 ACL，就會用到該函式。其會對所有 ACL_USER、ACL_GROUP 以及 ACL_GROUP_OBJ entry 的權限進行聯集計算，做為 ACL_MASK entry 的權限。若 ACL_MASK entry 不存在，則該函式會建立一個，這也算是該函式的妙用之一。也就是說，在將 ACL_USER 和 ACL_GROUP entry 添加到前面提及的「最小化」ACL 時，呼叫該函式就能確保有建立 ACL_MASK entry。

若參數 acl 所指定的 ACL 有效，則 *acl_valid(acl)* 函式將傳回 0，否則，傳回 -1。若以下所有條件成立（為真），則可判定該 ACL 有效。

- ACL_USER_OBJ、ACL_GROUP_OBJ 以及 ACL_OTHER 類型 entry 均只能有一筆。
- 若有任一 ACL_USER 或 ACL_GROUP 類型的 entry 存在，則也必然存在一筆 ACL_MASK entry。
- tag type 為 ACL_MASK 的 ACL entry 至多只有一筆。
- 每筆 tag type 為 ACL_USER 的 entry 都有一個唯一的使用者 ID。
- 每筆 tag type 為 ACL_GROUP 的 entry 都有一個唯一的群組 ID。

> *acl_check()* 和 *acl_error()* 函式（兩者皆為 Linux 的擴充）與 *acl_valid()* 函式有異曲同工之妙，儘管可攜性不佳，但在處理格式錯誤的 ACL 時卻能對錯誤提供更為精確的描述，細節請參考使用手冊。

acl_delete_def_file(pathname) 函式可刪除目錄（由參數 pathname 指定）的預設型 ACL。

acl_init(count) 函式可建立一個空的 ACL 結構，其空間足以容納由參數 count 所指定的 entry 數量。（參數 count 向系統提出使用需求建議，而非硬性限制。）函式將傳回這一新建 ACL 的 handle。

acl_dup(acl) 函式可為 acl 參數所指定的 ACL 建立副本，並傳回此 ACL 副本的 handle。

acl_free(handle) 函式可釋放其他 ACL 函式配置的記憶體。例如，必須使用該函式來釋放由 *acl_from_text()*、*acl_to_text()*、*acl_get_file()*、*acl_init()* 以及 *acl_dup()* 呼叫所配置的記憶體。

範例程式

列表 17-1 示範某些 ACL 函式庫函式的使用方式，該程式可取得並呈現與檔案相關的 ACL（亦即，該程式提供了 getfacl 指令的部分功能）。若以 *-d* 命令列選項執行該程式，則將顯示與目錄相關的預設型 ACL，而非存取型 ACL。

以下為該程式的執行範例：

```
$ touch tfile
$ setfacl -m 'u:annie:r,u:paulh:rw,g:teach:r' tfile
$ ./acl_view tfile
user_obj             rw-
user        annie    r--
user        paulh    rw
```

```
group_obj              r--
group        teach     r--
mask                   rw-
other                  r--
```

隨本書發行的原始碼中還包含一個程式：acl/acl_update.c，可用來更新一個 ACL（該程式提供了 setfacl 指令的部分功能）。

列表 17-1：顯示一個檔案的存取型或預設型 ACL

acl/acl_view.c

```
#include <acl/libacl.h>
#include <sys/acl.h>
#include "ugid_functions.h"
#include "tlpi_hdr.h"

static void
usageError(char *progName)
{
    fprintf(stderr, "Usage: %s [-d] filename\n", progName);
    exit(EXIT_FAILURE);
}

int
main(int argc, char *argv[])
{
    acl_t acl;
    acl_type_t type;
    acl_entry_t entry;
    acl_tag_t tag;
    uid_t *uidp;
    gid_t *gidp;
    acl_permset_t permset;
    char *name;
    int entryId, permVal, opt;

    type = ACL_TYPE_ACCESS;
    while ((opt = getopt(argc, argv, "d")) != -1) {
        switch (opt) {
        case 'd': type = ACL_TYPE_DEFAULT;      break;
        case '?': usageError(argv[0]);
        }
    }

    if (optind + 1 != argc)
        usageError(argv[0]);

    acl = acl_get_file(argv[optind], type);
    if (acl == NULL)
```

```
        errExit("acl_get_file");

    /* Walk through each entry in this ACL */

    for (entryId = ACL_FIRST_ENTRY; ; entryId = ACL_NEXT_ENTRY) {

        if (acl_get_entry(acl, entryId, &entry) != 1)
            break;                          /* Exit on error or no more entries */

        /* Retrieve and display tag type */

        if (acl_get_tag_type(entry, &tag) == -1)
            errExit("acl_get_tag_type");

        printf("%-12s", (tag == ACL_USER_OBJ) ?  "user_obj" :
                        (tag == ACL_USER) ?      "user" :
                        (tag == ACL_GROUP_OBJ) ? "group_obj" :
                        (tag == ACL_GROUP) ?     "group" :
                        (tag == ACL_MASK) ?      "mask" :
                        (tag == ACL_OTHER) ?     "other" : "???");

        /* Retrieve and display optional tag qualifier */

        if (tag == ACL_USER) {
            uidp = acl_get_qualifier(entry);
            if (uidp == NULL)
                errExit("acl_get_qualifier");

            name = userNameFromId(*uidp);
            if (name == NULL)
                printf("%-8d ", *uidp);
            else
                printf("%-8s ", name);

            if (acl_free(uidp) == -1)
                errExit("acl_free");

        } else if (tag == ACL_GROUP) {
            gidp = acl_get_qualifier(entry);
            if (gidp == NULL)
                errExit("acl_get_qualifier");

            name = groupNameFromId(*gidp);
            if (name == NULL)
                printf("%-8d ", *gidp);
            else
                printf("%-8s ", name);

            if (acl_free(gidp) == -1)
```

```
            errExit("acl_free");

        } else {
            printf("          ");
        }

        /* Retrieve and display permissions */

        if (acl_get_permset(entry, &permset) == -1)
            errExit("acl_get_permset");

        permVal = acl_get_perm(permset, ACL_READ);
        if (permVal == -1)
            errExit("acl_get_perm - ACL_READ");
        printf("%c", (permVal == 1) ? 'r' : '-');
        permVal = acl_get_perm(permset, ACL_WRITE);
        if (permVal == -1)
            errExit("acl_get_perm - ACL_WRITE");
        printf("%c", (permVal == 1) ? 'w' : '-');
        permVal = acl_get_perm(permset, ACL_EXECUTE);
        if (permVal == -1)
            errExit("acl_get_perm - ACL_EXECUTE");
        printf("%c", (permVal == 1) ? 'x' : '-');

        printf("\n");
    }

    if (acl_free(acl) == -1)
        errExit("acl_free");

    exit(EXIT_SUCCESS);
}
```

acl/acl_view.c

17.9 小結

Linux 自 2.6 版本起開始支援 ACL。ACL 是對傳統 UNIX 檔案權限模型的擴充，藉此可基於個別的使用者或群組來控制檔案存取。

進階資訊

存取 *http://wt.tuxomania.net/publications/posix.1e/*，可線上查看 POSIX.1e 和 POSIX.2c 標準草案的最新版本（Draft 17）。

acl(5) 使用手冊簡要介紹了 ACL 以及 Linux 上實作的各種 ACL 函式庫函式之可攜性導讀。

ACL 及擴充屬性的 Linux 實作細節可參考（Grünbacher，2003）。Andreas Grünbacher 所維護的 Web 網站也包含了與 ACL 有關的資訊，連結為 *http://acl.bestbits.at/*。

17.10 習題

17-1. 設計一個程式，顯示與一個特定使用者或群組相對應的 ACL entry 權限。該程式應接受兩個命令列參數。第一個參數可以是字母"*u*"或"*g*"，用以表示第二個參數是使用者還是群組。（利用定義於列表 8-1 中的函式，還可將第二個參數指定為任意數或名稱。）若與給定使用者或群組相對應的 ACL entry 隸屬於該群組分類，則程式還需另外顯示經過 ACL mask entry 修改過的權限。

18

目錄與連結（Directory and Link）

我們在本章總結檔案相關議題的討論，本章將探討目錄和連結。在概觀實作之後，我們先介紹建立與移除目錄、連結的系統呼叫（system call）。我們接著探討讓程式能掃描及追蹤單一目錄內容的系統呼叫（即檢查目錄樹中的每個檔案）。

每個行程（process）都有兩個與目錄相關的屬性（attribute）：根目錄及目前的工作目錄，分別做為解譯絕對路徑名稱及相對路徑名稱的參考點，我們會探討可允許行程改變這兩個屬性的系統呼叫。

我們最後討論解析路徑名稱並將其分解為目錄和檔名。

18.1 目錄和（硬式）連結

目錄在檔案系統中的儲存方式與普通檔案類似，能以下列兩點區分目錄與普通檔案：

- 在 i-node entry 中，目錄所標示的檔案類型不同（14.4 節）。
- 目錄是個有特殊組織的檔案，其實本質上就是一個由檔名與 i-node 編號構成的表格。

在多數的原生 Linux 檔案系統上，檔名最多可達 255 個字元。圖 18-1 所示的是目錄與 i-node 之間的關係，是一個範例檔（`/etc/passwd`）的檔案系統 i-node 表及相關目錄檔案的部份內容。

> 雖然行程能開啟目錄，但不能使用 *read()* 讀取目錄內容。為了檢索目錄內容，行程必須使用本章後續討論的系統呼叫與函式庫的函式。（在一些 UNIX 系統上，可以對目錄執行 *read()*，但這個方式不具可攜性）。行程也不能直接使用 *write()* 改變目錄內容，只能間接（如要求核心）使用系統呼叫改變內容，如 *open()*（建立一個新檔）、*link()*、*mkdir()*、*symlink()*、*unlink()* 及 *rmdir()*。（這些系統呼叫在本章後續都會介紹，除了 *open()* 在 4.3 節就已經介紹過了）。
>
> I-node 表格的編號從 1 開始而不是 0，因為 0 在一筆目錄 entry 的 i-node 欄位所代表的意思是此 entry 尚未使用。第 1 個 i-node entry 用以記錄檔案系統中的損毀磁區（bad block）。檔案系統的根目錄（/）永遠儲存在第 2 個 i-node entry（如圖 18-1 所示），所以核心在解析路徑名稱時就能知道從何處開始著手。

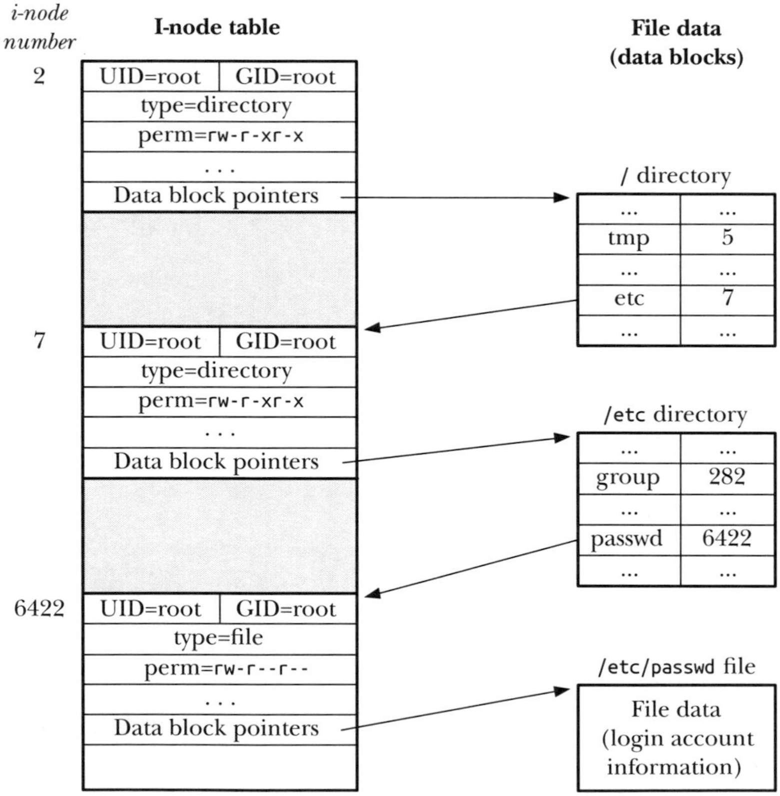

圖 18-1：以 /etc/passwd 檔案為例，i-node 與目錄結構之間的關係

若我們檢視儲存於檔案 i-node 中的資訊清單（14.4 節），則能得知 i-node 中並未包含檔名，i-node 僅透過目錄清單內的一個映射（mapping）來定義一個檔案的名稱。其妙用在於，我們能在相同或不同的目錄中建立多個名稱，每個均指向相同的 i-node。這些多重名稱即所謂的連結（link），有時稱為硬式連結（hard link），稍後會討論與符號連結（symbolic link）的差異。

> 全部原生的 Linux 與 UNIX 檔案系統都有支援硬式連結，然而，許多非 UNIX 的檔案系統（如 Microsoft 的 VFAT）則無。（Microsoft 的 NTFS 檔案系統有提供硬式連結）。

我們可在 shell 使用 ln 指令幫一個已存在的檔案建立新的硬式連結，如下列的 shell 作業階段日誌所示：

```
$ echo -n 'It is good to collect things,' > abc
$ ls -li abc
122232 -rw-r--r--    1 mtk      users           29 Jun 15 17:07 abc
$ ln abc xyz
$ echo ' but it is better to go on walks.' >> xyz
$ cat abc
It is good to collect things, but it is better to go on walks.
$ ls -li abc xyz
122232 -rw-r--r--   2 mtk       users           63 Jun 15 17:07 abc
122232 -rw-r--r--   2 mtk       users           63 Jun 15 17:07 xyz
```

透過 *ls –li* 呈現的 i-node 編號（如第一行）印證了 cat 指令呈現的輸出：名稱 abc 與 xyz 參照到相同的 i-node entry，因此是同一個檔案。我們在 *ls –li* 顯示的第三個欄位可以看到 i-node 的連結計數器（link count）。在執行 ln abc xyz 指令之後，由 abc 參照的 i-node 之連結計數器提升為 2，因為現在有兩個名稱參照到該檔案。（因為 xyz 也是參照同一個 i-node，所以 xyz 檔案也會顯示同樣的連結計數器）。

若移除這些檔名的其中一個，則另一個檔名及檔案本身仍然會存在：

```
$ rm abc
$ ls -li xyz
122232 -rw-r--r--    1 mtk       users           63 Jun 15 17:07 xyz
```

只有在 i-node 的連結計數器降為 0 時，也就是該檔案的全部檔名都移除時，才會移除（釋放）檔案的 i-node entry 與資料區塊。摘錄如下：指令 rm 從目錄清單移除一個檔名時，則將相對應的 i-node 連結計數器減 1，若連結計數器降為 0，則釋放該檔名所參照的 i-node 與資料區塊。

檔案的每個名稱（連結）都是等價的，彼此之間沒有優先順序。如上例所示，在移除與檔案相關的第一個名稱之後，實體檔案仍然存在，只是變成只能透過另一個檔名存取而已。

網路論壇上常見的問題是：「我如何在程式中找到與 X 檔案描述符關聯的檔名？」簡單來說是不行，至少沒有明確且可攜的方法，因為一個檔案描述符參考到一個 i-node，而可以有多個檔名（或甚至如 18.3 節所述，一個都沒有）參考到同一個 i-node。

> 我們在 Linux 系統可以利用 *readdir()* 掃描 Linux 特有的 /proc/PID/fd 目錄內容（內含符號連結，指向行程目前開啟的每個檔案描述符），以取得行程目前已經開啟的檔案。也可以使用已移植到許多 UNIX 系統的 lsof(1) 及 fuser(1) 工具。

硬式連結有兩條限制，兩者都能利用符號連結來規避：

- 由於目錄 entry（硬式連結）只使用一個 i-node 編號來參照檔案，而 i-node 編號只有在同一個檔案系統上才是唯一的，所以硬式連結必須與其所參照的檔案位於同一個檔案系統。
- 不能為目錄建立硬式連結，這能避免產生造成許多系統問題的循環連結（circular link）。

> UNIX 系統在早期允許超級使用者為目錄建立硬式連結。這在當時是必要的，因為這些系統無法提供 *mkdir()* 系統呼叫。因而使用 *mknod()* 建立一個目錄，並接著為 . 和 .. 建立連結（[Vahalia, 1996]）。雖然此特性已不再需要，但一些現代 UNIX 系統為了相容性而會保留此功能。
>
> 使用綁定掛載（bind mount）可以達成對目錄建立硬式連結的類似效果。

18.2 符號（軟式）連結

符號連結（symbolic link），有時稱為軟式連結（soft link），是一個特殊的檔案類型，其資料是另一個檔案的名稱。圖 18-2 示範兩個硬式連結的情境 `/home/erena/this` 與 `/home/allyn/that` 參照到同一個檔案，而符號連結 `/home/kiran/other` 則指向 `/home/erena/this`。

在 shell 中，符號連結是使用 *ln –s* 指令建立的。指令 *ls –F* 會在符號連結的結尾顯示一個 @ 字元。

符號連結所參照的路徑名稱可以是絕對路徑或相對路徑，解譯一個相對的符號連結時，會以符號連結本身的位置做為參考點。

符號連結的重要性與硬式連結不同，尤其是不會將符號連結計入其參照的檔案之連結計數器。（因此，圖 18-2 中編號為 61 的 i-node，其連結計數為 2，而不是 3）。因此，若移除符號連結所參照的檔案，則符號連結本身還會存在，我們將這樣的連結稱之為懸空連結（dangling link），甚至可以替不存在的檔案建立一個符號連結。

> 符號連結從 4.2 BSD 開始導入，雖然 POSIX.1-1990 尚未納入，但 SUSv1 與 SUSv3 隨後將其納入規範。

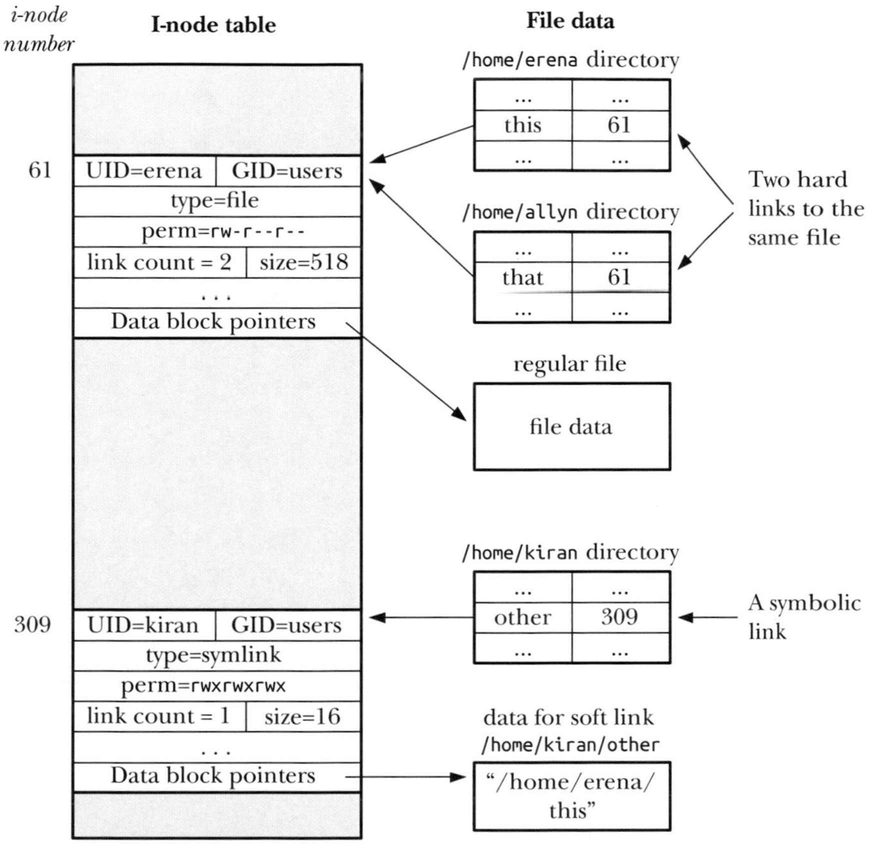

圖 18-2：硬式連結與符號連結的表示

因為符號連結所參照的是檔名，而非 i-node 編號，所以可以用來連結不同檔案系統的檔案。符號連結也不會受到硬式連結的條件限制：我們可以為目錄建立符號連結。如 find 與 tar 這類的工具能區分硬式連結與符號連結的差異，而且，預設不會對符號連結進行解參考（dereference）或是避免陷入使用符號連結建立的無窮循環。

可以將符號連結串接成一個串列（例如，符號連結 a 參照到 b，而符號連結 b 參照到 c）。當以檔案系統呼叫存取符號連結時，核心會依序解參考這一串符號連結，以取得最終的真實檔案。

SUSv3 規定，在實作時要能對路徑名稱中的每個符號連結進行至少 `_POSIX_SYMLOOP_MAX` 次的解參考，對 `_POSIX_SYMLOOP_MAX` 規範的值為 8。然而，在核心 2.6.18 之前，Linux 對符號連結串列的解參考次數限制為 5。從核心 2.6.18 起，Linux 實作了 SUSv3 規範的最小 8 次解參考。Linux 對整個路徑名稱施加的解參考總次數限制為 40 次。這些限制用以避免過長的符號連結串列及符號連結迴圈導致核心在解析符號連結時發生堆疊溢位（stack overflow）。

> 有些 UNIX 檔案系統使用本文與圖 18-2 所沒有提及的最佳化。當構成符號連結內容的字串總長度很小，小到足以放在 i-node 裡通常用於儲存資料指標的位置時，則會將連結字串直接儲存在那裡。如此可節省配置一個磁區的空間，並加速符號連結資訊的存取，因為可以直接從檔案的 i-node 取得。例如，*ext2*、*ext3* 及 *ext4* 利用此技術，將簡短的符號連結字串存入 60 位元組的空間，此空間通常用來儲存資料區塊指標。實作時，這樣的最佳化提升很多效率。經筆者檢查，系統上的 20,700 個符號連結，有 97% 的內容長度都是 60 個位元組，甚至更小。

系統呼叫對符號連結的解譯

許多系統呼叫會解參考（derefernce/follow）符號連結，所以實際上的動作是影響符號連結指向的檔案。有些系統呼叫不會解參考符號連結，而是直接處理符號連結本身。本書不僅涵蓋了每個系統呼叫，也會說明系統呼叫對符號連結的行為，此行為整理於表 18-1。

在少數情況中，符號連結本身及其所指向的檔案會需要有類似的功能，系統這時就會提供兩套系統呼叫：一個會對連結解參考，而另一個則不會，後者的名稱會前綴字母 *l*，例如：*stat()* 與 *lstat()*。

較常套用的一點是：一定會對路徑名稱中的目錄之符號連結（即最後一個斜線以前的部份）進行解參考。因而，在路徑 `/somedir/somesubdir/file` 中，若 `somedir` 與 `somesubdir` 是符號連結，則一定會被解參考，而是否對 file 進行解參考，則取決於路徑名稱所傳入的系統呼叫。

> 我們在 18.11 節介紹在 Linux 2.6.16 新增的一組系統呼叫，將表 18-1 展示的部分介面進行功能擴充。可利用 *flags* 參數控制這些系統呼叫對符號連結的行為。

符號連結的檔案權限與所有權

多數的操作會忽略符號連結的所有權與權限（建立符號連結時會賦予全部權限）。因而，會使用連結所指的檔案之所有權與權限來決定是否允許操作。符號連結的所有權只有在移除連結本身或是在設有 sticky 權限位元的目錄中更改檔名時，才會使用符號連結本身的所有權（15.4.5 節）。

18.3 建立與移除（硬式）連結：*link()* 與 *unlink()*

系統呼叫 *link()* 與 *unlink()* 分別可建立和移除硬式連結。

```
#include <unistd.h>

int link(const char *oldpath, const char *newpath);
```

成功時傳回 0，或者錯誤時傳回 -1

表 18-1　各個函式對符號連結的解釋

函式	是否對連結解參考	備註
access()	●	
acct()	●	
bind()	●	UNIX domain socket 有路徑名稱
chdir()	●	
chmod()	●	
chown()	●	
chroot()	●	
creat()	●	
exec()	●	
getxattr()	●	
lchown()		
lgetxattr()		
link()		參考 18.3 節
listxattr()	●	
llistxattr()		
lremovexattr()		
lsetxattr()		
lstat()		
lutimes()		
open()	●	除非有指定 O_NOFOLLOW 或 O_EXCL | O_CREAT

函式	是否對連結解參考	備註
opendir()	●	
pathconf()	●	
pivot_root()	●	
quotactl()	●	
readlink()		
removexattr()	●	
rename()		參數中的連結都不會被解參考
rmdir()		若參數是符號連結，則產生 ENOTDIR 失敗
setxattr()	●	
stat()	●	
statfs(), statvfs()	●	
swapon(), swapoff()	●	
truncate()	●	
unlink()		
uselib()	●	
utime(), utimes()	●	

若 oldpath 提供一個已存在的檔案之路徑名稱，則 *link()* 系統呼叫會使用 newpath 指定的路徑名稱建立一個新連結。若 newpath 已經存在，則不會將其覆蓋；而是產生（EEXIST）錯誤。

在 Linux 系統上，*link()* 系統呼叫不會解參考符號連結。若 oldpath 是個符號連結，則會將 newpath 建立為指向同一個符號連結檔案的新硬式連結。（換句話說，newpath 符號連結也是指向與 oldpath 所指的同一檔案）。

這行為與 SUSv3 的規範不符。在 SUSv3 的規範中，若沒有另外指定（*link()* 系統呼叫也不例外），則全部執行路徑名稱解析的函式都該解參考符號連結。多數其他的 UNIX 系統行為都遵循 SUSv3 規範的方法。其中要注意的例外是 Solaris，其預設情況的行為與 Linux 相同，但若使用適當的編譯器選項，則會提供符合 SUSv3 規範的行為。鑒於系統實作間的這類差異，應避免將 oldpath 參數指定為符號連結，以保障程式的可攜性。

> SUSv4 承認現有實作間的不一致性，因而規範 *link()* 是否要解參考符號連結可由實作自行定義。SUSv4 還將 *linkat()* 納入規範，其進行的任務與 *link()* 相同，但是有 flag 參數可用以控制是否要解參考符號連結，更多細節請參考 18.11 節。

```
#include <unistd.h>

int unlink(const char *pathname);
```

成功時傳回 0，或者錯誤時傳回 -1

系統呼叫 *unlink()* 會移除一個連結（刪除一個檔名），且若此連結是檔案的最後一個連結，則還會移除檔案本身。若在 pathname 中指定的連結不存在，則 *unlink()* 呼叫會發生 ENOENT 失敗。

我們不能使用 *unlink()* 移除一個目錄，此工作須交由 *rmdir()* 或 *remove()*，我們會在 18.6 節探討。

> SUSv3 規定，若在 pathname 指定的是個目錄，則 *unlink()* 會發生 EPERM 錯誤。然而，在 Linux 系統，*unlink()* 在此例會發生 EISDIR 錯誤。（LSB 明白的表示允許源自 SUSv3 的這個差異）。可攜的應用程式應該要準備能處理此例的這兩種檢查值。

系統呼叫 *unlink()* 不會解參考符號連結，若 pathname 為符號連結，則會移除連結本身，而非連結所指向的名稱。

只有在關閉全部的檔案描述符時，才能刪除開啟的檔案

核心除了維護每個 i-node 的連結計數器，還須計算檔案的開啟檔案描述符（open file description，參考圖 5-2）。若在移除檔案的最後一個連結時，仍然有行程持有參照該檔案的開啟檔案描述符，則在關閉全部的檔案描述符以前不會實際地刪除檔案。此功能相當實用，因為可以讓我們移除一個檔案連結，而不須擔心是否有其他行程開啟了這個檔案。（然而，我們無法對一個連結計數器已經歸 0 的開啟檔案建立新的連結）。此外，我們可以利用一些小技巧，如先建立並開啟一個暫存檔，並立即移除（unlink）檔案連結，接著持續在我們的程式中使用此暫存檔，利用檔案只有在關閉檔案描述符（或者程式結束）時，檔案才會真正刪除的特性。（這就是 5.12 節所述的 *tmpfile()* 函式功能）。

列表 18-1 的程式示範了，即使檔案的最後一個連結已經移除，檔案仍然存在，直到全部參照它的開啟檔案描述符都關閉之後，才會刪除。

列表 18-1：使用 *unlink()* 移除一個連結

dirs_links/t_unlink.c

```
#include <sys/stat.h>
#include <fcntl.h>
#include "tlpi_hdr.h"
```

```
#define CMD_SIZE 200
#define BUF_SIZE 1024

int
main(int argc, char *argv[])
{
    int fd, j, numBlocks;
    char shellCmd[CMD_SIZE];            /* Command to be passed to system() */
    char buf[BUF_SIZE];                 /* Random bytes to write to file */

    if (argc < 2 || strcmp(argv[1], "--help") == 0)
        usageErr("%s temp-file [num-1kB-blocks] \n", argv[0]);

    numBlocks = (argc > 2) ? getInt(argv[2], GN_GT_0, "num-1kB-blocks")
                           : 100000;

    fd = open(argv[1], O_WRONLY | O_CREAT | O_EXCL, S_IRUSR | S_IWUSR);
    if (fd == -1)
        errExit("open");

    if (unlink(argv[1]) == -1)          /* Remove filename */
        errExit("unlink");

    for (j = 0; j < numBlocks; j++)     /* Write lots of junk to file */
        if (write(fd, buf, BUF_SIZE) != BUF_SIZE)
            fatal("partial/failed write");

    snprintf(shellCmd, CMD_SIZE, "df -k `dirname %s`", argv[1]);
    system(shellCmd);                   /* View space used in file system */

    if (close(fd) == -1)                /* File is now destroyed */
        errExit("close");
    printf("********** Closed file descriptor\n");

    system(shellCmd);                   /* Review space used in file system */
    exit(EXIT_SUCCESS);
}
```

dirs_links/t_unlink.c

列表 18-1 的程式接受兩個命令列參數，第一個參數識別程式應該建立的檔案名稱。程式開啟此檔案，並隨即移除檔名連結。雖然檔名已經消失，但是檔案本身依然存在。程式接著寫入隨機的資料區塊到檔案。資料區塊的數量由程式的第二個（選配的）命令列參數指定。這時，程式使用 *df(1)* 指令顯示檔案系統上已使用的空間。程式接著關閉檔案描述符，此時檔案已經刪除，並再次使用 *df(1)* 指令顯示已使用的磁碟空間已經減少。下列的 shell 作業階段示範列表 18-1 的程式使用方式：

```
$ ./t_unlink /tmp/tfile 1000000
Filesystem           1K-blocks      Used Available Use% Mounted on
/dev/sda10             5245020   3204044   2040976  62% /
********** Closed file descriptor
Filesystem           1K-blocks      Used Available Use% Mounted on
/dev/sda10             5245020   2201128   3043892  42% /
```

我們在列表 18-1 使用 *system()* 函式執行 shell 指令，我們在 27.6 節會詳細介紹 *system()*。

18.4 更改檔名：*rename()*

系統呼叫 *rename()* 可用於重新命名檔名，也可將檔案移至相同檔案系統的另一個目錄。

```
#include <stdio.h>

int rename(const char *oldpath, const char *newpath);
```

成功時傳回 0，或者錯誤時傳回 -1

此呼叫會將現有的路徑名稱 oldpath 重新命名為 newpath 參數指定的路徑名稱。

呼叫 *rename()* 只會控制目錄 entry，並不會移動檔案資料。更改檔名不會影響檔案的其他硬式連結，也不會影響持有該檔案開啟描述符的任何行程，因為這些描述符指向（在呼叫 *open()* 之後的）開啟檔案描述符，與檔名沒有關聯。

以下是使用 *rename()* 的規則：

- 若 newpath 已經存在，則覆蓋之。
- 若 newpath 與 oldpath 指向同一個檔案，則不會有任何改變（且呼叫成功）。這是很不合常理的。依循上一條規則的思路，我們通常期待的是：若檔名 *x* 與 y 存在，則呼叫 *rename("x" , "y")* 時應該要移除 *x*。但若 *x* 與 *y* 是同一個檔案的連結，則不是這樣。

  此規則的基本原理是源自原始的 BSD 系統，核心為了保證 *rename("x", "x")*、*rename("x", "./x")* 以及 *rename("x", "somedir/../x")* 這類呼叫不會移除檔案而須進行檢查，此規則應該是要簡化這樣的檢查。

- *rename()* 系統呼叫不會解參考任何一個參數。若 oldpath 是個符號連結，則重新命名該符號連結。若 newpath 是個符號連結，則將它視為 oldpath 要重新命名的普通路徑名稱（即移除現有的 newpath 符號連結）。

- 若 oldpath 指向檔案而非目錄，則不能將 newpath 指定為目錄的路徑名稱（會產生 EISDIR 錯誤）。若要將檔案重新命名為一個目錄中的位置（亦即將檔案移到另一個目錄），則 newpath 必須包含新的檔名。下列的呼叫會將檔案移到不同的目錄，以及改變其檔名：

  ```
  rename("sub1/x", "sub2/y");
  ```

- 在 oldpath 指定目錄名稱可以讓我們重新命名目錄，此時 newpth 若非必定不存在，就是必定是個空目錄的名稱。若 newpath 是個現有的檔案，或是不為空的目錄，則會產生錯誤（分別是 ENOTDIR 與 ENOTEMPTY 錯誤）。
- 若 oldpath 是個目錄，則 newpath 的前綴碼不可為 oldpath。例如，我們不能將 /home/mtk 重新命名為 /home/mtk/bin（錯誤是 EINVAL）。
- 由 oldpath 與 newpath 參考的檔案必須在同一個檔案系統。之所以如此，是因為目錄本身是個硬式連結清單，且硬式連結指向的 i-node 與目錄位於同樣的檔案系統。如稍早所述，*rename()* 僅能操作目錄清單的內容。若要將檔案改改到不同的檔案系統上，則會發生 EXDEV 錯誤。（為了達到所需的結果，我們必須改成將檔案內容從一個檔案系統複製到另一檔案系統上，然後再刪除舊的檔案，這就是 mv 指令的方法）。

18.5 使用符號連結：*symlink()* 與 *readlink()*

我們現在開始探討用以建立符號連結及檢查其內容的系統呼叫。

系統呼叫 *symlink()* 在 filepath 指定的路徑名稱，建立一個新的 linkpath 符號連結。（若要移除符號連結，我們需要使用 *unlink()*）。

```
#include <unistd.h>

int symlink(const char *filepath, const char *linkpath);
```

成功時傳回 0，或者錯誤時傳回 -1

若 linkpath 指定的路徑名稱已經存在，則呼叫失敗（且將 *errno* 設定為 EEXIST）。由 filepath 指定的路徑名稱可以是絕對路徑或相對路徑。

呼叫時，filepath 中的檔案或目錄名稱不需要存在，即使當時已存在，之後也是會被移除。此時，linkpath 會變成「懸空連結（dangling link）」，其他系統呼叫若要對其解參考都會導致錯誤（通常是 ENOENT）。

若我們在 *open()* 的 pathname 參數指定符號連結，則會開啟連結所指的檔案。我們有時寧可取得連結本身的內容，即其所指向的路徑名稱。系統呼叫 *readlink()* 就是進行這樣的工作，會將符號連結中的字串複製到 buffer 所指向的字元陣列。

```
#include <unistd.h>

ssize_t readlink(const char *pathname, char *buffer, size_t bufsiz);
```
Returns number of bytes placed in *buffer* on success, or –1 on error

參數 bufsiz 是個整數，用以讓 *readlink()* 得知 buffer 中的可用空間（位元組數）。

若沒有發生錯誤，則 *readlink()* 傳回實際存入 buffer 的資料位元組數量。若連結的長度超過 bufsiz，則 buffer 中的資料是經過截斷處理的字串（所以 *readlink()* 傳回的字串大小就是 bufsiz）。

由於 buffer 並非以空字元結尾，所以無法辨別 *readlink()* 傳回的字串是有截斷或剛好填滿 buffer 的字串。後者的檢測方法是配置一個更大的 buffer 陣列，並再次呼叫 *readlink()*。此外，我們能將 buffer 的長度定義為 PATH_MAX 常數（於 11.1 節介紹），此常數定義程式可擁有的路徑名稱最大長度。

我們在列表 18-4 示範了 *readlink()* 的用法。

> SUSv3 定義了新的限制，實作時應該要定義 SYMLINK_MAX，用以指出可儲存在符號連結中的最大位元組數。此限制至少須為 255 個位元組。在寫作本書時，Linux 並未定義此限制。我們在本文中建議要使用 PATH_MAX，因為此限制至少要與 SYMLINK_MAX 一樣大。
>
> 在 SUSv2，*readlink()* 的傳回值型定義為 int，而許多目前的實作都（以及 Linux 上舊版的 glibc）遵循此規範。到了 SUSv3 則將傳回值型別更改為 *ssize_t*。

18.6 建立與移除目錄：*mkdir()* 與 *rmdir()*

系統呼叫 *mkdir()* 建立一個新目錄。

```
#include <sys/stat.h>

int mkdir(const char *pathname, mode_t mode);
```
成功時傳回 0，或者錯誤時傳回 -1

參數 pathname 指定新目錄的路徑名稱，此路徑名稱可以是相對路徑或絕對路徑。若此路徑名稱的檔案已存在，則會呼叫失敗並發生 EEXIST 錯誤。

新目錄的所有權依據 15.3.1 節所述規則設定。

參數 mode 指定新目錄的權限。（我們在 15.3.1、15.3.2 與 15.4.5 節介紹目錄的權限位元意義）。可透過（|）合併表 15-4 的常數指定位元遮罩（bit-mask）的值，但是在 *open()* 時，可以指定為八進位的數字。在 mode 中的值會與行程的 umask 進行（&）邏輯運算（15.4.6 節）。此外，set-user-ID 位元（S_ISUID）總是關閉的，因為對目錄沒有意義。

若在 mode 中設定 sticky 位元（S_ISVTX），則也會設定於新目錄。

會忽略在 mode 中設定的 set-group-ID（S_ISGID）位元。然而，若 set-group-ID 位元設定於父目錄，則也會設定於新建的目錄。我們在 15.3.1 節提過，對目錄設定 set-group-ID 權限位元會導致目錄中的新建檔案以目錄群組 ID 做為群組 ID，而非行程的有效群組 ID。系統呼叫 *mkdir()* 依照此處所述的方法傳播 set-group-ID 權限位元，以讓目錄底下的每個子目錄都能共享相同的行為。

SUSv3 明文規定，*mkdir()* 對 set-user-ID、set-group-ID 及 sticky 位元的處理方式由實作定義。有些 UNIX 系統在建立新目錄時，這 3 個位元都是保持關閉的。

新建的目錄會包括兩個 entry：.（點），即指向目錄本身的連結，與 ..（點點），即指向父目錄的連結。

> SUSv3 並未要求目錄需要包括 . 和 ..entry，只要求 . 與 .. 出現在路徑名稱中時，系統要能正確解譯。可攜的應用程式不該認定目錄中一定存在這些 entry。

系統呼叫 *mkdir()* 只會建立 pathname 的最後一個元件。換句話說，*mkdir("aaa/bbb/ccc", mode)* 只有在目錄 aaa 與 aaa/bbb 都已經存在的條件下才會呼叫成功。（這對應到 *mkdir(1)* 指令的預設行為，但 *mkdir(1)* 也提供 *-p* 選項，用以建立中間不存在的每個目錄）。

> GNU C 函式庫提供 *mkdtemp(template)* 函式，類似 *mkstemp()* 函式的目錄版本。此函式會建立一個唯一命名的目錄，提供擁有者讀取、寫入與執行權限，但不提供任何權限給其他使用者。不過，*mkdtemp()* 不是以檔案描述符做為回傳值，而是回傳指標，指向修改過的字串，內含 template 中的實際目錄名稱。SUSv3 並未規範此函式，而且並非全部的 UNIX 系統都有提供，不過在 SUSv4 已納入規範。

系統呼叫 *rmdir()* 會移除 pathname 指定的目錄，此路徑可以是絕對或相對路徑名稱。

```
#include <unistd.h>

int rmdir(const char *pathname);
```
成功時傳回 0，或者錯誤時傳回 -1

為了成功使用 *rmdir()* 移除目錄，目錄必須為空。若 pathname 的最後一個元件是一個符號連結，則 *rmdir()* 呼叫不會進行解參考，而是發生 ENOTDIR 錯誤。

18.7 移除一個檔案或目錄：*remove()*

函式庫的 *remove()* 函式會移除一個檔案或空的目錄。

```
#include <stdio.h>

int remove(const char *pathname);
```
成功時傳回 0，或者錯誤時傳回 -1

若 pathname 是個檔案，則 *remove()* 會呼叫 *unlink()*，若 pathname 是個目錄，則 *remove()* 是呼叫 *rmdir()*。

如同 *unlink()* 與 *rmdir()*，*remove()* 不會解參考符號連結。若 pathname 是個符號連結，則 *remove()* 會移除連結本身，而非連結所指的檔案。

若我們預備建立同名的新檔案而移除檔案，則使用 *remove()* 函式會比較單純，無須寫程式檢查路徑名稱是指向檔案或目錄，並決定呼叫 *unlink()* 或 *rmdir()*。

> 函式 *remove()* 屬於標準的 C 函式庫，在 UNIX 與非 UNIX 系統都有實作。多數的非 UNIX 系統並不支援硬式連結，因此以名為 *unlink()* 的函式移除檔案並不太合理。

18.8 讀取目錄：*opendir()* 與 *readdir()*

本節所述函式庫的函式可以開啟目錄，並依序一個接著一個取得目錄中的檔名。

> 讀取目錄的函式庫函式位於 *getdents()* 系統呼叫的上層（並非 SUSv3 規範），但提供較為簡易的使用介面。Linux 也提供 *readdir(2)* 系統呼叫（相對於此處介紹的 *readdir(3)* 函式庫函式），其執行類似 *getdents()* 的工作，但也因而隨著廢止。

函式 *opendir()* 開啟一個目錄，並傳回一個 handle，可供後續的呼叫來參照目錄。

```
#include <dirent.h>

DIR *opendir(const char *dirpath);
```

Returns directory stream handle, or NULL on error

函式 *opendir()* 開啟 dirpath 指定的目錄，並傳回指向 DIR 型別結構的指標。此結構是所謂的目錄串流（directory stream），這是個 handle，可供呼叫者傳遞給下列介紹的其他函式。一旦從 *opendir()* 傳回，則目錄串流定位於目錄清單中的第一個 entry。

函式 *fdopendir()* 與 *opendir()* 類似，除了目錄是透過 fd 開啟檔案描述符指定建立的。

```
#include <dirent.h>

DIR *fdopendir(int fd);
```

Returns directory stream handle, or NULL on error

函式 *fdopendir()* 供應用程式避免 18.11 節所述的競速情況。

在成功呼叫 *fdopendir()* 之後，此檔案描述符會在系統的掌控之下，而且程式不該以任何方式存取它，除非使用本節後續所述的函式。

SUSv4 規範了 *fdopendir()* 函式（但 SUSv3 沒有）。

函式 *readdir()* 從目錄串流讀取連續的 entry。

```
#include <dirent.h>

struct dirent *readdir(DIR *dirp);
```

Returns pointer to a statically allocated structure describing next directory entry, or NULL on end-of-directory or error

每次呼叫 *readdir()* 都會從 dirp 參照的目錄串流讀取下個目錄 entry，並傳回一個指向靜態配置的 dirent 型別結構之指標，內含下列的 entry 相關資訊：

```
struct dirent {
    ino_t d_ino;            /* File i-node number */
    char d_name[];          /* Null-terminated name of file */
};
```

每次呼叫 *readdir()* 時會覆蓋此結構。

> 出於對程式可攜性的考慮，我們在前述的定義省略了 Linux dirent 結構的許多非標準欄位。最有趣的非標準欄位是 d_type，同時獲得 BSD 衍生系統的支援，但其他 UNIX 系統則無。此欄位承載的值用以表示名為 *d_name* 的檔案類型，諸如 DT_REG（普通檔案）、DT_DIR（目錄）、DT_LNK（符號連結）或 DT_FIFO（FIFO）。（欄位中的這些名稱類似表 15-1 的巨集）。此欄位的資訊可降低因查詢檔案類型而呼叫 *lstat()* 的成本。然而，要注意，在寫作本書時，此欄位只有在 *Btrfs*、*ext2*、*ext3* 及 ext4 有完整支援。

關於 *d_name* 所指的檔案進階資訊，可以透過呼叫 *lstat()* 取得（或 *stat()*，若應該對符號連結進行解參考時）。其中，路徑名稱是由之前呼叫 *opendir()* 時指定的 dirpath 參數（與 "/"）及 *d_name* 欄位的傳回值組成。

由 *readdir()* 傳回的檔名並未經過排序，而是依檔案在目錄中出現的順序（這取決於檔案系統將檔案增加到目錄的順序，以及在移除檔案之後，如何填滿目錄中的 gap 空間）。（指令 *ls -f* 列出的檔案順序同以 *readdir()* 取得時的順序）。

> 我們能用 *scandir(3)* 函式取得已排序的檔案清單，並可由程式人員定義排列規則，細節可參考使用手冊。雖然在 SUSv3 並未規範，但多數的 UNIX 系統都有提供。而在 SUSv4 也新增了 *scandir()* 的規範。

readdir() 讀到目錄清單結尾或發生錯誤時會傳回 NULL，錯誤時會設定 *errno* 以示錯誤。區分這兩種情況的程式碼如下：

```
errno = 0;
direntp = readdir(dirp);
if (direntp == NULL) {
    if (errno != 0) {
        /* Handle error */
    } else {
        /* We reached end-of-directory */
    }
}
```

若目錄內容在程式以 *readdir()* 掃描期間發生改變，則程式可能無法察覺改變。SUSv3 明文指出，對於 *readdir()* 是否會傳回自上次呼叫 *opendir()* 或 *rewinddir()* 後在目錄中增減的檔案，不予規範。而上次呼叫以前新增或移除的檔名，都要能確保傳回。

函式 *rewinddir()* 可將目錄串流移到起點，以便下次呼叫 *readdir()* 時能再次從目錄的第一個檔案開始讀取。

```
#include <dirent.h>

void rewinddir(DIR *dirp);
```

函式 *closedir()* 會關閉由 dirp 所指的開啟目錄串流，並釋放串流使用的資源。

```
#include <dirent.h>

int closedir(DIR *dirp);
                                    成功時傳回 0，或者錯誤時傳回 -1
```

SUSv3 另外規範了兩個函式：*telldir()* 與 *seekdir()*，可隨機存取目錄串流。關於這些函式的細節請參考使用手冊。

目錄串流與檔案描述符

一個目錄串流有一個相關的檔案描述符，*dirfd()* 函式傳回與 dirp 所指的目錄串流關聯的檔案描述符。

```
#define _BSD_SOURCE            /* Or: #define _SVID_SOURCE */
#include <dirent.h>

int dirfd(DIR *dirp);
                    Returns file descriptor on success, or –1 on error
```

例如，我們可以將 *dirfd()* 傳回的檔案描述符傳給 *fchdir()*（18.10 節），以改變行程的目前工作目錄更改為相對應的目錄。此外，我們可以將檔案描述符做為 18.11 節所述函式的 dirfd 參數。

BSD 系統也有 *dirfd()* 函式，但只有少數其他系統有提供。此函式未納入 SUSv3 規範，但在 SUSv4 納入規範。

此時值得一提的是，*opendir()* 會自動為目錄串流相關的檔案描述符設定 close-on-exec 旗標（FD_CLOEXEC）。可確保在執行 *exec()* 時會自動關閉檔案描述符。（SUSv3 要求這一行為）。我們會在 27.4 節介紹 close-on-exec 旗標。

範例程式

列表 18-2 使用 *opendir()*、*readdir()* 與 *closedir()* 函式列出命令列參數指定的每個目錄內容（若沒有指定參數，則是目前的工作目錄）。以下是程式的執行範例：

```
$ mkdir sub                              Create a test directory
$ touch sub/a sub/b                      Make some files in the test directory
$ ./list_files sub                       List contents of directory
sub/a
sub/b
```

列表 18-2：掃描一個目錄

dirs_links/list_files.c

```
#include <dirent.h>
#include "tlpi_hdr.h"

static void             /* List all files in directory 'dirpath' */
listFiles(const char *dirpath)
{
    DIR *dirp;
    struct dirent *dp;
    Boolean isCurrent;          /* True if 'dirpath' is "." */

    isCurrent = strcmp(dirpath, ".") == 0;

    dirp = opendir(dirpath);
    if (dirp  == NULL) {
        errMsg("opendir failed on '%s'", dirpath);
        return;
    }

    /* For each entry in this directory, print directory + filename */

    for (;;) {
        errno = 0;              /* To distinguish error from end-of-directory */
        dp = readdir(dirp);
        if (dp == NULL)
            break;

        if (strcmp(dp->d_name, ".") == 0 || strcmp(dp->d_name, "..") == 0)
            continue;           /* Skip . and .. */

        if (!isCurrent)
```

```
            printf("%s/", dirpath);
        printf("%s\n", dp->d_name);
    }

    if (errno != 0)
        errExit("readdir");

    if (closedir(dirp) == -1)
        errMsg("closedir");
}

int
main(int argc, char *argv[])
{
    if (argc > 1 && strcmp(argv[1], "--help") == 0)
        usageErr("%s [dir-path...]\n", argv[0]);

    if (argc == 1)              /* No arguments - use current directory */
        listFiles(".");
    else
        for (argv++; *argv; argv++)
            listFiles(*argv);

    exit(EXIT_SUCCESS);
}
```

dirs_links/list_files.c

readdir_r() 函式

函式 *readdir_r()* 是 *readdir()* 的一個改版，*readdir_r()* 與 *readdir()* 二者之間的關鍵語意差異在於，前者是可重入的（reentrant），而後者則否。這是因為 *readdir_r()* 透過呼叫者配置的 entry 參數傳回檔案 entry，而 *readdir()* 則透過指向靜態配置結構之指標傳回資訊。我們在 21.1.2 節與 31.1 節會討論可重入（reentrancy）。

```
#include <dirent.h>

int readdir_r(DIR *dirp, struct dirent *entry, struct dirent **result);
```

Returns 0 on success, or a positive error number on error

給定的 dirp，是之前透過 *opendir()* 開啟的目錄串流，*readdir_r()* 將下一個目錄 entry 的資訊放置於 entry 指向的 dirent 結構。此外，指向此結構的指標會放於 reault。若抵達目錄串流尾部，則會在 result 中存放 NULL（且 *readdir_r()* 傳回 0）。當發生錯誤時，*readdir_r()* 不會傳回 -1，而是傳回其中一個 *errno* 的正整數值。

在 Linux 系統，dirent 結構的 *d_name* 欄位是大小為 256 位元組的陣列，足以容納可能出現的最長檔名。雖然有幾個其他的 UNIX 系統也為 *d_name* 定義相同的大小，但 SUSv3 對此保留不予規範，而有些 UNIX 系統反而將此欄位定義為 1 個位元組的陣列，將配置正確結構大小的任務保留給呼叫者的程式。此時，我們應將 *d_name* 欄位的大小設定為大於 NAME_MAX 常數的值（為了結束的空字元）。為確保可攜性，應用程式應以將 dirent 結構配置如下：

```
struct dirent *entryp;
size_t len;

len = offsetof(struct dirent, d_name) + NAME_MAX + 1;
entryp = malloc(len);
if (entryp == NULL)
    errExit("malloc");
```

使用 *offsetof()* 巨集（定義於 <stddef.h>）可避免倚賴依實作而定的資料結構（dirent 結構裡 *d_name* 欄位之前的欄位大小與數量，因為 *d_name* 欄位總是位於結構的最後一欄）。

> 巨集 *offsetof()* 接受兩個參數，分別是結構型別與結構中的一個欄位名稱，並傳回 size_t 型別數值，即從結構起點開始的欄位偏移值（以位元組為單位）。需要此巨集的原因是編譯器會在資料結構中增加填充位元組資料，以滿足型別（如 int）需要對齊的條件，結果結構中的欄位偏移值會大於欄位之前的欄位大小總和。

18.9 檔案樹的追蹤：*nftw()*

函式 *nftw()* 允許程式遞迴追蹤整個目錄子樹，並為子樹中的每個檔案執行某些操作（即呼叫一些程式人員定義的函式）。

> 函式 *nftw()* 是舊版 *ftw()* 函式的加強版，新的應用程式應該使用 *nftw()*（新式 ftw），因為提供更多的功能，以及更佳的符號連結處理。（在 SUSv3 的規範中，無論 *ftw()* 是否解參考符號連結都可以）。SUSv3 將 *nftw()* 與 *ftw()* 都納入規範，但是後者在 SUSv4 已經廢止使用。
>
> GNU C 函式庫也提供 BSD 分支的 fts API（*fts_open()*、*fts_read()*、*fts_children()*、*fts_set()* 與 *fts_close()*）。這些函式執行的任務與 *ftw()* 及 *nftw()* 類似，但提供更佳的彈性供應用程式追蹤樹。然而，此 API 並未標準化，且在 BSD 以外，只有少數幾個 UNIX 系統提供，所以我們在此省略不談。

函式 *nftw()* 追蹤 dirpath 指定的目錄樹，並分別為目錄樹中的每個檔案呼叫程式人員定義的 func 函式。

```
#define _XOPEN_SOURCE 500
#include <ftw.h>

int nftw(const char *dirpath,
        int (*func) (const char *pathname, const struct stat *statbuf,
                int typeflag, struct FTW *ftwbuf),
        int nopenfd, int flags);
```

Returns 0 after successful walk of entire tree, or –1 on error, or the first nonzero value returned by a call to *func*

預設時，*nftw()* 會針對給定的樹進行未排序的前序追蹤，即在處理目錄中的檔案與子目錄以前，先處理每個目錄。

在追蹤目錄樹時，*nftw()* 最多會為樹的每一層（level）開啟一個檔案描述符。參數 nopenfd 指定 *nftw()* 可使用的檔案描述符最大數量。若目錄樹的深度（depth）超過此最大值，則 *nftw()* 會做些記錄，並關閉及重新開啟描述符，以避免同時持有的描述符超過 nopenfd（因而導致執行越來越慢）。在舊版的 UNIX 系統，此參數的需求越來越大，有些系統會限制每個行程 20 個開啟檔案描述符。現代的 UNIX 系統允許行程開啟大量的檔案描述符，因此，我們可以慷慨的指定這個數量（比如 20 以上）。

在 *nftw()* 的 *flags* 參數是由 0 個或多個下列常數組成，可調整函式的操作行為：

`FTW_CHDIR`

若要讓 func 在 pathname 參數指定的檔案目錄底下工作，則在處理目錄內容之前要先呼叫 *chdir()* 進入每個目錄。

`FTW_DEPTH`

對目錄樹執行後序追蹤，意思是 *nftw()* 會在對目錄本身執行 func 之前，先對目錄中的全部檔案（及子目錄）執行 func 呼叫。（此旗標名稱容易誤導，*nftw()* 總是進行深度優先而非廣度優先的目錄樹追蹤。此旗標所做的就是將前序追蹤轉換為後序追蹤）。

FTW_MOUNT

不會越界進入另一個檔案系統。因此，若樹的某個子目錄是掛載點，則不會追蹤該子目錄。

FTW_PHYS

在預設情況，*nftw()* 會解參考符號連結，此旗標可設定為不要解參考。因而，會將符號連結傳遞給 func，其中 typeflag 值會設定為 FTW_SL，如下所述。

函式 *nftw()* 為每個檔案呼叫 func 時會傳輸 4 個參數，第一個參數：pathname 是檔案的路徑名稱，此路徑名稱可以是絕對路徑或相對路徑。若指定 dirpath 時使用的是絕對路徑，則 pathname 就可能是絕對路徑。反之，若指定 dirpath 時使用的是相對路徑名稱，則 pathname 中的路徑可能是相較於行程呼叫 *ntfw()* 時的工作目錄之相對路徑。第二個參數：statbuf 是個指標，指向 stat 結構（15.1 節），內含此檔的相關資訊。第三個參數：typeflag 提供檔案的深入資訊，以及有下列其中一個符號值：

FTW_D

這是個目錄。

FTW_DNR

這是個不能讀取的目錄（因而 *nftw()* 不能追蹤其後代）。

FTW_DP

我們正在進行目錄的後序追蹤，而目前的項目是個目錄，其檔案與子目錄已經處理完成。

FTW_F

這是除了目錄及符號連結以外的任何類型檔案。

FTW_NS

對檔案呼叫 *stat()* 失敗，可能是因為權限限制，在 statbuf 中的值未定義。

FTW_SL

這是個符號連結，此值僅在呼叫 *nftw()* 函式有使用 FTW_PHYS 旗標時傳回。

FTW_SLN

此項目是個懸空的符號連結（dangling symbolic link）。此值僅在 *flags* 參數無指定 FTW_PHYS 旗標時出現。

在 func 的第四個參數：ftwbuf 是個指標，指向的結構定義如下：

```
struct FTW {
    int base;           /* Offset to basename part of pathname */
    int level;          /* Depth of file within tree traversal */
};
```

此結構的 base 欄位是指：在 func 函式的 pathname 參數中，其檔名的部分（在最後一個 "/" 字元之後的部分）之整數偏移量。而欄位 level 則是相對於追蹤起點（其 level 為 0）的項目之深度。

每次呼叫 func 時都必須傳回一個整數值，此值會由 *nftw()* 解譯。若傳回 0，則 *nftw()* 會持續追蹤樹，而若全部的 func 都傳回 0，則 *nftw()* 本身會傳回 0 給呼叫者。傳回非 0 值，則是告訴 *nftw()* 要立刻停止追蹤樹，此時，*nftw()* 也會傳回相同的非 0 值做為傳回值。

由於 *nftw()* 使用動態配置的資料結構，所以應用程式提前結束追蹤目錄樹的唯一方法就是讓 func 呼叫傳回一個非 0 值。使用 *longjmp()*（6.8 節）從 func 離開會導致不可預期的結果，至少會引起記憶體洩漏（memory leak）。

範例程式

列表 18-3 示範 *nftw()* 的使用方法。

列表 18-3：使用 nftw() 追蹤目錄樹

dirs_links/nftw_dir_tree.c

```
#define _XOPEN_SOURCE 600       /* Get nftw() and S_IFSOCK declarations */
#include <ftw.h>
#include "tlpi_hdr.h"

static void
usageError(const char *progName, const char *msg)
{
    if (msg != NULL)
        fprintf(stderr, "%s\n", msg);
    fprintf(stderr, "Usage: %s [-d] [-m] [-p] [directory-path]\n", progName);
    fprintf(stderr, "\t-d Use FTW_DEPTH flag\n");
    fprintf(stderr, "\t-m Use FTW_MOUNT flag\n");
    fprintf(stderr, "\t-p Use FTW_PHYS flag\n");
    exit(EXIT_FAILURE);
}

static int                      /* Function called by nftw() */
dirTree(const char *pathname, const struct stat *sbuf, int type,
        struct FTW *ftwb)
```

```
{
    switch (sbuf->st_mode & S_IFMT) {       /* Print file type */
    case S_IFREG:  printf("-"); break;
    case S_IFDIR:  printf("d"); break;
    case S_IFCHR:  printf("c"); break;
    case S_IFBLK:  printf("b"); break;
    case S_IFLNK:  printf("l"); break;
    case S_IFIFO:  printf("p"); break;
    case S_IFSOCK: printf("s"); break;
    default:       printf("?"); break;      /* Should never happen (on Linux) */
    }

    printf(" %s  ",
            (type == FTW_D)  ? "D  " : (type == FTW_DNR) ? "DNR" :
            (type == FTW_DP) ? "DP " : (type == FTW_F)   ? "F  " :
            (type == FTW_SL) ? "SL " : (type == FTW_SLN) ? "SLN" :
            (type == FTW_NS) ? "NS " : "  ");

    if (type != FTW_NS)
        printf("%7ld ", (long) sbuf->st_ino);
    else
        printf("        ");

    printf(" %*s", 4 * ftwb->level, "");        /* Indent suitably */
    printf("%s\n",  &pathname[ftwb->base]);     /* Print basename */
    return 0;                                   /* Tell nftw() to continue */
}

int
main(int argc, char *argv[])
{
    int flags, opt;

    flags = 0;
    while ((opt = getopt(argc, argv, "dmp")) != -1) {
        switch (opt) {
        case 'd': flags |= FTW_DEPTH;   break;
        case 'm': flags |= FTW_MOUNT;   break;
        case 'p': flags |= FTW_PHYS;    break;
        default:  usageError(argv[0], NULL);
        }
    }

    if (argc > optind + 1)
        usageError(argv[0], NULL);

    if (nftw((argc > optind) ? argv[optind] : ".", dirTree, 10, flags) == -1) {
        perror("nftw");
        exit(EXIT_FAILURE);
```

```
    }
    exit(EXIT_SUCCESS);
}
```

dirs_links/nftw_dir_tree.c

在列表 18-3 的程式顯示一個目錄樹中的檔名縮排階層（indented hierarchy），每行顯示一個檔案，以及內容包含檔名、檔案類型與 i-node 編號。可透過命令列選項指定用於 *nftw()* 呼叫的 *flags* 參數。下列的 shell 作業階段示範我們在執行此程式時會見到的結果。首先建立一個新的空子目錄，並在其中填充各種類型的檔案：

```
$ mkdir dir
$ touch dir/a dir/b                    Create some plain files
$ ln -s a dir/sl                       and a symbolic link
$ ln -s x dir/dsl                      and a dangling symbolic link
$ mkdir dir/sub                        and a subdirectory
$ touch dir/sub/x                      with a file of its own
$ mkdir dir/sub2                       and another subdirectory
$ chmod 0 dir/sub2                     that is not readable
```

然後使用該程式呼叫 *nftw()* 函式，其 *flags* 參數為 0：

```
$ ./nftw_dir_tree dir
d D     2327983  dir
- F     2327984      a
- F     2327985      b
- F     2327984      sl                The symbolic link sl was resolved to a
l SLN   2327987      dsl
d D     2327988      sub
- F     2327989          x
d DNR   2327994      sub2
```

從以上輸出可見，對符號連結 sl 進行解析。

然後再使用該程式來呼叫 *nftw()* 函式，令 *flags* 參數包含 FTW_PHYS 和 FTW_DEPTH 旗標：

```
$ ./nftw_dir_tree -p -d dir
- F     2327984      a
- F     2327985      b
l SL    2327986      sl  The symbolic link sl was not resolved
l SL    2327987      dsl
- F     2327989          x
d DP    2327988      sub
d DNR   2327994      sub2
d DP    2327983  dir
```

從以上輸出可見，未對符號連結 sl 進行解析。

nftw() 的 FTW_ACTIONRETVAL 旗標

從 2.3.3 版本起，glibc 允許在 flags 指定一個額外的、非標準 FTW_ ACTIONRETVAL 旗標，此旗標改變 *nftw()* 解譯 *func()* 回傳值的方法，當指定此旗標時，*func()* 應傳回下列其中一個值：

FTW_CONTINUE

如同傳統 *func()* 函式傳回 0 時，持續處理目錄樹中的 entry。

FTW_SKIP_SIBLINGS.

不再深入處理目前目錄的 entry，恢復處理父目錄的 entry。

FTW_SKIP_SUBTREE

若 pathname 是個目錄（即 typeflag 為 FTW_D），則不用對目錄底下的 entry 呼叫 *func()*。行程恢復處理此目錄中，下一個位於同一層的 entry。

FTW_STOP

如同傳統 *func()* 函式傳回非 0 值時，不再進一步處理目錄樹中的任何 entry，*nftw()* 將 FTW_STOP 傳回給呼叫者。

若要從 <ftw.h> 檔案取得 FTW_ACTIONRETVAL 的定義，則必須要定義 _GNU_SOURCE 功能測試巨集。

18.10 行程的目前工作目錄

一個行程的目前工作目錄（current working directory）定義行程解析相對路徑名稱的起點。新行程的目前工作目錄是繼承自父行程。

取得目前工作目錄

行程可使用 *getcwd()* 來取得目前工作目錄。

```
#include <unistd.h>

char *getcwd(char *cwdbuf, size_t size);
```

Returns *cwdbuf* on success, or NULL on error

函式 *getcwd()* 將一個以空字元結尾的字串（字串內容是目前工作目錄的絕對路徑）存在 cwdbuf 所指的緩衝區。呼叫者必須配置至少 size 個位元組長度的 cwdbuf 緩衝區。（我們通常會依據 PATH_MAX 常數做為 cwdbuf 的配置大小。）

若呼叫成功，則 *getcwd()* 傳回一個指向 cwdbuf 的指標。若目前工作目錄的路徑名稱長度超過 size 個位元組，則 *getcwd()* 傳回 NULL，並將 *errno* 設定為 ERANGE。

在 Linux/x86-32 系統，*getcwd()* 最多傳回 4096 個位元組。若目前的工作目錄（以及 cwdbuf 與 size）超出此限制，則會將路徑名稱做截斷處理，移除字串開頭的完整目錄前綴字串（也是以空字元結尾）。換句話說，在目前工作目錄的絕對路徑名稱長度超出此限制時，*getcwd()* 的會變得不可靠。

> 實際上，Linux 的 *getcwd()* 系統呼叫在內部配置了一個虛擬記憶體分頁，供傳回的路徑名稱使用。在 x86-32 架構上，分頁的大小為 4096 個位元組，但是在分頁大小較大的架構上，（如：Alpha 的分頁大小為 8192 個位元組），*getcwd()* 會傳回較長的路徑名稱。

若 cwdbuf 參數是 NULL，而 size 為 0，則 glibc 的封裝函式（wrapper function）會依需求為 *getcwd()* 配置一個緩衝區，並傳回指向此緩衝區的指標。為了避免記憶體洩漏，呼叫者之後必須使用 *free()* 釋放此緩衝區。對可攜性有所要求的應用程式應當避免依賴此功能。多數其他系統會提供符合 SUSv3 規範的簡易擴充。若 cwdbuf 是 NULL，則 *getcwd()* 配置一個大小為 size 位元組的緩衝區，使用此緩衝區傳回結果給呼叫者。在 glibc 的 *getcwd()* 也實作此功能。

> GNU C 函式庫也提供兩個其他的函式，用以取得目前工作目錄。衍生自 BSD 的 getwd(path) 函式容易產生緩衝區溢位（buffer overrun），因為此函式無法設定傳回的路徑名稱長度上限。而 get_current_dir_*name()* 函式傳回一個字串，內容是目前工作目錄名稱。此函式雖易於使用，但卻不具可攜性。為了安全性與可攜性，較為推薦使用 *getcwd()*，而不是這兩個函式（只要我們避免使用 GNU 的擴充功能）。

我們只要有適當的權限（大致上，我們具有行程的所有權，或是具備 CAP_SYS_PTRACE 能力），就能透過讀取（*readlink()*）Linux 特有的 /proc/*PID*/cwd 符號連結內容，以確定行程的目前工作目錄。

改變目前工作目錄

系統呼叫 *chdir()* 將呼叫者行程的目前工作目錄改變為 pathname 指定的相對或絕對路徑名稱（若是符號連結，則進行解參考）。

```
#include <unistd.h>

int chdir(const char *pathname);
```

成功時傳回 0，或者錯誤時傳回 -1

系統呼叫 *fchdir()* 與 *chdir()* 功能相同，除了透過先前以 *open()* 開啟檔案取得的檔案描述符指定目錄。

```
#include <unistd.h>

int fchdir(int fd);
```

成功時傳回 0，或者錯誤時傳回 -1

我們可以使用 *fchdir()* 將行程的目前工作目錄更改到另一個位置，接著改回原本的位置，如下所示：

```
int fd;

fd = open(".", O_RDONLY);        /* Remember where we are */
chdir(somepath);                 /* Go somewhere else */
fchdir(fd);                      /* Return to original directory */
close(fd);
```

使用 *chdir()* 達到等效的程式碼如下所示：

```
char buf[PATH_MAX];

getcwd(buf, PATH_MAX);           /* Remember where we are */
chdir(somepath);                 /* Go somewhere else */
chdir(buf);                      /* Return to original directory */
```

18.11 目錄檔案描述符的相關操作

Linux 從 2.6.16 核心起，提供了一系列的新系統呼叫，可進行與傳統系統呼叫類似的工作，但是另外提供一些功能，對有些應用程式非常實用。表 18-2 摘錄這些系統呼叫。我們在本章介紹這些系統呼叫是因為它們對行程的目前工作目錄傳統語意做了一些改變。

表 18-2：使用檔案描述符解譯相對路徑名稱的系統呼叫

新介面	傳統的介面	備註
faccessat()	*access()*	支援 AT_EACCESS 和 AT_SYMLINK_NOFOLLOW 旗標
fchmodat()	*chmod()*	
fchownat()	*chown()*	支援 AT_SYMLINK_NOFOLLOW 旗標
fstatat()	*stat()*	支援 AT_SYMLINK_NOFOLLOW 旗標
linkat()	*link()*	支援（始於 Linux 2.6.18）AT_SYMLINK_FOLLOW 旗標
mkdirat()	*mkdir()*	
mkfifoat()	*mkfifo()*	基於 *mknodat()* 實作的函式庫函式
mknodat()	*mknod()*	
openat()	*open()*	
readlinkat()	*readlink()*	
renameat()	*rename()*	
symlinkat()	*symlink()*	
unlinkat()	*unlink()*	支援 AT_REMOVEDIR 旗標
utimensat()	*utimes()*	支援 AT_SYMLINK_NOFOLLOW 旗標

為了介紹這些系統呼叫，我們以 *openat()* 為例。

```
#define _XOPEN_SOURCE 700      /* Or define _POSIX_C_SOURCE >= 200809 */
#include <fcntl.h>

int openat(int dirfd, const char *pathname, int flags, ... /* mode_t mode */);
                              Returns file descriptor on success, or –1 on error
```

系統呼叫 *openat()* 類似傳統的 *open()* 系統呼叫，只是增加一個 dirfd 參數，其用途如下：

- 若 pathname 是相對路徑名稱，則會被解譯為相對於 dirfd 開啟檔案描述符指向的目錄，而不是相對於行程的目前工作目錄。
- 若 pathname 是相對路徑名稱，且 dirfd 包含了特別的數值 AT_FDCWD，則 pathname 會被解譯為相對於行程目前工作目錄（即與 open(2) 行為相同）。
- 若 pathname 為絕對路徑，則忽略 dirfd 參數。

在 *openat()* 的 flag 參數之目的與 *open()* 相同。然而，表 18-2 所列的部份系統呼叫也支援 *flags* 參數，這是相對應的傳統系統呼叫沒有提供的，而此參數的目的在於修改呼叫的語意。最常提供的旗標是 AT_SYMLINK_NOFOLLOW，其含義是若 pathname 為符號連結，則系統呼叫應該直接操控連結本身，而非符號連結所指向的檔案。

（*linkat()* 系統呼叫提供 AT_SYMLINK_FOLLOW 旗標，其功能相反，改變 *linkat()* 的預設行為，因此若 oldpath 是符號連結時，則對其進行解參考。）其他旗標的細節，請參考使用手冊。

提供表 18-2 的系統呼叫有兩個原因（我們再次以 *openat()* 為例）。

- 使用 *openat()* 可以讓應用程式避免如使用 *open()* 開啟不在當前工作目錄的檔案時可能會發生的競速情況。發生競速的原因是因為，有些路徑名稱的目錄前綴元件會在同時呼叫 *open()* 時發生改變。所以藉由對目標目錄開啟一個檔案描述符，並將描述符傳遞給 *openat()*，則可避免這類的競速。
- 我們在第 29 章會介紹，工作目錄是一個行程屬性，由行程中的每個執行緒共用。但在一些應用程式上，若能讓每個不同的執行緒有其「虛擬」工作目錄是很有用的。應用程式可以使用 *openat()* 與應用程式維護的目錄檔案描述符來模擬這樣的功能。

這些系統呼叫並不在 SUSv3 的規範，但 SUSv4 已將其納入規範。為了揭露這些系統呼叫的宣告，必須在引用適當的標頭檔（如：*open()* 是 <fcntl.h>）以前，將 _XOPEN_SOURCE 功能測試巨集定義為大於或等於 700 的數值，或者是將 _POSIX_C_SOURCE 巨集的值定義為大於或等於 200809。（在 glibc 2.10 以前，還需要定義 _ATFILE_SOURCE 巨集，以揭露這些系統呼叫的宣告。）

表 18-2 的介面在 Solaris 9 及之後的版本，其語意會有點不同。

18.12 改變行程的根目錄：*chroot()*

每個行程都有一個根目錄，此目錄是解譯絕對路徑（即以 / 開始的目錄）時的起點。在預設情況，這是檔案系統真正的根目錄。（新行程繼承父行程的根目錄。）行程有時會需要改變根目錄，而特權級（CAP_SYS_CHROOT）行程則透過 *chroot()* 系統呼叫更改根目錄。

```
#define _BSD_SOURCE
#include <unistd.h>

int chroot(const char *pathname);
```

成功時傳回 0，或者錯誤時傳回 -1

系統呼叫 *chroot()* 將行程的根目錄改為 pathname 指定的目錄（若 pathname 是符號連結，則進行解參考）。從此開始，全部的絕對路徑名稱都會解譯為以檔案系統的該位置做為起點。有時以此用為設定 chroot 監獄，因為程式會被限制在檔案系統的特定區域。

SUSv2 有規範 *chroot()*（標示為 LEGACY），但 SUSv3 又將其刪去。不過，多數的 UNIX 系統都有提供 *chroot()*。

> 指令 chroot 利用 *chroot()* 系統呼叫讓我們能在 chroot 監獄中執行 shell。
>
> 任何行程的根目錄都可以透過讀取（*readlink()*）Linux 特有的 /proc/*PID*/root 符號連結內容取得。

使用 *chroot()* 的典型範例是 ftpd 程式（FTP 伺服器程式），用為一種安全措施，當使用者匿名登入 FTP 時，ftpd 程式使用 *chroot()* 將新行程的根目錄限制在保留給匿名使用者登入使用的目錄。在呼叫 *chroot()* 之後，使用者將受限於其新根目錄底下的檔案系統子樹，因此他們無法環遊整個檔案系統。（這裡成立的條件為，根目錄是自己的父目錄，即 /.. 是連結到 /，因此將目錄切換到 /，以及試著要 cd .. 都會讓使用者留在同一個目錄）。

> 有些 UNIX 系統（不包括 Linux）允許多個硬式連結指向同一個目錄，此時可能會在一個子目錄中建立指向其父目錄（或是更高層級的祖先目錄）的硬式連結。在允許這麼做的系統上，若存在一個硬式連結，可到達監獄目錄樹以外，則可能造成逃獄。指向監獄之外的目錄之符號連結不會造成問題，因為符號連結會被解譯為在行程的新根目錄框架之內，所以不會到達 chroot 監獄之外的地方。

我們通常不能在 chroot 監獄中執行任何程式，因為多數的程式都是動態連結到共享函式庫。因此，我們必須自我限制只能執行靜態連結的程式，或是在監獄中複製一個包含共享函式庫的標準系統目錄（如 /lib 與 /usr/lib）（針對這一點，在 14.9.4 節描述的綁定掛載功能就很有用）。

系統呼叫 *chroot()* 從未被視為一個完全安全的監禁機制。首先，特權級程式之後可以再使用 *chroot()* 呼叫逃出監獄。例如，特權級（CAP_MKNOD）程式可以使用 *mknod()* 建立一個記憶體裝置檔（類似 /dev/mem），並透過該裝置存取 RAM 的內容，那個時候什麼事情都可能發生。通常，最好不要在 chroot 監禁區的檔案系統存放 set-user-ID-root 程式。

即使是非特權的程式，我們也必須小心避免下列可能導致越獄的方法：

- 呼叫 *chroot()* 並不會改變行程的目前工作目錄。因此，通常會在呼叫 *chroot()* 之後呼叫 *chdir()*（例如，在 *chroot()* 呼叫之後執行 chdir(“/”)）。若不這麼做，則行程可以使用相對路徑存取監獄外的檔案與目錄。（有些 BSD 衍生的系統可避免這個可能性，若目前的工作目錄位於新的根目錄樹之外，則藉由 *chroot()* 呼叫可以將目前的工作目錄變更為與根目錄一樣。）
- 若行程持有監獄之外的目錄之開啟檔案描述符，則結合 *fchdir()* 與 *chroot()* 就能逃獄，如下列程式範例所示：

```
int fd;

fd = open("/", O_RDONLY);
chroot("/home/mtk");                /* Jailed */
fchdir(fd);
chroot(".");                        /* Out of jail */
```

  為了防止這種可能性，我們必須關閉全部指向監獄外的目錄之開啟檔案描述符。（有些其他的 UNIX 系統提供 *fchroot()* 系統呼叫，可用於達到與上述程式碼的類似結果。）

- 即使可避開前述的可能性，但仍不足以避免任意的非特權程式（即無法控制其操作的程式）越獄。遭到囚禁的行程仍然能使用 UNIX domain socket 接收（來自另一個行程的）一個指向監獄外的目錄之檔案描述符（我們在 61.13.3 節簡介透過 socket 在行程之間傳遞檔案描述符的概念）。透過呼叫 *fchdir()* 時指定此檔案描述符，程式可以將目前工作目錄設定為監獄之外，並接著就能使用相對路徑名稱存取任意的檔案與目錄。

  有些 BSD 衍生的系統會提供一個 *jail()* 系統呼叫，可解決上述的問題，即使為特權級行程建立一個監獄也是很安全的。

18.13 解析路徑名稱：*realpath()*

函式庫的 *realpath()* 函式會解參考 pathname（以空字元結尾的字串）的全部符號連結，並解析全部引用 /. 與 /.. 的參考，以生成一個以空字元結尾的字串，內含相對應的絕對路徑名稱。

```
#include <stdlib.h>

char *realpath(const char *pathname, char *resolved_path);
```

Returns pointer to resolved pathname on success, or NULL on error

產生的字串會存放在 *resolved_path* 指向的緩衝區，這個緩衝區應該是個長度至少 PATH_MAX 個位元組的字元陣列。呼叫成功時，*realpath()* 也會傳回指向此解析字串的指標。

在 glibc 的 *realpath()* 實作允許呼叫者將 *resolved_path* 參數指定為 NULL。此時，*realpath()* 會為解析的路徑名稱配置一個多達 PATH_MAX 個位元組的緩衝區，並傳回指向該緩衝區的指標。（呼叫者必須自行使用 *free()* 來釋放該緩衝區）。SUSv3 並未將此擴充入規範，但 SUSv4 則納入規範了。

在列表 18-4 的程式使用 *readlink()* 與 *realpath()* 讀取符號連結的內容，並將連結解析為一個絕對路徑名稱。這裡是此程式的使用示範：

```
$ pwd                                   Where are we?
/home/mtk
$ touch x                               Make a file
$ ln -s x y                             and a symbolic link to it
$ ./view_symlink y
readlink: y --> x
realpath: y --> /home/mtk/x
```

列表 18-4：讀取並解析一個符號連結

dirs_links/view_symlink.c

```
#include <sys/stat.h>
#include <limits.h>             /* For definition of PATH_MAX */
#include "tlpi_hdr.h"

#define BUF_SIZE PATH_MAX

int
main(int argc, char *argv[])
{
    struct stat statbuf;
    char buf[BUF_SIZE];
    ssize_t numBytes;

    if (argc != 2 || strcmp(argv[1], "--help") == 0)
        usageErr("%s pathname\n", argv[0]);

    if (lstat(argv[1], &statbuf) == -1)
        errExit("lstat");

    if (!S_ISLNK(statbuf.st_mode))
        fatal("%s is not a symbolic link", argv[1]);

    numBytes = readlink(argv[1], buf, BUF_SIZE - 1);
    if (numBytes == -1)
        errExit("readlink");
```

```
    buf[numBytes] = '\0';                       /* Add terminating null byte */
    printf("readlink: %s --> %s\n", argv[1], buf);

    if (realpath(argv[1], buf) == NULL)
        errExit("realpath");
    printf("realpath: %s --> %s\n", argv[1], buf);

    exit(EXIT_SUCCESS);
}
```

dirs_links/view_symlink.c

18.14 解析路徑名稱字串：*dirname()* 與 *basename()*

函式 *dirname()* 與 *basename()* 將路徑名稱字串分解為目錄與檔名兩個部分。（這些函式執行的任務類似 *dirname(1)* 與 *basename(1)* 指令。）

```
#include <libgen.h>

char *dirname(char *pathname);
char *basename(char *pathname);
```

Both return a pointer to a null-terminated (and possibly statically allocated) string

例如，若路徑名稱是 /home/britta/prog.c，則 *dirname()* 傳回 /home/britta，而 *basename()* 則傳回 prog.c。將 *dirname()* 傳回的字串、一個斜線（/）及 *basename()* 傳回的字串結合起來，則會產生一個完整的路徑名稱。

對於 *dirname()* 與 *basename()* 的操作請注意以下幾點：

- 會忽略 pathname 中結尾的斜線。
- 若 pathname 沒有包含斜線，則 *dirname()* 會傳回字串 .（點），而 *basename()* 傳回 pathname。
- 若 pathname 只由一個斜線字元組成，則 *dirname()* 與 *basename()* 都會傳回字串 /。套用上述的合併規則，所建立的路徑名稱字串為 ///，這是個有效路徑名稱。由於多個連續的斜線等同於單個斜線，所以路徑名稱 /// 就等同於路徑名稱 /。
- 若 pathname 是個 NULL 指標，或是空字串，則 *dirname()* 與 *basename()* 都會傳回字串 .（點）。（拼接這些字串會生成路徑名稱 ./.，這等同 .，即目前的目錄。）

表 18-3 所示為 *dirname()* 與 *basename()* 對各種路徑名稱範例所傳回的字串結果。

表 18-3：*dirname()* 與 *basename()* 傳回的字串範例

路徑名稱字串	*dirname()*	*basename()*
/	/	/
/usr/bin/zip	/usr/bin	zip
/etc/passwd////	/etc	passwd
/etc////passwd	/etc	passwd
etc/passwd	etc	passwd
passwd	.	passwd
passwd/	.	passwd
..	.	..
NULL	.	.

列表 18-5：使用 dirname() 與 basename()

dirs_links/t_dirbasename.c

```
#include <libgen.h>
#include "tlpi_hdr.h"

int
main(int argc, char *argv[])
{
    char *t1, *t2;
    int j;

    for (j = 1; j < argc; j++)  {
        t1 = strdup(argv[j]);
        if (t1 == NULL)
            errExit("strdup");
        t2 = strdup(argv[j]);
        if (t2 == NULL)
            errExit("strdup");

        printf("%s ==> %s + %s\n", argv[j], dirname(t1), basename(t2));

        free(t1);
        free(t2);
    }

    exit(EXIT_SUCCESS);
}
```

dirs_links/t_dirbasename.c

函式 *dirname()* 與 *basename()* 都能修改 pathname 所指向的字串。因此，若我們希望保留原有的路徑名稱字串，則必須傳遞副本給 *dirname()* 與 *basename()*，如列表 18-5 所示。此程式使用 *strdup()*（呼叫 *malloc()*）製作要傳遞給 *dirname()* 與 *basename()* 的字串副本，接著使用 *free()* 釋放重複的字串。

最後須注意，*dirname()* 與 *basename()* 傳回指向靜態配置字串的指標，在後續呼叫相同的函式時，會修改這些字串的內容。

18.15 小結

在 i-node 中並不會包含檔名，檔名是透過目錄中的 entry 指定的，目錄是可列出檔名與 i-node 編號之間對應關係的表格。這些目錄 entry 稱為（硬式）連結。一個檔案可以有多個連結，這些連結之間的地位是平等的。可使用 *link()* 與 *unlink()* 來建立及移除連結。檔案可以使用 *rename()* 系統呼叫重新命名。

可使用 *symlink()* 建立符號（或稱為軟式）連結。符號連結在某些方面與硬式連結類似，其差異在於符號連結可以跨檔案系統，也能指向目錄。一個符號連結只是一個內容包含另一個檔名的檔案，此檔名可透過 *readlink()* 取得。符號連結不會計入（目標）i-node 的連結計數器，若將符號連結指向的檔案移除，則此符號連結將處於懸空狀態。有些系統呼叫會自動解參考符號連結，有些則不會。有些系統會提供兩種版本的系統呼叫，一種會解參考符號連結，另一種則不會，例如 *stat()* 與 *lstat()*。

可使用 *mkdir()* 建立目錄，並使用 *rmdir()* 移除目錄。若要掃描一個目錄的內容，我們可以使用 *opendir()*、*readdir()* 及相關的函式。函式 *nftw()* 允許程式追蹤整棵目錄樹，並呼叫程式人員定義的函式，以處理樹中的每個檔案。

可以使用 *remove()* 函式移除檔案（即一個連結）或一個空目錄。

每個行程都有一個根目錄，以及一個目前工作目錄，分別用以決定絕對路徑與相對路徑的參考點。可透過 *chroot()* 與 *chdir()* 系統呼叫修改這些屬性，而 *getcwd()* 函式則傳回行程的目前工作目錄。

Linux 還提供一組新的系統呼叫（如：*openat()*），其行為與其傳統同級的函式類似（如：*open()*），差異在於新的系統呼叫能以提供給呼叫函式的檔案描述符指定目錄並解譯相對路徑名稱（而非行程的目前工作目錄）。這有助於避免特定類型的競速條件，以及為每個執行緒實作虛擬工作目錄。

函式 *realpath()* 解析一個路徑名稱，會解參考全部的符號連結，並將全部的 . 與 .. 解析為相對應的目錄，以生成相對應的絕對路徑名稱。函式 *dirname()* 與 *basename()* 可用以解析路徑名稱，分成目錄與檔名兩部分。

18.16 習題

18-1. 我們在 4.3.2 節曾提過，我們無法開啟及寫入目前為執行狀態的檔案（*open()* 傳回 -1，並將 errno 設定為 ETXTBSY）。然而，可以在 shell 中執行如下的操作：

```
$ cc -o longrunner longrunner.c
$ ./longrunner &                    Leave running in background
$ vi longrunner.c                   Make some changes to the source code
$ cc -o longrunner longrunner.c
```

最後一個指令覆蓋現有的同檔名執行檔，是怎麼辦到的呢？（提示：在每次編譯之後，使用 *ls -li* 指令觀察可執行檔的 i-node 編號。）

18-2. 以下程式碼中對 *chmod()* 的呼叫為什麼會失敗？

```
mkdir("test", S_IRUSR | S_IWUSR | S_IXUSR);
chdir("test");
fd = open("myfile", O_RDWR | O_CREAT, S_IRUSR | S_IWUSR);
symlink("myfile", "../mylink");
chmod("../mylink", S_IRUSR);
```

18-3. 實作一個 *realpath()* 函式。

18-4. 修改列表 18-2 的程式（list_files.c），以 *readdir _r()* 取代 *readdir()*。

18-5. 實作一個功能等同 *getcwd()* 的函式。提示：要取得目前工作目錄的名稱，可使用 *opendir()* 與 *readdir()* 來追蹤其父目錄（..）中的各個 entry，以找出其中與目前工作目錄具有相同 i-node 編號及裝置編號（即，分別為 *stat()* 與 *lstat()* 傳回的 stat 結構之 *st_ino* 與 *st_dev* 屬性）的 entry。因而可以藉由追蹤目錄樹（*chdir(*“..”*)*）與掃描，一步步建構出目錄路徑。當父目錄就是目前工作目錄時（回想 /.. 與 / 相同的情況），就結束追蹤。無論 *getcwd()* 函式成功或失敗，呼叫者都應該要回到一開始的目錄（使用 *open()* 與 *fchdir()* 就能達成這個目錄）。

18-6. 將列表 18-3 的程式（nftw_dir_tree.c）修改為使用 FTW_DEPTH 旗標。注意在追蹤目錄樹的順序差異。

18-7. 設計一個程式，使用 *nftw()* 追蹤目錄樹，並列印目錄樹中的各類檔案（普通檔案、目錄、符號連結等）的數量與百分比。

18-8. 實作 *nftw()*。（需要使用 *opendir()*、*readdir()*、*closedir()* 與 *stat()* 等系統呼叫。）

18-9. 我們在 18.10 節展示兩個不同的技術（分別為 *fchdir()* 與 *chdir()*），以在將目前工作目錄切換到其他位置之後，傳回之前的目前工作目錄。假設我們正重複執行這個操作，你認為那個方法比較有效率？為什麼？寫個程式驗證你的答案。

19

監控檔案事件

一些應用程式為了知道監控的物件（object）發生了哪些事件，需要能夠監視檔案或目錄。例如：一個圖形化檔案管理程式需要可以知道檔案何時從目前正在顯示的目錄中新增與刪除，或者一個守護程式（daemon）可能想要監視它的組態檔案，以得知檔案是否有改變。

從核心（kernel）2.6.13 起，Linux 提供了 inotify 機制，接受應用程式監控檔案事件。本章介紹 inotify 的使用。

inotify 機制取代了舊有的 dnotify 機制，以前的機制提供的功能是 inotify 的子集合。我們在本章結尾會簡述 dnotify，強調為何 inotify 比較好。

inotify 與 dnotify 機制是 Linux 特有的。（一些其他的系統有提供類似的機制，例如：BSD 提供 kqueue API）。

> 一些函式庫提供一個比 inotify 與 dnotify 還要抽象化與可移植的 API。有些應用程式會傾向使用這些函式庫。部分的函式庫在它們所在的系統有支援 inotify 或 dnotify 時，則會採用 inotify 或 dnotify，如：FAM（File Alteration Monitor，*http://oss.sgi.com/projects/fam/*）與 Gamin（*http://www.gnome.org/~veillard/gamin/*）。

19.1 概觀

使用 inotify API 的關鍵步驟如下：

1. 應用程式使用 *inotify_init()* 建立一個 inotify 實體（instance）。這個系統呼叫（system call）傳回一個檔案描述符（file descriptor），可以在之後的操作（operation）中用來參考 inotify 實體。

2. 應用程式通知核心有興趣的檔案，透過使用 *inotify_add_watch()* 新增項目（item）到前述步驟建立的 inotify 實體之監看清單（watch list）。每個監看的項目都有一個路徑名稱（pathname）與一個相關的位元遮罩（bit mask）。位元遮罩指定要監視的路徑名稱事件集合。如同它的函式傳回值，*inotify_add_watch()* 傳回一個 watch 描述符，可供後續的操作參考到該監看。（*inotify_rm_watch()* 系統呼叫則執行反向工作，移除之前新增到 inotify 實體的監看）。

3. 為了取得事件通知，應用程式對 inotify 檔案描述符執行 *read()* 操作。每次成功 *read()* 會傳回一個以上的 *inotify_event* 結構，每個結構包含的資訊是透過 inotify 實體監看的其中一個路徑名稱所發生的事件。

4. 當應用程式結束監控時，它會關閉 inotify 檔案描述符，這會自動移除與 inotify 實體相關的所有監看項目。

inotify 機制可以用來監視檔案或目錄。當監控目錄時，應用程式會收到目錄自己與目錄中檔案的相關事件通知。

inotify 監視機制並不是遞迴的。若一個應用程式想要監視在一個子樹中的全部目錄事件時，它必須對樹上的每個目錄進行 *inotify_add_watch()* 呼叫。

可以用 *select()*、*poll()*、*epoll* 與訊號驅動 I/O（signal-driven I/O）（從 Linux 2.6.25 起）監視一個 inotify 檔案描述符。若有可讀的事件時，那麼這些介面會指出 inotify 檔案描述符為可讀的。更多這些介面的細節請參考第 63 章。

> inotify 機制是一個選配的 Linux 核心元件，可透過 CONFIG_INOTIFY 與 CONFIG_INOTIFY_USER 選項進行設定。

19.2 inotify API

inotify_init() 系統呼叫建立一個新的 inotify 實體。

```
#include <sys/inotify.h>

int inotify_init(void);
```
Returns file descriptor on success, or –1 on error

如同其函式傳回值，*inotify_init()* 傳回一個檔案描述符，這個檔案描述符是供後續操作參考的 inotify 實體。

> 從核心 2.6.27 開始，Linux 支援一個新的、非標準的系統呼叫（*inotify_init1()*）。這個系統呼叫與 *inotify_init()* 執行相同的工作，但是提供一個額外的參數「flags」，可以用來修改系統呼叫的行為。兩個旗標都有支援，IN_CLOEXEC 旗標讓核心對新的檔案描述符啟用 close-on-exec 旗標（FD_CLOEXEC）。這個旗標的實用理由與 4.3.1 節所述的 *open()* O_CLOEXEC 旗標一樣。IN_NONBLOCK 旗標讓核心對底層的開啟檔案描述符（open file description）啟用 O_NONBLOCK 旗標，所以之後的讀取會是非阻塞式（nonblocking），這樣可以不用額外呼叫 *fcntl()*，就能達到同樣的結果。

inotify_add_watch() 系統呼叫對 fd 檔案描述符所參考的 inotify 實體新增一個新的監看項目或修改監看清單中現有的監看項目（參考圖 19-1）。

```
#include <sys/inotify.h>

int inotify_add_watch(int fd, const char *pathname, uint32_t mask);
```
Returns watch descriptor on success, or –1 on error

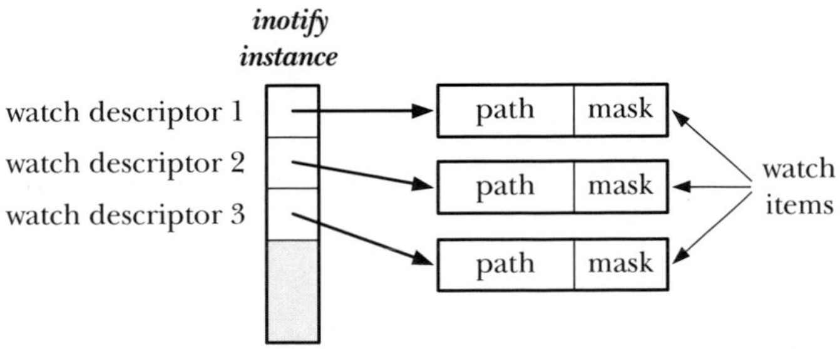

圖 19-1：一個 inotify 實體與相關的核心資料結構

pathname 參數識別所要建立或修改監看項目之檔案，呼叫者必須有檔案的讀取權限。（檔案權限檢查只會進行一次，在 *inotify_add_watch()* 呼叫時）。只要監看項目持續存在，呼叫者就會不斷收到檔案通知，即使檔案權限之後改變了，而不再有檔案的讀取權限也是如此）。

mask 參數是位元遮罩，用來設定所要監視的 pathname 之事件。我們很快會對 mask 設定的位元值多談一些。

若沒有事先將 pathname 新增到 fd 的監看清單，那麼 *inotify_add_watch()* 會在清單裡建立一個新的監看項目，並傳回一個新的、不為負值的監看描述符，這可供後續的操作參考監看項目。這個監看描述符對這個 inotify 實體而言是獨一無二的。

若有事先將 pathanme 新增到 fd 的監看清單中，那麼 *inotify_add_watch()* 會修改 pathname 的現存監看項目遮罩，並傳回那個項目的監看描述符。（這個監看描述符與一開始將 pathname 新增到這個監看清單的 *inotify_add_watch()* 呼叫傳回值相同）。當我們在下一節介紹 `IN_MASK_ADD` 旗標時，會再詳加介紹可能如何修改遮罩。

inotify_rm_watch() 系統呼叫移除 inotify 實體（fd 檔案描述符）的 wd 所指定的監看項目。

```
#include <sys/inotify.h>

int inotify_rm_watch(int fd, int wd);
```

成功時傳回 0，或者錯誤時傳回 -1

wd 參數是之前呼叫 *inotify_add_watch()* 所傳回的一個監看描述符。

移除監看會引發一個由這個監看描述符產生的 `IN_IGNORED` 事件，我們很會就會對此事件詳加介紹。

19.3 inotify Events

當我們用 *inotify_add_watch()* 建立或修改一個監看時，mask 位元遮罩參數可識別要監視的 pathname 事件。可以在 mask 中設定的事件位元如表 19-1 的 In 那行所示。

表 19-1：*inotify* 事件

位元值	In	Out	說明
IN_ACCESS	●	●	存取過的檔案（*read()*）
IN_ATTRIB	●	●	檔案的中繼資料（metadata）已經改變
IN_CLOSE_WRITE	●	●	開啟提供寫入的檔案已經關閉
IN_CLOSE_NOWRITE	●	●	開啟提供唯讀的檔案已經關閉
IN_CREATE	●	●	在監看的目錄裡建立了檔案 / 目錄
IN_DELETE	●	●	在監看的目錄裡刪除了檔案 / 目錄
IN_DELETE_SELF	●	●	監看的檔案 / 目錄自行刪除了
IN_MODIFY	●	●	檔案已經修改
IN_MOVE_SELF	●	●	監看的檔案 / 目錄自行移除了
IN_MOVED_FROM	●	●	檔案移出所監看的目錄
IN_OPEN	●	●	檔案已經開啟
IN_ALL_EVENTS	●		呈現所有上列的輸入事件
IN_MOVE	●		呈現 IN_MOVED_FROM ｜ IN_MOVED_TO
IN_CLOSE	●		呈現 IN_CLOSE_WRITE ｜ IN_CLOSE_NOWRITE
IN_DONT_FOLLOW	●		不要對符號連結進行解參考（從 Linux 2.6.15 起）
IN_MASK_ADD	●		新增事件到 *pathname* 目前的監看遮罩
IN_ONESHOT	●		監視只有一個事件的 *pathname*
IN_ONLYDIR	●		若 *pathname* 不是目錄時會失敗（從 Linux 2.6.15 起）
IN_IGNORED		●	應用程式或核心已經移除 watch
IN_ISDIR		●	在 *name* 中傳回的檔案名稱是一個目錄
IN_Q_OVERFLOW		●	事件佇列發生溢位（Overflow on event queue）
IN_UNMOUNT		●	包含物件的檔案系統已經卸載

在表 19-1 裡多數的位元意義從它們的名字已經不證自明，下列幾點可釐清一些細節：

- 當權限、所有者、連結計數、擴充屬性、使用者 ID 或群組 ID 等的檔案中繼資料改變時，會發生 IN_ATTRIB 事件。
- 當一個受監視的物件（如：一個檔案或目錄）刪除時，會發生 IN_DELETE_SELF 事件。當受監視的物件是目錄且目錄所包含的其中一個檔案被刪掉時，會發生 IN_DELETE 事件。
- 當一個受監視的物件重新命名時，會發生 IN_MOVE_SELF 事件。當在受監視目錄中的一個物件重新命名時，會發生 IN_MOVED_FROM 與 IN_MOVED_TO 事件。
- IN_DONT_FOLLOW、IN_MASK_ADD、IN_ONESHOT 與 IN_ONLYDIR 位元沒有設定所要監視的事件，反而，它們控制 *inotify_add_watch()* 呼叫的操作。

- 若 pathname 是符號連結時，IN_DONT_FOLLOW 指定不要進行解參考。這讓應用程式可以監視一個符號連結，而不是符號連結所參考的檔案。
- 若我們執行一個 *inotify_add_watch()* 呼叫設定一個已經透過 inotify 檔案描述符監視的 pathname 時，那麼，所給的 mask 預設會用來取代這個監看項目現在的遮罩。若有指定 IN_MASK_ADD 時，那麼目前的遮罩會取代為與 mask 進行 OR 運算後的結果。。
- IN_ONESHOT 讓應用程式可以監視 pathname 的單個事件，在那個事件之後，監看項目會自動從監看清單移除。
- IN_ONLYDIR 允許應用程式只監視目錄型 pathname，若 pathname 不是目錄時，那麼 *inotify_add_watch()* 會發生 ENOTDIR 錯誤。使用這個旗標可以避免發生競速情況，在我們想要確保監視的對象是目錄時。

19.4 讀取 inotify 事件

已經註冊於監看清單的項目可以讓應用程式用 *read()* 從 inotify 檔案描述符讀取事件，以判斷已經發生哪個事件。若沒有事件發生，那麼 *read()* 會發生阻塞，直到到有任何事件發生為止（除非已經為該檔案描述符設定 O_NONBLOCK 狀態旗標，在這樣的例子，若沒有任何可讀的事件時，則 *read()* 會馬上失敗並發生 EAGAIN 錯誤）。

在事件發生之後，每次 *read()* 會傳回一個緩衝區（參考 19-2），內容包含了一個或多個下列型別的資料結構：

```
struct inotify_event {
    int      wd;          /* 發生事件的監看描述符 */
    uint32_t mask;        /* 用於表示發生事件的位元 */
    uint32_t cookie;      /* 相關事件的 cookie（用於 rename()） */
    uint32_t len;         /* 'name' 欄位的大小 */
    char     name[];      /* 選配的檔名，以 NULL 結束 */
};
```

wd 欄位告訴我們發生這個事件的監看描述符，這個欄位內容是之前呼叫 *inotify_add_watch()* 傳回的其中一個值。當應用程式正在透過相同的一個 inotify 檔案描述符監視多個檔案或目錄時，wd 欄位就派上用場了。它提供連結允許應用程式判斷發生事件的特定檔案或目錄（為了完成這件事，應用程式必須維護一個與 pathnames 相關的監看描述符之「簿記，bookkeeping」資料結構）

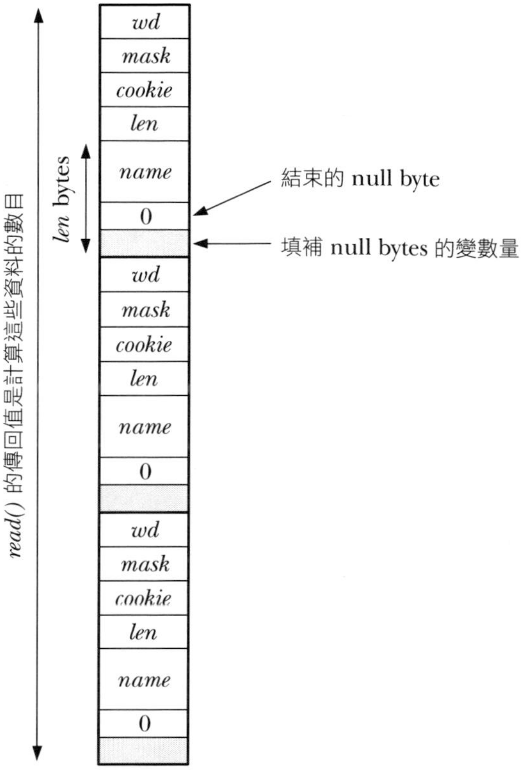

圖 19-2：包含三個 inotify_event 結構的輸入緩衝區

mask 欄位傳回一個敘述該事件的位元遮罩，可以出現在 mask 中的位元範圍如表 19-1 中的 out 欄所示。注意下列與特定位元相關的額外細節：

- 移除一個監看時會產生 IN_IGNORED 事件。發生的原因有兩個：應用程式使用 *inotify_rm_watch()* 呼叫以明確地移除監看，或者由核心默默地移除。因為監視的物件被刪除了或是所在的檔案系統已經卸載了（umount）。當以 IN_ONESHOT 建立的監看已經自動移除時，不會產生 IN_IGNORED 事件，因為已經觸發過一個事件了。
- 若事件的對象是一個目錄，那麼不止一些其他的位元，IN_ISDIR 位元也將會設定於 mask 中。
- IN_UNMOUNT 事件通知應用程式受監控物件所在的檔案系統已經卸載。在這個事件之後，包含 IN_IGNORED 位元的後續事件仍會被傳遞。
- 我們在 19.5 節會說明 INQ_OVERFLOW，此旗標探討排隊中的 inotify 事件限制。

cookie 欄位用來將相關的事件綁在一起。目前這個欄位只有在重新命名檔案時會用到。在檔案重新命名時，會在檔案原本的目錄產生 IN_MOVED_FROM 事件，而在檔案的目的目錄產生 IN_MOVED_TO 事件。（若對目錄中的檔案重新命名，那麼同一個目錄中的兩個事件都會發生）。這兩個事件在它們的 cookie 欄位將有相同的唯一值，因而讓應用程式可以關聯它們。對於其他類型的全部事件，cookie 欄位會設定為 0。

當受監視目錄中的檔案發生事件時，name 欄位會用來傳回一個以 NULL 結尾的字串，用來識別那個檔案。若發生事件的是受監視物件自己時，那麼就不會使用 name 欄位，而且 len 欄位將會是 0。

len 欄位表示實際配置多少的資料給 name 欄位，需要這個欄位的原因是：name 中的字串結尾與下個 *inotify_event* 結構的起點之間會有額外的填充資料。inotify_event 結構包含於 *read()* 傳回的緩衝區中，（參考圖 19-2）。單個 inotify 事件的長度是 *sizeof(struct inotify_event) + len*。

若傳遞給 *read()* 的緩衝區因為太小而無法儲存下一個 inotify_event 結構，那麼 *read()* 會發生 EINVAL 錯誤的失敗來警告應用程式這件事情。（在 2.6.21 以前的核心，*read()* 對於這種情況會傳回 0。改為使用 EINVAL 錯誤可明確指出程式設計的錯誤）。應用程式可以透過執行另一個有較大緩衝區的 *read()* 來回應。然而，透過確保緩衝區總是大到足以儲存至少一個事件可以完全避開問題：給 *read()* 的緩衝區至少是（*size(struct inotify_event) + NAME_MAX +1*）個位元組，這裡的 NAME_MAX 是檔名的最大長度加一（包含結束的空位元組）。

使用比最小值還要大的緩衝區大小可以讓應用程式比較有效率的在一次的 *read()* 中取得多個事件。*read()* 從 inotify 檔案描述符讀取事件的最小數量與所提供緩衝區中符合的事件數目。

> 呼叫 ioctl(fd, FIONREAD, &numbytes) 會傳回 fd 檔案描述符所參考的 inotify 實體目前可讀取的位元組數。

從 inotify 檔案描述符讀取的事件形成一個有序的佇列（ordered queue）。因而，例如，當檔案重新命名時，保障可以在 IN_MOVED_TO 事件以前讀取 IN_MOVED_FROM 事件。

當附加一個新的事件到事件佇列（event queue）結尾時，若兩個事件在 *wd*、*mask*、*cookie* 與 *name* 有相同值時，核心會將新的事件與佇列尾端的事件合併（讓新的事件實際上沒有去排隊）。這樣做是因為許多應用程式不需要知道同一種事件的重複實體，且捨棄多餘的事件以降低事件佇列所需的（核心）記憶體數量。然而，這表示我們不能使用 inotify 來可靠地判斷發生多少次的事件或事件重複發生的頻率。

範例程式

雖然在之前的介紹有許多細節，不過 inotify API 其實是很容易上手的，列表 19-1 展示了 inotify 的用法。

列表 19-1：使用 inotify API

inotify/demo_inotify.c

```
#include <sys/inotify.h>
#include <limits.h>
#include "tlpi_hdr.h"

static void             /* Display information from inotify_event structure */
displayInotifyEvent(struct inotify_event *i)
{
    printf("    wd =%2d; ", i->wd);
    if (i->cookie > 0)
        printf("cookie =%4d; ", i->cookie);

    printf("mask = ");
    if (i->mask & IN_ACCESS)        printf("IN_ACCESS ");
    if (i->mask & IN_ATTRIB)        printf("IN_ATTRIB ");
    if (i->mask & IN_CLOSE_NOWRITE) printf("IN_CLOSE_NOWRITE ");
    if (i->mask & IN_CLOSE_WRITE)   printf("IN_CLOSE_WRITE ");
    if (i->mask & IN_CREATE)        printf("IN_CREATE ");
    if (i->mask & IN_DELETE)        printf("IN_DELETE ");
    if (i->mask & IN_DELETE_SELF)   printf("IN_DELETE_SELF ");
    if (i->mask & IN_IGNORED)       printf("IN_IGNORED ");
    if (i->mask & IN_ISDIR)         printf("IN_ISDIR ");
    if (i->mask & IN_MODIFY)        printf("IN_MODIFY ");
    if (i->mask & IN_MOVE_SELF)     printf("IN_MOVE_SELF ");
    if (i->mask & IN_MOVED_FROM)    printf("IN_MOVED_FROM ");
    if (i->mask & IN_MOVED_TO)      printf("IN_MOVED_TO ");
    if (i->mask & IN_OPEN)          printf("IN_OPEN ");
    if (i->mask & IN_Q_OVERFLOW)    printf("IN_Q_OVERFLOW ");
    if (i->mask & IN_UNMOUNT)       printf("IN_UNMOUNT ");
    printf("\n");

    if (i->len > 0)
        printf("        name = %s\n", i->name);
}

#define BUF_LEN (10 * (sizeof(struct inotify_event) + NAME_MAX + 1))

int
```

```
    main(int argc, char *argv[])
    {
        int inotifyFd, wd, j;
        char buf[BUF_LEN] __attribute__ ((aligned(8)));
        ssize_t numRead;
        char *p;
        struct inotify_event *event;

        if (argc < 2 || strcmp(argv[1], "--help") == 0)
            usageErr("%s pathname...\n", argv[0]);

①       inotifyFd = inotify_init();                 /* Create inotify instance */
        if (inotifyFd == -1)
            errExit("inotify_init");

        for (j = 1; j < argc; j++) {
②           wd = inotify_add_watch(inotifyFd, argv[j], IN_ALL_EVENTS);
            if (wd == -1)
                errExit("inotify_add_watch");

            printf("Watching %s using wd %d\n", argv[j], wd);
        }

        for (;;) {                                  /* Read events forever */
③           numRead = read(inotifyFd, buf, BUF_LEN);
            if (numRead == 0)
                fatal("read() from inotify fd returned 0!");

            if (numRead == -1)
                errExit("read");

            printf("Read %ld bytes from inotify fd\n", (long) numRead);

            /* Process all of the events in buffer returned by read() */

            for (p = buf; p < buf + numRead; ) {
                event = (struct inotify_event *) p;
④               displayInotifyEvent(event);

                p += sizeof(struct inotify_event) + event->len;
            }
        }

        exit(EXIT_SUCCESS);
    }
```

inotify/demo_inotify.c

列表 19-1 中的程式執行下列的步驟：

- 使用 *inotify_init()* 建立一個 inotify 檔案描述符 ①。
- 使用 *inotify_add_watch()* 對程式每個命令列參數中的檔名新增一個監看項目 ②。每個監看項目監看可能發生的全部事件。
- 執行一個無窮迴圈：
  - 從 inotify 檔案描述符讀取事件並存入緩衝區③。
  - 呼叫 *displayInotifyEvent()* 函式來顯示緩衝區④中的每個 *inotify_event* 結構內容。

下列的 shell 作業階段（session）示範列表 19-1 程式的用法，我們先從在背景執行監視兩個目錄的其中一個程式開始：

```
$ ./demo_inotify dir1 dir2 &
[1] 5386
Watching dir1 using wd 1
Watching dir2 using wd 2
```

接著我們執行指令，在兩個目錄中產生事件，我們先使用用 cat(1) 建立檔案：

```
$ cat > dir1/aaa
Read 64 bytes from inotify fd
    wd = 1; mask = IN_CREATE
        name = aaa
    wd = 1; mask = IN_OPEN
        name = aaa
```

上列背景程式產生的輸出顯示 *read()* 在緩衝區存放兩個事件，我們繼續對檔案輸入一些字，接著以終端機的 end-of-file 字元結束：

```
Hello world
Read 32 bytes from inotify fd
    wd = 1; mask = IN_MODIFY
        name = aaa
Type Control-D
Read 32 bytes from inotify fd
    wd = 1; mask = IN_CLOSE_WRITE
        name = aaa
```

我們接著將檔案搬到另一個受監視的目錄，這會導致兩個事件，一個是檔案移動的來源目錄（監看描述符 1），而另一個是目的目錄（監看描述符 2）：

```
$ mv dir1/aaa dir2/bbb
Read 64 bytes from inotify fd
    wd = 1; cookie = 548; mask = IN_MOVED_FROM
        name = aaa
```

```
    wd = 2; cookie = 548; mask = IN_MOVED_TO
        name = bbb
```

這兩個事件共享同樣的 cookie 值，讓應用程式將它們連結在一起。

當我們在其中一個受監視的目錄底下建立一個子目錄時，在產生結果事件中的遮罩包含 IN_ISDIR 位元，表示這個事件的對象是一個目錄：

```
$ mkdir dir2/ddd
Read 32 bytes from inotify fd
    wd = 2; mask = IN_CREATE IN_ISDIR
        name = ddd
```

此時，值得一再強調的是 inotify 監視是不可遞迴的，若應用程式想要在新建立目錄中監視事件時，那麼它會需要再執行一個 *inotify_add_watch()* 呼叫來設定子目錄的 pathname。

最後，我們移除其中一個受監視的目錄：

```
$ rmdir dir1
Read 32 bytes from inotify fd
    wd = 1; mask = IN_DELETE_SELF
    wd = 1; mask = IN_IGNORED
```

最後的事件，產生 IN_IGNORED 來通知應用程式，告知核心已經從監看清單移除了這個監看項目。

19.5 佇列限制與 /proc 檔案

排隊中的 inotify 事件需要核心記憶體，基於這個理由，核心對 inotify 機制的操作設定各種限制，超級使用者（superuser）可以透過 /proc/sys/fs/inotify 目錄中的三個檔案設定這些限制：

max_queued_events

當呼叫 *inotify_init()* 時，這個值是用來設定可以在新的 inotify 實體上排隊的事件數量上限。若達到這個限制時，那麼會產生 IN_Q_OVERFLOW 事件與被丟棄的超額事件。wd 欄位在溢位事件的值是 -1。

max_user_instances

這個是每個真實使用者 ID（real user ID）可以建立的 inotify 實體數量限制。

max_user_watches

這是每個真實使用者 ID（real user ID）可以建立的監看項目數量限制。

通常這三個檔案的預設值分別是 16,384、128 與 8192。

19.6 較舊的系統監視檔案事件：*dnotify*

Linux 提供另一個監視檔案事件的機制，這項機制稱為 dnotify，從核心 2.4 起就已經支援，但是已經被 inotify 取代了。與 inotify 相較之下，dnotify 機制受到許多限制：

- dontify 機制透過傳送訊號（signal）給應用程式以提供事件通知。利用訊號做為通知機制會複雜化應用程式的設計（22.12 節）。這也使得難以在函式庫中使用 dnotify，因為呼叫程式可能改變通知訊號的處置（disposition）。而 inotify 機制沒有使用訊號。
- 監視的 dnotify 單位是一個目錄。當對那個目錄中的任何檔案進行操作時，應用程式會收到通知。相對地，inotify 可以用來監視目錄或單獨的檔案。
- 為了監視一個目錄，dnotify 需要應用程式開啟那個目錄的檔案描述符。使用檔案描述符會引起兩個問題，第一，由於忙碌，所以包含那個目錄的檔案系統不能被卸載；第二，因為每個目錄都需要檔案描述符，所以應用程式最終會消耗大量的檔案描述符。因為 inotify 沒有使用檔案描述符，所以可以避免這些問題。
- 由 dnotify 提供的檔案事件相關資訊沒有 inotify 提供的來的精準。當受監視目錄中的檔案改變時，dnotify 告訴我們發生的事件，但沒有告訴我們在該事件包含的是哪個檔案，應用程式必須透過快取資訊中的目錄內容來判斷。此外，inotify 在發生的事件類型上，提供比 dnotify 更詳細的資訊。
- 在一些情況下，dnotify 沒有提供可靠的檔案事件通知。

關於 dnotify 的深入資訊可以參考在 *fcntl(2)* 的 man 使用手冊中的 `F_NOTIFY` 操作說明，以及核心原始檔 `Documentation/dnotify.txt`。

19.7 小結

當受監視的檔案與目錄集合的事件（檔案的開啟、關閉、建立、刪除、修改、重新命名等）發生時，Linux 特有的 inotify 機制讓應用程式可以取得通知。inotify 機制接替較舊的 dnotify 機制。

19.8 習題

19-1. 設計一個程式，記錄命令列參數指定的目錄底下之所有檔案的建立、刪除與重新命名。程式必須監視指定目錄底下的所有子目錄底下之事件。要取得這些子目錄全部的清單，你需要使用 *nftw()*（18.9 節）。當在樹底下新增一個子目錄或是刪除一個目錄時，應該要更新受監視的子目錄集合。

20

訊號（signal）：基本概念

本章與後續兩章會討論訊號（signal），雖然基本概念很單純，但因為要涵蓋許多細節，所以我們的篇幅會較長。

本章涵蓋下列主題：

- 各種不同的訊號與其用途。
- 核心（kernel）會為行程（process）產生訊號的情況，以及行程用來送出訊號給另一個行程的系統呼叫（system call）。
- 行程預設如何回應訊號，以及行程可以改變回應訊號的方式，尤其是使用訊號處理常式（signal handler），這是由程式人員定義的函式，行程在收到訊號時會自動呼叫。
- 使用行程訊號遮罩（signal mask）來阻塞訊號，以及擱置訊號（pending signal）等相關概念。
- 行程如何暫停執行，並等待訊號抵達。

20.1 概念與總覽

訊號（signal）可通知行程有事件發生，有時稱為軟體中斷（software interrupt）。訊號與硬體中斷的相似之處在於，訊號會中斷程式正常的執行流程，在多數情況都無法準確預測訊號何時抵達。

行程可以（若有適當的權限）送出訊號給另一個行程，訊號在此可做為同步（synchronization）技術，或甚至是行程間通信（IPC，interprocess communication）的原始形式。行程也可以送訊號給自己。然而，多數送給行程的訊號都是來自核心，會引發核心產生訊號給行程的事件類型如下：

- 硬體異常：即硬體檢測到一個錯誤狀況並通知核心，隨即由核心發送相對應的訊號給相關行程。硬體異常的例子包括執行到錯誤格式的機器語言指令，比如：除以 0、或所參考的部分記憶體無法存取。
- 使用者輸入會讓終端機產生訊號的特殊字元：其中包括中斷字元（通常是 Control-C）、及暫停字元（通常是 Control-Z）。
- 在發生軟體事件之後：例如，檔案描述符的輸入變為可輸入、調整終端機視窗大小、計時器到期、行程超過 CPU 時間限制，或是行程的一個子行程終止了。

每個訊號都定義為一個唯一的（小）整數，從 1 依序開始，這些整數定義於 `<signal.h>`，符號名稱如 `SIGxxxx` 格式。因為每個訊號使用的數值隨系統而異，所以在程式中都是使用這些符號名稱。例如，當使用者輸入中斷字元時，會傳送 `SIGINT`（訊號編號為 2）給行程。

訊號分為兩大類，第一組包含傳統的或標準的訊號，供核心給行程的事件通知。在 Linux 系統，標準訊號的編號範圍為 1 到 31。我們在本章會介紹這些標準訊號，另一組訊號包含即時訊號（realtime signal），與標準訊號的差異將在 22.8 節介紹。

訊號是由事件產生，一旦產生訊號，則隨著傳遞給一個行程，而接著行程針對訊號採取相對的回應動作。訊號從產生到送達行程這段期間，稱為擱置中（pending）。

通常，當行程是下個要排班執行的行程時，就會盡快將擱置訊號送達行程，若行程已正在執行，則會立刻送達（例如，若行程送訊號給自己）。不過，我們需要確保一段程式碼不會受到抵達的訊號中斷，因此，我們可以將訊號增加到行程的訊號遮罩（signal mask），一組在目前抵達會受到阻塞的訊號。若產生的訊號在訊號遮罩名單內，則訊號抵達時會發生阻塞，並保持為擱置狀態，直到之後解除阻塞（從訊號遮罩中移除）。行程可使用各式系統呼叫對訊號遮罩新增與移除訊號。

在訊號抵達之後，行程會依據訊號執行下列其中一個預設動作：

- **忽略訊號**：即核心會丟棄訊號，而不影響行程（行程不會知道這件事情）。
- **終止（殺死）行程**：有時是指行程異常終止，而不是行程使用 *exit()* 的正常終止。
- **產生核心傾印檔**（*core dump file*），**同時行程終止**：核心傾印檔包含行程虛擬記憶體的映像檔（image），可將其載入除錯器，以檢查行程終止時的狀態。
- **停止行程**：暫時停止執行行程。
- 將之前被暫停的行程恢復執行。

除了依據特定訊號而採取的預設行為，程式也能改變訊號抵達時的反應動作，即所謂的訊號處置（disposition）設定，程式可以將對訊號進行的處置如下：

- 採取預設行為，可用於還原之前訊號處置對某些事情的改變（非預設行為）。
- 忽略訊號，用在預設行為是結束行程的訊號。
- 執行訊號處理常式。

訊號處理常式是個由程式人員所設計的函式，可依據抵達的訊號執行適當的任務。例如，shell 為 SIGINT 訊號（由中斷字元 Control-C 產生）提供一個處理常式，可以停止目前 shell 正在執行的工作，並將控制權交給主要的輸入迴圈，以便再次向使用者呈現 shell 提示字元。通知核心應當去呼叫某一處理常式，通常稱為安裝（install）或建立（establish）訊號處理常式。在呼叫訊號處理常式以回應抵達的訊號時，我們稱訊號已處理（handled），或已捕獲（caught）。

請注意，無法將訊號處置設定為終止行程或傾印核心（除非這是訊號本身的預設處置）。我們能做到最相近的方式是為訊號安裝一個處理常式，並於其中呼叫 *exit()* 或 *abort()*。函式 *abort()*（21.2.2 節）為行程產生一個 SIGABRT 訊號，此訊號會讓行程傾印核心檔並終止。

> 在 Linux 特有的 /proc/*PID*/status 檔案包含各種位元遮罩欄位，可用以檢測與決定行程對訊號的處理。位元遮罩以十六進位的數字表示，最低有效位元代表的訊號是 1，相鄰的左邊一位代表訊號 2，依此類推。這些欄位分別是 SigPnd（個別執行緒的擱置訊號）、ShdPnd（整個行程的擱置訊號，始於 Linux 2.6）、SigBlk（阻塞訊號）、SigIgn（忽略訊號）與 SigCgt（捕獲訊號）。（我們會在 33.2 節介紹多執行緒行程的訊號處理，這有助於我們釐清 SigPnd 與 ShdPnd 之間的差異。）使用 ps(1) 指令的各個選項也能取得相同的資訊。

從早期的 UNIX 系統開始就有提供訊號功能，不過亦歷經了一些變革。在早期的系統中，訊號在特定場合可能會遺失（即沒有送達目標行程）。此外，雖然在執行臨界區間的程式碼（critical code）時，系統會提供阻塞訊號傳遞的措施，但阻塞也不可靠。這些問題在 4.2BSD 提供所謂的可靠訊號（reliable signal）時獲得解決（BSD 的創新是提供額外的訊號以支援 shell 的工作控制，我們會在 34.7 節介紹）。

System V 也新增訊號的可靠語意，但使用的模型與 BSD 不相容。這些不相容性一直到 POSIX.1-1990 標準出現之後才獲得解決，此標準使用的可靠訊號規範絕大多數都是基於 BSD 模型。

我們在 22.7 節會探討可靠與不可靠訊號的細節，22.13 節則簡要說明舊版 BSD 與 System V 的訊號 API。

20.2 訊號類型與預設行為

我們稍早提過，Linux 的標準訊號編號是從 1 到 31。然而，Linux 於 *signal(7)* 使用手冊列出超過 31 個訊號名稱。名稱過量有許多原因，有些名稱只是其他名稱的同義詞，定義的目的只是為了相容於其他的 UNIX 系統。而有些其他的名稱雖有定義，但卻並未使用。下列清單介紹各種的訊號：

`SIGABRT`

行程在呼叫 *abort()* 函式（21.2.2 節）時會收到系統送來的訊號。預設情況下，此訊號會終止行程，並產生核心傾印檔，這就是 *abort()* 呼叫的預期目的：產生除錯用途的核心傾印檔。

`SIGALRM`

以 *alarm()* 或 *setitimer()* 設定的即時計時器（real-time timer）到期時，核心會產生此訊號。即時計時器是根據壁鐘時間（wall clock time）計時（即人們對已經過時間的概念）。細節請見 23.1 節。

`SIGBUS`

此訊號（匯流排錯誤，bus error）用以表示發生某種的記憶體存取錯誤。如 49.4.3 節所述，在使用由 *mmap()* 建立的記憶體映射時，若我們試圖存取的位址超出了底層記憶體映射檔案的結尾，則會發生此錯誤。

SIGCHLD

在父行程的其中一個子行程終止時（因呼叫 *exit()* 或因訊號而結束），此訊號（由核心）送給父行程。當父行程的其中一個子行程因訊號而停止或恢復時，也會送訊號給父行程，我們會在 26.3 節詳細探討 SIGCHLD。

SIGCLD

這是 SIGCHLD 訊號的同義字。

SIGCONT

將此訊號送給已停止的行程時，該行程將會恢復執行（即在一段時間之後重新排班執行）。當收到此訊號的行程目前不是停止狀態時，預設會忽略此訊號。行程可以捕捉此訊號，以便行程在恢復執行時可以執行某些動作。關於此訊號的更多細節請參考 22.2 節與 34.7 節。

SIGEMT

在 UNIX 系統通常將此訊號用來表示一個依實作而定的硬體錯誤。Linux 系統只在 Sun SPARC 平台使用此訊號。尾碼的 EMT 源自模擬器陷阱（emulator trap），是 Digital PDP-11 的一個組合語言程式助憶符。

SIGFPE

此訊號因特定類型的算術運算錯誤而產生，比如除以 0。尾碼的 FPE 是浮點例外（floating-point exception）的縮寫，不過整數算術錯誤也會產生此訊號。該訊號於何時產生的精確細節取決於硬體架構和對 CPU 控制暫存器的設定。例如，在 x86-32 架構中，整數除以 0 一定會產生 SIGFPE 訊號，但是對浮點數除以 0 的處理則取決於是否啟用 FE_DIVBYZERO 例外處理。若啟用此例外處理（使用 *feenableexcept()*），則浮點數除以 0 也將產生 SIGFPE 訊號，否則，將為運算元產生符合 IEEE 標準的結果（無窮大的浮點表示式）。更多資訊請參考 *fenv(3)* 使用手冊與 <fenv.h> 檔案。

SIGHUP

當終端機（terminal）斷線（掛斷）時，會將此訊號發送給終端機的控制行程（controlling process）。我們在 34.6 節會介紹控制行程的概念，以及各種發送 SIGHUP 訊號的情況。SIGHUP 訊號的第二種用途是用在 daemon（守護行程，如 init、httpd 與 inetd）。許多 daemon 在收到 SIGHUP 訊號時，會重新初始化並重新讀取組態設定檔。系統管理員可手動送出 SIGHUP 給 daemon、或直接使用 kill 指令、或執行等效的程式或腳本，以觸發 daemon 的這些動作。

SIGILL

若行程試圖執行非法的（即格式不正確的）機器語言指令，則系統會送出此訊號給行程。

SIGINFO

在 Linux 中，此訊號名稱與 SIGPWR 同義，在 BSD 系統，藉由輸入 Control-T 可以產生 SIGINFO 訊號，用以取得前景行程群組（foreground process group）的狀態資訊。

SIGINT

當使用者輸入終端機中斷字元（通常是 Control-C）時，終端機驅動程式會將此訊號送給前景行程群組，此訊號的預設動作是結束行程。

SIGIO

透過 *fcntl()* 系統呼叫，可以在某幾種開啟檔案描述符（如終端機與 socket）發生 I/O 事件（如可輸入狀態）時，產生此訊號，此功能將在 63.3 節深入介紹。

SIGIOT

此訊號在 Linux 系統是 SIGABRT 的同義字，在其他的 UNIX 系統則表示發生硬體錯誤（依實作而定）。

SIGKILL

此為「必殺（sure kill）」訊號，處理常式不能阻塞、不能忽略、也不能捕捉此訊號，因而必定會讓行程終止。

SIGLOST

Linux 有此訊號名稱，但並未使用。在一些其他的 UNIX 系統上，若 NFS 客戶端無法再次取得某些行程（隨著 NFS 伺服器在當機之後回復的行程）所持有的鎖，則 NFS 客戶端會發送此訊號給那些本機的行程（NFS 並未規範此功能）。

SIGPIPE

當行程試圖寫入管線（pipe）、FIFO 或通訊端（socket）時，若這些裝置並無對應的行程在讀取，則系統會產生此訊號。發生的原因通常是因為讀取的行程已經關閉其 IPC 頻道的檔案描述符，細節可參考 44.2 節。

SIGPOLL

此訊號衍生自 System V，與 Linux 的 SIGIO 同義。

SIGPROF

透過 *setitimer()* 呼叫（23.1 節）設定的效能分析計時器（profiling timer）到期時，則核心產生此訊號。效能分析計時器可計算行程使用的 CPU 時間，與虛擬計時器（virtual timer）不同（參考下列的 SIGVTALRM），效能分析計時器會計算使用者模式與核心模式使用的 CPU 時間。

SIGPWR

這是電源故障（power failure）的訊號，當系統配有不斷電系統（UPS，uninterruptible power supply）時，可設定 daemon 來監控電源故障時的備用電池剩餘電量。若電池的電量即將耗盡（在長時間的停電之後），則監控行程（monitoring process）會發送此訊號給 init 行程，init 會將此訊號解譯為要求盡快且依序關閉系統。

SIGQUIT

當使用者輸入 quit 字元（通常是 Control-\）時，會將此訊號送給前景行程群組。此訊號預設會終止行程，並產生一個核心傾印檔供除錯使用。若行程陷入無窮迴圈，或不再回應時，使用 SIGQUIT 訊號就很合適。藉由輸入 Control-\，並呼叫 gdb 除錯器載入剛才產生的核心傾印檔，接著用 backtrace 指令取得堆疊追蹤（stack trace）資訊，我們就能找出正在執行的程式碼片段，在（Matloff，2008）有介紹 gdb 的用法。

SIGSEGV

當程式遇到無效的記憶體參考（memory reference）時，就會產生這個熱門的訊號。記憶體參考之所以無效，原因有：參考的分頁不存在（如，分頁位於堆積與堆疊之間的未映射區域）、行程試圖更新唯讀的記憶體（如，程式的文字區段或一塊標示為唯讀的映射記憶體區域）、或是在使用者模式執行的行程試圖存取部分的核心記憶體（2.1 節）。在 C 語言，這些事件的發生通常是源自，要解參考（提取）的指標（pointer）指錯位址（例如，尚未初始化的指標），或是在呼叫函式時傳遞一個無效的參數，此訊號的命名源自術語「區段錯誤（segmentation violation）」。

SIGSTKFLT

在 *signal(7)* 使用手冊記載為「協同處理器的堆疊錯誤（stack fault on coprocessor）」，Linux 有定義此訊號，但並未使用。

SIGSTOP

這是非停不可（sure stop）的訊號，處理常式無法阻塞它、無法忽略它，也無法捕捉它，所以它必定可以停止行程。

SIGSYS

若行程要執行「壞掉的」系統呼叫時，則會產生此訊號。意思是，行程執行的指令會讓系統解譯為系統呼叫陷阱（trap），不過沒有可用的相關系統呼叫編號（參照 3.1 節）。

SIGTERM

這是用來終止行程的標準訊號，而且是 kill 與 killall 指令預設會發送的訊號。使用者有時會直接使用 kill -KILL 或 kill -9 發送 SIGKILL 訊號給行程。然而，此方式通常會造成錯誤。有良好規劃的應用程式應當為 SIGTERM 設定處理常式，讓應用程式可以優雅的結束，如結束前先清除暫存檔及釋放其他資源。以 SIGKILL 殺掉行程會繞過 SIGTERM 處理常式，因此，我們應該要先試著使用 SIGTERM 終止行程，而 SIGKILL 只用來殺掉那些沒有回應 SIGTERM 的失控行程。

SIGTRAP

此訊號用來實作除錯器的中斷點以及系統呼叫追蹤，如 *strace(1)*（附錄 A）。更多資訊請參考 *ptrace(2)* 使用手冊。

SIGTSTP

這是工作控制（job-control）的停止訊號，當使用者在鍵盤輸入暫停（suspend）字元時（通常是 Control-Z）時，會發送此訊號給前景行程群組，使其停止執行。第 34 章有詳細介紹行程群組（job）與工作控制，以及程式在何時需要處理此訊號。此訊號的命名源自「終端機停止（terminal stop）」。

SIGTTIN

在使用工作控制的 shell 時，若終端機驅動程式試圖以 *read()* 讀取終端機，則終端機驅動程式會發送此訊號給背景行程群組，此訊號預設會停止行程。

SIGTTOU

此訊號的用途與 SIGTTIN 類似，不過是針對在背景工作的終端機輸出。在工作控制 shell 環境中，若終端機啟用 TOSTOP（terminal output stop）選項（可能是透過 stty tostop 指令），則終端機驅動程式在試圖以 *write()* 寫入終端機時（請見 34.7.1 節），終端機驅動程式會將 SIGTTOU 送給背景行程群組。

SIGUNUSED

顧名思義，此訊號尚未使用。在 Linux 2.4 及之後的版本，此訊號名稱在許多架構上與 SIGSYS 同義。換句話說，雖然此訊號名稱是為了之後的相容而保留，但此訊號編號在這些架構上已經不再是尚未使用了。

SIGURG

將此訊號送給行程是代表通訊端（socket）上有頻外（out-of-band）資料，（參考 61.13.1 節）。頻外資料又稱緊急（urgent）資料。

SIGUSR1

此訊號與 SIGUSR2 訊號是提供給程式人員自訂使用，核心絕不會為行程產生這些訊號。行程可以使用這些訊號來互相通知事件的發生，或是彼此同步。在早期的 UNIX 系統中，僅有這兩個訊號可供應用程式隨意使用。（實際上，行程之間可以互相發送任何訊號，但如果核心也為行程產生了同樣的訊號，則有可能會產生混淆）。現代的 UNIX 系統提供許多的即時訊號，也可供程式人員自訂使用（參考 22.8 節）。

SIGUSR2

請參考 SIGUSR1 訊號的敘述。

SIGVTALRM

在 *setitimer()* 呼叫（參考 23.1 節）所設定的虛擬計時器一到期時，核心就會產生此訊號，虛擬計時器計算的是行程在使用者模式使用的 CPU 時間。

SIGWINCH

在視窗環境中，當終端機視窗大小改變時（如 62.9 節所述，由使用者手動調整大小、或因為程式呼叫 *ioctl()* 來調整大小），會向前景行程群組發送此訊號。為此訊號安裝處理常式，如 vi 與 less 這類的程式就能在視窗大小改變時重新繪製輸出。

SIGXCPU

當行程使用的 CPU 時間資源超出系統限制時（參考 36.3 節對 RLIMIT_CPU 的說明），行程會收到此訊號。

SIGXFSZ

若行程試圖讓檔案大小超出（以 *write()* 或 *truncate()*）系統對此行程限制的檔案大小時（參考 36.3 節的 RLIMIT_FSIZE 說明），則行程將收到此訊號。

表 20-1 收錄了一系列 Linux 系統的訊號資訊，此表有下列幾點要注意的事項：

- 訊號編號那行展示的是各硬體架構指派給訊號的編號，除非有特別註明，否則訊號在每個架構上的編號是一樣的，不同架構的訊號編號會以括號指出，如 Sun SPARC 與 SPARC64 是（S）、HP/Compaq/Digital Alpha 為（A）、MIPS 是（M）、HP PA-RISC 是（P）。此行的 undef 表示此符號在該架構尚未定義。
- 在 SUSv3 這行指出此訊號是否符合 SUSv3 標準。
- 在預設（Default）那行顯示訊號的預設行為，term 表示此訊號會終止行程、core 表示行程會產生核心傾印檔並結束、ignore 表示行程會忽略此訊號、stop 表示訊號會停止行程，以及 cont 表示訊號將停止的行程恢復執行。

有些前面列出的訊號沒有收錄在表 20-1，如 SIGCLD（SIGCHLD 訊號的同義詞）、SIGINFO（未使用）、SIGIOT（SIGABRT 訊號的同義詞）、SIGLOST（未使用）和 SIGUNUSED（在許多架構中是 SIGSYS 訊號的同義詞）。

表 20-1：Linux 訊號

名稱	訊號編號	說明	SUSv3	預設
SIGABRT	6	中止行程	●	core
SIGALRM	14	即時計時器到期	●	term
SIGBUS	7（SAMP=10）	記憶體存取錯誤	●	core
SIGCHLD	17（SA=20，MP=18）	終止或者停止子行程	●	ignore
SIGCONT	18（SA=19，M=25，P=26）	若停止則繼續	●	cont
SIGEMT	Undef（SAMP=7）	硬體錯誤		term
SIGFPE	8	計算異常	●	core
SIGHUP	1	掛起（Hangup）	●	term
SIGILL	4	非法指令	●	core
SIGINT	2	終端機中斷	●	term
SIGIO / SIGPOLL	29 (SA=23, MP=22)	I/O 時可能產生	●	term
SIGKILL	9	必殺（確保殺死）	●	term
SIGPIPE	13	斷開的管線	●	term
SIGPROF	27 (M=29, P=21)	性能分析計時器過期	●	term
SIGPWR	30 (SA=29, MP=19)	電量即將耗盡		term
SIGQUIT	3	終端機結束	●	core
SIGSEGV	11	無效的記憶體參考	●	core
SIGSTKFLT	16 (SAM=undef, P=36)	協同處理器堆疊錯誤		term
SIGSTOP	19 (SA=17, M=23, P=24)	確保停止	●	stop
SIGSYS	31 (SAMP=12)	無效的系統呼叫	●	core
SIGTERM	15	終止行程	●	term

名稱	訊號編號	說明	SUSv3	預設
SIGTRAP	5	追蹤 / 中斷點陷阱	●	core
SIGTSTP	20 (SA=18, M=24, P=25)	終端機停止	●	stop
SIGTTIN	21 (M=26, P=27)	BG 從終端機讀取	●	stop
SIGTTOU	22 (M=27, P=28)	BG 向終端機寫入	●	stop
SIGURG	23 (SA=16, M=21, P=29)	通訊端上的緊急資料	●	ignore
SIGUSR1	10 (SA=30, MP=16)	使用者自訂訊號 1	●	term
SIGUSR2	12 (SA=31, MP=17)	使用者自訂訊號 2	●	term
SIGVTALRM	26 (M=28, P=20)	虛擬計時器過期	●	term
SIGWINCH	28 (M=20, P=23)	終端機視窗尺寸發生變化		ignore
SIGXCPU	24 (M=30, P=33)	超過 CPU 時間的限制	●	core
SIGXFSZ	25 (M=31, P=34)	超過檔案大小的限制	●	core

對於表 20-1 的有些訊號預設行為，有下列幾點需要注意：

- 在 Linux 2.2 中， SIGXCPU、SIGXFSZ、SIGSYS 與 SIGBUS 訊號的預設行為是終止行程，但不會產生核心傾印檔案。從核心 2.4 以後，Linux 實作滿足了 SUSv3 的要求，這些訊號不僅會引發行程終止，也會產生核心傾印檔案。在其他幾個 UNIX 系統中，對訊號 SIGXCPU 與 SIGXFSZ 的處理方式與 Linux 2.2 相同。
- 在其他 UNIX 系統中，SIGPWR 訊號的預設處理行為通常是將它忽略。
- 有幾個 UNIX 系統（尤其是 BSD 衍生系統）預設會忽略 SIGIO 訊號。
- 雖然 SIGEMT 訊號尚未納入任何標準內，但多數的 UNIX 系統都有提供，不過，在其他系統中，此訊號通常會終止行程並產生核心傾印檔案。
- SUSv1 將 SIGURG 訊號的預設行為定義為終止行程，這也是一些較舊的 UNIX 系統的預設方法，而 SUSv2 則使用了現行規範（將它忽略）。

20.3 改變訊號處置：*signal()*

UNIX 系統提供兩種改變訊號處置的方法：*signal()* 與 *sigaction()*。本節所述的 *signal()* 系統呼叫是設定訊號處置的原始 API，提供的介面比 *sigaction()* 簡單。另一方面，*sigaction()* 提供 *signal()* 所不具備的功能。此外，*signal()* 的行為在不同 UNIX 系統之間有些差異（22.7 節），這也意謂可攜的程式絕不能使用此呼叫建立訊號處理常式。因此，*sigaction()* 是建立訊號處理常式時首推的 API（強力推薦）。在 20.13 節介紹 *sigaction()* 呼叫的用法之後，本書範例將一律使用此呼叫來建立訊號處理常式。

雖然 *signal()* 函式是記錄在 Linux 使用手冊的第 2 節，不過實際是基於 *sigaction()* 系統呼叫而實作的 glibc 函式庫函式。

```
#include <signal.h>

void ( *signal(int sig, void (*handler)(int)) ) (int);
        Returns previous signal disposition on success, or SIG_ERR on error
```

這裡需要對 *signal()* 的函式原型進行說明，第一個參數 sig，可代表我們想要修改的訊號處置。第二個參數 handler，則代表訊號抵達時要呼叫的函式位址，此函式無回傳值（void）、可傳遞一個整數型別的參數給它，所以訊號處理常式通常格式如下：

```
void
handler(int sig)
{
    /* Code for the handler */
}
```

我們在 20.4 節將描述處理常式的 sig 參數目的。

signal() 的傳回值是之前的訊號處置，類似 handler 參數，這是一個指標，指向帶有一個整數型別參數而且無回傳值的函式。換句話說，下列的程式碼可以暫時為訊號建立一個處理常式，然後再將訊號處置重置為其本來面目：

```
void (*oldHandler)(int);

oldHandler = signal(SIGINT, newHandler);
if (oldHandler == SIG_ERR)
    errExit("signal");

/* Do something else here. During this time, if SIGINT is
   delivered, newHandler will be used to handle the signal. */

if (signal(SIGINT, oldHandler) == SIG_ERR)
    errExit("signal");
```

使用 *signal()* 取得目前的訊號處置時，一定會動到訊號處置，若要不更動處置，則我們必須使用 *sigaction()*。

我們可以使用下列的型別來定義指向訊號處理常式的指標，有助於對 *signal()* 原型的理解：

```
typedef void (*sighandler_t)(int);
```

可以將 *signal()* 的原型改寫如下：

```
sighandler_t signal(int sig, sighandler_t handler);
```

> 若有定義 _GNU_SOURCE 功能測試巨集，則 glibc 會在 <signal.h> 標頭檔揭露非標準的 *sighandler_t* 資料型別。

我們可以使用下列的值，取代原本要在 *signal()* 的 handler 參數指定的函式位址：

SIG_DFL

將訊號處置重新設定為預設值（表 20-1），這適用於還原先前 *signal()* 呼叫改變的訊號處置。

SIG_IGN

忽略該訊號，若訊號為此行程而生，則核心會默默地丟棄此訊號，行程絕對不會知道有這個訊號出現。

若順利完成 *signal()* 呼叫，則會傳回先前的訊號處置，可能是之前安裝的處理常式位址，也可能是 SIG_DFL 或 SIG_IGN 常數。若呼叫失敗，則 *signal()* 傳回 SIG_ERR。

20.4 訊號處理常式導讀

訊號處理常式（signal handler）亦稱為訊號捕捉器（signal catcher），即當行程收到指定的訊號時會呼叫的函式。本節敘述訊號處理常式的基本原理，而第 21 章將會繼續詳細介紹。

呼叫訊號處理常式可能會隨時中斷主程式的流程，核心代表行程呼叫處理常式，當處理常式傳回時，主程式會從處理常式中斷的位置恢復執行，此工作流程如圖 20-1 所示。

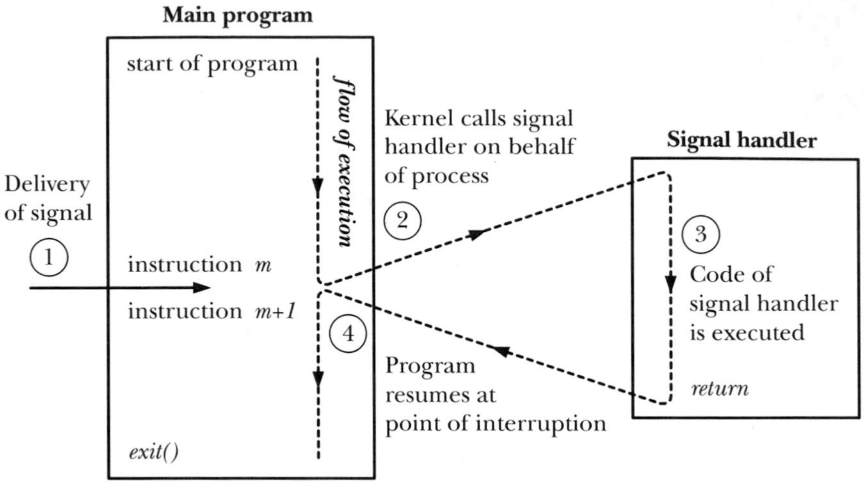

圖 20-1：訊號到達並執行處理常式

雖然訊號處理常式可以做任何該做的事情，不過一般而言，應盡可能力求簡潔，我們在 21.1 節會說明。

列表 20-1：為 SIGINT 訊號安裝處理常式

signals/ouch.c

```
#include <signal.h>
#include "tlpi_hdr.h"

static void
sigHandler(int sig)
{
    printf("Ouch!\n");                  /* UNSAFE (see Section 21.1.2) */
}

int
main(int argc, char *argv[])
{
    int j;

    if (signal(SIGINT, sigHandler) == SIG_ERR)
        errExit("signal");

    for (j = 0; ; j++) {
        printf("%d\n", j);
        sleep(3);                       /* Loop slowly... */
    }
}
```

signals/ouch.c

列表 20-1 所示的程式為一個簡單訊號處理常式的函式範例，由主程式為 SIGINT 訊號建立處理常式。在我們輸入中斷字元時（通常是 Control-C），終端機驅動程式會產生此訊號，而此處理常式只是單純輸出訊息並返回。

主程式會持續執行迴圈，在每次的迴圈中，程式會將印出的計數器依序累加，接著程式會睡眠幾秒鐘。（我們會用 *sleep()* 函式進行睡眠，此函式可以令其呼叫者暫停執行指定的秒數，我們會在 23.4.1 節介紹此函式）。

執行列表 20-1 程式的結果如下：

```
$ ./ouch
0                          Main program loops, displaying successive integers
Type Control-C
Ouch!                      Signal handler is executed, and returns
1                          Control has returned to main program
2
Type Control-C again
Ouch!
3
Type Control-\ (the terminal quit character)
Quit (core dumped)
```

在核心呼叫訊號處理常式時，會將觸發呼叫的訊號編號以整數型別參數傳輸給處理常式（即列表 20-1 之處理常式的 sig 參數）。若訊號處理常式只捕獲單一類型的訊號，則此參數幾乎用不上。然而，若安裝相同的處理常式來捕獲不同類型的訊號，則可以利用此參數來判定觸發處理常式呼叫的訊號為何。

列表 20-2 的程式為 SIGINT 與 SIGQUIT 訊號建立相同的處理常式。在我們輸入終端機的結束字元時（通常是 Control-\），終端機驅動程式會產生 SIGQUIT 訊號。處理常式的程式碼會透過檢測 sig 參數以區分這兩種訊號，並為每個訊號採取不同的動作。我們在 *main()* 函式中使用 *pause()* 函式（如 20.14 節所述）來阻塞行程，直到捕獲訊號。

下列的 shell 作業階段日誌示範此程式的使用方式：

```
$ ./intquit
Type Control-C
Caught SIGINT (1)
Type Control-C again
Caught SIGINT (2)
and again
Caught SIGINT (3)
Type Control-\
Caught SIGQUIT - that's all folks!
```

我們在列表 20-1 與列表 20-2 使用 *printf()* 顯示訊號處理常式的訊息，基於 21.1.2 節所討論的理由，真實世界的應用程式通常絕不會在訊號處理常式中呼叫 stdio 的函式。

不過我們在許多例程式中依然會在訊號處理常式中呼叫 *printf()*，以在呼叫處理常式時進行觀察。

列表 20-2：為兩個不同的訊號建立相同的處理常式

signals/intquit.c

```c
#include <signal.h>
#include "tlpi_hdr.h"

static void
sigHandler(int sig)
{
    static int count = 0;

    /* UNSAFE: This handler uses non-async-signal-safe functions
       (printf(), exit(); see Section 21.1.2) */

    if (sig == SIGINT) {
        count++;
        printf("Caught SIGINT (%d)\n", count);
        return;                 /* Resume execution at point of interruption */
    }

    /* Must be SIGQUIT - print a message and terminate the process */

    printf("Caught SIGQUIT - that's all folks!\n");
    exit(EXIT_SUCCESS);
}

int
main(int argc, char *argv[])
{
    /* Establish same handler for SIGINT and SIGQUIT */

    if (signal(SIGINT, sigHandler) == SIG_ERR)
        errExit("signal");
    if (signal(SIGQUIT, sigHandler) == SIG_ERR)
        errExit("signal");

    for (;;)                    /* Loop forever, waiting for signals */
        pause();                /* Block until a signal is caught */
}
```

signals/intquit.c

20.5 發送訊號：*kill()*

行程可以使用 *kill()* 系統呼叫發送訊號給另一個行程，類似 shell 的 kill 指令（選用 kill 單字做為術語是因為，在早期 UNIX 系統的多數訊號之預設動作都是終止行程）。

```
#include <signal.h>

int kill(pid_t pid, int sig);
```

成功時傳回 0，或者錯誤時傳回 -1

pid 參數可識別一個或多個行程，並以 sig 指定發送的訊號，下列四種情況分別決定如何解釋 pid 的意義：

- 若 *pid* 大於 0，則會將訊號發送給 *pid* 指定的行程。
- 若 *pid* 等於 0，則會將訊號發送至與呼叫的行程同一個群組的每個行程，包含呼叫的行程本身。（SUSv3 敘述應該將訊號送給同行程群組中的每個行程，屏除「未指定的系統行程集合」，此例外條件同樣適用於下列兩種情況）。
- 若 *pid* 小於 -1，則在行程群組 ID 與 *pid* 絕對值相同的行程群組中的每個行程都會收到此訊號。將訊號送給行程群組中的每個行程，這在 shell 的工作控制可以有特別的用途（34.7 節）。
- 若 *pid* 等於 -1，則會將訊號發送到，呼叫的行程有權將訊號送出的每個行程，（未包含 init，其行程 ID 為 1，以及未包含呼叫行程自身）。若特權級行程執行此呼叫，則系統上的每個行程都會收到此訊號（一樣未包含前述的兩個行程）。由此可見，以此方式發送訊號有時稱為廣播訊號的原因。（SUSv3 並未規範將呼叫的行程排除在訊號的接收範圍之外，Linux 遵循是 BSD 系統的語意）。

若無行程可匹配指定的 pid，則 *kill()* 呼叫失敗，並將 *errno* 設定為 ESRCH（查無此行程）。

要讓行程將訊號發送給另一個行程會需要適當的權限，權限規則如下：

- 特權級（CAP_KILL）行程可以發送訊號給任何行程。
- 以 root 使用者與群組身份執行的 init 行程（行程 ID 是 1）是一個特例，只能發送已安裝的處理常式之訊號，可避免系統管理員意外殺死 init 行程，這是系統運作的基石。

- 如圖 20-2 所示，若發送訊號行程的真實（real）或有效（effective）使用者 ID 可匹配接收訊號行程的真實使用者 ID 或儲存設定使用者 ID（saved set-user-id），則非特權行程也可以向另一行程發送訊號。此規則讓使用者可以發送訊號給他們執行的 set-user-ID 程式，而無須考慮目標行程目前的有效使用者 ID 設定。將接收者的有效使用者 ID 排除在檢查以外的輔助目的是：可以避免在一個 set-user-ID 程式取得特權時，啟動程式的使用者傳遞訊號（透過將 saved set-user-ID 改成與 real user ID 相同的方式）。（SUSv3 強制要求遵守圖 20-2 所示的規則，不過 Linux 在核心 2.0 以前所遵循的規則稍有不同，如 kill(2) 使用手冊所述）。
- SIGCONT 訊號需要特別處理，非特權行程可以將此訊號發送給相同作業階段（session）的任何其他行程，而不須理會使用者 ID 的檢查。此規則可讓進行工作控制的 shell 重新啟動已停止的工作（行程群組），即使工作的行程已經變更使用者 ID。（即使用如 9.7 節所述的系統呼叫更改憑證，並成為特權級行程）。

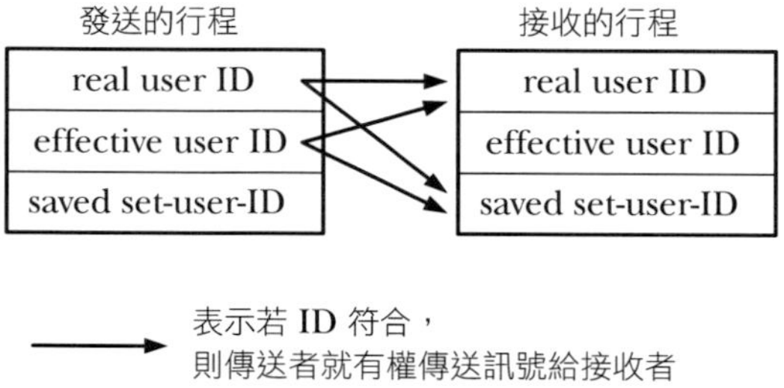

圖 20-2：非特權行程發送訊號所需的權限

若行程無權發送訊號給指定的 pid，則 *kill()* 呼叫將失敗，並會將 *errno* 設定為 EPERM。若 pid 所代表的是一組行程（即 pid 為負值）時，只要將訊號送給其中一個行程，則 *kill()* 呼叫就會順利執行。

我們在列表 20-3 會示範 *kill()* 的用法。

20.6 檢查行程是否存在

kill() 系統呼叫的另一個用途是，若將 sig 參數指定為 0（所謂的空訊號），則不會發送任何訊號，而且 *kill()* 只會執行錯誤檢查，查看是否可以向行程發送訊號。從另一角度來看，表示我們可以使用空訊號來檢測指定行程 ID 的行程是否存在。若

無法順利發送空訊號，且發生 ESRCH 錯誤，則我們可以得知此行程不存在。若呼叫失敗且發生 EPERM 錯誤（表示行程存在，但我們無權送出訊號給此行程）或若呼叫成功（表示我們有權發送訊號給此行程），則我們都能得知此行程的存在。

驗證特定行程 ID 的存在並不能保證特定程式仍在執行，因為核心會隨著行程的誕生與死亡而回收使用行程 ID，在經過一段時間之後，同一個行程 ID 可能代表的是不同的行程。此外，特定的行程 ID 可能以僵屍（zombie）的型態存在（亦即，行程已死，但其父行程尚未執行 *wait()* 取得此行程的結束狀態，如 26.2 節所述）。

還可以使用許多技術來檢查特定行程是否正在執行，包含如下：

- *wait()* 系統呼叫：第 26 章介紹的呼叫只能讓呼叫此函式的行程監控子行程。
- 號誌（*semaphore*）與互斥檔案鎖（*exclusive file lock*）：若受監控的行程一直持有一個號誌或一個檔案鎖，且若我們能取得號誌或鎖，我們就可以知道行程已經結束。我們在第 47 章與第 53 章會介紹號誌，並在第 55 章介紹檔案鎖。
- 如 *PIPE*（管線）與 *FIFO* 這類的 *IPC* 通道：我們會設定受監控的行程，讓行程在其生命週期內，可持有一個可寫入通道的檔案描述符。同時，進行監控的行程會持有一個可讀取通道的檔案描述符，並且在通道的寫入端關閉時（透過 end-of-file 得知），即可知道所監控的行程已經結束。進行監控的行程可透過讀取自身的檔案描述符、或透過第 63 章所述的其中一項技術來監控描述符。
- `/proc/PID` 介面：比如，若行程 ID 為 12345 的行程存在，則會有目錄 /proc/12345，所以我們可以使用 *stat()* 之類的呼叫進行檢測。

除了上述的最後一項技術之外，其他技術都不會受到回收使用行程 ID 的影響。

列表 20-3 示範 *kill()* 的用法，此程式接收兩個命令列參數，分別是行程 ID 與訊號編號，並使用 *kill()* 將該訊號發送給指定的行程。若指定訊號 0（空訊號），則程式將回報目標行程是否存在。

20.7 其他發送訊號的方式：*raise()* 與 *killpg()*

行程有時需要發送訊號給自己（我們在 34.7.3 節有舉例），而 *raise()* 函式可完成此任務。

```
#include <signal.h>

int raise(int sig);
```

Returns 0 on success, or nonzero on error

在單執行緒的程式，呼叫 *raise()* 等同於以下列方式呼叫 *kill()*：

```
kill(getpid(), sig);
```

提供多執行緒的系統會將 *raise(sig)* 實作為：

```
pthread_kill(pthread_self(), sig)
```

我們會在 33.2.3 節介紹 *pthread_kill()* 函式，不過目前僅需知道，此實作意謂著將訊號傳遞給呼叫 *raise()* 的那個執行緒。相對之下，*kill(getpid(), sig)* 送出訊號給呼叫的行程，而且可將此訊號傳遞給行程中的任一執行緒。

> *raise()* 函式源自 C89，C 的標準並未規範如行程 ID 的作業系統細節，不過在 C 的標準規範 *raise()* 函式的原因是，此函式不需要使用行程 ID。

當行程使用 *raise()*（或 *kill()*）送出訊號給自己時，會立即送出訊號（即在 *raise()* 返回呼叫者以前）。

要注意的是，*raise()* 在發生錯誤時會傳回非 0 值（不必為 -1），*raise()* 可能產生的唯一錯誤是 EINVAL，即 sig 是無效的。因此，在我們指定某個 SIGxxxx 常數之處，我們不用檢查此函式的傳回狀態。

列表 20-3：使用 *kill()* 系統呼叫

signals/t_kill.c

```
#include <signal.h>
#include "tlpi_hdr.h"

int
main(int argc, char *argv[])
{
    int s, sig;

    if (argc != 3 || strcmp(argv[1], "--help") == 0)
        usageErr("%s pid sig-num\n", argv[0]);

    sig = getInt(argv[2], 0, "sig-num");

    s = kill(getLong(argv[1], 0, "pid"), sig);

    if (sig != 0) {
```

```
        if (s == -1)
            errExit("kill");

    } else {                    /* Null signal: process existence check */
        if (s == 0) {
            printf("Process exists and we can send it a signal\n");
        } else {
            if (errno == EPERM)
                printf("Process exists, but we don't have "
                       "permission to send it a signal\n");
            else if (errno == ESRCH)
                printf("Process does not exist\n");
            else
                errExit("kill");
        }
    }

    exit(EXIT_SUCCESS);
}
```

signals/t_kill.c

killpg() 函式送出一個訊號給一個行程群組中的每個成員。

```
#include <signal.h>

int killpg(pid_t pgrp, int sig);
```

成功時傳回 0，或者錯誤時傳回 -1

呼叫 *killpg()* 等同如下的 *kill()* 呼叫：

```
kill(-pgrp, sig);
```

若將 pgrp 設定為 0，則此訊號會送往呼叫者所在行程群組的每個行程，這點 SUSv3 保留不予規範，但大多數的 UNIX 系統對此情況的處理方式與 Linux 相同。

20.8 顯示訊號的說明

每個訊號都有一個相關的說明字串，這些描述陳列在 sys_siglist 陣列，例如，我們可以用 sys_siglist[SIGPIPE] 取得 SIGPIPE 訊號（broken pipe）的說明。然而，與其直接使用 sys_siglist 陣列，我們較為建議使用 *strsignal()* 函式。

```
#define _BSD_SOURCE
#include <signal.h>

extern const char *const sys_siglist[];

#define _GNU_SOURCE
#include <string.h>

char *strsignal(int sig);
```

Returns pointer to signal description string

strsignal() 函式會檢查 sig 參數的邊界，然後傳回一個指標，指向該訊號的說明字串，或是若訊號編號無效時，則指向錯誤字串。（在一些其他的 UNIX 系統中，*strsignal()* 在 sig 無效時會傳回 NULL）。

除了邊界檢查，使用 *strsignal()* 函式而不直接使用 sys_siglist 陣列的優點是因為，*strsingal()* 是地域感知的（locale-sensitive）（10.4 節），因此訊號的說明會依據地域語言的設定來呈現。

列表 20-4 是 *strsignal()* 的一個使用範例。

psignal() 函式（在標準錯誤輸出）顯示 msg 參數所指的字串，後面接著一個冒號，再來是與 sig 相對應的訊號說明，如 *strsignal()* 一般，*psignal()* 函式也是地域感知的。

```
#include <signal.h>

void psignal(int sig, const char *msg);
```

雖然 *psignal()*、*strsignal()* 與 sys_siglist 並未納入 SUSv3 標準，不過還是有許多 UNIX 系統有提供這些功能。（SUSv4 已將 *psignal()* 與 *strsignal()* 列入規範）。

20.9 訊號集（Signal Set）

許多與訊號相關的系統呼叫都需要可以表示一組不同的訊號，例如，*sigaction()* 與 *sigprocmask()* 可以讓程式指定一組會讓行程阻塞的訊號，而 *sigpending()* 則傳回一組目前正在等待送給一個行程的訊號（我們稍後會介紹這些系統呼叫）。

可以使用一個名為訊號集（signal set）的資料結構來表示多個訊號，此資料結構的系統資料型別是 *sigset_t.*。SUSv3 規範了一系列可控制訊號集的函式，我們現在開始介紹這些函式。

> 如同多數的 UNIX 系統，Linux 的 sigset_t 資料型別是個位元遮罩（bit mask），然而，SUSv3 對此並未規範。訊號集也可以使用其他的資料結構來表示，SUSv3 僅要求能夠賦予值給 sigset_t 型別的資料。因此，必須使用某些純量型別（如整數型別）或是 C 語言的結構（或許是個整數型別的陣列）來實作此型別。

sigemptyset() 函式會初始化一個未包含任何成員的訊號集，*sigfillset()* 函式則初始化一個訊號集，使其包含全部的訊號（包括全部的即時訊號）。

```
#include <signal.h>

int sigemptyset(sigset_t *set);
int sigfillset(sigset_t *set);
                                Both return 0 on success, or –1 on error
```

一定要用 *sigemptyset()* 或 *sigfillset()* 其中一個函式來初始化一個訊號集，原因是 C 語言不會對自動變數（automatic variable）進行初始化，並且，將靜態變數（static variable）初始化為 0 的清空訊號集方法並不具可攜性，因為訊號集可能使用結構而非位元遮罩實作（基於同樣的理由，透過 *memset(3)* 函式將訊號集的內容清為零來標示訊號集為空的方式並不正確）。

經過初始化之後，就能使用 *sigaddset()* 與 *sigdelset()* 函式分別將訊號新增到集合中或從集合中移除。

```
#include <signal.h>

int sigaddset(const sigset_t *set, int sig);
int sigdelset(const sigset_t *set, int sig);
                                Both return 0 on success, or –1 on error
```

在 *sigaddset()* 與 *sigdelset()*，sig 參數代表訊號編號。

可用 *sigismember()* 函式測試 sig 指定的訊號是否為（set）訊號集的成員。

```
#include <signal.h>

int sigismember(const sigset_t *set, int sig);
```
Returns 1 if *sig* is a member of *set*, 0 if it is not, or –1 on error

若 sig 是 set 的一個成員，則 *sigismember()* 函式將傳回 1（true），若非成員則傳回 0，或發生錯誤時傳回 -1（即 sig 不是有效的訊號編號）。

GNU C 函式庫實作了三個非標準函式，可補強上述的訊號集標準函式功能。

```
#define _GNU_SOURCE
#include <signal.h>

int sigandset(sigset_t *dest, sigset_t *left, sigset_t *right);
int sigorset(sigset_t *dest, sigset_t *left, sigset_t *right);
```
Both return 0 on success, or –1 on error
```
int sigisemptyset(const sigset_t *set);
```
Returns 1 if *set* is empty, otherwise 0

這些函式執行下列工作：

- *sigandset()* 將 left 集合與 right 集合的交集存在 dest 集合。
- *sigorset()* 將 left 集合與 right 集合的聯集存在 dest 集合。
- 若 set 集合內沒有訊號，則 *sigisemptyset()* 傳回 true。

範例程式

我們可以使用本節所述的函式來設計列表 20-4 所示的函式，可供本書後續的程式呼叫使用。第一個函式是 *printSigset()*，顯示指定訊號集的成員訊號，此函式使用定義於 `<signal.h>` 檔案中的 NSIG 常數，其值為最大的訊號編號加 1。我們在使用迴圈測試集合內的每個訊號編號成員時，會以 NSIG 做為迴圈的上限。

> 雖然 SUSv3 並未規範 NSIG，但多數的 UNIX 系統都有定義此常數。然而，若要能使用此常數，需要使用依實作而定的編譯器選項。例如，我們在 Linux 必須定義下列任一個功能測試巨集：_BSD_SOURCE、_SVID_SOURCE 或 _GNU_SOURCE。

函式 *printSigMask()* 與 *printPendingSigs()* 使用 *printSigset()*，分別用以顯示行程的訊號遮罩，與目前擱置的訊號，這兩個函式分別使用 *sigprocmask()* 與 *sigpending()* 系統呼叫，我們會在 20.10 節與 20.11 節介紹 *sigprocmask()* 和 *sigpending()* 系統呼叫。

列表 20-4：顯示訊號集的函式

signals/signal_functions.c

```
#define _GNU_SOURCE
#include <string.h>
#include <signal.h>
#include "signal_functions.h"          /* Declares functions defined here */
#include "tlpi_hdr.h"

/* NOTE: All of the following functions employ fprintf(), which
   is not async-signal-safe (see Section 21.1.2). As such, these
   functions are also not async-signal-safe (i.e., beware of
   indiscriminately calling them from signal handlers). */

void                    /* Print list of signals within a signal set */
printSigset(FILE *of, const char *prefix, const sigset_t *sigset)
{
    int sig, cnt;

    cnt = 0;
    for (sig = 1; sig < NSIG; sig++) {
        if (sigismember(sigset, sig)) {
            cnt++;
            fprintf(of, "%s%d (%s)\n", prefix, sig, strsignal(sig));
        }
    }

    if (cnt == 0)
        fprintf(of, "%s<empty signal set>\n", prefix);
}

int                     /* Print mask of blocked signals for this process */
printSigMask(FILE *of, const char *msg)
{
    sigset_t currMask;

    if (msg != NULL)
        fprintf(of, "%s", msg);

    if (sigprocmask(SIG_BLOCK, NULL, &currMask) == -1)
        return -1;

    printSigset(of, "\t\t", &currMask);

    return 0;
}

int                     /* Print signals currently pending for this process */
printPendingSigs(FILE *of, const char *msg)
```

```
{
    sigset_t pendingSigs;

    if (msg != NULL)
        fprintf(of, "%s", msg);

    if (sigpending(&pendingSigs) == -1)
        return -1;

    printSigset(of, "\t\t", &pendingSigs);

    return 0;
}
```

signals/signal_functions.c

20.10 訊號遮罩（阻塞訊號傳遞）

核心會為每個行程維護一個訊號遮罩（signal mask），即一組傳遞給行程會受到阻塞（blocked）的訊號。若將受到阻塞的訊號發送給行程，則訊號會被延遲傳遞，直到從行程的訊號遮罩移除此訊號才會解除阻塞。（我們在 33.2.1 節可見到，訊號遮罩實際上是個別執行緒（per-thread）的屬性，在多執行緒行程中的每個執行緒都可以各自使用 *pthread_sigmask()* 函式檢測與修改自己的訊號遮罩）。

可用下列方式將訊號新增到訊號遮罩：

- 當呼叫訊號處理常式時，可將觸發呼叫的訊號自動新增到訊號遮罩中。是否發生此情況取決於在使用 *sigaction()* 函式安裝訊號處理常式時使用的旗標。
- 使用 *sigaction()* 函式建立訊號處理常式時，可以指定一組要阻塞的額外訊號，當呼叫該處理常式時會將之阻塞。
- 可在任何時間點使用 *sigprocmask()* 系統呼叫，直接將訊號新增到訊號遮罩，或從訊號遮罩中移除。

我們將前兩種情況延到 20.13 節與 *sigaction()* 函式一起討論，目前先探討 *sigprocmask()* 函式。

```
#include <signal.h>

int sigprocmask(int how, const sigset_t *set, sigset_t *oldset);
```

成功時傳回 0，或者錯誤時傳回 -1

我們可使用 *sigprocmask()* 函式更改行程的訊號遮罩、取得現有遮罩或兩者都做，how 參數決定 *sigprocmask()* 函式要對訊號遮罩進行的改變：

SIG_BLOCK

將 set 指向的訊號集訊號新增到訊號遮罩，換句話說，會將訊號遮罩設定為現值與 set 的聯集。

SIG_UNBLOCK

將 set 指向的訊號集訊號從訊號遮罩中移除，對目前並非阻塞中的訊號解除阻塞不會引發錯誤。

SIG_SETMASK

將 set 指向的訊號集賦予訊號遮罩。

在上述的各種情況中，若 oldset 參數不為 NULL，則會指向一個 *sigset_t* 緩衝區，用於傳回之前的訊號遮罩。

若我們想取得訊號遮罩但不做改變，則可將 set 參數設定為 NULL，這時會忽略 how 參數。

若要想暫時避免傳遞訊號，可使用列表 20-5 所示的一系列呼叫來阻塞訊號，接著藉由將訊號遮罩重置為先前的狀態，以解除對訊號的阻塞。

列表 20-5：暫時阻塞訊號的傳遞

```
sigset_t blockSet, prevMask;

/* Initialize a signal set to contain SIGINT */

sigemptyset(&blockSet);
sigaddset(&blockSet, SIGINT);

/* Block SIGINT, save previous signal mask */

if (sigprocmask(SIG_BLOCK, &blockSet, &prevMask) == -1)
    errExit("sigprocmask1");

/* ... Code that should not be interrupted by SIGINT ... */

/* Restore previous signal mask, unblocking SIGINT */

if (sigprocmask(SIG_SETMASK, &prevMask, NULL) == -1)
    errExit("sigprocmask2");
```

SUSv3 規定，若有任何擱置中的訊號（pending signal）因呼叫 *sigprocmask()* 而解除阻塞，則在此呼叫返回之前，至少會傳遞其中一個訊號。換句話說，若我們解除某個擱置訊號的阻塞，則會立刻傳遞此訊號給行程。

系統會忽略試圖阻塞 SIGKILL 與 SIGSTOP 訊號的請求，若我們試圖阻塞這些訊號，則 *sigprocmask()* 函式既不處理，也不產生錯誤。意思就是，我們可以使用下列的程式碼阻塞 SIGKILL 與 SIGSTOP 之外的每個訊號：

```
sigfillset(&blockSet);
if (sigprocmask(SIG_BLOCK, &blockSet, NULL) == -1)
    errExit("sigprocmask");
```

20.11 擱置的訊號（Pending Signal）

若行程收到一個目前受到阻塞的訊號，則會將該訊號加入行程的擱置訊號集。當（且若）之後對此訊號解除阻塞時，則會將訊號傳遞給此行程。為了得知在行程中的擱置訊號，我們可以使用 *sigpending()*。

```
#include <signal.h>

int sigpending(sigset_t *set);
```

成功時傳回 0，或者錯誤時傳回 -1

系統呼叫 *sigpending()* 會傳回其行程的擱置訊號集，並儲存在 set 指向的 *sigset_t* 結構，我們之後可用 20.9 節所述的 *sigismember()* 函式來檢測 set。

若我們更改對擱置訊號的處置，則在之後對訊號解除阻塞時，會依據新的處置來處理訊號。雖然這項技術雖然不常使用，但此技術可透過將訊號處置設定為 SIG_IGN 或 SIG_DFL，以避免將擱置訊號送出（即訊號的預設動作是忽略它）。因此，會從行程的擱置訊號集內移除該訊號，並不予傳遞。

20.12 使訊號不用排隊

擱置訊號集只是一個遮罩，僅表示訊號是否有發生，但未表示訊號出現的次數。換句話說，若相同的訊號在阻塞狀態產生多次，則此訊號只會被記錄在擱置訊號集之中，並在之後只傳遞一次（標準訊號與即時訊號之間的一個差異如 22.8 節所述，即時訊號需要進行排隊）。

列表 20-6 與列表 20-7 示範兩個程式，可以觀察未作排隊處理的訊號，列表 20-6 的程式最多可接受四個命令列參數，如下所示：

```
$ ./sig_sender PID num-sigs sig-num [sig-num-2]
```

第一個參數是指定程式發送訊號的行程 ID、第二個參數指定發送給目標行程的訊號數量、第三個參數指定發送給目標行程的訊號編號。若在第四個參數提供一個訊號編號，則當程式在送出前面參數指定的訊號之後，會送出該訊號的一個實體（instance）。在下列的 shell 作業階段範例，我們利用最後一個參數向目標行程發送一個 SIGINT 訊號，發送此訊號的目的將在稍後有清楚說明。

列表 20-6：發送多個訊號

signals/sig_sender.c

```
#include <signal.h>
#include "tlpi_hdr.h"

int
main(int argc, char *argv[])
{
    int numSigs, sig, j;
    pid_t pid;

    if (argc < 4 || strcmp(argv[1], "--help") == 0)
        usageErr("%s pid num-sigs sig-num [sig-num-2]\n", argv[0]);

    pid = getLong(argv[1], 0, "PID");
    numSigs = getInt(argv[2], GN_GT_0, "num-sigs");
    sig = getInt(argv[3], 0, "sig-num");

    /* Send signals to receiver */

    printf("%s: sending signal %d to process %ld %d times\n",
            argv[0], sig, (long) pid, numSigs);

    for (j = 0; j < numSigs; j++)
        if (kill(pid, sig) == -1)
            errExit("kill");

    /* If a fourth command-line argument was specified, send that signal */

    if (argc > 4)
        if (kill(pid, getInt(argv[4], 0, "sig-num-2")) == -1)
            errExit("kill");
```

```
    printf("%s: exiting\n", argv[0]);
    exit(EXIT_SUCCESS);
}
```

signals/sig_sender.c

列表 20-7 所示的程式設計目的是捕獲列表 20-6 程式所發送的訊號以及其統計資料報告，此程式執行下列步驟：

- 程式設定一個訊號處理常式，用以捕獲全部的訊號②。（雖然無法捕獲 SIGKILL 與 SIGSTOP 訊號，不過我們會忽略在嘗試為這些訊號建立處理常式時發生的錯誤）。對大多數的訊號類型而言①，處理常式只是單純使用一個陣列來計算訊號。若收到 SIGINT 訊號，則處理常式會設定旗標（gotSigint），使得程式退出主迴圈（下列所述的 while 迴圈）。（我們在 21.1.3 節會介紹 volatile 修飾符以及宣告 gotSigint 變數的 *sig_atomic_t* 資料型別）。
- 若有提供程式一個命令列參數，則程式會依據參數指定的秒數來阻塞全部的訊號，並在對訊號解除阻塞之前，會先顯示擱置訊號集③。如此可讓我們在執行下列步驟以前，先送出訊號給行程。
- 程式執行一個 `while` 迴圈以消耗 CPU 時間，直到設定了 gotSigint 旗標④（在 20.14 節與 22.9 節介紹 *pause()* 與 *sigsuspend()* 的用法，這兩個函式等待訊號抵達的方法較為善用 CPU 的效能）。
- 在退出 while 迴圈後，程式會顯示收到的訊號計算量⑤。

我們先使用這兩個程式來示範，每個受到阻塞的訊號，無論產生多少次都只會被傳遞一次。我們的做法是幫接收者指定睡眠間隔，並在接收者醒來之前送出全部的訊號。

```
$ ./sig_receiver 15 &                       Receiver blocks signals for 15 secs
[1] 5368
./sig_receiver: PID is 5368
./sig_receiver: sleeping for 15 seconds
$ ./sig_sender 5368 1000000 10 2            Send SIGUSR1 signals, plus a SIGINT
./sig_sender: sending signal 10 to process 5368 1000000 times
./sig_sender: exiting
./sig_receiver: pending signals are:
                2 (Interrupt)
                10 (User defined signal 1)
./sig_receiver: signal 10 caught 1 time
[1]+ Done                     ./sig_receiver 15
```

在發送端程式的命令列參數指定 SIGUSR1 與 `SIGINT` 訊號，它們在 Linux/x86 的編號分別為 10 與 2。

由上列輸出可知，即使送出一百萬個訊號，但僅會傳輸一次給接收者。

即使行程不阻塞訊號，所收到的訊號也可能比發送給它的要少，若訊號的發送速度很快，因而導致訊號在核心對接收行程排程以前送達，此時就會導致多次發送的訊號只會在行程的擱置訊號集中記錄一次。若我們不使用任何參數來執行列表 20-7 的程式（所以不會阻塞訊號，也不會進入睡眠），結果如下所示：

```
$ ./sig_receiver &
[1] 5393
./sig_receiver: PID is 5393
$ ./sig_sender 5393 1000000 10 2
./sig_sender: sending signal 10 to process 5393 1000000 times
./sig_sender: exiting
./sig_receiver: signal 10 caught 52 times
[1]+ Done                      ./sig_receiver
```

送出的一百萬次訊號，接收行程只有收到 52 次。（精確的捕獲訊號數目隨著核心的排程演算法而異）。原因是發送訊號的程式會在獲得排班執行時，發送多次訊號給接收者，然而，當接收的行程獲得排班執行時，只會在擱置的訊號中看到一次。

列表 20-7：捕獲訊號並計算訊號數

signals/sig_receiver.c

```
#define _GNU_SOURCE
#include <signal.h>
#include "signal_functions.h"          /* Declaration of printSigset() */
#include "tlpi_hdr.h"

static int sigCnt[NSIG];               /* Counts deliveries of each signal */
static volatile sig_atomic_t gotSigint = 0;
                                       /* Set nonzero if SIGINT is delivered */

static void
① handler(int sig)
{
    if (sig == SIGINT)
        gotSigint = 1;
    else
        sigCnt[sig]++;
}

int
main(int argc, char *argv[])
{
    int n, numSecs;
    sigset_t pendingMask, blockingMask, emptyMask;

    printf("%s: PID is %ld\n", argv[0], (long) getpid());
```

```
②      for (n = 1; n < NSIG; n++)          /* Same handler for all signals */
           (void) signal(n, handler);      /* Ignore errors */

       /* If a sleep time was specified, temporarily block all signals,
          sleep (while another process sends us signals), and then
          display the mask of pending signals and unblock all signals */

③      if (argc > 1) {
           numSecs = getInt(argv[1], GN_GT_0, NULL);

           sigfillset(&blockingMask);
           if (sigprocmask(SIG_SETMASK, &blockingMask, NULL) == -1)
               errExit("sigprocmask");

           printf("%s: sleeping for %d seconds\n", argv[0], numSecs);
           sleep(numSecs);

           if (sigpending(&pendingMask) == -1)
               errExit("sigpending");

           printf("%s: pending signals are: \n", argv[0]);
           printSigset(stdout, "\t\t", &pendingMask);

           sigemptyset(&emptyMask);        /* Unblock all signals */
           if (sigprocmask(SIG_SETMASK, &emptyMask, NULL) == -1)
               errExit("sigprocmask");
       }

④      while (!gotSigint)                  /* Loop until SIGINT caught */
           continue;

⑤      for (n = 1; n < NSIG; n++)          /* Display number of signals received */
           if (sigCnt[n] != 0)
               printf("%s: signal %d caught %d time%s\n", argv[0], n,
                       sigCnt[n], (sigCnt[n] == 1) ? "" : "s");

       exit(EXIT_SUCCESS);
   }
```

signals/sig_receiver.c

20.13 改變訊號處置：*sigaction()*

在設定訊號的處置上，系統呼叫 *sigaction()* 是 *signal()* 的替代方案，雖然 *sigaction()* 的用法比 *signal()* 較為複雜，但是 *sigaction()* 的回報提供較佳的彈性。尤其 *sigaction()* 可以讓我們取得訊號處置而不須進行改變，並且可以設定各種屬性來精準掌控觸發訊號處理常式時的行為。除此之外，如我們在 22.7 節所述，在建立訊號處理常式時，*sigaction()* 的可攜性較 *signal()* 函式更佳。

```
#include <signal.h>

int sigaction(int sig, const struct sigaction *act, struct sigaction *oldact);
```

成功時傳回 0，或者錯誤時傳回 -1

sig 參數可代表我們想要取得或修改的處置之訊號編號，此參數可以是 SIGKILL 與 SIGSTOP 以外的任意訊號。

act 參數是個指標，指向設定訊號的新處置之資料結構。若我們只想找出訊號的現有處置，則可將此參數設定為 NULL。oldact 參數是指向相同結構型別的指標，用來傳回先前的訊號處置相關資訊，若不須此資訊，則可將參數指定為 NULL。由 act 與 oldact 所指的結構型別如下所示：

```
struct sigaction {
    void   (*sa_handler)(int);     /* Address of handler */
    sigset_t sa_mask;              /* Signals blocked during handler
invocation */
    int      sa_flags;             /* Flags controlling handler invocation */
    void   (*sa_restorer)(void);   /* Not for application use */
};
```

sigaction 結構實際上比這個例子更為複雜，細節請參考 21.4 節。

sa_handler 欄位對應到 *signal()* 的 handler 參數，用以指定訊號處理常式的位址，或為 SIG_IGN、SIG_DFL 常數之一。唯若 *sa_handler* 是訊號處理常式的位址時（亦即 SIG_IGN 或 SIG_DFL 以外的值），才會解譯 *sa_mask* 與 *sa_flags* 欄位（稍後探討），至於 *sa_restorer* 欄位，則不適用於應用程式（且 SUSv3 並未規範）。

sa_restorer 欄位僅在內部使用，用以確保在訊號處理常式完成之後，會呼叫特地用途的 *sigreturn()* 系統呼叫，用以回存行程的執行內文（execution context），以便行程可以從受到訊號處理常式中斷的位置繼續執行，此用途的範例可參考 glibc 的原始程式檔：sysdeps/unix/sysv/linux/i386/sigaction.c。

在 *sa_mask* 欄位定義了一組訊號，在呼叫由 *sa_handler* 定義的處理常式時，將阻塞這組訊號。當呼叫訊號處理常式時，若這組訊號之前並未加入行程的訊號遮罩，則會自動將尚未加入的訊號自動新增到行程的訊號遮罩內。這些訊號將保留在行程遮罩中，直到訊號處理常式返回，屆時將自動刪除這些訊號。我們可以在 *sa_mask* 欄位指定一組訊號，使這組訊號無法中斷處理程式的執行。除此之外，觸發呼叫處理常式的訊號會被自動加入行程的訊號遮罩。這表示，若同時有相同的訊號抵達時，可避免訊號處理常式進入自我中斷的遞迴。由於受到阻塞的訊號不會進行排隊，所以若這些訊號在處理常式執行期間重複產生時，只會將這些訊號傳遞一次。

欄位 *sa_flags* 是一個位元遮罩，用以指定控制如何處理訊號的許多選項，下列的位元可以透過 OR 位元邏輯運算符（|）同時使用：

SA_NOCLDSTOP

若 sig 是 SIGCHLD，則在子行程之後因接收到一個訊號而停止或恢復執行時，不會產生此訊號，請參考 26.3.2 節。

SA_NOCLDWAIT

（從 Linux 2.6 起）若 sig 是 SIGCHLD，則在子行程結束時不會將它轉換為殭屍（zombie），細節請參考 26.3.3 節。

SA_NODEFER

當捕獲此訊號時，在處理常式還在執行時，不會自動將此訊號加入行程的訊號遮罩。提供以前的 SA_NOMASK 做為 SA_NODEFER 的同義詞，不過建議使用 SA_NODEFER，因為有納入 SUSv3 標準中。

SA_ONSTACK

呼叫此訊號的處理常式時，使用由 *sigaltstack()* 安裝的替代堆疊（alternate stack），請參考 21.3 節。

SA_RESETHAND

在捕獲此訊號時，會在呼叫處理常式之前先將訊號處置重置為預設值（即 SIG_DFL）（訊號處理常式預設會保持建立狀態，直到另外呼叫 *sigaction()* 來結束為止）。SA_ONESHOT 是歷史名詞，為 SA_RESETHAND 的同義詞，建議使用 SA_RESETHAND 的理由是因為有納入 SUSv3 的規範。

SA_RESTART

自動重新啟動受到此訊號處理常式中斷的系統呼叫，參考 21.5 節。

SA_SIGINFO

代入額外的參數呼叫訊號處理常式，提供訊號的深入資訊，我們在 21.4 節有介紹此旗標。

上述的每個選項在 SUSv3 都有規範。

列表 21-1 示範一個使用 *sigaction()* 的範例。

20.14 等待訊號：*pause()*

呼叫 *pause()* 會使行程暫停執行，直到受到訊號處理常式中斷為止（或直到一個未經處理的訊號終止行程）。

```
#include <unistd.h>

int pause(void);
```

Always returns –1 with *errno* set to EINTR

在處理訊號時，*pause()* 會受到中斷，並只會傳回 -1，同時將 *errno* 設定為 EINTR（我們在 21.5 節會詳述 EINTR 錯誤）。

列表 20-2 提供一個 *pause()* 的使用範例。

我們在 22.9、22.10 及 22.11 節會探討，讓程式在等待訊號時暫停執行的幾個其他方法。

20.15 小結

訊號是某種事件發生時的通知，可經由核心、其他行程、或行程本身發送給一個行程，有一系列的標準訊號類型，每個訊號都有唯一的編號與用途。

訊號的傳遞一般是非同步的，表示訊號中斷行程執行的時間點是無法預測的。在有些情況（如硬體產生的訊號），可以同步傳輸訊號，意思是可預期訊號的傳遞，以及可以在程式執行期間的特定時間點重新傳遞訊號。

在預設情況，訊號可能會被忽略、用來終止行程（可產生或不產生核心傾印檔），用來停止執行中的行程、或是重新啟動已停止的行程。特定的預設行為取決於訊號的類型。除此之外，程式也可以使用 *signal()* 或 *sigaction()*，直接忽略一個訊號，或是建立一個由程式人員自訂的訊號處理常式，以供訊號抵達時呼叫。為了讓程式能夠可攜，最好能使用 *sigaction()* 來建立一個訊號處理常式。

一個（具有適當權限的）行程可以使用 *kill()* 發送訊號給另一個行程，發送空訊號（0）是判定特定行程 ID 是否使用中的一個方式。

每個行程都有個訊號遮罩，代表目前受到傳遞阻塞的一組訊號，可使用 *sigprocmask()* 將訊號新增到訊號遮罩或從訊號遮罩中移除。

若所接收的訊號目前受到阻塞，則此訊號將受到擱置（pending），直到解除阻塞為止。系統不會對標準訊號進行排隊處理，亦即會將訊號（以及後續傳遞的相同訊號）標示為擱置，且只標示一次。行程可使用 *sigpending()* 系統呼叫取得訊號集（用以表示多個不同訊號的資料結構），以取得受到擱置中的訊號。

相較於 *signal()*，*sigaction()* 系統呼叫能更有彈性的掌控訊號處置的設定，我們可以先指定處理常式執行期間會受到阻塞的一組額外訊號，除此之外，可以用各種旗標來控制在訊號處理常式執行期間發生的行為。例如，有些旗標會選擇舊有不可靠的訊號語意（不阻塞觸發處理常式的訊號，並且在呼叫處理常式以前，先將訊號的處置重新設定為預設值）。

透過 *pause()* 可以讓行程暫停執行，直到訊號抵達為止。

進階資訊

（Bovet & Cesati, 2005）與（Maxwell, 1999）提供 Linux 訊號的實作背景，（Goodheart & Cox, 1994）詳細介紹 System V 第 4 版的訊號實作，GNU C 函式庫手冊（可從網路取得：*http://www.gnu.org/*）包含廣泛的訊號說明。

20.16 習題

20-1. 如 20.3 節所述，相較於 *signal()*，*sigaction()* 在建立訊號處理常式的可攜性較佳，請使用 *sigaction()* 取代列表 20-7 程式（`sig_receiver.c`）中的 *signal()*。

20-2. 在擱置中的訊號處置改變為 `SIG_IGN` 時，程式絕對看不到（無法捕獲）這個訊號，請寫程式驗證。

20-3. 設計一個程式驗證，在使用 *sigaction()* 建立訊號處理常式時，SA_RESETHAND 與 SA_NODEFER 旗標的效果差異。

20-4. 請使用 *sigaction()* 實作 21.5 節介紹的 *siginterrupt()* 函式。

21

訊號（signal）：
訊號處理常式（signal handler）

本章承接上一章的訊號介紹，著重於訊號處理常式（signal handler），並延伸 20.4 節的討論。我們在本章探討的主題如下：

- 如何設計訊號處理常式，需要討論可重入（reentrancy）與非同步訊號安全（async-signal-safe）函式。
- 從訊號處理常式正常返回的各種途徑，尤其是在非區域跳轉（nonlocal goto）的使用。
- 處理位於替代堆疊（alternate stack）的訊號。
- 使用 *sigaction()* 函式與 SA_SIGINFO 旗標，允許讓訊號處理常式可取得觸發訊號的詳細資訊。
- 訊號處理常式如何中斷阻塞中的系統呼叫，以及如何在有必要時重新啟動系統呼叫。

21.1 設計訊號處理常式

一般而言，建議讓訊號處理常式保持簡潔，其中一個重要的原因在於，這可以減少產生競速條件（race condition）的風險，下列是兩種常見的訊號處理常式之設計：

- 訊號處理常式會設定一個全域旗標，接著就離開。主程式會週期性地檢測這個旗標，若有被設定為旗標，則進行適當的反應。（若主程式因為需要監控一個或多個檔案描述符是否能進行 I/O，而無法定期檢測時，也可以用訊號處理常式將一個位元組的資料寫入專屬管線（pipe），此管線的讀取端位在主程式監控的某個檔案描述符，我們會在 63.5.2 節示範此技術的用途）。
- 訊號處理常式會做出幾種類型的清理動作，接著結束行程或使用非區域跳躍（nonlocal goto）（21.2.1 節）解開堆疊（unwind the stack），並將控制權交回給主程式事先定義的位置。

我們會在後續幾節會探討這些想法，以及設定訊號處理常式的其他重要概念。

21.1.1 訊號不會排隊（再次探討）

我們曾在 20.10 節提過，在執行訊號處理常式時，會被阻止傳遞相同訊號（除非我們在呼叫 *sigaction()* 時有指定 SA_NODEFER 旗標）。若在執行處理常式時，（再次）出現相同的訊號，則會將此訊號標示為擱置狀態（pending），並在處理常式返回之後才會再次傳遞。我們也已經提過訊號不會排隊這件事情。若在處理常式執行期間重複產生相同的訊號，則會將訊號標示為擱置狀態，並在最後只將訊號重新傳遞一次。

訊號會這樣「消失」已經影響到訊號處理常式的設計。首先，我們無法可靠地計算訊號的產生次數，此外，我們需要在訊號處理常式中寫一些程式碼，用來處理可能重複收到相同訊號產生的多重事件，我們在 26.3.1 節有範例來說明 SIGCHLD 訊號的使用方式。

21.1.2 可重入函式與非同步訊號安全函式

並非全部的系統呼叫與函式庫函式都可以安全地在訊號處理常式中呼叫，為了理解原因，我們需要說明兩個概念，可重入（reentrant）函式與非同步訊號安全（async-signal-safe）函式。

可重入和與不可重入函式

為了說明何謂可重入函式，我們需要先能區分單執行緒與多執行緒程式。典型的 UNIX 程式會有一條可執行的執行緒，CPU 以單一邏輯流程處理整個程式的指令。在多執行緒程式中，在相同的行程中會有多個獨立的、同步的邏輯執行流程。

我們在第 29 章會示範如何明確地建立一個多執行緒程式，然而，多執行緒的概念與使用訊號處理常式的程式也有關聯。因為訊號處理常式可能會在任意時間點非同步地中斷程式執行，所以主程式與訊號處理常式則變成是在同一個行程中執行的兩個獨立（雖然不是同步執行的）執行緒。

若函式可以在同一個行程的各執行緒中同步且安全地執行，則此函式稱為是可重入的（reentrant）。本文的「安全」意思是，無論任何其他執行緒的執行狀態為何，函式都可以達到預期的執行結果。

> SUSv3 對可重入函式的定義是：「當兩條或多條執行緒呼叫函式時，即便是彼此交叉執行，也能保證其效果與各執行緒以未定義的順序依序呼叫時一致。」

若函式會更新全域的或靜態的資料結構，則這可能是不可重入的函式（只使用區域變數的函式可保證是可重入的函式）。若同時對相同的函式執行兩次呼叫（例如：分別由兩條執行緒執行），使得函式試圖同時更新相同的全域變數或資料結構，則這兩個函式會彼此干擾，而產生錯誤結果。例如，假若有個執行緒正在為鏈結串列（linked list）的資料結構新增一個串列節點途中，而另一個執行緒也企圖更新相同的鏈結串列。因為新增節點到鏈結串列需要更新多個指標（pointers），若另一個執行緒中斷了這些步驟，並更新了相同的指標時，則會導致錯亂。

這些可能發生的情況在 C 的標準函式庫中相當常見，例如，我們在 7.1.3 節提過的 *malloc()* 與 *free()*，它們維護一個已釋放的記憶體區塊鏈結串列，以重新配置堆積（heap）中的記憶體。若主程式在呼叫 *malloc()* 期間受到一個同樣呼叫 *malloc()* 的訊號處理常式中斷，則此鏈結串列可能會遭受破壞。因此，*malloc()* 的函式家族與使用這些函式的其他函式庫函式皆為不可重入的。

其他函式由於會傳回靜態配置的記憶體，所以也是不可重入的，如（本書其他地方所介紹的）*crypt()*、*getpwnam()*、*gethostbyname()* 以及 *getservbyname()*。若訊號處理常式也使用了這些函式，則將會覆蓋主程式中之前呼叫相同函式所傳回的資訊（反之亦然）。

若函式的內部紀錄是使用靜態的資料結構，則也是不可重入的。其中最明顯的例子就是 stdio 函式庫的成員（*printf()*、*scanf()* 等），它們會為有緩衝的 I/O 更新內部資料結構。所以，若在訊號處理常式中使用 *printf()*，而主程式又在呼叫 *printf()* 或其他 stdio 函式期間受到處理常式的中斷，則我們有時會看到奇怪的輸出，或甚至導致程式崩潰（crash）或資料的毀損。

即使我們沒有使用不可重入的函式庫函式，可重入的問題依然存在，若訊號處理常式對主程式維護的全域資料結構進行更新，則對主程式而言，此訊號處理常式是不可重入的。

若函式是不可重入的，則此函式的使用手冊通常會提供顯性（explicit）或隱性（implicit）的提示，對於會使用或傳回靜態配置變數的函式，都需要特別留意。

範例程式

列表 21-1 示範天生就是不可重入的 *crypt()* 函式（8.5 節），此程式接受兩個字串作為命令列的參數，執行步驟如下：

1. 呼叫 *crypt()* 以加密第一個命令列參數的字串，並使用 *strdup()* 將此字串複製到另一個緩衝區。
2. 建立 SIGINT 訊號（按下 Ctrl-C 產生）的處理常式，此處理常式呼叫 *crypt()* 以加密第二個命令列參數的字串。
3. 進入 for 無窮迴圈，使用 *crypt()* 加密第一個命令列參數的字串，並檢查傳回的字串是否與步驟 1 儲存的結果相同。

在沒有收到訊號時，步驟 3 的檢查結果必定是符合匹配的，然而，若收到 SIGINT 訊號，而且主程式正好剛執行到 for 迴圈的 *crypt()* 呼叫之後，但是在執行檢查字串是否匹配之前，就受到訊號處理常式中斷，則主程式將會回報無法匹配，程式的執行結果如下：

```
$ ./non_reentrant abc def
Repeatedly type Control-C to generate SIGINT
Mismatch on call 109871 (mismatch=1 handled=1)
Mismatch on call 128061 (mismatch=2 handled=2)
Many lines of output removed
Mismatch on call 727935 (mismatch=149 handled=156)
Mismatch on call 729547 (mismatch=150 handled=157)
Type Control-\ to generate SIGQUIT
Quit (core dumped)
```

我們比較上列輸出的 mismatch 與 handled 值可得知，在大多數觸發訊號處理常式的情況中，處理常式會覆寫 *main()* 主程式在呼叫 *crypt()* 與進行字串比對期間所靜態配置的緩衝區。

列表 21-1：從 *main()* 以及訊號處理常式中呼叫不可重入的函式。

signals/nonreentrant.c

```
#define _XOPEN_SOURCE 600
#include <unistd.h>
#include <signal.h>
#include <string.h>
#include "tlpi_hdr.h"

static char *str2;              /* Set from argv[2] */
static int handled = 0;         /* Counts number of calls to handler */

static void
handler(int sig)
{
    crypt(str2, "xx");
    handled++;
}

int
main(int argc, char *argv[])
{
    char *cr1;
    int callNum, mismatch;
    struct sigaction sa;

    if (argc != 3)
        usageErr("%s str1 str2\n", argv[0]);

    str2 = argv[2];                       /* Make argv[2] available to handler */
    cr1 = strdup(crypt(argv[1], "xx"));   /* Copy statically allocated string
                                             to another buffer */
    if (cr1 == NULL)
        errExit("strdup");

    sigemptyset(&sa.sa_mask);
    sa.sa_flags = 0;
    sa.sa_handler = handler;
    if (sigaction(SIGINT, &sa, NULL) == -1)
        errExit("sigaction");

    /* Repeatedly call crypt() using argv[1]. If interrupted by a
       signal handler, then the static storage returned by crypt()
       will be overwritten by the results of encrypting argv[2], and
```

```
        strcmp() will detect a mismatch with the value in 'cr1'. */

    for (callNum = 1, mismatch = 0; ; callNum++) {
        if (strcmp(crypt(argv[1], "xx"), cr1) != 0) {
            mismatch++;
            printf("Mismatch on call %d (mismatch=%d handled=%d)\n",
                    callNum, mismatch, handled);
        }
    }
}
```
signals/nonreentrant.c

標準的非同步訊號安全（async-signal-safe）函式

非同步訊號安全的（async-signal-safe）函式是指可以安全地從訊號處理常式進行呼叫。當函式是可重入的，或是不會受到訊號處理常式的中斷，可稱此函式是非同步訊號安全的。

表 21-1 列出的是各種標準要求實作為非同步訊號安全的函式，其中，函式名稱後面沒有接著 v2 或 v3 字串的函式是由 POSIX.1-1990 規範的非同步訊號安全函式，SUSv2 新增的函式標示為 v2，而 SUSv3 新增的函式則標示為 v3。各 UNIX 平台可能也會將其他的一些函式實作為非同步訊號安全的，但每個遵循標準的 UNIX 平台至少需要確保表列的這些函式為非同步訊號安全的（若這些函式是由平台提供，在 Linux 系統並非每個函式都有提供）。

SUSv4 對表 21-1 進行下列的改變：

- 移除下列函式：*fpathconf()*、*pathconf()* 和 *sysconf()*。
- 增加下列函式：*execl()*、*execv()*、*faccessat()*、*fchmodat()*、*fchownat()*、*fexecve()*、*fstatat()*、*futimens()*、*linkat()*、*mkdirat()*、*mkfifoat()*、*mknod()*、*mknodat()*、*openat()*、*readlinkat()*、*renameat()*、*symlinkat()*、*unlinkat()*、*utimensat()* 和 *utimes()*。

表 21-1：POSIX.1-1990、SUSv2 與 SUSv3 所規範的非同步訊號安全函式

_Exit() (v3)	*getpid()*	*sigdelset()*
_exit()	*getppid()*	*sigemptyset()*
abort() (v3)	*getsockname() (v3)*	*sigfillset()*
accept() (v3)	*getsockopt() (v3)*	*sigismember()*
access()	*getuid()*	*signal() (v2)*
aio_error() (v2)	*kill()*	*sigpause() (v2)*
aio_return() (v2)	*link()*	*sigpending()*
aio_suspend() (v2)	*listen() (v3)*	*sigprocmask()*

alarm()	*lseek()*	*sigqueue() (v2)*
bind() (v3)	*lstat() (v3)*	*sigset() (v2)*
cfgetispeed()	*mkdir()*	*sigsuspend()*
cfgetospeed()	*mkfifo()*	*sleep()*
cfsetispeed()	*open()*	*socket() (v3)*
cfsetospeed()	*pathconf()*	*sockatmark() (v3)*
chdir()	*pause()*	*socketpair() (v3)*
chmod()	*pipe()*	*stat()*
chown()	*poll() (v3)*	*symlink() (v3)*
clock_gettime() (v2)	*posix_trace_event() (v3)*	*sysconf()*
close()	*pselect() (v3)*	*tcdrain()*
connect() (v3)	*raise() (v2)*	*tcflow()*
creat()	*read()*	*tcflush()*
dup()	*readlink() (v3)*	*tcgetattr()*
dup2()	*recv() (v3)*	*tcgetpgrp()*
execle()	*recvfrom() (v3)*	*tcsendbreak()*
execve()	*recvmsg() (v3)*	*tcsetattr()*
fchmod() (v3)	*rename()*	*tcsetpgrp()*
fchown() (v3)	*rmdir()*	*time()*
fcntl()	*select() (v3)*	*timer_getoverrun() (v2)*
fdatasync() (v2)	*sem_post() (v2)*	*timer_gettime() (v2)*
fork()	*send() (v3)*	*timer_settime() (v2)*
fpathconf() (v2)	*sendmsg() (v3)*	*times()*
fstat()	*sendto() (v3)*	*umask()*
fsync() (v2)	*setgid()*	*uname()*
ftruncate() (v3)	*setpgid()*	*unlink()*
getegid()	*setsid()*	*utime()*
geteuid()	*setsockopt() (v3)*	*wait()*
getgid()	*setuid()*	*waitpid()*
getgroups()	*shutdown() (v3)*	*write()*
getpeername() (v3)	*sigaction()*	
getpgrp()	*sigaddset()*	

SUSv3 提出，表 21-1 沒有列出的所有函式，對於訊號而言都會被視為不安全的，但同時指出，只有在呼叫的訊號處理常式中斷了不安全函式的執行，並且處理常式本身也呼叫了此不安全的函式，該函式才是不安全的。換句話說，我們在設計訊號處理常式時有下列兩項選擇：

- 確保訊號處理常式的程式碼本身是可重入的，而且只能呼叫非同步訊號安全的函式。
- 在主程式執行不安全的函式、或修改的全域資料結構可能會受到訊號處理常式更新時，阻塞訊號傳遞。

第二個方法的問題是，在一個複雜的程式中，難以確保主程式在呼叫不安全的函式時不會受到訊號處理常式中斷。因此，上述的規則通常會簡化為，我們不可在訊號處理常式中呼叫不安全的函式。

> 若我們使用相同的處理常式來處理幾個不同的訊號，或在呼叫 *sigaction()* 時使用 SA_NODEFER 旗標，則處理常式可能會自我中斷。結果，若處理常式更新了全域（或靜態）變數，即使主程式不會用到這些變數，然而處理常式還是不可重入的。

在訊號處理常式內使用 errno

由於可能會更新 *errno* 變數，所以使用表 21-1 的函式依然會導致訊號處理常式是不可重入的，因為它們可能會覆寫主程式之前呼叫函式時設定的 *errno* 值。權宜之計是，在訊號處理常式使用表 21-1 的函式之前，先儲存 *errno* 的值，並在函式執行完成之後，回存 *errno* 的值，請參考下列範例：

```
void
handler(int sig)
{
    int savedErrno;

    savedErrno = errno;

    /* Now we can execute a function that might modify errno */

    errno = savedErrno;
}
```

本書範例程式使用的不安全函式

雖然 *printf()* 並不是非同步訊號安全的函式，可是在本書的範例程式的訊號處理常式中會經常用到，之所以如此，是因為用 *printf()* 可以達到簡單且便利的方式，來示範呼叫訊號處理常式，以及顯示處理常式中的相關變數內容。以此類推，我們有時會在訊號處理常式中使用一些其他的非安全函式，如其他的 stdio 函式與 *strsignal()*。

現實世界的應用程式應該要避免在訊號處理常式中呼叫不屬於非同步訊號安全的函式，為了釐清這點，每個範例程式中的訊號處理常式在使用不安全的函式時，程式碼註解都會註明這項用法是不安全的。

```
printf("Some message\n");         /* UNSAFE */
```

21.1.3 全域變數與 *sig_atomic_t* 資料型別

儘管全域變數存在了可重入的問題，不過有時需要在主程式與訊號處理常式之間共用全域變數，只要主程式能正確處理訊號處理常式可能隨時會修改全域變數的情況，就能安全地共用全域變數。例如，常見的一種設計是讓訊號處理常式去做一件事情：設定全域旗標，主程式會定期檢查此旗標，並採取適當的動作來對收到訊號做出反應（並清除旗標）。當訊號處理常式依此方式存取全域變數時，我們應該使用 volatile 關鍵字來宣告全域變數，以避免編譯器進行優化（optimization）處理，而將變數存放在暫存器（register）。

讀取或寫入全域變數可能會需要一個以上的機器碼指令，而訊號處理常式可能會在主程式執行這些指令之間產生中斷（可以說存取變數並非原子式操作）。於是，C 語言標準與 SUSv3 制定了一種 *sig_atomic_t* 整數型別，意在保證能進行原子式讀寫。因而，在主程式與訊號處理常式之間共用的全域旗標變數應當宣告如下：

```
volatile sig_atomic_t flag;
```

我們在列表 22-5 示範如何使用 *sig_atomic_t* 資料型別。

要注意 C 語言的遞增（++）與遞減（--）運算符並不在 *sig_atomic_t* 的保障範圍，這些運算符在某些硬體架構上可能不是原子式操作（更多細節請參考 30.1 節）。使用 *sig_atomic_t* 變數所能保證的是，可以在訊號處理常式中安全地進行設定，並在主程式中進行檢查（反之亦然）。

C99 與 SUSv3 規定，在實作時應該要（在 `<stdint.h>`）定義 `SIG_ATOMIC_MIN` 與 `SIG_ATOMIC_MAX` 兩個常數，可定義 *sig_atomic_t* 型別變數的值域，標準規範若將 *sig_atomic_t* 以有號數表示，則其值域至少應該在 -127 至 127 之間，若表示為無號數，則應該是在 0 至 255 之間。在 Linux 系統上，這兩個常數分別代表有號的 32 位元整數值的負值與正值之極限值。

21.2 終止訊號處理常式的其他方式

我們到目前為止所討論的訊號處理常式在完成時都是傳回主程式，然而，若有時只是從訊號處理常式直接返回還不夠、有些情況甚至沒有幫助。（我們在 22.4 節討論硬體產生的訊號時，會舉例說明為何從訊號常式返回會沒有幫助）。

以下是終止訊號處理常式的各種其他方式：

- 使用 *_exit()* 終止行程，處理常式可事先進行一些清理工作，注意，我們不能使用 *exit()* 來終止訊號處理常式，因為此函式並非表 21-1 所列之安全的函式。不安全的理由如 25.1 節所述，此函式會在呼叫 *_exit()* 之前先刷新 stdio 緩衝區。
- 使用 *kill()* 或 *raise()* 送出訊號，以刪除行程（即訊號的預設動作是終止行程）。
- 從訊號處理常式執行非區域的（nonlocal）跳轉。
- 使用 *abort()* 函式終止行程，並產生核心傾印檔。

下列幾節將會對最後兩點進行深入的介紹。

21.2.1 在訊號處理常式執行非區域的跳轉

我們在 6.8 節曾介紹使用 *setjmp()* 與 *longjmp()* 來執行非區域的跳轉（nonlocal goto），以便從一個函式跳轉至其某個呼叫者，我們也可以在訊號處理常式中使用此技術，這項技術提供一種方式，可在收到硬體異常訊號時進行回復（例如，記憶體存取錯誤），並讓我們可以捕捉訊號，同時將控制權傳回程式的特定位置。例如，一旦收到 SIGINT 訊號（通常透過 Ctrl-C 產生），則 shell 會執行一個非區域的跳轉，將控制傳回到主輸入迴圈中（以便讀取新指令）。

然而，使用標準的 *longjmp()* 函式離開處理常式會有一個問題，我們先前提過，一旦進入訊號處理常式，則核心會自動將觸發的訊號以及在 act.sa_mask 欄位指定的每個訊號新增到行程的訊號遮罩，並在處理常式正常返回時，將這些訊號從遮罩中移除。

若我們使用 *longjmp()* 函式離開訊號處理常式，那麼訊號遮罩會發生什麼情況呢？結果取決於特定 UNIX 平台的血統，在 System V 一脈中，*longjmp()* 不會回存訊號遮罩，因而在離開處理常式時，不會將阻塞的訊號解除阻塞。而 Linux 則遵循 System V 的行為（通常這並非是我們想要的行為，因為觸發呼叫訊號處理常式的訊號仍處在阻塞狀態）。而在衍生自 BSD 的平台，*setjmp()* 會將訊號遮罩儲存在其 env 參數，而儲存的訊號遮罩則透過 *longjmp()* 回存（衍生自 BSD 的平台也提供兩個額外的 System V 語意函式：*_setjmp()* 與 *_longjmp()*）。換句話說，使用 *longjmp()* 來離開訊號處理常式是不可攜的。

> 若我們在編譯程式時有定義 _BSD_SOURCE 功能測試巨集，則（glibc）*setjmp()* 將遵循 BSD 的語意。

由於此差異存在於兩大 UNIX 門派之間，所以 POSIX.1-1990 選擇對 *setjmp()* 與 *longjmp()* 的訊號遮罩處理不予規範，取而代之，另外定義一對新函式：*sigsetjmp()* 與 *siglongjmp()*，在進行非區域跳轉時提供顯性的訊號遮罩控制。

```
#include <setjmp.h>

int sigsetjmp(sigjmp_buf env, int savesigs);
                    Returns 0 on initial call, nonzero on return via siglongjmp()
void siglongjmp(sigjmp_buf env, int val);
```

函式 *sigsetjmp()*、*siglongjmp()* 的操作與 *setjmp()*、*longjmp()* 類似，唯一的差異在於 env 參數的型別（是 *sigjmp_buf*，而不是 *jmp_buf*），以及 *sigsetjmp()* 函式多了一個 savesigs 參數。若將 savesigs 設定為非 0，則呼叫 *sigsetjmp()* 時的行程目前訊號遮罩會儲存於 env，之後可將此 env 參數傳遞給 *siglongjmp()* 呼叫進行還原。若 savesigs 為 0，則不會儲存以及還原行程的訊號遮罩。

函式 *longjmp()* 與 *siglongjmp()* 都不是表 21-1 所列的非同步訊號安全函式，原因是，在執行非區域的跳轉之後，呼叫任何非同步訊號安全的函式，其風險等同於在訊號處理常式中呼叫函式。此外，若訊號處理常式中斷的主程式正在更新資料結構，而訊號處理常式再以非區域跳轉結束，使得主程式沒有完成更新動作，導致資料結構處於不一致的狀態。我們可使用 *sigprocmask()* 技術來避免此問題，當進行這類更新時，暫時將訊號阻塞。

範例程式

列表 21-2 展示了兩種類型的非區域跳轉在處理訊號遮罩上的差異。該程式為 SIGINT 建立處理常式，並允許選擇 *setjmp()* 與 *longjmp()* 組合，或者是 *sigsetjmp()* 與 *siglongjmp()* 組合的方式來退出訊號處理常式，具體採用何種函式組合則取決於程式編譯時是否對 USE_SIGSETJMP 巨集進行定義。程式會分別在進入訊號處理常式時，以及非區域跳轉將控制從訊號處理常式交還給主程式後，顯示訊號遮罩的目前設定。

如果利用 *longjmp()* 來退出訊號處理常式，其結果如下：

```
$ make -s sigmask_longjmp          Default compilation causes setjmp() to be used
$ ./sigmask_longjmp
Signal mask at startup:
                <empty signal set>
Calling setjmp()
Type Control-C to generate SIGINT
Received signal 2 (Interrupt), signal mask is:
                2 (Interrupt)
After jump from handler, signal mask is:
                2 (Interrupt)
(At this point, typing Control-C again has no effect, since SIGINT is blocked)
Type Control-\ to kill the program
Quit
```

由程式輸出結果可知，訊號處理常式呼叫 *longjmp()* 之後的訊號遮罩設定與進入處理常式時保持一致。

> 建構上述 shell 作業階段程式的 makefile 會隨本書發佈的原始碼提供，選項 -s 告知 make 程式不要顯示執行中的指令。使用該選項意在避免干擾作業階段日誌的顯示。（Mecklenbug，2005）有對 GNU make 程式進行說明。

若編譯同一個原始檔來建立以 *siglongjmp()* 退出訊號處理常式的程式，其結果如下：

```
$ make -s sigmask_siglongjmp       Compiles using cc –DUSE_SIGSETJMP
$ ./sigmask_siglongjmp
Signal mask at startup:
                <empty signal set>
Calling sigsetjmp()
Type Control-C
Received signal 2 (Interrupt), signal mask is:
                2 (Interrupt)
After jump from handler, signal mask is:
                <empty signal set>
```

這裡不會阻塞 SIGINT 訊號，因為 *siglongjmp()* 會恢復原本的訊號遮罩。接著，再次按下 Ctrl-C，會再次呼叫該訊號處理常式。

```
Type Control-C
Received signal 2 (Interrupt), signal mask is:
                2 (Interrupt)
After jump from handler, signal mask is:
                <empty signal set>
Type Control-\ to kill the program
Quit
```

由上述輸出可知，*siglongjmp()* 將訊號遮罩恢復到呼叫 *sigsetjmp()* 時的值（即一個空的訊號集）。

列表 21-2 還展示了訊號處理常式執行非區域跳轉時的一項實用技術。訊號可能隨時產生，所以有可能發生於 *segsetjmp()*（或 *setjmp()*）設定跳轉目標之前。為杜絕這種可能（這將導致處理常式使用未初始化的 env 緩衝區來執行非區域跳轉），程式採用一個 canJump 防護變數（guard variable），來指出 env 緩衝區是否經過初始化。若 canJump 為假（false），則處理常式將不執行跳轉而直接返回。另一種方法是調整程式碼，在建立訊號處理常式之前呼叫 *sigsetjmp()*（或 *setjmp()*）。不過對於複雜的程式而言，要求這些步驟的執行順序可能會有困難，而使用防護變數也許會比較簡單。

注意，在設計列表 21-2 程式時使用 #ifdef 是使編碼風格符合標準的最簡單方式，尤其是在無法用下面的執行時檢查程式碼來取代 #ifdef 時。

```
if (useSiglongjmp)
    s = sigsetjmp(senv, 1);
else
    s = setjmp(env);
if (s == 0)
    ...
```

此做法與規範不符，因為 SUSv3 不允許在設定陳述式（6.8 節）時呼叫 *setjmp()* 與 *sigsetjmp()*。

列表 21-2：在訊號處理常式執行非區域跳轉

signals/sigmask_longjmp.c

```
#define _GNU_SOURCE     /* Get strsignal() declaration from <string.h> */
#include <string.h>
#include <setjmp.h>
#include <signal.h>
#include "signal_functions.h"           /* Declaration of printSigMask() */
#include "tlpi_hdr.h"

static volatile sig_atomic_t canJump = 0;
                        /* Set to 1 once "env" buffer has been
                           initialized by [sig]setjmp() */
#ifdef USE_SIGSETJMP
static sigjmp_buf senv;
#else
static jmp_buf env;
#endif

static void
handler(int sig)
```

```
{
    /* UNSAFE: This handler uses non-async-signal-safe functions
       (printf(), strsignal(), printSigMask(); see Section 21.1.2) */

    printf("Received signal %d (%s), signal mask is:\n", sig,
            strsignal(sig));
    printSigMask(stdout, NULL);

    if (!canJump) {
        printf("'env' buffer not yet set, doing a simple return\n");
        return;
    }

#ifdef USE_SIGSETJMP
    siglongjmp(senv, 1);
#else
    longjmp(env, 1);
#endif
}

int
main(int argc, char *argv[])
{
    struct sigaction sa;

    printSigMask(stdout, "Signal mask at startup:\n");

    sigemptyset(&sa.sa_mask);
    sa.sa_flags = 0;
    sa.sa_handler = handler;
    if (sigaction(SIGINT, &sa, NULL) == -1)
        errExit("sigaction");

#ifdef USE_SIGSETJMP
    printf("Calling sigsetjmp()\n");
    if (sigsetjmp(senv, 1) == 0)
#else
    printf("Calling setjmp()\n");
    if (setjmp(env) == 0)
#endif
        canJump = 1;                    /* Executed after [sig]setjmp() */

    else                                /* Executed after [sig]longjmp() */
        printSigMask(stdout, "After jump from handler, signal mask is:\n" );

    for (;;)                            /* Wait for signals until killed */
        pause();
}
```

signals/sigmask_longjmp.c

21.2.2 異常終止行程：*abort()*

函式 *abort()* 終止其呼叫行程，並生成核心傾印。

```
#include <stdlib.h>

void abort(void);
```

函式 *abort()* 透過產生 SIGABRT 訊號來終止呼叫的行程。SIGABRT 的預設動作是產生核心傾印檔案並終止行程。除錯器可以利用核心傾印檔案來檢測呼叫 *abort()* 時的程式狀態。

SUSv3 要求，無論阻塞或者忽略 SIGABRT 訊號，*abort()* 呼叫均不受影響。同時規定，除非行程捕獲 SIGABRT 訊號後訊號處理常式尚未返回，否則 *abort()* 必須終止行程。後一句話值得三思。21.2 節所描述的訊號處理常式終止方法中，與此相關的就是使用非區域跳轉退出處理常式。

這一做法將抵消 *abort()* 的效果，否則，*abort()* 將總是終止行程。在大多數實作中，終止時可確保發生如下事件：若行程在發出一次 SIGABRT 訊號後仍未終止（即處理常式會捕獲訊號並返回，以便恢復執行 *abort()*），則 *abort()* 會將對 SIGABRT 訊號的處理重置為 `SIG_DFL`，並再度發出 SIGABRT 訊號，因而確保將行程刪除。

若 *abort()* 成功終止了行程，那麼還會刷新 stdio stream 並將其關閉。

列表 3-3 在錯誤處理函式中提供了使用 *abort()* 的一個例子。

21.3 在替代堆疊中處理訊號：*sigaltstack()*

在呼叫訊號處理常式時，核心通常會在行程堆疊中為其建立一個訊框（frame）。不過，如果行程對堆疊的擴充超過堆疊大小的限制時，這種做法就不大可行了。例如，堆疊的增長過大，以至於會觸及到一片映射記憶體（48.5 節）或者向上增長的堆積（heap），又或者堆疊的大小已經直逼 `RLIMIT_STACK`（36.3 節）資源限制，這些都會造成這種情況的發生。

當行程試著將堆疊擴充為超過上限時，核心將為該行程產生 SIGSEGV 訊號。不過，因為堆疊空間已耗盡，核心也就無法為行程已經安裝的 SIGSEGV 處理常式建立堆疊訊框。結果是，處理常式不會被呼叫，而行程也就終止了（SIGSEGV 的預設動作）。

如果希望在這種情況下確保能呼叫 SIGSEGV 訊號處理常式，則需要做如下工作：

1. 配置一塊稱為「替代訊號堆疊」的記憶體區域，作為訊號處理常式的堆疊訊框。
2. 呼叫 *sigaltstack()*，通知核心此替代訊號堆疊的存在。
3. 在建立訊號處理常式時指定 SA_ONSTACK 旗標，亦即通知核心在替代堆疊上為處理常式建立堆疊訊框。

利用系統呼叫 *sigaltstack()*，既可以建立一個替代訊號堆疊，也可以將已建立替代訊號堆疊的相關資訊傳回。

```
#include <signal.h>

int sigaltstack(const stack_t *sigstack, stack_t *old_sigstack);
```

成功時傳回 0，或者錯誤時傳回 -1

參數 sigstack 指向的資料結構描述了新替代訊號堆疊的位置及屬性。參數 *old_sigstack* 指向的結構則用於傳回上一替代訊號堆疊的相關資訊（若存在）。兩個參數之一均可為 NULL。例如，將參數 sigstack 設為 NULL 可以發現目前的替代訊號堆疊，並且不用將其改變。不為 NULL 時，這些參數所指向的資料結構型別如下：

```
typedef struct {
    void   *ss_sp;        /* Starting address of alternate stack */
    int     ss_flags;     /* Flags: SS_ONSTACK, SS_DISABLE */
    size_t  ss_size;      /* Size of alternate stack */
} stack_t;
```

欄位 *ss_sp* 和 *ss_size* 分別指定了替代訊號堆疊的位置和大小。在實際使用訊號堆疊時，核心會將 *ss_sp* 值自動對齊為與硬體架構相適宜的位址邊界。

替代訊號堆疊通常既可以靜態配置，也可以在堆積上動態配置。SUSv3 規定將常數 SIGSTKSZ 作為劃分替代堆疊大小的典型值，而將 MINSSIGSTKSZ 做為呼叫訊號處理常式所需的最小值。在 Linux/x86-32 系統上，分別將這兩個值定義為 8192 和 2048。

核心不會重新劃分替代堆疊的大小。如果堆疊溢出配置給它的空間，就會產生混亂（例如，使用超出堆疊限制的變數空間）。這通常不是問題，因為一般會利用替代堆疊來處理標準堆疊溢位的特殊情況，通常只在這個堆疊上配置一個或一些訊框。SIGSEGV 處理常式的工作是在執行清理動作後終止行程，以及使用非區域跳轉解開標準堆疊。

ss_flags 可以包含如下值之一：

SS_ONSTACK

如果取得已建立替代訊號堆疊目前資訊時已經設定過旗標，則表示行程正在替代訊號堆疊上執行。當行程已經在替代訊號堆疊上執行時，試圖呼叫 *sigaltstack()* 來建立一個新的替代訊號堆疊將會產生錯誤（EPERM）。

SS_DISABLE

在 *old_sigstack* 中傳回，表示目前不存在已建立的替代訊號堆疊。如果在 sigstack 中指定，則會禁用目前已建立的替代訊號堆疊。

列表 21-3 示範了如何建立與使用替代訊號堆疊。在建立一個新的替代訊號堆疊以及 SIGSEGV 的訊號處理常式之後，程式將呼叫一個無限遞迴函式，這會導致堆疊溢位，同時系統會向行程發送 SIGSEGV 訊號。執行該程式的結果如下。

```
$ ulimit -s unlimited
$ ./t_sigaltstack
Top of standard stack is near 0xbffff6b8
Alternate stack is at          0x804a948-0x804cfff
Call    1 - top of stack near 0xbff0b3ac
Call    2 - top of stack near 0xbfe1714c
Many intervening lines of output removed
Call 2144 - top of stack near 0x4034120c
Call 2145 - top of stack near 0x4024cfac
Caught signal 11 (Segmentation fault)
Top of handler stack near      0x804c860
```

在這一個 shell 作業階段中，指令 ulimit 負責移除 shell 之前可能設定的任何 RLIMIT_STACK 資源限制，36.3 節會解釋這種資源限制。

列表 21-3：使用 *sigaltstack()*

signals/t_sigaltstack.c

```
#define _GNU_SOURCE              /* Get strsignal() declaration from <string.h> */
#include <string.h>
#include <signal.h>
#include "tlpi_hdr.h"

static void
sigsegvHandler(int sig)
{
    int x;

    /* UNSAFE: This handler uses non-async-signal-safe functions
       (printf(), strsignal(), fflush(); see Section 21.1.2) */
```

```
    printf("Caught signal %d (%s)\n", sig, strsignal(sig));
    printf("Top of handler stack near     %10p\n", (void *) &x);
    fflush(NULL);

    _exit(EXIT_FAILURE);                /* Can't return after SIGSEGV */
}

static void             /* A recursive function that overflows the stack */
overflowStack(int callNum)
{
    char a[100000];                     /* Make this stack frame large */

    printf("Call %4d - top of stack near %10p\n", callNum, &a[0]);
    overflowStack(callNum+1);
}

int
main(int argc, char *argv[])
{
    stack_t sigstack;
    struct sigaction sa;
    int j;

    printf("Top of standard stack is near %10p\n", (void *) &j);

    /* Allocate alternate stack and inform kernel of its existence */

    sigstack.ss_sp = malloc(SIGSTKSZ);
    if (sigstack.ss_sp == NULL)
        errExit("malloc");

    sigstack.ss_size = SIGSTKSZ;
    sigstack.ss_flags = 0;
    if (sigaltstack(&sigstack, NULL) == -1)
        errExit("sigaltstack");
    printf("Alternate stack is at         %10p-%p\n",
            sigstack.ss_sp, (char *) sbrk(0) - 1);

    sa.sa_handler = sigsegvHandler;     /* Establish handler for SIGSEGV */
    sigemptyset(&sa.sa_mask);
    sa.sa_flags = SA_ONSTACK;           /* Handler uses alternate stack */
    if (sigaction(SIGSEGV, &sa, NULL) == -1)
        errExit("sigaction");

    overflowStack(1);
}
```

signals/t_sigaltstack.c

21.4 SA_SIGINFO 旗標

如果在使用 *sigaction()* 建立處理常式時設定了 SA_SIGINFO 旗標，那麼在收到訊號時，處理常式可以取得該訊號的一些附加資訊。為取得這一資訊，需要將處理常式宣告如下：

```
void handler(int sig, siginfo_t *siginfo, void *ucontext);
```

如同標準訊號處理常式一樣，第一個參數 sig 表示訊號編號。第二個參數 siginfo 是用於提供訊號附加資訊的一個結構。該結構會與最後一個參數 ucontext 一起使用，在下面做詳細說明。

因為上述訊號處理常式的原型不同於標準處理常式，依照 C 語言的型別規則，將無法利用 sigaction 結構的 *sa_handler* 欄位來指定處理常式位址。此時需要使用另一個欄位：*sa_sigaction*。換言之，sigaction 結構比 20.13 節所展示的要稍微複雜一些。其完整定義如下：

```
struct sigaction {
    union {
        void (*sa_handler)(int);
        void (*sa_sigaction)(int, siginfo_t *, void *);
    } __sigaction_handler;
    sigset_t   sa_mask;
    int        sa_flags;
    void      (*sa_restorer)(void);
};

/* Following defines make the union fields look like simple fields
   in the parent structure */

#define sa_handler __sigaction_handler.sa_handler
#define sa_sigaction __sigaction_handler.sa_sigaction
```

結構 sigaction 使用 union 來合併 *sa_sigaction* 與 *sa_handler*。（大部分其他 UNIX 實作也採用相同的方式。）之所以使用 union，是因為對 *sigaction()* 的特定呼叫只會用到其中的一個欄位。（不過，如果天真地認為可以彼此獨立地設定 *sa_handler* 與 *sa_sigaction*，則有可能導致一些奇怪的 bug。可能的原因是在為不同的訊號建立處理常式時，多次呼叫 *sigaction()* 時，重複使用了同一個 sigaction 結構。）

這裡是使用 SA_SIGINFO 建立訊號處理常式的一個範例：

```
struct sigaction act;

sigemptyset(&act.sa_mask);
act.sa_sigaction = handler;
```

```
    act.sa_flags = SA_SIGINFO;

    if (sigaction(SIGINT, &act, NULL) == -1)
        errExit("sigaction");
```

至於使用 SA_SIGINFO 旗標的完整例子，請參考列表 22-3 和列表 23-5。

結構 *siginfo_t*

在以 SA_SIGINFO 旗標建立的訊號處理常式中，結構 *siginfo_t* 是其第二個參數，格式如下：

```
typedef struct {
    int     si_signo;         /* Signal number */
    int     si_code;          /* Signal code */
    int     si_trapno;        /* Trap number for hardware-generated signal
                                 (unused on most architectures) */
    union sigval si_value;    /* Accompanying data from sigqueue() */
    pid_t   si_pid;           /* Process ID of sending process */
    uid_t   si_uid;           /* Real user ID of sender */
    int     si_errno;         /* Error number (generally unused) */
    void   *si_addr;          /* Address that generated signal
                                 (hardware-generated signals only) */
    int     si_overrun;       /* Overrun count (Linux 2.6, POSIX timers) */
    int     si_timerid;       /* (Kernel-internal) Timer ID
                                 (Linux 2.6, POSIX timers) */
    long    si_band;          /* Band event (SIGPOLL/SIGIO) */
    int     si_fd;            /* File descriptor (SIGPOLL/SIGIO) */
    int     si_status;        /* Exit status or signal (SIGCHLD) */
    clock_t si_utime;         /* User CPU time (SIGCHLD) */
    clock_t si_stime;         /* System CPU time (SIGCHLD) */
} siginfo_t;
```

要取得 <signal.h> 對 *siginfo_t* 的宣告，必須將功能測試巨集 _POSIX_C_SOURCE 的值定義為大於或等於 199309。

如同大部分的 UNIX 實作一樣，在 Linux 系統中，*siginfo_t* 結構的很多欄位都是 union，因為對每個訊號而言，並非所有欄位都有必要。（參考 <bits/siginfo.h> 中的細節。）

一旦進入訊號處理常式，對結構 *siginfo_t* 中欄位的設定如下：

si_signo

需要為所有訊號設定。內含引發處理常式呼叫的訊號編號－與處理常式 sig 參數的值相同。

si_code

需要為所有訊號設定。如表 21-2 所示，所含程式碼提供了關於訊號來源的深入資訊。

si_value

該欄位包含呼叫 *sigqueue()* 發送訊號時的伴隨資料，在 22.8.1 節將討論 *sigqueue()*。

si_pid

對於經由 *kill()* 或 *sigqueue()* 發送的訊號，該欄位保存了發送行程的行程 ID。

si_uid

對於經由 *kill()* 或 *sigqueue()* 發送的訊號，該欄位保存了發送行程的真實使用者 ID。系統之所以提供真實使用者 ID，是因為其訊息量比有效使用者 ID 更為豐富。回憶 20.5 節所述關於訊號發送的權限規則，如果有效使用者 ID 授予發送者發送訊號的權力，那麼發送方的使用者 ID 必須要麼為 0（特權級使用者），要麼與接收行程的真實使用者 ID 或者保存設定使用者 ID（saved set-user-ID) 相同。這時，接收者瞭解發送者的真實使用者 ID 就很有用，因為它有可能與有效使用者 ID 不同（例如，如果發送者是一個 set-user-ID 程式）。

si_errno

如果將該欄位設定為非 0 值，則其包含一個錯誤編號（類似 errno），代表訊號的產生原因，Linux 通常不使用該欄位。

si_addr

僅針對由硬體產生的 SIGBUG、SIGSEGV、SIGILL 和 SIGFPE 訊號設定該欄位。對於 SIGBUS 和 SIGSEGV 而言，該欄位內含引發無效記憶體參考的位址。對於 SIGILL 和 SIGFPE 訊號，則包含導致訊號產生的程式指令位址。

以下各欄位均屬非標準的 Linux 擴充，僅當 POSIX 計時器（23.6 節）到期而產生訊號傳輸時設定：

si_timerid

內含供核心內部使用的 ID，用以識別計時器。

si_overrun

設定該欄位為計時器的跑過頭（overrun）次數。

只在收到 SIGIO 訊號（63.3 節）時，才會設定下面兩個欄位。

si_band

該欄位包含與 I/O 事件相關的「band event」值。（直到 glibc 2.3.2，*si_band* 的型別都是 int 型別。）

si_fd

該欄位包含與 I/O 事件相關的檔案描述符編號，SUSv3 並未定義此欄位，不過許多其他實作都有支援。

僅在收到 SIGCHLD 訊號（26.3 節）時，才會對以下各欄位進行設定。

si_status

此欄位包含子行程的結束狀態（當 *si_code*=CLD_EXITED 時）或者發給子行程的訊號編號（即 26.1.3 節所述終止或停止子行程的訊號編號）。

si_utime

該欄位包含子行程使用的使用者 CPU 時間。在版本 2.6 以前，以及 2.6.27 以後的核心版本中，該欄位的測量值是以 system clock tick 除以 *sysconf*（*_SC_CLK_TCK*）的回傳值。而在版本 2.6.27 之前的 2.6 核心中則存在 bug，該欄位在報告時間時採用的度量單位為（可由使用者配置的）jiffy（10.6 節）。SUSv3 沒有定義該欄位，但許多其他實作都有提供。

si_stime

該欄位包含了子行程使用的系統 CPU 時間，可參考對 *si_utime* 的描述。同樣，SUSv3 並未定義該欄位，不過許多其他實作都有提供。

si_code 欄位提供了關於訊號來源的更多資訊，其值如表 21-2 所示。表中第二行列出的訊號特有值（特別是由硬體產生的四種訊號：SIGBUS、SIGSEGV、SIGILL 和 SIGFPE）不會全部存在於每個 UNIX 實作以及硬體架構上，即使每個常數在 Linux 都有定義，而且 SUSv3 也定義了大多數的常數。

對於表 21-2 所示的值，還需注意以下幾點附加說明：

- 值 SI_KERNEL 和 SI_SIGIO 為 Linux 特有的，在 SUSv3 沒有規範，而且沒有其他 UNIX 系統提供。
- SI_SIGIO 只有在 Linux2.2 用到，從核心 2.4 起，Linux 轉而採用表中的 POLL_* 常數。

SUSv4 定義了功能與 *psignal()*（20.8 節）相似的 *psiginfo()* 函式。函式 *psiginfo()* 有兩個參數，分別是指向 *siginfo_t* 結構的指標和一個訊息字串。該函式在標準錯誤裝置上輸出字串訊息，接著顯示描述於 *siginfo_t* 結構的訊號資訊。glibc 自 2.10 版開始提供 *psiginfo()* 函式。glibc 實作會顯示訊號的描述資訊及來源（根據 *si_code* 欄位所示），對於某些訊號，還會列出 *siginfo_t* 結構中的其他欄位。函式 *psiginfo()* 是 SUSv4 中的新成員，並非全部的系統都有支援。

表 21-2：結構 *siginfo_t* 中 *si_code* 欄位回傳值一覽表

訊號	***si_code* 的值**	**訊號來源**
任意	SI_ASYNCIO	非同步 I/O（AIO）操作已經完成
	SI_KERNEL	從核心發送（例如，來自於終端機驅動程式的訊號）
	SI_MESGQ	訊息到達 POSIX 訊息佇列（自 Linux 2.6.6）
	SI_QUEUE	利用 *sigqueue()* 從使用者行程發出的即時訊號
	SI_SIGIO	SIGIO 訊號（僅 Linux 2.2 支援）
	SI_TIMER	POSIX（即時）計時器到期
	SI_TKILL	呼叫 *tkill()* 或 *tgkill()* 的使用者行程（自 Linux 2.4.19）
	SI_USER	呼叫 *kill()* 的使用者行程
SIGBUS	BUS_ADRALN	無效的地址對齊
	BUS_ADRERR	不存在的實體位址
	BUS_MCEERR_AO	硬體記憶體錯誤，動作為選配（自 Linux 2.6.32）
	BUS_MCEERR_AR	硬體記憶體錯誤，動作為必需（自 Linux 2.6.32）
	BUS_OBJERR	物件特有的硬體錯誤
SIGCHLD	CLD_CONTINUED	因 SIGCONT 訊號，子行程得以繼續執行（自 Linux 2.6.9）
	CLD_DUMPED	子行程異常終止，並產生核心傾印
	CLD_EXITED	子行程退出
	CLD_KILLED	子行程異常終止，且不產生核心傾印
	CLD_STOPPED	子行程停止
	CLD_TRAPPED	受到追蹤的子行程停止
SIGFPE	FPE_FLTDIV	浮點數除以 0
	FPE_FLTINV	無效的浮點數操作
	FPE_FLTOVF	浮點數溢位
	FPE_FLTRES	浮點數結果不精確
	FPE_FLTUND	浮點數下溢位
	FPE_INTDIV	整數除以 0
	FPE_INTOVF	整數溢位
	FPE_SUB	下標超出範圍

訊號	*si_code* 的值	訊號來源
SIGILL	ILL_BADSTK	內部堆疊錯誤
	ILL_COPROC	輔助處理器錯誤
	ILL_ILLADR	非法位址模式
	ILL_ILLOPC	非法操作碼（opcode）
	ILL_ILLOPN	非法運算元
	ILL_ILLTRP	非法陷阱
	ILL_PRVOPC	特權級操作碼
	ILL_PRVREG	特權級暫存器
SIGPOLL/ SIGIO	POLL_ERR	I/O 錯誤
	POLL_HUP	裝置斷線
	POLL_IN	有輸入的資料
	POLL_MSG	有輸入的訊息
	POLL_OUT	有輸出的緩衝區資料
	POLL_PRI	有高優先權的輸入
SIGSEGV	SEGV_ACCERR	映射對象的無效權限
	SEGV_MAPERR	未映射為物件的位址
SIGTRAP	TRAP_BRANCH	Process branch trap
	TRAP_BRKPT	行程中斷點
	TRAP_HWBKPT	硬體中斷點 / 監測點
	TRAP_TRACE	行程追蹤陷阱（trace）

參數 ucontext

以 SA_SIGINFO 旗標所建立的訊號處理常式，其最後一個參數是 ucontext，一個指向 *ucontext_t* 型別結構（定義於 <ucontext.h>）的指標。（因為 SUSv3 並未規定該參數的任何細節，所以將其定義為 void 型別指標。）該結構提供了所謂的使用者上下文資訊，用於描述呼叫訊號處理常式前的行程狀態，其中包括上一個行程訊號遮罩以及暫存器的保存值，例如程式計數器（cp）和堆疊指標暫存器（sp）。訊號處理常式很少用到此類資訊，所以此處也略而不談。

> 使用結構 ucontext_t 的其他函式有 *getcontext()*、*makecontext()*、*setcontext()* 和 *swapcontext()*，分別對應的功能是允許行程去接收、建立、改變以及交換執行上下文。（這些操作有點類似於 *setjmp()* 和 *longjmp()*，但更為通用。）可以使用這些函式來實作協同常式（coroutines），令行程的執行執行緒在兩個（或多個）函式之間交替。SUSv3 規定了這些函式，但將它們標示為已廢止。SUSv4 則將其刪去，並建議使用 POSIX 執行緒來重寫舊有的應用程式。glibc 使用手冊提供了關於這些函式的深入資訊。

21.5 系統呼叫的中斷與重新啟動

考慮如下情境：

1. 為某訊號建立處理常式。
2. 發起一個阻塞式系統呼叫（blocking system call），例如，從終端機設備呼叫的 *read()* 就會阻塞到有資料輸入為止。
3. 當系統呼叫受到阻塞時，之前建立了處理常式的訊號傳輸了過來，隨即引發對處理常式的呼叫。

訊號處理常式傳回後又會發生什麼事？預設情況下，系統呼叫會失敗，並將 *errno* 設定為 EINTR。這是一種有用的特性。23.3 節將會描述如何使用計時器（會產生 SIGALRM 訊號）來設定像 *read()* 之類阻塞式系統呼叫的超時。

不過，更為常見的情況是希望遭到中斷的系統呼叫得以繼續執行。為此，可在系統呼叫遭訊號處理常式中斷的事件中，利用如下程式碼來手動重啟系統呼叫：

```
while ((cnt = read(fd, buf, BUF_SIZE)) == -1 && errno == EINTR)
    continue;                   /* Do nothing loop body */
if (cnt == -1)                  /* read() failed with other than EINTR */
    errExit("read");
```

如果需要頻繁使用上述程式碼，那麼定義成如下巨集會很方便：

```
#define NO_EINTR(stmt) while ((stmt) == -1 && errno == EINTR);
```

使用此巨集可以將先前對 *read()* 的呼叫改寫如下：

```
NO_EINTR(cnt = read(fd, buf, BUF_SIZE));

if (cnt == -1)                  /* read() failed with other than EINTR */
errExit("read");
```

> GNU C 函式庫提供一個（非標準）的巨集，其作用與定義於 <unistd.h> 中的 NO_EINTR() 相同。該巨集名為 TEMP_FAILURE_RETRY()，定義功能測試巨集 _GNU_SOURCE 後即可使用。

即使採用了類似 NO_EINTR() 這樣的巨集，讓訊號處理常式來中斷系統呼叫還是頗為不便，因為只要有意重啟阻塞的呼叫，就需要為每個阻塞的系統呼叫增加程式碼。反之，可以呼叫指定了 SA_RESTART 旗標的 *sigaction()* 函式來建立訊號處理常式，從而令核心代表行程自動重啟系統呼叫，還無須處理系統呼叫可能傳回的 EINTR 錯誤。

旗標 SA_RESTART 是針對每個訊號的設定，換句話說，允許某些訊號的處理常式中斷阻塞的系統呼叫，而其他系統呼叫則可以自動重啟。

SA_RESTART 旗標對哪些系統呼叫（和函式庫函式）有效

不幸的是，並非所有的系統呼叫都可以透過指定 SA_RESTART 來達到自動重啟的目的。究其原因，有部分歷史因素：

- 4.2BSD 引入了重啟系統呼叫的概念，包括中斷對 *wait()* 和 *waitpid()* 的呼叫，以及如下 I/O 系統呼叫：*read()*、*readv()*、*write()* 和阻塞的 *ioctl()* 操作。I/O 系統呼叫都是可中斷的，所以只有在操作「慢速（slow）」裝置時，才可以利用 SA_RESTART 旗標來自動重啟呼叫。慢速裝置包括終端機（terminal）、管線（pipe）、FIFO 以及通訊端（socket）。對於這些檔案類型，各種 I/O 操作都有可能堵塞。（相較之下，磁碟檔案並未淪入慢速裝置之列，因為借助於緩衝區快取記憶體，磁碟 I/O 請求一般都可以立即得到滿足。當出現磁碟 I/O 請求時，核心會令該行程休眠，直至完成 I/O 動作為止。）
- 其他大量的阻塞式系統呼叫則繼承自 System V，在其初始設計中並未提供重啟系統呼叫的功能。

在 Linux 中，如果採用 SA_RESTART 旗標來建立系統處理常式，則如下的阻塞式系統呼叫（以及構建於其上的函式庫函式）在遭到中斷時是可以自動重啟的。

- 用來等待子行程（26.1 節）的系統呼叫：*wait()*、*waitpid()*、*wait3()*、*wait4()* 和 *waitid()*。
- 存取慢速裝置時的 I/O 系統呼叫：*read()*、*readv()*、*write()*、*writev()* 和 *ioctl()*。如果在收到訊號時已經傳輸了部分資料，那麼還是會中斷輸入輸出系統呼叫，但會傳回成功狀態：一個整型值，表示已成功傳輸資料的位元組數。
- 系統呼叫 *open()*，在可能發生阻塞的情況（例如，如 44.7 節所述，在開啟 FIFO 時）。
- 用於通訊端的各種系統呼叫：*accept()*、*accept4()*、*connect()*、*send()*、*sendmsg()*、*sendto()*、*recv()*、*recvfrom()* 和 *recvmsg()*。（在 Linux 中，如果使用 *setsockopt()* 來設定超時，則這些系統呼叫就不會自動重啟。更多細節請參考 signal(7) 使用手冊。）
- 對 POSIX 訊息佇列進行 I/O 操作的系統呼叫：*mq_receive()*、*mq_timedreceive()*、*mq_send()* 和 *mq_timedsend()*。
- 用於設定檔案鎖的系統呼叫和函式庫函式：*flock()*、*fcntl()* 和 *lockf()*。
- Linux 特有系統呼叫 *futex()* 的 FUTEX_WAIT 操作。

- 用於遞減 POSIX 信號的 *sem_wait()* 與 *sem_timedwait()* 函式。（在一些 UNIX 實作上，如果設定了 SA_RESTART 旗標，則 *sem_wait()* 就會重啟。）
- 用於同步 POSIX 執行緒的函式：*pthread_mutex_lock()*、*pthread_mutex_trylock()*、*pthread_ mutex_timedlock()*、*pthread_cond_wait()* 和 *pthread_cond_timedwait()*。

核心 2.6.22 之前，不管是否設定了 SA_RESTART 旗標，*futex()*、*sem_wait()* 和 *sem_timedwait()* 遭到中斷時總是會產生 EINTR 錯誤。

以下的阻塞式系統呼叫（以及構建於其上的函式庫函式）則絕不會自動重啟（即便指定了 SA_RESTART）。

- *poll()*、*ppoll()*、*select()* 和 *pselect()* 這些 I/O 多工呼叫。（SUSv3 明文規定，無論設定 SA_RESTART 旗標與否，都不對 *select()* 和 *pselect()* 遭處理常式中斷時的行為進行定義。）
- Linux 特有的 *epoll_wait()* 和 *epoll_pwait()* 系統呼叫。
- Linux 特有的 *io_getevents()* 系統呼叫。
- 操作 System V 訊息佇列和號誌的阻塞式系統呼叫：*semop()*、*semtimedop()*、*msgrcv()* 和 *msgsnd()*。（雖然 System V 原本並未提供自動重啟系統呼叫的功能，但在某些 UNIX 實作上，如果設定了 SA_RESTART 旗標，這些系統呼叫還是會自動重啟。）
- 對 inotify 檔案描述符發起的 *read()* 呼叫。
- 用於將行程暫停指定時間的系統呼叫和函式庫函式：*sleep()*、*nanosleep()* 和 *clock_nanosleep()*。
- 特意設計用來等待某一訊號到達的系統呼叫：*pause()*、*sigsuspend()*、*sigtimedwait()* 和 *sigwaitinfo()*。

為訊號修改 SA_RESTART 旗標

函式 *siginterrupt()* 用於改變訊號的 SA_RESTART 設定。

```
#include <signal.h>

int siginterrupt(int sig, int flag);
```

成功時傳回 0，或者錯誤時傳回 -1

若參數 flag 為真（1），則針對訊號 sig 的處理常式將會中斷阻塞式系統呼叫的執行。如果 flag 為假（0），那麼在執行了 sig 的處理常式之後，會自動重啟阻塞式系統呼叫。

函式 *siginterrupt()* 的工作原理是：呼叫 *sigaction()* 取得訊號目前處置的副本，調整自結構 oldact 中傳回的 SA_RESTART 旗標，接著再次呼叫 *sigaction()* 來更新訊號處置。

SUSv4 將 *sigterrupt()* 標示為已廢止，並建議使用 *sigaction()* 取代。

對於某些 Linux 系統呼叫，未處理的停止訊號會產生 EINTR 錯誤

在 Linux 上，即使沒有訊號處理常式，某些阻塞的系統呼叫也會產生 EINTR 錯誤。如果系統呼叫遭到阻塞，並且行程因訊號（SIGSTOP、SIGTSTP、SIGTTIN 或 SIGTTOU）而停止，之後又因收到 SIGCONT 訊號而恢復執行時，就會發生這種情況。

以下系統呼叫和函式具有這一行為：*epoll_pwait()*、*epoll_wait()*、對 inotify 檔案描述符執行的 *read()* 呼叫、*semop()*、*semtimedop()*、*sigtimedwait()* 和 *sigwaitinfo()*。

核心 2.6.24 之前，*poll()* 也曾存在這種行為，2.6.22 之前的 *sem_wait()*、*sem_timedwait()*、*futex(FUTEX_WAIT)*，2.6.9 之前的 *msgrcv()* 和 *msgsnd()*，以及 Linux 2.4 及其之前的 *nanosleep()* 也同樣如此。

在 Linux 2.4 及其之前的版本中，也可以以這種方式來中斷 *sleep()*，但是不會傳回錯誤值，而是傳回休眠所剩餘的秒數。

這種行為的結果是，如果程式可能因訊號而停止和重啟，那麼就需要添加程式碼來重新啟動這些系統呼叫，即便該程式並未為停止訊號設定處理常式。

21.6 小結

本章討論了影響訊號處理常式操作與設計的一系列因素。

由於訊號不會排隊，因而在為設計訊號處理常式時，有時必須要考慮特定類型訊號多次發生的可能性，即使之前訊號只產生過一次。可重入問題會影響到對全域變數的修改方式，還限制了可從訊號處理常式中安全呼叫的函式範圍。

除了返回之外，還有許多終止訊號處理常式的方法，其中包括：呼叫 *_exit()*，發送訊號來終止行程（*kill()*、*raise()* 或 *abort()*），或者執行非區域跳轉。借助於 *sigsetjmp()* 和 *siglongjmp()*，可以在執行非區域跳轉時為程式提供處理訊號遮罩的顯式控制手段。

可以使用 *sigaltstack()* 來為行程定義替代訊號堆疊。這是呼叫訊號處理常式時，用來替代標準行程堆疊的一塊記憶體。當標準堆疊因增長過大（核心會在此時向行程發送 SIGSEGV 訊號）而消耗殆盡時，替代堆疊就特別有用。

如果在呼叫 *sigaction()* 時設定了 SA_SIGINFO 旗標，那麼所建立的訊號處理常式就能接收訊號的附加資訊。*siginfo_t* 結構提供了這些資訊，其位址則傳輸給訊號處理常式作為參數。

如果訊號處理常式中斷了處理阻塞中的系統呼叫，則系統呼叫會產生 EINTR 錯誤。利用這種特性，就可以為阻塞的系統呼叫設定一個計時器。如果有意，可以手動重啟遭到中斷的系統呼叫。另外，在呼叫 *sigaction()* 建立訊號處理常式時，如果設定了 SA_RESTART 旗標，那麼大部分（但非全部）系統呼叫都將會自動重啟。

進階資訊

參考 20.15 節所列資訊來源。

21.7 習題

21-1. 請實作 *abort()*。

22

訊號（signal）：進階功能

本章是「訊號（signal）」主題系列討論（始於第 20 章）的完結篇，涵蓋了一些更為進階的議題，如下所示：

- 核心傾印檔案（core dump file）。
- 訊號的傳遞、處置（disposition）及處理（handling）等相關的特殊情況。
- 訊號的同步產生和非同步產生。
- 訊號的傳遞時機及傳遞順序。
- 即時訊號（realtime signal）。
- 用 *sigsuspend()* 來設定行程訊號遮罩並等待訊號到達。
- 用 *sigwaitinfo()*（和 *sigtimedwait()*）同步等待訊號到達。
- 用 *signalfd()* 透過一個檔案描述符來接收訊號。
- 較舊的 BSD 訊號 API 和 System V 訊號 API。

22.1 核心傾印檔案

特定訊號會引發行程建立一個核心傾印檔案並終止執行（參考表 20-1）。所謂核心傾印是內含行程終止時記憶體映射的一個檔案。（術語 core 源於一種早期的記憶體技術。）將該記憶體映射載入到除錯器中，即可查出在訊號到達時的程式碼和資料狀態。

引發程式生成核心傾印檔案的方式之一是輸入退出字元（通常為 *Control-*），因而生成 SIGQUIT 訊號。

```
$ ulimit -c unlimited                    Explained in main text
$ sleep 30
Type Control-\
Quit (core dumped)
$ ls -l core                             Shows core dump file for sleep(1)
-rw-------    1 mtk    users    57344 Nov 30 13:39 core
```

在本例中，當檢測出子行程（執行 sleep 命令的行程）為 SIGQUIT 訊號所殺，並生成核心傾印檔案時，shell 會顯示"Quit（core dump）"訊息。

核心傾印檔案建立於行程的工作目錄中，名為 core。這是核心傾印檔案的預設位置和名稱。稍後將解釋如何改變這些預設值。

> 使用許多實作所提供的工具（例如 FreeBSD 和 Solaris 中的 gcore），可取得某一執行中的行程之核心傾印檔案。Linux 系統也有類似功能，使用 gdb 去連接（attach）一個正在執行的行程，然後執行 gcore 指令。

不產生核心傾印檔案的情況

以下情況不會產生核心傾印檔案：

- 行程沒有核心傾印檔的寫入權限。造成這種情況的原因有：行程對將要建立核心傾印檔案的目錄可能沒有寫入權限，或者是因為存在同名（且不可寫入，亦或非正規類型，例如，目錄或符號連結）的檔案。
- 存在一個同名、可寫入的普通檔案，但指向該檔案的（硬式）連結數超過一個。
- 要建立核心傾印檔案的目錄不存在。
- 把行程「核心傾印檔案大小」此資源限制設定為 0。在 36.3 節將對此限制（RLIMIT_CORE）進行詳細討論。上例就使用了 ulimit 指令（C shell 中為 limit 指令）來取消核心傾印檔案大小的任何限制。
- 將行程「可建立檔案的大小」資源限制設定為 0。在 36.3 節會描述此限制（RLIMIT_FSIZE）。
- 行程正在執行的二進位可執行檔沒有啟用讀取權限。這樣可防止使用者利用核心傾印檔案來取得原本無法讀取的程式碼。
- 以唯讀方式掛載目前工作目錄所在的檔案系統，或者檔案系統空間已滿，又或者 i-node 資源耗盡。還有一種情況，即使用者已經達到其在該檔案系統上的配額限制。

- Set-user-ID（set-group-ID）程式在以檔案擁有者（同群組成員）以外的身份執行時，不會產生核心傾印檔案。這可以防止惡意使用者傾印安全程式的記憶體，並取得如密碼之類的敏感資訊。

  使用 Linux 特有的系統呼叫 *prctl()* 及 PR_SET_DUMPABLE 操作，可以為行程設定 dumpable 旗標。當檔案擁有者（同群組成員）以外的身份執行 set-user-ID（set-group-ID）程式時，如設定該旗標即可生成核心傾印檔案。PR_SET_DUMPABLE 操作始見於 Linux 2.4，更多詳細資訊可參考 prctl(2) 使用手冊。另外，始於核心版本 2.6.13，針對 set-user-ID 和 set-group-ID 行程是否產生核心傾印檔案，/proc/sys/fs/suid_dumpable 檔案提供系統級控制，細節可參考 *proc(5)* 使用手冊。

始於核心版本 2.6.23，利用 Linux 特有的 /proc/*PID*/coredump_filter，可基於行程級進行控制寫入核心傾印檔案的記憶體映射類型（第 49 章將解釋記憶體映射）。該檔案中的值是一個四位元的遮罩，分別對應於四種類型的記憶體映射：私有匿名映射、私有檔案映射、共用匿名映射以及共用檔案映射。檔案預設值提供了傳統的 Linux 行為：僅傾印私有匿名映射與共用匿名映射，詳情可參考 core(5) 使用手冊。

為核心傾印檔案命名：/proc/sys/kernel/core_pattern

從 Linux 版本 2.6 開始，可以根據 Linux 特有的 /proc/sys/kernel/core_pattern 檔案所包含的格式化字串來控制系統上所有核心傾印檔案的命名。預設情況下，該檔案所含字串為 core。特權級使用者可以將該檔案內容定義為包含表 22-1 所列的任一格式說明符，待實際命名時再以表中右列所示相應值替換。此外，允許字串中包含斜線（/）。換言之，處在控制範圍之內的，不僅包括核心檔案的名稱，還包括核心檔案的所在（絕對或相對）目錄。替換所有格式說明符後，由此生成的路徑名稱字串長度至多可達 128 個字元（Linux 2.6.19 之前為 64 個字元），超出部分將予以截斷。

Linux 從核心版本 2.6.19 開始支援 core_pattern 檔案的另一種語法。如果該檔案包含一個以管線符號（|）為首的字串，那麼會將該檔案的剩餘字串視為一個程式，其選配參數可包含表 22-1 所示的 % 說明符—當行程傾印核心檔案時，將執行該程式，並且會將核心傾印至該程式的標準輸入，而非一個檔案。詳情請參考 *core(5)* 使用手冊。

其他一些 UNIX 實作也提供了與 core_pattern 類似的機制。例如，在 BSD 一派中，會將程式名稱附加到檔名尾部，形如 core.progname。Solaris 提供了一個工具（coreadm），允許由使用者選擇核心傾印檔案的名稱和存放目錄。

表 22-1：服務於 /proc/sys/kernel/core_pattern 的檔案說明符

說明符	替代為
%c	對核心檔案大小的資源軟性限制（位元組數；始於 Linux 2.6.24）
%e	可執行檔名（不含路徑的前綴）
%g	遭傾印行程的真實群組 ID
%h	主機系統名稱
%p	遭傾印行程的行程 ID
%s	導致行程終止的訊號編號
%t	傾印時間，始於 Epoch，以秒為單位
%u	遭傾印行程的真實使用者 ID
%%	單個 % 字元

22.2 傳遞、處置及處理的特殊情況

本節討論了針對特定訊號，適用的傳遞、處置以及處理方面的特殊規則。

SIGKILL 與 SIGSTOP

SIGKILL 訊號的預設行為是終止一個行程，SIGSTOP 訊號的預設行為是停止一個行程，二者的預設行為均無法改變。當試圖用 *signal()* 與 *sigaction()* 來改變對這些訊號的處置時，將總是傳回錯誤。同樣，也不能將這兩個訊號阻塞。這是一個深思熟慮的設計決定。不允許修改這些訊號的預設行為，同時意謂著必定可以利用這些訊號來殺死或者停止一個失序的行程。

SIGCONT 和停止訊號

如前所述，可使用 SIGCONT 訊號來使某些（因接收 SIGSTOP、SIGTSTP、SIGTTIN 和 SIGTTOU 訊號而）處於停止狀態的行程得以繼續執行。由於這些停止訊號具有獨特目的，所以在某些情況下核心對它們的處理方式將有別於其他訊號。

若一個行程處於停止狀態，那麼一個 SIGCONT 訊號的到來總是會使行程恢復執行，即使該行程正在阻塞或者忽略 SIGCONT 訊號。該特性之所以必要，是因為如果要恢復這些處於停止狀態的行程，除此之外別無他法。（如果處於停止狀態的行程正在阻塞 SIGCONT 訊號，並且已經為 SIGCONT 訊號建立了處理常式，那麼在行程恢復執行後，只有在取消對 SIGCONT 的阻塞時，行程才會去呼叫相對應的處理常式。）

> 若將任何一個其他訊號發送給一個已經停止的行程，不會實際傳遞此訊號，直到行程收到 SIGCONT 訊號並且恢復執行為止。SIGKILL 訊號則屬例外，因為該訊號必定會終止行程，即使行程目前處於停止狀態。

每當行程收到 SIGCONT 訊號時，會將擱置（pending）的停止訊號丟棄（即行程根本不知道這些訊號）。相反，如果任何停止訊號傳輸給了行程，那麼行程將自動丟棄任何處擱置中的 SIGCONT 訊號。之所以採取這些步驟，意在防止之前發送的一個停止訊號會在隨後撤銷 SIGCONT 訊號的行為，反之亦然。

由終端機產生的訊號若已被忽略，則不應改變其訊號處置

若程式在執行時發現，已將由終端機產生訊號的處置設定為 SIG_IGN（忽略），則程式通常不應試圖去改變訊號處置。這並非系統的硬性規定，而是設計應用程式時所應遵循的慣例，34.7.3 節將解釋其理由。與之相關的訊號有：SIGHUP、SIGINT、SIGQUIT、SIGTTIN、SIGTTOU 和 SIGTSTP。

22.3 可中斷和不可中斷的行程睡眠狀態

前文曾指出，SIGKILL 與 SIGSTOP 訊號對行程的作用是立竿見影的。對於這一論斷，此處要加入一條限制。核心經常需要令行程進入休眠，而休眠狀態又分為兩種：

- TASK_INTERRUPTIBLE：行程正在等待某一事件。例如，正在等待終端機輸入，等待資料寫入目前的空管線，或者等待 System V 號誌值的增加。行程在該狀態下所耗費的時間可長可短。如果為這種狀態下的行程產生一個訊號，則操作將中斷，而傳輸來的訊號將喚醒行程。ps(1) 指令在顯示處於 TASK_INTERRUPTIBLE 狀態的行程時，會將其 STAT（行程狀態）欄位標示為字母 S。
- TASK_UNINTERRUPTIBLE：行程正在等待某些特定類型的事件，比如磁碟 I/O 的完成。如果為這種狀態下的行程產生一個訊號，那麼在行程擺脫這種狀態之前，系統將不會把訊號傳輸給行程。ps(1) 指令在顯示處於 TASK_UNINTERRUPTIBLE 狀態的行程時，會將其 STAT 欄位標示為字母 D。

因為行程處於 TASK_UNINTERRUPTIBLE 狀態的時間通常稍縱即逝，所以系統在行程脫離該狀態時傳遞訊號的現象也不易於被發現。然而，在極少數情況下，行程可能會因硬體故障、NFS 問題或者核心的 bug 而在該狀態下保持掛起。這時，SIGKILL 將不會終止掛起的行程。如果底層的問題無法得到解決，那麼只好透過重新啟動系統來消滅該行程。

大多數 UNIX 系統實作都支援 TASK_INTERRUPTIBLE 和 TASK_UNINTERRUPTIBLE 狀態。從核心 2.6.25 開始，Linux 加入第三種狀態來解決上述掛起行程的問題。

- TASK_KILLABLE：該狀態類似於 TASK_UNINTERRUPTIBLE，但是會在行程收到一個致命訊號（即一個殺死行程的訊號）時將其喚醒。在對核心程式碼的相關部分進行改造後，就可使用該狀態來避免各種因行程掛起而重啟系統的情況。這時，向行程發送一個致命訊號就能終止行程。為使用 TASK_KILLABLE 而進行程式碼改造的首個核心模組是 NFS。

22.4 硬體產生的訊號

硬體異常可以產生 SIGBUS、SIGFPE、SIGILL，和 SIGSEGV 訊號，呼叫 *kill()* 函式來發送此類訊號是另一種途徑，但較為少見。SUSv3 規定，在硬體異常的情況下，如果行程從此類訊號的處理常式中傳回，亦或行程忽略或阻塞了此類訊號，那麼行程的行為未定義，原因如下：

- 從訊號處理常式中返回：假設機器語言指令產生了上述其中一個訊號，並因此而呼叫了訊號處理常式。當從處理常式正常返回後，程式會嘗試從其中斷處恢復執行。可當初引發訊號產生的剛好是這條指令，所以訊號會再次光臨。故事的結局通常是，程式進入無限迴圈，重複呼叫訊號處理常式。
- 忽略訊號：忽略因硬體而產生的訊號於情理不合，試想算術異常之後，程式應當如何繼續執行呢？無法明確。當硬體異常而產生上述其中一個訊號時，Linux 會強制傳輸訊號，即使程式已經請求忽略此類訊號。
- 阻塞訊號。與上一種情況一樣，阻塞因硬體而產生的訊號也不合情理：不清楚程式隨後應當如何繼續執行。在 2.4 以及更早的版本中，Linux 核心僅會將阻塞硬體產生訊號的種種企圖一一忽略，訊號無論如何都會傳輸給行程，隨後要麼行程終止，要麼訊號處理常式會捕獲訊號—在程式安裝有訊號處理常式的情況下。始於 Linux 2.6，如果訊號遭到阻塞，那麼該訊號總是會立刻終止行程，即使行程已經為此訊號安裝了處理常式。（對於因硬體而產生的訊號，Linux 2.6 之所以會改變對其處於阻塞狀態下的處理方式，是由於 Linux 2.4 的行為隱含 bug，並可能在多執行緒程式中引起死結。）

隨本書發佈原始碼中的 signals/demo_SIGFPE.c 程式就展示了忽略或者阻塞 SIGFPE 訊號的後果，或者以可正常返回的處理常式捕獲訊號。

正確處理硬體產生訊號的方法有二：接受訊號的預設行為（行程終止）；為訊號設計不會正常返回的處理常式。除了正常返回之外，終結處理常式執行的手段還包括呼叫 *_exit()* 以終止行程，或者呼叫 *siglongjmp()*（21.2.1 節），確保將控制權交回程式（產生訊號的指令位置之外）的某一位置。

22.5 訊號的同步生成和非同步生成

前文已提及，行程通常無法預測接收訊號的時間。要證實這一點，需要對訊號的同步生成和非同步生成加以區分。

目前為止所探討的均屬於訊號的非同步生成，即引發訊號產生（無論訊號發送者是核心還是另一行程）的事件，其發生與行程的執行無關。（例如，使用者輸入中斷字元，或者子行程終止。）對於非同步產生的訊號，前述的一個行程無法預測訊號何時抵達這句話是成立的。

然而，有時訊號的產生是由行程本身的執行造成的，前面曾提及兩個這樣的例子：

- 執行特定的機器語言指令，可導致硬體異常，並因此而產生 22.4 節所述的硬體產生訊號（SIGBUS、SIGFPE、SIGILL、SIGSEGV 和 SIGEMT）。
- 行程可以使用 *raise()*、*kill()* 或者 *killpg()* 向自身發送訊號。

在這些情況下，訊號的產生就是同步的，會立即傳輸訊號（除非該訊號受到阻塞，但還要參考 22.4 節就阻塞硬體產生訊號而展開的討論）。換言之，本節開始處提及的無法預測訊號何時抵達則並不成立。對於同步產生的訊號而言，不但可以預測訊號的傳遞，而且可以重現。

注意，同步是對訊號產生方式的描述，並不針對訊號本身。所有的訊號既可以同步產生（例如，行程使用 *kill()* 向自身發送訊號），也可以非同步產生（例如，由另一行程使用 *kill()* 來發送訊號）。

22.6 訊號傳遞的時機與順序

本節的主題有二。其一，具體於何時去傳輸一個擱置中的訊號；其二，對於多個受到阻塞，且擱置中的訊號一旦同時解除阻塞，將會發生什麼情況？

何時傳遞一個訊號？

如 22.5 節所述，同步產生的訊號會立即傳輸。例如，硬體異常會觸發一個即時訊號，而當行程使用 *raise()* 向自身發送訊號時，訊號會在 *raise()* 呼叫傳回前就已經發出。

當非同步產生一個訊號時，即使並未將其阻塞，在訊號產生和實際傳輸之間仍可能會存在一個（暫態）延遲。在此期間，訊號處於擱置狀態。這是因為核心將等待訊號傳輸給行程的時機是，該行程正在執行，且發生由核心空間到使用者空間的下一次切換時。實際上，這意謂著在以下時刻才會傳遞訊號。

- 行程在之前的超時之後，再度獲得排班時（即，在一個時間片段的開始處）。
- 系統呼叫完成時（訊號的傳遞可能引起阻塞中的系統呼叫過早地完成）。

解除多個阻塞中的訊號時，訊號的傳輸順序

如果行程使用 *sigprocmask()* 解除多個受到阻塞而擱置中的訊號，則這些訊號全部都會立即傳輸給此行程。

就目前的 Linux 實作而言，Linux 核心依照訊號編號的昇冪來傳遞訊號。例如，如果對擱置中的訊號 `SIGINT`（訊號編號為 2）與 `SIGQUIT`（訊號編號為 3）同時解除阻塞，那麼無論這兩個訊號的產生順序為何，`SIGINT` 都將優先於 `SIGQUIT` 傳輸。

然而，也不能依賴（標準）訊號的特定傳遞順序，因為 SUSv3 規定，多個訊號的傳遞順序由系統實作決定。（該條款僅適用於標準訊號。如 22.8 節所述，即時訊號的相關標準規定，對於解除阻塞的即時訊號而言，其傳遞順序必須得到保障。）

當多個解除阻塞的訊號正在等待傳遞時，如果在訊號處理常式執行期間發生了核心空間和使用者空間之間的切換，那麼將中斷此處理常式的執行，並呼叫第二個訊號處理常式（以此類推），如圖 22-1 所示。

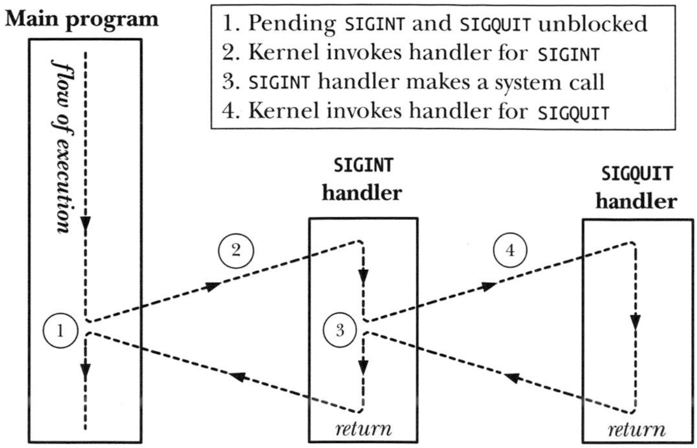

圖 22-1：傳遞多個解除阻塞的訊號

22.7 *signal()* 的實作及可攜性

本節示範如何使用 *sigaction()* 來實作 *signal()*，實作雖然簡單明瞭，但還需要顧及此事實，由於歷史沿革和 UNIX 實作之間的差異，*signal()* 曾具有各種不同的語意。尤其是，訊號的早期實作並不可靠，這意謂著：

- 在剛進入訊號處理常式時，會將訊號處置重置為預設行為。（這對應於 20.13 節描述的 SA_RESETHAND 旗標。）要想在同一訊號再度光臨時再次呼叫該訊號處理常式，則程式設計師必須在訊號處理常式內部呼叫 *signal()*，以明確重建處理常式。這種情況存在一個問題：在進入訊號處理常式和重建處理常式之間存在一個短暫的空窗期，而如果同一訊號在此期間再度抵達，那麼將只能依照其預設處置來進行處理。
- 在訊號處理常式執行期間，不會阻塞新產生的訊號。（這對應於 20.12 節描述的 SA_NODEFER 旗標。）這意謂著，如果在某一訊號處理常式執行期間，同類訊號再度抵達，那麼該處理常式將會被遞迴呼叫。假定一串訊號中彼此的時間間隔足夠短，那麼對處理常式的遞迴呼叫將可能導致堆疊溢位。

除了不可靠之外，早期的 UNIX 實作並未提供系統呼叫的自動重啟功能（即，21.5 節所述 SA_RESTART 旗標的相關行為）。

4.2 BSD 針對可靠訊號的實作糾正了這些限制，其他有些 UNIX 實作也都遵循辦理。然而，時至今日，這些早期語意依然存在於 System V 的 *signal()* 實作之中。如 SUSv3 和 C99 之類的當代標準在 *signal()* 的這些方面甚至特地保留而不予規範。

整合上述資訊，對 *signal()* 的實作如列表 22-1 所示。該實作預設將提供訊號的現代語意。如果編譯時使用 *–DOLD_SIGNAL* 選項，則提供早期的不可靠訊號語意，且不能啟用系統呼叫的自動重啟功能。

列表 22-1：一個 *signal()* 的實作

signals/signal.c

```
#include <signal.h>

typedef void (*sighandler_t)(int);

sighandler_t
signal(int sig, sighandler_t handler)
{
    struct sigaction newDisp, prevDisp;

    newDisp.sa_handler = handler;
    sigemptyset(&newDisp.sa_mask);
#ifdef OLD_SIGNAL
    newDisp.sa_flags = SA_RESETHAND | SA_NODEFER;
#else
    newDisp.sa_flags = SA_RESTART;
#endif

    if (sigaction(sig, &newDisp, &prevDisp) == -1)
        return SIG_ERR;
    else
        return prevDisp.sa_handler;
}
```

signals/signal.c

一些 *glibc* 的細節

signal() 函式在 glibc 函式庫的實作隨著時間而異，較新版本（glibc 2 及更新版本）的函式預設提供現代語意。而舊版則提供早期的不可靠（System V- 相容）語意。

> Linux 核心將 *signal()* 實作為系統呼叫，並提供較舊版的、不可靠的語意。然而，glibc 函式庫則利用 *sigaction()* 實作了 *signal()* 函式，而跳過 *signal()* 系統呼叫。

若我們想要在現代 glibc 版本中使用不可靠的訊號語意，那麼可直接以（非標準的）*sysv_signal()* 函式來取代 *signal()* 呼叫。

```
#define _GNU_SOURCE
#include <signal.h>

void ( *sysv_signal(int sig, void (*handler)(int)) ) (int);
```

Returns previous signal disposition on success, or SIG_ERR on error

sysv_signal() 函式的參數與 *signal()* 函式相同。

若編譯程式時並未定義 _BSD_SOURCE 功能測試巨集，則 glibc 會隱含地將全部的 *signal()* 呼叫重新定義為 *sysv_signal()* 呼叫，即啟用 *signal()* 的不可靠語意。預設情況下會定義 _BSD_SOURCE，但是（除非明確定義了 _BSD_SOURCE）如果編譯程式時定義了如 _SVID_SOURCE 或 _XOPEN_SOURCE 之類的其他功能測試巨集，那麼 _BSD_SOURCE 的預設定義將會失效。

建議使用 sigaction() 做為建立訊號處理常式的 API

由於上述 System V 與 BSD 之間（以及 glibc 新舊版本之間）存在著可攜性問題，所以最好能只用 *sigaction()* 而非 *signal()* 來建立訊號處理常式。本書剩下部分都將遵循此做法。（另一種選擇是，設計類似列表 22-1 的 *signal()* 版本，精確設定所需要的旗標，供應用程式內部使用。）不過，還應注意，使用 *signal()* 將訊號處置設定為 SIG_IGN 或者 SIG_DFL 的方式是可攜的（程式碼也更為簡短），所以我們經常為此目的使用 *signal()*。

22.8 即時訊號

定義於 POSIX.1b 中的即時訊號，意在彌補對標準訊號的諸多限制。較之於標準訊號，其優勢如下所示。

- 即時訊號增加訊號範圍，可供應用程式自訂使用的目的。而標準訊號只有兩個可供應用程式自訂使用的訊號：SIGUSR1 和 SIGUSR2。
- 即時訊號採取佇列化管理。如果將某一即時訊號的多個實體發送給一個行程，那麼將會多次傳輸訊號。相反，如果某一標準訊號已經在等待某一行程，而此時即使再次向該行程發送此訊號的實體，訊號也只會傳遞一次。
- 當發送一個即時訊號時，可為訊號指定伴隨資料（一個整數或指標值），供接收行程的訊號處理常式取得。

- 不同即時訊號的傳遞順序可得到保障。如果有多個不同的即時訊號正在擱置中，那麼將率先傳遞具有最小編號的訊號。換言之，訊號的編號越小，其優先順序越高。如果是同一類型的多個訊號在排隊，那麼訊號（以及伴隨資料）的傳遞順序與訊號發送來時的順序保持一致。

SUSv3 要求，實作所提供的各種即時訊號不得少於 `_POSIX_RTSIG_MAX`（定義為 8）個。Linux 核心則定義了 33 個不同的即時訊號，編號範圍為 32 ～ 64。`<limits.h>` 標頭檔所定義的 `RTSIG_MAX` 常數則表示即時訊號的可用數量，而此外所定義的常數 `SIGRTMIN` 和 `SIGRTMAX` 則分別表示可用即時訊號編號的最小值和最大值。

> 採用 LinuxThreads 執行緒實作的系統將 SIGRTMIN 定義為 35（而非 32），這是因為 LinuxThreads 內部使用了前三個即時訊號。而採用 NPTL 執行緒實作的系統則將 SIGRTMIN 定義為 34，因為 NPTL 內部使用了前兩個即時訊號。

對即時訊號的區分方式有別於標準訊號，不再依賴於所定義常數的不同。然而，程式設計人員不應將即時訊號編號的整數值在應用程式碼中寫死，因為即時訊號的範圍隨 UNIX 實作而異。反之，使用即時訊號編號則可以採用 *SIGRTMIN+x* 的形式。例如，運算式（*SIGRTMIN + 1*）就表示第二個即時訊號。

注意，SUSv3 並未要求 `SIGRTMAX` 和 `SIGRTMIN` 是簡單的整數值。可以將其定義為函式（就像 Linux 中那樣）。這也意謂著，不能編寫如下程式碼以供前置處理器處理：

```
#if SIGRTMIN+100 > SIGRTMAX                /* WRONG! */
#error "Not enough realtime signals"
#endif
```

反之，必須在執行時進行等值檢查。

限制即時訊號的排隊數量

排隊的即時訊號（及其相關資料）需要核心維護相對應的資料結構，用以列出每個行程的排隊訊號。由於這些資料結構會消耗核心記憶體，因而核心會限制即時訊號的排隊數量。

SUSv3 允許實作定義每個行程中可排隊的（各類）即時訊號數量上限，並要求不得少於 `_POSIX_SIGQUEUE_MAX`（定義為 32）。實作可使用 `SIGQUEUE_MAX` 常數的定義來表示所允許的即時訊號排隊數量。進行如下呼叫也能獲得此資訊：

```
lim = sysconf(_SC_SIGQUEUE_MAX);
```

若系統使用的 glib 函式庫版本在 2.4 之前，則該呼叫傳回 -1。從 glibc 2.4 開始，其回傳值由核心版本決定。在 Linux 2.6.8 之前，呼叫將傳回 Linux 特有檔案 /proc/sys/kernel/rtsig-max 的內容值。該檔案定義所有行程中可能排隊的即時訊號總數的系統級限制。預設值為 1,024，不過特權級行程可以修改。至於目前的排隊即時訊號總數，可以從 Linux 特有的 /proc/sys/kernel/rtsig-nr 檔案讀取。

從版本 2.6.8 開始，Linux 取消了這些 /proc 檔案。取而代之的是資源限制 RLIMIT_SIGPENDING（36.3 節），限制特定實際使用者 ID 的所有行程可排隊的訊號總數。*sysconf()* 呼叫從 glibc2.10 版本開始傳回 RLIMIT_SIGPENDING 限制。（從 Linux 特有檔案 /proc/*PID*/status 中的 SigQ 欄位可以讀取一個行程的擱置中即時訊號數目。）

使用即時訊號

為了能讓一對行程收發即時訊號，SUSv3 提出以下幾點要求：

- 發送的行程使用 *sigqueue()* 系統呼叫來發送訊號及其隨附的資料。

  使用 *kill()*、*killpg()* 和 *raise()* 呼叫也能發送即時訊號。然而，至於系統是否會對利用此類介面所發送的訊號進行排隊處理，SUSv3 規定，由實作決定。這些介面在 Linux 中會對即時訊號進行排隊，但在其他許多 UNIX 實作中則不是如此。

- 要為該訊號建立一個處理常式，接收的行程應使用 SA_SIGINFO 旗標執行 *sigaction()* 呼叫。因此，呼叫訊號處理常式時就會附帶額外參數，其中之一是即時訊號的隨附資料。

  在 Linux 中，即使接收行程在建立訊號處理常式時並未指定 SA_SIGINFO 旗標，也能對即時訊號進行佇列化管理（但這種情況將無法獲得訊號的隨附資料）。然而，SUSv3 並未要求實作確保此行為，所以可攜式應用程式不該依賴此行為。

22.8.1 發送即時訊號

系統呼叫 *sigqueue()* 將 sig 指定的即時訊號發送給 pid 指定的行程。

```
#define _POSIX_C_SOURCE 199309
#include <signal.h>

int sigqueue(pid_t pid, int sig, const union sigval value);
```

成功時傳回 0，或者錯誤時傳回 -1

使用 *sigqueue()* 發送訊號所需要的權限與 *kill()*（參考 20.5 節）的要求一致。也可以發送空訊號（即訊號 0），其語意與 *kill()* 中的含義相同。（不同於 *kill()*，*sigqueue()* 不能透過將 pid 指定為負值而向整個行程群組發送訊號。）

列表 22-2：使用 sigqueue() 發送即時訊號

signals/t_sigqueue.c

```
#define _POSIX_C_SOURCE 199309
#include <signal.h>
#include "tlpi_hdr.h"

int
main(int argc, char *argv[])
{
    int sig, numSigs, j, sigData;
    union sigval sv;

    if (argc < 4 || strcmp(argv[1], "--help") == 0)
        usageErr("%s pid sig-num data [num-sigs]\n", argv[0]);

    /* Display our PID and UID, so that they can be compared with the
       corresponding fields of the siginfo_t argument supplied to the
       handler in the receiving process */

    printf("%s: PID is %ld, UID is %ld\n", argv[0],
            (long) getpid(), (long) getuid());

    sig = getInt(argv[2], 0, "sig-num");
    sigData = getInt(argv[3], GN_ANY_BASE, "data");
    numSigs = (argc > 4) ? getInt(argv[4], GN_GT_0, "num-sigs") : 1;

    for (j = 0; j < numSigs; j++) {
        sv.sival_int = sigData + j;
        if (sigqueue(getLong(argv[1], 0, "pid"), sig, sv) == -1)
            errExit("sigqueue %d", j);
    }

    exit(EXIT_SUCCESS);
}
```

signals/t_sigqueue.c

參數 value 指定訊號的隨附資料，具有以下形式：

```
union sigval {
    int sival_int;          /* Integer value for accompanying data */
    void *sival_ptr;        /* Pointer value for accompanying data */
};
```

對該參數的解釋則取決於應用程式，由其選擇設定聯合體（union）中的 sival_int 屬性還是 sival_ptr 屬性。*sigqueue()* 中很少使用 sival_ptr，因為指標的作用範圍在行程內部，對於另一行程幾乎沒有意義。此欄位適用於使用 sigval union 的其他函式，如我們在 23.6 節探討的 POSIX 計時器和 52.6 節的 POSIX 訊息佇列通知。

> 包括 Linux 在內的幾個 UNIX 實作定義了與 union sigval 同義的 sigval_t 資料型別。然而，該型別不但未納入 SUSv3 的規範，也沒有得到其他實作的支援，可攜式應用程式應避免使用。

一旦到達排隊訊號的數量限制，*sigqueue()* 呼叫將會失敗，並將 *errno* 設定為 EAGAIN，以示需要再次發送該訊號（在目前佇列中某些訊號傳輸之後的某一時間點）。

列表 22-2 提供了 *sigqueue()* 的應用範例，該程式最多接受四個參數，其中前三項為必填項：目標行程 ID、訊號編號以及即時訊號隨附的整數值。如果需要為指定訊號發送多個實體，那麼可以用選配的第四個參數來指定實體的數量。在這種情況下，會為每個訊號的隨附整數值依次加一，在 22.8.2 節將展示該程式的用法。

22.8.2 處理即時訊號

如同標準訊號一樣，可使用正規（單個參數）訊號處理常式來處理即時訊號。此外，也可用有三個參數的訊號處理常式來處理即時訊號，建立時會用到 SA_SIGINFO 旗標（參考 21.4 節）。以下為使用 SA_SIGINFO 旗標為第六個即時訊號建立處理常式的程式碼範例：

```
struct sigaction act;

sigemptyset(&act.sa_mask);
act.sa_sigaction = handler;
act.sa_flags = SA_RESTART | SA_SIGINFO;

if (sigaction(SIGRTMIN + 5, &act, NULL) == -1)
    errExit("sigaction");
```

一旦採用 SA_SIGINFO 旗標，傳遞給訊號處理常式的第二個參數將是一個 *siginfo_t* 結構，內含即時訊號的額外資訊。21.4 節詳細介紹此資料結構。對於一個即時訊號而言，會在 *siginfo_t* 結構中設定如下欄位：

- *si_signo* 欄位，其值與傳送給訊號處理常式的第一個參數相同。
- *si_code* 欄位表示訊號來源，內容為表 21-2 中所列其中一個值。對於透過 *sigqueue()* 發送的即時訊號來說，該欄位值總是為 SI_QUEUE。

- *si_value* 欄位所含資料，由行程於使用 *sigqueue()* 發送訊號時在 value 參數（sigval union）指定。正如前文指出，對該資料的解釋由應用程式決定。（若訊號由 *kill()* 發送，則 si_value 欄位所含資訊無效。）
- *si_pid* 和 *si_uid* 欄位分別包含訊號發送行程的行程 ID 和實際使用者 ID。

列表 22-3 提供一個處理即時訊號的範例，該程式捕獲訊號，並將傳送給訊號處理常式的 *siginfo_t* 結構，分別顯示各個欄位值。該程式可接收兩個整數命令列參數，均為選配項目。

如果提供了第一個參數，那麼主程式將阻塞全部的訊號並進入休眠，休眠秒數由該參數指定。在此期間，將對行程的即時訊號進行排隊處理，並可觀察解除訊號阻塞時所發生的情況。第二個參數指定訊號處理常式在返回前應休眠的秒數。指定一個非 0 值（預設為 1 秒）將有助於暫緩執行程式，以便於看清處理多個訊號時所發生的情況。

可以將列表 22-3 與列表 22-2 的程式（`t_sigqueue.c`）結合起來探討即時訊號的行為，正如以下 shell 作業階段日誌所示：

```
$ ./catch_rtsigs 60 &
[1] 12842
$ ./catch_rtsigs: PID is 12842          Shell prompt mixed with program output
./catch_rtsigs: signals blocked - sleeping 60 seconds
Press Enter to see next shell prompt
$ ./t_sigqueue 12842 54 100 3           Send signal three times
./t_sigqueue: PID is 12843, UID is 1000
$ ./t_sigqueue 12842 43 200
./t_sigqueue: PID is 12844, UID is 1000
$ ./t_sigqueue 12842 40 300
./t_sigqueue: PID is 12845, UID is 1000
```

最後，*catch_rtsigs* 程式結束休眠，隨著訊號處理常式捕獲到各種訊號而逐一顯示訊息。（之所以看到 shell 提示符和程式的下一行輸出混雜在一起，是因為 catch_rtsigs 程式正在背景輸出資訊。）可以看出，即時訊號在傳遞時遵循低編號優先的原則，並且在傳送給處理常式的 *siginfo_t* 結構中包含發送行程的行程 ID 和使用者 ID。

```
$ ./catch_rtsigs: sleep complete
caught signal 40
    si_signo=40, si_code=-1 (SI_QUEUE), si_value=300
    si_pid=12845, si_uid=1000
caught signal 43
    si_signo=43, si_code=-1 (SI_QUEUE), si_value=200
    si_pid=12844, si_uid=1000
```

接下來的輸出由同一即時訊號的三個實體產生。由 *si_value* 值可知，這些訊號的傳遞順序與發送順序相同。

```
caught signal 54
    si_signo=54, si_code=-1 (SI_QUEUE), si_value=100
    si_pid=12843, si_uid=1000
caught signal 54
    si_signo=54, si_code=-1 (SI_QUEUE), si_value=101
    si_pid=12843, si_uid=1000
caught signal 54
    si_signo=54, si_code=-1 (SI_QUEUE), si_value=102
    si_pid=12843, si_uid=1000
```

我們繼續使用 shell 的 kill 指令向程式 *catch_rtsigs* 發送訊號。一如既往，處理常式接收到的 *siginfo_t* 結構中包含了發送行程的行程 ID 和使用者 ID，但此時 *si_code* 值為 SI_USER。

```
Press Enter to see next shell prompt
$ echo $$                                   Display PID of shell
12780
$ kill -40 12842                            Uses kill(2) to send a signal
$ caught signal 40
    si_signo=40, si_code=0 (SI_USER), si_value=0
    si_pid=12780, si_uid=1000               PID is that of the shell
Press Enter to see next shell prompt
$ kill 12842                                Kill catch_rtsigs by sending SIGTERM
Caught 6 signals
Press Enter to see notification from shell about terminated background job
[1]+ Done                    ./catch_rtsigs 60
```

列表 22-3：處理即時訊號

signals/catch_rtsigs.c

```
#define _GNU_SOURCE
#include <string.h>
#include <signal.h>
#include "tlpi_hdr.h"

static volatile int handlerSleepTime;
static volatile int sigCnt = 0;         /* Number of signals received */
static volatile int allDone = 0;

static void             /* Handler for signals established using SA_SIGINFO */
siginfoHandler(int sig, siginfo_t *si, void *ucontext)
{
    /* UNSAFE: This handler uses non-async-signal-safe functions
       (printf()); see Section 21.1.2) */
```

```
    /* SIGINT or SIGTERM can be used to terminate program */

    if (sig == SIGINT || sig == SIGTERM) {
        allDone = 1;
        return;
    }

    sigCnt++;
    printf("caught signal %d\n", sig);

    printf("    si_signo=%d, si_code=%d (%s), ", si->si_signo, si->si_code,
            (si->si_code == SI_USER) ? "SI_USER" :
            (si->si_code == SI_QUEUE) ? "SI_QUEUE" : "other");
    printf("si_value=%d\n", si->si_value.sival_int);
    printf("    si_pid=%ld, si_uid=%ld\n",
            (long) si->si_pid, (long) si->si_uid);

    sleep(handlerSleepTime);
}

int
main(int argc, char *argv[])
{
    struct sigaction sa;
    int sig;
    sigset_t prevMask, blockMask;

    if (argc > 1 && strcmp(argv[1], "--help") == 0)
        usageErr("%s [block-time [handler-sleep-time]]\n", argv[0]);

    printf("%s: PID is %ld\n", argv[0], (long) getpid());

    handlerSleepTime = (argc > 2) ?
                getInt(argv[2], GN_NONNEG, "handler-sleep-time") : 1;

    /* Establish handler for most signals. During execution of the handler,
       mask all other signals to prevent handlers recursively interrupting
       each other (which would make the output hard to read). */

    sa.sa_sigaction = siginfoHandler;
    sa.sa_flags = SA_SIGINFO;
    sigfillset(&sa.sa_mask);

    for (sig = 1; sig < NSIG; sig++)
        if (sig != SIGTSTP && sig != SIGQUIT)
            sigaction(sig, &sa, NULL);

    /* Optionally block signals and sleep, allowing signals to be
       sent to us before they are unblocked and handled */
```

```
    if (argc > 1) {
        sigfillset(&blockMask);
        sigdelset(&blockMask, SIGINT);
        sigdelset(&blockMask, SIGTERM);

        if (sigprocmask(SIG_SETMASK, &blockMask, &prevMask) == -1)
            errExit("sigprocmask");

        printf("%s: signals blocked - sleeping %s seconds\n", argv[0], argv[1]);
        sleep(getInt(argv[1], GN_GT_0, "block-time"));
        printf("%s: sleep complete\n", argv[0]);

        if (sigprocmask(SIG_SETMASK, &prevMask, NULL) == -1)
            errExit("sigprocmask");
    }

    while (!allDone)                    /* Wait for incoming signals */
        pause();

    printf("Caught %d signals\n", sigCnt);
    exit(EXIT_SUCCESS);
}
```

signals/catch_rtsigs.c

22.9 使用遮罩來等待訊號：*sigsuspend()*

在解釋 *sigsuspend()* 的功用之前，先介紹它的一種使用情境。在設計訊號程式時偶爾會遇到如下情況：

1. 臨時阻塞一個訊號，以防止其訊號處理常式不會中斷執行某些程式碼的臨界區間（critical section）。
2. 解除阻塞訊號，然後暫停執行，直至有訊號到達。

為達此目的，我們可能會嘗試使用列表 22-4 所示的程式碼：

列表 22-4：解除阻塞並等待訊號的錯誤做法

```
sigset_t prevMask, intMask;
struct sigaction sa;

sigemptyset(&intMask);
sigaddset(&intMask, SIGINT);

sigemptyset(&sa.sa_mask);
```

```
    sa.sa_flags = 0;
    sa.sa_handler = handler;

    if (sigaction(SIGINT, &sa, NULL) == -1)
        errExit("sigaction");

    /* Block SIGINT prior to executing critical section. (At this
       point we assume that SIGINT is not already blocked.) */

    if (sigprocmask(SIG_BLOCK, &intMask, &prevMask) == -1)
        errExit("sigprocmask - SIG_BLOCK");

    /* Critical section: do some work here that must not be
       interrupted by the SIGINT handler */

    /* End of critical section - restore old mask to unblock SIGINT */

    if (sigprocmask(SIG_SETMASK, &prevMask, NULL) == -1)
        errExit("sigprocmask - SIG_SETMASK");

    /* BUG: what if SIGINT arrives now... */

    pause();                            /* Wait for SIGINT */
```

列表 22-4 的程式碼存在一個問題，假設 SIGINT 訊號的傳遞發生在第二次呼叫 *sigprocmask()* 之後，呼叫 *pause()* 之前。（實際上，該訊號可能產生於執行臨界區間期間，僅當解除對訊號的阻塞後才會傳輸。）SIGINT 訊號的傳遞將導致呼叫處理常式，而當處理常式傳回後，主程式恢復執行，*pause()* 呼叫將陷入阻塞，直到 SIGINT 訊號的第二個實體到達為止。這有違程式碼的本意：解除對 SIGINT 的阻塞並等待其第一次出現。

即使在臨界區間的起始點（即首次呼叫 *sigprocmask()*）與 *pause()* 呼叫之間產生 SIGINT 訊號的可能性不大，但這確實是上述程式碼的一個 bug。這種取決於時間的 bug 是其中一種競速條件（5.1 節）的例子。通常，競速條件發生於兩個行程或執行緒共用資源時。然而，此處的競速條件卻發生在主程式和其自身的訊號處理常式之間。

要避免此問題，需要將解除阻塞訊號和暫停行程這兩個動作可以是一個原子操作。這正是 *sigsuspend()* 系統呼叫的目的。

```
#include <signal.h>

int sigsuspend(const sigset_t *mask);
```
(Normally) returns –1 with *errno* set to EINTR

sigsuspend() 系統呼叫以 mask 指向的訊號集來替換行程的訊號遮罩，然後暫停執行行程，直到捕獲到訊號，並從訊號處理常式中返回。一旦處理常式返回，*sigsuspend()* 會將行程訊號遮罩恢復為呼叫之前的值。

呼叫 *sigsuspend()*，相當於以不可中斷方式執行如下操作：

```
sigprocmask(SIG_SETMASK, &mask, &prevMask);     /* Assign new mask */
pause();
sigprocmask(SIG_SETMASK, &prevMask, NULL);      /* Restore old mask */
```

雖然恢復舊有的訊號遮罩乍看起來似乎麻煩，但為了在需要重複等待訊號的情況下避免競速條件，此做法就至關重要。在這種情況下，除非是在 *sigsuspend()* 呼叫期間，否則訊號必須保持阻塞狀態。如果稍後需要對在呼叫 *sigsuspend()* 之前將遭到阻塞的訊號解除阻塞，則可以進一步呼叫 *sigprocmask()*。

若 *sigsuspend()* 因訊號的傳遞而中斷，則將傳回 -1，並將 errno 設定為 EINTR。如果 mask 指向的位址無效，則 *sigsuspend()* 呼叫失敗，並將 errno 設定為 EFAULT。

範例程式

列表 22-5 示範如何使用 *sigsuspend()*，該程式執行如下步驟：

- 呼叫 *printSigMask()* 函式（列表 20-4）來顯示行程訊號遮罩的初始值。
- 阻塞 SIGINT 和 SIGQUIT 訊號，並保存原始的行程訊號遮罩。
- 為 SIGINT 和 SIGQUIT 訊號建立相同的處理常式。該處理常式顯示一筆訊息，且若因傳遞 SIGQUIT 訊號而引起呼叫處理常式，則設定全域變數 gotSigquit。
- 持續執行迴圈，直到已經設定 gotSigquit。每次迴圈都執行下列步驟：
  - 使用 *printSigMask()* 函式顯示訊號遮罩的現值。
  - 令 CPU 忙於迴圈並持續數秒鐘，以此來模擬執行一段臨界區間的程式碼。
  - 使用 *printPendingSigs()* 函式來顯示等待訊號的遮罩（列表 20-4）。
  - 使用 *sigsuspend()* 來解除對 SIGINT 和 SIGQUIT 訊號的阻塞，並等待訊號（如果尚未有擱置中的訊號）。

- 使用 *sigprocmask()* 將行程訊號遮罩恢復為原始狀態，然後再使用 *printSigMask()* 來顯示訊號遮罩。

列表 22-5：使用 *sigsuspend()*

signals/t_sigsuspend.c

```
#define _GNU_SOURCE     /* Get strsignal() declaration from <string.h> */
#include <string.h>
#include <signal.h>
#include <time.h>
#include "signal_functions.h"           /* Declarations of printSigMask()
                                           and printPendingSigs() */
#include "tlpi_hdr.h"

static volatile sig_atomic_t gotSigquit = 0;

static void
handler(int sig)
{
    printf("Caught signal %d (%s)\n", sig, strsignal(sig));
                                        /* UNSAFE (see Section 21.1.2) */
    if (sig == SIGQUIT)
        gotSigquit = 1;
}

int
main(int argc, char *argv[])
{
    int loopNum;
    time_t startTime;
    sigset_t origMask, blockMask;
    struct sigaction sa;

①   printSigMask(stdout, "Initial signal mask is:\n");

    sigemptyset(&blockMask);
    sigaddset(&blockMask, SIGINT);
    sigaddset(&blockMask, SIGQUIT);
②   if (sigprocmask(SIG_BLOCK, &blockMask, &origMask) == -1)
        errExit("sigprocmask - SIG_BLOCK");

    sigemptyset(&sa.sa_mask);
    sa.sa_flags = 0;
    sa.sa_handler = handler;
③   if (sigaction(SIGINT, &sa, NULL) == -1)
        errExit("sigaction");
    if (sigaction(SIGQUIT, &sa, NULL) == -1)
        errExit("sigaction");
```

```
④      for (loopNum = 1; !gotSigquit; loopNum++) {
           printf("=== LOOP %d\n", loopNum);

           /* Simulate a critical section by delaying a few seconds */

           printSigMask(stdout, "Starting critical section, signal mask is:\n");
           for (startTime = time(NULL); time(NULL) < startTime + 4; )
               continue;                   /* Run for a few seconds elapsed time */

           printPendingSigs(stdout,
                   "Before sigsuspend() - pending signals:\n");
           if (sigsuspend(&origMask) == -1 && errno != EINTR)
               errExit("sigsuspend");
       }

⑤      if (sigprocmask(SIG_SETMASK, &origMask, NULL) == -1)
           errExit("sigprocmask - SIG_SETMASK");

⑥      printSigMask(stdout, "=== Exited loop\nRestored signal mask to:\n");

       /* Do other processing... */

       exit(EXIT_SUCCESS);
   }
```

signals/t_sigsuspend.c

以下的 shell 作業階段日誌是列表 22-5 的程式執行結果範例：

```
$ ./t_sigsuspend
Initial signal mask is:
                <empty signal set>
=== LOOP 1
Starting critical section, signal mask is:
                2 (Interrupt)
                3 (Quit)
Type Control-C; SIGINT is generated, but remains pending because it is blocked
Before sigsuspend() - pending signals:
                2 (Interrupt)
Caught signal 2 (Interrupt)          sigsuspend() is called, signals are unblocked
```

程式呼叫 *sigsuspend()* 以解除阻塞的 SIGINT 訊號，還顯示最後一行輸出。在此時呼叫訊號處理常式，並顯示那一行輸出。

主程式會繼續執行迴圈。

```
=== LOOP 2
Starting critical section, signal mask is:
                2 (Interrupt)
                3 (Quit)
Type Control-\ to generate SIGQUIT
Before sigsuspend() - pending signals:
                3 (Quit)
Caught signal 3 (Quit)                 sigsuspend() is called, signals are unblocked
=== Exited loop                        Signal handler set gotSigquit
Restored signal mask to:
                <empty signal set>
```

此時按下 *Control-*，將導致訊號處理常式設定 gotSigquit 旗標，並接著引發主程式終止迴圈。

22.10 以同步方式等待訊號

我們在 22.9 節描述了如何結合訊號處理常式和 *sigsuspend()* 來暫停執行一個行程，直到傳來一個訊號。然而，這需要設計訊號處理常式，還需要應對訊號非同步傳輸所帶來的複雜度。

對於某些應用程式而言，這種方法過於繁雜。替代方案是使用 *sigwaitinfo()* 系統呼叫來同步接收訊號。

```
#define _POSIX_C_SOURCE 199309
#include <signal.h>

int sigwaitinfo(const sigset_t *set, siginfo_t *info);
                    Returns signal number on success, or –1 on error
```

sigwaitinfo() 系統呼叫會暫停執行行程，直到 set 指向訊號集中的某一訊號處於擱置的狀態（pending）。如果呼叫 *sigwaitinfo()* 時，set 中的某一訊號已經是擱置的狀態，那麼 *sigwaitinfo()* 將立即傳回。其中一個訊號就此從行程的擱置訊號清單中移除，而函式結果是傳回訊號編號。info 參數如果不為空，則會指向經過初始化處理的 *siginfo_t* 結構，其中所含資訊與提供給訊號處理常式的 *siginfo_t* 參數（21.4 節）相同。

sigwaitinfo() 接受的訊號傳遞順序和排隊特性與訊號處理常式捕獲的訊號相同，也就是說，不對標準訊號進行排隊處理，而是對即時訊號進行排隊處理，並且對即時訊號的傳遞遵循著低編號優先的原則。

除了減少編寫訊號處理常式的負擔之外，使用 *sigwaitinfo()* 來等待訊號也要比訊號處理常式外加 *sigsuspend()* 的組合要稍快一些（見習題 22-3）。

將對 set 中訊號集的阻塞與呼叫 *sigwaitinfo()* 結合起來，這當屬明智之舉。（即便某一訊號遭到阻塞，仍然可以使用 *sigwaitinfo()* 來取得擱置中的訊號。）如果沒有這麼做，而訊號在首次呼叫 *sigwaitinfo()* 之前，或者兩次連續呼叫 *sigwaitinfo()* 之間到達，那麼只能依照其目前處置來處理訊號。

> 在 SUSv3 規定，呼叫 *sigwaitinfo()* 而不阻塞 set 中的訊號將導致不可預知的行為（其行為未定義）。

列表 22-6 是其中一個使用 *sigwaitinfo()* 的範例，程式先阻塞全部的訊號，然後延遲數秒時間，具體秒數由選配的命令列參數指定，因而允許在呼叫 *sigwaitinfo()* 之前向程式發送訊號。程式隨即持續以迴圈呼叫 *sigwaitinfo()* 來接收輸入的訊號，直到收到 SIGINT 或 SIGTERM 訊號為止。

如下的 shell 作業階段日誌展示列表 22-6 程式的執行情況。程式在背景執行，並指定在執行 *sigwaitinfo()* 前需延遲 60 秒，隨後再向行程發送兩個訊號：

```
$ ./t_sigwaitinfo 60 &
./t_sigwaitinfo: PID is 3837
./t_sigwaitinfo: signals blocked
./t_sigwaitinfo: about to delay 60 seconds
[1] 3837
$ ./t_sigqueue 3837 43 100                    Send signal 43
./t_sigqueue: PID is 3839, UID is 1000
$ ./t_sigqueue 3837 42 200                    Send signal 42
./t_sigqueue: PID is 3840, UID is 1000
```

最後，程式完成睡眠，*sigwaitinfo()* 呼叫迴圈接收排隊訊號。（由於 *t_sigwaitinfo* 程式正在背景輸出資訊，故而可以觀察到 shell 提示字元和程式的下一行輸出混雜在一起。）至於處理常式捕獲到的即時訊號，可以看出編號低的訊號優先傳遞，而且使用傳遞給訊號處理常式的 *siginfo_t* 結構，還可以取得發送行程的行程 ID 和使用者 ID。

```
$ ./t_sigwaitinfo: finished delay
got signal: 42
    si_signo=42, si_code=-1 (SI_QUEUE), si_value=200
    si_pid=3840, si_uid=1000
got signal: 43
    si_signo=43, si_code=-1 (SI_QUEUE), si_value=100
    si_pid=3839, si_uid=1000
```

繼續使用 shell 的 kill 指令向行程發送訊號。可以觀察到，這次將 *si_code* 欄位設定為 SI_USER（而非 SI_QUEUE）。

```
Press Enter to see next shell prompt
$ echo $$                                  Display PID of shell
3744
$ kill -USR1 3837                          Shell sends SIGUSR1 using kill()
$ got signal: 10                           Delivery of SIGUSR1
    si_signo=10, si_code=0 (SI_USER), si_value=100
    si_pid=3744, si_uid=1000               3744 is PID of shell
Press Enter to see next shell prompt
$ kill %1                                  Terminate program with SIGTERM
$
Press Enter to see notification of background job termination
[1]+ Done                    ./t_sigwaitinfo 60
```

收到 SIGUSR1 訊號，由其輸出可知，*si_value* 欄位值為 100。該值是由 *sigqueue()* 發送的前一訊號初始化而成。前文曾提過，僅在由 *sigqueue()* 所發送的訊號，*si_value* 欄位所包含的資訊才是可靠的。

列表 22-6：使用 *sigwaitinfo()* 來同步等待訊號

signals/t_sigwaitinfo.c

```
#define _GNU_SOURCE
#include <string.h>
#include <signal.h>
#include <time.h>
#include "tlpi_hdr.h"

int
main(int argc, char *argv[])
{
    int sig;
    siginfo_t si;
    sigset_t allSigs;

    if (argc > 1 && strcmp(argv[1], "--help") == 0)
        usageErr("%s [delay-secs]\n", argv[0]);

    printf("%s: PID is %ld\n", argv[0], (long) getpid());

    /* Block all signals (except SIGKILL and SIGSTOP) */

    sigfillset(&allSigs);
    if (sigprocmask(SIG_SETMASK, &allSigs, NULL) == -1)
        errExit("sigprocmask");
    printf("%s: signals blocked\n", argv[0]);
```

```
    if (argc > 1) {                 /* Delay so that signals can be sent to us */
        printf("%s: about to delay %s seconds\n", argv[0], argv[1]);
        sleep(getInt(argv[1], GN_GT_0, "delay-secs"));
        printf("%s: finished delay\n", argv[0]);
    }

    for (;;) {                      /* Fetch signals until SIGINT (^C) or SIGTERM */
        sig = sigwaitinfo(&allSigs, &si);
        if (sig == -1)
            errExit("sigwaitinfo");

        if (sig == SIGINT || sig == SIGTERM)
            exit(EXIT_SUCCESS);

        printf("got signal: %d (%s)\n", sig, strsignal(sig));
        printf("    si_signo=%d, si_code=%d (%s), si_value=%d\n",
                si.si_signo, si.si_code,
                (si.si_code == SI_USER) ? "SI_USER" :
                    (si.si_code == SI_QUEUE) ? "SI_QUEUE" : "other",
                si.si_value.sival_int);
        printf("    si_pid=%ld, si_uid=%ld\n",
                (long) si.si_pid, (long) si.si_uid);
    }
}
```

signals/t_sigwaitinfo.c

sigtimedwait() 系統呼叫是 *sigwaitinfo()* 呼叫的變異版本，唯一的差異是 *sigtimedwait()* 允許指定等待時間。

```
#define _POSIX_C_SOURCE 199309
#include <signal.h>

int sigtimedwait(const sigset_t *set, siginfo_t *info,
                 const struct timespec *timeout);
```

Returns signal number on success, or –1 on error or timeout (EAGAIN)

timeout 參數指定允許 *sigtimedwait()* 等待一個訊號的最大時間，為一個指向如下型別結構的指標：

```
struct timespec {
    time_t tv_sec;          /* Seconds ('time_t' is an integer type) */
    long tv_nsec;           /* Nanoseconds */
};
```

填寫 timespec 結構的所屬欄位，可指定允許 *sigtimedwait()* 等待的最大秒數和奈秒數。如果將這兩個欄位均指定為 0，那麼函式將立刻超時，就是說，會去輪詢檢查是否有指定訊號集中的任一訊號處於擱置的狀態。如果呼叫發生超時而又沒有收到訊號，則 *sigtimedwait()* 將呼叫失敗，並將 *errno* 設定為 EAGAIN。

如果將 timeout 參數指定為 `NULL`，那麼 *sigtimedwait()* 將完全等同於 *sigwaitinfo()*。SUSv3 對於 timeout 的 `NULL` 值的意義保留為未定義，而某些 UNIX 實作則將該值視為輪詢請求並立即返回。

22.11 透過檔案描述符來取得訊號

始於核心 2.6.22，Linux 提供了（非標準的）*signalfd()* 系統呼叫；利用該呼叫可以建立一個特殊檔案描述符，發往呼叫者的訊號都可從該描述符中讀取。signalfd 機制為同步接受訊號提供了 *sigwaitinfo()* 之外的另一種選擇。

```
#include <sys/signalfd.h>

int signalfd(int fd, const sigset_t *mask, int flags);
```

Returns file descriptor on success, or –1 on error

mask 參數是一個訊號集，指定可以透過 signalfd 檔案描述符來讀取的訊號。如同 *sigwaitinfo()* 一樣，通常也應該使用 *sigprocmask()* 阻塞 mask 中的全部訊號，以確保在有機會讀取這些訊號之前，不會按照預設處置對它們進行處理。

如果指定 fd 為 -1，那麼 *signalfd()* 會建立一個新的檔案描述符，用於讀取 mask 中的訊號；否則，將修改與 fd 相關的 mask 值，且該 fd 一定是由之前對 *signalfd()* 的一次呼叫建立。

早期實作將 flag 參數保留下來供將來使用，且必須指定為 0。然而，Linux 從版本 2.6.27 開始支援下面兩個旗標：

`SFD_CLOEXEC`

為新的檔案描述符設定 close-on-exec（`FD_CLOEXEC`）旗標。該旗標之所以必要，與 4.3.1 節中描述的 *open()* 之 `O_CLOEXEC` 旗標的設定理由相同。

`SFD_NONBLOCK`

為底層的開啟檔案描述符設定 `O_NONBLOCK` 旗標，以確保不會阻塞未來的讀取操作。既省去了一個額外的 *fcntl()* 呼叫，又獲得了相同的結果。

建立檔案描述符之後，可以使用 *read()* 呼叫讀取信號。提供給 *read()* 的緩衝區必須足夠大，至少應能夠容納一個 *signalfd_siginfo* 結構。<sys/signalfd.h> 檔案定義了該結構，如下所示：

```
struct signalfd_siginfo {
    uint32_t ssi_signo;    /* Signal number */
    int32_t  ssi_errno;    /* Error number (generally unused) */
    int32_t  ssi_code;     /* Signal code */
    uint32_t ssi_pid;      /* Process ID of sending process */
    uint32_t ssi_uid;      /* Real user ID of sender */
    int32_t  ssi_fd;       /* File descriptor (SIGPOLL/SIGIO) */
    uint32_t ssi_tid;      /* (Kernel-internal) timer ID (POSIX timers) */
    uint32_t ssi_band;     /* Band event (SIGPOLL/SIGIO) */
    uint32_t ssi_overrun;  /* Overrun count (POSIX timers) */
    uint32_t ssi_trapno;   /* Trap number */
    int32_t  ssi_status;   /* Exit status or signal (SIGCHLD) */
    int32_t  ssi_int;      /* Integer sent by sigqueue() */
    uint64_t ssi_ptr;      /* Pointer sent by sigqueue() */
    uint64_t ssi_utime;    /* User CPU time (SIGCHLD) */
    uint64_t ssi_stime;    /* System CPU time (SIGCHLD) */
    uint64_t ssi_addr;     /* Address that generated signal
                              (hardware-generated signals only) */
};
```

該結構中欄位所傳回的資訊與傳統 *siginfo_t* 結構（21.4 節）中類似命名的欄位資訊相同。

read() 每次呼叫都傳回與擱置的訊號數目相等的 *signalfd_siginfo* 結構，並填入提供的緩衝區。如果呼叫時並無訊號處於擱置狀態，那麼 *read()* 將發生阻塞，直到有訊號到達為止。也可以使用 *fcntl()* 的 F_SETFL 操作（5.3 節）來為檔案描述符設定 O_NONBLOCK 旗標，使得讀取操作不再阻塞，且若無擱置的訊號，則呼叫失敗，errno 為 EAGAIN。

當從 signalfd 檔案描述符中讀取到一個訊號時，則會消化此訊號，而且不再為該行程而處於擱置狀態。

列表 22-7：使用 *signalfd()* 來讀取訊號

signals/signalfd_sigval.c

```
#include <sys/signalfd.h>
#include <signal.h>
#include "tlpi_hdr.h"

int
main(int argc, char *argv[])
{
```

```
    sigset_t mask;
    int sfd, j;
    struct signalfd_siginfo fdsi;
    ssize_t s;

    if (argc < 2 || strcmp(argv[1], "--help") == 0)
        usageErr("%s sig-num...\n", argv[0]);

    printf("%s: PID = %ld\n", argv[0], (long) getpid());

    sigemptyset(&mask);
    for (j = 1; j < argc; j++)
        sigaddset(&mask, atoi(argv[j]));

    if (sigprocmask(SIG_BLOCK, &mask, NULL) == -1)
        errExit("sigprocmask");

    sfd = signalfd(-1, &mask, 0);
    if (sfd == -1)
        errExit("signalfd");

    for (;;) {
        s = read(sfd, &fdsi, sizeof(struct signalfd_siginfo));
        if (s != sizeof(struct signalfd_siginfo))
            errExit("read");

        printf("%s: got signal %d", argv[0], fdsi.ssi_signo);
        if (fdsi.ssi_code == SI_QUEUE) {
            printf("; ssi_pid = %d; ", fdsi.ssi_pid);
            printf("ssi_int = %d", fdsi.ssi_int);
        }
        printf("\n");
    }
}
```

signals/signalfd_sigval.c

系統呼叫 *select()*、*poll()* 和 *epoll*（參考第 63 章）可以將 signalfd 描述符和其他描述符混合起來進行監控。撇開其他用途不提，該特性可成為 63.5.2 節所述的 self-pipe 技巧之外之另一選擇。如果有擱置中的訊號，那麼這些技術將用來指出檔案描述符為可讀取。

當不再需要 signalfd 檔案描述符時，應當關閉 signalfd 以釋放相關的核心資源。

列表 22-7 示範 *signalfd()* 的用法。程式為在命令列參數中指定的訊號建立遮罩，阻塞這些訊號，然後建立用來讀取這些訊號的 *signalfd* 檔案描述符，之後迴圈從該檔案描述符中讀取訊號，並顯示傳回的 *signalfd_siginfo* 結構中的部分資訊。

如下的 shell 作業階段在背景執行了列表 22-7 的程式，並使用列表 22-2 的程式（t_sigqueue.c）向該行程發送即時訊號及隨附資料：

```
$ ./signalfd_sigval 44 &
./signalfd_sigval: PID = 6267
[1] 6267
$ ./t_sigqueue 6267 44 123          Send signal 44 with data 123 to PID 6267
./t_sigqueue: PID is 6269, UID is 1000
./signalfd_sigval: got signal 44; ssi_pid=6269; ssi_int=123
$ kill %1                           Kill program running in background
```

22.12 利用訊號達成行程間的通信

從某種角度，可將訊號視為行程間通信（IPC）的方式之一。然而，訊號作為一種 IPC 機制卻也飽受限制。首先，與後續各章描述的其他 IPC 方法相比，訊號程式設計既繁且難，具體原因如下：

- 訊號的非同步本質就意謂著需要面對各種問題，包括可重入的需求、競速條件及在訊號處理常式中正確處理全域變數。（如果用 *sigwaitinfo()* 或者 *signalfd()* 來同步取得訊號，這些問題大部分都不會遇到。）
- 沒有對標準訊號進行排隊處理。即使是對於即時訊號，也存在對訊號排隊數量的限制。這意謂著，為了避免遺失資訊，接收訊號的行程必須設法通知發送者，自己為接受另一個訊號做好了準備。要做到這一點，最顯而易見的方法是由接收者向發送者發送訊號。

還有一個更深層次的問題，訊號所攜帶的訊息量有限：訊號編號以及即時訊號的一個 word 長度的額外資料（一個整數或者一個指標值）。相較於管線之類的其他 IPC 方法，低頻寬使得訊號緩慢。

由於上述種種限制，很少將訊號用於 IPC。

22.13 早期的訊號 API（System V 和 BSD）

之前對訊號的討論一直著眼於 POSIX signal API。本節將簡要回顧一下 System V 和 BSD 提供的歷史 API。雖然所有的新應用程式都應當使用 POSIX API，但是在從其他 UNIX 實作移植（通常較為舊的）應用程式時，可能還是會碰到這些過時的 API。當移植這些使用老舊 API 的程式時，因為 Linux（像許多其他 UNIX 實作一樣）提供與 System V 和 BSD 相容的 API，所以通常所要做的全部工作只是在 Linux 平臺上重新編譯而已。

System V signal API

如前所述，System V 中的 signal API 存在一個重要差異：當使用 *signal()* 建立處理常式時，得到的是舊版、不可靠的訊號語意。這意謂著不會將訊號添加到行程的訊號遮罩中，呼叫訊號處理常式時會將訊號處置重置為預設行為，以及不會自動重啟系統呼叫。

下面，簡單介紹一些 System V signal API 中的函式。使用手冊提供有全部的細節。SUSv3 定義了所有這些函式，但指出應優先使用現代版的 POSIX 等價函式。SUSv4 將這些函式標示為已廢止。

```
#define _XOPEN_SOURCE 500
#include <signal.h>

void (*sigset(int sig, void (*handler)(int)))(int);
```

On success: returns the previous disposition of *sig*, or SIG_HOLD if *sig* was previously blocked; on error –1 is returned

為了建立一個具有可靠語意的訊號處理常式，System V 提供了 *sigset()* 呼叫（原型類似於 *signal()*）。與 *signal()* 一樣，可以將 *sigset()* 的 handler 參數指定為 `SIG_IGN`、`SIG_DFL` 或者訊號處理常式的位址。此外，還可以將其指定為 `SIG_HOLD`，在將訊號添加到行程訊號遮罩的同時會保持訊號處置不變。

如果將 handler 參數指定為 `SIG_HOLD` 之外的其他值，那麼會將 sig 從行程訊號遮罩中移除（即，如果 sig 遭到阻塞，那麼將解除阻塞）。

```
#define _XOPEN_SOURCE 500
#include <signal.h>

int sighold(int sig);
int sigrelse(int sig);
int sigignore(int sig);
```

All return 0 on success, or –1 on error

```
int sigpause(int sig);
```

Always returns –1 with *errno* set to EINTR

sighold() 函式將一個訊號添加到行程訊號遮罩中。*sigrelse()* 函式則是從訊號遮罩中移除一個訊號。*sigignore()* 函式設定對某訊號的處置為「忽略（ignore）」。

sigpause() 函式類似於 *sigsuspend()* 函式，但僅從行程訊號遮罩中移除一個訊號，隨後將暫停行程，直到有訊號到達為止。

BSD signal API

POSIX signal API 從 4.2BSD API 中汲取了很多靈感，所以 BSD 函式與 POSIX 函式大致相似。

如同前文對 System V signal API 中函式的描述一樣，首先提供 BSD signal API 中各函式的原型，隨後簡單解釋一下每個函式的操作，細節可參考使用手冊。

```
#define _BSD_SOURCE
#include <signal.h>

int sigvec(int sig, const struct sigvec *vec, struct sigvec *ovec);
```

成功時傳回 0，或者錯誤時傳回 -1

sigvec() 類似於 *sigaction()*。vec 和 ovec 參數是指向如下結構型別的指標：

```
struct sigvec {
    void (*sv_handler)(int);
    int sv_mask;
    int sv_flags;
};
```

sigvec 結構中的欄位與 sigaction 結構中的那些欄位緊密對應。第一個顯著差異是 *sv_mask*（類似與 *sa_mask*）欄位是一個整數型別，而非 *sigset_t* 型別。這意謂著，在 32 位架構中，最多支援 31 個不同訊號。另一個不同之處則在於在 *sv_flags*（類似與 *a_flags*）欄位中使用了 SV_INTERRUPT 旗標。因為重啟系統呼叫是 4.2BSD 的預設行為，該旗標是用來指定應使用訊號處理常式來中斷慢速系統呼叫。（這點與 POSIX API 截然相反，在使用 *sigaction()* 建立訊號處理常式時，如果希望啟用系統呼叫重啟功能，就必須顯式指定 SA_RESTART 旗標。）

```
#define _BSD_SOURCE
#include <signal.h>

int sigblock(int mask);
int sigsetmask(int mask);
```

Both return previous signal mask

```
int sigpause(int sigmask);
```

Always returns –1 with *errno* set to EINTR

```
int sigmask(int sig);
```

Returns signal mask value with bit *sig* set

sigblock() 函式在行程訊號遮罩中添加一組訊號。這類似 *sigprocmask()* 的 SIG_BLOCK 操作。*sigsetmask()* 呼叫則為訊號遮罩指定了一個絕對值。這類似 *sigprocmask()* 的 SIG_SETMASK 操作。

sigpause() 類似 *sigsuspend()*。注意，對該函式的定義在 System V 和 BSD API 中具有不同的呼叫特徵。GNU C 函式庫預設提供 System V 版本，除非在編譯器時指定了功能測試巨集 _BSD_SOURCE。

sigmask() 巨集將訊號編號轉換成相應的 32 位元遮罩值。此類位元遮罩可以使用 OR 位元邏輯運算來合併建立一組訊號，如下所示：

```
sigblock(sigmask(SIGINT) | sigmask(SIGQUIT));
```

22.14 小結

有些訊號會引發行程建立一個核心傾印檔案（core dump file），並終止行程。核心傾印所包含的資訊可供除錯器檢查行程終止時的狀態。預設情況下，對核心傾印檔案的命名為 core，但 Linux 提供了 /proc/sys/kernel/core_pattern 檔案來控制對核心傾印檔案的命名。

訊號的產生方式可以是非同步的，也可以是同步的。當由核心或者另一行程發送訊號給行程時，訊號可能是非同步產生的。行程無法精確預測非同步產生訊號的傳輸時間。（文中曾指出，非同步訊號通常會在接收行程第二次從核心空間切換到使用者空間時傳遞。）因行程自身執行程式碼而直接產生的訊號則屬於是同步產生的，例如，執行了一個引發硬體異常的指令，或者去呼叫 *raise()*。同步生成的訊號，其傳輸可以精確預測（立即傳輸）。

即時訊號是 POSIX 對原始訊號模型的擴充，不同之處包括對即時訊號進行佇列化管理，具有特定的傳輸順序，並且還可以隨附少量資料一同發送。設計即時訊號，意在供應用程式自訂使用。即時訊號的發送使用 *sigqueue()* 系統呼叫，並且還向訊號處理常式提供一個額外的參數（*siginfo_t* 結構），以便取得訊號的隨附資料，以及發送行程的行程 ID 和實際使用者 ID。

sigsuspend() 系統呼叫在自動修改行程訊號遮罩的同時，還將暫停執行行程，直到訊號到達，且二者屬於同一原子操作。為了避免執行上述功能時出現競速條件，確保 *sigsuspend()* 的原子性至關重要。

可以使用 *sigwaitinfo()* 和 *sigtimedwait()* 來同步等待一個訊號。這省去了對訊號處理常式的設計和編碼工作。對於以等待訊號的傳輸為唯一目的的程式而言，使用訊號處理常式純屬多此一舉。

如同 *sigwaitinfo()* 和 *sigtimedwait()*，可以使用 Linux 特有的 *signalfd()* 系統呼叫來同步等待一個訊號。此介面的獨特之處在於可以透過檔案描述符來讀取訊號。還可以使用 *select()*、*poll()* 和 epoll 來進行監控。

儘管可以將訊號視為 IPC 的方式之一，但諸多制約因素令其常常無法勝任此目的，其中包括訊號的非同步本質、不對訊號進行排隊處理的事實，以及較低的傳輸頻寬。訊號更為常見的應用場景是用於行程同步，或是各種其他目的（比如，事件通知、作業控制以及計時器到期）。

訊號的基本概念雖然簡單，但因為涉及的細節很多，所以對其討論使用了三章的篇幅。訊號在系統呼叫 API 的各部分中都扮演著重要角色，後面幾章還將重溫訊號的使用。此外，還有各種訊號相關的函式是針對執行緒的（比如，*pthread_kill()* 和 *pthread_sigmask()*），將延後至 33.2 節進行討論。

進階資訊

參考 20.15 節所列的資訊來源。

22.15 習題

22-1. 在 22.2 節曾提過，假設行程為 SIGCONT 訊號建立了處理常式並阻塞此訊號，如果該行程已停止（stopped）後因收到一個 SIGCONT 訊號而恢復執行，那麼只有在解除阻塞 SIGCONT 訊號時才會呼叫訊號處理常式。請設計一個程式來驗證。回憶一下，按下終端機暫停字元（通常為 *Control-Z*）可以停止行程，並可以使用 *kill -CONT* 指令發送 SIGCONT 訊號（或者隱含地使用 shell 的 fg 指令）。

22-2. 如果即時訊號和標準訊號在同時等待一個行程，那麼 SUSv3 對訊號的傳遞順序未予定義。設計一程式來示範 Linux 是如何處理此情況。（令程式為所有訊號設定處理常式，阻塞這些訊號並持續一段時間，以便向此程式發送各種訊號，最後解除對所有訊號的阻塞。）

22-3. 在 22.10 節提過，接收訊號時，利用 *sigwaitinfo()* 呼叫要比訊號處理常式外加 *sigsuspend()* 呼叫的方法來得快。隨本書發佈的原始碼中提供的 `signals/sig_speed_ sigsuspend.c` 程式使用 *sigsuspend()* 在父、子行程之間交替發送訊號。請對兩行程間交換一百萬次訊號所花費的時間進行計時。（訊號交換次數可透過程式命令列參數來提供。）使用 *sigwaitinfo()* 做為替代技術來修改程式，並量測該版本的執行時間。兩個程式間的速度差異為何？

22-4. 使用 POSIX 的訊號 API 來實作 System V 函式 *sigset()*、*sighold()*、*sigrelse()*、*sigignore()* 和 *sigpause()*。

23

計時器（timer）與休眠（sleep）

計時器（timer）可讓行程為自己排程，在未來的某個時間點觸發通知。休眠（sleeping）則讓行程（或執行緒）暫停執行一段時間。本章討論用在計時器設定與休眠的介面，涵蓋主題如下：

- 傳統式 UNIX API，可設定間隔計時器（interval timer），包含 *setitimer()* 與 *alarm()*，可在經過一定時間之後通知行程。
- 允許行程休眠特定時間的 API。
- POSIX.1b 時鐘與計時器的 API 介面。
- Linux 特有的 timerfd 功能，允許透過檔案描述符（file descriptor）讀取所建立的計時器之到期資訊。

23.1 間隔計時器（Interval Timer）

當系統呼叫 *setitimer()* 時，會建立一個間隔計時器（interval timer），此計時器會在未來的某個時間點到期，並可選擇性地進行重複到期的工作。

```
#include <sys/time.h>

int setitimer(int which, const struct itimerval *new_value,
struct itimerval *old_value);
```

成功時傳回 0，或者錯誤時傳回 -1

行程可使用 *setitimer()* 將 which 修改為下列的值，即可建立三種不同的計時器：

ITIMER_REAL

建立的計時器以真實時間（real time，即壁鐘）倒數計時，在計時器到期時，會傳遞 SIGALRM 訊號（signal）給行程。

ITIMER_VIRTUAL

建立的計時器以行程的虛擬時間倒數計時（virtual time，即使用者模式的 CPU 時間），到期時會產生訊號 SIGVTALRM 給行程。

ITIMER_PROF

建立一個 profiling 計時器，以行程時間計時（即使用者模式與核心模式的 CPU 時間總和），在計時器到期時會產生 SIGPROF 訊號給行程。

每個計時器的預設處置（disposition）都是執行終止行程的動作，除非這是我們所需的結果，不然我們必須為計時器所傳遞的訊號建立處理常式（handler）。

參數 *new_value* 與 *old_value* 都是指向 itimerval 結構的指標，其定義如下：

```
struct itimerval {
    struct timeval it_interval;    /* Interval for periodic timer */
    struct timeval it_value;       /* Current value (time until
                                      next expiration) */
};
```

在 itimerval 結構中的每個欄位型別都是 timeval 結構，timeval 有秒與微秒兩個欄位：

```
struct timeval {
    time_t tv_sec;              /* Seconds */
    suseconds_t tv_usec;        /* Microseconds (long int) */
};
```

參數 *new_value* 的子結構 *it_value* 可指定計時器到期的延遲時間，*it_interval* 子結構則表示這是個週期計時器（periodic timer）。若將 *it_interval* 的兩個欄位都設定為 0，則此計時器只會執行一次計時，計時時間為 *it_value* 指定的時間。若 *it_interval*

中的欄位值有一個以上不為 0，則在計時器每次的到期之後，就會將計時器重置，使得計時器可以在指定的間隔時間之後再次計時倒數。

上述的三種計時器，行程只能使用其中一種，若我們第二次呼叫 *setitimer()*，則會依據 which 更動任何現有計時器的功能。若我們在呼叫 *setitimer()* 時，將 *new_value.it_value* 的兩個欄位都設定為 0，則會關閉（disable）任何現有的計時器。

若 *old_value* 不為 NULL，則會以所指向的 itimerval 結構傳回計時器的先前設定，若 *old_value.it_value* 的兩個欄位都是 0，則表示此計時器在之前是關閉的。若 *old_value.it_interval* 的兩個欄位都是 0，則表示計時器在之前是設定為只計時一次，計時的時間為 *old_value.it_value*。若我們想要在計時器到期之後，回存計時器的設定，則可以取得計時器先前的設定。不過若我們不需要計時器之前的設定，則可以將 *old_value* 設定為 NULL。

計時器會從初始值（*it_value*）開始倒數計時，直到 0 為止。當計時器為 0 時，則會將對應的訊號發送給行程，之後若時間的間隔（*it_interval*）不為 0，則會以間隔時間值重新載入到計時器（*it_value*），並再次開始倒數計時。

我們可以在任何時刻使用 *getitimer()* 取得計時器目前的狀態，以得知距離下次到期還有多少時間。

```
#include <sys/time.h>

int getitimer(int which, struct itimerval *curr_value);
```

成功時傳回 0，或者錯誤時傳回 -1

系統呼叫 *getitimer()* 會將 which 指定的計時器之目前狀態傳回，存放於 *curr_value* 所指向的緩衝區。此資訊與 *setitimer()* 與 *old_value* 參數傳回的資訊完全相同，差異在於我們不須為了取得此資訊而改變計時器的設定。子結構 *curr_value.it_value* 傳回計時器下次到期的時間量，此值隨著計時器的倒數而改變，若在設定計時器時將 *it_interval* 設定為非 0，則會在計時器到期時重置。子結構 *curr_value.it_interval* 傳回計時器的時間間隔，此值在下次呼叫 *setitimer()* 以前都會保持不變。

使用 *setitimer()*（以及稍後介紹的 *alarm()*）建立的計時器可以跨過 *exec()* 持續存在，但不會由 *fork()* 建立的子行程繼承。

> SUSv4 將 *getitimer()* 與 *setitimer()* 廢止，並建議使用 POSIX timers API（23.6 節）。

範例程式

列表 23-1 示範 *setitimer()* 與 *getitimer()* 的使用方式，此程式執行的步驟如下：

- 為 SIGALRM 訊號建立處理常式③。
- 使用命令列參數提供的值做為真實（ITIMER_REAL）計時器的計數值與時間間隔④，若未提供這些參數，則程式會建立一個兩秒到期以及只計時一次的計時器。
- 執行一個連續的迴圈⑤，消耗 CPU 時間並定期呼叫 *displayTimes()* 函式①，此函式會顯示程式啟動至今所經過的真實時間，以及 ITIMER_REAL 計時器的目前狀態。

計時器每次到期時會呼叫 SIGALRM 處理常式，並設定一個全域旗標（gotAlarm）②，一旦設定此旗標，主程式中的迴圈會呼叫 *displayTimers()*，以呈現在何時呼叫處理常式與計時器狀態⑥。（我們用此方法設計訊號處理常式，以避免在處理常式內部呼叫 non-async-signal-safe 函式，原因如 21.1.2 節所述）。若計時器的時間間隔是 0，則程式會在收到第一個訊號時結束，否則，程式在終止之前會捕獲三個訊號。⑦

當我們執行列表 23-1 的程式，可以看到如下結果：

```
$ ./real_timer 1 800000 1 0          Initial value 1.8 seconds, interval 1 second
       Elapsed Value Interval
START:    0.00
Main:     0.50  1.30   1.00         Timer counts down until expiration
Main:     1.00  0.80   1.00
Main:     1.50  0.30   1.00
ALARM:    1.80  1.00   1.00         On expiration, timer is reloaded from interval
Main:     2.00  0.80   1.00
Main:     2.50  0.30   1.00
ALARM:    2.80  1.00   1.00
Main:     3.00  0.80   1.00
Main:     3.50  0.30   1.00
ALARM:    3.80  1.00   1.00
That's all folks
```

列表 23-1：使用真實計時器

timers/real_timer.c

```
#include <signal.h>
#include <sys/time.h>
#include <time.h>
#include "tlpi_hdr.h"
```

```
    static volatile sig_atomic_t gotAlarm = 0;
                            /* Set nonzero on receipt of SIGALRM */

    /* Retrieve and display the real time, and (if 'includeTimer' is
       TRUE) the current value and interval for the ITIMER_REAL timer */

    static void
①   displayTimes(const char *msg, Boolean includeTimer)
    {
        struct itimerval itv;
        static struct timeval start;
        struct timeval curr;
        static int callNum = 0;             /* Number of calls to this function */

        if (callNum == 0)                   /* Initialize elapsed time meter */
            if (gettimeofday(&start, NULL) == -1)
                errExit("gettimeofday");

        if (callNum % 20 == 0)              /* Print header every 20 lines */
            printf("       Elapsed   Value Interval\n");

        if (gettimeofday(&curr, NULL) == -1)
            errExit("gettimeofday");
        printf("%-7s %6.2f", msg, curr.tv_sec - start.tv_sec +
                        (curr.tv_usec - start.tv_usec) / 1000000.0);

        if (includeTimer) {
            if (getitimer(ITIMER_REAL, &itv) == -1)
                errExit("getitimer");
            printf("  %6.2f  %6.2f",
                    itv.it_value.tv_sec + itv.it_value.tv_usec / 1000000.0,
                    itv.it_interval.tv_sec + itv.it_interval.tv_usec / 1000000.0);
        }

        printf("\n");
        callNum++;
    }

    static void
    sigalrmHandler(int sig)
    {
②       gotAlarm = 1;
    }

    int
    main(int argc, char *argv[])
    {
        struct itimerval itv;
        clock_t prevClock;
```

```
    int maxSigs;                /* Number of signals to catch before exiting */
    int sigCnt;                 /* Number of signals so far caught */
    struct sigaction sa;

    if (argc > 1 && strcmp(argv[1], "--help") == 0)
        usageErr("%s [secs [usecs [int-secs [int-usecs]]]]\n", argv[0]);

    sigCnt = 0;

    sigemptyset(&sa.sa_mask);
    sa.sa_flags = 0;
    sa.sa_handler = sigalrmHandler;
③   if (sigaction(SIGALRM, &sa, NULL) == -1)
        errExit("sigaction");

    /* Set timer from the command-line arguments */

    itv.it_value.tv_sec = (argc > 1) ? getLong(argv[1], 0, "secs") : 2;
    itv.it_value.tv_usec = (argc > 2) ? getLong(argv[2], 0, "usecs") : 0;
    itv.it_interval.tv_sec = (argc > 3) ? getLong(argv[3], 0, "int-secs") : 0;
    itv.it_interval.tv_usec = (argc > 4) ? getLong(argv[4], 0, "int-usecs") : 0;

    /* Exit after 3 signals, or on first signal if interval is 0 */

    maxSigs = (itv.it_interval.tv_sec == 0 &&
                itv.it_interval.tv_usec == 0) ? 1 : 3;

    displayTimes("START:", FALSE);
④   if (setitimer(ITIMER_REAL, &itv, NULL) == -1)
        errExit("setitimer");

    prevClock = clock();
    sigCnt = 0;

⑤   for (;;) {

        /* Inner loop consumes at least 0.5 seconds CPU time */

        while (((clock() - prevClock) * 10 / CLOCKS_PER_SEC) < 5) {
⑥           if (gotAlarm) {                     /* Did we get a signal? */
                gotAlarm = 0;
                displayTimes("ALARM:", TRUE);

                sigCnt++;
⑦               if (sigCnt >= maxSigs) {
                    printf("That's all folks\n");
                    exit(EXIT_SUCCESS);
                }
            }
```

```
        }

        prevClock = clock();
        displayTimes("Main: ", TRUE);
    }
}
```

timers/real_timer.c

較簡單的計時器介面：*alarm()*

系統呼叫 *alarm()* 提供一個建立真實時間計時器的簡易介面，計時器僅到期一次，並且沒有重複的時間間隔（*alarm()* 以前原本就是設定計時器的 UNIX API。）。

```
#include <unistd.h>

unsigned int alarm(unsigned int seconds);
```

Always succeeds, returning number of seconds remaining on any previously set timer, or 0 if no timer previously was set

參數 seconds 指定計時器未來要到期的秒數，在到期時，會傳遞一個 SIGALRM 訊號給呼叫的行程。

以 *alarm()* 設定計時器會覆蓋之前設定的計時器，我們可以使用 *alarm(0)* 來關閉現有的計時器。

alarm() 的回傳值提供之前設定的計時器到期之前的剩餘秒數，若為 0 則是沒有設定任何計時器。

在 23.3 節有提供一個 *alarm()* 的使用範例。

> 我們在本書後續的範例會使用 *alarm()* 啟動計時器，並且不會建立 SIGALRM 訊號的處理常式，以確保可以殺掉沒有結束的行程。

在 *setitimer()* 與 *alarm()* 之間的相互影響

在 Linux 系統，*alarm()* 與 *setitimer()* 共用個別行程（per-process）上的同一個真實時間計時器，意謂著使用這兩個函式能修改彼此設定的計時器，而在其他 UNIX 系統的情況可能會有所不同（即這兩個函式分別控制不同的計時器）。對於 *setitimer()* 與 *alarm()* 之間的相互影響，以及這兩者與 *sleep()* 函式（23.4.1 節）之間的相互影響，SUSv3 明確保留不予規範。我們若考量讓應用程式可以具備最好的可攜性，則應該要能確保應用程式在設定真實時間計時器時，只會使用 *setitimer()* 或 *alarm()* 函式的其中一個。

23.2 計時器的排班與準確度（Accuracy）

依據系統的負載以及行程的排班，行程可能在計時器到期之後，才被排班執行（通常是幾分之一秒）。儘管如此，由 *setitimer()* 或本章後續所介紹的其他介面所建立的週期計時器，在到期後依然會保持定期運作。例如，若有個真實時間計時器是設定為每隔 2 秒到期一次，則個別計時器事件的傳遞可能會因上述原因所花費的時間而延遲抵達，不過後續的到期事件仍然會依照每 2 秒的間隔到期，換句話說，間隔式計時器（interval timer）不會因此受到影響。

雖然 *setitimer()* 使用的 timeval 結構具備微秒等級的精密度（precision），不過計時器的準確（accuracy）往往是受限於軟體時鐘（software clock）的頻率（10.6 節）。若計時器的值無法等於軟體時鐘的單位倍數時，則會延展計時器的值來對齊。也就是說，若我們將一個間隔計時器的間隔設定為 19,100 微秒（只超過 19 毫秒一些），且若假定 jiffy 的值是 4 毫秒，則這個計時器實際上的運作是每隔 20 毫秒到期一次。

高解析度計時器

在現今的 Linux 核心上，前述的計時器解析度已不再受限於軟體時鐘的解析度。Linux 從版本 2.6.21 的核心起，有提供高解析度計時器的選項。若啟用這項功能（透過核心的 CONFIG_HIGH_RES_TIMERS 組態選項），則本章所介紹的各種計時器以及休眠介面的的準確度則不再受限於核心的 jiffy 大小，這些呼叫可以達到底層硬體所支援的準確度。在現在的硬體上，基本上準確度都可以達到微秒等級。

> 在 23.5.1 節會介紹 *clock_getres()*，可提供檢查系統是否支援高解析度的計時器。

23.3 為阻塞式操作設定倒數計時（timeout）

真實時間計時器的一個用途是用來設定阻塞式系統呼叫的阻塞時間上限，例如，若使用者在一段時間內沒有輸入一行指令時，我們可能會想要取消使用 *read()* 讀取終端機（terminal），處理如下：

1. 呼叫 *sigaction()* 以建立 SIGALRM 訊號的處理常式，省略 SA_RESTART 旗標，以確保不會重新啟動系統呼叫（參考 21.5 節）。
2. 呼叫 *alarm()* 或 *setitimer()* 來建立一個計時器，用以指定我們想要系統呼叫阻塞的時間上限。
3. 執行阻塞式系統呼叫。

4. 在系統呼叫返回之後，再次呼叫 *alarm()* 或 *setitimer()* 以關閉計時器（此例的系統呼叫會在計時器到期之前返回）。

5. 檢查阻塞式系統呼叫是否失敗，以及失敗時是否將 errno 設定為 EINTR（系統呼叫受到中斷）。

列表 23-2 示範使用 *alarm()* 建立計時器，將這項技術應用在 *read()*。

列表 23-2：執行有計時的 read()

timers/timed_read.c

```
#include <signal.h>
#include "tlpi_hdr.h"

#define BUF_SIZE 200

static void     /* SIGALRM handler: interrupts blocked system call */
handler(int sig)
{
    printf("Caught signal\n");          /* UNSAFE (see Section 21.1.2) */
}

int
main(int argc, char *argv[])
{
    struct sigaction sa;
    char buf[BUF_SIZE];
    ssize_t numRead;
    int savedErrno;

    if (argc > 1 && strcmp(argv[1], "--help") == 0)
        usageErr("%s [num-secs [restart-flag]]\n", argv[0]);

    /* Set up handler for SIGALRM. Allow system calls to be interrupted,
       unless second command-line argument was supplied. */

    sa.sa_flags = (argc > 2) ? SA_RESTART : 0;
    sigemptyset(&sa.sa_mask);
    sa.sa_handler = handler;
    if (sigaction(SIGALRM, &sa, NULL) == -1)
        errExit("sigaction");

    alarm((argc > 1) ? getInt(argv[1], GN_NONNEG, "num-secs") : 10);

    numRead = read(STDIN_FILENO, buf, BUF_SIZE);

    savedErrno = errno;                 /* In case alarm() changes it */
    alarm(0);                           /* Ensure timer is turned off */
```

```
    errno = savedErrno;

    /* Determine result of read() */

    if (numRead == -1) {
        if (errno == EINTR)
            printf("Read timed out\n");
        else
            errMsg("read");
    } else {
        printf("Successful read (%ld bytes): %.*s",
                (long) numRead, (int) numRead, buf);
    }

    exit(EXIT_SUCCESS);
}
```

timers/timed_read.c

注意，在列表 23-2 的程式存在理論上的競速條件（race condition），若計時器在呼叫 *alarm()* 之後及 *read()* 呼叫啟動之前到期，則 *read()* 呼叫就不會受到訊號處理常式中斷。由於在這類情境設定的計時值一般是相對較大（至少幾秒鐘），因此不太常發生，不過這在實務上是可行的技術。（Stevens 與 Rago，2005）提出一個替代方案，他們使用 *longjmp()*。在處理 I/O 系統呼叫時還有另一種方案，可以使用 *select()* 或 *poll()* 系統呼叫的倒數計時功能（第 63 章），這些系統呼叫的好處是可以讓我們同時等待多個 I/O 描述符（descriptors）。

23.4 暫停執行一段固定的時間（休眠）

我們有時需要將行程暫時停止一段（固定的）時間，雖然可以結合 *sigsuspend()* 與計時器函式達成目的，不過若使用休眠函式則較為簡單。

23.4.1 低解析度休眠：*sleep()*

函式 *sleep()* 可以讓呼叫的執行緒暫停執行在 seconds 指定的秒數，或是直到行程收到訊號為止（因而將呼叫中斷），行程才會繼續執行。

```
#include <unistd.h>

unsigned int sleep(unsigned int seconds);
```

Returns 0 on normal completion, or number of unslept seconds if prematurely terminated

若休眠正常結束，則 *sleep()* 傳回 0，若因訊號而中斷了休眠，則 *sleep()* 會傳回剩餘（尚未休眠）的秒數。如同 *alarm()* 與 *setitimer()* 設定的計時器，考量到系統負載，核心可能會在完成 *sleep()* 的一段（通常很短）時間之後，才對行程重新排班。

對於 *sleep()* 與 *alarm()* 及 *setitimer()* 之間的相互影響，SUSv3 並未加以規範。在 Linux 系統的 *sleep()* 實作實際上是呼叫 *nanosleep()*（23.4.2 節），因此 *sleep()* 與計時器函式之間並沒有相互影響。不過，在許多系統上，尤其是較舊的系統，是使用 *alarm()* 以及 SIGALRM 訊號的處理常式來實作 *sleep()*。基於可攜性，我們應該避免將 *sleep()* 與 *alarm()* 及 *setitimer()* 混合使用。

23.4.2 高解析度休眠：*nanosleep()*

函式 *nanosleep()* 的工作與 *sleep()* 類似，但是提供許多的優勢，其中包含能以更高的解析度來指定休眠的間隔時間。

```
#define _POSIX_C_SOURCE 199309
#include <time.h>

int nanosleep(const struct timespec *request, struct timespec *remain);
```

Returns 0 on successfully completed sleep,
or –1 on error or interrupted sleep

參數 request 指定休眠的時間，是一個指向如下列結構的指標：

```
struct timespec {
    time_t tv_sec;          /* Seconds */
    long tv_nsec;           /* Nanoseconds */
};
```

tv_nsec 欄位指定奈秒的時間值，值域在 0 到 999,999,999 之間。

nanosleep() 的更大優勢在於，SUSv3 明文規定不得使用訊號實作，這表示情況與 *sleep()* 不同，我們可以將 *nanosleep()* 與 *alarm()* 或 *setitimer()* 混用，也不會影響程式的可攜性。

雖然 *nanosleep()* 不是使用訊號實作的，不過仍然可以受到訊號處理常式的中斷。此時，*nanosleep()* 會傳回 -1，並將 errno 設定為通用的 EINTR。並且，若 remain 參數不為 `NULL`，則其指向的緩衝區會傳回剩餘的休眠時間，若有需要，我們可以利用此回傳值重新啟動系統呼叫，以便將剩餘的休眠時間休眠完成。如列表 23-3 所示，此程式以命令列參數為 *nanosleep()* 的秒與奈秒，以迴圈重複執

行 *nanosleep()*，直到完成全部時間的休眠。若 *nanosleep()* 受到 SIGINT 訊號的處理常式中斷（透過按下 Ctrl-C 產生），則會使用 remain 參數的回傳值重新呼叫 *nanosleep()*，程式的執行結果如下：

```
$ ./t_nanosleep 10 0                    Sleep for 10 seconds
Type Control-C
Slept for:  1.853428 secs
Remaining:  8.146617000
Type Control-C
Slept for:  4.370860 secs
Remaining:  5.629800000
Type Control-C
Slept for:  6.193325 secs
Remaining:  3.807758000
Slept for: 10.008150 secs
Sleep complete
```

雖然 *nanosleep()* 能以奈秒精度設定休眠的時間間隔，不過休眠的時間間隔準確度依然受限於軟體時鐘的單位大小（10.6 節）。若我們設定的時間間隔並非軟體時鐘的單位倍數，則會延展時間間隔。

> 如前文所述，在支援高解析度計時器的系統，休眠的時間間隔之準確度會比軟體時鐘更好。

若以高頻率接收訊號時，則列表 23-3 程式使用的方法會有問題。問題源自回傳的 remain 時間不會等於軟體時鐘解析度的整數倍，因此 *nanosleep()* 每次重新啟動時都得將時間延展對齊，使得 *nanosleep()* 每次重新啟動之後的休眠時間都會多於先前呼叫所傳回的 remain 值。在訊號的傳遞速率極高的情況（即等於或高於軟體時鐘的解析度時），行程可會永無止盡的執行休眠。在 Linux 2.6 系統，可透過使用 *clock_nanosleep()* 搭配 TIMER_ABSTIME 選項來避免此問題，我們會在 23.5.4 節介紹 *clock_nanosleep()*。

> 在 Linux 2.4 與更早的版本，在 *nanosleep()* 的實作有一個奇怪的特徵，假若正在執行 *nanosleep()* 的行程受到訊號停止，而行程之後因為收到 SIGCONT 訊號而繼續執行時，則 *nanosleep()* 會如預期的失敗並傳回 EINTR 錯誤。不過，若程式緊接著重新啟動 *nanosleep()* 呼叫，則行程處於停止狀態所消耗的時間將不會計入休眠的時間之內，導致行程的休眠時間會比預期的指定時間更長。Linux 2.6 消弭了這個特徵，*nanosleep()* 會在收到 SIGCONT 訊號時自動恢復，而行程處於停止狀態所耗去的時間也會計入休眠時間之內。

列表 23-3：使用 *nanosleep()*

timers/t_nanosleep.c

```
#define _POSIX_C_SOURCE 199309
#include <sys/time.h>
#include <time.h>
#include <signal.h>
#include "tlpi_hdr.h"

static void
sigintHandler(int sig)
{
    return;                         /* Just interrupt nanosleep() */
}

int
main(int argc, char *argv[])
{
    struct timeval start, finish;
    struct timespec request, remain;
    struct sigaction sa;
    int s;

    if (argc != 3 || strcmp(argv[1], "--help") == 0)
        usageErr("%s secs nanosecs\n", argv[0]);

    request.tv_sec = getLong(argv[1], 0, "secs");
    request.tv_nsec = getLong(argv[2], 0, "nanosecs");

    /* Allow SIGINT handler to interrupt nanosleep() */

    sigemptyset(&sa.sa_mask);
    sa.sa_flags = 0;
    sa.sa_handler = sigintHandler;
    if (sigaction(SIGINT, &sa, NULL) == -1)
        errExit("sigaction");

    if (gettimeofday(&start, NULL) == -1)
        errExit("gettimeofday");

    for (;;) {
        s = nanosleep(&request, &remain);
        if (s == -1 && errno != EINTR)
            errExit("nanosleep");

        if (gettimeofday(&finish, NULL) == -1)
            errExit("gettimeofday");
        printf("Slept for: %9.6f secs\n", finish.tv_sec - start.tv_sec +
                        (finish.tv_usec - start.tv_usec) / 1000000.0);
```

```
        if (s == 0)
            break;                      /* nanosleep() completed */

        printf("Remaining: %2ld.%09ld\n", (long) remain.tv_sec, remain.tv_nsec);
        request = remain;               /* Next sleep is with remaining time */
    }

    printf("Sleep complete\n");
    exit(EXIT_SUCCESS);
}
```

timers/t_nanosleep.c

23.5 POSIX Clock

POSIX Clock（時鐘），（原定義於 POSIX.1b）提供存取時鐘的 API，可量測奈秒級時間精度，存放奈秒時間值的資料結構是與 *nanosleep()*（23.4.2 節）相同的 timespec 結構。

在 Linux 系統上，使用此 API 的程式必須搭配 -lrt 選項進行編譯，用以連結 librt（realtime，即時）函式庫。

POSIX 時鐘 API 的主要系統呼叫有：取得時鐘現值的 *clock_gettime()*、傳回時鐘解析度的 *clock_getres()*，以及更新時鐘的 *clock_settime()*。

23.5.1 取得時鐘的值：*clock_gettime()*

系統呼叫 *clock_gettime()* 傳回 clockid 參數指定的時鐘之時間。

```
#define _POSIX_C_SOURCE 199309
#include <time.h>

int clock_gettime(clockid_t clockid, struct timespec *tp);
int clock_getres(clockid_t clockid, struct timespec *res);
```

Both return 0 on success, or –1 on error

傳回的時間值存在 tp 指標指向的 timespec 結構中，雖然 timespec 結構提供奈秒級精度，不過 *clock_gettime()* 傳回的時間值解析度可能會略大一些，*clock_getres()* 系統呼叫的傳回的指標（透過 res 參數）會指向 timespec 結構，內容是 clockid 指定的時鐘之解析度。

clockid_t 是 SUSv3 制定的資料型別，用於表示時鐘的 ID，clockid 的值可使用表 23-1 之第一行所列的值。

表 23-1：POSIX.1b 時鐘類型

時鐘 ID	說明
CLOCK_REALTIME	可設定的系統級即時時鐘
CLOCK_MONOTONIC	不可設定的恒定態（monotonic）時鐘
CLOCK_PROCESS_CPUTIME_ID	個別行程 CPU 時間的時鐘（自 Linux 2.6.12 起）
CLOCK_THREAD_CPUTIME_ID	個別執行緒 CPU 時間的時鐘（自 Linux 2.6.12 起）

CLOCK_REALTIME 時鐘是整個系統通用的時鐘，用以量測現實生活的時間，與 CLOCK_MONOTONIC 時鐘的差異在於，此時鐘的設定是可以變動的。

在 SUSv3 的規範指出，CLOCK_MONOTONIC 時鐘量測的時間起點是「過去某個未規範的時間點」，此時間從系統啟動之後就不會改變。這個時鐘適用於不能接受系統時間非連續性改變的應用程式（例如：手動更改系統時間）。在 Linux 系統上，這個時鐘會從系統啟動之後開始量測時間。

CLOCK_PROCESS_CPUTIME_ID 時鐘測量呼叫的行程所消耗的使用者與系統的 CPU 時間。CLOCK_THREAD_CPUTIME_ID 時鐘的功能類似，適用於一個行程裡的一個單獨的執行緒。

表 23-1 的每個時鐘都在 SUSv3 的規範中，不過只有 CLOCK_REALTIME 是必要的，以及在 UNIX 系統上廣泛提供。

在 Linux 2.6.28 新增一個新的時鐘類型：CLOCK_MONOTONIC_RAW，與表 23-1 裡的 CLOCK_MONOTONIC 類似，都是一種不可設定的時鐘，不過此時鐘提供存取基於純硬體的時間，可不受 NTP 調整的影響。這類非標準時鐘適用於需要特定時鐘同步的應用程式。

Linux 2.6.32 為表 23-1 所列的時鐘新增兩個額外的時鐘：分別是 CLOCK_REALTIME_COARSE 與 CLOCK_MONTONIC_COARSE。這兩個時鐘類似 CLOCK_REALTIME 及 CLOCK_MONTONIC，但是可適用於想要以最低成本取得較低解析度時間戳記的應用程式。這兩個非標準的時鐘不會存取硬體時鐘（存取某些硬體時鐘資源的成本較高），其回傳值的解析度是 jiffy（請參考 10.6 節）。

23.5.2 設定時鐘的值：*clock_settime()*

系統呼叫 *clock_settime()* 會依據 tp 所指的緩衝區之時間值來設定在 clockid 指定的時鐘。

```
#define _POSIX_C_SOURCE 199309
#include <time.h>

int clock_settime(clockid_t clockid, const struct timespec *tp);
```
成功時傳回 0，或者錯誤時傳回 -1

如果在 tp 指定的時間並非 *clock_getres()* 傳回的時鐘解析度之倍數，則時間會縮減為整數倍。

特權級（CAP_SYS_TIME）行程可以設定 CLOCK_REALTIME 時鐘，此時鐘的初值通常是自 Epoch（1970 年 1 月 1 日 0 點 0 分 0 秒）起算至今的時間，表 23-1 的其他時鐘均不能更改。

> 依據 SUSv3，系統必須提供設定 CLOCK_PROCESS_CPUTIME_ID 與 CLOCK_THREAD_CPUTIME_ID 時鐘，在原作撰寫本書之際，這些時鐘在 Linux 系統依然是唯讀的。

23.5.3 取得特定行程或執行緒的時鐘 ID

本節介紹的函式可用於取得時鐘 ID，此時鐘測量特定行程或執行緒所消耗的 CPU 時間，我們可使用 *clock_gettime()* 傳回的時鐘 ID，以找出行程或執行緒耗去的 CPU 時間。

函式 *clock_getcpuclockid()* 會將 pid 行程的 CPU 時間時鐘儲存在 clockid 指向的緩衝區。

```
#include <time.h>

int clock_getcpuclockid(pid_t pid, clockid_t *clockid);
```
Returns 0 on success, or a positive error number on error

若 pid 為 0，則 *clock_getcpuclockid()* 傳回呼叫此函式的行程之 CPU 時間時鐘 ID。

函式 *pthread_getcpuclockid()* 是 *clock_getcpuclockid()* 的 POSIX 執行緒版本，傳回的時鐘 ID 用於測量此行程的特定執行緒之 CPU 消耗時間。

```
#include <pthread.h>
#include <time.h>

int pthread_getcpuclockid(pthread_t thread, clockid_t *clockid);
```
Returns 0 on success, or a positive error number on error

參數 thread 是一個 POSIX 執行緒 ID，代表我們想要取得其 CPU 時間的時鐘 ID 之執行緒，而傳回的時鐘 ID 存在 clockid 指向的緩衝區。

23.5.4 改善高解析度的休眠：*clock_nanosleep()*

類似於 *nanosleep()*，Linux 特有的 *clock_nanosleep()* 系統呼叫會暫停執行行程，直到經過一段特定的時間間隔、或收到訊號時才會恢復執行，我們在本節會介紹 *clock_nanosleep()* 與 *nanosleep()* 的差異之處。

```
#include <time.h>

int clock_nanosleep(clockid_t clockid, int flags,
        const struct timespec *request, struct timespec *remain);
```

Returns 0 on successfully completed sleep,
or a positive error number on error or interrupted sleep

參數 request 與 remain 的功能與 *nanosleep()* 相對應的參數類似。

預設時（即 flags 為 0），在 request 指定的休眠間隔是相對時間（類似 *nanosleep()*），不過，若我們在 flags 指定 TIMER_ABSTIME（參考列表 23-4），則 request 代表 clockid 時鐘所測量的絕對時間。此特性對於需要準確休眠一段特定時間的應用程式相當重要，若我們改成試著取得目前的時間、計算與目標時間的時間差，再進行相對的休眠，則行程可能在執行這些步驟的過程中受到搶先，導致休眠時間會比預期更久。

如 23.4.2 節所述，對於受到訊號處理常式中斷並使用迴圈重新啟動休眠的行程而言，這個睡過頭（oversleeping）的問題尤其明顯，若以高速傳遞訊號，則相對時間休眠（由 *nanosleep()* 進行的休眠類型）會導致行程花在休眠的時間產生較大的誤差。若要解決睡過頭的方法，可以先呼叫 *clock_gettime()* 取得時間，並加上期望休眠的時間量，再以 TIMER_ABSTIME 旗標呼叫 *clock_nanosleep()* 函式（若受到訊號處理常式中斷，則重新執行系統呼叫）。

當有指定 TIMER_ABSTIME，且未使用（不需要）使用 remain 參數，若 *clock_nanosleep()* 呼叫受到訊號處理常式的中斷，則可透過使用相同的 request 參數重複執行此呼叫，以重新啟動休眠。

區分 *clock_nanosleep()* 與 *nanosleep()* 的另一個功能是，我們可以選擇要用來測量休眠間隔的時鐘，可利用 clockid 指定所需的時鐘：CLOCK_REALTIME、CLOCK_MONOTONIC 或 CLOCK_PROCESS_CPUTIME_ID，這些時鐘的說明請參照表 23-1。

列表 23-4 示範 *clock_nanosleep()* 的用法：透過使用絕對時間值的 CLOCK_REALTIME 時鐘來休眠 20 秒。

列表 23-4：使用 *clock_nanosleep()*

```
struct timespec request;

/* Retrieve current value of CLOCK_REALTIME clock */

if (clock_gettime(CLOCK_REALTIME, &request) == -1)
    errExit("clock_gettime");

request.tv_sec += 20;               /* Sleep for 20 seconds from now */

s = clock_nanosleep(CLOCK_REALTIME, TIMER_ABSTIME, &request, NULL);
if (s != 0) {
    if (s == EINTR)
        printf("Interrupted by signal handler\n");
    else
        errExitEN(s, "clock_nanosleep");
}
```

23.6 POSIX 間隔式計時器

使用 *setitimer()* 所設定的典型 UNIX 間隔式計時器，會受到許多限制：

- 我們只能設定下列三種計時器之一：ITIMER_REAL、ITIMER_VIRTUAL 與 ITIMER_PROF。
- 通報計時器的到期只有一個方法，即是透過傳遞訊號，此外，我們不能改變計時器到期時產生的訊號。
- 若一個間隔式計時器多次到期，而且對應的訊號正受到阻塞時，則只會呼叫一次訊號處理常式，換句話說，我們無法知道計時器跑過頭（timer overrun）的情況。
- 計時器的解析度只到微秒，不過，有些系統的硬體時鐘可提供更好的時鐘解析度，在這類系統上值得讓軟體存取此較高解析度的時鐘。
- POSIX.1b 定義一組 API 來解決這些限制，在 Linux 2.6 已實作此 API。

在舊版的 Linux 系統，glibc 基於執行緒的實作提供此 API 的部份功能版本，不過，在使用者空間實作的這個版本無法提供此處描述的全部特性。

POSIX timer API 將計時器的生命週期分為下列幾個階段：

- 以 *timer_create()* 系統呼叫建立一個新的計時器，並定義計時器到期時通知行程的方法。
- 以 *timer_settime()* 系統呼叫啟動或停止一個計時器。
- 以 *timer_delete()* 系統呼叫刪除不再需要的計時器。

以 *fork()* 建立的子行程不會繼承父行程的 POSIX 計時器，呼叫 *exec()* 期間亦或行程終止時將會停止並刪除此計時器。

在 Linux，使用 POSIX timer API 的程式在編譯時必須使用 *-lrt* 選項，以連結 librt（即時）函式庫。

23.6.1 建立計時器：*timer_create()*

函式 *timer_create()* 可建立一個新的計時器，並使用 clockid 指定要用來測量時間的時鐘。

```
#define _POSIX_C_SOURCE 199309
#include <signal.h>
#include <time.h>

int timer_create(clockid_t clockid, struct sigevent *evp, timer_t *timerid);
```

成功時傳回 0，或者錯誤時傳回 -1

可以將 clockid 參數設定為表 23-1 中的任何一個值、或是設定為 *clock_getcpuclocid()* 或 *pthread_getcpuclockid()* 傳回的 clockid 值。參數 timerid 所指的緩衝區可傳回一個計時器的 handle，供後續的系統呼叫參考此計時器，緩衝區的型別為 *timer_t*，是由 SUSv3 規範的一種資料型別，可表示計時器 ID（timer identifier）。

參數 evp 決定在計時器到期時通知應用程式的方式，此參數指向的資料結構是 sigevent，其定義如下：

```
union sigval {
    int   sival_int;            /* Integer value for accompanying data */
    void *sival_ptr;            /* Pointer value for accompanying data */
};

struct sigevent {
    int          sigev_notify;   /* Notification method */
    int          sigev_signo;    /* Timer expiration signal */
```

```
    union sigval sigev_value;     /* Value accompanying signal or
                                     passed to thread function */
    union {
        pid_t      _tid;          /* ID of thread to be signaled */
        struct {
            void (*_function) (union sigval);
                                  /* Thread notification function */
            void  *_attribute;    /* Really 'pthread_attr_t *' */
        } _sigev_thread;
    } _sigev_un;
};

#define sigev_notify_function    _sigev_un._sigev_thread._function
#define sigev_notify_attributes  _sigev_un._sigev_thread._attribute
#define sigev_notify_thread_id   _sigev_un._tid
```

此結構的 *sigev_notify* 欄位可設定為表 23-2 所示的任一值。

表 23-2：*sigevent* 結構的 *sigev_notify* 欄位值

sigev_notify **的值**	**通知方法**	**SUSv3**
SIGEV_NONE	不通知；使用 timer_gettime() 監測計時器	●
SIGEV_SIGNAL	發送 sigev_signo 訊號給行程	●
SIGEV_THREAD	呼叫 sigev_notify_function 做為新執行緒的啟動函式	●
SIGEV_THREAD_ID	發送 sigev_signo 訊號給 sigev_notify_thread_id 執行緒	

對於 *sigev_notify* 欄位，以及 sigval 結構中每個欄位相關的常數值，說明如下：

SIGEV_NONE

不提供計時器到期通知，行程依然可使用 *timer_gettime()* 監控計時器的執行進度。

SIGEV_SIGNAL

在計時器到期時，產生 *sigev_signo* 欄位指定的訊號給行程，*sigev_value* 欄位指定訊號隨附的資料（一個整數或指標）（22.8.1 節），此資料可以透過 *siginfo_t* 結構的 *si_value* 欄位取得，此結構會傳遞給此訊號的處理常式、或是透過 *sigwaitinfo()*、*sigtimerdwait()* 呼叫傳回。

SIGEV_THREAD

在計時器到期時，會呼叫 *sigev_notify_function* 欄位指定的函式，以此函式做為執行緒的起始函式來呼叫，這段說明取自 SUSv3，即允許系統實作以下列兩種方式為週期性計時器產生通知：將每個通知分別傳遞給不同的一個新執行緒，或是將通知以一個序列的方式依序傳遞給同一個新執行緒。可將 *sigev_notify_attribytes* 欄位設定為 NULL，或是設定為指向 *pthread_attr_t* 結構的指標，在此結構定義執行緒的屬性（29.8 節）。在 *sigev_value* 指定的 union sigval 值是傳遞給函式的唯一參數。

SIGEV_THREAD_ID

這與 SIGEV_SIGNAL 類似，不過會將訊號發送給執行緒 ID 符合 *sigev_notify_thread_id* 的執行緒，此執行緒必須與呼叫的執行緒屬於同一個行程（在 SIGEV_SIGNAL 通知會讓訊號在該行程的佇列中排隊，而若行程中有多條執行緒時，則可將訊號傳遞給行程中的任一執行緒。請參考 33.2 節對執行緒互動以及訊號的討論。）。可將 *sigev_notify_thread_id* 的值設定為 *clone()* 或 *gettid()* 的回傳值。設計 SIGEV_THREAD_ID 旗標的用途是供執行緒函式庫使用（要求執行緒實作採用 28.2.1 節介紹的 CLONE_THREAD 選項。現今的 NPTL 執行緒實作有採用 CLONE_THREAD，不過舊版的 LinuxThreads 執行緒則無）。

除了 SIGEV_THREAD_ID 是 Linux 特有的常數，上述的其他常數都有納入 SUSv3 的規範中。

參數 evp 可以設定為 NULL，這樣等同於將 *sigev_notify* 設定為 SIGEV_SIGNAL，以及將 *sigev_signo* 設定為 SIGALRM（這可能與其他系統不同，因為 SUSv3 只說「一個預設的訊號編號」），並將 *sigev_value.sival_int* 設定為計時器 ID。

在目前的實作中，核心會為每個以 *timer_create()* 建立的 POSIX 計時器預先配置一個排隊中的即時訊號結構，預先配置的目的在於，確保在計時器到期時，至少有一個這樣的結構可供排隊中的訊號使用。這意謂著，可建立的 POSIX 計時器數量受限於可排隊的即時訊號數量（參考 22.8 節）。

23.6.2 啟動與停止計時器：*timer_settime()*

只要我們建立了計時器，就可以使用 *timer_settime()* 對計時器進行裝載（啟動）或卸載（停止）。

```
#define _POSIX_C_SOURCE 199309
#include <time.h>

int timer_settime(timer_t timerid, int flags, const struct itimerspec *value,
                  struct itimerspec *old_value);
```

成功時傳回 0，或者錯誤時傳回 -1

函式 *timer_settime()* 的 timerid 參數是一個計時器 handle，由之前的 *timer_create()* 呼叫傳回。

參數 value 與 *old_value* 則類似 *setitimer()* 函式的同名參數：value 可指定計時器的新設定，而 *old_value* 則用於傳回計時器之前的設定（參考下列的 *timer_gettime()* 說明）。若我們不需要之前的計時器設定，則可將 *old_value* 設定為 `NULL`。參數 *value* 與 *old_value* 都是指向 itimerspec 結構的指標，其結構定義如下：

```
struct itimerspec {
    struct timespec it_interval;    /* Interval for periodic timer */
    struct timespec it_value;       /* First expiration */
};
```

結構 itimerspec 的每個欄位都是 timespec 型別的結構，可用秒與奈秒指定時間值：

```
struct timespec {
    time_t tv_sec;                  /* Seconds */
    long tv_nsec;                   /* Nanoseconds */
};
```

欄位 *it_value* 指定計時器首次到期的時間，若 *it_interval* 有任何一個子欄位不為 0，則此計時器為週期性計時器，計時器在經過 *it_value* 指定的時間而首次到期之後，會依照這些子欄位所指定的頻率而定期到期。若 *it_interval* 的兩個子欄位均為 0，則此計時器只會到期一次。

若將 flags 設定為 0，則會將 *value.it_value* 解譯為呼叫 *timer_settime()*（與 *setitimer()* 類似）時的時鐘值之相對值。若將 flags 設定為 `TIMER_ABSTIME`，則會將 value.*it_value* 解譯為絕對時間（即從時鐘的 0 點開始計算）。若該時鐘已經過了這段時間，則計時器會立即到期。

我們為了啟動計時器，會呼叫 *timer_settime()* 函式，並將 value.*it_value* 的一個或兩個子欄位設定為非 0 值，若計時器在之前已經啟動過，則 *timer_settime()* 會取代之前的設定。

若計時器的值與間隔時間並非相對應時鐘的解析度（由 *clock_getres()* 傳回）之倍數，則會將這些值延展為解析度的倍數。

計時器在每次到期時，都會依據建立計時器的 *timer_create()* 所定義方式來通知行程，若 *it_interval* 結構有非 0 的值，則會使用這些值來重新載入 *it_value* 結構。

若要停止計時器，我們會呼叫 *timer_settime()*，並將 *value.it_value* 的兩個欄位都設定為 0。

23.6.3 取得計時器的現值：*timer_gettime()*

系統呼叫 *timer_gettime()* 會傳回 timerid 代表的 POSIX 計時器之間隔與剩餘時間。

```
#define _POSIX_C_SOURCE 199309
#include <time.h>

int timer_gettime(timer_t timerid, struct itimerspec *curr_value);
```

成功時傳回 0，或者錯誤時傳回 -1

在 *curr_value* 指標指向的 itimerspec 結構中，會包含傳回的時間間隔與距離計時器下次到期的時間，即使計時器是使用 TIMER_ABSTIME 旗標建立的絕對計時器，在 *curr_value.it_value* 欄位也是傳回距離計時器下次到期的時間值。

若傳回的 *curr_value.it_value* 結構之兩個欄位值均為 0，則表示計時器目前處於停止狀態。若傳回的 *curr_value.it_interval* 結構之兩個欄位都是 0，則表示此計時器只會在經過 *curr_value.it_value* 指定的時間之後到期一次。

23.6.4 刪除計時器：*timer_delete()*

每個 POSIX 計時器都會消耗少量的系統資源，因此，只要我們用完計時器，就應該使用 *timer_delete()* 移除計時器，以釋放資源。

```
#define _POSIX_C_SOURCE 199309
#include <time.h>

int timer_delete(timer_t timerid);
```

成功時傳回 0，或者錯誤時傳回 -1

參數 timerid 是之前呼叫 *timer_create()* 傳回的 handle，若計時器已經啟動，則會在移除計時器之前自動將它停止。若由於此計時器的到期而已經有了擱置中的（pending）訊號，則訊號會保持在擱置狀態（SUSv3 並未規範此情況，所以其他的 UNIX 系統行為可能會不一樣）。當行程終止時，會自動刪除全部的計時器。

23.6.5 透過訊號發出通知

若我們選擇以訊號來接收計時器的通知，則我們在接收訊號時可使用訊號處理常式、呼叫 *sigwaitinfo()* 或 *sigtimerdwait()*。此兩種方法都能讓接收的行程取得一個 *siginfo_t* 結構（21.4 節），內有與訊號相關的詳細資訊（若要在訊號處理常式使用此優點，則我們在建立訊號處理常式時需指定 SA_SIGINFO 旗標），在 *siginfo_t* 結構有下列設定欄位：

- *si_signo*：此欄位包含此計時器產生的訊號。
- *si_code*：將此欄位設定為 SI_TIMER，表示此訊號是因 POSIX 計時器到期而產生的。
- *si_value*：將此欄位設定為，使用 *timer_create()* 建立計時器時的 *evp.sigev_value* 值。將 *evp.sigev_value* 設定為不同的值，可以區分到期時會發送相同訊號的多個計時器。

在呼叫 *timer_create()* 時，通常會將 *evp.sigev_value.sival_ptr* 的值設定為此呼叫的 timerid 參數位址（請見列表 23-5），讓訊號處理常式（或 *sigwaitinfo()* 呼叫）可以取得產生訊號的計時器 ID。（此外，可將 *evp.sigev_value.sival_ptr* 的值指定為一個包含 timerid 參數的結構之位址，此結構是 *timer_create()* 函式的一個參數）。

Linux 另外在 *siginfo_t* 結構提供下列非標準的欄位：

- *si_overrun*：此欄位包含計時器的跑過頭時間數量（在 23.6.6 節介紹）。

> Linux 也提供另一個非標準欄位：*si_timerid*，此欄位是一個 ID，供系統內部識別計時器（與 *timer_create()* 傳回的 ID 不同），應用程式不會用到此欄位。

列表 23-5 示範使用訊號做為 POSIX 計時器的通知機制。

列表 23-5：使用訊號做為 POSIX 計時器的通知

timers/ptmr_sigev_signal.c

```
#define _POSIX_C_SOURCE 199309
#include <signal.h>
#include <time.h>
#include "curr_time.h"                  /* Declares currTime() */
#include "itimerspec_from_str.h"        /* Declares itimerspecFromStr() */
#include "tlpi_hdr.h"

#define TIMER_SIG SIGRTMAX              /* Our timer notification signal */

static void
① handler(int sig, siginfo_t *si, void *uc)
{
```

```
    timer_t *tidptr;

    tidptr = si->si_value.sival_ptr;

    /* UNSAFE: This handler uses non-async-signal-safe functions
       (printf(); see Section 21.1.2) */

    printf("[%s] Got signal %d\n", currTime("%T"), sig);
    printf("    *sival_ptr         = %ld\n", (long) *tidptr);
    printf("    timer_getoverrun() = %d\n", timer_getoverrun(*tidptr));
}

int
main(int argc, char *argv[])
{
    struct itimerspec ts;
    struct sigaction  sa;
    struct sigevent   sev;
    timer_t *tidlist;
    int j;

    if (argc < 2)
        usageErr("%s secs[/nsecs][:int-secs[/int-nsecs]]...\n", argv[0]);

    tidlist = calloc(argc - 1, sizeof(timer_t));
    if (tidlist == NULL)
        errExit("malloc");

    /* Establish handler for notification signal */

    sa.sa_flags = SA_SIGINFO;
    sa.sa_sigaction = handler;
    sigemptyset(&sa.sa_mask);
②   if (sigaction(TIMER_SIG, &sa, NULL) == -1)
        errExit("sigaction");

    /* Create and start one timer for each command-line argument */

    sev.sigev_notify = SIGEV_SIGNAL;    /* Notify via signal */
    sev.sigev_signo = TIMER_SIG;        /* Notify using this signal */

    for (j = 0; j < argc - 1; j++) {
③       itimerspecFromStr(argv[j + 1], &ts);

        sev.sigev_value.sival_ptr = &tidlist[j];
                /* Allows handler to get ID of this timer */

④       if (timer_create(CLOCK_REALTIME, &sev, &tidlist[j]) == -1)
            errExit("timer_create");
```

```
        printf("Timer ID: %ld (%s)\n", (long) tidlist[j], argv[j + 1]);

⑤       if (timer_settime(tidlist[j], 0, &ts, NULL) == -1)
            errExit("timer_settime");
    }

⑥   for (;;)                            /* Wait for incoming timer signals */
        pause();
}
```

timers/ptmr_sigev_signal.c

列表 23-5 程式的每個命令列參數分別設定計時器的初值與間隔時間，在程式的「usage」訊息中會說明這些參數的語法，並在底下的 shell 作業階段提供示範，此程式執行的步驟如下：

- 建立用於計時器通知的訊號處理常式②。
- 為每一個命令列參數，建立④並啟動⑤一個使用 SIGEV_SIGNAL 通知機制的 POSIX 計時器。我們使用 *itimerspecFromStr()* 函式將命令列參數轉換③為列表 23-6 所示的 itimerspec 結構。
- 計時器每次到期都會發送 *sev.sigev_signo* 中指定的訊號給行程，此訊號的處理常式會顯示 *sev.sigev_value.sival_ptr* 的值（即計時器 ID，*tidlist[j]*）以及計時器的跑過頭數值①。
- 在建立並啟動計時器之後，在一個迴圈中重複呼叫 *pause()*，以等待計時器到期⑥。

列表 23-6 所示的函式可將列表 23-5 程式的命令列參數轉換為相對應的 itimerspec 結構，此函式解譯的字串參數格式如列表上方的註解所示（並在下方的 shell 作業階段示範）。

列表 23-6：將「時間 + 間隔」字串轉換為一個 itimerspec 值

timers/itimerspec_from_str.c

```
#include <string.h>
#include <stdlib.h>
#include "itimerspec_from_str.h"        /* Declares function defined here */

/* Convert a string of the following form to an itimerspec structure:
   "value.sec[/value.nanosec][:interval.sec[/interval.nanosec]]".
   Optional components that are omitted cause 0 to be assigned to the
   corresponding structure fields. */

void
itimerspecFromStr(char *str, struct itimerspec *tsp)
{
```

```
    char *dupstr ,*cptr, *sptr;

    dupstr = strdup(str);

    cptr = strchr(dupstr, ':');
    if (cptr != NULL)
        *cptr = '\0';

    sptr = strchr(dupstr, '/');
    if (sptr != NULL)
        *sptr = '\0';

    tsp->it_value.tv_sec = atoi(dupstr);
    tsp->it_value.tv_nsec = (sptr != NULL) ? atoi(sptr + 1) : 0;

    if (cptr == NULL) {
        tsp->it_interval.tv_sec = 0;
        tsp->it_interval.tv_nsec = 0;
    } else {
        sptr = strchr(cptr + 1, '/');
        if (sptr != NULL)
            *sptr = '\0';
        tsp->it_interval.tv_sec = atoi(cptr + 1);
        tsp->it_interval.tv_nsec = (sptr != NULL) ? atoi(sptr + 1) : 0;
    }
    free(dupstr);
}
```

timers/itimerspec_from_str.c

我們在下列的 shell 作業階段示範列表 23-5 程式的使用方式，建立一個計時器，其初始到期值為 2 秒、間隔時間為 5 秒。

```
$ ./ptmr_sigev_signal 2:5
Timer ID: 134524952 (2:5)
[15:54:56] Got signal 64                  SIGRTMAX is signal 64 on this system
    *sival_ptr         = 134524952        sival_ptr points to the variable tid
    timer_getoverrun() = 0
[15:55:01] Got signal 64
    *sival_ptr         = 134524952
    timer_getoverrun() = 0
Type Control-Z to suspend the process
[1]+  Stopped       ./ptmr_sigev_signal 2:5
```

在程式進入休眠之後，我們會暫停幾秒鐘，並在我們恢復執行程式之前讓計時器達到多次到期。

```
$ fg
./ptmr_sigev_signal 2:5
[15:55:34] Got signal 64
```

```
    *sival_ptr          = 134524952
    timer_getoverrun() = 5
Type Control-C to kill the program
```

程式輸出的最後一行顯示計時器發生五次跑過頭的情況，這表示從之前收到訊號起，計時器總共發生六次到期。

23.6.6 計時器跑過頭（Timer Overrun）

假若我們已經選擇透過傳遞訊號（即 *sigev_notify* 為 SIGEV_SIGNAL）來接收計時器的到期通知，並進一步假設，在捕獲或接收相關訊號之前，計時器有多次到期。這是有可能發生的，因為行程在進入下次排班之前的延遲時間所致。此外，無論直接呼叫 *sigprocmask()*、或隱含在訊號處理常式的執行期間處理，都有可能因為相關訊號受到阻塞而發生計時器多次到期。我們該如何得知有計時器跑過頭狀況呢？

我們或許會認為使用即時訊號會有助於解決這個問題，因為可以讓該即時訊號的多個實體（instance）進行排隊，不過，由於可進入排隊的即時訊號數量有限，所以此方法不可行。

因此，POSIX.1b 委員會決定使用不同的方法：若我們選擇使用訊號來接收計時器通知，則即使我們使用即時訊號，該訊號的多個實體也不會進入排隊。反之，我們可以在接收訊號之後（無論是透過訊號處理常式，或呼叫 *sigwaitinfo()*），取得計時器跑過頭的次數（timer overrun count），此數為計時器額外發生到期的次數，計算期間為產生訊號之後及訊號送達以前。比如，若在收到訊號時，計時器發生三次到期，則跑過頭的次數是 2。

我們在收到計時器的訊號之後，能以兩種方式取得計時器的跑過頭次數：

- 呼叫我們稍後介紹的 *timer_getoverrun()*，這是 SUSv3 規範的取得跑過頭次數之方法。
- 使用隨著訊號傳回的 *siginfo_t* 結構之 *si_overrun* 欄位值，此方法可節省執行 *timer_getoverrun()* 系統呼叫的負擔，不過是不可攜的 Linux 擴充功能。

在我們收到每次收到計時器訊號時，都會重置計時器的跑過頭次數，若計時器從訊號被處理或接收之後只到期一次，則跑過頭次數為 0（即沒有跑過頭）。

```
#define _POSIX_C_SOURCE 199309
#include <time.h>

int timer_getoverrun(timer_t timerid);
                    Returns timer overrun count on success, or –1 on error
```

函式 timer_*getoverrun()* 傳回 timerid 參數指定的計時器之跑過頭次數。

依據 SUSv3 的規範（表 21-1），函式 timer_*getoverrun()* 是其中一個非同步訊號安全（async-signal-safe）函式，所以在訊號處理常式中可安全地使用。

23.6.7 以執行緒進行通知

SIGEV_THREAD 旗標讓程式可以透過一個獨立的執行緒呼叫函式，以取得計時器的到期通知。我們稍後在第 29 章與 30 章會介紹了解此旗標所需的 POSIX 執行緒背景知識，若讀者不熟悉 POSIX 執行緒，則可以在使用我們本節的範例程式之前，先閱讀這幾個章節。

列表 23-7 示範 SIGEV_THREAD 的使用方式，此程式的命令列參數與列表 23-5 相同，此程式的執行步驟如下：

- 程式為每個命令列參數建立⑥並啟動⑦一個 POSIX 計時器，計時器使用 SIGEV_THREAD 通知機制③。
- 在此計時器每次到期時，有另一個執行緒會呼叫 *sev.sigev_notify_function* ④指定的函式，在呼叫此函式時，會使用 *sev.sigev_value.sival_ptr* 的值作為參數。我們將計時器 ID（*tidlist[j]*）的位址儲存在此欄位⑤，以便在呼叫通知函式時可以取得計時器 ID。
- 在完成建立與啟動全部的計時器之後，主程式會進入一個迴圈，等待計時器到期⑧。在每次的迴圈中，程式會使用呼叫 *pthread_cond_wait()*，以等待處理計時器通知的執行緒就條件變數（condition variable）發出訊號。
- 計時器每次到期時會呼叫 *threadFunc()* 函式①，在輸出訊息之後，會增加 expireCnt 全域變數的值。考量計時器可能發生跑過頭的情況，會將 *timer_getoverrun()* 的回傳值加入 *expireCnt* 變數。（我們在 23.6.6 節解釋過計時器跑過頭與 SIGEV_SIGNAL 通知機制之間的關係。計時器跑過頭也可以與 SIGEV_THREAD 機制協同使用，因為計時器可能在呼叫通知函式之前發生多次到期）。通知函式會就條件變數（cond）發出訊號，以便主程式知道要檢查計時器到期②。

下列的 shell 作業階段紀錄示範列表 23-7 程式的使用，此範例的程式建立兩個計時器：一個計時器首次到期時間是 5 秒，而時間的間隔也是 5 秒；另一個計時器的首次到期時間為 10 秒，而時間間隔也是 10 秒。

```
$ ./ptmr_sigev_thread 5:5 10:10
Timer ID: 134525024 (5:5)
Timer ID: 134525080 (10:10)
[13:06:22] Thread notify
    timer ID=134525024
    timer_getoverrun()=0
main(): expireCnt = 1
[13:06:27] Thread notify
    timer ID=134525080
    timer_getoverrun()=0
main(): expireCnt = 2
[13:06:27] Thread notify
    timer ID=134525024
    timer_getoverrun()=0
main(): expireCnt = 3
Type Control-Z to suspend the program
[1]+  Stopped       ./ptmr_sigev_thread 5:5 10:10
$ fg                                    Resume execution
./ptmr_sigev_thread 5:5 10:10
[13:06:45] Thread notify
    timer ID=134525024
    timer_getoverrun()=2                There were timer overruns
main(): expireCnt = 6
[13:06:45] Thread notify
    timer ID=134525080
    timer_getoverrun()=0
main(): expireCnt = 7
Type Control-C to kill the program
```

列表 23-7：使用執行緒函式進行 POSIX 計時器通知

timers/ptmr_sigev_thread.c

```
#include <signal.h>
#include <time.h>
#include <pthread.h>
#include "curr_time.h"              /* Declares currTime() */
#include "tlpi_hdr.h"
#include "itimerspec_from_str.h"    /* Declares itimerspecFromStr() */

static pthread_mutex_t mtx = PTHREAD_MUTEX_INITIALIZER;
static pthread_cond_t cond = PTHREAD_COND_INITIALIZER;

static int expireCnt = 0;           /* Number of expirations of all timers */
```

```
  static void                         /* Thread notification function */
① threadFunc(union sigval sv)
  {
      timer_t *tidptr;
      int s;

      tidptr = sv.sival_ptr;

      printf("[%s] Thread notify\n", currTime("%T"));
      printf("    timer ID=%ld\n", (long) *tidptr);
      printf("    timer_getoverrun()=%d\n", timer_getoverrun(*tidptr));

      /* Increment counter variable shared with main thread and signal
         condition variable to notify main thread of the change. */

      s = pthread_mutex_lock(&mtx);
      if (s != 0)
          errExitEN(s, "pthread_mutex_lock");

      expireCnt += 1 + timer_getoverrun(*tidptr);

      s = pthread_mutex_unlock(&mtx);
      if (s != 0)
          errExitEN(s, "pthread_mutex_unlock");

②     s = pthread_cond_signal(&cond);
      if (s != 0)
          errExitEN(s, "pthread_cond_signal");
  }

  int
  main(int argc, char *argv[])
  {
      struct sigevent sev;
      struct itimerspec ts;
      timer_t *tidlist;
      int s, j;

      if (argc < 2)
          usageErr("%s secs[/nsecs][:int-secs[/int-nsecs]]...\n", argv[0]);

      tidlist = calloc(argc - 1, sizeof(timer_t));
      if (tidlist == NULL)
          errExit("malloc");

③     sev.sigev_notify = SIGEV_THREAD;            /* Notify via thread */
④     sev.sigev_notify_function = threadFunc;     /* Thread start function */
      sev.sigev_notify_attributes = NULL;
              /* Could be pointer to pthread_attr_t structure */
```

```
    /* Create and start one timer for each command-line argument */

    for (j = 0; j < argc - 1; j++) {
        itimerspecFromStr(argv[j + 1], &ts);

⑤       sev.sigev_value.sival_ptr = &tidlist[j];
                /* Passed as argument to threadFunc() */

⑥       if (timer_create(CLOCK_REALTIME, &sev, &tidlist[j]) == -1)
            errExit("timer_create");
        printf("Timer ID: %ld (%s)\n", (long) tidlist[j], argv[j + 1]);

⑦       if (timer_settime(tidlist[j], 0, &ts, NULL) == -1)
            errExit("timer_settime");
    }

    /* The main thread waits on a condition variable that is signaled
       on each invocation of the thread notification function. We
       print a message so that the user can see that this occurred. */

    s = pthread_mutex_lock(&mtx);
    if (s != 0)
        errExitEN(s, "pthread_mutex_lock");

⑧   for (;;) {
        s = pthread_cond_wait(&cond, &mtx);
        if (s != 0)
            errExitEN(s, "pthread_cond_wait");
        printf("main(): expireCnt = %d\n", expireCnt);
    }
}
```

timers/ptmr_sigev_thread.c

23.7 利用檔案描述符進行通知的計時器：*timerfd* API

Linux 從核心 2.6.25 版本起開始提供另一種建立計時器的 API，Linux 特有的 timerfd API，可建立一種透過一個檔案描述符讀取它的到期通知的計時器。好用之處在於可使用 *select()*、*poll()* 與 *epoll()*（於第 63 章介紹）監控此檔案描述符（至於本章介紹的其他計時器 API，想要利用一組檔案描述符來同步監控一個或多個計時器會需要花費一點功夫）。

此組 API 新增的三個新系統呼叫之操作與 23.6 節所述的 *timer_create()*、*timer_settime()* 與 *timer_gettime()* 類似。

第一個新增的系統呼叫是 *timerfd_create()*，可建立一個新的計時器物件，並傳回可參考此物件的檔案描述符。

```
#include <sys/timerfd.h>

int timerfd_create(int clockid, int flags);
                    Returns file descriptor on success, or –1 on error
```

參數 clockid 的值可以設定為 CLOCK_REALTIME 或 CLOCK_MONOTONIC（請見表 23-1）。

剛開始，*timerfd_create()* 的實作將 *flags* 參數保留供未來使用，而且必須設定為 0。不過，從 Linux 核心 2.6.27 版本起，開始支援下列兩個 flags 旗標：

TFD_CLOEXEC

為新的檔案描述符設定 close-on-exec 旗標（FD_CLOEXEC），此旗標與 4.3.1 節介紹的 *open()* 之 O_CLOEXEC 旗標用途相同。

TFD_NONBLOCK

對底層的開啟檔案描述符（open file description）設定 O_NONBLOCK 旗標，以便讓後續的讀取不會發生阻塞，如此可省去呼叫 *fcntl()*，而可達到相同的效果。

當我們用完 *timerfd_create()* 建立的計時器之後，應該使用 *close()* 關閉相關的檔案描述符，以便核心能釋放與計時器相關的資源。

系統呼叫 *timerfd_settime()* 可以啟動或停止 fd 檔案描述符所參考的計時器。

```
#include <sys/timerfd.h>

int timerfd_settime(int fd, int flags, const struct itimerspec *new_value,
                    struct itimerspec *old_value);
                                        成功時傳回 0，或者錯誤時傳回 -1
```

參數 *new_value* 提供新的計時器設定，參數 *old_value* 可用來傳回先前的計時器設定（細節請參考後續的 *timerfd_gettime()* 介紹）。若我們不需要先前的計時器設定，可將 *old_value* 設定為 NULL。這兩個參數都是指向 itimerspec 結構，用法與 *timer_settime()*（參考 23.6.2 節）相同。

參數 flags 與 *timer_settime()* 相對應的參數類似，它可以是 0，表示將 *new_value.it_value* 的值解譯為相對於 *timerfd_settime()* 的時間，也可設定為 TFD_TIMER_ABSTIME，表示將 *new_value.it_value* 解譯為絕對時間（從時鐘的 0 點開始測量）。

系統呼叫 *timerfd_gettime()* 傳回 fd 檔案描述符代表的計時器之間隔時間及剩餘時間。

```
#include <sys/timerfd.h>

int timerfd_gettime(int fd, struct itimerspec *curr_value);
```
成功時傳回 0，或者錯誤時傳回 -1

如同 *timer_gettime()*，間隔時間與距離計時器下次到期的時間會在 *curr_value* 指向的 itimerspec 結構傳回。即使此計時器是以 TFD_TIMER_ABSTIME 旗標建立的絕對時間計時器，*curr_vallue. it_value* 欄位也會傳回距離計時器下次到期的時間。若傳回的 *curr_value.it_value* 結構之兩個欄位都是 0，則此計時器目前已經停止。若傳回的 *curr_value.it_interval* 結構中之兩個欄位均為 0，則計時器只會到期一次，依 *curr_value.it_value* 提供的時間計數。

timerfd 與 *fork()*、*exec()* 之間的互相影響

在執行 *fork()* 期間，子行程會繼承 *timerfd_create()* 建立的檔案描述符副本，這些檔案描述符所參照的計時器物件與父行程相對應的檔案描述符相同，而父子行程都可以讀取計時器的到期資訊。

由 *timerfd_create()* 建立的檔案描述符可跨越 *exec()* 獲得保留（除非將檔案描述符標示為 close-on-exec，如 27.4 節所述），而已經啟動的計時器則會在執行 *exec()* 之後繼續產生計時器到期通知。

讀取 *timerfd* 檔案描述符

一旦我們以 *timerfd_settime()* 啟動了計時器，我們就能使用 *read()* 透過相關的檔案描述符讀取計時器到期的相關資訊。為此目的，提供給 *read()* 的緩衝區必須足以容納一個無號的 8-byte 整數（*uint64_t*）。

從上次使用 *timerfd_settime()* 修改計時器設定起，或是上次執行 *read()* 之後，若有發生一次或以上的計時器過期，則 *read()* 會立即傳回，而且傳回的緩衝區會包含已經發生的到期次數。若無發生計時器到期，則 *read()* 會發生阻塞，直到下次的計時器到期。我們也可以使用 *fcntl()* 的 F_SETFL 操作（5.3 節）為檔案描述符

設定 O_NONBLOCK 旗標，讓讀取不會發生阻塞，且若無發生計時器到期，則會傳回錯誤，並將 errno 的值設定為 EAGAIN。

如前所述，可以使用 *select()*、*poll()* 與 *epoll()* 監控 timerfd 檔案描述符，若計時器到期了，則該檔案描述符表示為可讀。

範例程式

列表 23-8 示範 timerfd API 的使用，此程式從命令列取得兩個參數，第一個參數為必要的，用以指定計時器的初始時間與間隔時間（可使用列表 23-6 的 *itimerspecFromStr()* 函式來解譯此參數）。第二個參數是選配的，指定程式在終止之前應等待的計時器過期最大次數，此參數的預設值為 1。

程式使用 *timerfd_create()* 建立一個計時器，並使用 *timerfd_settime()* 啟動，接著進入迴圈，從檔案描述符中讀取計時器的到期通知，直達指定的計時器到期次數為止。在每次的 *read()* 之後，程式都會顯示從計時器啟動以來經過的時間、讀取到的到期次數，以及至今為止的到期總數。

在下列的 shell 作業階段紀錄，透過命令列參數建立一個初始時間為 1 秒、間隔時間為 1 秒，以及最大到期次數為 100 次的計時器。

```
$ ./demo_timerfd 1:1 100
1.000: expirations read: 1; total=1
2.000: expirations read: 1; total=2
3.000: expirations read: 1; total=3
Type Control-Z to suspend program in background for a few seconds
[1]+ Stopped              ./demo_timerfd 1:1 100
$ fg                                       Resume program in foreground
./demo_timerfd 1:1 100
14.205: expirations read: 11; total=14     Multiple expirations since last read()
15.000: expirations read: 1; total=15
16.000: expirations read: 1; total=16
Type Control-C to terminate the program
```

我們由上列的輸出結果可以見到，程式在背景暫停執行時，計時器發生多次到期，而在程式恢復執行之後的第一次 *read()* 時，會傳回全部的到期資訊。

列表 23-8：使用 *timerfd* API

timers/demo_timerfd.c

```
#include <sys/timerfd.h>
#include <time.h>
#include <stdint.h>                     /* Definition of uint64_t */
#include "itimerspec_from_str.h"        /* Declares itimerspecFromStr() */
#include "tlpi_hdr.h"
```

```
int
main(int argc, char *argv[])
{
    struct itimerspec ts;
    struct timespec start, now;
    int maxExp, fd, secs, nanosecs;
    uint64_t numExp, totalExp;
    ssize_t s;

    if (argc < 2 || strcmp(argv[1], "--help") == 0)
        usageErr("%s secs[/nsecs][:int-secs[/int-nsecs]] [max-exp]\n", argv[0]);

    itimerspecFromStr(argv[1], &ts);
    maxExp = (argc > 2) ? getInt(argv[2], GN_GT_0, "max-exp") : 1;

    fd = timerfd_create(CLOCK_REALTIME, 0);
    if (fd == -1)
        errExit("timerfd_create");

    if (timerfd_settime(fd, 0, &ts, NULL) == -1)
        errExit("timerfd_settime");

    if (clock_gettime(CLOCK_MONOTONIC, &start) == -1)
        errExit("clock_gettime");

    for (totalExp = 0; totalExp < maxExp;) {

        /* Read number of expirations on the timer, and then display
           time elapsed since timer was started, followed by number
           of expirations read and total expirations so far. */

        s = read(fd, &numExp, sizeof(uint64_t));
        if (s != sizeof(uint64_t))
            errExit("read");

        totalExp += numExp;

        if (clock_gettime(CLOCK_MONOTONIC, &now) == -1)
            errExit("clock_gettime");

        secs = now.tv_sec - start.tv_sec;
        nanosecs = now.tv_nsec - start.tv_nsec;
        if (nanosecs < 0) {
            secs--;
            nanosecs += 1000000000;
        }

        printf("%d.%03d: expirations read: %llu; total=%llu\n",
```

```
                secs, (nanosecs + 500000) / 1000000,
                (unsigned long long) numExp, (unsigned long long) totalExp);
    }

    exit(EXIT_SUCCESS);
}
```
timers/demo_timerfd.c

23.8 小結

行程可以使用 *setitimer()* 或 *alarm()* 設定計時器，以便行程在經歷指定的一段現實時間或行程時間之後收到訊號通知。計時器的其中一個用途是設定系統呼叫處在阻塞狀態的時間上限。

若應用程式需要暫停執行一段實際時間之間隔，則能使用各種休眠函式以達成目的。

Linux 2.6 實作的 POSIX.1b 擴充為高精度時鐘與計時器定義了一組 API。POSIX.1b 計時器比傳統的（*settimer()*）UNIX 計時器更具優勢，我們可以建立多個計時器、選擇計時器到期時的通知訊號、取得計時器的跑過頭次數（overrun count），以得知自上次到期通知之後計時器是否又發生了多次到期，以及選擇透過執行執行緒函式（而非傳遞訊號）取得計時器通知。

Linux 特有的 timerfd API 提供了一組建立計時器的介面，與 POSIX 計時器的 API 類似，不過可提供透過檔案描述符讀取計時器通知，還可使用 *select()*、*poll()* 與 *epoll()* 監控檔案描述符。

進階資訊

在每個函式的原理（rationael）部分，SUSv3 對本章所介紹的（標準）計時器與休眠介面提供實用的提要，（Callmeister，1995）有探討 POSIX.1b 時鐘與計時器。

23.9 習題

23-1. 雖然 Linux 將 *alarm()* 實作為系統呼叫，不過這是多餘的，請使用 *setitimer()* 實作 *alarm()*。

23-2. 試著於背景執行列表 23-3（`t_nanosleep.c`）的程式，並將休眠的時間間隔設定為 60 秒，同時使用下列指令盡可能的發送許多 SIGINT 訊號給背景行程：

```
$ while true; do kill -INT pid; done
```

您應該可以觀察到，程式的休眠時間會比預期要久，以 *clock_gettime()*（使用 CLOCK_REALTIME 時鐘）以及將 *clock_nanosleep()* 設定 TIMER_ABSTIME 旗標，用以取代 *nanosleep()*。（此習題需要 Linux 2.6 版本）。重複測試修改過的程式，並說明程式在修改前後的的差異。

23-3. 寫一個程式來表示，若在呼叫 *timer_create()* 時將參數 evp 設定為 NULL，則等同於將 evp 設定為指向 sigevent 結構的指標，而且此結構的 *sigev_notify* 是設定為 *SIGEV_ SIGNAL*、*sigev_signo* 設定為 SIGALRM，以及 *si_value.sival_int* 設定為計時器 ID。

23-4. 修改列表 23-5（ptmr_sigev_signal.c）的程式，使用 *sigwaitinfo()* 取代訊號處理常式。

24

建立行程

本章及後續四個章節將探討行程（process）的建立和終止，以及行程執行新程式的過程。本章主要討論行程的建立，不過，在切入正題之前，將首先綜觀這些章節涵蓋的主要系統呼叫（system call）。

24.1 *fork()*、*exit()*、*wait()* 以及 *execve()* 的簡介

本章以及隨後幾章的議題會集中在 *fork()*、*exit()*、*wait()* 以及 *execve()* 這幾個系統呼叫上。上述每種系統呼叫都各有變體，後續會一一論及。此處將首先對這四個系統呼叫及其典型用法簡單加以介紹：

- 系統呼叫 *fork()* 允許一行程（父行程）建立另一個新行程（子行程）。具體做法是，新的子行程幾乎是父行程的副本：子行程獲得父行程的堆疊區段（stack segment）、資料區段（data segment）、堆積區段（heap segment）和文字區段（text segment）（6.3 節）的副本。可將此視為把父行程一分為二，術語 fork 也由此得名。
- 函式庫函式 exit（status）終止一個行程，將行程佔用的所有資源（記憶體、檔案描述符等）歸還給核心，讓其進行再次配置。參數 status 為一個整數型別的變數，表示行程的結束狀態。父行程可使用系統呼叫 *wait()* 來取得該狀態。

函式庫函式 *exit()* 位於系統呼叫 *_exit()* 之上。在第 25 章將解釋二者之間的差異。這裡只是強調，在呼叫 *fork()* 之後，父、子行程中一般只有一個會透過呼叫 *exit()* 結束，而另一行程則應使用 *_exit()* 終止。

- 系統呼叫 *wait*（*&status*）的目的有二：其一，如果子行程尚未呼叫 *exit()* 終止，那麼 *wait()* 會暫停（suspend）父行程，直到有任何一個子行程終止；其二，子行程的終止狀態透過 *wait()* 的 status 參數傳回。
- 系統呼叫 *execve(pathname，argv，envp)* 載入一個新程式（路徑名稱為 pathname，參數清單為 argv，環境變數清單為 envp）到目前行程的記憶體。這將丟棄現存的文字區段，並為新程式重新建立堆疊、資料以及堆積區段。通常將這一動作稱為執行（execing）一個新程式。稍後會介紹構建於 *execve()* 之上的多個函式庫函式，每種都為程式設計介面提供了實用的變型。在使用與這些變型的介面函式差異無關的場合，依循慣例會將此類函式統稱為 *exec()*，即使實際上並沒有以此命名的系統呼叫或者函式庫函式。

其他一些作業系統則將 *fork()* 和 *exec()* 的功能合二為一，形成單一的 spawn 操作，建立一個新行程並執行指定程式。相較而言，UNIX 的方案通常更為簡單和優雅。分為兩步驟的策略使得 API 更為簡單（系統呼叫 *fork()* 無須參數），程式也得以在這兩步驟之間執行一些其他操作，因而更具彈性。另外，只執行 *fork()* 而不執行 *exec()* 的場景也頗為常見。

SUSv3 所詳細規定的 *posix_spawn()* 函式，就將 *fork()* 和 *exec()* 的功能結合起來，但規範並未對實作此函式做強制要求。Linux 的 glibc 函式庫實作了該函式以及 SUSv3 中的其他幾個相關 API。將 *posix_spawn()* 納入 SUSv3，意在為缺乏交換（swap）設施或記憶體管理單元（memory-management unit）的硬體架構（嵌入式系統大多如此）編寫具備可攜性的應用程式。在此類架構上實作傳統意義的 *fork()*，即便存在可能性，難度也很大。

圖 24-1 說明 *fork()*、*exit()*、*wait()* 以及 *execve()* 之間的相互關係。（此圖勾勒了 shell 執行一條指令所歷經的步驟：shell 執行一個迴圈來讀取指令，執行各種處理，並 fork 一個子行程來執行指令。）

圖中的 *execve()* 呼叫並非必要的。有時，讓子行程繼續執行與父行程相同的程式是很有用的。不論是何種情況，子行程最終還是會呼叫 *exit()*（或接收一個訊號）來終止子行程，而父行程可呼叫 *wait()* 來取得子行程的終止狀態。

同樣，*wait()* 呼叫也是選配項目。父行程可以直接忽略子行程並繼續執行。不過，由後續內容可知，對 *wait()* 的使用通常也是不可或缺的，會在 SIGCHLD 訊號的處理常式中使用。當子行程終止時，核心會為其父行程產生此類訊號（預設的處理是忽略 SIGCHLD 訊號，下圖將此標示為選配，原因正是如此）。

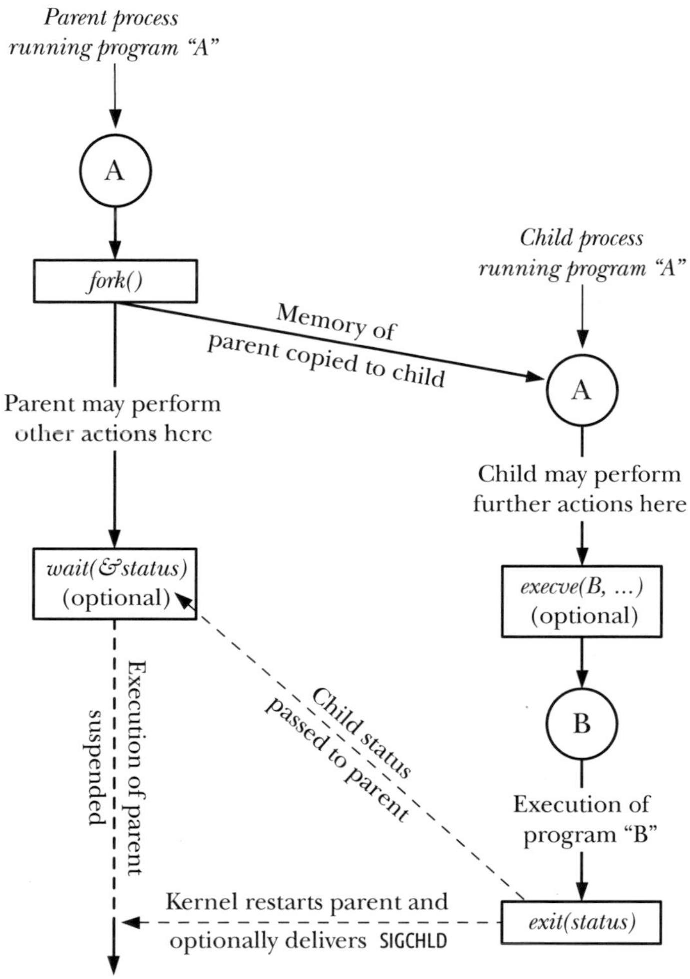

圖 24-1：概述函式 fork()、exit()、wait() 和 execve() 的協同使用

24.2 建立新行程：*fork()*

在許多應用程式中，建立多個行程有益於切割工作。例如，某一網路伺服器行程可監聽用戶端請求，並為每個請求建立一新的子行程，同時，伺服器行程會繼續監聽更多的用戶端連接請求。以此方式切割任務通常以可簡化應用程式的設計，同時提高系統的並行性。（即，可同時處理更多的任務或請求。）

系統呼叫 *fork()* 建立一新的行程（child），此行程幾乎等同於呼叫行程（parent）的副本。

```
#include <unistd.h>

pid_t fork(void);
```

In parent: returns process ID of child on success, or –1 on error;
in successfully created child: always returns 0

理解 *fork()* 的訣竅是，要能理解在完成對呼叫之後將存在兩個行程，而且每個行程都會從 *fork()* 的返回處繼續執行。

這兩個行程將執行相同的程式，但卻各自擁有不同的堆疊區段（stack segment）、資料區段（data segment）以及堆積區段（heap segment）的副本。子行程的堆疊區段、資料區段以及堆積區段開始時是完整複製父行程記憶體相應各部分。執行 *fork()* 之後，每個行程均可修改各自的堆疊、資料以及堆積區段中的變數，而並不影響另一行程。

在程式碼中則可透過 *fork()* 的回傳值來區分父、子行程。在父行程中，*fork()* 將傳回新建立子行程的行程 ID。鑒於父行程可能需要建立，進而追蹤多個子行程（透過 *wait()* 或類似方法），這種安排還是很實用的。而 *fork()* 在子行程中則傳回 0。如有必要，子行程可呼叫 *getpid()* 以取得自身的行程 ID，以及呼叫 *getppid()* 以取得父行程 ID。

當無法建立子行程時，*fork()* 將傳回 -1。失敗的原因可能在於，行程數量超出了系統針對此真實使用者（real user ID）在行程數量上所施加的限制（RLIMIT_NPROC，36.3 節將會說明），或是觸及允許該系統建立的最大行程數系統級上限。

呼叫 *fork()* 時，有時會採用如下的慣用方式：

```
pid_t childPid;             /* Used in parent after successful fork()
                               to record PID of child */
switch (childPid = fork()) {
case -1:                    /* fork() failed */
    /* Handle error */

case 0:                     /* Child of successful fork() comes here */
    /* Perform actions specific to child */

default:                    /* Parent comes here after successful fork() */
    /* Perform actions specific to parent */
}
```

有一點極為重要，就是呼叫 *fork()* 之後，無法確定系統會先執行哪個行程（即排班使用 CPU）在設計不良的程式中，這種不確定性可能會導致所謂「競速條件（race condition）」問題，24.4 節會進一步說明。

列表 24-1 示範了 *fork()* 的用法。該程式建立一個子行程，並對繼承自 *fork()* 的全域及自動（區域）變數副本進行修改。

使用 *sleep()*（存在於父行程執行的程式碼中），意在允許子行程在父行程之前取得系統排程並使用 CPU，以便在父行程繼續執行之前完成自身任務並結束執行。要想確保此結果，*sleep()* 的這種用法並非萬無一失，24.5 節中的方法更勝一籌。

執行列表 24-1 中程式，其輸出如下：

```
$ ./t_fork
PID=28557 (child) idata=333 istack=666
PID=28556 (parent) idata=111 istack=222
```

以上輸出表示，子行程在 *fork()* 時擁有了自己的堆疊與資料區段副本，且修改這些區段中的變數不會影響父行程。

列表 24-1：呼叫 *fork()*

procexec/t_fork.c

```
#include "tlpi_hdr.h"

static int idata = 111;             /* Allocated in data segment */

int
main(int argc, char *argv[])
{
    int istack = 222;               /* Allocated in stack segment */
    pid_t childPid;
```

```
    switch (childPid = fork()) {
    case -1:
        errExit("fork");

    case 0:
        idata *= 3;
        istack *= 3;
        break;

    default:
        sleep(3);                   /* Give child a chance to execute */
        break;
    }

    /* Both parent and child come here */

    printf("PID=%ld %s idata=%d istack=%d\n", (long) getpid(),
            (childPid == 0) ? "(child) " : "(parent)", idata, istack);

    exit(EXIT_SUCCESS);
}
```

procexec/t_fork.c

24.2.1 父行程與子行程之間的檔案共用

執行 *fork()* 時，子行程會獲得父行程所有檔案描述符的副本，這些副本的建立方式類似於 *dup()*，這也意謂著父、子行程中對應的描述符均指向相同的開啟檔案描述符（open file description）。正如 5.4 節所述，開啟檔案描述符包含目前檔案偏移量（file offset，由 *read()*、*write()* 和 *lseek()* 修改）以及檔案狀態旗標（file status flag，由 *open()* 設定，透過 *fcntl()* 的 F_SETFL 操作改變）。一個處於開啟狀態下的檔案，會在父子行程之間共用這些檔案狀態屬性。舉例來說，如果子行程更新了檔案偏移量，那麼也會影響父行程中相對應的描述符。

列表 24-2 所示正是這樣的情況，在 *fork()* 之後，這些屬性將在父子行程之間共用。該程式使用 *mkstemp()* 開啟一個暫存檔案，接著呼叫 *fork()* 以建立子行程。子行程改變檔案偏移量以及檔案狀態旗標，最後終止。父行程隨即取得檔案偏移量和旗標，以驗證父行程可以觀察到由子行程造成的變化。此程式執行結果如下：

```
$ ./fork_file_sharing
File offset before fork(): 0
O_APPEND flag before fork() is: off
Child has exited
File offset in parent: 1000
O_APPEND flag in parent is: on
```

關於列表 24-2 為何要將 *lseek()* 的回傳值強制轉換為 long long，請參考 5.10 節。

列表 24-2：在父子行程間共用檔案偏移量和開啟檔案狀態旗標

procexec/fork_file_sharing.c

```
#include <sys/stat.h>
#include <fcntl.h>
#include <sys/wait.h>
#include "tlpi_hdr.h"

int
main(int argc, char *argv[])
{
    int fd, flags;
    char template[] = "/tmp/testXXXXXX";

    setbuf(stdout, NULL);                   /* Disable buffering of stdout */

    fd = mkstemp(template);
    if (fd == -1)
        errExit("mkstemp");

    printf("File offset before fork(): %lld\n",
            (long long) lseek(fd, 0, SEEK_CUR));

    flags = fcntl(fd, F_GETFL);
    if (flags == -1)
        errExit("fcntl - F_GETFL");
    printf("O_APPEND flag before fork() is: %s\n",
            (flags & O_APPEND) ? "on" : "off");

    switch (fork()) {
    case -1:
        errExit("fork");

    case 0:     /* Child: change file offset and status flags */
        if (lseek(fd, 1000, SEEK_SET) == -1)
            errExit("lseek");

        flags = fcntl(fd, F_GETFL);         /* Fetch current flags */
        if (flags == -1)
            errExit("fcntl - F_GETFL");
        flags |= O_APPEND;                  /* Turn O_APPEND on */
        if (fcntl(fd, F_SETFL, flags) == -1)
            errExit("fcntl - F_SETFL");
        _exit(EXIT_SUCCESS);

    default:    /* Parent: can see file changes made by child */
        if (wait(NULL) == -1)
```

```
            errExit("wait");                /* Wait for child exit */
        printf("Child has exited\n");

        printf("File offset in parent: %lld\n",
                (long long) lseek(fd, 0, SEEK_CUR));

        flags = fcntl(fd, F_GETFL);
        if (flags == -1)
            errExit("fcntl - F_GETFL");
        printf("O_APPEND flag in parent is: %s\n",
                (flags & O_APPEND) ? "on" : "off");
        exit(EXIT_SUCCESS);
    }
}
```

procexec/fork_file_sharing.c

父子行程之間共用開啟檔案屬性有許多實際的用途。例如，假設父子行程同時寫入同一個檔案，共用檔案偏移量會確保二者不會覆蓋彼此的輸出內容。不過，這無法避免父子行程的輸出混雜在一起。要避免此現象，需要進行行程間的同步。比如，父行程可以使用系統呼叫 *wait()* 來暫停執行並等待子行程結束。在 shell 就是這麼做的：只有當執行指令的子行程結束之後，shell 才會列印出提示符號（除非使用者在命令列最後加上 & 符號以明確指出要在背景執行指令）。

如果不需要共用這類的開啟檔案屬性，那麼在設計應用程式時，應於 *fork()* 呼叫後注意兩點：其一，令父、子行程使用不同的檔案描述符；其二，各自立即關閉不再使用的描述符（即那些其他行程使用的描述符）。如果有行程執行了 *exec()*，那麼 27.4 節所述的執行時關閉功能（close-on-exec）也很有用處。我們在圖 24-2 示範這些步驟。

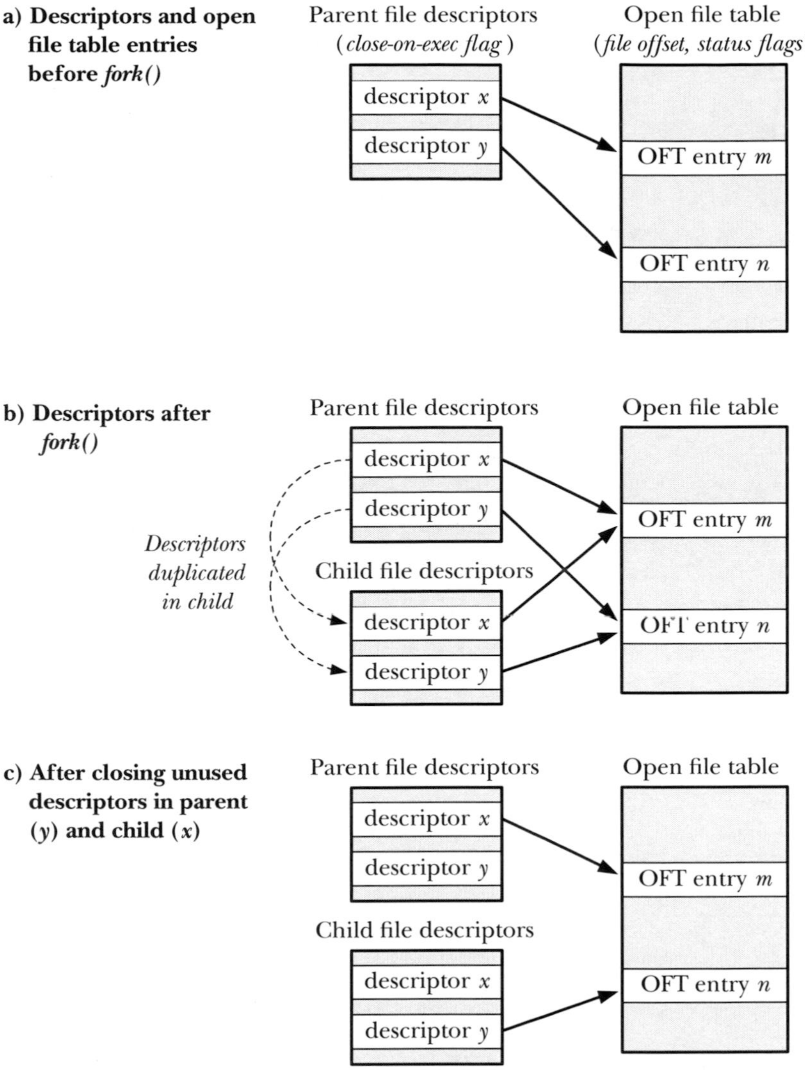

圖 24-2：執行 fork() 期間對檔案描述符的複製，以及關閉不再使用的描述符

24.2.2 *fork()* 的記憶體語意

從概念上來說，可以將 *fork()* 想成是為父行程的文字區段、資料區段、堆積區段以及堆疊區段建立副本。的確，在一些早期的 UNIX 實作中，此類複製確實是如此進行：將父行程記憶體複製到置換（swap）空間，以此建立新行程映射（image），而在父行程保持自身記憶體的同時，將置換出來的映射（image）設定為子行程。不過，若是單純將父行程的虛擬記憶體分頁（page）複製到新的子行

程，那就太浪費了。原因有很多，其中之一是：在 *fork()* 之後常常伴隨著 *exec()*，這會用新程式取代現在行程的程式碼片段，並重新初始化資料區段、堆積區段與堆疊區段。大部分的現代 UNIX 實作（包括 Linux）採用兩種技術來避免這種浪費：

- 核心（Kernel）將每一個行程的程式碼片段標示為唯讀，因而使行程無法修改自身的程式碼。這樣，父、子行程可共用相同的程式碼片段。系統呼叫 *fork()* 在為子行程建立程式碼片段時，其構建的一系列行程級分頁表格紀錄（page-table entries）均指向與父行程相同的實體記憶體分頁。
- 對於父行程資料區段、堆積區段與堆疊區段中的各分頁，核心採用寫入時複製（copy-on-write）的技術來處理。（在「Bach，1986」與「Bovert & Cersati，2005」介紹了 copy-on-write 的實作。）最初，核心做了一些設定，令這些區段的分頁表紀錄指向與父行程相同的實體記憶體分頁，並將這些分頁本身標示為唯讀。呼叫 *fork()* 之後，核心會捕獲所有父行程或子行程針對這些分頁的修改動作，並為要修改的分頁建立副本。系統將新的分頁副本配置給核心捕獲的行程，還會對其他行程的相對應分頁表紀錄做適當調整。從這一刻起，父、子行程可以分別修改各自的分頁副本，而不再相互影響。在圖 24-3 呈現 copy-on-write 的技術。

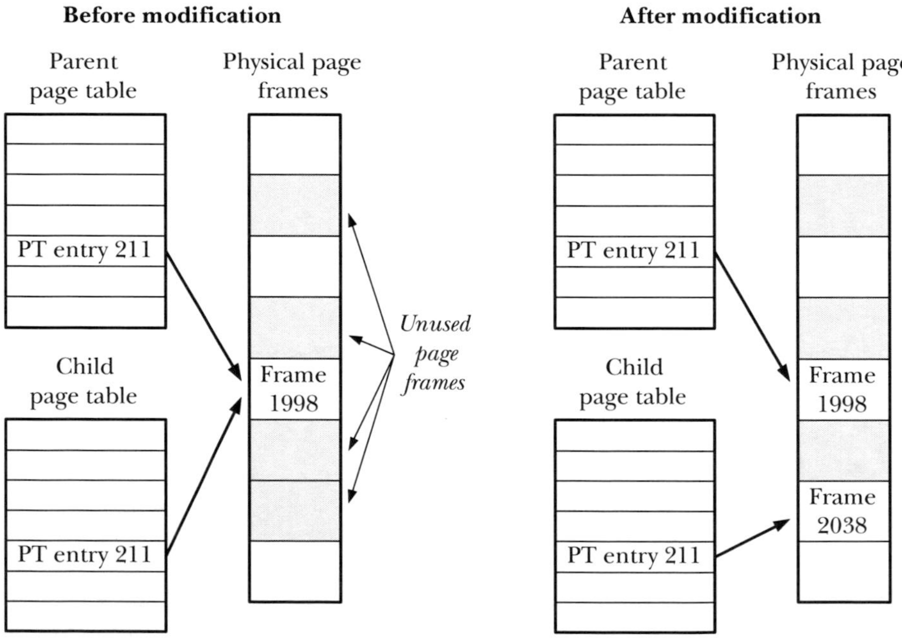

圖 24-3：對一個共享的 copy-on-write 分頁進行修改，其分頁表的修改前後差異

控制行程的記憶體需求

透過將 *fork()* 與 *wait()* 組合使用，可以控制一個行程的記憶體需求。行程的記憶體需求量，即行程使用的虛擬記憶體分頁範圍，受到多種因素的影響。例如，呼叫函式或函式返回的堆疊調整，呼叫 *exec()* 以及因呼叫 *malloc()* 和 *free()* 而對堆積的修改，都是特別有趣的討論。

假設以列表 24-3 所示方式呼叫 *fork()* 和 *wait()*，且將對某函式 *func()* 的呼叫置於括弧之中。由程式的執行結果可知，由於所有可能的變化都發生於子行程，因此在呼叫 *func()* 之前，父行程的記憶體使用量將保持不變。此方法的優點如下：

- 若我們知道 *func()* 會導致記憶體洩露（memory leak），或是造成在堆積中產生太多記憶體的片段，該技術則可以避免這些問題。（若我們不能存取 *func()* 的程式碼，我們可能無法處理這些問題。）
- 假設某一演算法在做樹狀分析（tree analysis）的同時需要進行記憶體配置（例如，遊戲程式需要分析一系列可能的招式以及對方的回應）。我們可以呼叫 *free()* 來釋放所有已配置的記憶體，不過在某些情況下，使用此處所描述的技術會更為簡單，子行程傳回（父行程），且呼叫者（父行程）的記憶體需求並無改變。

如列表 24-3 的實作所示，*func()* 的結果必須以 8 個位元表示，透過 *exit()* 將子行程的終止狀態傳遞給呼叫 *wait()* 的父行程。不過也可以利用檔案、管線（pipe）或一些其他的行程間通信技術（IPC），使 *func()* 可以傳回較大的值。

列表 24-3：呼叫函式而不改變行程的記憶體需求量

from procexec/footprint.c

```
pid_t childPid;
int status

childPid = fork();
if (childPid == -1)
    errExit("fork");

if (childPid == 0)              /* Child calls func() and */
    exit(func(arg));            /* uses return value as exit status */

/* Parent waits for child to terminate. It can determine the
   result of func() by inspecting 'status' */

if (wait(&status) == -1)
    errExit("wait");
```

from procexec/footprint.c

24.3 系統呼叫 *vfork()*

在早期的 BSD 實作中，*fork()* 會對父行程的文字、堆積與堆疊等區段進行完整的複製。如前所述，這樣很浪費，尤其在呼叫 *fork()* 後立即執行 *exec()* 的情況。因此，BSD 的後續版本引入了 *vfork()* 系統呼叫，雖然它的語意稍有不同（其實有點怪），但效率要遠高於 BSD 的 *fork()*。

現代 UNIX 採用 copy-on-write 技術來實作 *fork()*，其效率較之於早期的 *fork()* 實作要高出許多，因而大幅消除 *vfork()* 的需求。雖然如此，Linux（如同許多其他的 UNIX 實作一樣）還是提供具有 BSD 語意的 *vfork()* 系統呼叫，以期為程式提供盡可能快的 fork 功能。不過，由於 *vfork()* 的怪異語意可能會導致一些難以察覺的程式錯誤（bug），除非能給效能帶來重大提升（這種情況發生的機率極小），否則應當儘量避免使用此呼叫。

類似於 *fork()*，*vfork()* 可以為呼叫行程建立一個新的子行程。然而，*vfork()* 是專門為子行程會立即執行 *exec()* 的程式而設計的。

```
#include <unistd.h>

pid_t vfork(void);
```

In parent: returns process ID of child on success, or –1 on error;
in successfully created child: always returns 0

vfork() 因為如下兩個特性而更具效率，這也是與 *fork()* 的區別：

- 無須為子行程複製虛擬記憶體分頁或分頁表。而是讓子行程共用父行程的記憶體，直到因為成功執行 *exec()* 或是呼叫 *_exit()* 而終止為止。
- 在子行程呼叫 *exec()* 或 *_exit()* 之前，將暫停執行父行程。

這兩點還另有深意：由於子行程使用父行程的記憶體，因此子行程對資料、堆積或堆疊區段的任何改變將在父行程恢復執行時為其所見。此外，如果子行程在 *vfork()* 與後續的 *exec()* 或 *_exit()* 之間執行了函式的返回，這同樣會影響到父行程。這與 6.8 節所描述的例子類似（試圖以 *longjmp()* 進入一個已經執行返回的函式）。典型的區段錯誤（SIGSEGV）也會產生類似的結局。

在不影響父行程的前提下，子行程能在 *vfork()* 與 *exec()* 之間所做的操作屈指可數。其中包括對開啟檔案描述符的操作（不可以是 stdio 檔案串流）。因為系統在核心空間維護每個行程的檔案描述符表格（5.4 節），且在 *vfork()* 呼叫期間複製表格，所以子行程對檔案描述符的操作不會影響到父行程。

> SUSv3 指出下列的程式行為是未定義：a）修改除了用於儲存 *vfork()* 回傳值的 pid_t 型別變數之外的任何資料；b）從呼叫 *vfork()* 的函式中返回；c）在成功地呼叫 *_exit()* 或執行 *exec()* 之前，呼叫了任何其他函式。
>
> 28.2 節在介紹系統呼叫 *clone()* 時將會提及，由 *fork()* 或 *vfork()* 建立的子行程還具有少量其他行程屬性的自有副本。

vfork() 的語意在於執行該呼叫後，系統將保證子行程先於父行程獲得 CPU 排程。24.2 節曾經提及 *fork()* 是無法保證這一點的，父、子行程均有可能率先獲得排程。

列表 24-4 示範了 *vfork()* 的用法，展示與 *fork()* 區隔的兩種語意特性：子行程共用父行程的記憶體，父行程會一直暫停，並等待子行程終止或呼叫 *exec()*。執行該程式，其輸出結果如下：

```
$ ./t_vfork
Child executing                  Even though child slept, parent was not scheduled
Parent executing
istack=666
```

由輸出的最後一行可知，子行程對變數 istack 的修改影響了父行程中的對應變數。

列表 24-4：使用 *vfork()*

procexec/t_vfork.c

```
#include "tlpi_hdr.h"

int
main(int argc, char *argv[])
{
    int istack = 222;

    switch (vfork()) {
    case -1:
        errExit("vfork");

    case 0:             /* Child executes first, in parent's memory space */
        sleep(3);                   /* Even if we sleep for a while,
                                       parent still is not scheduled */
        write(STDOUT_FILENO, "Child executing\n", 16);
        istack *= 3;                /* This change will be seen by parent */
        _exit(EXIT_SUCCESS);
```

```
    default:            /* Parent is blocked until child exits */
        write(STDOUT_FILENO, "Parent executing\n", 17);
        printf("istack=%d\n", istack);
        exit(EXIT_SUCCESS);
    }
}
```

procexec/t_vfork.c

除非速度是絕對重要的場合，不然新程式應當避免使用 *vfork()* 而使用 *fork()*。原因在於，當使用 copy-on-write 語意實作 *fork()*（大部分現代 UNIX 實作皆是如此）時，不但速度與 *vfork()* 相近，又可避免 *vfork()* 的上述奇怪行為。（28.3 節會對 *fork()* 與 *vfork()* 在速度方面進行比較。）

SUSv3 將 *vfork()* 標示為已過時，SUSv4 則從規範中刪除。對於 *vfork()* 運作的諸多細節，SUSv3 保留不予定義，因而允許將 *vfork()* 實作為對 *fork()* 的呼叫。如此一來，*vfork()* 的 BSD 語意將不復存在。一些 UNIX 系統就把 *vfork()* 實作為呼叫 *fork()*，Linux 系統在核心 2.0 及其之前的版本中也是如此。

在使用時，一般應立即在 *vfork()* 之後呼叫 *exec()*。如果 *exec()* 執行失敗，子行程應呼叫 *_exit()* 結束。（*vfork()* 產生的子行程不應呼叫 *exit()* 結束，因為這會導致對父行程 stdio 緩衝區的刷新和關閉，25.4 節將會詳述這一點。）

vfork() 的其他用法，尤其當其依賴於記憶體共用以及行程排班方面的獨特語意時，將可能破壞程式的可攜性，其中尤以將 *vfork()* 實作為簡單呼叫 *fork()* 的情況為甚。

24.4 *fork()* 之後的競速條件（Race Condition）

在呼叫 *fork()* 後，無法確定父、子行程間誰將先獲得 CPU 排班存取。（在多重處理器系統中，它們可能會同時各自獲得一個 CPU 的存取。）就應用程式而言，如果為了產生正確的結果而隱含或明確地依賴特定的執行順序，那麼將可能因競速條件（5.1 節曾論及）而導致失敗。由於此類問題的發生取決於核心根據系統當時的負載而做出的排班決定，故往往難以發現。

可以用列表 24-5 中程式來驗證這種不確定性。該程式迴圈使用 *fork()* 來建立多個子行程。在每個 *fork()* 呼叫後，父、子行程都會列印一條資訊，其中包含迴圈計數器值以及識別父 / 子行程身份的字串。例如，如果要求程式只產生一個子行程，其結果可能如下：

```
$ ./fork_whos_on_first 1
0 parent
0 child
```

可以使用該程式來生成大量子行程，並且分析其輸出，觀察父、子行程間每次由誰先輸出結果。在某一 Linux/x86-32 2.2.19 系統上令此程式生成一百萬個子行程，其分析結果表示，子行程只有 332 次，其他都是由父行程先行輸出結果（占總數的 99.97%）。

> 對列表 24-5 執行結果進行分析的腳本為 procexec/fork_whos_on_first.count.awk，在隨本書發佈的原始程式碼中提供。

依據此結果可以推測，在 Linux 2.2.19 中，*fork()* 之後總是繼續執行父行程。而子行程之所以在 0.03% 的情況中先輸出結果，是因為父行程在有機會輸出訊息之前，其 CPU 時間片段（CPU time slice）就到期了。換言之，如果該程式所代表的情況總是依賴於如下假設，即 *fork()* 之後總是先對父行程進行排程，那麼程式通常可以正常執行，不過每 3,000 次將會出現一次錯誤。當然，如果父行程會在子行程被排班之前執行大量工作，那麼出錯的可能性將會大增，在一個複雜的程式中很難進行這類除錯（debug）。

列表 24-5：*fork()* 之後，父、子行程競速輸出資訊

procexec/fork_whos_on_first.c

```
#include <sys/wait.h>
#include "tlpi_hdr.h"

int
main(int argc, char *argv[])
{
    int numChildren, j;
    pid_t childPid;

    if (argc > 1 && strcmp(argv[1], "--help") == 0)
        usageErr("%s [num-children]\n", argv[0]);

    numChildren = (argc > 1) ? getInt(argv[1], GN_GT_0, "num-children") : 1;

    setbuf(stdout, NULL);               /* Make stdout unbuffered */

    for (j = 0; j < numChildren; j++) {
        switch (childPid = fork()) {
        case -1:
            errExit("fork");

        case 0:
```

```
            printf("%d child\n", j);
            _exit(EXIT_SUCCESS);

        default:
            printf("%d parent\n", j);
            wait(NULL);                 /* Wait for child to terminate */
            break;
        }
    }

    exit(EXIT_SUCCESS);
}
```

procexec/fork_whos_on_first.c

雖然 Linux 2.2.19 總是在 *fork()* 之後繼續執行父行程，但在其他 UNIX 實作上，甚至不同版本的 Linux 核心之間，卻不能視其為理所當然。在核心穩定版 2.4 系列中，一度曾試驗性地推出了一個「*fork()* 之後由子行程先執行」的補丁（patch），其排班結果與核心 2.2.19 完全相反。雖然之後 2.4 系列核心捨棄了，不過後來還是在 Linux 2.6 中採用，因此，程式在 2.2.19 核心中預想的行為在核心 2.6 並不成立。

在 *fork()* 之後對父、子行程的排班誰先誰後？其結果孰優孰劣？最近的一些實驗又推翻了核心開發者關於這一問題的評估。從 Linux 2.6.32 開始，父行程再度成為 *fork()* 之後，預設情況下率先排班的實體。將 Linux 特有的檔案 `/proc/sys/kernel/sched_child_runs_first` 內容值設為非 0 可以改變該預設設定。

> 要瞭解支援「*fork()* 之後先排班子行程」行為的理由，可考慮當 *fork()* 產生的子行程立即執行 *exec()* 時「copy-on-write」所發生的情況。此時，一方面父行程在 *fork()* 之後繼續修改資料分頁與堆疊分頁，另一方面核心要為子行程複製那些「將要修改」的分頁。由於子行程一旦獲得排班會立即執行 *exec()*，故而此分頁複製動作純屬浪費。基於這一論點，先排班子行程的決策更佳。如此一來，等到下次排班到父行程時，就無須複製記憶體分頁了。在一個繁忙的 Linux/X86-32 系統上（核心版本為 2.6.30），利用列表 24-5 中程式建立一百萬個子行程，結果表示子行程率先輸出的情況占總數的 99.98%。（這一百分比的精確值取決於諸如系統負載之類的因素。）在其他 UNIX 實作中測試該程式的結果則表示，對於哪一行程在 *fork()* 之後先獲得排班的問題，各系統的處理規則差異巨大。
>
> Linux 2.6.32 改回「*fork()* 之後先排班父行程」，其論據則基於如下發現：*fork()* 之後，父行程在 CPU 正處於活躍狀態，並且其記憶體管理資訊也被置於硬體記憶體管理單元的轉譯後備緩衝器（TLB，translation look-aside buffer）。所以，先執行父行程將提高性能。在非正式場合下，針對分別採取上述兩種行為的核心構建版本進行了時間量測，其結果也證實了這一點。

> 總之值得強調的是：兩種行為間的效能差異很小，對於大部分應用程式並無影響。

上述討論清楚地闡明，不應對 *fork()* 之後執行父、子行程的特定順序做任何假設。若需要保證某一特定執行順序，則必須採用某種同步技術。後續各章將會介紹多種同步技術，其中包括號誌（semaphore）、檔案鎖（file lock）以及行程間經由管線（pipe）的訊息發送。接下來會介紹另一種方法，那就是使用訊號（signal）。

24.5 同步訊號以避免競速條件

呼叫 *fork()* 之後，如果行程甲需等待行程乙完成動作，那麼行程乙可在動作完成後向某甲發送訊號，行程甲則等待即可。

列表 24-6 示範了此技術。該程式假設父行程必須等待子行程完成某些動作。如果是子行程反過來要等待父行程，那麼將父、子行程中與訊號相關的呼叫交換即可。父、子行程甚至可能多次互發訊號以協調彼此的行為，儘管實際上更有可能採用號誌、檔案鎖或訊息傳輸等技術來進行此類協調。

> （Stevens & Rago，2005）建議將此類同步方法（阻塞訊號、發送訊號、捕獲訊號）封裝為一組標準的行程同步函式。此做法的優點在於，如果需要的話，後續可以用其他行程間通信（IPC）機制替換訊號的使用。

需注意：列表 24-6 在 *fork()* 之前就阻塞了同步訊號（SIGUSR1）。若父行程試圖在 *fork()* 之後阻塞該訊號，則可能遭遇競速條件問題。（此程式假設與子行程的訊號遮罩狀態無關；如有必要，可以在 *fork()* 之後的子行程中解除對 SIGUSR1 的阻塞。）

下列的 shell 作業階段日誌（log）示範了列表 24-6 的執行情況：

```
$ ./fork_sig_sync
[17:59:02 5173] Child started - doing some work
[17:59:02 5172] Parent about to wait for signal
[17:59:04 5173] Child about to signal parent
[17:59:04 5172] Parent got signal
```

列表 24-6：利用訊號來同步行程之間的動作

procexec/fork_sig_sync.c

```
#include <signal.h>
#include "curr_time.h"                  /* Declaration of currTime() */
#include "tlpi_hdr.h"

#define SYNC_SIG SIGUSR1                /* Synchronization signal */
```

```
static void             /* Signal handler - does nothing but return */
handler(int sig)
{
}

int
main(int argc, char *argv[])
{
    pid_t childPid;
    sigset_t blockMask, origMask, emptyMask;
    struct sigaction sa;

    setbuf(stdout, NULL);               /* Disable buffering of stdout */

    sigemptyset(&blockMask);
    sigaddset(&blockMask, SYNC_SIG);    /* Block signal */
    if (sigprocmask(SIG_BLOCK, &blockMask, &origMask) == -1)
        errExit("sigprocmask");

    sigemptyset(&sa.sa_mask);
    sa.sa_flags = SA_RESTART;
    sa.sa_handler = handler;
    if (sigaction(SYNC_SIG, &sa, NULL) == -1)
        errExit("sigaction");

    switch (childPid = fork()) {
    case -1:
        errExit("fork");

    case 0: /* Child */

        /* Child does some required action here... */

        printf("[%s %ld] Child started - doing some work\n",
                currTime("%T"), (long) getpid());
        sleep(2);               /* Simulate time spent doing some work */

        /* And then signals parent that it's done */

        printf("[%s %ld] Child about to signal parent\n",
                currTime("%T"), (long) getpid());
        if (kill(getppid(), SYNC_SIG) == -1)
            errExit("kill");

        /* Now child can do other things... */

        _exit(EXIT_SUCCESS);
```

```
        default: /* Parent */

            /* Parent may do some work here, and then waits for child to
               complete the required action */

            printf("[%s %ld] Parent about to wait for signal\n",
                    currTime("%T"), (long) getpid());
            sigemptyset(&emptyMask);
            if (sigsuspend(&emptyMask) == -1 && errno != EINTR)
                errExit("sigsuspend");
            printf("[%s %ld] Parent got signal\n", currTime("%T"), (long) getpid());

            /* If required, return signal mask to its original state */

            if (sigprocmask(SIG_SETMASK, &origMask, NULL) == -1)
                errExit("sigprocmask");

            /* Parent carries on to do other things... */

            exit(EXIT_SUCCESS);
        }
    }
```

procexec/fork_sig_sync.c

24.6 小結

系統呼叫 *fork()* 透過複製一個與呼叫行程（父行程）幾乎完全一致的副本來建立一個新行程（子行程）。系統呼叫 *vfork()* 是一種更為高效率的 *fork()* 版本，不過因為其語意獨特，*vfork()* 產生的子行程將使用父行程記憶體，直至其呼叫 *exec()* 或結束；於此同時，將會暫停（suspend）父行程，所以應儘量避免使用。

呼叫 *fork()* 之後，不應依賴父、子行程獲得 CPU 排班的先後順序。對執行順序做出預設之程式容易產生所謂的「競速條件」錯誤。由於此類錯誤的產生原因會受到如系統負載之類的外部因素影響，故不容易發現與除錯。

進階資訊

（Bach，1986）與（Goodheart & Cox，1994）論述了 UNIX 系統中 *fork()*、*execve()*、*wait()* 以及 *exit()* 的實作細節。（Bovet & Cesati，2005）與（Love，2010）則就行程的建立和終止提供了專屬於 Linux 系統的實作細節。

24.7 習題

24-1. 程式在執行完如下一系列 *fork()* 呼叫後會產生多少新行程（假定沒有呼叫失敗）？

```
fork();
fork();
fork();
```

24-2. 寫一個程式驗證呼叫 *vfork()* 之後，子行程可以關閉一個檔案描述符（例如：描述符 0）而不影響對應父行程中的檔案描述符。

24-3. 假設可以修改程式原始程式碼，如何在程式中的特定位置，產生一個核心傾印檔（core dump file），而同時行程得以繼續執行？

24-4. 在其他 UNIX 實作上實驗列表 24-5（`fork_whos_on_first.c`）中的程式，並判斷在執行 *fork()* 後這些系統是如何排班父子行程的。

24-5. 假定在列表 24-6 的程式中，子行程也需要等待父行程完成某些操作。為確保達成這一目的，應如何修改程式？

25

終止行程

本章介紹行程終止的過程，我們先介紹如何使用 *exit()* 與 *_exit()* 結束行程，接著探討行程在呼叫 *exit()* 函式時，會使用結束處理常式（exit handler）進行自動清理，最後探討 *fork()*、*stdio* 緩衝區，以及 *exit()* 之間的一些互動。

25.1 終止行程：*_exit()* 與 *exit()*

有兩種方式可以終止行程，一為異常（abnormal）終止，如 20.1 節所述，由訊號（signal）觸發，預設動作是終止行程（可產生核心傾印檔、或不產生）。另一個方法為使用 *_exit()* 系統呼叫將行程正常（normally）終止。

```
#include <unistd.h>

void _exit(int status);
```

_exit() 的 status 參數定義行程的終止狀態（termination status），父行程可呼叫 *wait()* 取得該狀態，雖然型別定義為 int，但實際上父行程只能取得 status 參數的後 8 個位元。依據慣例，結束狀態為 0 表示行程順利結束，而非零的狀態值則表示行程是異常終止。

對於如何解釋非零的狀態值並無固定規則，不同的應用程式有自家慣例可以遵循，細節可參考它們的文件。在本書大多數的程式都會用到 SUSv3 制定的兩個常數：`EXIT_SUCCESS(0)` 與 `EXIT_FAILURE(1)`。

行程一定可以藉由 *_exit()* 順利終止（即呼叫 *_exit()* 之後不會繼續執行）。

> 雖然可以透過 *_exit()* 的 status 參數將 0 到 255 之間的任意值傳遞給父行程，但若將 status 的值設定為大於 128，則會在 shell 腳本產生混淆，原因在於，若指令是經由訊號終止的，則 shell 會將 $? 變數值設定為 128 加上訊號編號來表示現實情況，而當行程用一樣的 status 值呼叫 *_exit()* 時會無法分辨。

程式通常不會直接呼叫 *_exit()*，而是呼叫 *exit()* 函式庫函式，此函式可在呼叫 *_exit()* 之前執行一些動作。

```
#include <stdlib.h>

void exit(int status);
```

函式 *exit()* 會進行下列動作：

- 以反向註冊順序（ 25.3 節），呼叫 Exit 處理常式（以 *atexit()* 與 on_*exit()* 註冊的函式）。
- 刷新（flush）stdio 串流緩衝區。
- 使用 status 提供的值執行 *_exit()* 系統呼叫。

> 函式 *exit()* 與 *_exit()* 不同之處在於，*_exit()* 是 UNIX 特有的，而 C 函式庫有 *exit()* 的定義，亦即每個 C 的實作都能使用 *exit()*。

行程終止的另一個方式是在 *main()* 進行 return，可直接 return 或是執行到 *main()* 函式的結尾來終止行程，直接 return n 通常等同於呼叫 *exit(n)*，因為呼叫 *main()* 的執行期函式會使用 *main()* 的傳回值來呼叫 *exit()*。

> 有一種情況，呼叫 *exit()* 與從 *main()* return 會不等價，若在 exit 的過程中，有任何步驟存取 *main()* 的區域變數時，則從 *main()* return 會產生不可預期的行為。例如，在呼叫 *setvbuf()* 或 *setbuf()* 時使用 *main()* 的區域變數時就會如此（13.2 節）。

執行 return 而未指定傳回值，或程式是執行到 *main()* 函式的結尾自動結束而沒有執行 return，也會導致 *main()* 的呼叫者去呼叫 *exit()*，但結果隨著提供的 C 標準版本與使用的編譯選項而異：

- C89 沒有明確定義這些情況的處理行為，程式能用任意 status 值結束。Linux 系統的 gcc，預設處理此程式結束狀態的值是從堆疊（stack）或 CPU 的特定暫存器取得之隨機值，應避免以此方法結束程式。
- 在 C99 標準中，規範在主程式的結尾需要有與呼叫 exit(0) 等價的處理方法，我們可以在 Linux 使用 gcc -std=c99 來編譯程式達到此效果。

25.2 細說行程的終止

行程在正常終止或異常終止的過程，會有下列動作：

- 關閉開啟檔案描述符（open file descriptor）、目錄串流（directory stream）（18.8 節）、訊息分類描述符（message catalog descriptor）（man catopen(3) 與 *catgets(3)*），以及轉換描述符（conversion descriptor）（*man iconv_open(3)*）。
- 關閉檔案描述符之後，會釋放此行程所持有的全部檔案鎖（file lock）（第 55 章）。
- 解除任何加載的（attached）System V 共享記憶體區段，且將與每個區段對應的 shm_nattch 計數器減一（參考 48.8 節）。
- 對於行程已設定 semadj 值的每個 System V 號誌（semaphore），會將 semadj 值加到號誌的值（參考 47.8 節）。
- 若為控制終端機（controlling terminal）的控制行程（controlling process），則會將 SIGHUP 訊號送給每個行程的控制終端機之前景行程群組（foreground process group），並移除此終端機與會話（session）的關聯，這點會在 34.6 節深入探討。
- 如呼叫 *sem_close()* 般的，關閉行程所開啟的每個 POSIX 命名號誌（named semaphore）。
- 如呼叫 *mq_close()* 般的，關閉行程所開啟的每個 POSIX 訊息佇列（message queue）。
- 若由於此行程結束，而使得行程群組變成孤立的，而且群組中有已停止的行程存在，則群組中的每個行程都會收到 SIGHUP 訊號，並接著收到 SIGCONT 訊號，34.7.4 節會深入探討此部份。
- 移除此行程使用 *mlock()* 或 *mlockall()* 建立的每個記憶體鎖（memory lock）（50.2 節）。
- 解除此行程使用 *mmap()* 建立的記憶體映射。

25.3 結束處理常式（Exit Handler）

應用程式有時要在行程結束時自動執行一些操作，以應用程式的函式庫為例，若在行程的生命週期期間有用到函式庫，則當行程離開時，需要進行一些自動清理動作。因為函式庫無法掌控行程何時結束，也不能授權主程式在結束之前一定要呼叫一個函式庫指定的清理函式，這樣就不能保證行程結束時會做清理動作。解決此情況的一種方式是使用結束處理常式，在舊版的 System V 手冊所使用的術語是程式終止常式（program termination routine）。

結束處理常式是由程式設計師提供的函式，在行程的生命週期內在一些位置上註冊，接著在行程進行正常終止期間透過 *exit()* 自動呼叫。若程式直接呼叫 *_exit()* 或是經由訊號異常終止，則不會呼叫結束處理常式。

> 有些時候，以訊號終止行程導致不會呼叫結束處理常式反而會限制了用途。最好的做法是，我們盡可能幫行程會收到的那些訊號，建立它們的處理常式，讓這些處理常式設定一個旗標而觸發主程式呼叫 *exit()*。因為 *exit()* 並非表 21-1 所列的非同步訊號安全函式（async-signal-safe function），所以我們通常不會在訊號處理常式呼叫 *exit()*）。但我們依然無法處理 SIGKILL，它的預設動作是無法改變的，所以這也是我們要避免使用 SIGKILL 來終止行程的理由之一（如 20.2 節所述），並改用 SIGTERM，這是 kill 指令預設使用的訊號。

註冊結束處理常式

GNU C 函式庫提供兩個方法可以註冊結束處理常式，第一個方法是 SUSv3 規範的，使用 *atexit()* 函式。

```
#include <stdlib.h>

int atexit(void (*func)(void));
                        Returns 0 on success, or nonzero on error
```

函式 *atexit()* 將 func 加入行程結束時會呼叫的函式清單，應將 func 函式定義為不須傳遞參數，以及不須傳回值，其格式如下：

```
void func(void)
{
    /* 執行一些動作 */
}
```

注意，*atexit()* 在出錯時會傳回非零值（不一定是 -1）。

可以註冊多個結束處理常式（甚至可以多次註冊相同的結束處理常式）。在程式呼叫 *exit()* 時，呼叫這些函式的順序會與註冊時相反，此順序是合乎邏輯的，因為通常較早註冊的函式可以執行較多基礎的清理類型，這些也許是後續註冊的函式所必要執行的動作。

基本上可以在結束處理常式中執行任何所需的動作，如註冊額外的結束處理常式（可放置在待呼叫的結束處理常式清單的最前面）。不過，若某個結束處理常式因呼叫 *_exit()* 或行程受到訊號終止（如：結束處理常式呼叫 *raise()*）而無法順利返回時，則不會繼續呼叫剩餘的結束處理常式。此外，剩下的 *exit()* 該做的工作也都不會執行（如：刷新 stdio 緩衝區）。

> SUSv3 指出，若結束處理常式自己呼叫 *exit()*，則會發生不可預期的結果，在 Linux 系統上則會繼續呼叫剩下的的結束處理常式。
>
> 然而，有些系統則會導致再次重新呼叫全部的結束處理常式，因而導致無窮遞迴（直到行程因堆疊溢位而終止）。若應用程式考量可攜性則應該避免在結束處理常式呼叫 *exit()*。

在 SUSv3 的要求，系統並須能讓一個行程註冊至少 32 個結束處理常式。程式可以使用 *sysconf(_SC_ATEXIT_MAX)* 呼叫取得系統定義的可註冊結束處理常式上限。（然而，無法找出已註冊幾個結束處理常式）。Glibc 透過動態配置的鏈接串列串起結束處理常式，可允許註冊無限個結束處理常式，Linux 系統的 *sysconf(_SC_ATEXIT_MAX)* 會傳回 2,147,483,647（即 32 位元有號整數的最大值），換句話說，在我們還尚未達到可註冊函式數量上限以前，就會發生問題（如：記憶體不足）。

透過 *fork()* 建立的子行程會繼承父行程的註冊結束處理常式複本，在行程執行 *exec()* 時，則會移除全部的已註冊結束處理常式。（必須如此，因為 *exec()* 會以之後的現有程式碼取代結束處理常式）。

> 我們不能註銷以 *atexit()*（或後續介紹的 *on_exit()*）註冊的結束處理常式，然而，我們可以在結束處理常式執行動作以前，先檢查是否有設定全域旗標，並清除旗標以停用結束處理常式。

以 *atexit()* 註冊的結束處理常式會有兩個限制，一為結束處理常式被呼叫時無法得知要傳遞何種狀態給 *exit()*，所以有時得知狀態是蠻方便的，例如，我們想要以行程是否順利結束來決定執行的動作時。第二個限制是，我們在呼叫結束處理常式時不能指定參數給它，使用參數的便利之處在於：可定義結束處理常式依據參數進行不同的動作，或是可重複註冊函式，每次使用不同的參數。

為了克服這些限制，glibc 提供一個（非標準的）註冊結束處理常式的替代方法：*on_exit()*。

```
#define _BSD_SOURCE             /* Or: #define _SVID_SOURCE */
#include <stdlib.h>

int on_exit(void (*func)(int, void *), void *arg);
```
Returns 0 on success, or nonzero on error

在 *on_exit()* 的 func 參數是個指向下列型別的函式指標：

```
void
func(int status, void *arg)
{
    /* Perform cleanup actions */
}
```

在呼叫時會傳遞兩個參數給 *func()*：提供給 *exit()* 的 status 參數，以及在註冊函式時提供給 *on_exit()* 的 arg 參數複本。雖然是定義為指標型別，不過 arg 開放給程式設計人員自訂意義，可做為指向某結構的指標，一樣利用轉型（casting）技術，可將其視為整數或其他的純量型別。

如同 *atexit()*，*on_exit()* 錯誤時會傳回一個非零值（不必是 -1）。

如同 *atexit()*，可以用 *on_exit()* 註冊多個結束處理常式，使用 *atexit()* 與 *on_exit()* 註冊的函式可放在相同的串列清單，若在同一個程式同時使用這兩個方法，則使用這兩個方法 的結束處理常式會以反向順序呼叫。

雖然 *on_exit()* 比 *atexit()* 更有彈性，但考慮到程式的可攜性，應儘量避免使用，因為無法滿足每個標準，且只有少數 UNIX 平台可以使用。

範例程式

列表 25-1 示範如何用 *atexit()* 及 *on_exit()* 註冊結束處理常式，我們在執行此程式時，會見到如下的輸出：

```
$ ./exit_handlers
on_exit function called: status=2, arg=20
atexit function 2 called
atexit function 1 called
on_exit function called: status=2, arg=10
```

列表 25-1：使用結束處理常式

procexec/exit_handlers.c

```
#define _BSD_SOURCE     /* Get on_exit() declaration from <stdlib.h> */
#include <stdlib.h>
#include "tlpi_hdr.h"
```

```
static void
atexitFunc1(void)
{
    printf("atexit function 1 called\n");
}

static void
atexitFunc2(void)
{
    printf("atexit function 2 called\n");
}

static void
onexitFunc(int exitStatus, void *arg)
{
    printf("on_exit function called: status=%d, arg=%ld\n",
                exitStatus, (long) arg);
}

int
main(int argc, char *argv[])
{
    if (on_exit(onexitFunc, (void *) 10) != 0)
        fatal("on_exit 1");
    if (atexit(atexitFunc1) != 0)
        fatal("atexit 1");
    if (atexit(atexitFunc2) != 0)
        fatal("atexit 2");
    if (on_exit(onexitFunc, (void *) 20) != 0)
        fatal("on_exit 2");

    exit(2);
}
```

procexec/exit_handlers.c

25.4 *fork()*、*stdio* 緩衝區與 *_exit()* 之間的互動

在列表 25-2 程式產生的輸出示範了一個難以理解的現象，我們在執行此程式時將輸出導向至終端機，看到符合預期的結果：

```
$ ./fork_stdio_buf
Hello world
Ciao
```

然而，當我們重新導向輸出至檔案時，我們見到如下的結果：

```
$ ./fork_stdio_buf > a
$ cat a
Ciao
Hello world
Hello world
```

我們從上面的輸出看到兩件奇怪的事情：*printf()* 寫入的那行出現兩次，而 *write()* 的輸出在 *printf()* 之前。

列表 25-2：*fork()* 與 *stdio* 緩衝區之間的互動

procexec/fork_stdio_buf.c

```
#include "tlpi_hdr.h"

int
main(int argc, char *argv[])
{
    printf("Hello world\n");
    write(STDOUT_FILENO, "Ciao\n", 5);

    if (fork() == -1)
        errExit("fork");

    /* Both child and parent continue execution here */

    exit(EXIT_SUCCESS);
}
```

procexec/fork_stdio_buf.c

為了解為何 *printf()* 寫入的訊息出現兩次，我們可以回想 stdio 緩衝區是在行程的使用者空間記憶體維護（參考 13.2 節），因此，在子行程的這些緩衝區是透過 *fork()* 複製的，當標準輸出被導向到終端機時，預設是用行做為緩衝單位，結果由 *printf()* 寫入的換行結尾字串會立即出現，然而，將標準輸出導向至檔案時，預設是以區塊（block）為緩衝單位。所以我們的範例在 *fork()* 時，*printf()* 寫入的字串仍然在父行程的 stdio 緩衝區，而此字串會被複製到子行程，當父行程與子行程之後呼叫 *exit()* 時，兩者都會刷新 stdio 緩衝區的複本，因此導致重複的輸出。

我們可以用下列其中一個方法避免重複輸出：

- 針對 stdio 緩衝問題的特定解法，我們可以在呼叫 *fork()* 之前，先用 *fflush()* 刷新 stdio 緩衝區，此外，我們可用 *setvbuf()* 或 *setbuf()* 將 stdio 串流的緩衝區關閉。

- 子行程可以改成呼叫 *_exit()*，而不是呼叫 *exit()*，以便不會刷新 stdio 緩衝區。此技術展現一個較為通用的原則：當應用程式建立不會執行新程式的子行程時，通常只讓某個行程（一般是父行程）可以透過 *exit()* 終止，而其他行程則應該透過 *_exit()* 終止，如此可確保只有一個行程會執行該做的 exit 處理常式呼叫與刷新 stdio 緩衝區。

  另一種做法是讓父行程與子行程都能呼叫 *exit()*（有時會需要如此做），例如，可以將結束處理常式設計為：即使有多個行程呼叫也能正確地運作，或是限制應用程式只能在呼叫 *fork()* 之後裝載結束處理常式。此外，我們有時真的會想要全部的行程在 *fork()* 之後刷新 stdio 緩衝區，在此例我們可選擇使用 *exit()* 終止行程，或直接在每個行程適當呼叫 *fflush()*。

列表 25-2 程式的 *write()* 輸出不會出現兩次，因為 *write()* 直接將資料送到核心緩衝區，所以此緩衝區不會透過 *fork()* 複製。

我們目前對於將程式輸出重導至檔案時的第二個奇怪現象會比較清楚了，*write()* 的輸出會出現在 *printf()* 之前是因為，*write()* 的輸出立刻就傳送至核心緩衝區快取，而 *printf()* 的輸出只有在呼叫 *exit()* 時才會刷新 stdio 緩衝區（一般而言，當在同一個檔案上混搭 stdio 函式及處理 I/O 的系統呼叫時要特別注意，如 13.7 節所述）。

25.5 小結

行程可能會異常終止或正常終止，異常終止通常發生在某個訊號觸發，有些還會讓行程產生核心傾印檔（core dump file）。

正常終止是透過呼叫 *_exit()*，或是位在 *_exit()* 上層且較為常用的 *exit()*。*_exit()* 與 *exit()* 兩者都會代入一個整數參數，至少為 8 位元，此參數定義行程的結束狀態。傳統上，狀態為 0 表示成功執行完畢，而非零的狀態表示行程沒有順利完成工作。 不管是行程正常終止或異常終止，核心都要進行許多清理步驟。在呼叫 *exit()* 正常終止行程時，會額外呼叫使用 *atexit()* 和 *on_exit()* 註冊的結束處理常式（與註冊順序相反）並且會刷新 stdio 緩衝區。

進階資訊

參考 24.6 節列出的進階資訊來源。

25.6 習題

25-1. 若子行程呼叫 *exit(-1)*，則父行程會看到何種結束狀態呢？

26

監控子行程

在很多應用程式的設計中，父行程（parent process）需要得知其底下的某個子行程（child process）於何時改變狀態，子行程終止或因收到訊號而停止，本章描述兩種用於監控子行程的技術：系統呼叫 *wait()*（及其變體）以及訊號 SIGCHLD。

26.1 等待子行程

對於許多需要建立子行程的應用程式而言，讓父行程能夠監測子行程於何時及如何終止的過程是很有必要的，*wait()* 以及許多相關的系統呼叫可提供此功能。

26.1.1 系統呼叫 *wait()*

系統呼叫 *wait()* 等待呼叫行程的任一子行程終止，同時透過參數 status 所指向的緩衝區（buffer）傳回該子行程的終止狀態。

```
#include <sys/wait.h>

pid_t wait(int *status);
```

Returns process ID of terminated child, or –1 on error

系統呼叫 *wait()* 執行如下動作：

1. 如果執行此系統呼叫的行程（calling process），其子行程都尚未終止，則系統呼叫將一直處於阻塞（block），直到某個子行程終止為止。如果執行呼叫時已有子行程終止，則 *wait()* 會立即傳回。
2. 如果 status 不為空（NULL），那麼關於子行程如何終止的資訊則會透過 status 指向的整數傳回。在 26.1.3 節將討論 status 傳回的資訊。
3. 核心會將此父行程底下的每個子行程執行使用的 CPU 時間（10.7 節）以及資源使用統計（36.1 節）進行加總。
4. *wait()* 的執行結果會傳回已經結束的子行程 ID。

出錯時，*wait()* 傳回 -1，可能的錯誤原因之一是呼叫的行程並無須要等待的子行程，此時會將 *errno* 設定為 ECHILD。換句話說，可使用如下程式碼的迴圈來等待行程的每個子行程終止。

```
while ((childPid = wait(NULL)) != -1)
    continue;
if (errno != ECHILD)                /* An unexpected error... */
    errExit("wait");
```

列表 26-1 示範了 *wait()* 的用法。該程式建立多個子行程，每個子行程對應於一個（整數）命令列參數。每個子行程休眠若干秒後終止，休眠時間分別由相對應的命令列參數指定。同時，在建立所有的子行程之後，父行程在迴圈呼叫 *wait()* 來監控這些子行程的終止，直到 *wait()* 傳回 -1 時才會退出迴圈。（這並非唯一的手段，另一種中止迴圈的方法是當記錄終止子行程數目的變數 numDead 與建立的子行程數目相同時，也會中止迴圈。）以下的 shell 作業階段日誌顯示使用該程式建立三個子行程的情況。

```
$ ./multi_wait 7 1 4
[13:41:00] child 1 started with PID 21835, sleeping 7 seconds
[13:41:00] child 2 started with PID 21836, sleeping 1 seconds
[13:41:00] child 3 started with PID 21837, sleeping 4 seconds
[13:41:01] wait() returned child PID 21836 (numDead=1)
[13:41:04] wait() returned child PID 21837 (numDead=2)
[13:41:07] wait() returned child PID 21835 (numDead=3)
No more children - bye!
```

> 如果在同一時間點有多個子行程終止，在 SUSv3 並未規範 *wait()* 處理這些子行程的順序，換句話說，該順序取決於實作，在不同的 Linux 核心版本之間，行為也有所不同。

列表 26-1：建立並等待多個子行程

procexec/multi_wait.c

```c
#include <sys/wait.h>
#include <time.h>
#include "curr_time.h"              /* Declaration of currTime() */
#include "tlpi_hdr.h"

int
main(int argc, char *argv[])
{
    int numDead;        /* Number of children so far waited for */
    pid_t childPid;     /* PID of waited for child */
    int j;

    if (argc < 2 || strcmp(argv[1], "--help") == 0)
        usageErr("%s sleep-time...\n", argv[0]);

    setbuf(stdout, NULL);           /* Disable buffering of stdout */

    for (j = 1; j < argc; j++) {    /* Create one child for each argument */
        switch (fork()) {
        case -1:
            errExit("fork");

        case 0:                     /* Child sleeps for a while then exits */
            printf("[%s] child %d started with PID %ld, sleeping %s "
                    "seconds\n", currTime("%T"), j, (long) getpid(),
                    argv[j]);
            sleep(getInt(argv[j], GN_NONNEG, "sleep-time"));
            _exit(EXIT_SUCCESS);

        default:                    /* Parent just continues around loop */
            break;
        }
    }

    numDead = 0;
    for (;;) {                      /* Parent waits for each child to exit */
        childPid = wait(NULL);
        if (childPid == -1) {
            if (errno == ECHILD) {
                printf("No more children - bye!\n");
                exit(EXIT_SUCCESS);
            } else {                /* Some other (unexpected) error */
                errExit("wait");
            }
        }
```

```
            numDead++;
            printf("[%s] wait() returned child PID %ld (numDead=%d)\n",
                    currTime("%T"), (long) childPid, numDead);
        }
    }
```
procexec/multi_wait.c

26.1.2 系統呼叫 *waitpid()*

系統呼叫 *wait()* 存在諸多限制，而設計 *waitpid()* 則意在突破以下這些限制：

- 如果父行程已經建立了多個子行程，使用 *wait()* 並無法等待一個特定的子行程完成，只能按順序等待下一個終止的子行程。
- 如果還沒有子行程結束，則 *wait()* 總是保持阻塞。有時會想要執行非阻塞式等待，以便能夠立刻得知目前是否有子行程終止。
- 使用 *wait()* 只能發現那些已經終止的子行程，對於因訊號（如 SIGSTOP 或 SIGTTIN）而停止的子行程，或已停止的子行程收到 SIGCONT 訊號後恢復執行的情況就無能為力了。

```
#include <sys/wait.h>

pid_t waitpid(pid_t pid, int *status, int options);
```
Returns process ID of child, 0 (see text), or –1 on error

waitpid() 的回傳值以及參數 status 的意義都與 *wait()* 相同。（對 status 中回傳值的解釋請參考 26.1.3 節。）參數 pid 可以選擇要等待的子行程，意義如下：

- 如果 *pid* 大於 0，表示等待的子行程 ID 為 *pid*。
- 如果 *pid* 等於 0，則等待與呼叫行程（父行程）同一個行程群組（process group）的所有子行程。34.2 節將描述行程群組的概念。
- 如果 *pid* 小於 -1，則會等待行程群組 ID（process group identifier）與 pid 絕對值相等的每個子行程。
- 如果 *pid* 等於 -1，則等待任意子行程。*wait(&status)* 的呼叫與 *waitpid(-1, &status, 0)* 等效。

參數 options 是一個位元遮罩（bit mask），可包含（bit OR）零個或多個如下的旗標（均規範在 SUSv3）：

WUNTRACED

傳回終止的子行程資訊，以及回因訊號而停止的子行程訊息。

WCONTINUED（自 *Linux2.6.10* 以來）

傳回那些原本已經停止，但因收到 SIGCONT 訊號而恢復執行的子行程狀態資訊。

WNOHANG

如果參數 pid 所指定的子行程並未發生狀態改變，則立即傳回而不會阻塞（即輪詢的概念）。在這種情況下，*waitpid()* 傳回 0。如果呼叫行程並無與 pid 匹配的子行程，則 *waitpid()* 回報錯誤，並將錯誤編號設定為 ECHILD。

列表 26-3 示範了 *waitpid()* 的使用。

> SUSv3 在對 *waitpid()* 的原理闡述中特別指出，WUNTRACED 的名稱是源於 BSD 的歷史產物。BSD 有兩種停止行程的方法：受到系統呼叫 *ptrace()* 追蹤，或因收到一個訊號而停止。當透過 *ptrace()* 追蹤一個子行程時，那麼（除 SIGKILL 之外的）任何訊號都會造成子行程停止，接著會將訊號 SIGCHLD 發送給父行程。即使子行程忽略這些訊號，此行為仍會發生。不過，如果子行程阻塞了這些訊號（除非是無法阻塞的 SIGSTOP 訊號），則子行程不會停止。

26.1.3 等候的狀態值

由 *wait()* 和 *waitpid()* 傳回的 status 值，可用來區分以下的子行程事件：

- 子行程呼叫 *_exit()*（或 *exit()*）而終止，並指定一個整數值做為終止狀態。
- 子行程收到一個未處理的訊號而終止。
- 子行程因為訊號而停止，並使用 WUNTRACED 旗標呼叫 *waitpid()*。
- 子行程因收到訊號 SIGCONT 而恢復執行，並使用 WCONTINUED 旗標呼叫 *waitpid()*。

此處用術語「等候狀態（wait status）」來包含上述所有情況，而使用「終止狀態（termination status）」來表示前兩種情況。（在 shell 中，可透過讀取 $? 變數值來取得上次執行指令的終止狀態。）

雖然將變數 status 定義為整數型別（int），但實際上僅使用了其最低的 2 個位元組。對這 2 個位元組的填值方式取決於子行程所發生的具體事件，如圖 26-1 所示。

圖 26-1 所示為 Linux/x86-32 下等候狀態值的格式。不同的實作版本細節會有所不同。SUSv3 並未對資訊格式做出具體規定，也未規定只能使用 status 變數的最低兩個位元組。要保證應用程式的可攜性，應該總是使用本節介紹的巨集（macro）來取得相對應的值，而不應直接讀取位元值。

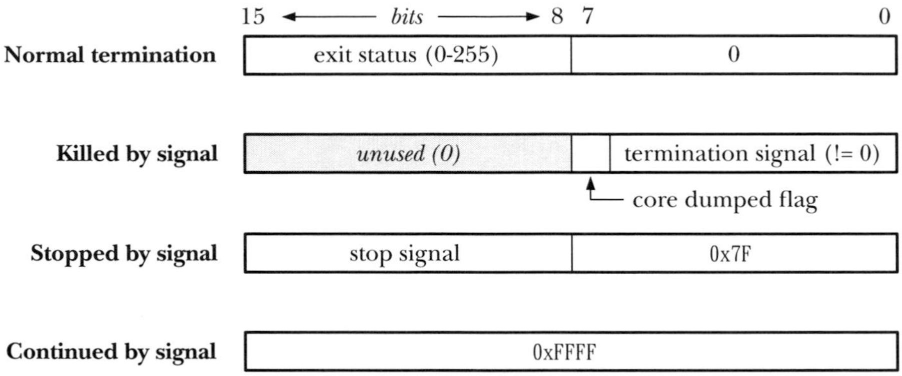

圖 26-1：自 *wait()* 和 *waitpid()* 的 status 參數所傳回的值

標頭檔 <sys/wait.h> 定義了用於解析等候狀態值的一組標準巨集，對來自 *wait()* 或 *waitpid()* 傳回的 status 值進行處理時，以下清單中的巨集只有一個會傳回真（true）值。如清單所示，另有其他巨集可對 status 值做進一步分析。

`WIFEXITED(status)`

若子行程正常結束則傳回真（true）。此時，巨集 `WEXITSTATUS(status)` 傳回子行程的終止狀態。（如 25.1 節所述，父行程只要子行程終止狀態的最低 8 個位元。）

`WIFSIGNALED(status)`

若透過訊號殺掉子行程則傳回真（true）。此時，巨集 `WTERMSIG(status)` 傳回導致子行程終止的訊號編號。若子行程產生核心傾印檔案，則巨集 `WCOREDUMP(status)` 傳回真值（true）。SUSv3 並未規範巨集 `WCOREDUMP()`，不過大部分 UNIX 實作均支援此巨集。

`WIFSTOPPED(status)`

若子行程因訊號而停止，則此巨集傳回為真（true）。此時，巨集 `WSTOPSIG(status)` 傳回導致子行程停止的訊號編號。

WIFCONTINUED(status)

若子行程收到 SIGCONT 而恢復執行，則此巨集傳回真值（true）。自 Linux 2.6.10 之後開始支援此巨集。

注意：儘管上述巨集的參數也以 status 命名，不過此處所指只是簡單的整數型別，而非像 *wait()* 和 *waitpid()* 所要求的那樣是指向整數型別的指標。

範例程式

列表 26-2 中的函式 *printWaitStatus()* 使用了上述所有巨集，此函式分析並輸出了等候狀態值的內容。

列表 26-2：輸出 *wait()* 及相關呼叫傳回的狀態值

procexec/print_wait_status.c

```
#define _GNU_SOURCE     /* Get strsignal() declaration from <string.h> */
#include <string.h>
#include <sys/wait.h>
#include "print_wait_status.h"  /* Declaration of printWaitStatus() */
#include "tlpi_hdr.h"

/* NOTE: The following function employs printf(), which is not
   async-signal-safe (see Section 21.1.2). As such, this function is
   also not async-signal-safe (i.e., beware of calling it from a
   SIGCHLD handler). */

void                    /* Examine a wait() status using the W* macros */
printWaitStatus(const char *msg, int status)
{
    if (msg != NULL)
        printf("%s", msg);

    if (WIFEXITED(status)) {
        printf("child exited, status=%d\n", WEXITSTATUS(status));

    } else if (WIFSIGNALED(status)) {
        printf("child killed by signal %d (%s)",
                WTERMSIG(status), strsignal(WTERMSIG(status)));
#ifdef WCOREDUMP        /* Not in SUSv3, may be absent on some systems */
        if (WCOREDUMP(status))
            printf(" (core dumped)");
#endif
        printf("\n");

    } else if (WIFSTOPPED(status)) {
        printf("child stopped by signal %d (%s)\n",
```

```
                WSTOPSIG(status), strsignal(WSTOPSIG(status)));

#ifdef WIFCONTINUED         /* SUSv3 has this, but older Linux versions and
                               some other UNIX implementations don't */
    } else if (WIFCONTINUED(status)) {
        printf("child continued\n");
#endif

    } else {                /* Should never happen */
        printf("what happened to this child? (status=%x)\n",
                (unsigned int) status);
    }
}
```

procexec/print_wait_status.c

列表 26-3 使用了 *printWaitStatus()* 函式。該程式建立了一個子行程，該子行程會以迴圈呼叫 *pause()*（在此期間可以向子行程發送訊號），但如果在命令列中指定了整數參數，則子行程會立即終止，並以該整數作為終止狀態。同時，父行程透過 *waitpid()* 監控子行程，輸出子行程傳回的狀態值，並將其做為參數傳輸給 *printWaitStatus()*。一旦發現子行程已正常結束，或因某一訊號而終止，則父行程會隨即退出。

如下的 shell 作業階段示範幾個執行列表 26-3 程式的例子。首先，建立一個子行程並立即終止，且其狀態值為 23：

```
$ ./child_status 23
Child started with PID = 15807
waitpid() returned: PID=15807; status=0x1700 (23,0)
child exited, status=23
```

接下來，在背景執行該程式，並向子行程發送 SIGSTOP 和 SIGCONT 訊號。

```
$ ./child_status &
[1] 15870
$ Child started with PID = 15871
kill -STOP 15871
$ waitpid() returned: PID=15871; status=0x137f (19,127)
child stopped by signal 19 (Stopped (signal))
kill -CONT 15871
$ waitpid() returned: PID=15871; status=0xffff (255,255)
child continued
```

輸出的最後兩行只會在 Linux 2.6.10 及其之後的核心版本中出現，因為早期核心並不支援 *waitpid()* 的 WCONTINUED 選項。（由於背景執行程式的輸出有時會與 shell 的提示字元混在一起，因而該 shell 作業階段稍微有些難以閱讀。）

接著，再發送 SIGABRT 訊號來終止子行程：

```
kill -ABRT 15871
$ waitpid() returned: PID=15871; status=0x0006 (0,6)
child killed by signal 6 (Aborted)
Press Enter, in order to see shell notification that background job has terminated
[1]+ Done                 ./child_status
$ ls -l core
ls: core: No such file or directory
$ ulimit -c                                           Display RLIMIT_CORE limit
0
```

雖然 SIGABRT 的預設行為是產生一個核心傾印檔案並終止行程，但這裡並未產生傾印檔案。這是由於遮罩核心傾印所致，如以上指令 ulimit 的輸出所示，將 RLIMIT_CORE 資源柔性限制（見 36.3 節）設定為 0，該限制規定了傾印檔案大小的最大值。

再次重複同一個實驗，不過這次在發送訊號 SIGABRT 給子行程之前，解除了對傾印檔案大小的限制。

```
$ ulimit -c unlimited                                Allow core dumps
$ ./child_status &
[1] 15902
$ Child started with PID = 15903
kill -ABRT 15903                                     Send SIGABRT to child
$ waitpid() returned: PID=15903; status=0x0086 (0,134)
child killed by signal 6 (Aborted) (core dumped)
Press Enter, in order to see shell notification that background job has terminated
[1]+ Done                 ./child_status
$ ls -l core                                         This time we get a core dump
-rw-------    1 mtk      users       65536 May  6 21:01 core
```

列表 26-3：使用 waitpid() 取得子行程狀態

procexec/child_status.c

```
#include <sys/wait.h>
#include "print_wait_status.h"          /* Declares printWaitStatus() */
#include "tlpi_hdr.h"

int
main(int argc, char *argv[])
{
    int status;
    pid_t childPid;

    if (argc > 1 && strcmp(argv[1], "--help") == 0)
        usageErr("%s [exit-status]\n", argv[0]);
```

```
    switch (fork()) {
    case -1: errExit("fork");

    case 0:             /* Child: either exits immediately with given
                           status or loops waiting for signals */
        printf("Child started with PID = %ld\n", (long) getpid());
        if (argc > 1)                   /* Status supplied on command line? */
            exit(getInt(argv[1], 0, "exit-status"));
        else                            /* Otherwise, wait for signals */
            for (;;)
                pause();
        exit(EXIT_FAILURE);             /* Not reached, but good practice */

    default:            /* Parent: repeatedly wait on child until it
                           either exits or is terminated by a signal */
        for (;;) {
            childPid = waitpid(-1, &status, WUNTRACED
#ifdef WCONTINUED       /* Not present on older versions of Linux */
                                                | WCONTINUED
#endif
                    );
            if (childPid == -1)
                errExit("waitpid");

            /* Print status in hex, and as separate decimal bytes */

            printf("waitpid() returned: PID=%ld; status=0x%04x (%d,%d)\n",
                    (long) childPid,
                    (unsigned int) status, status >> 8, status & 0xff);
            printWaitStatus(NULL, status);

            if (WIFEXITED(status) || WIFSIGNALED(status))
                exit(EXIT_SUCCESS);
        }
    }
}
```

procexec/child_status.c

26.1.4 從訊號處理常式中終止行程

如表 20-1 所示，預設情況下某些訊號會終止行程。有時，可能希望在行程終止之前執行一些清理步驟。為此，可以設定一個處理常式（handler）來捕獲這些訊號，隨即執行清理步驟，再終止行程。如果這麼做，需要牢記的是：透過 *wait()* 和 *waitpid()* 呼叫，父行程依然可以取得子行程的終止狀態。例如，如果在訊號處理常式中呼叫 *_exit(EXIT_SUCCESS)*，則父行程會認為子行程是正常終止。

如果需要通知父行程自己因訊號而終止，那麼子行程的訊號處理常式應先自我解除（disestablish），然後再次發出相同訊號，該訊號這次將終止此子行程。訊號處理常式需包含如下程式碼：

```
void
handler(int sig)
{
    /* Perform cleanup steps */

    signal(sig, SIG_DFL);            /* Disestablish handler */
    raise(sig);                      /* Raise signal again */
}
```

26.1.5 系統呼叫 *waitid()*

與 *waitpid()* 類似，*waitid()* 傳回子行程的狀態。不過，*waitid()* 提供了 *waitpid()* 所沒有的擴充功能。該系統呼叫源於 System V，不過現在已獲 SUSv3 採用，Linux 從版本 2.6.9 開始，將其加入核心（kernel）。

在 Linux 2.6.9 之前，透過 glibc 實作提供了一版 *waitid()*。然而，由於完全實作該介面需要核心的支援，因此 glibc 版實作並未提供比 *waitpid()* 更多的功能。

```
#include <sys/wait.h>

int waitid(idtype_t idtype, id_t id, siginfo_t *infop, int options);
```

Returns 0 on success or if WNOHANG was specified and there were no children to wait for, or –1 on error

參數 idtype 和 id 指定需要等待哪些子行程，如下所示：

- 若 idtype 為 P_ALL，則忽略 id 值，等待任何子行程。
- 若 idtype 為 P_PID，則等待其行程 ID 為 id 值的子行程。
- 若 idtype 為 P_PGID，則等待且其行程群組 ID 為 id 值的任何子行程。

請注意，與 *waitpid()* 不同的是，不能將 id 設定為 0 來表示與呼叫者同屬相同行程群組的每個行程。反之，必須以 *getpgrp()* 的回傳值來明確指定呼叫者的行程群組 ID。

waitpid() 與 *waitid()* 最顯著的區別在於，對於應該等待的子行程事件，*waitid()* 可以更為精確地控制。可透過在 options 中指定一個或多個如下旗標（做 OR 位元運算）來實作這種控制。

WEXITED

等待已終止的子行程，而無論其是否正常傳回。

WSTOPPED

等待已透過訊號而停止的子行程。

WCONTINUED

等待經由訊號 SIGCONT 而恢復的子行程。

也可以透過 OR 位元運算將下列旗標加入 options 中：

WNOHANG

意義等同於 *waitpid()*，若與 id 值匹配的子行程並無狀態資訊需要傳回，則立即返回（一次輪詢）。此時，*waitid()* 傳回 0。如果執行呼叫的行程（calling process）並無子行程與 id 的值相匹配，則 *waitid()* 呼叫會失敗，且錯誤編號為 ECHILD。

WNOWAIT

通常，一旦透過 *waitid()* 來等待子行程，那麼必然會去處理所謂的「狀態事件」。不過，如果指定了 WNOWAIT，則會傳回子行程狀態，但子行程依然處於可等待的（waitable）狀態，稍後可再次等待並取得相同資訊。

若執行成功，則 *waitid()* 傳回 0，且會更新指標 infop 所指向的 *siginfo_t* 結構，以包含子行程的相關資訊。以下是結構 *siginfo_t* 的欄位介紹：

si_code

該欄位包含以下其中一個值：CLD_EXITED 表示子行程已透過呼叫 *_exit()* 而終止；CLD_KILLED 表示子行程為某個訊號所殺；CLD_STOPPED 表示子行程因某個訊號而停止；CLD_CONTINUED 表示（之前暫停的）子行程因接收到（SIGCONT）訊號而恢復執行。

si_pid

該欄位包含狀態發生變化的子行程之行程 ID。

si_signo

總是將該欄位設定為 SIGCHLD。

si_status

該欄位可為包含傳輸給 *_exit()* 的子行程結束狀態，或是包含導致子行程停止、繼續或終止的訊號值。可以透過讀取 si_code 值來判定具體包含的是哪一種類型的資訊。

si_uid

該欄位包含子行程的真實使用者 ID，大部分其他 UNIX 實作不會設定該欄位。

在 Solaris 系統中，此結構還包含兩個附加欄位：si_stime 與 si_utime，分別包含子行程使用的系統 CPU 時間和使用者 CPU 時間，SUSv3 並不要求 *waitid()* 處理這兩個欄位。

在 *waitid()* 操作有一個細節需要進一步釐清，如果在 options 中指定了 WNOHANG，那麼 *waitid()* 傳回 0 意謂著以下兩種情況之一：在呼叫時子行程的狀態已經改變（關於子行程的相關資訊保存在 infop 指標所指向的結構 *siginfo_t* 中），或者沒有任何子行程的狀態有所改變。對於沒有任何子行程改變狀態的情況，一些 UNIX 實作（包括 Linux）會將 *siginfo_t* 結構內容清除為 0。這也是區分兩種情況的方法之一：檢查 *si_pid* 的值是否為 0。不幸的是，SUSv3 並未規範此行為，一些 UNIX 實作此時會將結構 *siginfo_t* 保持原封不動。（未來 SUSv4 的勘誤表可能會針對這種情況增設將 *si_pid* 和 si_signo 設定為 0 的要求。）區分這兩種情況唯一的可攜（portable）方法是：在呼叫 *waitid()* 之前就將結構 *siginfo_t* 的內容設定為 0，正如以下程式碼所示：

```
siginfo_t info;
...
memset(&info, 0, sizeof(siginfo_t));
if (waitid(idtype, id, &info, options | WNOHANG) == -1)
    errExit("waitid");
if (info.si_pid == 0) {
    /* No children changed state */
} else {
    /* A child changed state; details are provided in 'info' */
}
```

26.1.6 系統呼叫 *wait3()* 和 *wait4()*

系統呼叫 *wait3()* 和 *wait4()* 執行與 *waitpid()* 類似的工作。主要的語意差別在於，*wait3()* 和 *wait4()* 在參數 rusage 所指向的結構中傳回終止的子行程資源使用情況。其中包括行程使用的 CPU 時間總量以及記憶體管理的統計資料。36.1 節將在介紹系統呼叫 *getrusage()* 時詳細討論 rusage 結構。

```
#define _BSD_SOURCE         /* Or #define _XOPEN_SOURCE 500 for wait3() */
#include <sys/resource.h>
#include <sys/wait.h>

pid_t wait3(int *status, int options, struct rusage *rusage);
pid_t wait4(pid_t pid, int *status, int options, struct rusage *rusage);
                        Both return process ID of child, or –1 on error
```

除了對參數 rusage 的使用之外，呼叫 *wait3()* 等同於下列的 *waitpid()* 呼叫方式：

```
waitpid(-1, &status, options);
```

同樣地，呼叫 *wait4()* 等同於下列的 *waitpid()* 呼叫方式：

```
waitpid(pid, &status, options);
```

換句話說，*wait3()* 等待的是任意子行程，而 *wait4()* 則可以用於等待選定的一個或多個子行程。

在一些 UNIX 實作中，*wait3()* 和 *wait4()* 僅傳回已終止的子行程之資源使用資訊。而對於 Linux 系統，如果在 options 中指定了 WUNTRACED 選項，則還可以取得已經停止的子行程之資源使用資訊。

這兩個系統呼叫的名稱來自於它們所使用參數的個數。雖然源自 BSD 系統，不過現在大部分的 UNIX 實作都有支援。這兩個系統呼叫均未獲得 SUSv3 標準的採納。（SUSv2 標準納入了 *wait3()*，但將其標示為「已過時」。）

本書一般會避免使用 *wait3()* 和 *wait4()*。通常情況下，此類呼叫所傳回的額外資訊沒有什麼價值。此外，缺乏標準化也會限制可攜性。

26.2 孤兒行程與殭屍行程

父行程與子行程的生命週期一般都不相同，父、子行程間互有長短。這就引發了下面兩個問題：

- 誰會是孤兒（orphan）子行程的父行程？行程 ID 為 1 的行程（init）是全部行程的祖先，它將會接管孤兒行程。換句話說，當某一子行程的父行程終止後，子行程呼叫 *getppid()* 將傳回 1。這是判定某一子行程之父行程是否仍存在的方法之一（前提是該子行程原本就不是由 init 建立的）。

  使用參數 PR_SET_PDEATHSIG 呼叫 Linux 特有的系統呼叫 *prctl()*，將有可能導致某一行程在成為孤兒時收到特定訊號。

- 若在父行程執行 *wait()* 之前，其子行程就已經終止，這將會發生什麼事情呢？此處的要點在於，即使子行程已經結束，系統仍然允許其父行程在之後的某一時刻去執行 *wait()*，以確定該子行程是如何終止的。核心透過將子行程轉為殭屍行程（zombie）來處理這種情況。這也意謂著將釋放子行程持有的大部份資源，以便重新提供給其他行程使用。該行程唯一保留的是核心行程表中的一筆紀錄，其中包含了子行程 ID、終止狀態、資源使用資料（36.1 節）等資訊。

至於殭屍行程名稱的由來，則源於 UNIX 系統對電影情節的效仿，無法透過訊號來殺死殭屍行程，即便是 SIGKILL 也無法殺死，以確保父行程總是可以執行 *wait()*。

當父行程執行 *wait()* 後，由於不再需要子行程所剩餘的最後資訊，因此核心將會刪除殭屍行程。

另一方面，如果父行程未執行 *wait()* 即退出，那麼 init 行程將接管子行程並自動呼叫 *wait()*，接著將殭屍行程從系統中移除。

如果父行程建立了某一子行程，但並未執行 *wait()*，那麼在核心的行程表中將為該子行程永久保留一筆紀錄。如果存在大量此類殭屍行程，它們勢必將填滿核心行程表，因而阻礙新行程的建立。既然無法使用訊號殺死殭屍行程，那麼將其從系統中移除的唯一方法就是殺掉它們的父行程（或等待其父行程終止），此時 init 行程將接管和等待這些殭屍行程，並將它們從系統中清除。

當父行程是長生命週期的行程時（例如：會建立許多子行程的網路伺服器和 shell），這些語意具有重要意義。換句話說，在此類應用中，父行程應執行 *wait()* 呼叫，以確保系統總是能夠清理那些死去的子行程，避免使其成為長壽的殭屍。如 26.3.1 節所述，父行程在處理 SIGCHLD 訊號時，對 *wait()* 的呼叫既可同步，也可非同步。

列表 26-4 示範如何建立一個殭屍行程，以及發送 SIGKILL 訊號無法殺死殭屍行程的例子。執行這一程式的輸出如下：

```
$ ./make_zombie
Parent PID=1013
Child (PID=1014) exiting
 1013 pts/4    00:00:00 make_zombie                    Output from ps(1)
 1014 pts/4    00:00:00 make_zombie <defunct>
After sending SIGKILL to make_zombie (PID=1014):
 1013 pts/4    00:00:00 make_zombie                    Output from ps(1)
 1014 pts/4    00:00:00 make_zombie <defunct>
```

在以上輸出中，ps(1) 所輸出的字串 <defunct> 表示行程處於殭屍狀態。

列表 26-4 使用 *system()* 函式來執行透過字串參數傳入的 shell 指令，27.6 節將會詳細描述 *system()* 函式。

列表 26-4：建立一個殭屍子行程

procexec/make_zombie.c

```
#include <signal.h>
#include <libgen.h>             /* For basename() declaration */
#include "tlpi_hdr.h"

#define CMD_SIZE 200

int
main(int argc, char *argv[])
{
    char cmd[CMD_SIZE];
    pid_t childPid;

    setbuf(stdout, NULL);       /* Disable buffering of stdout */

    printf("Parent PID=%ld\n", (long) getpid());

    switch (childPid = fork()) {
    case -1:
        errExit("fork");

    case 0:     /* Child: immediately exits to become zombie */
        printf("Child (PID=%ld) exiting\n", (long) getpid());
        _exit(EXIT_SUCCESS);

    default:    /* Parent */
        sleep(3);               /* Give child a chance to start and exit */
        snprintf(cmd, CMD_SIZE, "ps | grep %s", basename(argv[0]));
        system(cmd);            /* View zombie child */

        /* Now send the "sure kill" signal to the zombie */

        if (kill(childPid, SIGKILL) == -1)
            errMsg("kill");
        sleep(3);               /* Give child a chance to react to signal */
        printf("After sending SIGKILL to zombie (PID=%ld):\n", (long) childPid);
        system(cmd);            /* View zombie child again */

        exit(EXIT_SUCCESS);
    }
}
```

procexec/make_zombie.c

26.3 SIGCHLD 訊號

子行程的終止屬於非同步事件，父行程無法預知其子行程何時終止。（即使父行程向子行程發送 SIGKILL 訊號，子行程終止的確切時間還需視系統的排班而定：子行程下一次在何時使用 CPU。）之前已經提及，父行程應使用 *wait()*（或類似的呼叫）來防止殭屍子行程的累積，以及採用如下兩種方法來避免這一問題：

- 父行程呼叫不帶 WNOHANG 旗標的 *wait()*，或 *waitpid()* 呼叫，此時如果尚無任何子行程已經終止，那麼呼叫將會發生阻塞。
- 父行程週期性地呼叫帶有 WNOHANG 旗標的 *waitpid()*，以非阻塞方式檢查（輪詢）是否有已終止的子行程。

這兩種方法使用起來都有所不便。一方面，可能並不希望父行程以阻塞的方式來等待子行程終止。另一方面，重複呼叫非阻塞的 *waitpid()* 會造成 CPU 資源的浪費，並增加應用程式設計的複雜度。為了規避這些問題，可以採用 SIGCHLD 訊號的處理常式。

26.3.1 為 SIGCHLD 建立訊號處理常式

無論一個子行程於何時終止，系統都會向其父行程發送 SIGCHLD 訊號。對該訊號的預設處理是將其忽略，不過也可以安裝訊號處理常式來捕獲它。在處理常式中，可以使用 *wait()*（或類似的呼叫）來收拾殭屍行程。不過，使用此方法時需要掌握一些竅門。

由 20.10 節和 20.12 節可知，當呼叫訊號處理常式時，會暫時阻塞引發呼叫的訊號（除非 *sigaction()* 有指定 SA_NODEFER 旗標），且不會對 SIGCHLD 之類的的標準訊號進行排隊處理。如此一來，當 SIGCHILD 的訊號處理常式正在執行一個終止的子行程處理時，如果相繼有兩個子行程終止了，因此產生了兩次 SIGCHLD 訊號，而父行程也只能捕獲一個訊號。結果變成，如果父行程的 SIGCHLD 訊號處理常式每次只呼叫一次 *wait()*，那麼有些殭屍子行程可能會成為漏網之魚。

解決方案是：在 SIGCHLD 處理常式內部迴圈以 WNOHANG 旗標來呼叫 *waitpid()*，直到沒有任何其他終止的子行程需要處理為止。通常 SIGCHLD 處理常式都簡單地由以下程式碼組成，僅捕獲已終止的子行程，而不在意其終止狀態。

```
while (waitpid(-1, NULL, WNOHANG) > 0)
    continue;
```

上述迴圈會一直持續下去，直到 *waitpid()* 傳回 0 為止，表示沒有殭屍子行程存在。或是傳回 -1，表示有錯誤發生（可能是 ECHILD，表示沒有其他子行程）。

SIGCHLD 處理常式的設計問題

假設在建立 SIGCHLD 處理常式時，該行程已經有子行程終止。那麼核心會立即為父行程產生 SIGCHLD 訊號嗎？ SUSv3 對這一點並未規定。一些源自 System V 的實作在這種情況下會產生 SIGCHLD 訊號；而另一些系統，包括 Linux，則不這麼做。為保障可攜性，應用程式應在建立任何子行程之前就設定好 SIGCHLD 處理常式，避免此隱含問題。（這無疑地也是順其自然的處事之道。）

需要更深入考慮的問題是可重入性（reentrancy）。在 21.1.2 節特別指出，在訊號處理常式中使用系統呼叫（如 *waitpid()*）可能會改變全域變數 errno 的值。當主程式企圖明確設定 errno（參考 35.1 節對 *getpriority()* 的討論），或是在系統呼叫失敗後檢查 errno 值時，此變化會與之發生衝突。基於此原因，有時在設計 SIGCHLD 訊號處理常式時，需要在一進入處理常式時就使用區域變數來保存 errno 值，而在傳回前加以恢復。請參考列表 26-5。

範例程式

列表 26-5 提供了一個更為複雜的 SIGCHLD 訊號處理常式範例。該處理常式為所捕獲的每個子行程輸出行程 ID 及其等候狀態①。為了模擬呼叫處理常式期間產生多個 SIGCHLD 訊號而無法排隊的效果，利用 *sleep()* 呼叫②可人為地拉長處理常式的執行時間。主程式為每個（整數）命令列參數建立一個子行程④。每個子行程持續休眠其對應命令列參數所指定的秒數，隨即離開⑤。從下列的程式執行例子可以看出，即使有三個子行程結束，而父行程也只捕獲到兩次 SIGCHLD 訊號。

```
$ ./multi_SIGCHLD 1 2 4
16:45:18 Child 1 (PID=17767) exiting
16:45:18 handler: Caught SIGCHLD              First invocation of handler
16:45:18 handler: Reaped child 17767 - child exited, status=0
16:45:19 Child 2 (PID=17768) exiting          These children terminate during...
16:45:21 Child 3 (PID=17769) exiting          first invocation of handler
16:45:23 handler: returning                   End of first invocation of handler
16:45:23 handler: Caught SIGCHLD              Second invocation of handler
16:45:23 handler: Reaped child 17768 - child exited, status=0
16:45:23 handler: Reaped child 17769 - child exited, status=0
16:45:28 handler: returning
16:45:28 All 3 children have terminated; SIGCHLD was caught 2 times
```

請注意，在列表 26-5 中，在建立子行程之前使用了 *sigprocmask()* 來阻塞 SIGCHLD 訊號③。這個做法可確保父行程中 *sigsuspend()* 迴圈的正確操作。如果以此方式未能阻塞 SIGCHLD 訊號，而某一子行程又被終止於對 numLiveChildren 的檢查和執行 *sigsuspend()* 呼叫（也可以是 *pause()* 呼叫）之間，那麼 *sigsuspend()* 呼叫會永遠阻塞，等待一個早已捕獲過的訊號⑥。在 22.9 節詳細描述了處理此類競速條件的要求。

列表 26-5：透過 SIGCHLD 訊號處理常式捕獲已終止的子行程

procexec/multi_SIGCHLD.c

```
    #include <signal.h>
    #include <sys/wait.h>
    #include "print_wait_status.h"
    #include "curr_time.h"
    #include "tlpi_hdr.h"

    static volatile int numLiveChildren = 0;
                    /* Number of children started but not yet waited on */

    static void
    sigchldHandler(int sig)
    {
        int status, savedErrno;
        pid_t childPid;

        /* UNSAFE: This handler uses non-async-signal-safe functions
           (printf(), printWaitStatus(), currTime(); see Section 21.1.2) */

        savedErrno = errno;         /* In case we modify 'errno' */

        printf("%s handler: Caught SIGCHLD\n", currTime("%T"));

        while ((childPid = waitpid(-1, &status, WNOHANG)) > 0) {
①           printf("%s handler: Reaped child %ld - ", currTime("%T"),
                    (long) childPid);
            printWaitStatus(NULL, status);
            numLiveChildren--;
        }

        if (childPid == -1 && errno != ECHILD)
            errMsg("waitpid");

②       sleep(5);           /* Artificially lengthen execution of handler */
        printf("%s handler: returning\n", currTime("%T"));

        errno = savedErrno;
    }

    int
    main(int argc, char *argv[])
    {
        int j, sigCnt;
```

```
    sigset_t blockMask, emptyMask;
    struct sigaction sa;

    if (argc < 2 || strcmp(argv[1], "--help") == 0)
        usageErr("%s child-sleep-time...\n", argv[0]);

    setbuf(stdout, NULL);       /* Disable buffering of stdout */

    sigCnt = 0;
    numLiveChildren = argc - 1;

    sigemptyset(&sa.sa_mask);
    sa.sa_flags = 0;
    sa.sa_handler = sigchldHandler;
    if (sigaction(SIGCHLD, &sa, NULL) == -1)
        errExit("sigaction");

    /* Block SIGCHLD to prevent its delivery if a child terminates
       before the parent commences the sigsuspend() loop below */

    sigemptyset(&blockMask);
    sigaddset(&blockMask, SIGCHLD);
③   if (sigprocmask(SIG_SETMASK, &blockMask, NULL) == -1)
        errExit("sigprocmask");

④   for (j = 1; j < argc; j++) {
        switch (fork()) {
        case -1:
            errExit("fork");

        case 0:         /* Child - sleeps and then exits */
⑤           sleep(getInt(argv[j], GN_NONNEG, "child-sleep-time"));
            printf("%s Child %d (PID=%ld) exiting\n", currTime("%T"),
                    j, (long) getpid());
            _exit(EXIT_SUCCESS);

        default:        /* Parent - loops to create next child */
            break;
        }
    }

    /* Parent comes here: wait for SIGCHLD until all children are dead */

    sigemptyset(&emptyMask);
    while (numLiveChildren > 0) {
⑥       if (sigsuspend(&emptyMask) == -1 && errno != EINTR)
            errExit("sigsuspend");
        sigCnt++;
    }
```

```
    printf("%s All %d children have terminated; SIGCHLD was caught "
            "%d times\n", currTime("%T"), argc - 1, sigCnt);

    exit(EXIT_SUCCESS);
}
```

procexec/multi_SIGCHLD.c

26.3.2 為已停止的子行程發送 SIGCHLD 訊號

正如可以使用 *waitpid()* 來監測已停止的子行程一樣，當訊號導致子行程停止時，父行程也就有可能收到 SIGCHLD 訊號。呼叫 *sigaction()* 設定 SIGCHLD 訊號處理常式時，如代入 SA_ NOCLDSTOP 旗標即可控制此行為。若未使用此旗標，則系統會在子行程停止時向父行程發送 SIGCHLD 訊號；反之，如果使用了此旗標，那麼就不會因為子行程的停止而發出 SIGCHLD 訊號。（22.7 節中對 *signal()* 的實作就未指定 SA_NOCLDSTOP。）

> 因為預設情況下會忽略訊號 SIGCHLD，SA_NOCLDSTOP 旗標僅在設定 SIGCHLD 訊號處理常式時才有意義。而且，SA_NOCLDSTOP 只對 SIGCHLD 訊號有效果。

SUSv3 也允許，當訊號 SIGCONT 導致已停止的子行程恢復執行時，向其父行程發送 SIGCHLD 訊號。（相當於 *waitpid()* 的 WCONTINUED 旗標。），Linux 於 2.6.9 核心版本實作了此特性。

26.3.3 忽略死掉的子行程

很有可能像這樣處理終止子行程：將對 SIGCHLD 的處置（disposition）明確設定為 SIG_IGN，系統因而會將其後終止的子行程立即刪除，而不用轉為殭屍行程。這時會將子行程的狀態捨棄，因此所有後續的 *wait()*（或類似）呼叫都不會傳回子行程的任何資訊。

> 注意，雖然對訊號 SIGCHLD 的預設處置就是將其忽略，但明確設定對 SIG_IGN 旗標的處置還是會導致這裡所描述的行為有所差異。在這方面，對訊號 SIGCHLD 的處理非常獨特，不同於其他訊號。

如同許多 UNIX 實作一樣，在 Linux 系統中，對 SIGCHLD 訊號的處置設定為 SIG_IGN 並不會影響任何既有殭屍行程的狀態（仍然要照常使用 wait 去處理它們）。在一些其他的 UNIX 實作中（例如 Solaris 8），對 SIGCHLD 的處置設定為 SIG_IGN 確實會刪除所有已有的殭屍行程。

訊號 SIGCHLD 的 SIG_IGN 語意由來已久，源於 System V。SUSv3 也規定了此處所描述的行為，不過原始的 POSIX.1 標準對此則未作說明。因此，在一些較舊的 UNIX 實作中，忽略 SIGCHLD 並不影響殭屍行程的建立。要防止產生殭屍行程，唯一完全可攜的方法就是（可能是從 SIGCHLD 訊號處理常式的內部）呼叫 *wait()* 或者 *waitpid()*。

舊版 Linux 核心實作與 SUSv3 標準的差異

SUSv3 規定，如果將對 SIGCHLD 的處置設定為 SIG_IGN，那麼將捨棄子行程的資源使用資訊，且若指定 RUSAGE_CHILDREN 旗標呼叫 *getrusage()* 函式，其傳回總數中也將不包含該項資訊（36.1 節）。然而，在版本 2.6.9 之前的 Linux 核心中，還是會記錄子行程的 CPU 使用時間以及資源的使用情況，並可透過 *getrusage()* 呼叫取得。直到 Linux 2.6.9 才得修正為遵循規範。

> 將對 SIGCHLD 的處置設定為 SIG_IGN 還會阻止 *times()*（10.7 節）傳回的結構中包含子行程的 CPU 使用時間。不過，在 Linux 2.6.9 之前，*times()* 所傳回的資訊同樣不符合規範。

SUSv3 規定，如果將對 SIGCHLD 的處置設定為 SIG_IGN，同時，父行程已終止的子行程中並無處於殭屍狀態且未被等待的情況，那麼 *wait()*（或 *waitpid()*）呼叫將一直阻塞，直至所有子行程都終止，屆時該呼叫將傳回錯誤 ECHILD。Linux 2.6 符合此要求。不過在 Linux 2.4 以及更早期的版本中，*wait()* 只會阻塞到下一個子行程終止的時刻，隨即傳回該子行程的行程 ID 及狀態（即此行為與沒有將 SIGCHLD 訊號的處置設為 SIG_IGN 時一樣）。

sigaction() 的 SA_NOCLDWAIT 旗標

SUSv3 規定了 SA_NOCLDWAIT 旗標，可在呼叫 *sigaction()* 對 SIGCHLD 訊號的處置設定時使用此旗標。設定該旗標的作用類似於對 SIGCHLD 的處置設為 SIG_IGN 時的效果一樣。Linux 2.4 及其早期版本並未實作該旗標，直至 Linux 2.6 才實作對其支援。

將對 SIGCHLD 的處置設為 SIG_IGN 與採用 SA_NOCLDWAIT 之間最主要的區別在於，當以 SA_NOCLDWAIT 設定訊號處理常式時，SUSv3 並未規定系統在子行程終止時是否向其父行程發送 SIGCHLD 訊號。換句話說，當指定 SA_NOCLDWAIT 時允許系統發送 SIGCHLD 訊號，則應用程式即可捕捉這一訊號（儘管由於核心已經丟棄了殭屍行程，造成 SIGCHLD 處理常式無法用 *wait()* 來獲得子行程狀態）。在包括 Linux 在內的一些 UNIX 實作中，核心確實會為父行程產生 SIGCHLD 訊號。而在另一些 UNIX 實作中，則不會。

> 當為 SIGCHLD 訊號設定 SA_NOCLDWAIT 旗標時，舊版 Linux 核心的行為細節同樣與 SUSv3 不符，正如之前在對 SIGCHLD 的處置設定為 SIG_IGN 處所討論的。

System V 的 SIGCLD 訊號

在 Linux 系統中，訊號 SIGCLD 與 SIGCHLD 意義相同。之所以兩個名稱並存，是由歷史原因造成的。SIGCHLD 訊號源自 BSD，POSIX 標準採用了此名稱，同時對 BSD 訊號模型做了大量的標準化工作。System V 則提供了相對應的 SIGCLD 訊號，在語意上稍微不同。

BSD SIGCHLD 訊號與 System V SIGCLD 之間的主要差別在於，將將訊號處置設定為 SIG_IGN 時的行為不同：

- 在歷史（和一些現代）的 BSD 實作中，即使忽略了 SIGCHLD 訊號，系統仍會繼續將無人等待的子行程變為殭屍行程。
- 在 System V 上，使用 *signal()*（而非 *sigaction()*）忽略 SIGCLD 訊號將導致子行程在終止時不會轉為殭屍行程。

如前所述，原始的 POSIX.1 標準對於忽略 SIGCHLD 的結果並未定義，因而也認可了 System V 的行為。而今，System V 的行為已成為 SUSv3 標準的一部分（不過將仍然使用 SIGCHLD 的名稱）。衍生自 System V 的現代系統實作中對該訊號使用了 SIGCHLD 此標準名稱，同時繼續提供具有相同含義的 SIGCLD 訊號。關於 SIGCLD 的更多資訊可參考（Stevens & Rago，2005）。

26.4 小結

使用 *wait()* 和 *waitpid()*（以及其他相關函式），父行程（parent process）可以得到其已終止或停止子行程（child process）的狀態。該狀態說明子行程是正常終止（帶有表示成功或失敗的終止狀態），還是異常中止，因收到某個訊號而停止，還是因收到 SIGCONT 訊號而恢復執行。

如果子行程的父行程終止，那麼子行程將變為孤兒行程（orphan），並由行程 ID（process ID）為 1 的 init 行程接管。

子行程終止後會變為殭屍行程，僅當其父行程呼叫 *wait()*（或類似函式）取得子行程終止狀態時，才能將其從系統中刪除。在設計長時間執行的程式中，諸如 shell 程式以及守護行程（daemon）時，應總是捕獲其所建立子行程的狀態，因為系統無法殺死殭屍行程，而未處理的殭屍行程最終將塞滿核心行程表。

捕獲已終止子行程的一般方法是為訊號 SIGCHLD 設定訊號處理常式。當子行程終止時（也可選擇子行程因訊號而停止時），其父行程會收到 SIGCHLD 訊號。還有另一種移植性較差的處理方式，行程可選擇對 SIGCHLD 訊號的處置設定為忽略（SIG_IGN），這時將立即丟棄終止子行程的狀態（因此其父行程從此再也無法取得這些資訊），子行程也不會成為殭屍行程。

進階資訊

請參考列於 24.6 節中的更多資訊來源。

26.5 習題

26-1. 設計一個程式，以驗證當子行程的父行程終止時，子行程呼叫 *getppid()* 將傳回 1（行程 init 的行程 ID）。

26-2. 假設存在三個彼此有關係的行程（祖父行程、父行程及子行程），祖父行程沒有在父行程結束之後立即執行 *wait()*，所以父行程會變成殭屍行程。那麼請指出子行程何時會被 init 行程接收（即子行程呼叫 *getppid()* 將傳回 1），是在父行程終止後，還是祖父行程呼叫 *wait()* 後？請設計程式驗證結果。

26-3. 使用 *waitid()* 取代列表 26-3（child_status.c）中的 *waitpid()*。需要修改程式碼，將函式 *printWaitStatus()* 呼叫取代為輸出 *waitid()* 傳回的 *siginfo_t* 結構之欄位。

26-4. 列表 26-4（make_zombie.c）呼叫了 *sleep()*，以便允許子行程在父行程執行函式 *system()* 前有機會執行工作與終止。理論上此方法存在著競速條件（race condition）的可能性。請修改此程式，使用訊號來同步父子行程，以消弭此競速條件。

27

執行程式

承接前幾章對於行程建立和終止的探討，本章首先將介紹系統呼叫 *execve()*，透過該呼叫，行程能以全新程式來替換目前執行的程式；接下來會討論函式 *system()* 的實作，該函式可允許呼叫者執行任意的 shell 指令。

27.1 執行新程式：*execve()*

系統呼叫 *execve()* 可以將新的程式載入到某一個行程的記憶體空間。在此操作過程中，將捨棄舊有程式，而行程的堆疊（stack）、資料（data）以及堆積（heap）區段會由新程式相對應的部份取代。在執行了各種 C 函式庫的執行期啟動碼及程式初始化碼之後（如 C++ 的靜態建構函式，或 42.2 節所述的 gcc constructor 屬性所宣告的 C 函式），新程式會從它的 *main()* 函式開始執行。

由 *fork()* 生成的子行程最常使用 *execve()* 呼叫，不過偶爾也會只單獨在應用程式呼叫 *execve()*，而不執行 *fork()*。

函式庫中有一系列 exec 前綴命名的函式是基於 *execve()* 系統呼叫而實作的，雖然提供的介面不盡相同，但功能是一樣的。通常將呼叫這些函式以載入新程式的過程稱為 exec 操作，或是單純以 *exec()* 來表示。下面將先介紹 *execve()*，然後再對相關的函式庫函式進行說明。

```
#include <unistd.h>

int execve(const char *pathname, char *const argv[], char *const envp[]);
                                Never returns on success; returns –1 on error
```

參數 pathname 包含準備載入目前行程空間的新程式之路徑名稱，可以是絕對路徑（以 / 開頭），也可以是相對於呼叫行程目前工作目錄（current working directory）的相對路徑。

參數 argv 則指定了傳輸給新行程的命令列參數，該陣列對應於 C 語言 *main()* 函式的第二個參數（argv），且格式也相同，是由字串指標所組成的清單，以 NULL 結束。argv[0] 的值則對應於指令名稱，通常該值與 pathname 中的 basename（路徑名稱的最後部分）相同。

最後一個參數 envp 指定了新程式的環境清單，參數 envp 對應於新程式的 environ 陣列：也是由字串指標組成的清單，以 NULL 結束，所指向的字串格式為 *name=value*（6.7 節）。

> Linux 所特有的 /proc/PID/exe 檔案是一個符號連結（symbolic link），包含行程正在執行的可執行檔之絕對路徑。

呼叫 *execve()* 之後，因為同一行程依然存在，所以行程 ID 仍保持不變。如 28.4 節所述，還有少量其他的行程屬性也未發生變化。

如果對 pathname 指定的程式檔案設定了 set-user-ID（set-group-ID）權限位元，那麼系統呼叫會在執行此檔案時將行程的有效使用者（effective user）ID、群組（group）ID 分別設定為程式檔案的擁有者（owner）ID、群組（group）ID。利用此機制，可令使用者在執行特定程式時臨時取得特權。（參考 9.3 節）。

無論是否更改了有效 ID，也不管這一變化是否生效，*execve()* 都會以行程的有效使用者 ID 去覆蓋已保存的（saved）set-user-ID，以行程的有效群組 ID 去覆蓋已保存的（saved）set-group-ID。

因為是取代執行此呼叫的程式，所以 *execve()* 在成功呼叫之後將不會返回，而且也無須檢查 *execve()* 的回傳值，因為該值總是等於 -1。實際上，只要函式返回，就表示發生了錯誤。通常，可以透過 errno 來判斷錯誤原因，可能自 errno 傳回的錯誤如下：

EACCES

參數 pathname 沒有指向一個普通（regular）檔案，未對該檔案賦予可執行權限，或者因為 pathname 中某一層的目錄為不可搜尋（not searchable）（即關閉了該目錄的執行權限）。還有一種可能是，以 MS_NOEXEC 旗標（14.8.1 節）來掛載（mount）檔案所在的檔案系統，因而導致此錯誤。

ENOENT

pathname 所指定的檔案不存在。

ENOEXEC

儘管對 pathname 所參照的檔案賦予了可執行權限，但系統卻無法識別為可執行的檔案格式。可能是這個腳本（script）沒有使用腳本直譯器（interpreter）（以字元 #! 開頭）做為起始行，就可能導致此錯誤。

ETXTBSY

pathname 指定的檔案已經由一個或多個行程以寫入方式開啟（4.3.2 節）。

E2BIG

參數清單和環境清單所需的空間總和超出了允許的最大值。

當將上述任一條件套用在執行腳本的直譯器上，或是執行程式的 ELF 直譯器時，同樣會產生上述所列的錯誤。

> ELF（Executable and Linking Format）是一種廣為實作的標準，描述了可執行檔的佈局。在執行期時，行程的映像（image）通常是由執行檔的各區段（segment）構成（6.3 節）。不過，ELF 規格也允許定義一個直譯器（ELF 程式標頭的 PT_INTERP 元素）來執行程式。如果定義了直譯器，核心則基於指定直譯器可執行檔的各區段來建構行程映像，轉而由直譯器負責載入和執行程式。在第 41 章會對 ELF 直譯器做進一步描述，並提供進階資訊。

範例程式

列表 27-1 示範了 *execve()* 的用法。該程式先為新程式建立參數清單和環境清單，接著呼叫 *execve()* 來執行命令列參數（argv[1]）指定的程式。

列表 27-2 示範的程式，是設計專供列表 27-1 程式執行的。該程式只是單純顯示本身的命令列參數以及環境清單（使用全域變數 environ 存取環境清單，如 6.7 節所述）。

下列的 shell 作業階段（session）示範列表 27-1 和列表 27-2 的使用（本例在指定執行程式時使用的是相對路徑名稱）：

```
$ ./t_execve ./envargs
argv[0] = envargs                    All of the output is printed by envargs
argv[1] = hello world
argv[2] = goodbye
environ: GREET=salut
environ: BYE=adieu
```

列表 27-1：呼叫函式 *execve()* 來執行新程式

procexec/t_execve.c

```
#include "tlpi_hdr.h"

int
main(int argc, char *argv[])
{
    char *argVec[10];           /* Larger than required */
    char *envVec[] = { "GREET=salut", "BYE=adieu", NULL };

    if (argc != 2 || strcmp(argv[1], "--help") == 0)
        usageErr("%s pathname\n", argv[0]);

    argVec[0] = strrchr(argv[1], '/');      /* Get basename from argv[1] */
    if (argVec[0] != NULL)
        argVec[0]++;
    else
        argVec[0] = argv[1];
    argVec[1] = "hello world";
    argVec[2] = "goodbye";
    argVec[3] = NULL;           /* List must be NULL-terminated */

    execve(argv[1], argVec, envVec);
    errExit("execve");          /* If we get here, something went wrong */
}
```

procexec/t_execve.c

列表 27-2：顯示參數清單和環境清單

procexec/envargs.c

```
#include "tlpi_hdr.h"

extern char **environ;

int
main(int argc, char *argv[])
{
    int j;
```

```
    char **ep;

    for (j = 0; j < argc; j++)
        printf("argv[%d] = %s\n", j, argv[j]);

    for (ep = environ; *ep != NULL; ep++)
        printf("environ: %s\n", *ep);

    exit(EXIT_SUCCESS);
}
```
procexec/envargs.c

27.2 *exec()* 函式庫函式

本節所討論的函式庫函式為執行 *exec()* 提供了多種 API 選擇。這些函式全部都構建於 *execve()* 呼叫之上，只是指定新程式的程式名稱、參數清單以及環境變數時，使用的方式不太一樣。

```
#include <unistd.h>

int execle(const char *pathname, const char *arg, ...
                /* , (char *) NULL, char *const envp[] */ );
int execlp(const char *filename, const char *arg, ...
                /* , (char *) NULL */);
int execvp(const char *filename, char *const argv[]);
int execv(const char *pathname, char *const argv[]);
int execl(const char *pathname, const char *arg, ...
                /* , (char *) NULL */);
```
None of the above returns on success; all return –1 on error

各函式名稱的最後一個字母提供區分這些函式的線索。表 27-1 摘錄了這些差異，下面是詳細說明：

- 大部分 *exec()* 函式要求提供新程式的路徑名稱。而 *execlp()* 和 *execvp()* 則允許只提供程式檔名。系統會在環境變數 PATH 指定的目錄清單中尋找相對應的執行檔案（稍後將詳細解釋）。這與 shell 搜尋輸入指令的方式一致。這些函式名稱都包含字母 p（表示 PATH），以示在操作上有所不同。如果檔名中包含「/」，則將其視為相對或絕對路徑名稱，並不再使用變數 PATH 來搜索檔案。

- 函式 *execle()*、*execlp()* 和 *execl()* 要求開發者在呼叫中以字串清單的形式來指定參數，而不使用陣列來描述 argv 清單。第一個參數對應於新程式 *main()* 函式的 *argv[0]*，因而通常與參數 filename 或 pathname 的 basename 相同。必須以 NULL 指標來做為參數清單的結尾，以便各呼叫定位清單的結尾。（上述各原型註解中的 *(char*)NULL* 部分透露了此要求。至於為何需要對 NULL 進行強制型別轉換，請參考附錄 C。）這些函式的名稱都包含字母 l（表示 list），以示與那些將以 NULL 結尾的陣列做為參數清單的函式有所區別。後者（*execve()*、*execvp()* 和 *execv()*）名稱中則包含字母 v（表示 vector）。
- 函式 *execve()* 和 *execle()* 則允許開發者透過 envp 為新程式明確地指定環境變數，其中 envp 是一個以 NULL 結束的字串指標陣列。這些函式名稱均以字母 e（environment）結尾。其他 *exec()* 函式將使用呼叫者的目前環境（即 environ 中內容）作為新程式的環境。

> glibc 2.11 曾加入一個非標準函式 execve(file, argv, envp)。該函式與 *execvp()* 類似，不過並非透過 environ 來取得新程式的環境，而是透過參數 envp（類似於函式 *execve()* 和 *execle()*）來指定新環境。

後面幾頁會示範部分 *exec()* 函式變體的使用。

表 27-1：*exec()* 函式間的差異摘錄

函式	程式檔案的規格（-, *p*）	參數的規格（*v*, *l*）	環境變數來源（*e*, -）
execve()	路徑名稱	陣列	*envp* 參數
execle()	路徑名稱	串列	*envp* 參數
execlp()	檔名 + PATH	串列	呼叫者的 *environ*
execvp()	檔名 + PATH	陣列	呼叫者的 *environ*
execv()	路徑名稱	陣列	呼叫者的 *environ*
execl()	路徑名稱	串列	呼叫者的 *environ*

27.2.1 環境變數 PATH

函式 *execvp()* 和 *execlp()* 允許呼叫者只提供要執行的程式檔名。二者均使用環境變數 PATH 來搜尋檔案。PATH 的值是一個以冒號（：）分隔，由多個目錄名稱，也將其稱為路徑字首（path prefixes）組成的字串。下例中的 PATH 包含 5 個目錄：

```
$ echo $PATH
/home/mtk/bin:/usr/local/bin:/usr/bin:/bin:.
```

對於一個登入的 shell 而言，其 PATH 值將由系統級和特定使用者的 shell 啟動腳本來設定。由於子行程繼承其父行程的環境變數，所以 shell 執行每個指令時所建立的行程也繼承了 shell 的 PATH。

PATH 中指定的路徑名稱既可以是絕對路徑名稱（以 / 開始），也可以是相對路徑名稱。對相對路徑名稱的詮釋是基於呼叫行程的目前工作目錄（current working directory）。如前述例子所示，可以使用 .（點）來表示目前的工作目錄。

> 在 PATH 中包含一個長度為 0 的首碼，也可以用來指定目前工作目錄。表示方式有：連續的冒號、起始冒號或尾部冒號（例如，/usr/bin:/bin:）。在 SUSv3 廢止了此方式，目前工作目錄應該用「.」（點）來明確指定。

如果沒有定義變數 PATH，那麼 *execvp()* 和 *execlp()* 會採用預設的路徑清單：（.:/usr/bin:/bin）。

基於安全考量，通常會將目前工作目錄排除在超級使用者（root）的 PATH 之外。這是為了防止 root 使用者發生如下意外情況：執行目前工作目錄下與標準指令同名的程式（事先由惡意使用者故意放置），或者將常用指令拼錯而執行了目前工作目錄下的其他程式（例如，輸入 sl 而非 ls）。一些 Linux 發行版本還將目前工作目錄排除在非特權使用者的 PATH 預設值之外。這裡假定，在本書展示的所有 shell 作業階段日誌中，對 PATH 的定義均不包含目前工作目錄，而書中示範在執行目前工作目錄下的程式時都冠以首碼「./」的原因也正在於此。（同時還有一個優點：在本書的 shell 作業階段日誌中，在呈現時會將範例程式與標準指令分開。）

函式 *execvp()* 和 *execlp()* 會在 PATH 包含的每個目錄中搜尋檔案，從清單開頭的目錄開始，直到成功執行了指定檔案。如果不清楚可執行程式的具體位置，或是不想因以程式寫死（hard-code）而對具體位置產生依賴，則可以利用 PATH 環境變數的方式。

應該避免在設定了 set-user-ID 或 set-group-ID 的程式中呼叫 *execvp()* 和 *execlp()*，至少應當慎用。需要特別謹慎地控制 PATH 環境變數，以防執行惡意程式。在實際操作中，這意謂著應用程式應該使用已知的安全目錄清單來覆蓋之前定義的任何 PATH 值。

列表 27-3 提供了一個使用 *execlp()* 的例子。下面的 shell 作業階段日誌則示範了如何透過該程式來呼叫 echo 指令（/bin/echo）：

```
$ which echo
/bin/echo
$ ls -l /bin/echo
-rwxr-xr-x    1 root      15428 Mar 19 21:28 /bin/echo
$ echo $PATH                         Show contents of PATH environment variable
```

```
/home/mtk/bin:/usr/local/bin:/usr/bin:/bin            /bin is in PATH
$ ./t_execlp echo                          execlp() uses PATH to successfully find echo
hello world
```

在上例中，列表 27-3 程式將字串 hello world 作為第三個參數傳輸給 *execlp()* 呼叫。

接下來，重新定義 PATH，移除程式 echo 所在的目錄 /bin：

```
$ PATH=/home/mtk/bin:/usr/local/bin:/usr/bin
$ ./t_execlp echo
ERROR [ENOENT No such file or directory] execlp
$ ./t_execlp /bin/echo
hello world
```

如所見，當只提供檔名給 *execlp()*（即字串中不包含「/」）時，呼叫會失敗。這是因為在 PATH 包含的目錄清單中無法找到名為 echo 的檔案。另一方面，當提供了包含一個或多個斜線的路徑名稱時，*execlp()* 則會忽略 PATH 的內容。

列表 27-3：使用 *execlp()* 在 PATH 中搜尋檔案

procexec/t_execlp.c

```
#include "tlpi_hdr.h"

int
main(int argc, char *argv[])
{
    if (argc != 2 || strcmp(argv[1], "--help") == 0)
        usageErr("%s pathname\n", argv[0]);

    execlp(argv[1], argv[1], "hello world", (char *) NULL);
    errExit("execlp");      /* If we get here, something went wrong */
}
```

procexec/t_execlp.c

27.2.2 將程式參數指定為串列

如果在程式設計時已知某個 *exec()* 的參數個數，呼叫 *execle()*、*execlp()* 或者 *execl()* 時就可以將參數做為串列傳入。相較於將參數存放在一個 argv vector 中，程式碼會比較少及更方便使用。列表 27-4 程式的結果與列表 27-1 相同，只是呼叫了 *execle()* 而非 *execve()*。

列表 27-4：使用 *execle()*，將程式參數指定為串列（list）

procexec/t_execle.c

```
#include "tlpi_hdr.h"
```

```
int
main(int argc, char *argv[])
{
    char *envVec[] = { "GREET=salut", "BYE=adieu", NULL };
    char *filename;

    if (argc != 2 || strcmp(argv[1], "--help") == 0)
        usageErr("%s pathname\n", argv[0]);

    filename = strrchr(argv[1], '/');       /* Get basename from argv[1] */
    if (filename != NULL)
        filename++;
    else
        filename = argv[1];

    execle(argv[1], filename, "hello world", "goodbye", (char *) NULL, envVec);
    errExit("execle");          /* If we get here, something went wrong */
}
```

procexec/t_execle.c

27.2.3 將呼叫者的環境傳輸給新程式

函式 *execlp()*、*execvp()*、*execl()* 和 *execv()* 不允許開發者明確指定環境清單，新程式的環境繼承自執行呼叫的行程（6.7 節）。這樣有好有壞。基於安全考量，有時想要確保程式能以一個已知（安全）的環境清單執行，在 38.8 節將對此進行深入討論。

列表 27-5 示範如何運用函式 *execl()*，使新程式繼承呼叫者的環境。對於透過 *fork()* 從 shell 處所繼承的環境，程式先用函式 *putenv()* 進行修改，接著執行 printenv 程式來顯示環境變數 USER 和 SHELL 的值，程式的輸出如下：

```
$ echo $USER $SHELL              Display some of the shell's environment variables
blv /bin/bash
$ ./t_execl
Initial value of USER: blv       Copy of environment was inherited from the shell
britta                           These two lines are displayed by execed printenv
/bin/bash
```

列表 27-5：呼叫函式 *execl()*，將呼叫者的環境傳遞給新程式

procexec/t_execl.c

```
#include <stdlib.h>
#include "tlpi_hdr.h"

int
main(int argc, char *argv[])
{
```

```
    printf("Initial value of USER: %s\n", getenv("USER"));
    if (putenv("USER=britta") != 0)
        errExit("putenv");

    execl("/usr/bin/printenv", "printenv", "USER", "SHELL", (char *) NULL);
    errExit("execl");            /* If we get here, something went wrong */
}
```

procexec/t_execl.c

27.2.4 執行由檔案描述符參照的程式：*fexecve()*

glibc 自版本 2.3.2 開始提供函式 *fexecve()*，其行為與 *execve()* 類似，只是透過開啟檔案描述符 fd 的方式來指定程式檔，而非透過路徑名稱。有些應用程式需要開啟某個程式檔案，透過執行 checksum（校驗和）來驗證檔案內容，然後再執行該程式，這樣的情境比較適合使用函式 *fexecve()*。

```
#define _GNU_SOURCE
#include <unistd.h>

int fexecve(int fd, char *const argv[], char *const envp[]);
```

Doesn't return on success; returns –1 on error

當然，即便沒有 *fexecve()* 函式，也可以呼叫 *open()* 來開啟檔案，讀取並驗證其內容，最後開始執行。然而，在開啟檔案與執行檔案之間，該檔案可能會改變內容（持有開啟檔案描述符並不能阻止建立同名的新檔案），最終會造成執行的內容與驗證時的內容不同。

27.3 直譯器腳本

所謂直譯器（interpreter），就是能夠讀取並執行文字格式指令的程式。（相形之下，編譯器則是將輸入原始程式碼轉譯為可在真實或虛擬機器上執行的機器語言。）各種 UNIX shell，以及諸如 *awk*、*sed*、*perl*、*python* 和 *ruby* 之類的程式都屬於直譯器。除了能夠互動式地讀取和執行指令之外，直譯器通常還具備這樣一種能力：從被稱為腳本（script）的文字檔中讀取和執行指令。

UNIX 核心執行直譯器腳本的方式與二進位（binary）程式無異，前提是腳本必須滿足下面兩點要求：首先，必須賦予指令檔可執行的權限；其次，檔案的起始行（initial line）必須指定腳本直譯器的路徑。格式如下：

```
#! interpreter-path [ optional-arg ]
```

字元 #! 必須放置於該行的起始處，這兩個字串與直譯器路徑名稱之間可以用空格分隔。在解譯該路徑名稱時不會使用環境變數 PATH，因而一般應採用絕對路徑。使用相對路徑固然可行，但很少用。解譯方式則相對於啟動直譯器行程的目前工作目錄。直譯器路徑名稱後還可跟隨選配的參數（稍後將解釋其目的），二者之間以空格分隔。選配參數中不應包含空格。

例如，UNIX shell 腳本通常以下面這行開始，指定執行該腳本的 shell：

```
#!/bin/sh
```

> 直譯器指令檔首行中的選配參數不應包含空格，因為空格此處所產生的作用完全取決於實作而定。Linux 系統不會對選配參數（*optional-arg*）中的空格進行特別解釋，將從參數起始直至行尾的所有文字視為一個單詞（正如後面所述，再將其做為一整個參數傳輸給直譯器）。注意，對空格的這種處理方式與 shell 的做法形成鮮明對比，後者總是將其視為命令列中各單詞的分隔符。
>
> 對於選配參數中的空白字元，雖然有些 UNIX 實作的處理方式與 Linux 系統相同，不過有些 UNIX 實作則非如此。FreeBSD 系統在 6.0 版本以前時，會在直譯器路徑之後接著多個空白字元來分隔選配參數（因此能將這些參數分別以單詞的方式來傳遞給腳本）。而從 6.0 版本起，FreeBSD 的行為則與 Linux 一樣。在 Solaris 8 系統上，空白字元是做為選配參數的結尾，所以會將 #! 這行在 #! 之後的文字忽略。

Linux 核心要求腳本的 #! 起始行不得超過 127 個位元組，其中不包括行尾的換行符號（newline）。超出部分會被默默地省略。

SUSv3 並未規範腳本直譯器的 #! 技術，不過大多數的 UNIX 實作都支援此特性。

> 不同的 UNIX 實作對於 #! 行的長度限制有所不同。例如，OpenBSD 3.1 的限制為 64 個位元組，而 Tru64 5.1 則為 1,024 位元組。在一些早期的實作（例如 SunOS 4）中，此限制甚至低至 32 位元組。

直譯器腳本的執行

因為腳本並不包含二進位機器碼，所以當呼叫 *execve()* 來執行腳本時，顯然發生了一些不尋常的事件。*execve()* 如果檢測到傳入的檔案以兩位元組序列「#!」開始，就會解析該行的剩餘部分（路徑名稱以及參數），然後依照如下參數清單來執行直譯器程式：

interpreter-path [*optional-arg*] *script-path arg*...

在這裡，interpreter-path（直譯器路徑）和 optional-arg（選配參數）都取自腳本的「*#!*」這行，script-path（腳本路徑）是傳遞給 *execve()* 的路徑名稱，*arg* … 則是透過變數 argv 傳輸給 *execve()* 的參數清單（不過將 *argv[0]* 排除在外）。圖 27-1 節錄了每個腳本參數的起源。

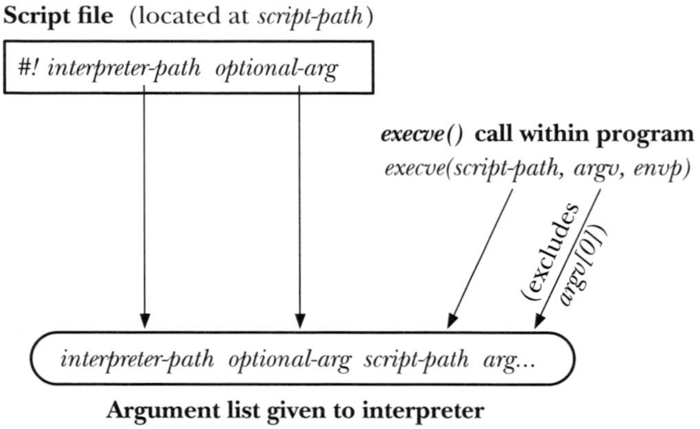

圖 27-1：提供給可執行腳本的參數清單

設計一個腳本，用列表 6-2（`necho.c`）程式做為直譯器，用於說明直譯器參數的來源。該程式只是簡單地輸出所有的命令列參數。接著，再使用 27-1 中程式來執行該腳本：

```
$ cat > necho.script                      Create script
#!/home/mtk/bin/necho some argument
Some junk
Type Control-D
$ chmod +x necho.script                   Make script executable
$ ./t_execve necho.script                 And exec the script
argv[0] = /home/mtk/bin/necho             First 3 arguments are generated by kernel
argv[1] = some argument                   Script argument is treated as a single word
argv[2] = necho.script                    This is the script path
argv[3] = hello world                     This was argVec[1] given to execve()
argv[4] = goodbye                         And this was argVec[2]
```

在本例中，「直譯器（necho）」並不在意腳本的內容（necho.script），腳本的第 2 行（Some junk）在執行時不起作用。

> 2.2 核心在執行腳本時將只傳遞 interpreter-path（直譯器路徑）的 basename 部分，以做為呼叫腳本的第一個參數。所以，對於 Linux 2.2 來說，argv[0] 的輸出行會只顯示 necho 值。

大多數 UNIX shell 和直譯器會視字元 # 為註解的開始。因此，這些直譯器在解譯腳本時會忽略帶有 #! 的初始行。

使用腳本的 *optional-arg*（選配參數）

在腳本的 #! 起始行中，*optional-arg* 的用途之一是為直譯器指定命令列參數。對於 awk 之類的直譯器而言，這是非常實用的特性。

> 自 20 世紀 70 年代末期開始，awk 直譯器已成為 UNIX 系統的一部分。在介紹 awk 語言的諸多書籍之中，就有一本（Aho 等人，1988）是由該語言的三位創立人所著，而該語言的命名也源自三人名字的首字母。Awk 的長處在於，能快速完成文字處理的應用程式原型，身為一門弱型別語言，其設計中富含多種文字處理元素，語法結構則以 C 語言為基礎。對於時下風光無限的諸多指令碼語言（諸如 JavaScript 和 PHP）而言，awk 的始祖地位毋庸置疑。

向 awk 提供腳本有兩種不同方式，預設方式是將腳本做為 awk 的第一個命令列參數：

```
$ awk 'script' input-file...
```

也可以將 awk 腳本保存於檔案之中，正如下面顯示最長輸入行長度的例子那樣：

```
$ cat longest_line.awk
#!/usr/bin/awk
length > max { max = length; }
END          { print max; }
```

假設使用如下 C 程式碼來執行此腳本：

```
execl("longest_line.awk", "longest_line.awk", "input.txt", (char *) NULL);
```

execl() 轉而呼叫 *execve()*，以如下參數清單來執行 awk：

```
/usr/bin/awk longest_line.awk input.txt
```

由於 awk 會把字串 *longest_line.awk* 解釋為一個包含無效 awk 命令的腳本，因而 *execve()* 呼叫將以失敗告終。這就需要有一種方法來通知 awk：該參數實際上是包含腳本的檔名。在腳本的 #! 起始行中加入 -f 選配參數，就可達到此目的。這等於告訴 awk，後面的參數是一個指令檔：

```
#!/usr/bin/awk -f
length > max { max = length; }
END          { print max; }
```

現在，新的 *execl()* 呼叫會使用如下參數清單：

```
/usr/bin/awk -f longest_line.awk input.txt
```

這樣，awk 就可以成功地執行 *longest_line.awk* 腳本來處理輸入檔 input.txt。

使用 *execlp()* 和 *execvp()* 執行腳本

通常，腳本缺少 #! 起始行會導致 *exec()* 函式執行失敗。不過，*execlp()* 和 *execvp()* 的行事方式多少有些不同。前面提到，這些函式會透過環境變數 PATH 來取得目錄清單，並在其中搜索將要執行的檔案。兩個函式無論誰找到該檔案，如果既具有可執行權限，又並非二進位格式，且起始行也不以 #! 開始，那麼就會使用 shell 來直譯此檔案。Linux 中，會將這類檔案視同於包含 #!/bin/sh 起始行的檔案來進行處理。

27.4 檔案描述符與 *exec()*

在預設情況下，執行 *exec()* 的程式所開啟的全部檔案描述符在 *exec()* 的執行過程中會保持開啟狀態，且在新程式中依然有效。這通常很有用，因為程式可能會以特定的描述符來開啟檔案，而在新執行的程式中，這些檔案會自動生效，無須再取得檔名或是重新開啟檔案。

shell 利用此特性為執行的程式處理 I/O 重新導向。例如，假設輸入下列的 shell 指令：

```
$ ls /tmp > dir.txt
```

shell 執行該指令時，執行了以下步驟：

1. 呼叫 *fork()* 建立子行程，子行程會也執行 shell 的一份副本（因此命令列也有一份副本）。
2. 子 shell 以描述符 1（標準輸出）開啟檔案 dir.txt 用於輸出，可能會採取以下任一方式：

   a）子 shell 關閉描述符 1（STDOUT_FILENO）後，隨即開啟檔案 dir.txt。因為 open() 在為描述符取值時總是取最小值，而標準輸入（描述符 0）又仍處於開啟狀態，所以會以描述符 1 來開啟檔案。

   b）shell 開啟檔案 dir.txt，取得一個新的檔案描述符。之後，如果該檔案描述符不是標準輸出，那麼 shell 會使用 *dup2()* 強制將標準輸出複製為新描述符的副本，並將此時已不需使用的新描述符關閉。（這種方法較之前者更為安全，因為它並不依賴於開啟檔案描述符的低值取數原則。）原始程式碼順序大致如下：

```
fd = open("dir.txt", O_WRONLY | O_CREAT,
          S_IRUSR | S_IWUSR | S_IRGRP | S_IWGRP | S_IROTH | S_IWOTH);
           /* rw-rw-rw- */
if (fd != STDOUT_FILENO) {
```

```
        dup2(fd, STDOUT_FILENO);
        close(fd);
    }
```

3. 子 shell 執行程式 ls，ls 將其結果輸出到標準輸出，亦即檔案 dir.txt 中。

    此處對 shell 處理 I/O 重導的解釋有所簡化，特別是，某些指令，即所謂 shell 內建指令是由 shell 直接執行的，shell 並未呼叫 *fork()* 或者 *exec()*。在處理 I/O 重導時，這類指令必須進行特殊處理。

    將某一 shell 指令實作為內建指令，不外乎如下兩個目的：效率以及會對 shell 產生邊際效用（side effect）。一些頻繁使用的指令（如 *pwd*、*echo* 和 *test*）邏輯都很簡單，放在 shell 內部實作效率會更高。將其他指令內建於 shell 實作，則是期望指令對 shell 本身能產生邊際效用：更改 shell 所儲存的資訊、修改 shell 行程的屬性、或是影響 shell 行程的執行。例如，cd 指令必須改變 shell 自身的工作目錄，故而不應在一個獨立行程中執行。產生邊際效用的內建指令還包括 *exec*、*exit*、*read*、*set*、*source*、*ulimit*、*umask*、*wait* 以及 shell 的作業控制（job-control）指令（jobs、fg 和 bg）。想瞭解 shell 支援的全套內建指令，可參考 shell 使用手冊（manual page）文件。

執行時關閉（close-on-exec）旗標（FD_CLOEXEC）

在執行 *exec()* 之前，程式有時需要確保關閉某些特定的檔案描述符。尤其是在特權行程中呼叫 *exec()* 來啟動一個未知程式時（並非自己設計），或是啟動程式並不需要使用這些已開啟的檔案描述符時，從安全程式設計的角度出發，應當在載入新程式之前確保關閉那些不必要的檔案描述符。對所有此類描述符施以 *close()* 呼叫就可達到此目的，然而此做法存在如下的限制：

- 某些描述符可能是由函式庫函式開啟的，但函式庫函式無法使主程式在執行 *exec()* 之前關閉相對應的檔案描述符。原則上，函式庫函式應總是為開啟的檔案設定執行時關閉（close-on-exec）旗標，稍後將介紹所使用的技術。
- 如果 *exec()* 因某種原因而呼叫失敗，可能還需要使描述符保持開啟狀態。如果這些描述符已經關閉，則將它們重新開啟並指向相同檔案的難度很大，基本上不太可能。

為此，核心為每個檔案描述符提供了執行時關閉旗標。如果設定此旗標，那麼在成功執行 *exec()* 時，會自動關閉該檔案描述符，如果呼叫 *exec()* 失敗，檔案描述符則會保持開啟狀態。可以透過系統呼叫 *fcntl()*（5.2 節）來存取執行時關閉旗標。*fcntl()* 的 F_GETFD 操作可以取得一份檔案描述符旗標的副本：

```
int flags;

flags = fcntl(fd, F_GETFD);
if (flags == -1)
    errExit("fcntl");
```

取得這些旗標後，可以增加 FD_CLOEXEC 位元，再使用 F_SETFD 操作呼叫 *fcntl()* 令其生效：

```
flags |= FD_CLOEXEC;
if (fcntl(fd, F_SETFD, flags) == -1)
    errExit("fcntl");
```

> 實際上 FD_CLOEXEC 是檔案描述符旗標中唯一可以操作的位元，該位元的對應值為 1。在較舊的程式中，有時可以看到以 *fcntl(fd, F_SETFD,1)* 的呼叫方式來設定執行時關閉旗標，實際上這種操作不可能影響到其他位元，但理論上，情況不會總是一成不變（以後的一些 UNIX 系統可能會實作其他的旗標位元），所以還是使用本文所述的技術較為穩妥。包括 Linux 在內的許多 UNIX 實作，還允許以另外兩種非標準的 *ioctl()* 呼叫來修改執行時關閉旗標：使用 *ioctl(fd, FIOCLEX)* 將 fd 設定此旗標，以 *ioctl(fd, FIONCLEX)* 來清除此旗標。

當使用 *dup()*、*dup2()* 或 *fcntl()* 為一檔案描述符建立副本時，總是會清除副本描述符的執行時關閉旗標。（此現象有其歷史淵源，也符合 SUSv3 的規範。）

列表 27-6 示範了執行時關閉旗標的操作，如果執行時帶有命令列參數（可為任意字串），該程式首先為標準輸出設定執行時關閉旗標，隨後執行 ls 指令。程式執行的結果如下：

```
$ ./closeonexec                        Exec ls without closing standard output
-rwxr-xr-x   1 mtk    users    28098 Jun 15 13:59 closeonexec
$ ./closeonexec n                      Sets close-on-exec flag for standard output
ls: write error: Bad file descriptor
```

上例中第二次執行該程式時，ls 檢測出其標準輸出已經關閉，因而輸出一筆錯誤訊息到標準錯誤（stderr）。

列表 27-6：為一檔案描述符設定執行時關閉旗標

procexec/closeonexec.c

```
#include <fcntl.h>
#include "tlpi_hdr.h"

int
main(int argc, char *argv[])
{
    int flags;
```

```
    if (argc > 1) {
        flags = fcntl(STDOUT_FILENO, F_GETFD);              /* Fetch flags */
        if (flags == -1)
            errExit("fcntl - F_GETFD");

        flags |= FD_CLOEXEC;                    /* Turn on FD_CLOEXEC */

        if (fcntl(STDOUT_FILENO, F_SETFD, flags) == -1)     /* Update flags */
            errExit("fcntl - F_SETFD");
    }

    execlp("ls", "ls", "-l", argv[0], (char *) NULL);
    errExit("execlp");
}
```

procexec/closeonexec.c

27.5 訊號與 *exec()*

exec() 在執行時會將現有行程的 text（文字區段）捨棄，在 text 可能包含了由呼叫行程建立的訊號處理常式。既然處理常式已經消失了，核心就會將全部已處理訊號的處置重置為 SIG_DFL。而所有其他訊號（即 SIG_IGN 或 SIG_DFL 訊號的處置）的處置則保持不變。這也符合 SUSv3 的要求。

不過，遭忽略的 SIGCHLD 訊號屬於 SUSv3 中的特例。（之前曾在 26.3.3 節提及，忽略 SIGCHLD 能夠阻止殭屍行程的產生）。至於呼叫 *exec()* 之後，是繼續讓遭忽略的 SIGCHLD 訊號保持被忽略狀態，還是將對其處置重置為 SIG_DFL，SUSv3 對此並未規範。Linux 的操作取其前者，而其他一些 UNIX 實作（如：Solaris）則採用後者。這就意謂著，對於忽略 SIGCHLD 的程式而言，要最大限度的保證可攜性，就應該在呼叫 *exec()* 之前執行 *signal*（*SIGCHLD*，*SIG_DFL*）。此外，程式也不應當假設對 SIGCHLD 處置的初始設定是 SIG_DFL 之外的其他值。

舊版程式的資料區段、堆疊以及堆積的解構意謂著透過 *sigaltstack()*（21.3 節）所建立的任何替代訊號堆疊都會遺失。由於 *exec()* 在呼叫期間不會保護替代訊號堆疊，故而也會將所有訊號的 SA_ONSTACK 位元清除掉。

在呼叫 *exec()* 期間，行程訊號遮罩以及擱置的（pending）訊號設定均得以保存。此特性允許對新程式的訊號進行阻塞和排隊處理。不過，SUSv3 指出，許多現有應用程式的編寫都基於如下的錯誤假設：程式啟動時將對某些特定訊號的處置設定為 SIG_DFL，又或者並未阻塞這些訊號。（特別是，C 語言標準對訊號的規範很薄弱，也沒有規範訊號阻塞，所以在非 UNIX 系統設計的 C 程式也不會去解除對訊號的阻塞。）為此，SUSv3 建議，在呼叫 *exec()* 執行任何程式的過程中，不應當阻塞或忽略訊號。這裡的「任何程式」是指並非由 *exec()* 的呼叫者所設計的程式。不過，若執行我們自行設計的程式或是知道訊號相關行為的程式時，則可以接受對訊號進行阻塞或忽略。

27.6 執行 shell 指令：*system()*

程式可透過呼叫 *system()* 函式來執行任意的 shell 指令，本節將討論 *system()* 的操作，下一節將介紹如何運用 *fork()*、*exec()*、*wait()* 和 *exit()* 來實作 *system()*。

> 44.5 節所介紹的 *popen()* 和 *pclose()* 函式同樣可以用來執行 shell 指令，而且還允許呼叫程式向指令發送輸入資訊，或是讀取指令的輸出。

```
#include <stdlib.h>

int system(const char *command);
```

See main text for a description of return value

函式 *system()* 建立一個子行程來執行 shell，並以之執行指令 command，其呼叫示範如下：

```
system("ls | wc");
```

system() 的主要優點在於簡便。

- 無須處理對 *fork()*、*exec()*、*wait()* 和 *exit()* 的呼叫細節。
- *system()* 會代為處理錯誤和訊號。
- 因為 *system()* 使用 shell 來執行指令（command），所以會在執行 command 之前對其進行所有的正規 shell 處理、替換以及重導操作。為應用程式增加「執行一條 shell 指令」的功能不過是舉手之勞。（許多互動式應用程式以「! command」的形式提供此功能。）

但這些好處的代價是效率不佳。使用 *system()* 執行指令需要建立至少兩個行程。一個用於執行 shell，另外一個或多個則用於 shell 所執行的指令（執行每個指令都會呼叫一次 *exec()*）。如果對效率或者速度有所要求，最好還是直接呼叫 *fork()* 和 *exec()* 來執行程式。

system() 的回傳值如下：

- 當 command 為 NULL 指標時，如果 shell 可用則 *system()* 傳回非 0 值，若不可用則傳回 0。這種回傳值方式源於 C 語言標準，因為並未與任何作業系統綁定，所以如果 *system()* 執行在非 UNIX 系統上，那麼該系統可能是沒有 shell 的。此外，即便所有 UNIX 實作都有 shell，如果程式在呼叫 *system()* 之前又呼叫了 *chroot()*，那麼 shell 依然可能無效。若 command 不為 NULL，則 *system()* 的回傳值由本清單中的其他規則決定。

- 如果無法建立子行程或是無法取得其終止狀態，那麼 *system()* 傳回 -1。
- 若子行程不能執行 shell，則 *system()* 的回傳值會與子 shell 呼叫 *_exit(127)* 終止時一樣。
- 如果所有的系統呼叫都成功，則 *system()* 會傳回執行 command 的子 shell 之終止狀態。shell 的終止狀態是其執行最後一條指令時的終止狀態；如果指令受到訊號殺死，大多數的 shell 會以值 128+n 結束，其中 n 為訊號編號（如果子 shell 是訊號所殺，那麼其終止狀態如 26.1.3 節所述）。

> 至於呼叫失敗是由於 *system()* 無法執行 shell，還是 shell 以狀態 127 結束（若 shell 未能發現並執行指名的程式，就會導致後一種情況的發生），（透過 *system()* 的回傳值）是無法區分的。

在最後兩種情況中，*system()* 的回傳值與 *waitpid()* 所傳回的等候狀態（wait status）形式相同。因此，可以使用 26.1.3 節所述函式來分析回傳值，並以 *printWaitStatus()* 函式（見列表 26-2）顯示。

範例程式

列表 27-7 示範 *system()* 的用法。程式使用迴圈持續讀取指令字串，再使用 *system()* 來執行指令，並對 *system()* 的回傳值進行分析和展示，下面是一個執行的例子：

```
$ ./t_system
Command: whoami
mtk
system() returned: status=0x0000 (0,0)
child exited, status=0
Command: ls | grep XYZ                         Shell terminates with the status of...
system() returned: status=0x0100 (1,0)         its last command (grep), which...
child exited, status=1                         found no match, and so did an exit(1)
Command: exit 127
system() returned: status=0x7f00 (127,0)
(Probably) could not invoke shell              Actually, not true in this case
Command: sleep 100
Type Control-Z to suspend foreground process group
[1]+ Stopped              ./t_system
$ ps | grep sleep                              Find PID of sleep
29361 pts/6 00:00:00 sleep
$ kill 29361                                   And send a signal to terminate it
```

```
$ fg                                         Bring t_system back into foreground
./t_system
system() returned: status=0x000f (0,15)
child killed by signal 15 (Terminated)
Command: ^D$                                 Type Control-D to terminate program
```

列表 27-7：透過 *system()* 執行 shell 指令

procexec/t_system.c

```
#include <sys/wait.h>
#include "print_wait_status.h"
#include "tlpi_hdr.h"

#define MAX_CMD_LEN 200

int
main(int argc, char *argv[])
{
    char str[MAX_CMD_LEN];      /* Command to be executed by system() */
    int status;                 /* Status return from system() */

    for (;;) {                  /* Read and execute a shell command */
        printf("Command: ");
        fflush(stdout);
        if (fgets(str, MAX_CMD_LEN, stdin) == NULL)
            break;              /* end-of-file */

        status = system(str);
        printf("system() returned: status=0x%04x (%d,%d)\n",
                (unsigned int) status, status >> 8, status & 0xff);

        if (status == -1) {
            errExit("system");
        } else {
            if (WIFEXITED(status) && WEXITSTATUS(status) == 127)
                printf("(Probably) could not invoke shell\n");
            else                /* Shell successfully executed command */
                printWaitStatus(NULL, status);
        }
    }

    exit(EXIT_SUCCESS);
}
```

procexec/t_system.c

在設定使用者 ID（set-user-ID）和群組 ID（set-group-ID）程式中避免使用 *system()*

當 set-user-ID 和 set-group-ID 的程式在特權身份執行時，絕不能呼叫 *system()*。即便此類程式並未允許使用者指定要執行的指令文字，shell 依賴各種環境變數來控制操作，這表示使用 *system()* 會不可避免地開啟系統的安全漏洞後門。

例如，在舊版的 Bourne shell 中，環境變數 IFS（定義了用於將命令列拆分為獨立單字的內部欄位分隔符號）就引發了許多系統入侵的成功案例。如果將 IFS 定義為 a，那麼 shell 會將字串 shar 視為帶有參數 r 的單字 sh，並啟動另一個 shell 行程來執行目前工作目錄下名為 r 的腳本，這就改變了指令的原意（執行名為 shar 的指令）。對此安全性漏洞的修復措施是，只將 IFS 應用於 shell 擴充所產生的單字。此外，現代 shell 會在啟動時重置 IFS（為由空格、Tab 以及換行等三個字元組成的字串），以確保即使 shell 繼承了奇怪的 IFS 值，腳本的行為也會保持一致。進一步的安全措施是，當從 set-user-ID（set-group-ID）程式中呼叫時，bash 會還原為真實使用者（群組）ID 的身分。

安全的程式在需要載入其他程式時，應使用 *fork()* 和某個 *exec()* 函式（*execlp()* 和 *execvp()* 除外）。

27.7 *system()* 的實作

本節將說明如何實作 *system()* 的功能。首先提供一個簡化版的實作，接著指出此實作的缺點，最後再展示一個完整的實作。

對 *system()* 的簡化實作

指令 sh 的參數 -c 提供了一種簡單的方法，可以執行包含任意指令的字串：

```
$ sh -c "ls | wc"
     38      38     444
```

因此，為了實作 *system()*，需要使用 *fork()* 來建立一個子行程，並以對應於上例的 sh 指令參數來呼叫 *execl()*：

```
execl("/bin/sh", "sh", "-c", command, (char *) NULL);
```

為了收集 *system()* 所建立的子行程狀態，以指定的子行程 ID 呼叫 *waitpid()*。（使用 *wait()* 並不合適，因為 *wait()* 等待的是任一子行程，因而可能取得其他子行程的狀態。）列表 27-8 是 *system()* 的簡化實作。

列表 27-8：一個缺少訊號處理的 *system()* 實作

procexec/simple_system.c

```
#include <unistd.h>
#include <sys/wait.h>
#include <sys/types.h>

int
system(char *command)
{
    int status;
    pid_t childPid;

    switch (childPid = fork()) {
    case -1: /* Error */
        return -1;

    case 0: /* Child */
        execl("/bin/sh", "sh", "-c", command, (char *) NULL);
        _exit(127);                     /* Failed exec */

    default: /* Parent */
        if (waitpid(childPid, &status, 0) == -1)
            return -1;
        else
            return status;
    }
}
```

procexec/simple_system.c

正確處理 *system()* 內部的訊號

在 *system()* 實作的複雜度高，是因為要能正確地處理訊號。

首先需要討論的訊號是 SIGCHLD。假設呼叫 *system()* 的程式也直接建立了其他子行程，對 SIGCHLD 的訊號處理常式自身也執行了 *wait()*。在這種情況下，當 *system()* 建立的子行程終止並產生 SIGCHLD 訊號時，在 *system()* 有機會呼叫 *waitpid()* 之前，主程式的訊號處理常式可能會先被呼叫並收集子行程的狀態。這是一個競速條件（race condition）的例子，會產生兩種不良後果：

- 呼叫 *system()* 的程式會誤以為它自己建立的某個子行程終止了。
- *system()* 函式卻無法取得它建立的子行程之終止狀態。

所以，*system()* 在執行期間必須阻塞 SIGCHLD 訊號。

其他需要在意的訊號則是分別由終端機的中斷（interrupt）（通常為 Ctrl-C）

和結束（quit）（通常為 *Ctrl-*）符號產生的 SIGINT 和 SIGQUIT 訊號。我們研究執行下列呼叫會發生什麼事：

```
system("sleep 20");
```

此時有三個行程正在執行：執行 *system()* 的行程、一個 shell 行程，以及 sleep 行程。如圖 27-2 所示。

> 為提高效率，如果賦予 -c 選項的是一條簡單指令，較之於管線（pipeline）或序列（sequence），一些 shell（包括 bash）會直接執行該指令，而不會再去建立一個子 shell。對於採用此類優化（最佳化）的 shell 而言，因為只有兩個行程（執行呼叫的行程和 sleep 行程），所以圖 27-2 有失準確。不過，本節關於 *system()* 如何處理訊號的論述仍然適用。

圖 27-2 中所示的所有行程構成終端機前景行程群組的一部分。（34.2 節將詳細討論行程群組。）所以，在輸入中斷或退出符號時，會將相對應的訊號發送給全部的三個行程。shell 在等待子行程期間會忽略 SIGINT 和 SIGQUIT 訊號。不過，預設情況下這些訊號會殺死執行呼叫的程式與 sleep 行程。

執行呼叫的行程和所執行的指令應當如何應對這些訊號呢？ SUSv3 的規定如下：

- 執行呼叫的行程在執行指令期間應忽略 SIGINT 和 SIGQUIT 訊號。
- 子行程對上述兩訊號的處理，如同執行呼叫的行程呼叫了 *fork()* 和 *exec()*，也就是說，將對已處理訊號的處置重置為預設值，而對其他訊號的處置則保持不變。

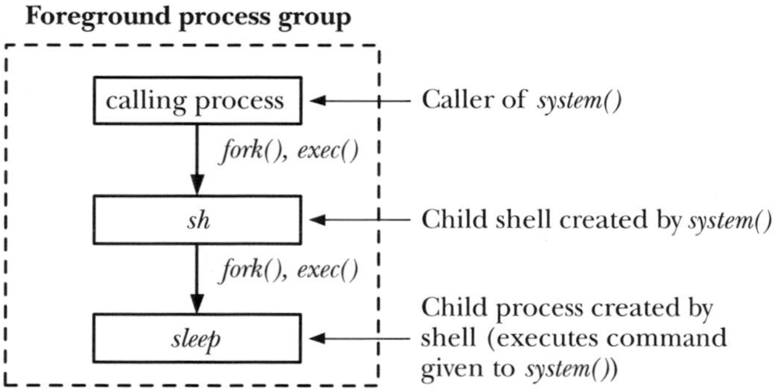

圖 27-2：執行 system（“sleep 20”）期間的行程情況

按照 SUSv3 所規範的方式來處理訊號是最為合理的，其原因如下：

- 讓所有的行程都對這些訊號做出回應是沒有意義的，使用者會對應用程式的行為感到混淆。
- 同理，一面在執行指令的行程中忽略這些訊號，而同時又在執行呼叫的行程中按它們的預設處置來對待這些訊號，這並不合理。使用者藉此可以將執行呼叫的行程殺掉，同時放任其所執行的指令繼續執行。這與實際情況也不相符：當指令傳輸給 *system()* 執行時，執行呼叫的行程實際上已經放棄了控制權（即阻塞於 *waitpid()* 呼叫中）。
- *system()* 執行的可能是一個互動式應用，讓此類應用程式回應終端機產生的訊號是合理的。

SUSv3 要求按上述方式來處理 SIGINT 和 SIGQUIT，但同時指出，對於暗中呼叫 *system()* 來執行任務的程式，此做法可能會產生不良後果。執行指令時如按下 Ctrl-C 或 Ctrl-\，將只會殺掉 *system()* 的子行程，而應用程式會繼續執行（使用者並不希望如此）。以此方式呼叫 *system()* 的程式應當檢查 *system()* 所傳回的終止狀態，一旦發現指令因訊號而終止時，應採取相對應的措施。

system() 實作的改進版

列表 27-9 所示為遵循上述規則的 *system()* 實作。關於該實作，需注意以下幾點：

- 如前所述，當 command 為 NULL 指標時，若 shell 可用，則 *system()* 應傳回非 0 值；如不可用，則傳回 0。唯一可靠判定此資訊的辦法就是嘗試執行 shell。程式這裡的做法是：遞迴呼叫 *system()* 去執行 shell 指令「:」並檢查該遞迴呼叫的傳回狀態是否為 0 ①。「:」是一個 shell 內建指令，無所做為卻總是傳回成功。執行指令 exit 0 也可獲得相同效果。（透過 *access()* 來判斷檔案 /bin/sh 存在與否，是否具有可執行權限的做法有其限制。在 *chroot()* 環境中，即使具有可執行權限的 shell 檔案存在，如果缺少動態連結的共享函式庫，則依然無法執行 shell。）
- 只有父行程（*system()* 的呼叫者）才需要阻塞 SIGCHLD ②，同時還需要忽略 SIGINT 和 SIGQUIT ③。不過，必須在呼叫 *fork()* 之前執行這些動作，因為如果在父行程的 *fork()* 之後執行，將出現競速條件。（假設：如果在父行程有機會阻塞 SIGCHLD 之前，子行程就結束了。）結果如同稍後所述，子行程必須還原這些訊號屬性的變更。
- 父行程忽略來自 *sigaction()* 以及 *sigprocmask()* 呼叫的錯誤②③⑨，這兩者分別用於操作訊號處置和訊號遮罩。這樣做原因有二。其一，這些呼叫不太可能失敗。實際上，只有指定參數有誤時才會失敗，這些問題應該在初始的除錯期間就能排除。其二，這裡假定，相較於此類訊號操控函式，呼叫者更在

意 *fork()* 或 *waitpid()* 的成敗與否。同理，在 *system()* 尾部的訊號處理操作前後，分別有程式碼來保存和恢復 errno，以便一旦 *fork()* 或 *waitpid()* 失敗，呼叫者能查明原因。如果因訊號操作失敗而傳回 -1，那麼呼叫者會誤認為是 *system()* 執行 command 失敗所致。

> SUSv3 僅指出在建立子行程失敗或無法取得子行程狀態時，*system()* 要傳回 -1，並未提及 *system()* 在處理訊號失敗時也會傳回 -1。

- 子行程中對於訊號相關的系統呼叫也未執行錯誤檢查④⑤。一方面，無法報告此類錯誤（_exit(127) 是預留給執行 shell 時報告錯誤之用）；另一方面，此失敗也不會殃及 *system()* 的呼叫者，二者分屬於不同行程。
- 子行程剛從 *fork()* 返回時，會將 SIGINT 和 SIGQUIT 的處置設定為 SIG_IGN（繼承自父行程）。不過，如前述，子行程處理這些訊號時就如同 *system()* 的呼叫者執行了 *fork()* 和 *exec()*。*fork()* 不會改變子行程對這些訊號的處理方式。而 *exec()* 則會將對已處理訊號的處置重置為預設值，但不改變對其他訊號的處置（27.5 節）。因此，如果呼叫者對 SIGINT 和 SIGQUIT 的處置設定並非 SIG_IGN，那麼子行程會將其置為 SIG_DFL ④。

> 一些 *system()* 實作反而會將子行程對 SIGINT 和 SIGQUIT 的處置重置為在呼叫者中生效的設定。此做法的依據是，後續對 *execl()* 的呼叫會自動將這些已處理訊號的處置重置為預設值。不過，如果呼叫者正在處理兩個訊號之一時，這可能會導致不預期的行為發生。在這種情況下，如果在呼叫 *execl()* 之前的瞬間有訊號送達子行程，那麼在訊號經由 *sigprocmask()* 解除阻塞後，子行程還是會呼叫訊號處理常式。

- 子行程如果呼叫 *execl()* 失敗，就會以 *_exit()*，而非 *exit()* 來終止行程⑤。這是為了防止對子行程 stdio 緩衝區中的任何未寫入資料進行刷新。
- 父行程必須使用 *waitpid()* 來等待其所建立的特定子行程⑦，如果使用 *wait()*，可能會無意地捕獲到其他子行程的狀態。
- 雖然 *system()* 實作並未強制要求使用訊號處理常式，但呼叫程式還是可能會去建立它們，以中斷對 *waitpid()* 的阻塞呼叫。SUSv3 明確要求在這種情況下必須重新等待。所以，如果發生 EINTR 錯誤⑦，則迴圈呼叫 *waitpid()* 以期成功重啟。如果是其他錯誤，則結束 *waitpid()* 迴圈。

列表 27-9：system() 的實作

procexec/system.c

```
#include <unistd.h>
#include <signal.h>
#include <sys/wait.h>
```

```
#include <sys/types.h>
#include <errno.h>

int
system(const char *command)
{
    sigset_t blockMask, origMask;
    struct sigaction saIgnore, saOrigQuit, saOrigInt, saDefault;
    pid_t childPid;
    int status, savedErrno;

①   if (command == NULL)                /* Is a shell available? */
        return system(":") == 0;

    sigemptyset(&blockMask);            /* Block SIGCHLD */
    sigaddset(&blockMask, SIGCHLD);
②   sigprocmask(SIG_BLOCK, &blockMask, &origMask);

    saIgnore.sa_handler = SIG_IGN;      /* Ignore SIGINT and SIGQUIT */
    saIgnore.sa_flags = 0;
    sigemptyset(&saIgnore.sa_mask);
③   sigaction(SIGINT, &saIgnore, &saOrigInt);
    sigaction(SIGQUIT, &saIgnore, &saOrigQuit);

    switch (childPid = fork()) {
    case -1: /* fork() failed */
        status = -1;
        break;          /* Carry on to reset signal attributes */

    case 0: /* Child: exec command */
        saDefault.sa_handler = SIG_DFL;
        saDefault.sa_flags = 0;
        sigemptyset(&saDefault.sa_mask);

④       if (saOrigInt.sa_handler != SIG_IGN)
            sigaction(SIGINT, &saDefault, NULL);
        if (saOrigQuit.sa_handler != SIG_IGN)
            sigaction(SIGQUIT, &saDefault, NULL);

⑤       sigprocmask(SIG_SETMASK, &origMask, NULL);

        execl("/bin/sh", "sh", "-c", command, (char *) NULL);
⑥       _exit(127);                     /* We could not exec the shell */

    default: /* Parent: wait for our child to terminate */
⑦       while (waitpid(childPid, &status, 0) == -1) {
            if (errno != EINTR) {       /* Error other than EINTR */
                status = -1;
                break;                  /* So exit loop */
```

```
            }
        }
        break;
    }

    /* Unblock SIGCHLD, restore dispositions of SIGINT and SIGQUIT */

⑧   savedErrno = errno;                 /* The following may change 'errno' */

⑨   sigprocmask(SIG_SETMASK, &origMask, NULL);
    sigaction(SIGINT, &saOrigInt, NULL);
    sigaction(SIGQUIT, &saOrigQuit, NULL);

⑩   errno = savedErrno;

    return status;
}
```

procexec/system.c

關於 *system()* 的更多細節

為保障應用程式的可攜性，應確保在將 SIGCHLD 的處置設定為 SIG_IGN 時不去呼叫 *system()*，因為此時 *waitpid()* 將無法取得子行程的狀態。（忽略 SIGCHLD 會導致立即捨棄子行程狀態，如 26.3.3 節所述。）

在一些 UNIX 實作中，如果在 SIGCHLD 的處置已設定為 SIG_IGN 的情況下呼叫 *system()*，則 *system()* 的應對策略是：臨時將其改為 SIG_DFL。只要在 SIGCHLD 的處置重置為 SIG_IGN 時，UNIX 實作能夠處理殭屍子行程（Linux 不在此列），這種方法就是可行的。（如果系統做不到此點，按此方式實作 *system()* 將產生如下不良後果：在呼叫者執行 *system()* 期間，如果有另一個子行程終止了，那麼該子行程將成為殭屍行程，且無法回收。）

對於一些 UNIX 實作（尤其是 Solaris），/bin/sh 並非標準的 POSIX shell。若希望確保執行標準 shell，則必須使用函式庫函式 *confstr()* 來取得配置變數 _CS_PATH 的值。該值的風格與 PATH 相同，包含了標準系統工具的目錄清單。可以將該清單賦給變數 PATH，隨即呼叫 *execlp()* 以執行標準 shell，具體如下：

```
char path[PATH_MAX];

if (confstr(_CS_PATH, path, PATH_MAX) == 0)
    _exit(127);
if (setenv("PATH", path, 1) == -1)
    _exit(127);
execlp("sh", "sh", "-c", command, (char *) NULL);
    _exit(127);
```

27.8 小結

行程可使用 *execve()* 以一個新程式替換目前正在執行的程式。可在 *execve()* 的參數為新程式指定參數清單（argv）和環境清單。有許多命名相似的函式都基於 *execve()* 實作的，功能相同，但提供的介面不同。

所有的 *exec()* 函式均可用於載入二進位的可執行檔或是執行直譯器腳本。當行程執行腳本時，腳本直譯器程式將取代行程目前執行的程式。腳本的起始行（以 #! 開頭）指定了直譯器的路徑名稱，供識別直譯器之用。如果沒有此起始行，那麼只能透過 *execlp()* 或 *execvp()* 來執行腳本，並預設把 shell 做為腳本直譯器。

本章還示範如何合併使用 *fork()*、*exec()*、*exit()* 和 *wait()* 來實作 *system()* 函式，該函式可用於執行任意 shell 指令。

進階資訊

請參考 24.6 節所列的更多資訊來源。

27.9 習題

27-1. 下列的 shell 作業階段在最後一條指令使用列表 27-3 程式來執行程式 xyz。結果如何？

```
$ echo $PATH
/usr/local/bin:/usr/bin:/bin:./dir1:./dir2
$ ls -l dir1
total 8
-rw-r--r--   1 mtk      users        7860 Jun 13 11:55 xyz
$ ls -l dir2
total 28
-rwxr-xr-x   1 mtk      users       27452 Jun 13 11:55 xyz
$ ./t_execlp xyz
```

27-2. 試用 *execve()* 實作 *execlp()*。需使用 *stdarg(3)* API 來處理 *execlp()* 所提供的可變動長度參數清單。還需要使用 malloc 函式庫的函式為參數以及環境向量配置空間。最後，請注意，要檢查特定目錄下某個檔案是否存在且是否可以執行，簡單的方法是：嘗試執行該檔案。

27-3. 如果賦予如下腳本可執行權限並以 *exec()* 執行，輸出結果如何？

```
#!/bin/cat -n
Hello world
```

27-4. 下列程式碼會有什麼效果？在何種情況下會有作用？

```
childPid = fork();
if (childPid == -1)
    errExit("fork1");
if (childPid == 0) {    /* Child */
    switch (fork()) {
    case -1: errExit("fork2");

    case 0:             /* Grandchild */
        /* ----- Do real work here ----- */
        exit(EXIT_SUCCESS);             /* After doing real work */

    default:
        exit(EXIT_SUCCESS);             /* Make grandchild an orphan */
    }
}

/* Parent falls through to here */

if (waitpid(childPid, &status, 0) == -1)
    errExit("waitpid");

/* Parent carries on to do other things */
```

27-5. 執行如下程式時無輸出，試問原因為何？

```
#include "tlpi_hdr.h"

int
main(int argc, char *argv[])
{
    printf("Hello world");
    execlp("sleep", "sleep", "0", (char *) NULL);
}
```

27-6. 假設父行程為訊號 SIGCHLD 建立了一個處理常式，並且阻塞該訊號。之後，它的其中一個子行程結束，而父行程接著執行 *wait()* 以取得該子行程的狀態。當父行程解除對 SIGCHLD 的阻塞時，會發生什麼事情？設計一個程式來驗證答案。此結果與呼叫 *system()* 函式的程式有什麼關聯？

28

深入探討建立行程與執行程式

本章對第 24 章到第 27 章的內容進行了延伸，涵蓋建立行程和執行程式的多個主題。首先是行程記帳（process accounting），此核心特性會使系統在每個行程結束後記錄一筆帳務資訊。接著，會討論 Linux 特有的系統呼叫 *clone()*，Linux 系統建立執行緒就有賴於此底層 API。然後對 *fork()*、*vfork()* 和 *clone()* 的性能進行比較。最後，本章就 *fork()* 和 *exec()* 對行程屬性的影響做為總結。

28.1 行程記帳

開啟行程記帳功能後，核心會在每個行程終止時將一筆記帳資訊寫入系統級的行程記帳檔案。這筆帳單紀錄包含了核心為該行程維護的多種資訊，包括終止狀態以及行程消耗的 CPU 時間。借助於標準工具（*sa(8)* 對帳單檔案進行匯總，*lastcomm(1)* 則就先前執行的指令列出相關資訊）或是定制應用，可對記帳檔案進行分析。

> 核心 2.6.10 之前，核心會為基於 NPTL 執行緒實作所建立的每個執行緒單獨記錄一筆行程記帳資訊。自核心 2.6.10 開始，只有當最後一個執行緒結束時才會為整個行程保存一筆帳單記錄。至於較舊的 LinuxThread 執行緒實作，則會為每個執行緒單獨記錄一筆行程記帳資訊。

從過去來看，行程記帳主要用於在多使用者 UNIX 系統上針對使用者所消耗的系統資源進行計費。不過，如果行程的資訊並未由其父行程進行監控和報告，那麼就可以使用行程記帳來取得。

雖然大部分的 UNIX 實作都支援行程記帳功能，但 SUSv3 並未規範。帳單記錄的格式、記帳檔案的位置也隨系統實作而異。本節所述是針對 Linux 系統的細節，但會在論述過程中點出與其他 Unix 系統的差異。

> Linux 系統的行程記帳功能屬於選配的核心元件，可以透過 CONFIG_BSD_PROCESS_ACCT 選項進行配置。

開啟和關閉行程記帳功能

特權行程可利用系統呼叫 *acct()* 來開啟和關閉行程記帳功能。應用程式很少使用此系統呼叫。一般會將相對應的指令放在系統的啟動腳本中，在系統每次重啟時開啟行程記帳功能。

```
#define _BSD_SOURCE
#include <unistd.h>

int acct(const char *acctfile);
```

成功時傳回 0，或者錯誤時傳回 -1

為了開啟行程帳單功能，需要在參數 *acct*file 中指定一個現有普通檔案的路徑。記帳檔案通常的路徑名稱是 /var/log/p*acct* 或 /usr/account/p*acct*。若想關閉行程記帳功能，則將 *acct*file 指定為 NULL 即可。

列表 28-1 中程式使用 *acct()* 來開關行程的記帳功能，該程式的作用類似 shell 指令 *accton(8)*。

列表 28-1：開啟和關閉行程記帳功能

procexec/acct_on.c

```
#define _BSD_SOURCE
#include <unistd.h>
#include "tlpi_hdr.h"

int
main(int argc, char *argv[])
{
    if (argc > 2 || (argc > 1 && strcmp(argv[1], "--help") == 0))
        usageErr("%s [file]\n", argv[0]);
```

```
    if (acct(argv[1]) == -1)
        errExit("acct");

    printf("Process accounting %s\n",
            (argv[1] == NULL) ? "disabled" : "enabled");
    exit(EXIT_SUCCESS);
}
```
procexec/acct_on.c

行程帳單紀錄

一旦開啟行程記帳功能，每當一個行程終止時，就會有一筆 *acct* 紀錄寫入記帳檔案。*acct* 結構定義於標頭檔 <sys/acct.h> 中，具體如下：

```
typedef u_int16_t comp_t; /* See text */

struct acct {
    char      ac_flag;     /* Accounting flags (see text) */
    u_int16_t ac_uid;      /* User ID of process */
    u_int16_t ac_gid;      /* Group ID of process */
    u_int16_t ac_tty;      /* Controlling terminal for process (may be
                              0 if none, e.g., for a daemon) */
    u_int32_t ac_btime;    /* Start time (time_t; seconds since the Epoch) */
    comp_t    ac_utime;    /* User CPU time (clock ticks) */
    comp_t    ac_stime;    /* System CPU time (clock ticks) */
    comp_t    ac_etime;    /* Elapsed (real) time (clock ticks) */
    comp_t    ac_mem;      /* Average memory usage (kilobytes) */
    comp_t    ac_io;       /* Bytes transferred by read(2) and write(2)
                              (unused) */
    comp_t    ac_rw;       /* Blocks read/written (unused) */
    comp_t    ac_minflt;   /* Minor page faults (Linux-specific) */
    comp_t    ac_majflt;   /* Major page faults (Linux-specific) */
    comp_t    ac_swaps;    /* Number of swaps (unused; Linux-specific) */
    u_int32_t ac_exitcode; /* Process termination status */
#define ACCT_COMM 16
    char      ac_comm[ACCT_COMM+1];
                           /* (Null-terminated) command name
                              (basename of last execed file) */
    char      ac_pad[10];  /* Padding (reserved for future use) */
};
```

關於 *acct* 結構需要注意以下幾點：

- 資料型別 *u_int16_t* 和 *u_int32_t* 分別是 16 位元和 32 位元的無號整數型別。
- *ac_flag* 欄位（field）是為行程記錄多種事件（event）的位元遮罩（bit mask）。表 28-1 示範了在該欄位中可能出現的位元值。如表中所示，並非所有的 UNIX 實作都支援這些位元。另有少數實作為該欄位提供一些額外的位元。

- *ac_comm* 欄位記錄了該行程最後執行的指令（程式檔案）名稱。核心會在每次呼叫 *execve()* 時記錄該值。一些 UNIX 實作將該欄位的大小限制在 8 個位元組以內。
- 型別 comp_t 是一種浮點數（floating-point），有時也將該型別值稱為壓縮時鐘週期（compressed clock tick）。該浮點數由 3 位元（bit）以 8 為底的指數以及 13 位元（bit）小數組成，指數用來表示值範圍在 $8^0=1 \sim 8^7$（2,097,152）之間的因數。例如，尾數（mantissa）為 125，指數部分為 1 就表示值為 1,000。列表 28-2 中定義的函式（*comptToLL()*）可以將該型別轉換為 long long。因為在 x86-32 架構下的系統中，用於表示無號長整數的 32 位數並不足以保存 *comp_t* 型別的最大值：$(2^{13} - 1) \times 8^7$。
- 3 個定義為 *comp_t* 型別的時間欄位其度量單位為系統時鐘週期。要將它們轉換成秒，必須除以 *sysconf(_SC_CLK_TCK)* 的回傳值。
- *ac_exitcode* 欄位保存著行程的終止狀態（如 26.1.3 節所述）。其他大多數 UNIX 實作則提供了一個名為 *ac_stat* 的單一位元組（single byte）欄位來代替 *ac_exitcode*，其中僅記錄了殺死行程的訊號值（如果行程為訊號所殺）和一個旗標位元，用於識別是否因該訊號而導致行程傾印核心（dump core）。二者在源於 BSD 的實作中均未提供。

表 28-1：行程帳單紀錄中的 *ac_flag* 欄位各位元的值

Bit	說明
AFORK	由 *fork()* 建立的行程，終止前並未呼叫 *exec()*
ASU	擁有超級使用者特權的行程
AXSIG	行程因訊號而終止（有些實作未支援）
ACORE	行程產生了核心傾印（有些實作未支援）

因為只在行程終止時才記錄帳單資訊，所以對這些記錄的排序也是按照行程的終止時間（並未寫入記錄），而非啟動時間（*ac_btime*）。

> 如果系統當機，也不會為目前執行的行程記錄任何記帳資訊。

由於向記帳檔案中寫入資訊可能會加速對磁碟空間的消耗，為了控制行程記帳行為，Linux 系統提供了名為 `/proc/sys/kernel/acct` 的虛擬檔案。此檔案包含三個值，按順序分別定義了如下參數：高水位（high-water）、低水位（low-water）和頻率（frequency）。三個參數通常的預設值為 4、2 和 30。如果開啟行程記帳特性且磁碟空閒空間低於低水位（low-water）百分比，將暫停記帳。如果磁碟空閒空間升至高水位百分比之上，則恢復記帳。頻率值則規定了兩次檢查空閒磁碟空間占比之間的間隔時間（以秒為單位）。

範例程式

列表 28-2 的程式顯示了某行程記帳檔案紀錄中的特定欄位資訊。以下 shell 作業階段示範了該程式的使用。首先新建一個空的行程記帳檔案，同時開啟行程記帳功能。

```
$ su                                   Need privilege to enable process accounting
Password:
# touch pacct
# ./acct_on pacct                      This process will be first entry in accounting file
Process accounting enabled
# exit                                 Cease being superuser
```

從開啟行程記帳功能到現在，已經有三個行程結束，分別執行了 *acct_on*、*su* 和 *bash* 程式。行程 bash 由 su 啟動，負責執行特權級 shell 作業階段。

接著執行一系列指令，將更多紀錄加入記帳檔案：

```
$ sleep 15 &
[1] 18063
$ ulimit -c unlimited                  Allow core dumps (shell built-in)
$ cat                                  Create a process
Type Control-\ (generates SIGQUIT, signal 3) to kill cat process
Quit (core dumped)
$
Press Enter to see shell notification of completion of sleep before next shell prompt
[1]+ Done              sleep 15
$ grep xxx badfile                     grep fails with status of 2
grep: badfile: No such file or directory
$ echo $?                              The shell obtained status of grep (shell built-in)
2
```

下面兩個指令執行的是前面章節示範的兩個程式（列表 27-1 和列表 24-1）。第一個指令執行的程式執行了 /bin/echo，因此，寫入帳單紀錄中的指令名稱是 echo。第二個指令建立了一個子行程，該子行程並未呼叫 *exec()*。

```
$ ./t_execve /bin/echo
hello world goodbye
$ ./t_fork
PID=18350 (child) idata=333 istack=666
PID=18349 (parent) idata=111 istack=222
```

最後，執行列表 28-2 中程式來查看記帳檔案的內容。

```
$ ./acct_view pacct
command flags  term.  user   start time           CPU   elapsed
               status                             time    time
acct_on  -S--      0  root   2010-07-23 17:19:05  0.00    0.00
```

```
bash     ----      0   root   2010-07-23 17:18:55  0.02   21.10
su       -S--      0   root   2010-07-23 17:18:51  0.01   24.94
cat      --XC  0x83   mtk    2010-07-23 17:19:55  0.00    1.72
sleep    ----      0   mtk    2010-07-23 17:19:42  0.00   15.01
grep     ---- 0x200   mtk    2010-07-23 17:20:12  0.00    0.00
echo     ----      0   mtk    2010-07-23 17:21:15  0.01    0.01
t_fork   F---      0   mtk    2010-07-23 17:21:36  0.00    0.00
t_fork   ----      0   mtk    2010-07-23 17:21:36  0.00    3.01
```

輸出中的每行都對應於 shell 作業階段所建立的一個行程。ulimit 和 echo 都是 shell 的內建指令，所以並不會建立新行程。注意，記帳檔案中 sleep 之所以出現在 cat 之後，是因為 sleep 在 cat 之後才終止。

大部分輸出的含義都顯而易見，在 flags 那行的各個字母表示每筆紀錄設定了哪些 *ac_flag* 位元（參考表 28-1）。至於應如何解釋 *term.status* 列中的終止狀態，在 26.1.3 節有相關描述。

列表 28-2：顯示行程記帳檔案中的資料

procexec/acct_view.c

```c
#include <fcntl.h>
#include <time.h>
#include <sys/stat.h>
#include <sys/acct.h>
#include <limits.h>
#include "ugid_functions.h"             /* Declaration of userNameFromId() */
#include "tlpi_hdr.h"

#define TIME_BUF_SIZE 100

static long long                    /* Convert comp_t value into long long */
comptToLL(comp_t ct)
{
    const int EXP_SIZE = 3;             /* 3-bit, base-8 exponent */
    const int MANTISSA_SIZE = 13;       /* Followed by 13-bit mantissa */
    const int MANTISSA_MASK = (1 << MANTISSA_SIZE) - 1;
    long long mantissa, exp;

    mantissa = ct & MANTISSA_MASK;
    exp = (ct >> MANTISSA_SIZE) & ((1 << EXP_SIZE) - 1);
    return mantissa << (exp * 3);       /* Power of 8 = left shift 3 bits */
}

int
main(int argc, char *argv[])
{
    int acctFile;
```

```
    struct acct ac;
    ssize_t numRead;
    char *s;
    char timeBuf[TIME_BUF_SIZE];
    struct tm *loc;
    time_t t;

    if (argc != 2 || strcmp(argv[1], "--help") == 0)
        usageErr("%s file\n", argv[0]);

    acctFile = open(argv[1], O_RDONLY);
    if (acctFile == -1)
        errExit("open");

    printf("command  flags   term.  user     "
            "start time            CPU   elapsed\n");
    printf("                   status            "
            "                      time    time\n");

    while ((numRead = read(acctFile, &ac, sizeof(struct acct))) > 0) {
        if (numRead != sizeof(struct acct))
            fatal("partial read");

        printf("%-8.8s  ", ac.ac_comm);

        printf("%c", (ac.ac_flag & AFORK) ? 'F' : '-') ;
        printf("%c", (ac.ac_flag & ASU)   ? 'S' : '-') ;
        printf("%c", (ac.ac_flag & AXSIG) ? 'X' : '-') ;
        printf("%c", (ac.ac_flag & ACORE) ? 'C' : '-') ;

#ifdef __linux__
        printf(" %#6lx   ", (unsigned long) ac.ac_exitcode);
#else   /* Many other implementations provide ac_stat instead */
        printf(" %#6lx   ", (unsigned long) ac.ac_stat);
#endif

        s = userNameFromId(ac.ac_uid);
        printf("%-8.8s ", (s == NULL) ? "???" : s);

        t = ac.ac_btime;
        loc = localtime(&t);
        if (loc == NULL) {
            printf("???Unknown time???  ");
        } else {
            strftime(timeBuf, TIME_BUF_SIZE, "%Y-%m-%d %T ", loc);
            printf("%s ", timeBuf);
        }

        printf("%5.2f %7.2f ", (double) (comptToLL(ac.ac_utime) +
```

```
                    comptToLL(ac.ac_stime)) / sysconf(_SC_CLK_TCK),
                (double) comptToLL(ac.ac_etime) / sysconf(_SC_CLK_TCK));
        printf("\n");
    }

    if (numRead == -1)
        errExit("read");

    exit(EXIT_SUCCESS);
}
```

procexec/acct_view.c

行程記帳檔案格式（版本 3）

從核心 2.6.8 開始，Linux 引入了另一版本的行程記帳檔案以備選用，意在突破傳統記帳檔案的一些限制。若有意使用此稱為版本 3 的備選格式，需要在編譯核心前開啟核心的組態選項 CONFIG_BSD_PROCESS_ACCT_V3。

使用版本 3，操作行程記帳時唯一的差別在於，寫入記帳檔案的紀錄格式不同。新格式的定義如下：

```
struct acct_v3 {
    char      ac_flag;          /* Accounting flags */
    char      ac_version;       /* Accounting version (3) */
    u_int16_t ac_tty;           /* Controlling terminal for process */
    u_int32_t ac_exitcode;      /* Process termination status */
    u_int32_t ac_uid;           /* 32-bit user ID of process */
    u_int32_t ac_gid;           /* 32-bit group ID of process */
    u_int32_t ac_pid;           /* Process ID */
    u_int32_t ac_ppid;          /* Parent process ID */
    u_int32_t ac_btime;         /* Start time (time_t) */
    float     ac_etime;         /* Elapsed (real) time (clock ticks) */
    comp_t    ac_utime;         /* User CPU time (clock ticks) */
    comp_t    ac_stime;         /* System CPU time (clock ticks) */
    comp_t    ac_mem;           /* Average memory usage (kilobytes) */
    comp_t    ac_io;            /* Bytes read/written (unused) */
    comp_t    ac_rw;            /* Blocks read/written (unused) */
    comp_t    ac_minflt;        /* Minor page faults */
    comp_t    ac_majflt;        /* Major page faults */
    comp_t    ac_swaps;         /* Number of swaps (unused; Linux-specific) */
#define ACCT_COMM 16
    char      ac_comm[ACCT_COMM]; /* Command name */
};
```

以下是 *acct_v3* 結構與傳統 Linux *acct* 結構的主要差別：

- 增加 *ac_version* 欄位，該欄位包含本類型帳單紀錄的版本編號。對於 *acct_v3* 而言，總是等於 3。
- 增加 *ac_pid* 和 *ac_ppid* 欄位，分別包含終止行程的行程 ID 及其父行程 ID。
- 欄位 *ac_uid* 和 *ac_gid* 從 16 位元擴充至 32 位元，旨在容納 Linux 2.4 所引入的 32 位元使用者 ID 和群組 ID。（傳統 acct 檔案無法正確記錄大數值的使用者和群組 ID。）
- 將 *ac_etime* 欄位類型從 *comp_t* 改為 float，意在能夠記錄更長的逝去時間。

> 隨本書發佈的原始程式碼檔案 procexec/acct_v3_view.c 中提供了列表 28-2 中程式基於 v3 格式的新版本。

28.2 系統呼叫 *clone()*

類似於 *fork()* 和 *vfork()*，Linux 特有的系統呼叫 *clone()* 也能建立一個新行程。與前兩者不同的是，後者在行程建立期間對步驟的控制更為精準。*clone()* 主要用於執行緒函式庫的實作。由於 *clone()* 有損程式的可攜性，故而應避免在應用程式中直接使用。之所以在這裡討論 *clone()*，意在對第 29 章至第 33 章所論述的 POSIX 執行緒進行簡介，同時也利於進一步說明 *fork()* 和 *vfork()* 的操作。

```
#define _GNU_SOURCE
#include <sched.h>

int clone(int (*func) (void *), void *child_stack, int flags, void *func_arg, ...
        /* pid_t *ptid, struct user_desc *tls, pid_t *ctid */ );
```

Returns process ID of child on success, or –1 on error

如同 *fork()*，由 *clone()* 建立的新行程幾乎等同父行程的翻版。

但與 *fork()* 不同的是，clone 生成的子行程繼續執行時不以呼叫處為起點，轉而呼叫參數 func 指定的函式，func 又稱為子函式（child function）。呼叫子函式時的參數由 *func_arg* 指定。經過適當轉換，子函式可對該參數的含義自由解讀，例如，可以作為整數型別（int），也可視為指向結構的指標。（之所以可以做為指標處理，是因為 clone 產生的子行程對呼叫行程的記憶體既可取得，也可共用。）

對於核心而言，*fork()*、*vfork()* 以及 *clone()* 最終均由相同的函式實作（kernel/fork.c 中的 *do_fork()*）。在此層次上，clone 與 fork 更為接近：*sys_clone()* 並沒有 *func* 和 *func_arg* 參數，且呼叫後 *sys_clone()* 在子行程中傳回的方式也與 *fork()* 相同。本文所述的 *clone()* 是由 glibc 為 *sys_clone()* 提供的封裝函式。（對該函式的定義位於 glibc 針對特定架構的組語中，例如 sysdeps/unix/sysv/linux/i386/clone.S。）*sys_clone()* 在子行程中返回之後，由 *clone()* 呼叫 func 函式。

當函式 func 返回（此時其回傳值即為行程的結束狀態）或是呼叫 *exit()*（或 *_exit()*）之後，clone 產生的子行程就會終止。照例，父行程可以透過 *wait()* 一類函式來等待 clone 子行程。

因為 clone 產生的子行程可能（類似 *vfork()*）會共用父行程的記憶體，所以它不能使用父行程的堆疊（stack），而是呼叫者必須配置一塊大小適中的記憶體空間供子行程的堆疊使用，同時將這塊記憶體的指標存在參數 *child_stack* 中。在大多數硬體架構中，堆疊空間的增長方向是向下的，所以參數 *child_stack* 應當指向所配置區塊的頂端。

堆疊增長方向對架構的依賴是 *clone()* 設計的一處缺陷。Interl IA-64 架構就提供了一款經過改善的 clone API，稱為 *clone2()*。該系統呼叫對子行程堆疊範圍的定義方式不依賴於堆疊的增長方向，只需要提供堆疊的起始位址以及大小即可。詳情請參閱使用手冊。

函式 *clone()* 的參數 flags 提供兩項目的。首先，在其低位元組空間中存放子行程的終止訊號（terminateion signal），子行程結束時其父行程將收到此訊號。（如果 clone 產生的子行程因訊號而終止，父行程依然會收到 SIGCHLD 訊號。）該位元組也可能為 0，這時將不會產生任何訊號。（借助於 Linux 特有的 /proc/*PID*/stat 檔案，可以判定任何行程的終止訊號，詳情請參閱 *proc(5)* 使用手冊。）

對於 *fork()* 和 *vfork()* 而言，無法選擇終止訊號，只能是 SIGCHLD。

參數 flags 的剩餘位元組空間則存放了位元遮罩，用於控制 *clone()* 的操作。表 28-2 對這些位元遮罩值進行了摘錄，28.2.1 節會進一步加以說明。

表 28-2：clone() 參數 flags 的位元遮罩值

旗標	設定後的效果
CLONE_CHILD_CLEARTID	當子行程呼叫 *exec()* 或 *_exit()* 時，清除 *ctid*（從版本 2.6 開始）
CLONE_CHILD_SETTID	將子行程的執行緒 ID 寫入 *ctid*（從 2.6 版本開始）
CLONE_FILES	父、子行程共用開啟檔案描述符表
CLONE_FS	父、子行程共用與檔案系統相關的屬性

旗標	設定後的效果
CLONE_IO	子行程共用父行程的 I/O 上下文（context）環境（從 2.6.25 版本開始）
CLONE_NEWIPC	子行程獲得新的 System V IPC 命名空間（從 2.6.19 開始）
CLONE_NEWNET	子行程獲得新的網路命名空間（從 2.6.24 版本開始）
CLONE_NEWNS	子行程獲得父行程掛載（mount）命名空間的副本（從 2.4.19 版本開始）
CLONE_NEWPID	子行程獲得新的行程 ID 命名空間（從 2.6.23 版本開始）
CLONE_NEWUSER	子行程獲得新的使用者 ID 命名空間（從 2.6.23 版本開始）
CLONE_NEWUTS	子行程獲得新的 UTS（*uname()*）命名空間（從 2.6.19 版本開始）
CLONE_PARENT	將子行程的父行程置為呼叫者的父行程（從 2.4 版本開始）
CLONE_PARENT_SETTID	將子行程的執行緒 ID 寫入 *ptid*（從 2.6 版本開始）
CLONE_PID	旗標已廢止，僅用於系統啟動行程（直至 2.4 版本為止）
CLONE_PTRACE	如果正在跟蹤父行程，那麼子行程也照此辦理
CLONE_SETTLS	tls 描述子行程的執行緒區域儲存空間（從 2.6 開始）
CLONE_SIGHAND	父、子行程共用對訊號的處置設定
CLONE_SYSVSEM	父、子行程共用號誌還原（undo）值（從 2.6 版本開始）
CLONE_THREAD	將子行程置於父行程所屬的執行緒群組中（從 2.4 開始）
CLONE_UNTRACED	不強制對子行程設定 CLONE_PTRACE（從 2.6 版本開始）
CLONE_VFORK	暫停父行程直到子行程呼叫 *exec()* 或 *_exit()*
CLONE_VM	父、子行程共用虛擬記憶體

clone() 的其他參數分別是：*ptid*、*tls* 和 *ctid*。這些參數與執行緒的實作相關，尤其是在針對執行緒 ID 以及執行緒區域存放區的使用方面。28.2.1 節在說明 flags 位元遮罩值時，會論及這些參數的使用。（在 Linux 2.4 及其之前的版本中，*clone()* 尚未提供上述 3 個參數。直到 Linux 2.6，為了支援 NPTL POSIX 的執行緒實作，才特地加入了這些參數。）

範例程式

列表 28-3 是使用 *clone()* 建立子行程的一個簡單例子。主程式所做工作如下：

- 開啟一個檔案描述符（開啟裝置 /dev/null），在子行程中關閉②。
- 若提供有命令列參數，則將 *clone()* 的 *flags* 參數設定為 CLONE_FILES ③，以便父、子行程共用同一檔案描述符表。若沒有提供命令列參數，則將 flags 設定為 0。
- 配置一個堆疊供子行程使用④。
- 若 CHILD_SIG 非 0 且不等於 SIGCHLD ⑤，則忽略之，以防該訊號將子行程終止。之所以未忽略 SIGCHLD，是因為那將導致無法收集子行程的結束狀態。

- 呼叫 *clone()* 建立子行程⑥。第三個參數（位元遮罩）包含了終止訊號。第四個參數（*func_arg*）指定了之前開啟的檔案描述符（在②處）。
- 等待子行程終止⑦。
- 嘗試呼叫 *write()*，以檢查檔案描述符（在②處開啟）是否仍處於開啟狀態⑧。程式報告 *write()* 操作是否成功。

Clone 產生的子行程從 *childFunc()* 處開始執行，該函式（利用參數 arg）接收由主程式開啟的檔案描述符（在②處）。子行程關閉檔案描述符並呼叫 return 以終止①。

列表 28-3：使用 *clone()* 建立子行程

procexec/t_clone.c

```
   #define _GNU_SOURCE
   #include <signal.h>
   #include <sys/wait.h>
   #include <fcntl.h>
   #include <sched.h>
   #include "tlpi_hdr.h"

   #ifndef CHILD_SIG
   #define CHILD_SIG SIGUSR1       /* Signal to be generated on termination
                                      of cloned child */
   #endif

   static int                      /* Startup function for cloned child */
   childFunc(void *arg)
   {
①      if (close(*((int *) arg)) == -1)
           errExit("close");

       return 0;                           /* Child terminates now */
   }

   int
   main(int argc, char *argv[])
   {
       const int STACK_SIZE = 65536;       /* Stack size for cloned child */
       char *stack;                        /* Start of stack buffer */
       char *stackTop;                     /* End of stack buffer */
       int s, fd, flags;

②      fd = open("/dev/null", O_RDWR);     /* Child will close this fd */
       if (fd == -1)
           errExit("open");
```

```
    /* If argc > 1, child shares file descriptor table with parent */

③   flags = (argc > 1) ? CLONE_FILES : 0;

    /* Allocate stack for child */

④   stack = malloc(STACK_SIZE);
    if (stack == NULL)
        errExit("malloc");
    stackTop = stack + STACK_SIZE;      /* Assume stack grows downward */

    /* Ignore CHILD_SIG, in case it is a signal whose default is to
       terminate the process; but don't ignore SIGCHLD (which is ignored
       by default), since that would prevent the creation of a zombie. */

⑤   if (CHILD_SIG != 0 && CHILD_SIG != SIGCHLD)
        if (signal(CHILD_SIG, SIG_IGN) == SIG_ERR)
            errExit("signal");

    /* Create child; child commences execution in childFunc() */

⑥   if (clone(childFunc, stackTop, flags | CHILD_SIG, (void *) &fd) == -1)
        errExit("clone");

    /* Parent falls through to here. Wait for child; __WCLONE is
       needed for child notifying with signal other than SIGCHLD. */

⑦   if (waitpid(-1, NULL, (CHILD_SIG != SIGCHLD) ? __WCLONE : 0) == -1)
        errExit("waitpid");
    printf("child has terminated\n");

    /* Did close() of file descriptor in child affect parent? */

⑧   s = write(fd, "x", 1);
    if (s == -1 && errno == EBADF)
        printf("file descriptor %d has been closed\n", fd);
    else if (s == -1)
        printf("write() on file descriptor %d failed "
                "unexpectedly (%s)\n", fd, strerror(errno));
    else
        printf("write() on file descriptor %d succeeded\n", fd);

    exit(EXIT_SUCCESS);
}
```
procexec/t_clone.c

執行列表 28-3 的程式，沒有命令列參數時輸出如下：

```
$ ./t_clone                                    Doesn't use CLONE_FILES
child has terminated
write() on file descriptor 3 succeeded         Child's close() did not affect parent
```

帶有命令列參數執行程式時，兩個行程將共用檔案描述符表：

```
$ ./t_clone x                                  Uses CLONE_FILES
child has terminated
file descriptor 3 has been closed              Child's close() affected parent
```

> 隨本書發佈的原始程式碼檔案 procexec/demo_clone.c 提供一個更為複雜的 *clone()* 範例。

28.2.1 *clone()* 的 *flags* 參數

clone() 的 *flags* 參數是各種位元遮罩的組合（位元的 OR 邏輯操作），下面將對它們分別說明。講述時並未按字母順序展開，而是著眼於促進對概念理解，從實作 POSIX 執行緒所使用的旗標開始。從執行緒實作的角度來看，下文多次出現的「行程」一詞都可用「執行緒」替代。

這裡需要指出，某種意義上，對術語「執行緒」和「行程」的區分不過是在玩弄文字遊戲而已。引入術語「核心排班實體（KSE，kernel scheduling entity）」（某些教科書用來代表核心排班器處理的物件）的概念對解釋這一點會有所助益。實際上，執行緒和行程都是 KSE，只是與其他 KSE 之間對屬性（虛擬記憶體、開啟檔案描述符、訊號處置、行程 ID 等）的共用程度不同。針對執行緒間屬性共用的方案不少，POSIX 執行緒規範只是其中之一。

在下面的說明中，有時會提及 Linux 平臺對 POSIX 執行緒的兩種主要實作：較早的 LinuxThreads，以及較新的 NPTL。關於這兩種實作的更多細節可以在 33.5 節找到。

> 從核心 2.6.16 開始，Linux 提供了新的系統呼叫 *unshare()*，由 *clone()*（或 *fork()*、*vfork()*）建立的子行程利用該呼叫可以撤銷某些屬性的共用（即反轉一些 *clone()* flags 位元值的效果）。詳細情況請參考 unshare(2) 使用手冊。

共用檔案描述符表：CLONE_FILES

如果指定了 CLONE_FILES 旗標，父、子行程會共用同一個開啟檔案描述符表。也就是說，無論哪個行程對檔案描述符進行配置和釋放（*open()*、*close()*、*dup()*、*pipe()*、*socket()* 等），都會影響到另一個行程。如果未設定 CLONE_FILES，那麼也就不會共用檔案描述符表，子行程取得的是父行程呼叫 *clone()* 時檔案描述符表的一份副本。這些描述符副本與其父行程中的相對應描述符均指向相同的開啟檔案（和 *fork()* 和 *vfork()* 的情況一樣）。

POSIX 執行緒規範要求行程中的所有執行緒共用相同的開啟檔案描述符。

共用與檔案系統相關的資訊：CLONE_FS

如果指定了 CLONE_FS 旗標，那麼父、子行程將共用與檔案系統相關的資訊：權限遮罩（umask）、根目錄以及目前工作目錄。也就是說，無論在哪個行程中呼叫 *umask()*、*chdir()* 或者 *chroot()*，都將影響到另一個行程。如果未設定 CLONE_FS，那麼父、子行程對此類資訊則會各持一份（與 *fork()* 和 *vfork()* 的情況相同）。

POSIX 執行緒規範要求實作 CLONE_FS 旗標所提供的屬性共用。

共用對訊號的處置設定：CLONE_SIGHAND

如果設定了 CLONE_SIGHAND，那麼父、子行程將共用同一個訊號處置表。無論在哪個行程中呼叫 *sigaction()* 或 *signal()* 來改變對訊號處置的設定，都會影響其他行程的訊號處置。若未設定 CLONE_SIGHAND，則不共用訊號處置設定，子行程只是取得父行程訊號處置表的一份副本（如同 *fork()* 和 *vfork()*）。CLONE_SIGHAND 不會影響到行程的訊號遮罩以及對擱置中（pending）訊號的設定，父子行程的此類設定是絕不相同的。從 Linux 2.6 開始，如果設定了 CLONE_SIGHAND，就必須同時設定 CLONE_VM。

POSIX 執行緒規範要求共用訊號的處置設定。

共用父行程的虛擬記憶體：CLONE_VM

如果設定了 CLONE_VM 旗標，父、子行程會共用同一份虛擬記憶體分頁（如同 *vfork()*）。無論哪個行程更新了記憶體，或是呼叫了 *mmap()*、*munmap()*，另一行程同樣會觀察到這些變化。如果未設定 CLONE_VM，那麼子行程得到的是對父行程虛擬記憶體的副本（如同 *fork()*）。

共用同一虛擬記憶體是執行緒的關鍵屬性之一，POSIX 執行緒標準對此也有要求。

執行緒群組：CLONE_THREAD

若設定了 CLONE_THREAD，則會將子行程置於父行程的執行緒群組中。如果未設定該旗標，那麼會將子行程置於新的執行緒群組中。

POSIX 標準規定，行程的所有執行緒共用同一行程 ID（即每個執行緒呼叫 *getpid()* 都應傳回相同值），Linux 從 2.4 版本開始引入了執行緒群組（threads group），以滿足這一需求。如圖 28-1 所示，執行緒群組就是共用同一執行緒群組 ID（TGID）（thread group identifier）的一組 KSE。在對 CLONE_THREAD 的後續討論中，會將 KSE 視同執行緒看待。

始於 Linux 2.4，*getpid()* 所傳回的就是呼叫者的 TGID。換言之，TGID 即為行程 ID。

> 在 2.2 以及更早的 Linux 系統中，對 *clone()* 的實作並不支援 CLONE_THREAD。反而，LinuxThreads 曾將 POSIX 執行緒實作為共用了多種屬性（例如，虛擬記憶體）、行程 ID 又各不相同的行程。考慮到相容性因素，即便是在目前的 Linux 核心中，LinuxThreads 實作也未提供 CLONE_THREAD，因為依此方式實作的執行緒就可以繼續擁有不同的行程 ID。

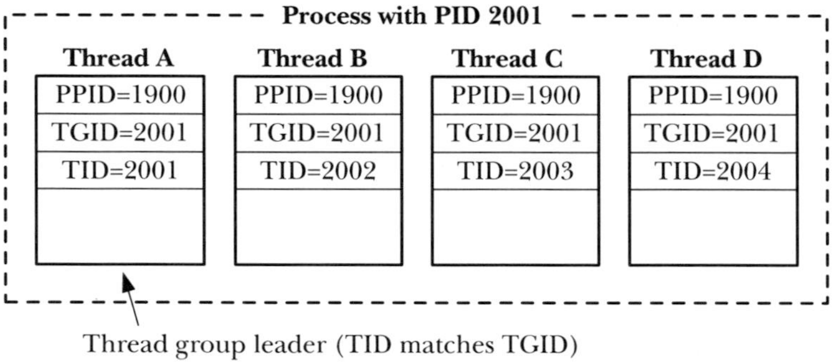

圖 28-1：包含 4 個執行緒的執行緒群組

一個執行緒群組內的每個執行緒都擁有一個唯一的執行緒 ID（thread identifier，TID），用以識別自身。Linux 2.4 提供了一個新的系統呼叫 *gettid()*，執行緒可透過該呼叫來取得自己的執行緒 ID（與執行緒呼叫 *clone()* 時的回傳值相同）。執行緒 ID 與行程 ID 都使用相同的資料型別 *pid_t* 來表示。執行緒 ID 在整個系統中是唯一的，且除了執行緒擔當行程中執行緒群組的首個執行緒的情況之外，核心能夠保證系統中不會出現執行緒 ID 與行程 ID 相同的情況。

在執行緒群組中，首個執行緒的執行緒 ID 會與其執行緒群組 ID 相同，也將該執行緒稱為執行緒群組組長（thread group leader）。

> 此處討論的執行緒 ID 與 POSIX 執行緒所使用的執行緒 ID（以資料型別 *pthread_t* 表示）不同。後者由 POSIX 執行緒實作（在使用者空間）自行產生並維護。

執行緒群組中的所有執行緒擁有相同的父行程 ID，即與執行緒群組組長的執行緒 ID 相同。僅當執行緒群組中的所有執行緒都終止後，其父行程才會收到 SIGCHLD 訊號（或其他終止訊號）。這些行為符合 POSIX 執行緒的規範。

當一個設定了 CLONE_THREAD 的執行緒終止時，並沒有訊號會發送給該執行緒的建立者（即呼叫 *clone()* 建立終止執行緒的執行緒）。相對的，也不可能呼叫 *wait()*（或類似函式）來等待一個以 CLONE_THREAD 旗標建立的執行緒。這與 POSIX 的要求一致。POSIX 執行緒與行程不同，不能使用 *wait()* 等待，而是必須呼叫 *pthread_join()* 來加入。為檢測以 CLONE_THREAD 旗標建立的執行緒是否終止，需要使用一種特殊的同步工具 futex（參考下文對 CLONE_PARENT_SETTID 旗標的討論）。

如果一個執行緒群組中的任一執行緒呼叫了 *exec()*，那麼除了組長執行緒之外的其他執行緒都會終止（這一行為也符合 POSIX 執行緒規範的要求），新行程將在組長執行緒中執行。換句話說，新程式中的 *gettid()* 呼叫將會傳回組長執行緒的執行緒 ID。呼叫 *exec()* 期間，會將該行程發送給其父行程的終止訊號重置為 SIGCHLD。

如果執行緒群組中的某個執行緒呼叫 *fork()* 或 *vfork()* 建立了子行程，那麼群組中的任何執行緒都可使用 *wait()* 或類似的函式來監控該子行程。

從 Linux2.6 開始，如果設定了 CLONE_THREAD，同時也必須設定 CLONE_SIGHAND。這也與 POSIX 執行緒標準的深入要求相契合，詳細內容可參考 33.2 節關於 POSIX 執行緒與訊號互動的相關討論。（核心針對 CLONE_THREAD 執行緒群組的訊號處理對應於 POSIX 標準對行程中執行緒如何處理訊號的規範。）

執行緒函式庫支援：CLONE_PARENT_SETTID、CLONE_CHILD_SETTID 和 CLONE_CHILD_CLEARTID

為了實作 POSIX 執行緒，Linux 2.6 提供了對 CLONE_PARENT_SETTID、CLONE_CHILD_SETTID 和 CLONE_CHILD_CLEARTID 的支援。這些旗標會影響 *clone()* 對參數 ptid 和 ctid 的處理。NPTL 的執行緒實作使用了 CLONE_CHILD_SETTID 和 CLONE_CHILD_CLEARTID。

如果設定了 CLONE_PARENT_SETTID，核心會將子執行緒的執行緒 ID 寫入 ptid 所指向的位置。在對父行程的記憶體進行複製之前，會將執行緒 ID 複製到 ptid 所指位置。這也意謂著，即使沒有設定 CLONE_VM，父、子行程均能在此位置獲得子行程的執行緒 ID。（如上所述，建立 POSIX 執行緒時總是指定了 CLONE_VM 旗標。）

CLONE_PARENT_SETTID 之所以存在，意在為執行緒實作取得新執行緒 ID 提供一種可靠的手段。注意，透過 *clone()* 的回傳值並不足以取得新執行緒的執行緒 ID。

```
tid = clone(...);
```

問題在於，因為賦值操作只能在 *clone()* 傳回後才會發生，所以以上程式碼會導致各種競速條件（race conditoin）。例如，假設新執行緒終止，而在完成對 tid 的賦值前就呼叫了終止訊號的處理常式（handler）。此時，處理常式無法有效存取 tid。（在執行緒函式庫內部，可能會將 tid 置於一個用以跟蹤所有執行緒狀態的全域結構中。）程式通常可以透過直接呼叫 *clone()* 來避免這種競速條件。不過，執行緒函式庫無法控制其呼叫者程式的行為。使用 CLONE_PARENT_SETTID 可以保證在 *clone()* 返回之前就將新執行緒的 ID 賦值給 ptid 指標，因而使執行緒函式庫避免了這種競速條件。

如果設定了 CLONE_CHILD_SETTID，那麼 *clone()* 會將子執行緒的執行緒 ID 寫入指標 ctid 所指向的位置。對 ctid 的設定只會發生在子行程的記憶體中，不過如果設定了 CLONE_VM，還是會影響到父行程。雖然 NPTL 並不需要 CLONE_CHILD_SETTID，但此旗標還是能給其他的執行緒函式庫實作帶來靈活性。

如果設定了 CLONE_CHILD_CLEARTID 旗標，那麼 *clone()* 會在子行程終止時將 ctid 所指向的記憶體內容清為零。

借助於參數 ctid 所提供的機制（稍後描述），NPTL 執行緒實作可以獲得執行緒終止的通知。函式 *pthread_join()* 正需要這樣的通知，POSIX 執行緒利用該函式來等待另一執行緒的終止。

使用 *pthread_create()* 建立執行緒時，NPTL 會呼叫 *clone()*，其 ptid 和 ctid 均指向同一位置。（這正是 NPTL 不需要 CLONE_CHILD_SETTID 的原因所在。）設定了 CLONE_PARENT_SETTID 旗標，就會以新的執行緒 ID 對該位置進行初始化。當子行程終止，ctid 遭清除時，行程中的所有執行緒都會目睹這一變化（因為設定了 CLONE_VM）。

核心將 ctid 指向的位置視同 futex，這是一種有效的同步機制。（關於 futex 的更多內容請參考 *futex(2)* 使用手冊。）執行系統呼叫 *futex()* 來監測 ctid 所指位置的內容變化，就可獲得執行緒終止的通知。（這正是 *pthread_join()* 所做的幕後工作。）核心在清除 ctid 的同時，也會喚醒那些呼叫了 *futex()* 來監控該位址內容變化的任一核心排班實體（即執行緒）。（在 POSIX 執行緒的層面上，這會導致 *pthread_join()* 呼叫去解除阻塞。）

執行緒區域儲存空間：CLONE_SETTLS

如果設定了 CLONE_SETTLS，那麼參數 tls 所指向的 *user_desc* 結構會對該執行緒所使用的執行緒區域儲存空間緩衝區加以描述。為了支援 NPTL 對執行緒區域儲存空間的實作，Linux 2.6 開始加入這一旗標（31.4 節）。關於 *user_desc* 結構的詳情，可參考 2.6 核心程式碼中對該結構的定義和使用，以及 *set_thread_area(2)* 使用手冊。

共用 System V 號誌的還原值：CLONE_SYSVSEM

如果設定了 CLONE_SYSVSEM，父、子行程將共用同一個 System V 號誌還原值清單（47.8 節）。如果未設定該旗標，父、子行程各自持有還原清單，且子行程的還原清單初始為空。

> 核心從 2.6 版本開始支援 CLONE_SYSVSEM，提供 POSIX 執行緒規範所要求的共用語意。

個別行程掛載命名空間：CLONE_NEWNS

Linux 從核心 2.4.19 開始支援個別行程（Per-process）掛載（mount）命名空間的概念。掛載命名空間是由對 *mount()* 和 *umount()* 的呼叫來維護的一組掛載點。掛載命名空間會影響將路徑名稱解析為真實檔案的過程，也會波及如 *chdir()* 和 *chroot()* 之類的系統呼叫。

在預設情況下，父、子行程共用同一掛載命名空間，一個行程呼叫 *mount()* 或 *umount()* 對命名空間所做的改變，也會為其他行程所見（如同 *fork()* 和 *vfork()*）。特權級（CAP_ SYS_ADMIN）行程可以指定 CONE_NEWNS 旗標，以便子行程去取得對父行程掛載命名空間的一份副本。這樣一來，行程對命名空間的修改就不會為其他行程所見。（早期的 2.4.x 核心以及更舊的版本認為，系統的全部行程共用同一個系統級掛載命名空間。）

可以利用個別行程掛載命名空間來建立類似 *chroot()* 監禁區（jail）的環境，而且更加安全、靈活，例如，可以向遭到監禁的行程提供一個掛載點，而該點對於其他行程而言是不可見的。設定虛擬伺服器環境時也會用到掛載命名空間。

在同一 *clone()* 呼叫中同時指定 CLONE_NEWNS 和 CLONE_FS 是不合理的，也不允許這樣做。

將子行程的父行程設定為呼叫者的父行程：CLONE_PARENT

在預設情況下，當呼叫 *clone()* 建立新行程時，新行程的父行程（由 *getppid()* 傳回）就是呼叫 *clone()* 的行程（同 *fork()* 和 *vfork()*）。如果設定了 CLONE_PARENT，那麼呼叫者的父行程就成為子行程的父行程。換言之，CLONE_PARENT 等同於這樣的設定：*child.PPID = caller.PPID*。（未設定 CLONE_PARENT 的預設情況是：*child.PPID = caller.PID*。）子行程終止時會向父行程（*child.PPID*）發出訊號。

Linux 從版本 2.4 之後開始支援 CLONE_PARENT。其設計初衷意圖是對 POSIX 執行緒的實作提供支援，不過核心 2.6 找出一種無須此旗標而支援執行緒（之前所述的 CLONE_THREAD）的新方法。

將子行程的行程 ID 設定為與父行程相同：CLONE_PID（已廢止）

如果設定了 CLONE_PID，那麼子行程就擁有與父行程相同的行程 ID。若未設定此旗標，那麼父、子行程的行程 ID 則不同（如同 *fork()* 和 *vfork()*）。只有系統的開機行程（行程 ID 為 0）可能會使用該旗標，用於初始化多處理器系統。

CLONE_PID 的設計初衷並非供使用者級應用使用。Linux 2.6 已將其移除，並以 CLONE_IDLETASK 取而代之，將新行程的 ID 設定為 0。CLONE_IDLETASK 僅供核心內部使用（即使在 *clone()* 的參數中指定，系統也會對其視而不見）。使用此旗標可為每顆 CPU 建立隱身的空閒行程（idle process），在多處理器系統中可能存在有多個實體（instance）。

行程追蹤：CLONE_PTRACE 和 CLONE_UNTRACED

如果設定了 CLONE_PTRACE 且正在追蹤呼叫行程，那麼也會對子行程進行追蹤。關於行程追蹤（由除錯器和 strace 指令使用）的細節，請參考 ptrace(2) 使用手冊。

從核心 2.6 開始，即可設定 CLONE_UNTRACED 旗標，這也意謂著跟蹤行程不能強制將其子行程設定為 CLONE_PTRACE。CLONE_UNTRACED 旗標供核心建立核心執行緒時內部使用。

暫停（suspending）父行程直至子行程退出或呼叫 *exec()*：CLONE_VFORK

如果設定了 CLONE_VFORK，父行程將一直暫停，直到子行程呼叫 *exec()* 或 *_exit()* 來釋放虛擬記憶體資源（如同 *vfork()*）為止。

支援容器（container）的 *clone()* 新旗標

Linux 從 2.6.19 版本開始給 *clone()* 加入了一些新旗標：CLONE_IO、CLONE_NEWIPC、CLONET_NEWNET、CLONE_NEWPID、CLONE_NEWUSER 和 CLONE_NEWUTS。（參考 clone(2) 使用手冊可獲得有關這些旗標的詳細說明。）

這些旗標中的大部分都是為容器（container）的實作提供支援（Bhattiprolu 等人，2008）。容器是羽量級虛擬化的一種形式，將執行於同一核心的行程群組從環境上彼此隔離，如同執行在不同機器上一樣。容器可以是巢狀的，一個容器可以包含另一個容器。與完全虛擬化將每個虛擬環境執行於不同核心的手法相比，容器的運作方式可謂是大相徑庭。

為了實作容器，核心開發者不得不為核心中的各種全域系統資源提供一個中繼層，以便每個容器能為這些資源提供各自的實體。這些資源包括：行程 ID、網路通訊協定堆疊、*uname()* 傳回的 ID、System V IPC 物件、使用者和群組 ID 命名空間等。

容器的用途很多，如下所示：

- 控制系統的資源配置，如網路頻寬或 CPU 時間（例如，授予容器某甲 75% 的 CPU 時間，某乙則取得 25%）。
- 在單台主機上提供多個羽量級虛擬伺服器。
- 凍結某個容器，以此來暫停該容器中所有行程的執行，並於稍後重啟，可能是在遷移到另一台機器之後。
- 允許傾印應用程式的狀態資訊，記錄於檢查點，並於之後再行恢復（或許在應用程式當掉之後，或是計畫之中或之外的系統關機之後），從檢查點開始繼續執行。

clone() 旗標的使用

大致上來說，*fork()* 相當於只在 flags 設定 SIGCHLD 的 *clone()* 呼叫，而 *vfork()* 則對應於設定如下 flags 的 *clone()*：

```
CLONE_VM | CLONE_VFORK | SIGCHLD
```

> 自 2.3.3 版本以來，作為 NPTL 執行緒實作的一部分，glibc 所提供的封裝函式 *fork()* 繞開了核心的 *fork()* 系統呼叫，改成呼叫了 *clone()*。該封裝函式會去呼叫任何由呼叫者透過 *pthread_atfork()*（參考 33.3 節）所設定的 fork 處理常式。

LinuxThreads 執行緒實作使用 *clone()*（僅用到前四個參數）來建立執行緒，對 flags 的設定如下：

```
CLONE_VM | CLONE_FILES | CLONE_FS | CLONE_SIGHAND
```

NPTL 執行緒實作則使用 *clone()*（使用了所有七個參數）來建立執行緒，對 flags 的設定如下：

```
CLONE_VM | CLONE_FILES | CLONE_FS | CLONE_SIGHAND | CLONE_THREAD |
CLONE_SETTLS | CLONE_PARENT_SETTID | CLONE_CHILD_CLEARTID | CLONE_SYSVSEM
```

28.2.2 為 clone 建立的子行程而擴充 *waitpid()* 功能

為等待由 *clone()* 產生的子行程，*waitpid()*、*wait3()* 和 *wait4()* 的位元遮罩參數 options 可以包含下列的額外（Linux 特有的）值。

__WCLONE

一經設定，只會等待 clone 子行程。如未設定，只會等待 non-clone 的子行程。在這種情況下，clone 子行程終止時發送給其父行程的訊號並非 SIGCHLD。如果同時還指定了 __WALL，那麼將忽略 __WCLONE。

__WALL（自 *Linux 2.4* 之後）

等待所有子行程，不分類型（clone、non-clone）。

__WNOTHREAD（自 *Linux 2.4* 之後）

預設情況下，不只可以等待執行呼叫的行程它的每個子行程，還能等待與呼叫者屬於相同執行緒群組的其他行程之子行程。指定 __WNOTHREAD 旗標則限制呼叫者只能等待自己的子行程。

waitid() 不能使用上述旗標。

28.3 行程的建立速度

表 28-3 對採用不同方法建立行程的速度進行了比較。測試程式在迴圈中重複建立子行程並等待子行程終止，因而獲得了此結果。比較過程中使用了三種不同大小的行程記憶體，如表中虛擬記憶體總量（total virtual memory）值所示。記憶體大小差異的模擬方式是透過在程式設計時，事先在堆積（heap）中配置（*malloc()*）的額外記憶體。

> 表 28-3 中的行程大小（虛擬記憶體總量）取自命令 *ps -o* "*pid vsz cmd*" 輸出的 VSZ 值。

表 28-3：使用 *fork()*、*vfork()* 和 *clone()* 建立 10 萬個行程所需的時間

行程的建立方法	虛擬記憶體總量					
	1.70 MB		2.70 MB		11.70 MB	
	時間（秒）	速率	時間（秒）	速率	時間（秒）	速率
fork()	22.27 (7.99)	4544	26.38 (8.98)	4135	126.93 (52.55)	1276
vfork()	3.52 (2.49)	28955	3.55 (2.50)	28621	3.53 (2.51)	28810
clone()	2.97 (2.14)	34333	2.98 (2.13)	34217	2.93 (2.10)	34688
fork() + exec()	135.72 (12.39)	764	146.15 (16.69)	719	260.34 (61.86)	435
vfork() + exec()	107.36 (6.27)	969	107.81 (6.35)	964	107.97 (6.38)	960

表 28-3 對於每種行程大小都提供了兩類統計資料：

- 第一項統計包含兩種度量時間。以執行 10 萬次行程建立期間所逝去的（實際）時間為主（較大值），以父行程所消耗的 CPU 時間（括弧內的值）為輔。由於測試環境並無其他負載，兩者之差應是測試期間建立子行程所消耗的時間總量。
- 第二項資料顯示每（實際）秒建立的行程數量，即建立速率，取各種情況下執行 20 次的平均值。實驗基於 x86-32 系統，核心版本為 2.6.27。

前三列針對的是簡單的行程建立（子行程不執行新程式）。子行程在建立後立即結束，父行程等待子行程終止後再去建立下一個子行程。

第一列取自系統呼叫 *fork()*。由資料可知，行程所占記憶體越大，*fork()* 所需時間也就越長。額外時間花在了為子行程複製那些逐漸變大的分頁表，以及將資料區段、堆積區段以及堆疊區段的分頁紀錄標示為唯讀的工作上。因為子行程並未修改資料區段或堆疊區段，所以也沒有複製分頁（page）。

第二列取自 *vfork()*。可以看出，儘管行程大小在增加，但所用時間保持不變，因為呼叫 *vfork()* 時並未複製分頁表或分頁，執行呼叫的行程的虛擬記憶體大小並未造成影響。*fork()* 和 *vfork()* 在時間統計上的差值就是複製行程分頁表所需的時間總量。

> 表 28-3 中 *vfork()* 和 *clone()* 的各自資料在不同的行程記憶體大小下。之所以存在微小的差異，要歸因於採樣誤差以及排班的變化。即使建立 300MB 大小的行程，兩個系統呼叫的時間仍將保持不變。

第 3 列資料的統計資訊來自對 *clone()* 的呼叫，所使用的旗標如下：

```
CLONE_VM | CLONE_VFORK | CLONE_FS | CLONE_SIGHAND | CLONE_FILES
```

前兩個旗標模擬 *vfork()* 的行為。剩餘的旗標則要求父、子行程應當共用檔案系統屬性檔案權限遮罩（umask）、根目錄和目前工作目錄，訊號處置表以及開啟檔案描述符表。*clone()* 和 *vfork()* 之間的資料差值則代表了 *vfork()* 將這些資訊副本到子行程的少量額外工作。副本檔案系統屬性和訊號處置表的成本是固定的。不過，副本開啟檔案描述符表的開銷則取決於描述符數量。例如：父行程開啟 100 個檔案，*vfork()* 的實際時間（表中第 1 行）會從 3.52 秒增至 5.04 秒，但不會影響 *clone()* 所需要的時間。

> 對 *clone()* 的計時針對的是 glibc 函式庫的封裝函式 *clone()*，而非直接呼叫 sys_clone()。另有測試（在此恕不全部列出）對 *sys_clone()* 和 *clone()*(以子函式呼叫並立即退出) 做了比較，實驗結果表示，時間上的差異可以忽略不計。

fork() 和 *vfork()* 之間的差別非常明顯，但仍需要注意以下幾點：

- 最後一行資料表示，在大行程情況下，*vfork()* 要比 *fork()* 快逾 30 倍。而針對普通行程，則會近乎於表中前兩列的數據。
- 因為行程的建立時間往往比 *exec()* 的執行時間要少得多，所以如果隨後接著執行 *exec()*，那麼兩者間的差異也就不再明顯。表 28-3 的最後兩行資料說明了這一點，其中的每個子行程都去呼叫 *exec()*，而非直接結束。程式執行的是 true 指令（/bin/true，選擇該程式的原因是因為它不產生任何輸出）。這時，*fork()* 和 *vfork()* 之間的相對差距就小了許多。

> 實際上，表 28-3 中所示資料並未揭露 *exec()* 的全部成本花費，因為測試程式的每個迴圈中子行程均執行同一程式。根本就未計入把程式檔案讀入記憶體的磁碟 I/O 成本，因為第一次執行 *exec()* 時就會將程式讀入核心緩衝區，並一直保存在那裡。如果測試每次迴圈執行的程式不同（例如，複製同一程式，並以不同檔名命名），那麼應該可以觀察到 *exec()* 的開銷要大出許多。

28.4 *exec()* 和 *fork()* 對行程屬性的影響

行程有多種屬性，其中一部分已經在前面幾章有所說明，後續章節將討論其他一些屬性。關於這些屬性，存在兩個問題。

- 當行程執行 *exec()* 時，這些屬性將發生怎樣的變化？
- 當執行 *fork()* 時，子行程會繼承哪些屬性？

表 28-4 是對這些問題的回答。*exec()* 行註明，呼叫 *exec()* 期間哪些屬性得以保存。*fork()* 行則表示呼叫 *fork()* 之後子行程繼承，或（有時是）共用了哪些屬性。除了標示為 Linux 特有的屬性之外，列出的所有屬性均獲得了標準 UNIX 實作的支援，呼叫 *exec()* 和 *fork()* 期間對它們的處理也都符合 SUSv3 規範。

表 28-4：*exec()* 和 *fork()* 對行程屬性的影響

行程屬性	*exec()*	*fork()*	影響屬性的介面；額外說明
行程位址空間			
文字區段	否	共用	子行程與父行程共用文字區段
堆疊區段	否	是	函式進入點 / 結束點；*alloca()*、*longjmp()*、*siglongjmp()*
資料區段和堆積區段	否	是	*brk()*、*sbrk()*
環境變數	見說明	是	*putenv()*、*setenv()*；直接修改 *environ*。*execle()* 和 *execve()* 會對其改寫，其他 *exec()* 呼叫則會加以保護
記憶體映射	否	是；見說明	*mmap()*、*munmap()*。跨越 *fork()* 行程，映射的 MAP_NORES ERVE 旗標得以繼承。帶有 madvise（*MADV_ DONTFORK*）旗標的映射則不會跨 *fork()* 繼承
記憶體鎖	否	否	*mlock()*、*munlock()*
行程識別字與憑證			
行程 ID	是	否	
父行程 ID	是	否	
行程群組 ID	是	是	*setpgid()*
作業階段 ID（Session ID）	是	是	*setsid()*
真實 ID（Real ID）	是	是	*setuid()*、*setgid()*，以及相關呼叫
有效和保存設定（saved set）ID	見說明	是	*setuid()*、*setgid()*，以及相關呼叫。第 9 章解釋了 *exec()* 是如何影響這些 ID 的
補充群組 ID	是	是	*setgroups()*、*initgroups()*
檔案、檔案 IO 和目錄			
開啟檔案描述符	見說明	是	*open()*、*close()*、*dup()*、*pipe()*、*socket()* 等。檔案描述符在跨越 *exec()* 呼叫的過程中得以保存，除非對其設定了執行時關閉（close-on-exec）旗標。父、子行程中的描述符指向相同的開啟檔案描述，參考 5.4 節
執行時關閉（close-on- exec）旗標	是（如果關閉）	是	*fcntl*（*F_SETFD*）
檔案偏移	是	共用	*lseek()*、*read()*、*write()*、*readv()*、*writev()*。父、子行程共用檔案偏移

行程屬性	*exec()*	*fork()*	影響屬性的介面；額外說明
檔案、檔案 IO 和目錄			
開啟檔案狀態旗標	是	共用	*open()*、*fcntl(F_SETFL)*。父、子行程共用開啟檔案狀態旗標
非同步 I/O 操作	見說明	否	*aio_read()*、*aio_write()* 以及相關呼叫。呼叫 *exec()* 期間，會取消尚未完成的操作
目錄串流	否	是：見說明	*opendir()*、*readdir()*。SUSv3 規定，子行程獲得父行程目錄流的一份副本，不過這些副本可以（也可以不）共用目錄串流的位置。Linux 系統不共用目錄串流的位置
檔案系統			
目前工作目錄	是	是	*chdir()*
根目錄	是	是	*chroot()*
檔案模式建立遮罩	是	是	*umask()*
訊號			
訊號處置	見說明	是	*signal()*、*sigaction()*。將處置設定成預設或忽略的訊號在執行 *exec()* 期間保持不變；已捕獲的訊號會恢復為預設處置。參考 27.5 節
訊號遮罩	是	是	訊號傳輸；*sigprocmask()*、*sigaction()*
擱置中（pending）訊號集合	是	否	訊號傳輸；*raise()*、*kill()*、*sigqueue()*
替代訊號堆疊	否	是	*sigaltstack()*
計時器			
間隔計時器	是	否	*setitimer()*
由 *alarm()* 設定的計時器	是	否	*alarm()*
POSIX 計時器	否	否	*timer_create()* 及其相關呼叫
POSIX 執行緒			
執行緒	否	見說明	*fork()* 呼叫期間，子行程只會複製呼叫執行緒
執行緒的取消狀態與類型	否	是	*exec()* 之後，將可取消類型和狀態分別重置為 PTHREAD_ CANCEL_ENABLE 和 PTHREAD_CANCEL_DEFERRED
互斥與條件變數	否	是	關於呼叫 *fork()* 期間對互斥以及其他執行緒資源的處理細節可參考 33.3 節
優先順序與排班			
nice 值	是	是	*nice()*、*setpriority()*
排班策略及優先順序	是	是	*sched_setscheduler()*、*sched_setparam()*
資源與 CPU 時間			
資源限制	是	是	*setrlimit()*
行程和子行程的 CPU 時間	是	否	由 *times()* 傳回
資源使用量	是	否	由 *getrusage()* 傳回

行程屬性	*exec()*	*fork()*	影響屬性的介面；額外說明
行程間通信			
System V 共用記憶體區段	否	是	*shmat()*、*shmdt()*
POSIX 共用記憶體	否	是	*shm_open()* 及其相關呼叫
POSIX 訊息佇列	否	是	*mq_open()* 及其相關呼叫。父、子行程的描述符都指向同一開啟訊息佇列描述。子行程並不繼承父行程的訊息通知註冊資訊
POSIX 命名號誌	否	共用	*sem_open()* 及其相關呼叫。子行程與父行程共用對相同號誌的引用
POSIX 未命名號誌	否	見說明	*sem_init()* 及其相關呼叫。如果號誌位於共用記憶體區域，那麼子行程與父行程共用號誌；否則，子行程擁有屬於自己的號誌副本
System V 號誌調整	是	否	參考 47.8 節
檔案鎖	是	見說明	*flock()*。子行程自父行程處繼承對同一鎖的引用
紀錄鎖	見說明	否	*fcntl(F_SETLK)*。除非將指代檔案的檔案描述符旗標為執行時關閉，否則會跨越 *exec()* 對鎖加以保護
雜項			
地區設定	否	是	*setlocale()*。作為 C 執行時初始化的一部分，執行新程式後會呼叫 *setlocale(LC_ALL，"C")* 的等效函式
浮點環境	否	是	執行新程式時，將浮點環境狀態重置為預設值，參考 *fenv(3)*
控制終端機	是	是	
結束的處理常式	否	是	*atexit()*、*on_exit()*
Linux 特有			
檔案系統 ID	見說明	是	*setfsuid()*、*setfsgid()*。一旦相應的有效 ID 發生變化，那麼這些 ID 也會隨之改變
timeerfd 計時器	是	見說明	*timerfd_create()*，子行程繼承的檔案描述符與父行程指向相同的計時器
能力	見說明	是	*capset()*。執行 *exec()* 期間對能力的處理一如 39.5 節所述
功能外延集合	是	是	
能力安全位元（securebits）旗標	見說明	是	執行 *exec()* 期間，會保全所有的安全位元旗標，SECBIT_KEEP_CAPS 除外，總是會清除該旗標
CPU affinity	是	是	*sched_setaffinity()*
SCHED_RESET_ON_FORK	是	否	參考 35.3.2 節
允許的 CPU	是	是	參考 *cpuset(7)* 使用手冊
允許的記憶體節點	是	是	參考 *cpuset(7)* 使用手冊
記憶體策略	是	是	參考 *set_mempolicy(2)* 使用手冊

行程屬性	*exec()*	*fork()*	影響屬性的介面；額外說明
檔案租約	是	見說明	*fcntl*（*F_SETLEASE*）。子行程從父行程處繼承對相同租約的引用
目錄變更通知	是	否	dnotify API，透過 *fcntl*（*F_NOTIFY*）來實作支援
prctl（*PR_SET_DUMPABLE*）	見說明	是	*exec()* 執行期間會設定 PR_SET_DUMPABLE 旗標，執行設定使用者或群組 ID 程式的情況除外，此時將清除該旗標
prctl（*PR_SET_PDEATHSIG*）	是	否	
prctl（*PR_SET_NAME*）	否	是	
oom_adj	是	是	參考 49.9 節
coredump_filter	是	是	參考 22.1 節

28.5 小結

當開啟行程記帳功能時，核心會在系統中每一行程終止時將其帳單紀錄寫入一個檔案。該紀錄包含行程使用資源的統計資料。

如同函式 *fork()*，Linux 特有的 *clone()* 系統呼叫也會建立一個新行程，但其對父子間的共用屬性有更為精確的控制。該系統呼叫主要用於執行緒函式庫的實作。

本章對 *fork()*、*vfork()* 和 *clone()* 的行程建立速度做了比較。儘管 *vfork()* 要快於 *fork()*，但較之於子行程隨後呼叫 *exec()* 所耗費的時間，二者間的時間差異也就微不足道了。

fork() 建立的子行程會從其父行程處繼承（有時是共用）某些行程屬性的副本，而對其他行程屬性則不做繼承。例如，子行程繼承了父行程檔案描述符表和訊號處置的副本，但並不繼承父行程的間隔計時器、紀錄鎖或是擱置中的訊號集合。相對地，行程執行 *exec()* 時，某些行程屬性保持不變，而會將其他屬性重置為預設值。例如，行程 ID 保持不變，檔案描述符保持開啟（除非設定了執行時關閉旗標），間隔計時器得以保存，擱置中的訊號依然擱置，不過會將對已處理訊號之處置重置為預設值，同時卸載共用記憶體區段。

進階資訊

請參考 24.6 節列出的更多資訊來源。（Frisch，2002）第 17 章描述了對行程記帳的管理，以及不同 UNIX 實作之間的差異。（Bovert & Vesati，2005）介紹了系統呼叫 *clone()* 的實作。

28.6 習題

28-1. 設計一程式，觀察 *fork()* 和 *vfork()* 系統呼叫在讀者系統中的速度。要求每個子行程必須立即結束，而父行程應在建立下一個子行程之前呼叫 *wait()*，等待目前子行程結束。將兩個系統呼叫之間的差別與表 28-3 相比較。shell 內建指令 time 可用來測量程式的執行時間。

29

執行緒（thread）：簡介

我們在本章與後續章節會討論 POSIX 執行緒（thread），亦即所謂的 Pthreads。鑒於 Pthreads 的範圍極廣，本書無意涵蓋整個 Pthreads API。關於執行緒的深入資訊，本章會在結尾處列出其來源。

這些章節主要介紹規範 Pthreads API 的標準行為，我們在 33.5 節會探討 Linux 的兩種主流執行緒實作：LinuxThreads 與 Native POSIX Threads Library（NPTL），與標準執行緒的差異。

我們在本章提供執行緒操作的概述，隨之探討如何建立與終止執行緒。我們最後會探討，在設計應用程式時，影響選擇多執行緒方案或是多行程方案的一些因素。

29.1 概述

與行程（process）類似，執行緒（thread）是可以讓應用程式同步（並行，concurrently）執行多個任務的一種機制。如圖 29-1 所示，一個行程可以包含多個執行緒。同一程式中的每個執行緒都會獨立執行相同的程式，且共用相同的全域記憶體，其中包括初始化資料（initialized data）、未初始化資料（uninitialized data），以及堆積區段（heap segment）。（傳統的 UNIX 行程只是多執行緒程式的一個特例，該行程只包含一個執行緒。）

我們在圖 29-1 簡化了一些事物，尤其是，個別執行緒堆疊（per-thread stack）的位置可能會跟共用函式庫與共用記憶體區域混雜在一起，這取決於建立執行緒、載入共用函式庫，以及映射共用記憶體的具體順序。此外，個別執行緒堆疊的位置會隨著不同的 Linux 發行版本而異。

同一行程中的多個執行緒可以同步執行，在多處理器系統，多個執行緒可以並行執行。若一個執行緒因等待 I/O 操作而發生阻塞，則其他的執行緒依然可以繼續執行。（雖然有時單獨建立一個專門執行 I/O 操作的執行緒頗為有用，但比較建議使用另一種 I/O 模型，我們會在第 63 章介紹。）

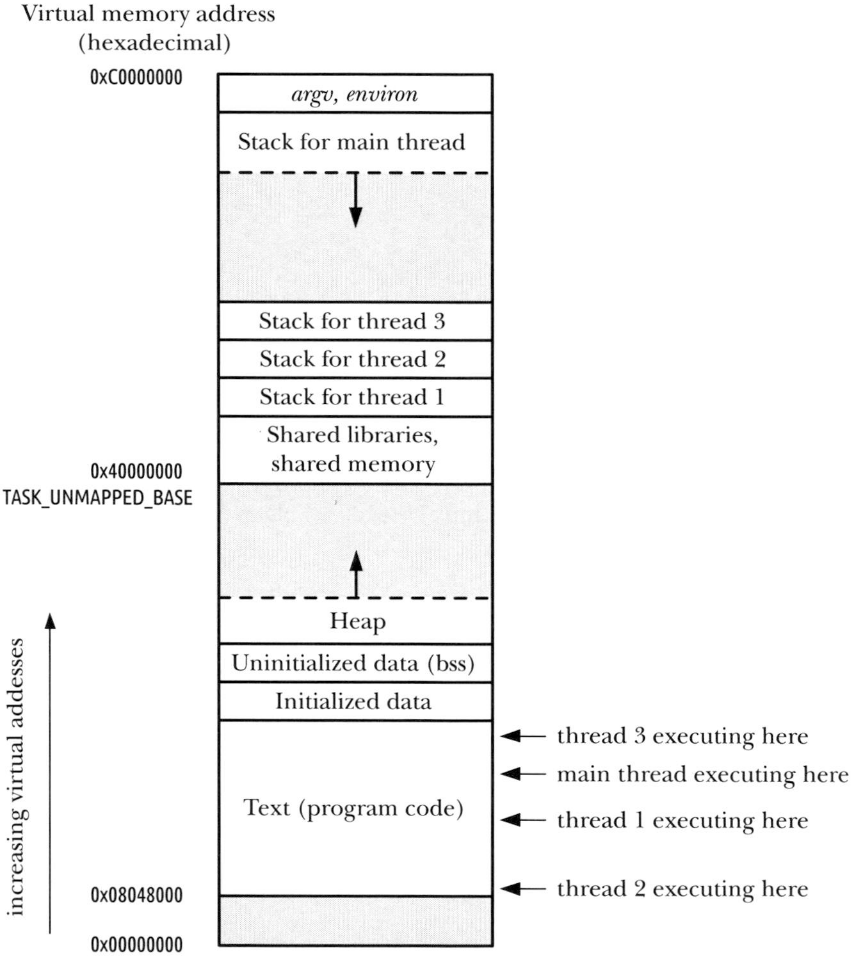

圖 29-1：同時執行 4 個執行緒的行程（Linux/x86-32）

對於某些應用而言，使用執行緒會優於行程。傳統的 UNIX 方法是透過建立多個行程，以達成同步。以網路伺服器（network server）的設計為例，伺服器行程（父行程）在接受客戶端（client）的連接後，會呼叫 *fork()* 來建立一個單獨的子行程，以處理與每個客戶端的通信（參考 60.3 節）。這樣的設計可以讓伺服器就同時為多個客戶端提供服務。雖然此方法可以在許多情境運作良好，但是在某些應用會有下列的限制：

- 行程之間的資訊難以共用，因為父行程與子行程沒有共用記憶體（除了唯讀程式碼區段以外），所以我們必須使用一些行程間通信（inter-process communication，簡稱 IPC）的方式，在行程之間交換資訊。
- 使用 *fork()* 建立行程的成本相對較高，即使使用 24.2.2 節所述的寫入時複製（copy-on-write）技術，仍然需要複製如記憶體分頁表（page table）與檔案描述符表（file descriptor table）之類的各種行程屬性，意謂著 *fork()* 呼叫仍然相當耗時。

執行緒解決了上述兩個問題：

- 執行緒之間能夠簡便、快速地分享資訊，只需將資料複製到共用（全域或堆積）變數中。然而，為了避免多個執行緒試圖同時更新相同資訊的情況，我們必須使用第 30 章所述的同步技術。
- 通常建立執行緒會比建立行程快 10 倍或更好。（Linux 系統透過 *clone()* 系統呼叫來實作執行緒，而表 28-3 展示了 *fork()* 與 *clone()* 在速度上的差異）。建立執行緒會比較快是因為呼叫 *fork()* 建立子行程時必須複製許多屬性，而這些屬性在執行緒之間本來就是共用的。尤其執行緒不須使用寫入時複製來複製記憶體分頁，也不用複製分頁表。

除了全域記憶體之外，執行緒還共用了許多其他屬性（這些屬性在行程是全域的，而且並非專屬某個執行緒），這些屬性如下：

- 行程 ID（process ID）與父行程 ID。
- 行程群組 ID 與作業階段 ID（session ID）。
- 控制終端機（controlling terminal）。
- 行程憑證（process credential）（使用者 ID 與群組 ID ）。
- 開啟的檔案描述符。
- 使用 *fcntl()* 建立的紀錄鎖（record lock）。
- 訊號（signal）處理。
- 檔案系統的相關資訊：權限遮罩（umask）、目前工作目錄與根目錄。

- 間隔計時器（*setitimer()*）與 POSIX 計時器（timer_*create()*）。
- System V（system V）號誌 undo（semadj）值（47.8 節）。
- 資源限制（resource limit）。
- CPU 時間消耗（由 *times()* 傳回）。
- 資源消耗（由 *getrusage()* 傳回）。
- nice 值（由 *setpriority()* 與 *nice()* 設定）。

下列是每個執行緒會各自有的屬性：

- 執行緒 ID（thread ID，29.5 節）。
- 訊號遮罩（signal mask）。
- 執行緒特有的資料（31.3 節）。
- 替代的訊號堆疊（*sigaltstack()*）。
- errno 變數。
- 浮點（floating-point）環境（參考 fenv(3)）。
- 即時排班策略（real-time scheduling policy）與優先權（35.2 節與 35.3 節）。
- CPU affinity（CPU 親和力，Linux 特有的，在 35.4 節介紹）。
- 能力（capability，Linux 特有的，在第 39 章介紹）。
- 堆疊（stack），區域變數與函式的呼叫連結（linkage）資訊。

> 如圖 29-1 所示，全部的個別執行緒堆疊都位在相同的虛擬位址空間。這意謂著，給定一個合適的指標，就能讓各執行緒在彼此的堆疊分享資料，此方法偶爾還蠻好用的，但由於區域變數的狀態有效與否是取決於其所在的堆疊訊框（stack frame）之生命週期，所以需要謹慎的寫程式來處理相依性問題。（若函式返回時，則該函式堆疊訊框所佔用的記憶體區間有可能在後續的函式呼叫再次使用。若執行緒終止，則新的執行緒有可能會再次利用已終止執行緒的堆疊所佔用的記憶體區間）。若無法正確處理這個相依性問題，則會產生難以追蹤的 bug。

29.2 細說 Pthreads API 背景知識

在 1980 年代後期與 1990 年代初期，有多種不同的執行緒 API。在 1995 年，POSIX.1c 制定了 POSIX 執行緒 API 的標準，此標準後來也納入了 SUSv3。

有幾個能套用在整個 Pthreads API 的概念，所以我們在深入探討 API 之前，會先做個簡介。

執行緒的資料型別（Pthreads data type）

Pthreads API 定義許多的資料型別，表 29-1 列出了一部分，這些資料型別我們在後續章節大多都會介紹。

表 29-1：Pthreads 資料型別

資料型別	說明
pthread_t	執行緒 ID
pthread_mutex_t	互斥（Mutex）
pthread_mutexattr_t	互斥屬性物件
pthread_cond_t	條件變數（condition variable）
pthread_condattr_t	條件變數的屬性物件
pthread_key_t	執行緒特有的資料鍵（Key）
pthread_once_t	一次性的初始化控制上下文（One-time initialization control context）
pthread_attr_t	執行緒的屬性物件

SUSv3 並未規範如何實作這些資料型別，可移植的程式應將其視為不透明的資料。亦即，程式應避免倚賴這類資料型別變數的結構或內容。尤其是，我們不能使用 C 語言的比較操作符（==）去比較這些型別的變數。

執行緒與 errno

在傳統的 UNIX API，*errno* 是一個全域的整數變數。然而，這無法滿足多執行緒程式的需求。若執行緒呼叫的函式以全域的 *errno* 傳回錯誤，則會與其他呼叫此函式及檢查 *errno* 的執行緒產生混淆。換句話說，這會引發競速條件（race condition）。因此，在多執行緒的程式，每個執行緒都有屬於自己的 *errno* 值。在 Linux 系統，執行緒特有的 *errno*，其實作方式與多數的 UNIX 系統方法類似：會將 *errno* 定義為巨集（macro），可展開為函式呼叫，該函式會傳回一個可修改的左值（lvalue），且每個執行緒都有個別的左值。（因為左值可以修改，所以多執行緒程式依然能以 *errno=value* 的方式賦值給 *errno*。）

總而言之，執行緒使用 errno 機制的方式與傳統 UNIX API 的錯誤回報相同。

原始的 POSIX.1 標準沿襲 K&R C 的語言用法，允許程式將 errno 宣告為 extern int errno。SUSv3 卻不允許此做法（此變化實際發生自 1995 年的 POSIX.1c 標準）。如今，程式需要透過引用 <errno.h> 來宣告 errno，以啟用個別執行緒的 errno 實作。

Pthreads 函式的回傳值

傳統從系統呼叫與一些函式庫函式中傳回狀態的傳統做法是：傳回 0 表示成功，傳回 -1 表示失敗，並在失敗時設定 *errno* 以指出錯誤原因。Pthreads API 的函式則有不同的做法，全部的 Pthreads 函式都會傳回 0 表示成功，而傳回一個正值表示失敗，這個失敗時的回傳值，與傳統 UNIX 系統呼叫設定於 *errno* 的值相同。

由於在多執行緒程式中，每個 errno 的參考（reference）都會增加函式呼叫的成本，因此，本書的範例程式不會直接將 Pthreads 函式的傳回值賦予 errno，而是利用一個中繼變數，並使用自己實作的 *errExitEN()* 診斷函式（3.5.2 節），如下所示：

```
pthread_t thread;
int s;

s = pthread_create(&thread, NULL, func, &arg);
if (s != 0)
    errExitEN(s, "pthread_create");
```

編譯 Pthreads 程式

在 Linux 系統，在編譯使用 Pthreads API 的程式時，需要設定 cc -pthread 選項，該選項的效果如下：

- 定義 _REENTRANT 前置處理巨集（preprocessor macro），這樣可以揭露一些可重入（reentrant）函式的宣告。
- 程式會與 *libpthread* 函式庫連結（與 *-lpthread* 等效）。

> 編譯多執行緒程式的具體編譯選項會隨著（及編譯器）而異。有些其他的實作（如 Tru64）也會使用 *cc -pthread*，而 Solaris 與 HP-UX 則使用 *cc -mt*。

29.3 建立執行緒

在程式啟動時，產生的行程只有單個執行緒，稱之為初始（initial）或主（main）執行緒。我們在本節會探討如何建立其他的執行緒。

函式 *pthread_create()* 負責建立一條新的執行緒。

```
#include <pthread.h>

int pthread_create(pthread_t *thread, const pthread_attr_t *attr,
                   void *(*start)(void *), void *arg);
```

Returns 0 on success, or a positive error number on error

新的執行緒透過呼叫帶有 arg 參數的 start 函式（即 *start(arg)*）而開始執行，呼叫 *pthread_create()* 的執行緒會繼續執行該呼叫裡的程式。（此行為與 28.2 節所述的，glibc 包裝函式（wrapper function）呼叫 *clone()* 系統呼叫的行為一樣。）

將 arg 參數宣告為 *void** 型別，意謂我們可以將指向任意物件型別的指標傳遞給 *start()* 函式。通常 arg 是指向一個全域的或堆積（heap）變數，不過也可以設定為 NULL。若我們需要傳遞多個參數給 *start()*，則可以將 arg 設定為指向一個結構的指標，將參數存放在該結構的各欄位。我們可以藉由嚴謹的強制型別轉換（轉型），甚至可以將 arg 指定為 int 型別。

> 嚴格來說，C 語言的標準並未定義在 int 與 void* 之間強制型別轉換的結果，不過多數的 C 編譯器會允許這樣操作，並也能產生所需的結果，亦即 int j == (int) ((void*) j)。

在 *start()* 的傳回值型別為 *void**，其使用方式與 arg 參數一樣，我們在後續介紹 *pthread_join()* 函式時，會探討如何使用這個值。

> 在使用強制轉型的整數做為執行緒的 start 函式回傳值時，必須小心謹慎。原因在於，取消執行緒（請見第 32 章）時的 PTHREAD_CANCELED 傳回值，通常是由實作定義的整型值強制轉型為 void* 的。若執行緒甲的 start 函式傳回此整數值給正在執行 *pthread_join()* 操作的執行緒乙，則執行緒乙會誤認為執行緒甲已經被取消。在應用程式若使用取消執行緒，並選擇傳回強制轉型的整數值（由 start 函式傳回），則我們必須確保在 Pthreads 的實作，執行緒在終止時的回傳值不會與 PTHREAD_CANCELED 匹配。可攜的應用程式需要確保：「在執行應用程式的任何平臺上，一般終止執行緒時不會傳回與 PTHREAD_CANCELED 匹配的整數值。」

參數 thread 指向一個 *pthread_t* 型別的緩衝區，在 *pthread_create()* 傳回之前，會在這個緩衝區儲存一個執行緒的唯一 ID，此 ID 供後續的 Pthreads 呼叫取用執行緒。

> SUSv3 明確指出，在新執行緒開始執行之前，實作無須初始化 thread 參數所指向的緩衝區，即新執行緒可能會在 *pthread_create()* 傳回給呼叫者之前就已經開始執行。若新執行緒需要取得自己的執行緒 ID，則只能使用 *pthread_self()*（在 29.5 節介紹）。

參數 attr 是個指向 *pthread_attr_t* 物件的指標，該物件指定新執行緒的各種屬性。我們在 29.8 節會對這些屬性有更多的說明。若將 attr 設定為 NULL，則會以各種預設的屬性值來建立新執行緒，本書多數的範例程式都使用此做法。

在呼叫 *pthread_create()* 後，程式無法保證系統接著會排班哪一個執行緒來使用 CPU 資源（在多處理器系統中，兩個執行緒可能會同時在不同的 CPU 執行）。程式如隱含了對特定排班順序的依賴，則無疑會對 24.4 節所述的競爭條件開啟方便之門。若我們對執行順序確有強制要求，則必須使用第 30 章所述的同步技術。

29.4 終止執行緒

可以如下方式終止執行緒的執行：

- 執行緒的 start 函式執行 return 並傳回指定的傳回值。
- 執行緒呼叫 *pthread_exit()*（詳見後述）。
- 使用 *pthread_cancel()* 取消執行緒（在 32.1 節討論）。
- 任何呼叫 *exit()* 的執行緒，或主執行緒進行 return（在 *main()* 函式），都會導致行程中的全部執行緒立即終止。

函式 *pthread_exit()* 會終止呼叫它的執行緒，並指定一個傳回值，可由另一個執行緒透過呼叫 *pthread_join()* 取得。

```
#include <pthread.h>

void pthread_exit(void *retval);
```

呼叫 *pthread_exit()* 等同於在執行緒的 start 函式進行 return，差異在於，由執行緒 start 函式呼叫的任何函式都可以呼叫 *pthread_exit()* 。

參數 retval 指定執行緒的傳回值，由 retval 所指向的值不應配置在執行緒的堆疊（stack）中，因為在執行緒終止之後，該堆疊的內容會變成定義未明。（例如，行程的虛擬記憶體區間可能就會重新利用，供新執行緒的堆疊使用）。同樣不該將執行緒的 start 函式之傳回值配置在執行緒的堆疊中。

若主執行緒呼叫了 *pthread_exit()*，而非呼叫 *exit()* 或進行 return，則其他執行緒將繼續執行。

29.5 執行緒 ID（Thread ID）

行程內部的每個執行緒都是經由唯一的執行緒 ID（thread ID）識別，執行緒 ID 是 *pthread_create()* 的傳回值，而執行緒可以透過 *pthread_self()* 取得自己的執行緒 ID。

```
#include <pthread.h>

pthread_t pthread_self(void);
```

Returns the thread ID of the calling thread

在應用程式需要執行緒 ID 的原因如下：

- 許多 Pthreads 函式利用執行緒 ID 識別它們要使用的執行緒，如 *pthread_join()*、*pthread_detach()*、*pthread_cancel()* 與 *pthread_kill()* 等，我們在後續章節將會加以討論。
- 在一些應用程式中，會需要以特定執行緒的 ID 來標示動態資料結構，可供識別建立或「擁有」資料結構的執行緒，或是供執行緒識別後續要對該資料結構進行操作的特定執行緒。

函式 *pthread_equal()* 可讓我們檢查兩個執行緒的 ID 是否相同。

```
#include <pthread.h>

int pthread_equal(pthread_t t1, pthread_t t2);
```

Returns nonzero value if *t1* and *t2* are equal, otherwise 0

例如，我們可以用下列的程式碼，檢查呼叫執行緒的執行緒 ID 是否匹配儲存在變數 tid 的執行緒 ID：

```
if (pthread_equal(tid, pthread_self())
    printf("tid matches self\n");
```

因為 *pthread_t* 資料型別一定會被視為不透明資料，所以需要 *pthread_equal()* 函式。Linux 將 *pthread_t* 定義為無號的長整數型別（unsigned long），但在其他平臺上，*pthread_t* 可能是個指標或結構。

> 在 NPTL，*pthread_t* 實際上是個經由強制轉型為 unsigned long 的指標。

SUSv3 並未規範要將 *pthread_t* 實作為一個純量（scalar）型別，所以 *pthread_t* 也可以是個結構。因此，下列顯示執行緒 ID 的程式碼並不具可攜性（即使在多數的平臺與 Linux 都可以運作的，而且用在除錯上也挺方便的）。

```
pthread_t thr;

printf("Thread ID = %ld\n", (long) thr);        /* WRONG! */
```

在 Linux 的執行緒實作中，執行緒 ID 在系統上的全部行程中都是唯一值，不過在其他實作則未必如此。而且 SUSv3 明確指出，應用程式若使用執行緒 ID 識別其他行程的執行緒，則無法保障程式的可攜性。SUSv3 並指出，在已經對終止的執行緒使用 *pthread_join()* 之後、或在分離的執行緒（detached thread）已經終止之後，實作可以重複使用執行緒 ID。（我們在下一節與 29.7 節會說明 *pthread_join()* 與分離的執行緒。）

> POSIX 執行緒 ID 與 Linux 特有的 *gettid()* 系統呼叫傳回的執行緒 ID 不同，POSIX 執行緒 ID 由執行緒的實作負責指派與維護，而 *gettid()* 傳回的執行緒 ID 是由核心（Kernel）配置的數字（類似 process ID）。雖然在 Linux NPTL 執行緒實作中，每個 POSIX 執行緒都有唯一的核心執行緒 ID，但是應用程式通常無須知道核心執行緒 ID（而且若應用程式知道並倚賴這些資訊，則程式將是不可攜的）。

29.6 Joining（併入）已終止的執行緒

函式 *pthread_join()* 會等待執行緒 ID 為 thread 的執行緒終止（若執行緒已經終止，則 *pthread_join()* 會立即傳回），此操作稱為 joining（併入）。

```
#include <pthread.h>

int pthread_join(pthread_t thread, void **retval);
```

Returns 0 on success, or a positive error number on error

若 retval 指標不為 NULL，則會儲存終止的執行緒之傳回值副本，此傳回值就是在執行緒進行 return 或呼叫 *pthred_exit()* 時所指定的值。

對於之前已經併入的執行緒 ID，若呼叫 *pthread_join()* 再次併入該執行緒，則會導致不可預期的行為，例如，可能會變成併入之後建立的另一個執行緒，而這個執行緒只是剛好重新配置使用相同的執行緒 ID。

若執行緒尚未分離（detached，請見 29.7 節），則我們必須使用 *ptherad_join()* 來進行併入，若我們無法在執行緒終止時順利併入執行緒，則會產生僵屍執行緒（zombie thread），與僵屍行程（zombie process）的概念類似（參考 26.2 節），這樣不僅會浪費系統資源，若僵屍執行緒累積到一定的數量，則應用程式將無法再建立新執行緒。

在執行緒的 *pthread_join()* 函式與行程的 *waitpid()* 呼叫類似，不過二者有些顯著差別：

- 執行緒之間的關係是對等的（peers），行程中的任何執行緒都可以使用 *pthread_join()* 併入該行程中的任何其他執行緒。例如，若執行緒 A 建立執行緒 B，而執行緒 B 建立執行緒 C，則執行緒 A 可以併入執行緒 C，執行緒 C 也可以併入執行緒 A。這與行程之間的階層關係不同，在父行程使用 *fork()* 建立子行程時，則父行程是唯一能夠 *wait()* 子行程的行程。而呼叫 *pthread_create()* 的執行緒與 *pthread_create()* 建立的新執行緒之間，則沒有這樣的關係。
- 無法「併入任何執行緒」（對行程而言，我們可以透過呼叫 *waitpid(-1, &status, options)* 達成）、無法以非阻塞（nonblocking）方式進行併入（類似 *waitpid()* 的 WHOHANG 旗標）。可以使用條件（condition）變數實作類似的功能，我們在 30.2.4 節會提供範例。

> 限制 *pthread_join()* 只能併入特定的執行緒 ID 有其目的，其概念在於，程式只應併入它「知道」的執行緒。在執行緒之間並無階層關係，若能夠「併入任何的執行緒」，則所謂的「任何」執行緒就會包含由函式庫的函式私自建立的執行緒，這樣就產生問題了。（我們在 30.2.4 節所展示的條件變數技術，讓執行緒只能併入其知道的其他執行緒）。結果，函式庫不再能為了取得執行緒的狀態而將執行緒併入，而這會導致嘗試併入已經併入過的執行緒 ID，換句話說，「併入任何執行緒」的操作無法符合模組化的程式設計概念。

範例程式

列表 29-1 的程式建立一個執行緒，並併入此執行緒。

列表 29-1：一個使用 Pthreads 的簡單程式

threads/simple_thread.c

```
#include <pthread.h>
#include "tlpi_hdr.h"

static void *
threadFunc(void *arg)
```

```
{
    char *s = (char *) arg;

    printf("%s", s);

    return (void *) strlen(s);
}

int
main(int argc, char *argv[])
{
    pthread_t t1;
    void *res;
    int s;

    s = pthread_create(&t1, NULL, threadFunc, "Hello world\n");
    if (s != 0)
        errExitEN(s, "pthread_create");

    printf("Message from main()\n");
    s = pthread_join(t1, &res);
    if (s != 0)
        errExitEN(s, "pthread_join");

    printf("Thread returned %ld\n", (long) res);

    exit(EXIT_SUCCESS);
}
```

threads/simple_thread.c

在我們執行列表 29-1 的程式時，輸出如下：

```
$ ./simple_thread
Message from main()
Hello world
Thread returned 12
```

這取決於系統如何排程這兩個執行緒，第一行與第二行的輸出順序可能會相反。

29.7 分離（detatching）執行緒

執行緒預設是可併入的 (joinable)，意思是，當執行緒終止時，其他執行緒可以使用 *pthread_join()* 取得終止執行緒的傳回狀態。我們有時不需要執行緒的傳回狀態，只須系統能在執行緒終止時，自動清理並移除執行緒，此時我們可以使用 *pthread_detach()* 並將 thread 參數指定為該執行緒 ID，將執行緒標示為分離（detached）狀態。

```
#include <pthread.h>

int pthread_detach(pthread_t thread);
```
Returns 0 on success, or a positive error number on error

下列是一個 *pthread_detach()* 的使用範例，執行緒可以使用下列呼叫自行進行分離：

```
pthread_detach(pthread_self());
```

一旦執行緒處於分離狀態，他人就不能再使用 *pthread_join()* 來取得該執行緒的狀態，也無法使該執行緒成為可併入的狀態。

分離執行緒並不會讓執行緒免除其他執行緒的 *exit()* 呼叫，或主執行緒進行的 return，在這種情況下，無論執行緒是可併入或分離的狀態，行程中的每個執行緒都會立即終止。換句話說，*pthread_detach()* 只是控制執行緒終止之後的處理，而不是如何或何時終止執行緒。

29.8 執行緒屬性

我們稍早曾提過，在 *pthread_create()* 的 attr 參數，其型別是 *pthread_attr_t*，可用來指定建立新執行緒時的屬性。本書不會深入介紹這些屬性的細節（細節可參考本章結尾的參考資料清單），也不會完整列出用在操作 *pthread_attr_t* 物件的各種 Pthreads 函式原型，只會點出包含下列資訊的屬性：如執行緒堆疊的位置與大小、執行緒的排班策略與優先權（類似於 35.2 節與 35.3 節所述的行程即時排班策略與優先權），以及執行緒是處於可併入或分離的狀態。

我們在列表 29-2 提供一個執行緒屬性的使用範例，先建立一個新的執行緒，並在建立時就將執行緒設定為分離狀態（而非之後才使用 *pthread_detach()*）。這段程式碼先將執行緒屬性結構初始化為預設值、設定建立分離執行緒所需的屬性，接著使用執行緒屬性結構建立新的執行緒。一旦執行緒建立完成，就不再需要屬性物件，並將之銷毀。

列表 29-2：建立具分離屬性的執行緒

from threads/detached_attrib.c

```
pthread_t thr;
pthread_attr_t attr;
int s;

s = pthread_attr_init(&attr);        /* Assigns default values */
```

```
    if (s != 0)
        errExitEN(s, "pthread_attr_init");

    s = pthread_attr_setdetachstate(&attr, PTHREAD_CREATE_DETACHED);
    if (s != 0)
        errExitEN(s, "pthread_attr_setdetachstate");

    s = pthread_create(&thr, &attr, threadFunc, (void *) 1);
    if (s != 0)
        errExitEN(s, "pthread_create");

    s = pthread_attr_destroy(&attr);    /* No longer needed */
    if (s != 0)
        errExitEN(s, "pthread_attr_destroy");
```
from threads/detached_attrib.c

29.9 執行緒與行程之比較

我們在本節簡單探討一些因素，即在實作應用程式時，應該如何抉擇以執行緒或以行程實作。我們先以探討多執行緒方法的優點開頭：

- 在執行緒之間共用資料很簡單，相對之下，在行程之間共用資料需要更多處理。（例如，建立共用記憶體區段或使用管線）。
- 建立執行緒比建立行程還快，執行緒在 context-switch 的時間比行程要少。

而使用執行緒的缺點如下：

- 在多執行緒程式設計時，我們需要確保所呼叫的函式是執行緒安全的（thread-safe），或以執行緒安全的方式呼叫。（我們在 31.1 節介紹執行緒安全的概念。）多行程的應用程式則不須注意這些事項。
- 某個執行緒的 bug（例如，經由錯誤的指標修改記憶體）可能會傷害行程的每個執行緒，因為這些執行緒共用相同的位址空間與其他屬性。相對之下，行程之間較為獨立。
- 每個執行緒彼此競爭使用宿主行程（hostprocess）的有限虛擬位址空間，尤其是，每個執行緒的堆疊與執行緒特有的資料（或執行緒的本地儲存區）會消耗部份的行程虛擬位址空間，以至於其他的執行緒會之後會無法使用這些空間。雖然可用的虛擬空間很大（例如，在 x86-32 平臺通常是 3GB），但在行程使用大量執行緒或執行緒使用大量記憶體時，此因素的限制也就為顯著。相較之下，每個行程都各自能使用全部的可用虛擬記憶體（僅會受制於實際記憶體與置換空間）。

下列幾點是會影響執行緒與行程的選擇原因：

- 在多執行緒應用程式處理訊號（signal）會需要小心設計。（通常會建議避免在多執行緒的程式使用訊號）。我們會在 33.2 節對執行緒與訊號進行深入討論。
- 在多執行緒的應用程式，全部的執行緒必須執行相同的程式（雖然可能會在不同的函式）。在多行程的應用程式，不同的行程可以執行不同的程式。
- 除了資料，執行緒還能共用某些其他資訊（例如，檔案描述符、訊號處置、目前工作目錄，以及使用者 ID 與群組 ID），優缺點取決於我們的應用而定。

29.10 小結

在多執行緒的行程中，多個執行緒會同時執行相同的程式，每個執行緒共用相同的全域和堆積（heap）變數，但每個執行緒有私有的堆疊存放區域變數。行程中的執行緒還能共用許多其他屬性，包含：行程 ID、開啟檔案描述符（open file descriptor）、訊號處置（signal disposition）、目前的工作目錄，以及資源限制。

執行緒與行程的主要差異在於，執行緒提供較為簡單的資訊分享，而這也是有些應用程式選擇以多執行緒設計而不是多行程設計的理由。對某些操作而言（例如，建立執行緒比建立行程快），執行緒還提供更好的性能，不過抉擇執行緒與行程時，此因素並非最主要的。

可使用 *pthread_create()* 來建立執行緒，每個執行緒隨後可使用 *pthread_exit()* 獨立終止。（若有任何執行緒呼叫 *exit()*，則全部的執行緒都會立即終止。）除非將執行緒標示為分離的狀態（如透過呼叫 pthread_ *detached()*），否則其他執行緒可以使用 *pthread_join()* 併入該執行緒，由 *pthread_join()* 傳回所併入的執行緒之終止狀態。

進階資訊

（Butenhof，1996）提供 Pthreads 透徹且清晰的闡述。（Robbins & Robbins，2003）對 Pthreads 的各方面都有涉及。（Tanen-baum，2007）對執行緒概念的介紹更具理論化，涵蓋主題包括互斥（mutex）、臨界區（critical region）、條件變數以及死結（deadlock）檢測與避免。（Vahalia，1996）提供執行緒實作的背景知識。

29.11 習題

29-1. 若執行緒執行下列程式碼，可能會產生什麼輸出？

```
pthread_join(pthread_self(), NULL);
```

在 Linux 寫一個程式，觀察實際會發生什麼情況。若程式中的 tid 變數存有某執行緒 ID，執行緒要如何避免自己呼叫 *pthread_join(tid, NULL)* 而產生上列程式碼的結果呢？

29-2. 除了缺少錯誤檢查以及對各種變數與結構的宣告，下列程式還有什麼問題？

```
static void *
threadFunc(void *arg)
{
    struct someStruct *pbuf = (struct someStruct *) arg;

    /* Do some work with structure pointed to by 'pbuf' */
}

int
main(int argc, char *argv[])
{
    struct someStruct buf;

    pthread_create(&thr, NULL, threadFunc, (void *) &buf);
    pthread_exit(NULL);
}
```

30

執行緒：執行緒同步

我們在本章介紹執行緒用來同步彼此行為的兩個工具：互斥（mutex）與條件變數（condition variable）。互斥可以讓多個執行緒同步使用共用資源，以免如下情況的發生：執行緒不會同時存取另一個執行緒正在修改的共用變數。條件變數則是執行互補的工作，可以讓執行緒相互通知已經改變狀態的共用變數（或其他共用資源）。

30.1 保護對共用變數的存取：Mutex

執行緒的主要優勢在於，能夠透過全域變數來分享資訊。不過，這種便捷的共用是有代價的：我們必須確保多個執行緒不會同時修改同一個變數，或者某個執行緒不會讀取其他執行緒正在修改的變數。臨界區間（critical section）術語代表存取一個共用資源的程式碼片段，並且這段程式碼的執行應為原子式（atomic）操作，亦即，在執行這段程式碼時，另一個存取相同共用資源的執行緒不應中斷此段程式碼的執行。

列表 30-1 提供一個簡易的範例，展示以非原子方式存取共用資源時會發生的問題。此程式建立了兩個執行緒，每個執行緒都執行相同的函式，函式執行一個迴圈，重複以下步驟：將 glob 全域變數複製到 loc 區域變數，並增加 loc，再將 loc 複製回 glob。

因為 loc 是配置在個別執行緒堆疊（per-thread stack）的自動變數（automatic variable），所以每個執行緒都各自有此變數的複本。迴圈重複的次數可用命令列參數指定，若無指定參數則使用預設值。

列表 30-1：兩個執行緒不正確地累加全域變數的值

threads/thread_incr.c

```
#include <pthread.h>
#include "tlpi_hdr.h"

static volatile int glob = 0;   /* "volatile" prevents compiler optimizations
                                   of arithmetic operations on 'glob' */
static void *                   /* Loop 'arg' times incrementing 'glob' */
threadFunc(void *arg)
{
    int loops = *((int *) arg);
    int loc, j;

    for (j = 0; j < loops; j++) {
        loc = glob;
        loc++;
        glob = loc;
    }

    return NULL;
}

int
main(int argc, char *argv[])
{
    pthread_t t1, t2;
    int loops, s;

    loops = (argc > 1) ? getInt(argv[1], GN_GT_0, "num-loops") : 10000000;

    s = pthread_create(&t1, NULL, threadFunc, &loops);
    if (s != 0)
        errExitEN(s, "pthread_create");
    s = pthread_create(&t2, NULL, threadFunc, &loops);
    if (s != 0)
        errExitEN(s, "pthread_create");

    s = pthread_join(t1, NULL);
    if (s != 0)
        errExitEN(s, "pthread_join");
    s = pthread_join(t2, NULL);
    if (s != 0)
        errExitEN(s, "pthread_join");
```

```
    printf("glob = %d\n", glob);
    exit(EXIT_SUCCESS);
}
```

threads/thread_incr.c

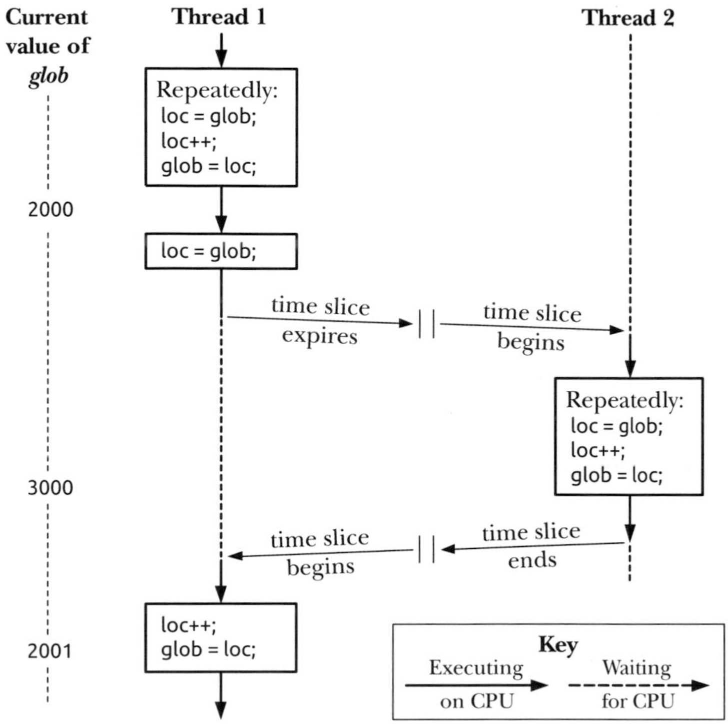

圖 30-1：兩個執行緒沒有使用同步技術累加全域變數的值

在我們執行列表 30-1 的程式時，指定每個執行緒要對該變數累加 1,000 次，看起來沒什麼問題：

```
$ ./thread_incr 1000
glob = 2000
```

不過，這裡可能發生的問題是：第一個執行緒可能在第二個執行緒啟動之前就完成了自己全部的工作並終止了。在我們需要兩個執行緒都進行更多的工作時，則會有完全不同的結果：

```
$ ./thread_incr 10000000
glob = 16517656
```

在此循環的結果，glob 的值應為 2,000 萬，不過這裡的問題起因是由於下列的執行順序（請見上列的圖 30-1）：

1. 執行緒 1 將 glob 的值賦予 loc 區域變數，我們在此假設 glob 的現值為 2,000。
2. 執行緒 1 的排程時間已經用完，換執行緒 2 開始執行。
3. 執行緒 2 執行多次迴圈：將 glob 全域變數的值儲存在 loc 區域變數，將 loc 加一，再將結果寫回 glob 變數。在執行第一次的迴圈時，glob 的值為 2,000。我們假設在執行緒 2 的時間用完時，已經將 glob 的值增加到 3,000。
4. 輪到執行緒 1 執行的時間，會從上次停止的地方恢復執行。上次執行緒 1 執行時，已經將 glob 的值（2,000）複製到 loc（步驟 1），現在會將 loc 加一，並將結果值（2,001）寫回 glob 變數。此時，執行緒 2 對 glob 執行的累加值已經被執行緒 1 覆蓋了。

若我們使用相同的命令列參數執行多次列表 30-1 的程式，則我們可以發現輸出的 glob 值變動很大：

```
$ ./thread_incr 10000000
glob = 10880429
$ ./thread_incr 10000000
glob = 13493953
```

這種難以預測的行為，是由核心的 CPU 排班抉擇所導致的，在複雜的程式出現這類難以確定的行為時，意謂著這樣的錯誤很少發生、也很難重現，因此很難發現這種錯誤的存在。

我們可以修改列表 30-1 的程式，將 *threadFunc()* 函式裡的 for 迴圈中那三行程式改成下列這行程式，應該可以解決這個問題：

```
glob++;                  /* or: ++glob; */
```

不過，在許多硬體架構上（如 RISC 架構），編譯器依然會將這行程式轉換成機器碼，其執行步驟依然等同於 threadFunc 迴圈內的 3 行程式。換句話說，儘管 C 語言的自增運算符（++）看似簡單，但其操作不一定是原子式操作，依然可能發生上述範例的行為。

我們為了避免執行緒在更新共用變數時出錯，必須使用 mutex（mutual exclusion 的縮寫）來確保同時只有一個執行緒能存取共用變數。更通用地說，使用 mutex（互斥）來確保能以原子式的方式存取任何共用資源，而保護共用變數只是最常用的方法。

一個 mutex 會有兩種狀態：已上鎖（locked）與未上鎖（unlocked）。任何時候最多只能有一個執行緒可以將 mutex 上鎖，若試圖再次鎖定已上鎖的 mutex，則會導致阻塞執行緒或是無法上鎖，實際取決於上鎖時使用的方法。

當執行緒完成 mutex 上鎖時，隨即成為此 mutex 的所有者，只有 mutex 的所有者可以將 mutex 解鎖。此屬性改善了使用 mutex 的程式碼結構，並讓 mutex 在實作時能做一些最佳化（優化）。由於所有權的關係，有時會以術語：取得（acquire）與釋放（release）來代替上鎖與解鎖。

我們一般會對每個共用資源（可能由多個相關的變數構成）使用不同的 mutex，因而每個執行緒在存取資源時會遵循下列的協定：

- 將共用資源的 mutex 上鎖。
- 存取共用資源。
- 將 mutex 解鎖。

若有多個執行緒試圖執行此程式區塊（一個臨界區間），事實上只有一個執行緒能夠持有此 mutex（其他執行緒則會發生阻塞），意謂著同時只有一個執行緒能夠進入這段程式碼區塊，如圖 30-2 所示。

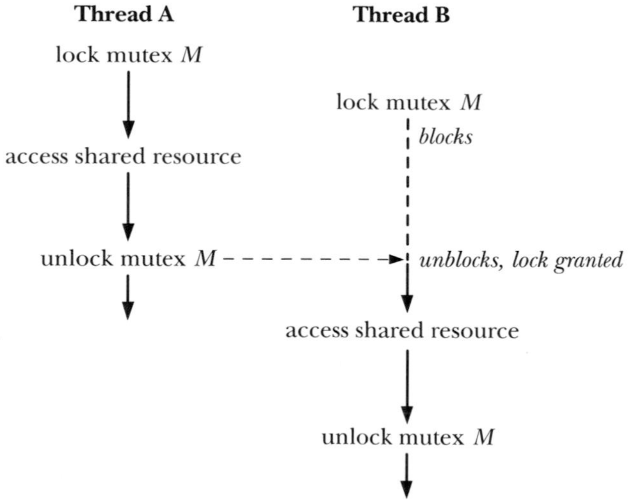

圖 30-2：使用 mutex 來保護臨界區間

最後請注意，只會建議使用 mutex locking（互斥鎖）但不強制。亦即，執行緒可自行忽略使用 mutex，並直接存取對應的共用變數，不過為了能夠安全地處理共用變數，每個執行緒必須協調使用 mutex，遵守既定的上鎖規則。

30.1.1 靜態配置的 Mutex

Mutex 可配置為靜態變數，或在執行期動態建立（例如，透過 *malloc()* 配置的記憶體區塊）。動態建立 mutex 會比較複雜，將延後至 30.1.5 節再做討論。

Mutex 的變數型別是 *pthread_mutex_t*，在使用之前必須先初始化，可以將靜態配置的 mutex 設定為 PTHREAD_MUTEX_INITIALIZER 完成初始化的動作。

```
pthread_mutex_t mtx = PTHREAD_MUTEX_INITIALIZER;
```

> 依據 SUSv3 的規範，將我們在本節後續所述的操作套用在 mutex 的複本（copy）會導致未定義的結果。Mutex 的操作只能施於使用 PTHREAD_MUTEX_INITIAILZER 初始配置的原始 mutex、或是使用（於 30.1.5 節介紹的）*pthread_mutex_init()* 動態初始化的 mutex。

30.1.2 Mutex 的上鎖與解鎖

Mutex 在初始化之後處於未上鎖狀態，我們可以使用 *pthread_mutex_lock()* 函式可以將 mutex 上鎖，並使用 *pthread_mutex_unlock()* 函式將 mutex 解鎖。

```
#include <pthread.h>

int pthread_mutex_lock(pthread_mutex_t *mutex);
int pthread_mutex_unlock(pthread_mutex_t *mutex);
```

Both return 0 on success, or a positive error number on error

我們會在呼叫 *pthread_mutex_lock()* 時指定欲上鎖的 mutex，若 mutex 目前處於未上鎖狀態，則此呼叫會在鎖定 mutex 之後立即傳回。若此 mutex 目前已有其他執行緒上鎖，則 *pthread_ mutex_lock()* 會發生阻塞，直到此 mutex 被解鎖才能將此 mutex 上鎖並傳回。

若發起 *pthread_mutex_lock()* 呼叫的執行緒自己先前已將 mutex 上鎖，則對於預設的 mutex 類型而言，可能會依實作的定義而產生兩種情況：一為執行緒發生死結（deadlock），因為試圖上鎖自己持有的 mutex 而發生阻塞，二為呼叫失敗，並傳回 EDEADLK 錯誤。Linux 系統預設情況是會導致執行緒發生死結。（我們會在 30.1.7 節探討 mutex 型別時介紹一些其他的行為。）

執行緒可以呼叫 *pthread_mutex_unlock()* 函式為自己之前上鎖的 mutex 解鎖，若對未鎖定的 mutex 解鎖、或是對其他執行緒持有的 mutex 解鎖，則會發生錯誤。

若不止一個執行緒在等待取得（將由 *pthread_mutex_unlock()* 函式解鎖的）mutex，則無法確切知曉那個執行緒將能成功取得此 mutex。

範例程式

列表 30-2 的程式是列表 30-1 的修正版，使用一個 mutex 保護對 glob 全域變數的存取，在我們以與之前相似的指令執行此程式時，我們可以看到，glob 每次都有正確累加。

```
$ ./thread_incr_mutex 10000000
glob = 20000000
```

列表 30-2：使用 mutex 保護對全域變數的存取

threads/thread_incr_mutex.c

```
#include <pthread.h>
#include "tlpi_hdr.h"

static volatile int glob = 0;
static pthread_mutex_t mtx = PTHREAD_MUTEX_INITIALIZER;

static void *                   /* Loop 'arg' times incrementing 'glob' */
threadFunc(void *arg)
{
    int loops = *((int *) arg);
    int loc, j, s;

    for (j = 0; j < loops; j++) {
        s = pthread_mutex_lock(&mtx);
        if (s != 0)
            errExitEN(s, "pthread_mutex_lock");

        loc = glob;
        loc++;
        glob = loc;

        s = pthread_mutex_unlock(&mtx);
        if (s != 0)
            errExitEN(s, "pthread_mutex_unlock");
    }

    return NULL;
}

int
main(int argc, char *argv[])
{
    pthread_t t1, t2;
```

```
    int loops, s;

    loops = (argc > 1) ? getInt(argv[1], GN_GT_0, "num-loops") : 10000000;

    s = pthread_create(&t1, NULL, threadFunc, &loops);
    if (s != 0)
        errExitEN(s, "pthread_create");
    s = pthread_create(&t2, NULL, threadFunc, &loops);
    if (s != 0)
        errExitEN(s, "pthread_create");

    s = pthread_join(t1, NULL);
    if (s != 0)
        errExitEN(s, "pthread_join");
    s = pthread_join(t2, NULL);
    if (s != 0)
        errExitEN(s, "pthread_join");

    printf("glob = %d\n", glob);
    exit(EXIT_SUCCESS);
}
```

threads/thread_incr_mutex.c

pthread_mutex_trylock() 與 *pthread_mutex_timedlock()*

Pthreads API 提供 *pthread_mutex_lock()* 函式的兩個變化版：*pthread_mutex_trylock()* 與 *pthread_mutex_timedlock()*（這些函式的原型請參考使用手冊）。

函式 *pthread_mutex_trylock()* 與 *pthread_mutex_lock()* 大同小異，差異在於，若 mutex 目前狀態為上鎖時，則 *pthread_mutex_trylock()* 的呼叫會失敗，並傳回 EBUSY 錯誤。

函式 *pthread_mutex_timedlock()* 與 *pthread_mutex_lock()* 也是大同小異，差異是，呼叫者可以在前者使用額外的 abstime 參數，設定執行緒等待取得 mutex 的等待（阻塞）時間。若在 abstime 參數設定的時間已經到了，但是呼叫此函式的執行緒尚未取得 mutex 的所有權，則 *pthread_mutex_timedlock()* 會傳回 `ETIMEDOUT` 錯誤。

函式 *pthread_mutex_lock()* 的使用頻率會比 *pthread_mutex_trylock()* 與 *pthread_mutex_timedlock()* 高出許多。在多數有經過良好設計的應用程式中，執行緒只能持有 mutex 一小段時間，以便讓其他執行緒能達到平行（parallel）執行的效果，並保證其他因需取得此 mutex，而處於阻塞狀態的執行緒能盡快對此 mutex 上鎖。若有定期使用 *pthread_mutex_trylock()* 輪詢（poll）mutex 是否處於上鎖狀態的執行緒，其所面臨的風險是，若佇列中的其他執行緒都成功使用 *pthread_mutex_lock()* 存取 mutex 時，則會一直無法存取 mutex。

30.1.3 Mutex 的效能

使用 mutex 的成本為何？我們已經呈現了兩個版本的累加共用變數的程式，列表 30-1 沒有使用 mutex，而列表 30-2 有。當我們在 x86-32 架構的 Linux 2.6.31（有 NPTL）系統上執行這兩個程式時，我們觀察到，無 mutex 的版本總共花了 0.35 秒在每個執行緒中執行了一千萬次迴圈（而且產生錯誤的結果），而有 mutex 的版本則需要 3.1 秒。

初步來看成本極高，只是若我們深入探究，在無 mutex 版（列表 30-1）的主迴圈中，*threadFunc()* 函式執行一個 for 迴圈，先累加迴圈控制變數，再將此控制變數與另一個變數進行比較，執行兩次賦值與一個累加運算，隨後回到迴圈起點。而 mutex 版（列表 30-2）也是進行相同的步驟，另外每次執行迴圈都需要對 mutex 上鎖與解鎖。不過，對 mutex 上鎖與解鎖的成本幾乎不到第一個程式運算成本的 1/10，成本相當低廉。此外，在一般情況下，執行緒會花費很多時間處理其他事情，相對在執行 mutex 的上鎖與解鎖操作的時間則少了許多，所以在多數的應用程式上使用 mutex 對效能並無顯著的影響。

在相同的系統上執行一些簡單的測試程式，其結果顯示，若使用 *fcntl()* 函式（請見 55.3 節）對一個檔案區間進行上鎖與解鎖，執行 2,000 萬次會耗時 44 秒；而對 System V 號誌（semaphore）（參考第 47 章）遞增與遞減的程式碼，以迴圈執行 2,000 萬次，則需要 28 秒。檔案鎖定與號誌的問題在於，每次的上鎖與解鎖都需要執行系統呼叫（system call），而每次的系統呼叫成本雖少，但卻有感（3.1 節）。相較之下，mutex 使用原子式機器語言運算（在記憶體中執行，能見度遍及每個執行緒），並只有在競爭上鎖時才會需要執行系統呼叫。

在 Linux 系統的 mutex 是使用 futex 實作的（取自 fast user space mutex），並使用 *futex()* 系統呼叫處理上鎖競爭（lock contention）。本書不會介紹 futex（在使用者空間的應用程式使用也不能直接使用），不過細節可參考（Drepper，2004(a)），文中有說明如何使用 futex 實作 mutex。（Franke 等人，2002）是一篇由 futex 開發人員所撰寫的論文（已過期），內文介紹了早期的 futex 實作，以及探討從 futex 所增益的效能。

30.1.4 Mutex 死結

執行緒有時需要同時存取兩個以上不同的共用資源，而每個資源又是由不同的 mutex 管理。當超過一個執行緒對同一組 mutex 上鎖時，就可能發生死結（deadlock）。如圖 30-3 所示的範例，其中的每個執行緒都成功鎖定一個 mutex，接著彼此試圖將對方鎖定的 mutex 上鎖，最後兩個執行緒終將只能無限期地等待。

Thread A	**Thread B**
1. *pthread_mutex_lock(mutex1);*	1. *pthread_mutex_lock(mutex2);*
2. *pthread_mutex_lock(mutex2);* blocks	2. *pthread_mutex_lock(mutex1);* blocks

圖 30-3：兩個執行緒分別鎖定對兩個 mutexes 上鎖導致的死結

若要避免這類死結，最簡單的方式是定義 mutex 的階層關係。當多個執行緒都要鎖定同一組 mutexes 時，則應該必須以相同順序進行鎖定。例如，在圖 30-3 的情境，若兩個執行緒能先鎖定 mutex1、再鎖定 mutex2，則不會發生死結。有時，mutexes 之間的階層關係在邏輯上比較明瞭，但是即使並非如此，依然可以設計出全部執行緒都必須遵循的強制階層順序。

另一個較少使用的替代方式是透過「嘗試並接著後退」，在此方法中，執行緒會先使用 *pthread_mutex_lock()* 函式鎖定第一個 mutex，然後使用 *pthread_mutex_trylock()* 函式鎖定其他的 mutexes。若有任何的 *pthread_mutex_trylock()* 函式呼叫失敗（傳回 EBUSY），則此執行緒會釋放全部的 mutexes，或許在經過一段時間之後再重頭開始。與按照階層順序上鎖比較，此方法的效率較差，因為需要執行多次迴圈。另一方面，由於無須受制於嚴格的 mutex 階層關係，此方法也比較有彈性，在（Butenhof，1996）有提供此方法的範例。

30.1.5 動態初始化 Mutex

靜態初始值 `PTHREAD_MUTEX_INITIALIZER`，只能用來將靜態配置的 mutex 初始化為預設屬性，而在其他的情況，我們必須使用 *pthread_mutex_init()* 動態地初始化 mutex。

```
#include <pthread.h>

int pthread_mutex_init(pthread_mutex_t *mutex, const pthread_mutexattr_t *attr);
```

Returns 0 on success, or a positive error number on error

參數 mutex 指定要進行初始化的 mutex，attr 參數是指向 *pthread_mutexattr_t* 物件的指標，已經事先將此物件初始化為定義給該 mutex 的屬性（我們在下一節會介紹更多的 mutex 屬性）。若將 attr 參數設定為 `NULL`，則會將該 mutex 的各種屬性設定為預設值。

在 SUSv3 的規範，將已經過初始化的 mutex 再次進行初始化動作，將會導致不可預期的行為，應當避免此行為。

我們在下列情況必須使用 *pthread_mutex_init()* 函式，而非靜態的初始化。

- 動態配置於堆積（heap）的 mutex，例如，假設我們建立一個動態配置的鏈結串列（linked list）結構，而串列中的每個結構都有一個 *pthread_mutex_t* 欄位來儲存 mutex，可用以保護對資料結構的存取。
- Mutex 是個配置在堆疊上的自動變數。
- 我們想要初始化靜態配置的 mutex，且不使用預設的屬性時。

當不再需要自動配置或動態配置的 mutex 時，應使用 *pthread_mutex_destroy()* 將其銷毀（對於使用 `PTHREAD_MUTEX_INITIALIZER` 靜態初始化的 mutex，則無須呼叫 *pthread_mutex_destroy()*）。

```
#include <pthread.h>

int pthread_mutex_destroy(pthread_mutex_t *mutex);
                Returns 0 on success, or a positive error number on error
```

只有在 mutex 處於未上鎖狀態，且後續無任何執行緒會在嘗試進行上鎖時，才能安全銷毀此 mutex。若 mutex 位在動態配置的一塊記憶體區塊上，則應該在釋放（free）記憶體區塊之前先銷毀 mutex。而在函式中自動配置的 mutex，也應該在宿主函式傳回之前將此 mutex 銷毀。

經由 *pthread_mutex_destroy()* 銷毀的 mutex，之後可藉由 *pthread_mutex_init()* 函式重新初始化。

30.1.6 Mutex 屬性

如先前所述，*pthread_mutex_init()* 函式的 arg 參數可指定 *pthread_mutexattr_t* 型別的物件，用以定義 mutex 的屬性。我們可以使用各種 Pthreads 的函式來初始化及取得 *pthread_mutexattr_t* 物件的屬性。不過我們不會深入探討 mutex 屬性的細節，也不會將用來初始化 *pthread_mutexattr_t* 物件屬性的每個函式原型（proototype）列出，不過我們在下一節會討論一個 mutex 的屬性：型別（type）。

30.1.7 Mutex 型別

我們在前幾頁介紹了許多的 mutex 行為：

- 同一個執行緒不應對同一個 mutex 上鎖兩次。
- 執行緒不應對目前不屬於自己的 mutex 解鎖（即不是自己上鎖的 mutex）。

- 執行緒不應對狀態為未上鎖的 mutex 進行解鎖。

為了清楚知道 mutex 的型別在每個例子會發生哪些問題，SUSv3 定義了下列的 mutex 類型：

PTHREAD_MUTEX_NORMAL

　　此類型的 mutex 不具有死結（自我）檢測功能，若執行緒試圖對已由自己鎖定的 mutex 上鎖，則會導致死結。將處於未上鎖狀態、或已由其他執行緒鎖定的 mutex 解鎖，則會導致不可預期的結果（在 Linux 系統，上述的這兩類操作都會成功）。

PTHREAD_MUTEX_ERRORCHECK

　　會對每一個操作進行錯誤檢查，上述三個情境都會導致相關的 Pthreads 函式傳回錯誤。這類 mutex 的速度比前述的一般 mutex 還慢，不過可做為除錯工具，用以發掘程式在何處違反 mutex 的基本使用原則。

PTHREAD_MUTEX_RECURSIVE

　　遞迴式 mutex 有上鎖計數器（lock count）的概念，在執行緒第一次取得並鎖定 mutex 時，會將上鎖計數器設定為 1，之後同一個執行緒每次在執行上鎖操作時，都會累加上鎖計數器的數值，而解鎖操作則遞減計數器的計數。只有在上鎖計數器的值降為 0 時，才會釋放 mutex（其他執行緒才能取得使用此 mutex）。若 mutex 的是未上鎖狀態、或已經有其他執行緒上鎖了，則對此 mutex 的解鎖操作會失敗。

Linux 的執行緒實作為上列的 mutex 類型提供了非標準規範的靜態初始值（例如，PTHREAD_RECURSIVE_MUTEX_INITIALIZER_NP），以便無須使用 *pthread_mutex_init()* 就能將靜態配置的 mutexes 類型進行初始化。不過，若考慮應用程式的可攜性，應該避免使用這些初始值。

　　除了上述的 mutex 類型，SUSv3 還另外定義了 PTHREAD_MUTEX_DEFAULT 類型，若我們使用 PTHREAD_MUTEX_INITIALIZER、或是在呼叫 *pthread_mutex_init()* 時將 attr 參數設定為 NULL，則預設會使用此 mutex 類型。此 mutex 類型在本節開頭三個情境中的行為都刻意尚未定義，可為實作高效能的 mutex 提供最大的彈性。在 Linux 系統上，PTHREAD_MUTEX_DEFAULT 類型的 mutex 其行為與 PTHREAD_MUTEX_NORMAL 類型相近。

　　列表 30-3 所示的程式碼示範如何設定 mutex 的類型，此例建立了一個有錯誤檢查（error-checking）的 mutex。

列表 30-3：設定 mutex 類型

```
pthread_mutex_t mtx;
pthread_mutexattr_t mtxAttr;
int s, type;

s = pthread_mutexattr_init(&mtxAttr);
if (s != 0)
    errExitEN(s, "pthread_mutexattr_init");

s = pthread_mutexattr_settype(&mtxAttr, PTHREAD_MUTEX_ERRORCHECK);
if (s != 0)
    errExitEN(s, "pthread_mutexattr_settype");

s = pthread_mutex_init(&mtx, &mtxAttr);
if (s != 0)
    errExitEN(s, "pthread_mutex_init");

s = pthread_mutexattr_destroy(&mtxAttr);        /* No longer needed */
if (s != 0)
    errExitEN(s, "pthread_mutexattr_destroy");
```

30.2 狀態改變的通知：條件變數

一個 mutex 可以預防多個執行緒同時存取一個共用變數，而一個條件變數（condition variable）可以讓一個執行緒通知其他執行緒關於共用變數（或共用資源）的狀態改變，並讓其他執行緒等待（發生阻塞）此通知。

示範一個未使用條件變數的簡單例子有助於展示條件變數的實用，假設我們有許多執行緒會生產一些「產出單元（result units）」供主執行緒消費，並使用一個受到 mutex 保護的 avail 變數來代表待消費的產出數量：

```
static pthread_mutex_t mtx = PTHREAD_MUTEX_INITIALIZER;

static int avail = 0;
```

> 本節引用的程式碼片段可以從本書發佈的原始程式碼檔案 threads/prod_no_condvar.c 取得。

生產者執行緒的原始程式碼如下：

```
/* Code to produce a unit omitted */

s = pthread_mutex_lock(&mtx);
if (s != 0)
```

```
        errExitEN(s, "pthread_mutex_lock");

    avail++;    /* Let consumer know another unit is available */

    s = pthread_mutex_unlock(&mtx);
    if (s != 0)
        errExitEN(s, "pthread_mutex_unlock");
```

而主執行緒（消費者）的程式碼如下：

```
    for (;;) {
        s = pthread_mutex_lock(&mtx);
        if (s != 0)
            errExitEN(s, "pthread_mutex_lock");
        while (avail > 0) {         /* Consume all available units */
            /* Do something with produced unit */
            avail--;
        }

        s = pthread_mutex_unlock(&mtx);
        if (s != 0)
            errExitEN(s, "pthread_mutex_unlock");
    }
```

上列程式碼雖然可以運作，不過因為主執行緒不停地執行迴圈檢查 avail 變數的狀態，因此造成 CPU 資源的浪費。條件變數（condition variable）可以解決此問題，允許一個執行緒休眠（等待），直到收到另一個執行緒通知（訊號）已經可以執行工作（例如，出現一些情況，需要等待者必須立即做出回應）。

條件變數總是會與 mutex 共同使用，條件變數用來通知變數狀態的改變，而 mutex 提供互斥地存取共用變數，這裡使用的訊號（signal）一詞與第 20 章至第 22 章所述的訊號（signal）無關，而只是代表發出訊號通知的意思。

30.2.1 靜態配置的條件變數

條件變數的配置與互斥一樣，可分為靜態與動態配置，我們會在 30.2.5 節再討論動態配置的條件變數，這裡則只有討論靜態配置的條件變數。

條件變數的類型是 *pthread_count_t*，與 mutex 相似，條件變數必須在使用之前先進行初始化。對於靜態配置的條件變數，只要將其值指定為 PTHREAD_COND_INITALIZER 則可以完成初始化，範例如下：

```
    pthread_cond_t cond = PTHREAD_COND_INITIALIZER;
```

依據 SUSv3 的規範，將本節後續介紹的操作套用於一個條件變數的副本（copy）時，會產生不可預期的結果。每個操作能作用的條件變數必須是：使用 PTHREAD_COND_INITIALIZE 進行靜態初始化、或使用 *pthread_cond_init()* 施行動態初始化（於 30.2.5 節介紹）的條件變數。

30.2.2 通知與等待條件變數

條件變數的主要操作是發送訊號（signal）與等待（wait），發送訊號操作即通知一個或多個處於等候狀態的執行緒，告知共用變數的狀態已經改變。等待操作則是指在收到一個通知前的阻塞狀態。

函式 *pthread_cond_signal()* 與 *pthread_cond_broadcast()* 兩者都可以針對 cond 參數指定的條件變數而發送訊號，*pthread_cond_wait()* 函式會讓執行緒發生阻塞等待，一直到收到條件變數 cond 的通知。

```
#include <pthread.h>

int pthread_cond_signal(pthread_cond_t *cond);
int pthread_cond_broadcast(pthread_cond_t *cond);
int pthread_cond_wait(pthread_cond_t *cond, pthread_mutex_t *mutex);
```

All return 0 on success, or a positive error number on error

函式 *pthread_cond_signal()* 與 *pthread_cond_broadcast()* 之間的差異在於，二者對阻塞於 *pthread_ cond_wait()* 的多個執行緒方式不同。*pthread_cond_signal()* 函式只保證喚醒至少一條阻塞中的執行緒，而 *pthread_cond_broadcast()* 則會喚醒全部阻塞中的執行緒。

使用函式 *pthread_cond_broadcast()* 總是能產生正確的結果（因為全部的執行緒應設計為可處理冗贅的與虛假的喚醒動作），但函式 *pthread_cond_signal()* 會比較有效率。然而，只有當僅需喚醒一條（且無論是其中哪條）等待中的執行緒來處理共用變數的狀態變化時，才應使用 *pthread_cond_signal()*。應用這種方式的典型情況是，全部等待中的執行緒都在執行完全相同的任務時。基於這些假設，*pthread_cond_signal()* 函式會比 *pthread_cond_broadcast()* 更有效率，因為這可以避免發生如下情況：

1. 同時喚醒全部等待中的執行緒。
2. 某一執行緒先獲得排班，此執行緒檢查了共用變數的狀態（在相關的 mutex 保護之下），並發現還有工作需要完成，此執行緒執行了所需的工作、改變共用變數的狀態，用以指出工作已經完成，並將相關的 mutex 解鎖。

3. 剩餘的每個執行緒輪流鎖定 mutex，並檢測共用變數的狀態。不過，由於第一個執行緒產生的變動，這些執行緒會發現無事可做，因而將 mutex 解鎖，並進入睡眠狀態（即再次呼叫 *pthread_cond_wait()*）。

相較之下，*pthread_cond_broadcast()* 函式處理的情況是：處於等候狀態的執行緒目的是執行不同的工作（即各執行緒與不同的條件變數有關）。

條件變數不會保留狀態資訊，單純只是傳輸應用程式狀態資訊的通訊機制。若在發送訊號時無任何執行緒在等待該條件變數，則此訊號會直接消失，在之後等待此條件變數的執行緒則只有再次收到變數的訊號通知時會解除阻塞。

函式 *pthread_cond_timedwait()* 與函式 *pthread_cond_wait()* 幾乎相同，唯一的區別在於，會使用 abstime 參數來指定一個上限值，即執行緒在等待接收條件變數通知期間的休眠時間上限。

```
#include <pthread.h>

int pthread_cond_timedwait(pthread_cond_t *cond, pthread_mutex_t *mutex,
                           const struct timespec *abstime);
```

Returns 0 on success, or a positive error number on error

參數 abstime 是個 timespec 結構（23.4.2 節），可指定自 Epoch（10.1 節）開始至今，以秒與奈秒（nanosecond）為單位表示的絕對（absolute）時間。若 abstime 指定的時間之間隔已經到期了，並且沒有相關條件變數的通知，則傳回 ETIMEOUT 錯誤。

在生產者 - 消費者（producer-consumer）的使用條件變數範例

我們將條件變數套用在之前的範例，下列是全域變數、相關的 mutex，以及條件變數的定義宣告：

```
static pthread_mutex_t mtx = PTHREAD_MUTEX_INITIALIZER;
static pthread_cond_t cond = PTHREAD_COND_INITIALIZER;

static int avail = 0;
```

本節所示的程式碼片段摘自本書發佈的程式碼 threads/prod_condvar.c。

除了增加呼叫 *pthread_cond_signal()* 函式以外，生產者執行緒的程式碼與之前相同：

```
s = pthread_mutex_lock(&mtx);
if (s != 0)
    errExitEN(s, "pthread_mutex_lock");
```

```
    avail++;                /* Let consumer know another unit is available */

    s = pthread_mutex_unlock(&mtx);
    if (s != 0)
        errExitEN(s, "pthread_mutex_unlock");

    s = pthread_cond_signal(&cond);         /* Wake sleeping consumer */
    if (s != 0)
        errExitEN(s, "pthread_cond_signal");
```

在探討消費者程式碼之前，我們需要先對 *pthread_cond_wait()* 函式進行詳細的解釋。我們先前已經提過，條件變數一定會搭配一個相關的 mutex，這兩個物件都能透過函式參數傳遞給 *pthread_cond_wait()*，其執行步驟如下：

- 將 mutex 參數指定的 mutex 解鎖。
- 阻塞呼叫函式的執行緒，直到另一個執行緒發送 cond 條件變數的訊號。
- 重新鎖定 mutex。

設計 *pthread_cond_wait()* 是為了執行上述的步驟，因為通常我們會以下列方式存取共用變數：

```
    s = pthread_mutex_lock(&mtx);
    if (s != 0)
        errExitEN(s, "pthread_mutex_lock");

    while (/* Check that shared variable is not in state we want */)
        pthread_cond_wait(&cond, &mtx);

    /* Now shared variable is in desired state; do some work */

    s = pthread_mutex_unlock(&mtx);
    if (s != 0)
        errExitEN(s, "pthread_mutex_unlock");
```

我們會在下一節介紹為何將 *pthread_cond_wait()* 呼叫放置於 while 迴圈中，而非 if 語句中。

在上列的程式碼中，由於前述理由，所以兩次的共用變數存取都必須有 mutex 保護著。換句話說，條件變數與 mutex 之間存在著天生的關聯性：

1. 執行緒在準備檢查共用變數狀態時會將 mutex 上鎖。
2. 檢查共用變數的狀態。

3. 若共用變數並未處於預期的狀態，則執行緒必須在進入睡眠等待條件變數之前，先對 mutex 解鎖（以便其他執行緒能存取此用變數）。

4. 當執行緒因為條件變數的訊號通知而再度醒來時，必須再次對 mutex 上鎖，因為執行緒通常會立即存取共用變數。

函式 *pthread_cond_wait()* 會自動將執行最後兩個步驟的將 mutex 解鎖與上鎖，在第三個步驟中，釋放 mutex 與對條件變數的等待是一個原子式操作。換句話說，在呼叫 *pthread_cond_wait()* 函式的執行緒等待條件變數時，其他執行緒不可能取得此 mutex 及發出此條件變數的訊號。

> 透過觀察得出推論：條件變數與 mutex 之間是天生的一對，同時等待同一個條件變數的每個執行緒，必須在呼叫 *pthread_cond_wait()*（或 *pthread_cond_timedwait()*）時指定相同的 mutex。實際上，*pthread_cond_wait()* 呼叫會在執行期間將條件變數與特定的 mutex 綁定。在 SUSv3 的規範中，若在對同一個條件變數同時呼叫 *pthread_cond_wait()* 時，且若使用多個 mutexes 則會導致不可預期的結果。

綜合上述的細節，我們可以使用 *pthread_cond_wait()* 修改主執行緒（消費者）的程式碼，如下：

```
for (;;) {
    s = pthread_mutex_lock(&mtx);
    if (s != 0)
        errExitEN(s, "pthread_mutex_lock");

    while (avail == 0) {            /* Wait for something to consume */
        s = pthread_cond_wait(&cond, &mtx);
        if (s != 0)
            errExitEN(s, "pthread_cond_wait");
    }

    while (avail > 0) {             /* Consume all available units */
        /* Do something with produced unit */
        avail--;
    }

    s = pthread_mutex_unlock(&mtx);
    if (s != 0)
        errExitEN(s, "pthread_mutex_unlock");

    /* Perhaps do other work here that doesn't require mutex lock */
}
```

我們再觀察最後一次 *pthread_cond_signal()*（以及 *pthread_cond_broadcast()*）的用法。先前所示的生產者程式碼先呼叫 *pthread_mutex_unlock()*，並接著呼叫 *pthread_cond_signal()*；亦即我們先將共用變數關聯的 mutex 解鎖，並接著針對相對應的條件變數發送訊息通知，我們也可以相反的順序執行這兩個步驟，SUSv3 允許我們以任意的順序執行。

> （Butenhof，1996）指出，有些系統會先將 mutex 解鎖再通知條件變數，這樣效率可能會比反序來執行更高。若只能在發出條件變數訊號後才將 mutex 解鎖，執行 *pthread_cond_wait()* 呼叫的執行緒可能會在 mutex 仍處於加鎖狀態時就醒來，當執行緒發現 mutex 仍未解鎖時，則會立即再次睡眠，這會導致兩個額外的 context switch（內文切換）。有些系統利用等待變形（wait morphing）的技術解決此問題：將等待接收訊號的執行緒從條件變數的等待佇列轉移至 mutex 的等待佇列。如此即便 mutex 處於加鎖狀態，也無須進行 context switch。

30.2.3 測試條件變數的判斷條件（predicate）

每個條件變數都有與之關聯的判斷條件（predicate），包含一個或多個共用變數。例如，在前一節的程式碼中，與 cond 相關的判斷是 (*avail == 0*)。這段程式碼示範一個通用的設計原則：必須由一個 while 迴圈，而不是 if 語句，來控制對 *pthread_cond_wait()* 的呼叫。這是因為，當程式碼從 *pthread_cond_ wait()* 傳回時，並不能確定判斷條件的狀態，所以應該立即重新檢查判斷條件，在條件不滿足的情況下繼續睡眠等待。

從 *pthread_cond_wait()* 傳回時，我們不能對判斷條件的狀態做任何假設，其理由如下：

- 其他執行緒可能會先醒來：也許有多個執行緒在等待取得與條件變數相關的 mutex。因此即使發出訊號通知的執行緒將判斷條件設定為預期的狀態，其他執行緒依然有可能先取得 mutex，並改變關聯的共用變數狀態，進而改變判斷條件的狀態。
- 設計「寬鬆的」判斷條件會比較單純：有時，基於條件變數所代表的是可能性而不是確定性來設計應用程式時會較為單純。換句話說，發出條件變數的訊號意謂著「可能有些事情」需要接收訊號的執行緒回應，而不是「一定有一些事情」要處理。以此方式，可以基於判斷條件的近似情況來發送條件變數通知，接收訊號的執行緒可以透過再次檢查判斷條件來確定是否真的有事情需要處理。

- 可能會發生假醒狀況：在有些系統上，即使沒有任何其他執行緒發出條件變數的訊號，等待此條件變數的執行緒也有可能會醒來。有些多處理器系統為了確保高效實作所採用的技術，會導致此類（少見）的假醒狀況，而在 SUSv3 的規範是允許如此的。

30.2.4 範例程式：併入（joining）已終止的執行緒

上一章曾提過，*pthread_join()* 只能用來併入一個指定的執行緒，而此函式並未提供任何機制可以併入任何已終止的執行緒。我們在本節展示如何使用條件變數繞過此限制。

列表 30-4 的程式將每個命令列參數都建立一個執行緒，每個執行緒在睡眠一段時間後隨即退出，睡眠時間是依照對應的命令列參數之秒數決定，這裡使用睡眠間隔來模擬執行緒工作一段時間的概念。

此程式維護一組全域變數，記錄已建立的全部執行緒資訊。在全域的 thread 陣列中，每個陣列元素（element）分別為每個執行緒記錄其執行緒 ID（tid 欄位）與目前的狀態（state 欄位）。狀態欄位 state 可設定為這些值：TS_ALIVE 表示執行緒還在活動（alive）、TS_TERMINATED 代表執行緒已經終止但是尚未併入、TS_JOINED 表示執行緒終止且已經併入。

在每個執行緒終止時，會將在 thread 陣列中對應元素的 state 欄位設定為 TS_TERMINATED，並將代表已終止但尚未併入的執行緒數目之全域計數器（numUnjoined）加一，並就條件變數 threadDied 發出訊號。

主執行緒使用迴圈不斷等待 threadDied 條件變數，當收到 threadDied 訊號，且存在已終止但尚未併入的執行緒時，主執行緒會掃描 thread 陣列，尋找 state 為 TS_TERMINATED 的陣列元素，對處於該狀態的每個執行緒，將其在 thread 陣列中的對應 tid 欄位做為參數呼叫 *pthread_join()* 函式，並將 state 設定為 TS_JOINED。當由主執行緒建立的每個執行緒都終止時，即全域變數 numLive 值為 0 時，主迴圈就會結束。

下列 shell 作業階段日誌示範了列表 30-4 的程式用法：

```
$ ./thread_multijoin 1 1 2 3 3              Create 5 threads
Thread 0 terminating
Thread 1 terminating
Reaped thread 0 (numLive=4)
Reaped thread 1 (numLive=3)
Thread 2 terminating
Reaped thread 2 (numLive=2)
Thread 3 terminating
```

```
Thread 4 terminating
Reaped thread 3 (numLive=1)
Reaped thread 4 (numLive=0)
```

最後要注意的是，雖然範例中的建立的執行緒都是處於可併入狀態，且在執行緒終止後立即由 *pthread_join()* 予以併入，不過其實不需用這個方法來發現執行緒的結束，我們可以將執行緒設定為分離（detached）狀態，就無須使用 *pthread_join()*，單純利用 thread 陣列（及相關的全域變數）作為記錄每個執行緒終止的方法。

列表 30-4：可以併入任何已終止執行緒的主執行緒

threads/thread_multijoin.c

```
#include <pthread.h>
#include "tlpi_hdr.h"

static pthread_cond_t threadDied = PTHREAD_COND_INITIALIZER;
static pthread_mutex_t threadMutex = PTHREAD_MUTEX_INITIALIZER;
                /* Protects all of the following global variables */

static int totThreads = 0;      /* Total number of threads created */
static int numLive = 0;         /* Total number of threads still alive or
                                   terminated but not yet joined */
static int numUnjoined = 0;     /* Number of terminated threads that
                                   have not yet been joined */
enum tstate {                   /* Thread states */
    TS_ALIVE,                   /* Thread is alive */
    TS_TERMINATED,              /* Thread terminated, not yet joined */
    TS_JOINED                   /* Thread terminated, and joined */
};

static struct {                 /* Info about each thread */
    pthread_t tid;              /* ID of this thread */
    enum tstate state;          /* Thread state (TS_* constants above) */
    int sleepTime;              /* Number seconds to live before terminating */
} *thread;

static void *                   /* Start function for thread */
threadFunc(void *arg)
{
    int idx = (int) arg;
    int s;

    sleep(thread[idx].sleepTime);       /* Simulate doing some work */
    printf("Thread %d terminating\n", idx);

    s = pthread_mutex_lock(&threadMutex);
```

```
    if (s != 0)
        errExitEN(s, "pthread_mutex_lock");

    numUnjoined++;
    thread[idx].state = TS_TERMINATED;

    s = pthread_mutex_unlock(&threadMutex);
    if (s != 0)
        errExitEN(s, "pthread_mutex_unlock");
    s = pthread_cond_signal(&threadDied);
    if (s != 0)
        errExitEN(s, "pthread_cond_signal");

    return NULL;
}

int
main(int argc, char *argv[])
{
    int s, idx;

    if (argc < 2 || strcmp(argv[1], "--help") == 0)
        usageErr("%s nsecs...\n", argv[0]);

    thread = calloc(argc - 1, sizeof(*thread));
    if (thread == NULL)
        errExit("calloc");

    /* Create all threads */

    for (idx = 0; idx < argc - 1; idx++) {
        thread[idx].sleepTime = getInt(argv[idx + 1], GN_NONNEG, NULL);
        thread[idx].state = TS_ALIVE;
        s = pthread_create(&thread[idx].tid, NULL, threadFunc, (void *) idx);
        if (s != 0)
            errExitEN(s, "pthread_create");
    }

    totThreads = argc - 1;
    numLive = totThreads;

    /* Join with terminated threads */

    while (numLive > 0) {
        s = pthread_mutex_lock(&threadMutex);
        if (s != 0)
            errExitEN(s, "pthread_mutex_lock");

        while (numUnjoined == 0) {
```

```
            s = pthread_cond_wait(&threadDied, &threadMutex);
            if (s != 0)
                errExitEN(s, "pthread_cond_wait");
        }

        for (idx = 0; idx < totThreads; idx++) {
            if (thread[idx].state == TS_TERMINATED) {
                s = pthread_join(thread[idx].tid, NULL);
                if (s != 0)
                    errExitEN(s, "pthread_join");

                thread[idx].state = TS_JOINED;
                numLive--;
                numUnjoined--;

                printf("Reaped thread %d (numLive=%d)\n", idx, numLive);
            }
        }

        s = pthread_mutex_unlock(&threadMutex);
        if (s != 0)
            errExitEN(s, "pthread_mutex_unlock");
    }

    exit(EXIT_SUCCESS);
}
```

threads/thread_multijoin.c

30.2.5 動態配置的條件變數

可以使用 *pthread_cond_init()* 函式來動態初始化條件變數，我們會用到 *pthread_cond_init()* 的情況與使用 *pthread_mutex_init()* 來動態初始化 mutex 相近（30.1.5 節）。亦即，我們必須使用 *pthread_cond_init()* 來初始化自動配置的條件變數、動態配置的條件變數，以及靜態配置但非預設屬性的條件變數。

```
#include <pthread.h>

int pthread_cond_init(pthread_cond_t *cond, const pthread_condattr_t *attr);
```

Returns 0 on success, or a positive error number on error

參數 cond 代表要初始化的條件變數，如同 mutex，我們可以指定已經事先經過初始化處理的 attr 參數來判定條件變數屬性。有各種 Pthreads 函式可以用來初始化 attr 指向的 *pthread_condattr_t* 物件的屬性，若將 attr 設定為 NULL，則會將條件變數設定為一組預設屬性。

在 SUSv3 的規範中，對已經初始化過的條件變數再次進行初始化，將導致不可預期的行為，應當避免。

當不再需要一個經由自動或動態配置的條件變數時，應呼叫 *pthread_cond_destroy()* 函式予以銷毀。對於使用 PTHREAD_COND_INITIALIZER 進行靜態初始化的條件變數，則無須呼叫 *pthread_cond_destroy()*。

```
#include <pthread.h>

int pthread_cond_destroy(pthread_cond_t *cond);
                    Returns 0 on success, or a positive error number on error
```

對某個條件變數而言，只有在沒有任何執行緒在等待它時，才能安全地將其銷毀。若條件變數處在某塊動態配置的記憶體區塊，則應在釋放該記憶體區塊前將條件變數銷毀。經由自動配置的條件變數應在執行的函式傳回（return）以前予以銷毀。

經 *pthread_cond_destroy()* 銷毀的條件變數，之後可以呼叫 *pthread_cond_init()* 對其進行重新初始化。

30.3 小結

執行緒提供的強大共用是需要成本代價的，多執行緒應用程式必須使用 mutex 和條件變數等同步工具來協調存取共用變數。Mutex 提供對共用變數的獨佔式存取，條件變數允許一個或多個執行緒等候通知有其他執行緒改變了共用變數的狀態。

進階資訊

請參考 29.10 節所列的進階資訊。

30.4 習題

30-1. 修改列表 30-1（thread_incr.c）中的程式，以便執行緒起始函式在每次迴圈中都能輸出 glob 的目前值以及能對執行緒做唯一旗標的識別字。可將執行緒的這一唯一旗標指定為建立執行緒的函式 *pthread_create()* 的呼叫參數。對於這一程式，需要將執行緒起始函式的參數改為指標，指向包含執行緒唯一旗標和迴圈次數限制的資料結構。執行該程式，將輸出重定向至一檔案，查看核心在排班兩執行緒交替執行時 glob 的變化情況。

30-2. 實作一組執行緒安全的函式，以更新和搜索一個不平衡二元數，此函式程式庫應該包含如下形式的函式（目的明確）：

```
initialize(tree);
add(tree, char *key, void *value);
delete(tree, char *key)
Boolean lookup(char *key, void **value)
```

在上述的函式原型中，tree 是一個指向根節點的結構（為此需要定義一個合適的結構）。樹的每個節點保存有一個鍵 - 值對。還需為樹中每個節點定義一資料結構，其中應包含 mutex，以確保同時僅有一個執行緒可以存取該節點。*initialize()*、*add()* 和 *lookup()* 函式的實作相對簡單。*delete()* 的實作需要較為深入的考慮。

無須維護平衡二元樹，這極大簡化了實作對上鎖的需求，但同時也帶來了風險，特定模式的輸入會導致樹的執行效率低落。要維護平衡二元樹，則在執行 *add()* 和 *delete()* 操作時必然要在子樹間移動節點，這就需要更為複雜的上鎖策略。

31

執行緒：執行緒安全（thread safety）與個別執行緒儲存空間

本章將延伸 POSIX 執行緒 API 的探討，介紹執行緒安全（thread-safe）函式，以及單次（one time）初始化。我們也會探討如何使用執行緒特有的資料（thread-specific data）或執行緒區域儲存空間（thread-local storgage），以讓現有的函式具有執行緒安全，而無須更動函式介面。

31.1 執行緒安全（以及可重入探討）

若函式可以讓多個執行緒同時安全地呼叫，則我們稱此函式是執行緒安全的（thread-safe）；反之，若非執行緒安全的函式，則當此函式已經在一個執行緒中執行時，我們不能同時在另外一個執行緒呼叫此函式。例如，下列的函式就不是執行緒安全的函式（我們在 30.1 節也曾探討過類似的程式碼）：

```
static int glob = 0;

static void
incr(int loops)
{
    int loc, j;
    for (j = 0; j < loops; j++) {
        loc = glob;
```

```
            loc++;
            glob = loc;
        }
    }
```

若多個執行緒同步呼叫此函式，則無法預期最後 glob 的值為何，以此函式示範函式並非執行緒安全的常見原因：因為函式使用了全域（global）或靜態（static）變數，而這些變數在執行緒之間是共用的。

有許多方式可以讓函式是執行緒安全的，一為將一函式與（又或是函式庫中的每個函式都共用相同的全域變數）與一 mutex（互斥）進行關聯使用，在呼叫函式時將 mutex 上鎖，而在函式返回時將 mutex 解鎖，這個方法的優點是單純。另一方面，這表示一次只有一個執行緒可以執行該函式，亦即，執行緒只能以序列（serialized）方式依序存取函式。若每個執行緒在執行此函式時都耗費不少時間，則這樣依序執行將會導致失去同步的效果，因為程式中的每個執行緒會不再同步執行。

另一個較為精巧的解決方法是將 mutex 與一個共用變數關聯，我們可以決定要將函式的那個區段定為存取共用變數的臨界區間（critical section），並且只在執行到這些臨界區間時才會去取得與釋放 mutex。如此可讓多個執行緒同時執行相同的函式，而且可以並行操作，除非多個執行緒同時都要執行相同的臨界區間。

非執行緒安全的函式

為了便利開發多執行緒應用程式，不僅是表 31-1 所列的函式（多數在本書中不會提及），在 SUSv3 內規範的每個函式都要以執行緒安全的方式實作。

除了表 31-1 所列的函式，SUSv3 還規範了下列函式：

- 若傳遞的參數為 NULL，則 *ctermid()* 與 *tmpnam()* 函式不需為執行緒安全。
- 若 *wcrtomb()* 與 *wcsrtombs()* 函式的最後一個參數（ps）為 NULL，則函式可不須為執行緒安全的。

SUSv4 對表 31-1 函式的修改如下：

- 移除 *ecvt()*、*fcvt()*、*gcvt()*、*gethostbyname()* 以及 *gethostbyaddr()* 等函式，因為這些函式已經從標準移除。
- 新增 *strsignal()* 與 *system()* 函式，因為 *system()* 函式的訊號處置（signal disposition）操作會影響整個行程，所以是不可重入的（non-reentrant）。

在標準中並未禁止將表 31-1 的函式實作為執行緒安全。然而，即使這些函式有部份在一些平台上是執行緒安全的，為了確保應用程式在各平台的可攜性，不該倚賴使用這些平台的實作特性。

表 31-1：SUSv3 並未規範這些函式必須是執行緒安全的

asctime()	*fcvt()*	*getpwnam()*	*nl_langinfo()*
basename()	*ftw()*	*getpwuid()*	*ptsname()*
catgets()	*gcvt()*	*getservbyname()*	*putc_unlocked()*
crypt()	*getc_unlocked()*	*getservbyport()*	*putchar_unlocked()*
ctime()	*getchar_unlocked()*	*getservent()*	*putenv()*
dbm_clearerr()	*getdate()*	*getutxent()*	*pututxline()*
dbm_close()	*getenv()*	*getutxid()*	*rand()*
dbm_delete()	*getgrent()*	*getutxline()*	*readdir()*
dbm_error()	*getgrgid()*	*gmtime()*	*setenv()*
dbm_fetch()	*getgrnam()*	*hcreate()*	*setgrent()*
dbm_firstkey()	*gethostbyaddr()*	*hdestroy()*	*setkey()*
dbm_nextkey()	*gethostbyname()*	*hsearch()*	*setpwent()*
dbm_open()	*gethostent()*	*inet_ntoa()*	*setutxent()*
dbm_store()	*getlogin()*	*l64a()*	*strerror()*
dirname()	*getnetbyaddr()*	*lgamma()*	*strtok()*
dlerror()	*getnetbyname()*	*lgammaf()*	*ttyname()*
drand48()	*getnetent()*	*lgammal()*	*unsetenv()*
ecvt()	*getopt()*	*localeconv()*	*wcstombs()*
encrypt()	*getprotobyname()*	*localtime()*	*wctomb()*
endgrent()	*getprotobynumber()*	*lrand48()*	
endpwent()	*getprotoent()*	*mrand48()*	
endutxent()	*getpwent()*	*nftw()*	

可重入和不可重入的函式

雖然使用臨界區間實作執行緒安全可大幅改善對個別函式使用 mutex 的效能，不過由於存在著對 mutex 進行上鎖與解鎖的成本，所以依然不是很有效率。可重入的函式（reentrant function）則無須使用 mutex 即可達成執行緒安全目的，方法在於避免使用全域變數與靜態變數，對於需要回傳給呼叫者、或是多次呼叫函式之間要維護的任何資訊，都儲存在呼叫者所配置的緩衝區中（我們在 21.1.2 節討論訊號處理常式中的全域變數時，第一次遇到可重入問題）。然而，並非全部的函式都可實作為可重入，其常見的原因如下：

- 有些函式的職責就是必須存取全域的資料結構，在 malloc 函式庫的函式就是一個好例子，這些函式維護一個位在堆積（heap）中的可用區塊（free block）之全域鏈結串列（linked list），malloc 函式庫的函式是利用 mtuex 來達成執行緒安全的。
- 有些函式（在出現執行緒概念以前就已經定義的函式）的介面是定義為不可重入，因為這些函式會傳回指向函式靜態配置儲存空間的指標，或使用靜態儲存空間來維護多次呼叫相同（或一個相關的）函式的資訊。表 31-1 所列函式多數屬於這個類型，例如，*asctime()* 函式（10.2.3 節）會傳回一個指標，指向一個靜態配置的緩衝區其內容為日期與時間字串。

SUSv3 對於其介面不可重入的幾個函式制定了可重入的版本，其函式名稱會增加 *_r* 的結尾。這些函式會要求呼叫者必須配置一個緩衝區，並將緩衝區的位址提供給函式，用以傳回結果。這樣可讓呼叫函式的執行緒利用區域（堆疊）變數做為儲存函式結果的緩衝區，SUSv3 依此目的定義了下列函式：*asctime_r()*、*ctime_r()*、*getgrgid_r()*、*getgrnam_r()*、*getlogin_r()*、*getpwnam_r()*、*getpwuid_r()*、*gmtime_r()*、*localtime_r()*、*rand_r()*、*readdir_r()*、*strerror_r()*、*strtok_r()* 以及 *ttyname_r()*。

> 有些系統會為一些傳統的不可重入函式提供等效的可重入版本，例如，*glibc* 提供 *crypt_r()*、*gethostbyname_r()*、*getservbyname_r()*、*getutent_r()*、*getutid_r()*、*getutline_r()* 以及 *ptsname_r()* 函式。然而，若考量程式的可攜性，則不應該假設其他系統也有提供這些函式。SUSv3 在有些情況不會規範等效的可重入函式，因為已經有了更為優越以及可重入的替代函式。例如，現今的 *getaddrinfo()* 是可重入的函式，用以取代 *gethostbyname()* 與 *getservbyname()* 函式。

31.2 一次性的初始化（One-Time Initialization）

多執行緒程式有時無論建立多少個執行緒，會需要確保某些初始化動作只執行一次。例如，一個 muxte 會需要使用 *pthread_mutex_init()* 搭載特殊屬性進行初始化，而且只執行一次初始化，若我們於主程式建立執行緒則不會有任何困難，我們可以在建立依賴此初始化的任何執行緒之前先進行初始化。然而，對於函式庫中的函式而言，此舉並不可行，因為呼叫函式的程式可能在首次呼叫函式庫函式之前就已經建立了執行緒。因此，需要有方法可以讓任何執行緒在第一次執行此函式庫函式時進行初始化。

函式庫函式可以使用 *pthread_once()* 函式執行一次性的初始化。

```
#include <pthread.h>

int pthread_once(pthread_once_t *once_control, void (*init)(void));
                     Returns 0 on success, or a positive error number on error
```

函式 *pthread_once()* 利用 *once_control* 參數的狀態，以確保無論有多少個不同的執行緒呼叫了 *pthread_once()*，由 init 所指向的呼叫者定義（caller-defined）函式只會進行一次初始化。

呼叫 init 函式不需要任何參數，其形式如下：

```
void
init(void)
{
    /* Function body */
}
```

參數 *once_control* 是個指標，指向一個必須是以 PTHREAD_ONCE_INIT 的值靜態初始化的變數。

```
pthread_once_t once_var = PTHREAD_ONCE_INIT;
```

第一次呼叫 *pthread_once()* 函式時要指定一個指向一個特定的 *pthread_once_t* 變數的指標，並修改 *once_control* 指向的變數之值，以確保後續的呼叫不會再次執行 init。

一般會將 *pthread_once()* 結合執行緒特有的資料共同使用，我們將在下一節說明。

> 函式 *pthread_once()* 存在的主要理由是因為，早期的 Pthreads 版本無法靜態初始化 mutex，因此必須使用 *pthread_mutex_init()*（[Butenbof，1996]）。於是後來新增靜態配置的 mutexes，可讓函式庫函式使用一個靜態配置的 mutex 與一個靜態的布林變數（boolean variable）進行一次性的初始化，然而，為了便利性還是保留了 *pthread_once()* 函式。

31.3 執行緒特有的資料

要讓函式可以是執行緒安全的，最有效的方式是使其可重入，全部的新函式庫函式應該以此方式實作。然而，對於現有的不可重入函式庫函式（也許是在執行緒廣泛使用以前設計的函式），此方法通常會需要修改函式介面，意謂著需要修改使用此函式的每個程式。

執行緒特有的資料是一個不需修改函式介面、就能讓現有函式變成執行緒安全（thread-safe）函式的一項技術。使用執行緒特有資料的函式其效率會比可重入函式略低一些，不過可以讓我們不用修改之前呼叫這些函式的程式。

如圖 31-1 所示，執行緒特有資料可使函式為每個呼叫此函式的執行緒分別維護一份變數的副本，執行緒特有的資料會持續存在，在相同執行緒對相同函式的歷次呼叫期間，每個執行緒的變數會持續存在，如此可讓函式維護執行緒每次呼叫函式的個別執行緒資訊，也讓函式可以對每個呼叫的執行緒傳遞不同的結果緩衝區（若有需要）。

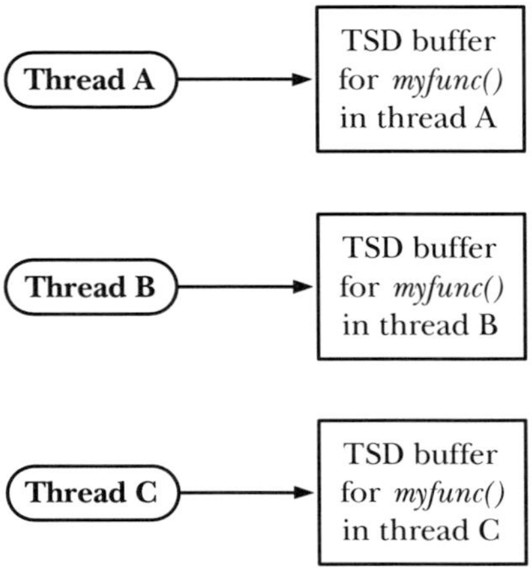

圖 31-1：執行緒特有的資料（TSD）為一個函式提供個別執行緒的儲存空間。

31.3.1 在函式庫函式觀點的執行緒特有資料

為了瞭解執行緒特有資料 API 的使用，我們需要從使用執行緒特有的資料之函式庫函式觀點來探討：

- 函式必須為每個呼叫函式的執行緒配置分隔的儲存空間區塊，就在執行緒第一次呼叫函式時，只需配置儲存空間區塊一次。
- 在同一個執行緒後續對函式的每次呼叫，函式都需要能取得在執行緒第一次呼叫函式時所配置的儲存空間之位址。因為在函式返回時，自動變數就會消失，所以函式不能使用自動變數（automatic variable）來維護指向儲存區塊的指標。因為在一個行程中，每個靜態變數（static variable）只能存在一個實體，所以函式也不能將指標儲存在一個靜態變數。Pthreads API 有提供函式來處理這項工作。

- 不同的（彼此獨立的）函式各自有所需的執行緒特有資料，每個函式都需要方法來識別自己的執行緒特有資料（鍵，key），才能與其他函式使用的執行緒特有資料區分。
- 當執行緒終止時，函式無法直接控制發生的事情，執行緒中止時可能會執行在函式之外的程式碼，不過，一定存在著某些機制（解構器，destructor），可確保執行緒在終止時會自動釋放為此執行緒配置的儲存區塊。若非如此，則隨著不斷地建立執行緒、呼叫函式與終止執行緒，而會引發 memory leak（記憶體洩露）。

31.3.2 執行緒特有資料的 API 概觀

為了使用執行緒特有的資料，函式庫函式要執行的一些步驟如下：

1. 函式會建立一個鍵，用以區別此函式與其他函式使用的執行緒特有資料。鍵是藉由呼叫 *pthread_key_create()* 函式建立，而且建立鍵的動作只能在第一個執行緒呼叫此函式時建立一次，因此使用了 *pthread_once()* 函式。建立鍵時不會配置任何的執行緒特有資料的區塊。
2. 呼叫 *pthread_key_create()* 的第二個目的是，可以讓呼叫者指定一個解構函式（deconstructor function）的位址，此函式是程式設計人員自訂的，用於釋放為此鍵配置的每個儲存區塊（參考下個步驟）。當使用執行緒特有資料的執行緒終止時，Pthreads API 會自動呼叫解構函式，並將一個指向此執行緒資料區塊的指標傳遞給解構函式。
3. 函式會為每個呼叫它的執行緒配置一個執行緒特有的資料區塊，透過 *malloc()*（或類似的函式）完成，只會為每個執行緒配置一次，而且只在執行緒第一次呼叫此函式時配置。
4. 為了儲存上個步驟所配置儲存區塊的位址，函式會使用兩個 Pthreads 函式：*pthread_setspecific()* 與 *pthread_getspecific()*。呼叫 *pthread_setspecific()* 函式是要求 Pthreads 實作進行「儲存此指標，並記錄與此指標相關的特定鍵（此函式的鍵），以及特定執行緒（呼叫函式的執行緒）。呼叫 *pthread_getspecific()* 進行相反的目的：「傳回之前儲存的與呼叫函式的執行緒的鍵相關的指標」。若沒有與特定鍵及執行緒有關的指標，則 *pthread_getspecific()* 會傳回 NULL。這是函式如何決定它是不是第一次被執行緒呼叫的方法，若是則必須為此執行緒配置儲存空間區塊。

31.3.3 細說執行緒特有資料 API

我們在本節將詳述上節提及的各個函式，並藉由介紹函式一般是如何實作以說明對執行緒特有資料的操作。下一節會示範如何使用執行緒特有資料來設計一個執行緒安全的 *stderror()* 標準 C 函式庫函式實作。

呼叫 *pthread_key_create()* 函式以建立一個新的執行緒特有資料之鍵，並儲存於 key 指向的緩衝區傳回給呼叫者。

```
#include <pthread.h>

int pthread_key_create(pthread_key_t *key, void (*destructor)(void *));
                        Returns 0 on success, or a positive error number on error
```

因為傳回的鍵要供行程中的每個執行緒使用，所以 key 應該指向一個全域變數。

參數 destructor 指向一個程式設計人員自訂的函式，其格式如下：

```
void
dest(void *value)
{
    /* Release storage pointed to by 'value' */
}
```

在執行緒終止時若有個不為 NULL 的值與 key 關聯，則 Pthreads API 會自動執行解構函式，並以此值做為解構函式的參數，此值一般是個指標，指向執行緒對此鍵的執行緒特有的資料區塊，若不需要執行解構函式，則可將 destructor 設定為 NULL。

> 若一個執行緒有多個執行緒特有資料區塊，則無法確定執行解構函式的順序。解構函式的設計須為彼此獨立。

探討執行緒特有資料的實作可幫助我們理解如何使用它們，典型的實作（NPTL 即是一個）會包含如下的陣列：

- 一個單一的全域（即在整個行程之內）陣列，存放執行緒特有資料的鍵資訊。
- 一組個別執行緒的陣列，每個執行緒配有一個陣列，每個陣列內含指標，指向屬於該特定執行緒的每個執行緒特有資料區塊。（即此陣列包含的指標是透過 *pthread_ setspecific()* 儲存的）。

在此實作中，*pthread_key_create()* 傳回的 *pthread_ key_t* 值只單純是全域陣列的索引，這個陣列標示為 *pthread_keys*，其格式如圖 31-2 所示，此陣列的每個元素都是一個包含兩個欄位的結構。第一個欄位可用以識別此陣列元素是否使用中（即已經由之前的 *pthread_key_create()* 呼叫配置），第二個欄位用於儲存針對此鍵、執行緒特有資料區塊的解構函式指標（即是傳遞給 *pthread_key_crate()* 的 destructor 參數副本）。

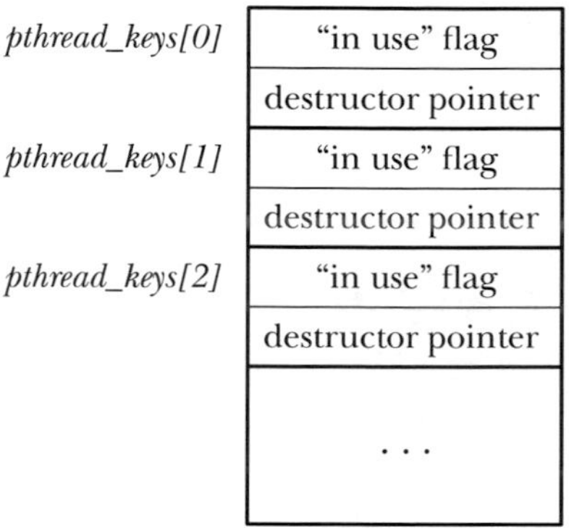

圖 31-2：執行緒特有資料鍵的實作

函式 *pthread_setspecific()* 要求 Pthreads API 將與呼叫的執行緒以及 key 關聯的 value 儲存一份副本在一個資料結構，並且 key 是從之前呼叫的 *pthread_key_create()* 傳回）。函式 *pthread_getspecific()* 執行反向操作，將之前與此執行緒關聯的 key 之值傳回。

```
#include <pthread.h>

int pthread_setspecific(pthread_key_t key, const void *value);
                    Returns 0 on success, or a positive error number on error
void *pthread_getspecific(pthread_key_t key);
    Returns pointer, or NULL if no thread-specific data isassociated with key
```

提供給 *pthread_setspecific()* 函式的 value 參數通常是一個指向呼叫者事先配置的一塊記憶體的指標，當執行緒終止時，會將該指標作為參數傳輸給與 key 對應的解構函式。

> 參數 value 不須為指向一個記憶體區塊區的指標，也可以是一個純值並且透過強制轉型為 *void**。在這種狀況下，之前呼叫 *pthread_key_create()* 函式時會將 destructor 指定為 NULL。

圖 31-3 展示一個用於儲存 value 的資料結構實作。在此圖中，我們假設 *pthread_keys[1]* 是配置給名為 *myfunc()* 的函式，Pthreads API 為每個函式維護一個指向執行緒特有資料區塊指標的指標陣列。這些執行緒特有的陣列，其中每個陣列元素都與圖 31-2 的全域 *pthread_keys* 陣列之元素一對一對應，*pthread_setspecific()* 函式會幫呼叫的執行緒設定陣列中與 key 對應的元素。

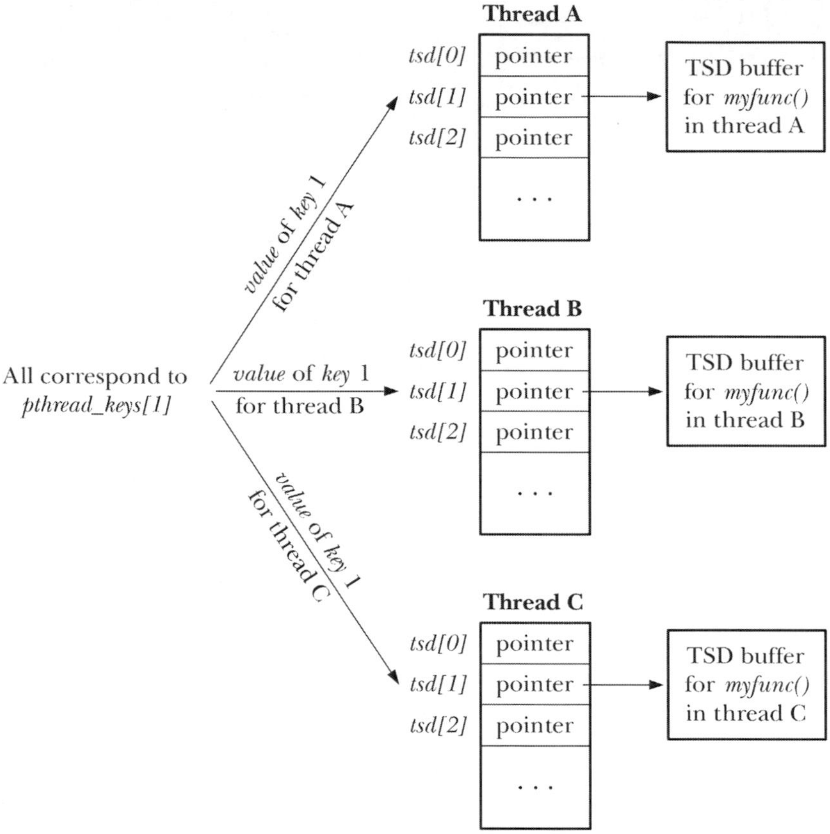

圖 31-3：用於實作執行緒特有資料（TSD）指標的資料結構

當首次建立執行緒時，會將其全部的執行緒特有資料指標初始化為 `NULL`，這樣做的意義是，當有執行緒第一次呼叫我們的函式庫函式時，我們的函式必須使用 *pthread_getspecific()* 檢查此執行緒是否已有值與 key 關聯，若無，則此函式會配置一塊記憶體並透過 *pthread_setspecific()* 儲存指向該區塊的指標。我們在下一節會以執行緒安全的 *stderror()* 函式實作為例進行示範。

31.3.4 使用執行緒特有資料的 API

當我們在 3.4 節首次介紹標準的 *stderror()* 函式時，我們提過這個函式可能會傳回一個指向靜態配置字串的指標作為其函式結果，這代表了 *stderror()* 可能不是執行緒安全。我們在後續幾頁會探討非執行緒安全的 *stderror()* 實作版本，接著示範如何利用執行緒特有資料讓此函式變成是執行緒安全。

> 在許多 UNIX 系統上（包括 Linux），標準 C 函式庫提供的 *stderror()* 函式都是執行緒安全的。然而我們還是使用 *stderror()* 作為範例，因為 SUSv3 並未規範 *stderror()* 函式必須是執行緒安全的，而且此函式的實作提供了一個簡單的使用執行緒特有資料的範例。

列表 31-1 示範一個簡單的非執行緒安全的 *strerror()* 函式，此函式利用 glibc 定義的一對全域變數：*_sys_errlist* 是一個指標陣列，其每個元素指向一個與 *errno* 錯誤碼相對應的字串（例如，*_sys_errlist[EINVAL]* 是指向 Invalid argument 字串），而 *_sys_nerr* 表示 *_sys_errlist* 陣列的元素個數。

列表 31-1：非執行緒安全的 *strerror()* 函式實作

threads/strerror.c

```
#define _GNU_SOURCE                 /* Get '_sys_nerr' and '_sys_errlist'
                                       declarations from <stdio.h> */
#include <stdio.h>
#include <string.h>                 /* Get declaration of strerror() */

#define MAX_ERROR_LEN 256           /* Maximum length of string
                                       returned by strerror() */

static char buf[MAX_ERROR_LEN];     /* Statically allocated return buffer */

char *
strerror(int err)
{
    if (err < 0 || err >= _sys_nerr || _sys_errlist[err] == NULL) {
        snprintf(buf, MAX_ERROR_LEN, "Unknown error %d", err);
    } else {
        strncpy(buf, _sys_errlist[err], MAX_ERROR_LEN - 1);
        buf[MAX_ERROR_LEN - 1] = '\0';          /* Ensure null termination */
    }

    return buf;
}
```

threads/strerror.c

我們可以利用列表 31-2 程式來示範列表 31-1 中非執行緒安全的 *streerror()* 實作造成的影響。此程式分別從兩個不同的執行緒呼叫 *strerror()*，不過只在兩個執行緒都呼叫 *stderror()* 之後才顯示回傳值。即使每個執行緒在 *strerror()* 設定的參數值不同（EINVAL 與 EPERM），不過我們可以在編譯與連結列表 31-1 所示的 *strerror()* 程式版本之後，查看如下的執行結果：

```
$ ./strerror_test
Main thread has called strerror()
Other thread about to call strerror()
Other thread: str (0x804a7c0) = Operation not permitted
Main thread:  str (0x804a7c0) = Operation not permitted
```

兩個執行緒都顯示與 EPERM 對應的 *errno* 字串，因為第二個執行緒（在函式 *threadFunc()* 中）執行的 *strerror()* 呼叫覆寫了在主執行緒中執行 *strerror()* 呼叫寫入的緩衝區內容。檢測輸出結果可以發現，兩個執行緒中的 str 區域變數都指向相同的記憶體位址。

列表 31-2：從兩個不同執行緒呼叫 *strerror()*

threads/strerror_test.c

```
#include <stdio.h>
#include <string.h>                 /* Get declaration of strerror() */
#include <pthread.h>
#include "tlpi_hdr.h"

static void *
threadFunc(void *arg)
{
    char *str;

    printf("Other thread about to call strerror()\n");
    str = strerror(EPERM);
    printf("Other thread: str (%p) = %s\n", str, str);

    return NULL;
}

int
main(int argc, char *argv[])
{
    pthread_t t;
    int s;
    char *str;

    str = strerror(EINVAL);
    printf("Main thread has called strerror()\n");
```

```
    s = pthread_create(&t, NULL, threadFunc, NULL);
    if (s != 0)
        errExitEN(s, "pthread_create");

    s = pthread_join(t, NULL);
    if (s != 0)
        errExitEN(s, "pthread_join");

    printf("Main thread:  str (%p) = %s\n", str, str);

    exit(EXIT_SUCCESS);
}
```

threads/strerror_test.c

列表 31-3 則是重新實作的 *strerror()* 實作，並有使用執行緒特有資料來確保執行緒安全。

修訂的 *strerror()* 在第一步是呼叫 *pthread_once()* ④，以確保（從任何執行緒）此函式的首次呼叫會執行 *createKey()* ②。

函式 *createKey()* 會呼叫 *pthread_key_create()* 以配置一個執行緒特有資料的鍵（key），並將其儲存於 strerrorKey 全域變數③。*pthread_key_create()* 呼叫同時也會記錄解構函式①的位址，將使用此解構函式來釋放與鍵對應的執行緒特有資料緩衝區。

接著，*strerror()* 函式呼叫 *pthread_getspecific()* ⑤，以取得該執行緒中對應於 strerrorKey 的唯一緩衝區位址。若 *pthread_getspecific()* 傳回 NULL，則表示此執行緒是初次呼叫 *strerror()* 函式，因此函式會呼叫 *malloc()* ⑥配置一個新緩衝區，並使用 *pthread_setspecific()* ⑦來儲存該緩衝區的位址。若 *pthread_getspecific()* 的回傳值不為 NULL，則此回傳的指標會指向由之前 *strerror()* 呼叫所配置的緩衝區。

此 *strerror()* 函式實作的後續部份與前述的非執行緒安全的實作類似，唯一的區別在於，buf 是執行緒特有資料的緩衝區位址而不是靜態變數。

列表 31-3：使用執行緒特有資料以實作執行緒安全的 *strerror()* 函式

threads/strerror_tsd.c

```
#define _GNU_SOURCE                 /* Get '_sys_nerr' and '_sys_errlist'
                                       declarations from <stdio.h> */
#include <stdio.h>
#include <string.h>                 /* Get declaration of strerror() */
#include <pthread.h>
#include "tlpi_hdr.h"

static pthread_once_t once = PTHREAD_ONCE_INIT;
static pthread_key_t strerrorKey;
```

```
#define MAX_ERROR_LEN 256           /* Maximum length of string in per-thread
                                       buffer returned by strerror() */

static void                         /* Free thread-specific data buffer */
① destructor(void *buf)
{
    free(buf);
}

static void                         /* One-time key creation function */
② createKey(void)
{
    int s;

    /* Allocate a unique thread-specific data key and save the address
       of the destructor for thread-specific data buffers */

③    s = pthread_key_create(&strerrorKey, destructor);
    if (s != 0)
        errExitEN(s, "pthread_key_create");
}

char *
strerror(int err)
{
    int s;
    char *buf;

    /* Make first caller allocate key for thread-specific data */

④    s = pthread_once(&once, createKey);
    if (s != 0)
        errExitEN(s, "pthread_once");

⑤    buf = pthread_getspecific(strerrorKey);
    if (buf == NULL) {          /* If first call from this thread, allocate
                                   buffer for thread, and save its location */
⑥        buf = malloc(MAX_ERROR_LEN);
        if (buf == NULL)
            errExit("malloc");

⑦        s = pthread_setspecific(strerrorKey, buf);
        if (s != 0)
            errExitEN(s, "pthread_setspecific");
    }

    if (err < 0 || err >= _sys_nerr || _sys_errlist[err] == NULL) {
        snprintf(buf, MAX_ERROR_LEN, "Unknown error %d", err);
```

```
    } else {
        strncpy(buf, _sys_errlist[err], MAX_ERROR_LEN - 1);
        buf[MAX_ERROR_LEN - 1] = '\0';          /* Ensure null termination */
    }

    return buf;
}
```

threads/strerror_tsd.c

若我們編譯與連結使用新版的 *strerror()*（列表 31-3）測試程式（列表 31-2），並產生一個可執行檔 *strerror_test_tsd*，接下來我們可得到的程式執行結果如下：

```
$ ./strerror_test_tsd
Main thread has called strerror()
Other thread about to call strerror()
Other thread: str (0x804b158) = Operation not permitted
Main thread:  str (0x804b008) = Invalid argument
```

根據此輸出，我們可以得知新版的 *strerro()* 是執行緒安全的，我們也能看到兩個執行緒中的區域變數 str 指向不同的位址。

31.3.5 執行緒特有資料的實作限制

如我們介紹執行緒特有資料是如何被實作，實作需要揭露其所支援的執行緒特有資料鍵的數量限制。SUSv3 要求至少要提供 128（_POSIX_THREAD_KEYS_MAX）個鍵。應用程式可透過 PTHREAD_KEY_MAX（定義於 <limits.h>）定義、或透過呼叫 sysconf(_SC_THREAD_KEYS_MAX)，取得實際支援的鍵數量，Linux 最多可有 1,024 個鍵。

即使是 128 個鍵，對於大多數的應用程式而言已相當足夠，因為每個函式庫函式應該只會用到少量的鍵，通常只用一個。若一個函式需要多個執行緒特有資料的值，則通常會將這些值放在一個獨立的結構中，並只將該結構與一個執行緒特有資料的鍵關聯。

31.4 執行緒區域儲存空間

類似於執行緒特有的資料，執行緒區域（thread-local）儲存提供每一個 thread 持續存在的儲存空間，此特性並非標準，不過在多數其他的 UNIX 系統（例如 Solaris 與 FreeBSD）都有提供相同或類似的介面。

執行緒區域儲存空間的主要優點在於使用起來比執行緒特有資料簡單。我們若要建立執行緒區域的變數，只需簡單地在全域或靜態變數的宣告中引用 *__thread* 說明符（specifier）：

```
static __thread char buf[MAX_ERROR_LEN];
```

每個執行緒對於以此說明符宣告的變數都有自己的一份副本，在執行緒區域儲存空間中的變數會持續存在，直到執行緒終止時會自動釋放此儲存空間。

請注意下列幾點關於執行緒區域變數的宣告與使用：

- 若在變數的宣告中使用 static 或 extern 關鍵字，則後面必須緊跟著 *__thread* 關鍵字。
- 如同一般的全域或靜態變數宣告，執行緒區域變數的宣告可設定初始值。
- 可以使用 C 語言的取址操作符（&）來取得執行緒區域變數的地址。

使用執行緒區域儲存空間需要下列支援：核心（在 Linux 2.6 提供）、Pthreads 實作（由 NPTL 提供），以及 C 編譯器（在 x86-32 是由 gcc 3.3 與更新版本提供）。

列表 31-4 展示一個使用執行緒區域儲存空間實作執行緒安全的 *strerror()* 函式，若我們使用此版的 *strerror()* 來編譯與連結我們的測試程式（列表 31-2），可得到一個可執行檔 *strerror_test_tls*，並可以得到下列的程式執行結果：

```
$ ./strerror_test_tls
Main thread has called strerror()
Other thread about to call strerror()
Other thread: str (0x40376ab0) = Operation not permitted
Main thread:  str (0x40175080) = Invalid argument
```

列表 31-4：使用執行緒區域儲存空間實作執行緒安全的 *strerror()* 函式版本

threads/strerror_tls.c

```
#define _GNU_SOURCE                 /* Get '_sys_nerr' and '_sys_errlist'
                                       declarations from <stdio.h> */
#include <stdio.h>
#include <string.h>                 /* Get declaration of strerror() */
#include <pthread.h>

#define MAX_ERROR_LEN 256           /* Maximum length of string in per-thread
                                       buffer returned by strerror() */

static __thread char buf[MAX_ERROR_LEN];
                                    /* Thread-local return buffer */

char *
strerror(int err)
```

```
{
    if (err < 0 || err >= _sys_nerr || _sys_errlist[err] == NULL) {
        snprintf(buf, MAX_ERROR_LEN, "Unknown error %d", err);
    } else {
        strncpy(buf, _sys_errlist[err], MAX_ERROR_LEN - 1);
        buf[MAX_ERROR_LEN - 1] = '\0';          /* Ensure null termination */
    }

    return buf;
}
```
threads/strerror_tls.c

31.5 小結

若函式可由多個執行緒同時安全地呼叫，則稱此函式是執行緒安全（thread-safe）的函式，通常函式不是執行緒安全的原因是在函式中使用了全域或靜態變數。在多執行緒的應用程式若要安全地執行非執行緒安全的函式，一種方式是使用 mutex lock（互斥鎖）來保護該函式的全部呼叫，但此方法會減少同步的效能，因為一次只有一個執行緒能執行該函式。可以大幅提升同步效能的方法是，只在函式有共用變數的部份（臨界區間）增加 mutex lock。

使用 mutex 可以讓多數的函式成為執行緒安全的函式，不過 mutex 的上鎖與解鎖成本會導致效能減少，藉由避免使用全域或靜態變數，可重入的函式則能不需使用 mutex 就能達到執行緒安全的目的。

SUSv3 規範的多數函式都需實作執行緒安全，SUSv3 也列出小部分無須實作執行緒安全的函式。這些函式通常會使用靜態儲存空間來回傳資訊給呼叫者，或是使用靜態儲存空間來進行多次的函式呼叫之間的資訊維護。依據定義，這些函式是不可重入的，也不能使用 mutex 變成是執行緒安全的。我們在本章探討兩種相近的程式設計技術：執行緒特有的資料，以及執行緒區域儲存空間，它們可幫助在無須改變函式介面定義的情況，讓不安全函式變成執行緒安全的，這兩項技術都可以讓函式配置持續存在的、個別執行緒（per-thread）的儲存空間。

進階資訊

請參考 29.10 節所列的進階資訊來源。

31.6 習題

31-1. 請實作一個 *one_time_init(control，init)* 函式，執行與 *pthread_once()* 等效的工作。參數 control 應為一個指標，指向靜態配置的結構，結構內含一個布林變數與一個 mutex。布林型變數用以識別 init 函式是否曾被呼叫過，而 mutex 用以控制存取變數。為了簡化實作，您可以忽略一些可能性，如 *init()* 呼叫失敗、或執行緒初次呼叫時取消等情況（亦即，無須為此特別設計機制，若發生此類事件，則下一個呼叫 *one_time_init()* 的執行緒會重新呼叫 *init()*）。

31-2. 使用執行緒特有資料來設計執行緒安全的 *dirname()* 與 *basename()* 函式（18.14 節）。

32

結束執行緒

一般來說多個執行緒通常會平行執行，每個執行緒各自完成自己的任務，直到呼叫 *pthread_exit()* 終止執行緒，或是傳回到呼叫執行緒的函式。

有時會取消（cancel）一個執行緒，亦即發送一個請求給執行緒要求執行緒立即終止（terminate）。這是很有用的，例如，若有一群執行緒正在共同執行一個運算，當有一個執行緒偵測到錯誤的條件則需要通知其他執行緒終止。在另一種情況，一個受圖形化使用者介面（GUI）策動的應用程式可能會提供一個取消按鈕，可讓使用者終止執行緒在背景執行緒的任務，此時（控制 GUI 的）主執行緒需要告知在背景的執行緒終止。

我們在本章會介紹 POSIX 執行緒的取消機制。

32.1 取消一個執行緒

函式 *pthread_cancel()* 會發送一個取消請求給指定的 thread。

```
#include <pthread.h>

int pthread_cancel(pthread_t thread);
```

Returns 0 on success, or a positive error number on error

函式 *pthread_cancel()* 在送出取消請求之後就會立即返回，亦即不會等待目標執行緒終止。

更準確來說，目標執行緒將發生的事情、何時發生，都是由執行緒的取消狀態（state）與類型（type）決定，我們將在下一節介紹。

32.2 取消狀態及類型

函式 *pthread_setcancelstate()* 與 *pthread_setcanceltype()* 會設定旗標，可讓執行緒控制如何回應取消請求。

```
#include <pthread.h>

int pthread_setcancelstate(int state, int *oldstate);
int pthread_setcanceltype(int type, int *oldtype);
                    Both return 0 on success, or a positive error number on error
```

執行緒呼叫 *pthread_setcancelstate()* 函式可以將自身的取消狀態（cancelability state）設定為 state 參數的值，參數值為下列任一值：

`PTHREAD_CANCEL_DISABLE`

此執行緒是不可取消的，若收到取消請求，則會將請求擱置，直到啟動執行緒的取消狀態為止。

`PTHREAD_CANCEL_ENABLE`

此執行緒是可以取消的，這是執行緒新建時的取消性狀態預設值。

執行緒之前的取消狀態會利用 oldstate 參數指向的位置傳回。

> 若我們不需要知道執行緒之前的取消狀態，Linux 可以接受將 oldstate 設定為 NULL，在許多其他的系統實作也是如此，然而，SUSv3 並未規範此特性，所以若要保證應用程式的可攜性，我們不應該倚靠此特性，而應該將 oldstate 設定為非 NULL 的值。

若執行緒正在執行一段程式碼，而這段整式碼的每個步驟都是必須執行的，則會需要暫時設定為無法取消（PTHREAD_CANCEL_DISABLE）。

若執行緒是可以取消的（PTHREAD_CANCEL_ENABLE），則面對取消請求的處理則取決於執行緒的取消類型，此類型可以在呼叫 *pthread_setcanceltype()* 時由 type 參數指定，下列為 type 參數可指定的值：

PTHREAD_CANCEL_ASYNCHRONOUS

任何時候都可以取消執行緒（或許會立即取消，但不一定如此），非同步的取消較少用到，因而我們延後到 32.6 節再進行討論。

PTHREAD_CANCEL_DEFERED

持續擱置取消請求，直達取消點為止（cancellation point，請參考下一節），這是新建執行緒的預設取消類型，我們在後續幾節將詳細介紹延遲取消（deferred cancelability）。

執行緒之前的取消類型會由 oldtype 參數指向的位置傳回。

> 如同 *pthread_setcancelstate()* 函式 oldstate 參數，若我們不需要之前的取消類型，則可以將 oldtype 設定為 NULL，許多系統（包括 Linux）都有提供這項功能。SUSv3 並沒有規範此行為，所以需要確保可攜的應用程式不該倚賴此特性，因此應該將 oldtype 設定為非 NULL 值。

當執行緒呼叫 *fork()* 時，子行程會繼承執行緒的取消狀態與類型，而當執行緒呼叫 *exec()* 時，新程式的主執行緒取消狀態與類型則會重置為 PTHREAD_CANCEL_ENABLE 與 PTHREAD_CANCEL_DEFERRED。

32.3 取消點（Cancellation Point）

若啟用執行緒的延遲取消，則當執行緒抵達取消點（cancellation point）時，取消請求才會起作用。取消點就是呼叫一組系統實作所定義的函式。

在 SUSv3 的規範中指出，若表 32-1 所列的函式是由系統實作提供的，則這些函式必須是取消點，其中多數的函式都能讓執行緒受到無限時間的阻塞。

表 32-1：SUSv3 規範必須為取消點的函式

accept()	*nanosleep()*	*sem_timedwait()*
aio_suspend()	*open()*	*sem_wait()*
clock_nanosleep()	*pause()*	*send()*
close()	*poll()*	*sendmsg()*
connect()	*pread()*	*sendto()*
creat()	*pselect()*	*sigpause()*
fcntl(F_SETLKW)	*pthread_cond_timedwait()*	*sigsuspend()*
fsync()	*pthread_cond_wait()*	*sigtimedwait()*
fdatasync()	*pthread_join()*	*sigwait()*
getmsg()	*pthread_testcancel()*	*sigwaitinfo()*
getpmsg()	*putmsg()*	*sleep()*
lockf(F_LOCK)	*putpmsg()*	*system()*
mq_receive()	*pwrite()*	*tcdrain()*
mq_send()	*read()*	*usleep()*
mq_timedreceive()	*readv()*	*wait()*
mq_timedsend()	*recv()*	*waitid()*
msgrcv()	*recvfrom()*	*waitpid()*
msgsnd()	*recvmsg()*	*write()*
msync()	*select()*	*writev()*

除了表 32-1 所列的函式，SUSv3 還規範了大量的函式群系統實作可以（但不一定要）將這些函式定義為取消點，其中包括 *stdio* 函式、*dlopen API*、*syslog API*、*nftw()*、*popen()*、*semop()*、*unlink()*…等函式，它們能從如 utmp 等系統檔案中取得資訊。可攜的應用程式必須能夠正確處理執行緒可能在呼叫這些函式時取消的可能性。

在 SUSv3 的規範中，除了上述兩個清單的函式必須及可以是取消點，不得將標準中的任何其他函式做為取消點（亦即，可攜程式可不需要擔心呼叫這些其他函式會引起執行緒取消）。

SUSv4 將 *openat()* 新增到必須為取消點的函式清單中，並移除 *sigpause()* 函式（此函式已被移到可以是取消點的函式清單）與 *usleep()* 函式（已從標準撤除）。

> 系統在實作時可自由決定將不在標準規範內的其他函式標示為取消點，任何可能造成阻塞的函式（或許是由於要存取檔案）都是一個適合的取消點候選人，因此在 glibc 函式庫將許多非標準的函式標示為取消點。

啟用延遲取消的執行緒一旦收到取消請求，則會在下次抵達取消點時終止。若執行緒尚未分離（detached）則為了避免此執行緒成為僵屍執行緒，行程中的其他執行緒必需加入（join）它。當加入取消的執行緒之後，*pthread_join()* 的第二個參數所傳回的值會是一個特殊的執行緒傳回值：PTHREAD_CANCELED。

範例程式

列表 32-1 是一個 *pthread_cancel()* 的使用簡例，主程式建立一個執行無限迴圈的執行緒，每次都休眠一秒並印出迴圈值。（此執行緒只有在收到取消請求或行程結束時才會終止）。同時主程式會休眠 3 秒，並送出一個取消請求給自己建立的執行緒，當我們執行程式時，我們會看到如下的執行結果：

```
$ ./thread_cancel
New thread started
Loop 1
Loop 2
Loop 3
Thread was canceled
```

列表 32-1：呼叫 *pthread_cancel()* 以取消執行緒

threads/thread_cancel.c

```
#include <pthread.h>
#include "tlpi_hdr.h"

static void *
threadFunc(void *arg)
{
    int j;

    printf("New thread started\n");     /* May be a cancellation point */
    for (j = 1; ; j++) {
        printf("Loop %d\n", j);         /* May be a cancellation point */
        sleep(1);                       /* A cancellation point */
    }

    /* NOTREACHED */
    return NULL;
}

int
main(int argc, char *argv[])
{
    pthread_t thr;
    int s;
    void *res;
```

```
    s = pthread_create(&thr, NULL, threadFunc, NULL);
    if (s != 0)
        errExitEN(s, "pthread_create");

    sleep(3);                           /* Allow new thread to run a while */

    s = pthread_cancel(thr);
    if (s != 0)
        errExitEN(s, "pthread_cancel");

    s = pthread_join(thr, &res);
    if (s != 0)
        errExitEN(s, "pthread_join");

    if (res == PTHREAD_CANCELED)
        printf("Thread was canceled\n");
    else
        printf("Thread was not canceled (should not happen!)\n");

    exit(EXIT_SUCCESS);
}
```

threads/thread_cancel.c

32.4 檢測執行緒能否取消

在列表 32-1 中，由 *main()* 建立的執行緒可以接受取消請求，因為執行緒會執行到一個屬於取消點的函式（*sleep()* 就是一個取消點，*printf()* 也可以是取消點）。然而，假設執行緒執行的迴圈內無任何的取消點（例如，以計算為主的［*compute-bound*］迴圈），這時執行緒絕不會回應取消請求。

函式 *pthread_testcancel()* 的目的就是單純成為一個取消點，若執行緒在呼叫此函式時已有擱置的取消請求，則呼叫此函式的執行緒就會終止。

```
#include <pthread.h>

void pthread_testcancel(void);
```

若執行緒不確定正在執行的程式碼是否包含任何的取消點，則可以週期地呼叫 *pthread_testcancel()*，以確保執行緒可以回應其他執行緒發送過來的取消請求。

32.5 清理處理常式（cleanup handler）

若有擱置取消請求的執行緒在抵達取消點時草率地終止，則共用變數與 Pthread 的物件（如 mutex）可能會停留在不一致的狀態，或許會導致行程中剩下的其他執行緒產生不正確的結果、死結（deadlock）或當機（crash）。為了解決此問題，執行緒可以建立一個或多個清理處理常式（cleanup handler），在執行緒受到取消時會自動執行的函式。清理處理程式能進行的工作是在執行緒結束之前，進行修改全域變數的值、或是解鎖 mutex。

每個執行緒都能有一個清理處理常式的堆疊空間，當取消一個執行緒時清理處理常式會從堆疊頂部向下執行，也就是說會先呼叫最後一個建立的處理常式並依序往前執行，以此類推。當執行完全部的清理常式之後，執行緒就會終止。

執行緒呼叫函式 *pthread_cleanup_push()* 與 *pthread_cleanup_pop()* 以新增與移除清理處理常式堆疊中的清理處理常式。

```
#include <pthread.h>

void pthread_cleanup_push(void (*routine)(void*), void *arg);
void pthread_cleanup_pop(int execute);
```

執行緒呼叫函式 *pthread_cleanup_push()* 則將 routine 參數所指定的函式位址新增到清理處理常式堆疊，routine 參數是一個函式指標格式如下：

```
void
routine(void *arg)
{
    /* Code to perform cleanup */
}
```

提供給 *pthread_cleanup_push()* 的 arg 參數會作為呼叫清理處理常式時的參數，其參數型別是 *void**，不過若進行適當的強制型別轉換，則此參數也可以傳遞其他的資料型別。

通常只在執行緒執行特定區段的程式碼時受到取消，才會需要進行清理動作。若執行緒順利執行完這段程式碼而未被取消，則不再需要進行清理的動作。所以每次呼叫 *pthread_cleanup_push()* 都會接著呼叫 *pthread_cleanup_pop()*，此函式會將最上方的函式從清理處理常式堆疊中移除。若我們想要在執行緒未被取消時執行清理動作，透過指定 execute 參數為非零，則執行處理常式會被執行。

雖然我們將 *pthread_cleanup_push()* 與 *pthread_cleanup_pop()* 解釋為函式，不過 SUSv3 允許以巨集（macro）來實作，將幾個語句以大括弧 {} 包起來並定義成巨集，並非全部的 UNIX 系統都能這麼做，不過 Linux 與許多系統都是使用巨集實作的。也就是說 *pthread_cleanup_push()* 與其搭檔的 *pthread_cleanup_pop()* 必須位在相同的語法區塊（在以巨集實作的平台上，在 *pthread_cleanup_push()* 與 *pthread_cleanup_pop()* 之間宣告的變數的作用範圍（scope）將受限於此語法範圍）。例如，下列的程式寫法是不正確的：

```
pthread_cleanup_push(func, arg);
...
if (cond) {
    pthread_cleanup_pop(0);
}
```

為了便於撰寫程式，若執行緒因呼叫 *pthread_exit()* 而終止，則會自動執行尚未被推出（pop）的清理處理常式（不過若執行緒只用 return 時，則不會自動執行清理處理常式）。

範例程式

列表 32-2 提供了一個使用清理處理常式的簡單例子，主程式建立一個執行緒⑧，執行緒首先配置一塊記憶體③，並將記憶體位址指定於 buf，接著將 mtx mutex 上鎖④。因為執行緒可能會受到取消，所以使用 *pthread_cleanup_push()* ⑤安裝一個清理處理常式，此處理常式在被時會傳入指定於 buf 中的地址做為參數。若執行了清理處理常式，則它會釋放記憶體①，並將 mutex 解鎖②。

執行緒接著進入迴圈，等待 cond 條件變數收到訊號通知⑥，此迴圈能以兩個方式終止，取決於程式是否提供命令列參數：

- 若無提供命令列參數，則執行緒由 *main()* ⑨函式取消。此時會在呼叫 *pthread_cond_wait()* ⑥時進行取消，此函式是列表 32-1 所列的一個取消點。在取消過程中，會自動呼叫以 *pthread_cleanup_push()* 建立的的清理處理常式（當取消 *pthread_cond_wait* 呼叫時，會在執行 cleanup handler 之前先將 mutex 解鎖，表示 mutex 能安全地與 cleanup handler 同時使用）。
- 若有提供命令列參數，則在 glob 全域變數設定為非零之後，條件變數會收到訊號通知⑩。此時，執行緒則會一直執行到 *pthread_cleanup_pop()* ⑦，由於傳遞了非零的參數，所以也會呼叫清理處理常式。

主程式會加入終止的執行緒⑪，並回報執行緒已經取消或已經正常終止。

列表 32-2： 使用清理處理常式

threads/thread_cleanup.c

```
    #include <pthread.h>
    #include "tlpi_hdr.h"

    static pthread_cond_t cond = PTHREAD_COND_INITIALIZER;
    static pthread_mutex_t mtx = PTHREAD_MUTEX_INITIALIZER;
    static int glob = 0;                    /* Predicate variable */

    static void     /* Free memory pointed to by 'arg' and unlock mutex */
    cleanupHandler(void *arg)
    {
        int s;

        printf("cleanup: freeing block at %p\n", arg);
①       free(arg);

        printf("cleanup: unlocking mutex\n");
②       s = pthread_mutex_unlock(&mtx);
        if (s != 0)
            errExitEN(s, "pthread_mutex_unlock");
    }

    static void *
    threadFunc(void *arg)
    {
        int s;
        void *buf = NULL;                   /* Buffer allocated by thread */

③       buf = malloc(0x10000);              /* Not a cancellation point */
        printf("thread:  allocated memory at %p\n", buf);

④       s = pthread_mutex_lock(&mtx);       /* Not a cancellation point */
        if (s != 0)
            errExitEN(s, "pthread_mutex_lock");

⑤       pthread_cleanup_push(cleanupHandler, buf);

        while (glob == 0) {
⑥           s = pthread_cond_wait(&cond, &mtx);     /* A cancellation point */
            if (s != 0)
                errExitEN(s, "pthread_cond_wait");
        }

        printf("thread:  condition wait loop completed\n");
⑦       pthread_cleanup_pop(1);             /* Executes cleanup handler */
        return NULL;
    }
```

```
    int
    main(int argc, char *argv[])
    {
        pthread_t thr;
        void *res;
        int s;

⑧       s = pthread_create(&thr, NULL, threadFunc, NULL);
        if (s != 0)
            errExitEN(s, "pthread_create");

        sleep(2);                   /* Give thread a chance to get started */

        if (argc == 1) {            /* Cancel thread */
            printf("main:    about to cancel thread\n");
⑨           s = pthread_cancel(thr);
            if (s != 0)
                errExitEN(s, "pthread_cancel");

        } else {                    /* Signal condition variable */
            printf("main:    about to signal condition variable\n");
            glob = 1;
⑩           s = pthread_cond_signal(&cond);
            if (s != 0)
                errExitEN(s, "pthread_cond_signal");
        }

⑪       s = pthread_join(thr, &res);
        if (s != 0)
            errExitEN(s, "pthread_join");
        if (res == PTHREAD_CANCELED)
            printf("main:    thread was canceled\n");
        else
            printf("main:    thread terminated normally\n");

        exit(EXIT_SUCCESS);
    }
```

threads/thread_cleanup.c

若我們執行列表 32-2 的程式，且不帶入任何命令列參數，則 *main()* 函式會呼叫 *pthread_cancel()*，而清理處理常式也會自動執行，其輸出如下：

```
$ ./thread_cleanup
thread:  allocated memory at 0x804b050
main:    about to cancel thread
cleanup: freeing block at 0x804b050
cleanup: unlocking mutex
main:    thread was canceled
```

若我們有用命令列參數執行程式，則 *main()* 會將 glob 設定為 1，並且通知條件變數，清理處理常式則透過 *pthread_cleanup_pop()* 呼叫執行，可以看到如下結果：

```
$ ./thread_cleanup s
thread:  allocated memory at 0x804b050
main:    about to signal condition variable
thread:  condition wait loop completed
cleanup: freeing block at 0x804b050
cleanup: unlocking mutex
main:    thread terminated normally
```

32.6 非同步取消

在將執行緒設定為非同步取消時（取消類型為 PTHREAD_CANCEL_ASYNCHRONOUS），則可以在任何時間點將執行緒取消（即在任何一個機器指令時），取消動作不會等到執行緒執行到下一個取消點才執行。

非同步取消的問題在於，雖然會呼叫清理處理常式，不過處理常式無法得知執行緒的狀態。列表 32-2 程式使用延遲取消 (deffered cancelability) 類型，只有在執行緒呼叫 *pthread_cond_wait()* 這個唯一的取消點時，執行緒才能取消。此時，我們知道已將 buf 初始化為指向配置的記憶體區塊，並且將 mtx mutex 上鎖了。然而，若使用非同步取消，則可以在任意時間點取消執行緒，例如，在呼叫 *malloc()* 之前、在呼叫 *malloc()* 與將 mutex 上鎖期間、或是在將 mutex 上鎖之後。清理處理常式無法得知發生的取消點，或者清理處理常式無法準確的知道需要執行哪些清理步驟。此外執行緒也可能在呼叫 *malloc()* 期間被取消，如此會導致混亂的結果（參考 7.1.3 節）。

在一般的準則不該配置任何資源、請求取得 mutex、semaphore 或 lock 給能夠非同步取消的執行緒，因為這樣會導致大量的函式庫函式無法使用，其中包括 Pthreads 多數的函式（SUSv3 定義 *pthread_cancel()*、*pthread_setcancelstate()* 以及 *pthread_setcanceltype()* 為例外，因為有明文規範這些函式必須是非同步取消安全的（async-cancel-safe），也就是說，在實作時必須確保在可非同步取消的執行緒中呼叫它們是安全的）。換句話說，非同步取消的用途很少，其中一項用途是取消正在執行計算受計算界限的（compute-bound）的執行緒。

32.7 小結

函式 *pthread_cancel()* 允許一個執行緒向另一個執行緒發送取消請求，要求目標執行緒終止執行。

目標執行緒對請求的回應取決於取消狀態與類型，若關閉執行緒的取消狀態，則請求會保持擱置（pending）狀態，直到執行緒的取消狀態設定為開啟。若開啟執行緒的取消狀態，則執行緒何時回應請求則取決於取消的類型。若類型為延遲取消，則在執行緒下一次呼叫某個取消點（由 SUSv3 標準所規定的一組函式之一）時，會執行取消。若為非同步取消類型，則取消動作可在任何時候進行（很少用）。

執行緒可以設定一個清理處理常式堆疊，其中的清理處理常式屬於由開發人員定義的函式，當執行緒受到取消時，會自動呼叫這些處理常式以執行清理工作（例如，恢復共用變數狀態，或將 mutex 解鎖）。

進階資訊

請參考列於 29.10 節的進階資訊來源。

33

執行緒：深入探討

本章深入介紹 POSIX 執行緒的各方面細節，我們會以傳統 UNIX API 的觀點探討執行緒的互相影響，特別是訊號（signal）與行程控制元素（process control primitive）（即 *fork()*、*exec()* 與 *_exit()*）。我們也會概略介紹 Linux 系統上的兩個 POSIX 執行緒實作（LinuxThread 與 NPTL），並提及這些實作與 SUSv3 的 Pthreads 規格之差異。

33.1 執行緒堆疊

每個執行緒在建立時都會有一個固定大小的堆疊（stack）。在 Linux/x86-32 架構上，除了主執行緒，其他每個執行緒的預設（default）堆疊大小都為 2MB（在一些 64 位元的架構預設大小會比較大，例如 IA-64 是 32MB），而主執行緒會有較大的堆疊空間以應付堆疊使用空間的成長（參考圖 29-1）。

偶爾會需要改變執行緒的堆疊大小，可以使用 *pthread_attr_setstacksize()* 函式設定執行緒屬性（attribute），此屬性可決定使用執行緒屬性物件所建立的執行緒之堆疊大小。相關的 pthread_attr_*setstack()* 函式可以用來控制堆疊的大小與位置，不過設定堆疊的位置會降低應用程式的可攜性，使用手冊 (man page) 有詳細介紹這些函式。

更改每個執行緒的堆疊大小的目的是為了讓執行緒有更大的堆疊空間可以配置較大的自動變數（automatic variable）、或是供深度的巢狀函式呼叫使用（可能是因為遞迴）。此外，應用程式可能想要減少每個執行緒的堆疊大小，讓一個行程可以建立更多的執行緒。例如，在 x86-32 系統上，使用者能夠存取的虛擬位址空間（virtual address space）是 3GB，而預設堆疊大小是 2MB 則意謂著我們最多可以建立大約 1,500 個執行緒（精確的最大數量取決於 text、data 區段、共享函式庫等用途消耗了多少的虛擬記憶體）。在特定架構上採用的最小堆疊可以透過呼叫 `sysconf(_SC_THREAD_STACK_MIN)` 取得，對於 Linux/x86-32 上的 NPTL 實作，此呼叫的傳回值是 16,384。

> 在 NPTL 執行緒實作中，若將堆疊大小資源限制（`RLIMIT_STACK`）設定為 unlimited 之外的任意值，則在建立新執行緒時會依此做為預設堆疊空間。此限制必須在執行程式之前設定，通常會在程式執行前使用 shell 內建的 ulimit -s 指令（在 C shell 的指令是 limit stacksize）設定。只在主程式使用 *setrlimit()* 來設定限制是不夠的，因為 NPTL 會在呼叫 *main()* 之前執行期的初始化期間就已經決定預設的堆疊大小。

33.2 執行緒與訊號（signal）

UNIX 訊號模型是基於 UNIX 行程模型而設計的，比 Pthreads 早好幾十年出現，所以導致訊號與執行緒模型之間存在一些顯著的衝突，這些衝突主要是因為需要為單執行緒的行程保持傳統的訊號語意（即傳統程式的訊號語意不應該受到 Pthreads 而改變），同時也需要開發適用於多執行緒行程的訊號模型。

訊號與執行緒模型之間存在的差異使得將訊號與執行緒結合變的很複雜，因此應該盡可能避免。儘管如此，有時我們還是必須在執行緒的程式處理訊號，本節將討論訊號與執行緒間的交互影響，並說明可在多執行緒程式中處理訊號的各種實用函式。

33.2.1 如何將 UNIX 訊號模型映射到執行緒？

為了瞭解如何將 UNIX 訊號映射到 Pthreads 模型，我們需要知道訊號模型的哪些方面是觸及整個行程的層面（即由行程中的每個執行緒共用），以及哪些方面是屬於行程中的單一執行緒層面，下面列出幾個關鍵點：

- 訊號的動作是屬於行程層面，若將任何未經處理的訊號傳遞給行程中的任一個執行緒，而訊號的預設動作是停止（stop）或終止（terminate）時，則行程中的每個執行緒都會停止或終止。

- 訊號處置（signal disposition）屬於行程層面，行程中的每個執行緒對每個訊號都是共用相同的處置。若有執行緒使用 *sigaction()* 函式建立訊號處理常式（如 SIGINT），則行程中的執行緒只要收到 SIGINT 訊號，則會會呼叫對應的處理函式。同樣地，若有執行緒將一個訊號的處置設定為忽略（ignore），則每個執行緒都會忽略此訊號。
- 訊號可以發送給行程，也可以發送給特定的執行緒，若訊號滿足下列任一條件，則是執行緒導向的（thread-directed）訊號：
  — 由於執行緒本文（context）中的特定硬體指令，而直接產生的訊號（即 22.4 節中所述的硬體例外：SIGBUS、SIGFPE、SIGILL 以及 SIGSEGV）。
  — 當執行緒試圖寫入已斷開的管線（broken pipe）時，會產生 SIGPIPE 訊號。
  — 使用 *pthread_kill()* 或 *pthread_sigqueue()* 函式所發送的訊號，這些函式（於 33.2.3 節說明）允許一個執行緒送出訊號給同一個行程的其他執行緒。

以其他機制產生的每個訊號都是屬於行程導向的（process-directed）。例如，其他行程使用 *kill()* 或 *sigqueue()* 發送的訊號、如 SIGINT 與 SIGTSTP 這類的訊號使用者輸入一個特殊的終端機字元而產生，以及一些軟體事件產生的訊號，例如：調整終端機視窗大小（SIGWINCH）、或計時器到期（如 SIGALRM）。

- 一個已經建立訊號處理常式（signal handler）的多執行緒程式在收到一個訊號時，核心會任選行程中的一條執行緒來接收此訊號，並在該執行緒呼叫訊號處理常式，此行為與傳統的訊號語意一致，因為讓行程針對單個訊號而重複執行多數訊號處理常式並不合理。
- 每個執行緒都有個別的訊號遮罩（signal mask）（沒有一個訊號遮罩能直接影響整個行程或多執行緒行程中的每個執行緒）。執行緒可以使用 Pthreads API 定義的 *pthread_sigmask()* 函式，分別阻止或解除阻止不同的訊號。應用程式藉由操控每個執行緒的訊號遮罩，可以控制哪些執行緒可以處理行程收到的訊號。
- 核心會記錄整個行程所擱置的（pending）訊號，以及分別記錄每個執行緒所擱置的訊號。若呼叫 *sigpending()* 函式則會傳回行程與目前執行緒擱置的訊號之聯集（union）。在新建立的執行緒中，每個執行緒的擱置訊號集合會初始化為空的。執行緒導向的訊號只能傳送給目標執行緒（target thread）。若該訊號已阻塞該訊號，則此訊號會一直保持擱置狀態，直到執行緒將此訊號解除阻塞（或是執行緒終止）。

- 若訊號處理常式中斷了 *pthread_mutex_lock()* 呼叫，則此呼叫一定會自動重新啟動。若有訊號處理函式中斷了 *pthread_cond_wait()* 呼叫，則此呼叫會自動重新啟動（Linux 的運作方式）、或直接傳回 0，以表示遭遇了假喚醒（如 30.2.3 節所述，此時設計良好的應用程式會再次檢測相對應的判斷條件，並重新執行呼叫）。SUSv3 對這兩個函式的行為要求與本段的敘述相同。
- 每個執行緒都有個替代訊號堆疊（alternate signal stack）（參考 21.3 節對 *sigaltstack()* 函式的介紹），新建立的執行緒不會繼承執行緒建立者的替代訊號堆疊。

> 精確地說，SUSv3 規定每個核心排班實體（KSE，Kernel Scheduling entity）需要有一個獨立的的替代訊號堆疊，在一個以 1:1 的執行緒實作平台中，例如在 Linux 中每個執行緒都要有一個對應的 KSE（參考 33.4 節）。

33.2.2 操控執行緒訊號遮罩

在建立新的執行緒時，新執行緒會繼承建立者的訊號遮罩複本，執行緒可以使用 *pthread_sigmask()* 更改其訊號遮罩、取得現有的訊號遮罩、或是兩者都做。

```
#include <signal.h>

int pthread_sigmask(int how, const sigset_t *set, sigset_t *oldset);
```

Returns 0 on success, or a positive error number on error

除了所操作的是執行緒訊號遮罩，*pthread_sigmask()* 的使用方法與 *sigprocmask()* 相同（20.10 節）。

> 在 SUSv3 並無規範於多執行緒程式中使用 *sigprocmask()* 函式，所以在多執行緒程式中使用 *sigprocmask()* 是不具可攜性的。但事實上 *sigprocmask()* 與 *pthread_sigmask()* 在許多平台上是相同的（包含 Linux）。

33.2.3 送出訊號給執行緒

函式 *pthread_kill()* 可以將 sig 訊號送往與呼叫者相同行程的一個執行緒，並由 thread 參數識別目標執行緒。

```
#include <signal.h>

int pthread_kill(pthread_t thread, int sig);
```

Returns 0 on success, or a positive error number on error

因為執行緒 ID 的唯一性只侷限在一個行程中（參考 29.5 節），所以我們不能使用 *pthread_kill()* 送出訊號給另一個行程中的執行緒。

> 函式 pthread_*kill()* 是使用 Linux 特有的 tgkill（tgid，tid，sig）系統呼叫所實作，此系統呼叫將 sig 訊號發送給一個位在以 tgid 識別的執行緒群組中並以 tid（由 *gettid()* 傳回的核心執行緒 ID）識別的執行緒，細節請參考 tgkill(2) 使用手冊。

Linux 特有的 *pthread_sigqueue()* 函式合併了 *pthread_kill()* 與 *sigqueue()* 的功能（22.8.1 節）：將帶有資料的訊號發送給與呼叫者相同行程的一個執行緒。

```
#define _GNU_SOURCE
#include <signal.h>

int pthread_sigqueue(pthread_t thread, int sig, const union sigval value);
                    Returns 0 on success, or a positive error number on error
```

如同 *pthread_kill()* 函式，sig 指定要發送的訊號，而 thread 用以識別目標執行緒，value 參數則指定伴隨訊號的資料，其使用方式與 *sigqueue()* 函式的對應參數相同。

> 函式庫 glibc 在 2.11 版增加了 *pthread_sigqueue()* 函式，同時需要核心支援，此功能在 Linux 2.6.31 版的核心以 *rt_tgsigqueueinfo()* 系統呼叫提供支援。

33.2.4 妥善處理非同步訊號

我們在第 20 章到第 22 章探討的各種因素（諸如，可重入議題、需要重新啟動受到中斷的系統呼叫，以及避免競態條件），它們則會讓使用訊號處理常式處理這些非同步產生的訊號變得更為複雜。此外，在 Pthreads API 中的每個函式都不是非同步訊號安全（async-signal-safe）的函式，因此我們無法在訊號處理常式（21.1.2 節）中安全地呼叫。因此，對於必須處理非同步產生的訊號之多執行緒應用程式，不應該使用訊號處理常式做為接收訊號到達的通知機制。而是應該使用下列的方法：

- 每個執行緒都要將行程可能會收到的非同步訊號阻塞，最簡單的方式是在建立任何其他執行緒之前，由主執行緒阻塞這些訊號，於是後續所建立的每個執行緒將會繼承主執行緒的訊號遮罩副本。
- 建立一個專屬執行緒，使用 *sigwaitinfo()*、*sigtimedwait()* 或 *sigwait()* 來接受進入的訊號，我們在 22.10 節會介紹 *sigwaitinfo()* 與 *sigtimedwait()*，下面會先介紹 *sigwait()*。

此方法的優勢在於可以同步接收非同步產生的訊號，當專屬執行緒接受進入的訊號時，可以安全地修改共用變數（在 mutex 的控制中），並可呼叫不屬於非同步訊號安全（non-async-signal-safe）的函式，也能以訊號通知條件變數，並採用其他執行緒與行程的通訊及同步機制。

函式 *sigwait()* 會等待 set 所指的訊號集中之任意訊號到達，並接受該訊號，且以 sig 參數傳回。

```
#include <signal.h>

int sigwait(const sigset_t *set, int *sig);
```

Returns 0 on success, or a positive error number on error

除了下列差異，*sigwait()* 的操作與 *sigwaitinfo()* 相同：

- 函式 *sigwait()* 只會傳回訊號編號，而不會傳回一個說明訊號資訊的 *siginfo_t* 結構。
- 傳回值與其他執行緒相關的函式一致（而非傳統 UNIX 系統呼叫傳回的 0 或 -1）。

若有多個執行緒使用 *sigwait()* 等待相同的訊號，則當訊號抵達時只有一個執行緒能實際接收到訊號，但無法確定那個執行緒會收到訊號。

33.3 執行緒和行程控制

如同訊號機制般，*exec()*、*fork()* 與 *exit()* 都比 Pthreads API 要早出現，我們在下列的幾段文中將提醒於多執行緒程式使用這些系統呼叫應該注意的細節。

執行緒與 *exec()*

只要有執行緒呼叫其中一個 *exec()* 系列函式時，執行呼叫的程式會被完全取代。除了呼叫 *exec()* 的那個執行緒，其他每個執行緒都會立即消失。沒有執行緒會執行執行緒特有資料的解構函式（destructor），也不會呼叫清理處理常式（cleanup handler）。屬於該行程的每個（行程私有的）mutex 與屬於行程的條件變數都會消失。在呼叫 *exec()* 之後，留著的執行緒之執行緒 ID 並未規範。

執行緒與 *fork()*

在多執行緒行程呼叫 *fork()* 時，只會將執行呼叫的執行緒複製到子行程（在子行程中的此執行緒之執行緒 ID 與在父行程的原執行緒相同）。其他每個執行緒都不會出現在子行程中、不會有執行緒特有的資料解構函式，以及不會執行清理處理常式，這會導致許多問題：

- 雖然只有將執行呼叫的執行緒複製到子行程，不過全域變數的狀態以及全部的 Pthreads 物件（如 mutex、條件變數等）在子行程都會予以保留（之所以如此是因為這些 Pthreads 物件都配置在父行程的記憶體中，而子行程則取得此記憶體的一份副本），但是這樣會導致棘手的情況。例如，假設在執行 *fork()* 時，有其他的執行緒已經將一個 mutex 上鎖，並正在更新全域資料結構。此時，子行程中的執行緒會無法對 mutex 解鎖（因為 mutex 非子行程的執行緒所有），因此若子行程的執行緒試圖取得此 mutex 則會遭受阻塞。此外在子行程的全域資料結構副本可能會處於不一致的狀態，因為在複製到子行程時此全域變數還在更新中。
- 因為沒有呼叫執行緒特有資料的解構函式以及清理處理常式，所以在多執行緒程式中執行 *fork()* 可能會導致子行程發生 memory leak（記憶體洩漏）。此外，由其他執行緒建立的執行緒特有資料可能無法讓新子行程的執行緒存取，因為沒有指標指向他們。

由於存在著這些問題，一般會建議在多執行緒行程中，應該在呼叫 *fork()* 之後接著一個 *exec()*。函式 *exec()* 可以讓子行程中的每個 Pthreads 物件消失，因為新程式會覆蓋行程的記憶體。

對於必須使用 *fork()* 但不能接著執行 *exec()* 的程式，Pthreads API 提供一個定義 fork 處理常式的機制，fork handler 可以利用 *pthread_atfork()* 呼叫建立，格式如下：

```
pthread_atfork(prepare_func, parent_func, child_func);
```

每次的 *pthread_atfork()* 呼叫都會將 *prepare_func* 新增到一個函式清單，當呼叫 *fork()* 時，會在建立新子行程以前先自動執行清單中的函式（依照註冊的反順序）。同樣地，會將 *parent_func* 與 *child_func* 新增到一個函式清單，只要在 *fork()* 返回之前，分別在父行程與子行程自動執行（依照註冊順序）。

對於會使用執行緒的函式庫，使用 fork 處理常式有時會挺方便的，若缺乏 fork 處理常式，則函式庫就無法處理使用函式庫並呼叫 *fork()* 的應用程式，應用程式也不知道函式庫已經建立了一些執行緒。

藉由 *fork()* 產生的子行程繼承呼叫 *fork()* 的執行緒的 fork 處理常式，在執行 *exec()* 期間，不會保留 fork 處理常式（無法保留，因為處理常式的程式碼會在執行 *exec()* 期間遭到覆蓋）。

關於 fork 處理常式的細節，以及使用方法可以參考（Butenhof，1996）。

> 在 Linux 系統上，若使用 NPTL 執行緒函式庫的程式呼叫了 *vfork()*，則不會呼叫 fork 處理常式。然而，在使用 LinuxThreads 的程式，以此例而言，依然會呼叫 fork 處理常式。

執行緒與 exit()

若有任何執行緒呼叫 *exit()*，或主執行緒執行 return，則每個執行緒都會在執行高階清理動作（例如，呼叫 C++ 的解構函式）之後立即結束。不會執行任何的執行緒特有解構函式（deconstructor）或清理處理常式（clean handler）。

33.4 執行緒實作模型

我們在本節會介紹一些理論，簡單探討實作執行緒 API 的三個不同的模型，本節提供了 33.5 節介紹 Linux 執行緒的實作的背景知識，這些實作模型的差異著重於如何將執行緒映射到核心排班實體（KSE，Kernel Scheduling Entity）。KSE 是核心配置 CPU 與其他系統資源的單位（在執行緒出現以前的傳統 UNIX 平台中，KSE 一詞與行程是同義詞）。

多對一（M:1）實作（使用者層級執行緒）

在 M:1 的執行緒實作，全部的細節都是藉由使用者空間（user space）行程中的執行緒函式庫負責處理，包含建立執行緒、排班，以及同步（mutex 上鎖，等待條件變數之類）。核心完全不知道在行程中有多執行緒的存在。

M:1 實作的優點很少，主要的優點在於，因為不用切換到核心模式，所以有許多執行緒操作的速度都可以很快（例如：建立與終止執行緒、執行緒之間的 context switch、mutex，以及條件變數操作）。此外因為不需要核心支援執行緒函式庫，所以要移植 M:1 實作到其他系統則會相對容易。

然而，M:1 實作也存在一些嚴重的缺點：

- 當執行緒呼叫系統呼叫（如 *read()*），控制權則從使用者空間的多執行緒函式庫移交給核心，這表示若 *read()* 呼叫受到阻塞，則行程中的每個執行緒都會受到阻塞。

- 核心無法對行程中的執行緒進行排班，因為核心不知道行程中有這些執行緒存在，所以在多處理器的硬體上，核心無法將個別的執行緒排班到不同的處理器執行。也不可能將行程中某個執行緒的優先權調整為高於其他行程的執行緒，這麼做是沒有意義的，因為對執行緒的排班完全是在行程中處理。

一對一（1:1）實作（核心層執行緒）

在 1:1 執行緒實作中，每個執行緒會映射到一個分隔的 KSE，核心分別對處理每個執行緒的排班，執行緒同步操作是透過核心系統呼叫實作。

1:1 實作消弭了 M:1 實作的缺點，受到阻塞的系統呼叫不會導致行程中的每個執行緒受到阻塞，而在多處理器硬體上，核心可以將一個行程中的執行緒分別排班到不同的 CPU 執行。

然而由於需要切換到核心模式，所以有些操作在 1:1 實作中會比較慢，如建立執行緒、context switch，以及同步。此外為每個執行緒分別維護一個 KSE 也需要負擔，若應用程式內含大量的執行緒數量，則可能對核心排班器（scheduler）造成明顯的負擔，因而降低整個系統的效能。

儘管有這些缺點，通常還是比較推薦 1:1 實作，而不是 M:1 實作，Linux 系統的 LinuxThreads 與 NPTL 執行緒實作都是採用 1:1 模型。

> 在 NPTL 的開發期間，主要的負擔是重寫核心的排班器以及設計一個可以有效率執行幾千個執行緒的多執行緒行程，後續的測試可得知已經達成預定目標。

多對多（M:N）實作（雙層模型）

M:N 實作旨在結合 1:1 與 M:1 模型的優點進而消弭雙方的缺點。

在 M:N 模型中，每個行程都可擁有多個相關的 KSE，也可以將一些執行緒映射到自己的 KSE。此設計允許核心將同一個應用程式的執行緒排班到不同的 CPU 上執行，同時也解決應用程式使用大量執行緒的效能問題。

M:N 模型的主要缺點是太複雜，執行緒排班的任務由核心與使用者空間的執行緒函式庫共同承擔，二者必須協調合作以及交換資訊。在 M:N 模型下，要依照 SUSv3 規範來管理訊號也比較複雜。

> 起初曾討論使用 M:N 模型來實作 NPTL 執行緒函式庫但被否定，因為需要對核心的更動範圍太大而且或許也沒必要這麼做。現有的 Linux 排班器即使在處理大量 KSE 時也能有一樣好的效能。

33.5 Linux POSIX 執行緒的實作

Linux 有兩個主要的 Pthreads API 實作：

- LinuxThreads：這是原始的 Linux 執行緒實作，由 Xavier Leroy 開發。
- NPTL（Native POSIX Threads Library）：這是現代的 Linux 執行緒實作，由 Ulrich Drepper 與 Ingo Molnar 開發，身為 LinuxThreads 的接班人，NPTL 的效能比 LinuxThreads 更為優異，也更符合 SUSv3 的 Pthreads 規範標準，支援 NPTL 需要修改核心，而這些更動始於 Linux 2.6。

> 由 IBM 開發的執行緒實作，稱為 NGPT（Next Generation POSIX Threads）一度被視為 LinuxThreads 的接班人，NGPT 採用 M:N 模型設計，效能明顯優於 LinuxThreads。然而 NPTL 的開發者決定推出新的實作，證明採用 1:1 設計的 NPTL 方法效能比 NGPT 優異，隨著 NPTL 的發佈，NGPT 的開發也就停止了。

我們在下列幾節會詳細探討這兩種實作，並指出與 SUSv3 Pthreads 標準規範不同之處。

在這裡要強調的是：LinuxThreads 實作目前已經過時，並且從 glibc 2.4 版本起已經不再支援，全新的執行緒函式庫只有 NPTL。

33.5.1 LinuxThread

LinuxThreads 多年以來一直是 Linux 系統主要的執行緒實作，也能滿足各種執行緒的應用程式實作需求，LinuxThreads 實作的要點如下：

- 使用 *clone()* 建立執行緒，並指定下列旗標：

  ```
  CLONE_VM | CLONE_FILES | CLONE_FS | CLONE_SIGHAND
  ```

  這意謂著，LinuxThreads 執行緒共用了虛擬記憶體、檔案描述符、檔案系統的相關資訊（umask、根目錄以及當前工作目錄），以及訊號處置。但是執行緒之間不會共用行程 ID 與父行程 ID。

- 除了應用程式建立的執行緒，LinuxThreads 也會建立一個額外的執行緒管理者，用以建立與終止執行緒。
- LinuxThreads 透過訊號進行內部的操作，支援即時訊號的核心（Linux 2.2 及之後的版本）會使用前三個即時訊號。而舊版的核心則使用 SIGUSR1 與 SIGUSR2。應用程式不能使用這些訊號（使用訊號則會導致對各種執行緒同步操作產生更高的延遲）。

LinuxThreads 與規範不符的行為

LinuxThreads 有許多方面無法 SUSv3 Pthreads 標準相容（LinuxThreads 實作會受限於開發時期核心提供的功能，但會盡量在此限制之下達到相容的功能），下列摘錄出不相容之處：

- 在同一行程中的各執行緒呼叫 *getpid()* 其傳回值不同。在主執行緒以外的執行緒中呼叫 *getppid()* 會傳回管理者執行緒（manager thread）的行程 ID，這表示主執行緒以外的執行緒都是由管理者執行緒所建立的。在其他執行緒中呼叫 *getppid()* 的傳回值應與主執行緒呼叫 *getppid()* 的執行結果相同。
- 若有執行緒使用 *fork()* 建立一個子行程，則照理任何其他的執行緒應該都可以使用 *wait()*（或類似的技術）取得子行程的終止狀態。然而實情並非如此，只有建立子行程的執行緒才能在此使用 *wait()*。
- 若有執行緒執行 *exec()*，則依照 SUSv3 的要求，會終止其他每個執行緒。然而若有主執行緒以外的執行緒呼叫 *exec()*，則產生的行程會與呼叫的執行緒有相同的行程 ID，亦即與主執行緒的行程 ID 不同。依據 SUSv3 標準，行程 ID 應該要與主執行緒的行程 ID 相同。
- 執行緒之間不會共用憑證（使用者 ID 與群組 ID），當一個多執行緒的行程執行一個 set-user-ID 程式時，將會導致執行緒無法使用 *pthread_kill()* 發送訊號給另一個執行緒，因為這兩個執行緒的憑證（credentials）已經改變，因此發送的執行緒沒有發訊號給目標執行緒的權限（請參考圖 20-2）。此外，因為 LinuxThreads 實作在內部是使用訊號，所以若執行緒更改了自身的憑證，則各種的 Pthreads 操作可能會失敗或是停住（hang）。
- 未遵循 SUSv3 的執行緒與訊號之互動規範：
  - 使用 *kill()* 或 *sigqueue()* 發送給行程的訊號，應該由目標行程中任一不會阻塞該訊號的執行緒進行接收與處理。然而，因為 LinuxThreads 執行緒之間的行程 ID 不同，所以只能將訊號送給特定的一個執行緒。若該執行緒阻塞此訊號，則即使其他執行緒不會阻塞此訊號，此訊號依然會保持擱置狀態（pending）。
  - LinuxThreads 不支援讓整個行程擱置訊號的概念，只能支援每個執行緒分別擱置訊號。
  - 若將訊號導向到一個包含多執行緒應用程式的行程群組，則應用程式中的每個執行緒都可以處理此訊號，（即每個有建立訊號處理常式的執行緒），而不限由（任意）的一個執行緒處理。例如，能透過輸入一個終端機字元，以產生一個前景行程群組的工作控制（job-control）訊號。

— 替代訊號堆疊（alternative signal stack）設定（由 *sigaltstack()* 建立）是每個執行緒個別所有的。然而，因為新執行緒會從 *pthread_create()* 的呼叫者錯誤的繼承替代訊號堆疊設定，所以這兩個執行緒會共用相同的替代訊號堆疊。SUSv3 規定新執行緒啟動時不應該定義替代訊號堆疊。LinuxThreads 未遵循此規範的後果是，若有兩個執行緒同時在它們共用的替代訊號堆疊中同步處理不同的訊號，則很可能會導致混亂（例如，程式當掉）。此問題可能會非常難以重製與除錯，因為此問題需要同時處理兩個訊號而且此事件發生的機率微乎其微。

> 在使用 LinuxThreads 的程式中，新執行緒可以透過呼叫 *sigaltstack()* 以確保會使用與其建立者執行緒不同的替代訊號堆疊（或是根本沒有堆疊）。不過可攜的程式（以及建立執行緒的函式庫函式）不用處理這件事，因為在其他實作並沒有此功能。此外即使我們使用了此技術，依然可能產生競速條件：新執行緒可能呼叫 *sigaltstack()* 之前，就有可能會收到並處理替代堆疊上的訊號。

- 執行緒不會共用一般的 session ID 與行程群組 ID，不能使用 *setsid()* 與 *setpgid()* 系統呼叫更改多執行緒行程的 session 或行程群組成員關係。
- 不能共用以 *fcntl()* 建立的記錄鎖（record lock），無法將重複的同類鎖請求合併執行。
- 執行緒不會共用資源限制（resource limit），SUSv3 規定資源限制是屬於整個行程的屬性。
- 由 *times()* 函式傳回的 CPU 時間與由 *getrusage()* 傳回的資源使用資訊都是屬於每個執行緒各自所有的，這些系統呼叫應該傳回整個行程的加總數量。
- 有些版本的 ps(1) 會將行程中的每個執行緒（包括管理執行緒），以不同的行程 ID 分成個別的項目來呈現。
- 執行緒之間不會共用以 *setpiority()* 設定的 nice 值。
- 執行緒之間無法共用以 *setitimer()* 建立的間隔計時器。
- 執行緒之間不能共用 System V 號誌的還原（semadj）值。

LinuxThreads 的其他問題

除了上述與 SUSv3 的差異，LinuxThreads 實作還有下列問題：

- 若管理執行緒被殺掉了，則必須手動清除剩下的執行緒。
- 一個多執行緒程式的核心傾印檔（core dump）可能不會包含行程中的每個執行緒（或甚至不包含觸發傾印的執行緒）。

- 只有當主執行緒呼叫非標準的 *ioctl()* TIOCNOTTY 操作，才能移除行程與控制終端機（controlling terminal）的關聯。

33.5.2 NPTL

設計 NPTL 是為了克服 LinuxThreads 大部分的缺點，尤其是：

- NPTL 更接近 SUSv3 Pthreads 標準。
- 大量執行緒的應用程式使用 NPTL 的性能要遠優於 LinuxThreads。

> NPTL 可以讓應用程式建立大量的執行緒，NPTL 實作可以執行建立 100,000 個執行緒的測試程式。在 LinuxThreads 上，實際上的執行緒數量限制大約是幾千個（老實說，很少有應用程式需要建立如此大量的執行緒）。

NPTL 實作的開發始於 2002 年，大約在隔年完成。同時 Linux 核心為了符合 NPTL 的需求也在核心做了各種改變，這些變動始於 Linux 2.6 核心，以提供下列對 NPTL 的支援：

- 翻修執行緒群組的實作（28.2.1 節）。
- 增加 futex 同步機制（futex 是一種通用機制，而非專為 NPTL 設計）。
- 增加新的系統呼叫（*get_thread_area()* 與 *set_thread_area()*），以支援執行緒區域儲存空間（thread-local storage）。
- 支援執行緒的核心傾印，以及多執行緒行程的除錯。
- 修改為支援與 Pthreads 模型方法一致的訊號管理。
- 增加新的 *exit_group()* 系統呼叫，用來終止行程中的每一個執行緒（在 glibc2.3 開始新增的，*exit()* 函式庫函式是一個封裝函式，這個函式實際上是呼叫 *exit_group()*，而 *pthread_exit()* 函式則呼叫核心的 *_exit()* 系統呼叫，功能只是執行呼叫的執行緒終止）。
- 重寫核心的排班器，以便能夠有效地排班與處理非常大量的（如幾千個）KSE。
- 改善核心終止行程的效能。
- 擴充 *clone()* 系統呼叫（28.2 節）。

NPTL 實作最基本的部分如下：

- 使用 *clone()* 函式與下列旗標建立執行緒：

```
CLONE_VM | CLONE_FILES | CLONE_FS | CLONE_SIGHAND |
CLONE_THREAD | CLONE_SETTLS | CLONE_PARENT_SETTID |
CLONE_CHILD_CLEARTID | CLONE_SYSVSEM
```

NPTL 執行緒能共用的資訊比 LinuxThreads 執行緒更多，CLONE_THREAD 旗標表示新執行緒與它的建立者執行緒屬於同一個執行緒群組，而且共用相同的行程 ID 以及父行程 ID，而 CLONE_SYSVSEM 表示新執行緒與建立者共用 System V 號誌還原值（semaphore undo）。

當我們使用 ps(1) 列出一個在 NPTL 底下執行的多執行緒行程時，我們只會看到一筆輸出，若要看到行程中的執行緒資訊，可以使用 ps -L 選項。

- 實作在內部使用前兩個即時訊號，應用程式不能使用這些訊號。

  其中一個訊號是用來實作執行緒的取消，另一個訊號則用於確保行程中的每個執行緒能有相同的使用者 ID 與群組 ID。此技術存在的理由是，在核心層中每個執行緒有不同的使用者憑證與群組憑證，因此 NPTL 實作在更改使用者 ID 與群組 ID 的系統呼叫（*setuid()*、*setresuid()* 等以及類似的群組函式）的封裝函式做了一些處理，以改變行程中每個執行緒的 ID。

- 與 LinuxThreads 不同，NPTL 並未使用管理執行緒。

NPTL 與標準的相容

上述的改變表示 NPTL 比 LinuxThreads 更為貼近 SUSv3 規範，在本書撰寫時，仍有下列不相容的地方：

- 執行緒之間不會共用 nice 值。

在早期的 2.6.x 核心中，NPTL 有一些額外的不相容之處：

- 在 2.6.16 之前的核心中，每個執行緒都有自己的替代訊號堆疊，但是新執行緒卻會誤繼承呼叫 *pthread_create()* 的執行緒之（使用 *sigaltstack()* 建立的）替代訊號堆疊設定，導致兩個執行緒共用相同替代訊號堆疊的問題。
- 在 2.6.16 之前的核心，只有一個執行緒群組的組長（即主執行緒）可以透過呼叫 *setsid()* 來啟動一個新的作業階段（session）。
- 在 2.6.16 之前的核心，只有一個執行緒群組的組長可以使用 *setpgid()* 讓宿主行程（host process）成為一個行程群組的組長。
- 在 2.6.12 以前的核心，一個行程中的執行緒之間無法共用以 *setitimer()* 建立的間隔計時器。
- 在 2.6.10 之前的核心，一個行程中的每個執行緒之間不能共用資源限制設定。
- 在 2.6.9 之前的核心，*times()* 傳回的 CPU 時間以及 *getrusage()* 傳回的資源使用資訊都是每個執行緒個別擁有的。

NPTL 設計與 LinuxThreads ABI 相容，這表示與具 LinuxThreads 功能的 GNU C 函式庫連結之程式可不須重新編譯，就能使用 NPTL。然而當程式以 NPTL 執行時，可能會改變一些行為，主因是 NPTL 比較貼近 SUSv3 的 Pthreads 規範。

33.5.3 如何選擇執行緒實作？

有些 Linux 發行版本會提供包含 LinuxThreads 與 NPTL 的 GNU C 函式庫，預設是由動態連結器（dynamic linker）依據系統執行的核心版本來決定使用的執行緒實作（這些發行版本已經成為歷史，因為 glibc 從 2.4 版起不再提供 LinuxThreads）。因此我們有時會需要考慮下列的問題：

- 在特定的 Linux 發行版本中，有哪些執行緒函式庫可以使用？
- 在同時提供 LinuxThreads 與 NPTL 的 Linux 發行版本中，預設是使用哪一個執行緒函式庫？我們如何明確選擇程式要使用的執行緒函式庫？

找尋執行緒實作

我們可以使用一些技術來找出特定系統上可用的執行緒實作，或是在提供兩種執行緒實作的系統上，找出程式執行時預設使用的執行緒函式庫。

在提供 glibc 2.3.2 或更新版本的系統上，我們可以使用下列指令找出系統提供的執行緒實作，若兩者都有提供，則顯示預設的執行緒函式庫：

```
$ getconf GNU_LIBPTHREAD_VERSION
```

在 NPTL 是唯一的實作或為預設值的系統上，將會顯示如下的字串：

```
NPTL 2.3.4
```

> 自 glibc 2.3.2 起，程式可以使用 confstr(3) 取得 glibc 特有的 _CS_GNU_LIBPTHREAD_VERSION 組態變數值。

在使用舊版 GNU C 函式庫的系統上，我們必須稍做調整，首先使用下列指令取得程式執行時使用的 GNU C 函式庫路徑（這裡以標準的 ls 程式為例，其位於 /bin/ls）：

```
$ ldd /bin/ls | grep libc.so
        libc.so.6 => /lib/tls/libc.so.6 (0x40050000)
```

我們在 41.5 節會對 ldd（list dynamic dependencies）程式進行較詳細的介紹。

GNU C 函式庫的路徑顯示在 => 之後，若我們將此路徑當作指令執行，則 glibc 會顯示一些與自身相關的資訊，我們可以使用 grep 指令以選擇顯示執行緒實作的資訊：

```
$ /lib/tls/libc.so.6 | egrep -i 'threads|nptl'
        Native POSIX Threads Library by Ulrich Drepper et al
```

我們將 nptl 包含在 egrep 的常規表示法（regular expression）中，因為有些包含 NPTL 的 glibc 版本會改成顯示下列字串：

```
        NPTL 0.61 by Ulrich Drepper
```

因為 glibc 路徑會隨著 Linux 的發行版本而異，所以我們可以使用 shell 的替換功能，以產生一行可用在任何 Linux 系統上顯示執行緒實作資訊的指令：

```
$ $(ldd /bin/ls | grep libc.so | awk '{print $3}') | egrep -i 'threads|nptl'
        Native POSIX Threads Library by Ulrich Drepper et al
```

選擇程式使用的執行緒實作

在同時提供 NPTL 與 LinuxThreads 的 Linux 系統上，有時我們需要能夠明確具體控制使用的執行緒實作。最常見的使用範例是當我們有一個舊版的程式需要仰賴（可能不是標準的）LinuxThreads 的行為時，我們會想要強制程式以指定的執行緒實作執行，而非預設的 NPTL。

為此我們可以使用動態連結器能夠理解的特定環境變數 LD_ASSUME_KERNEL，顧名思義，此環境變數告知動態連結器假定在特定版本的核心上執行。藉由指定不支援 NPTL 的核心版本（例如 2.2.5），我們就能確保程式使用 LinuxThreads 執行，因而我們可以利用下列指令執行一個使用 LinuxThreads 的多執行緒應用程式：

```
$ LD_ASSUME_KERNEL=2.2.5 ./prog
```

當我們將此環境變數設定與先前顯示使用的執行緒實作資訊的指令一起使用時，可以看到如下的資訊：

```
$ export LD_ASSUME_KERNEL=2.2.5
$ $(ldd /bin/ls | grep libc.so | awk '{print $3}') | egrep -i 'threads|nptl'
        linuxthreads-0.10 by Xavier Leroy
```

LD_ASSUME_KERNEL 能指定的核心版本範圍有一些限制，在一些提供 NPTL 與 LinuxThreads 的發行版本中，將版本編號指定為 2.2.5 已經足以確保會使用 LinuxThreads。此環境變數的完整使用介紹請見：*http://people. redhat. com/drepper/ assumkernel.html*。

33.6 Pthread API 的進階功能

下列是 Pthreads API 的一些進階功能：

- 即時排班（Realtime scheduling）：我們可以設定執行緒的即時排班策略與優先權，類似 35.3 節所述的行程即時排班系統呼叫。
- 行程共用的 mutex 與條件變數：SUSv3 規範了一個選配的項目，讓行程之間可以共用 mutex 與條件變數（而不僅是一個行程中的執行緒）。此時條件變數或 mutex 必須放在行程間共用的一段記憶體中，NPTL 支援此功能。
- 進階的執行緒同步原語（advanced thread-synchronization primitive）：包含障礙（barrier）、讀寫鎖（read-write lock），以及自旋鎖（spinlock）。

關於這些功能的更多的細節請參考（Butenhof，1996）。

33.7 小結

請勿將執行緒與訊號混合使用，多執行緒應用程式的設計應該盡可能避免使用訊號。若多執行緒應用程式必須處理非同步訊號，通常最簡潔的方法是讓每個執行緒都阻塞此訊號，並有一個專屬的執行緒，負責使用 *sigwait()*（或類似的函式）來受理接收的訊號，這樣一來此執行緒就能安全地執行一些任務，如修改共用變數（基於 mutex 控制底下），以及呼叫不是非同步訊號安全（non-async-signal-safe）的函式。

在 Linux 有兩個常用的執行緒實作：LinuxThreads 與 NPTL。Linux 過去已經使用 LinuxThreads 許多年，但是此時作有很多地方並未遵循 SUSv3 標準，況且此實作也已經過時了。最新的 NPTL 實作更貼近 SUSv3 標準，並具有優越的效能，現在最新的 Linux 發行版本是提供 NPTL 這個實作。

進階資訊

請參考列於 29.10 節的進階資訊。

LinuxThreads 的作者寫了文件說明，可在此找到：*http://pauillac.inria.fr/~xleroy/linuxthreads/*。NPTL 的實作人員在此論文（目前有點過時了）中有些說明：*http://people.redhat.com/drepper/nptl-design.pdf*。

33.8 習題

33-1. 寫個程式展示：如同 *sigpending()* 的傳回值，相同行程中的不同執行緒可以有不同組的擱置（pending）訊號。您可以使用 pthread_*kill()* 分別發送不同的訊號給已經阻塞這些訊號的兩個不同的執行緒，接著這些執行緒個別呼叫 *sigpending()*，並顯示擱置訊號的資訊（您會發現列表 20-4 的函式用處）。

33-2. 假設有一個執行緒使用 *fork()* 建立了一個子行程，當子行程終止時，是否能保證子行程所產生的 SIGCHLD 訊號一定會發送給呼叫 *fork()* 的執行緒呢（可以用行程中的其他執行緒做為對照）？

索引

※ 提醒您：由於翻譯書排版的關係，部份索引名詞的對應頁碼會和實際頁碼有一頁之差。

本索引使用下列的慣例：

- 函式庫的函式（Library function）與系統呼叫原型（system call prototype）的索引標示為 *prototype* 子項目。通常你可以在 prototype 那邊找到主要討論的函式或系統呼叫。
- C 語言的結構（structure）定義索引標記在 *definition* 子項目，通常你可以在討論結構的地方找到。
- 文中的函式開發實作索引標示為 *code of implementation* 子項目。
- 教學或範例程式中有趣的函式使用範例、變數、訊號、結構、巨集、常數與檔案，索引於標記為 *example of use*。但不是所有用到的每個 API 物件都有索引，只會索引有提供實用介紹的一些例子。
- 流程圖的索引標示為 *diagram*。
- 索引範例程式的名字，可以容易的找本書所發佈的原始碼程式說明。
- 引用參考書目所列出的著作，以第一作者的名字與發表年分進行索引，項目的格式為 *Name*（*Year*）－例如：Rochkind（1985）。
- 非字母開頭的項目（如：/dev/stdin、_BSD_SOURCE）則會依照字母排序。

Symbols（符號）

Numbers（數值）

A

B

C

D

E

F

G

H

I

J

K

L

M

N

O

P

Q

S

T

U

V

W

X

Y

Z

The Linux Programming Interface
國際中文版(上冊)

作　　者：Michael Kerrisk
譯　　者：廖明沂 / 楊竹星
企劃編輯：蔡彤孟
文字編輯：江雅鈴
設計裝幀：張寶莉
發 行 人：廖文良

發 行 所：碁峰資訊股份有限公司
地　　址：台北市南港區三重路 66 號 7 樓之 6
電　　話：(02)2788-2408
傳　　真：(02)8192-4433
網　　站：www.gotop.com.tw
書　　號：AXP015800
版　　次：2016 年 10 月初版
　　　　　2024 年 06 月初版十四刷
建議售價：NT$800

國家圖書館出版品預行編目資料

The Linux Programming Interface 國際中文版 / Michael Kerrisk 原著;廖明沂, 楊竹星譯. -- 初版. -- 臺北市:碁峰資訊, 2016.10
面； 公分
譯自：The Linux Programming Interface: A Linux and UNIX System Programming Handbook
ISBN 978-986-476-167-8(上冊：平裝). --
ISBN 978-986-476-168-5(下冊：平裝).
1.作業系統
312.54　　105016641

本書是根據寫作當時的資料撰寫而成，日後若因資料更新導致與書籍內容有所差異，敬請見諒。若是軟、硬體問題，請您直接與軟、硬體廠商聯絡。